Chemie
verständlich

HARALD GÄRTNER
MANFRED HOFFMANN
HORST SCHASCHKE
INA MARIA SCHÜRMANN

Chemie verständlich

Alle Formeln, alle Gesetze

Anorganische und organische Chemie

Verständliche Übungsaufgaben und Lösungen

Ausführlicher Lexikonteil

$3H_2 + N_2 \rightarrow 2NH_3$

$2H_2O \rightarrow 2H_2 \rightarrow O_2$

H_2SO_4

Weltbild

Genehmigte Sonderausgabe für die Verlagsgruppe Weltbild GmbH,
Steinerne Furt 67, 86167 Augsburg

Umschlaggestaltung: Atelier Seidel – Verlagsgrafik, Neuötting
Druck und Bindung: Schätzl Druck & Medien, Am Stillflecken 4, 86609 Donauwörth

ISBN-13: 978-3-8174-6065-6
ISBN-10: 3-8174-6065-1

5160655

Organische Chemie

Vorwort

Die Chemie ist einer der Hauptzweige der Naturwissenschaften. Sie ist die Lehre von den Elementen und Verbindungen, aus denen sich die Materie zusammensetzt. Ihre Aufgabe ist die Untersuchung der Eigenschaften und Fähigkeiten der Elemente.

Die anorganische Chemie beschäftigt sich vorwiegend mit Elementen und Verbindungen aus der unbelebten Natur, die keinen Kohlenstoff enthalten. Dagegen untersucht die organische Chemie die Kohlenstoffverbindungen.

Die Anfänge der Chemie reichen bis ins Altertum zurück. Bereits die Ägypter und die Babylonier pflegten chemisch-technisches Wissen und gingen der Frage nach der Mischung von Elementen nach. Im Mittelalter kam es in Europa durch den Einfluss der arabischen Wissenschaften zu einer Blüte der Alchimie. Hieraus entwickelte sich im 16. Jahrhundert unter Paracelsus die Chemie zu einer eigenständigen Wissenschaft.

Die moderne quantitative Chemie begann im 18. Jahrhundert mit Antoine Laurent de Lavoisier. Unter die zahlreichen Errungenschaften dieser Zeit fiel auch die Entdeckung des Sauerstoffs durch Scheele und Priestley (1771–74). Im 19. Jahrhundert kam es zu weiteren Entdeckungen und Entwicklungen auf chemischem Gebiet. So entdeckte Wöhler die Harnstoffsynthese und Justus von Liebig begründete die Agrikulturchemie. Theoretische Errungenschaften waren die Entdeckung der Strukturformel offenkettiger Kohlenwasserstoffe und das Aufstellen des Periodensystems der Elemente (Meyer, Mendelejew 1868–71). In die zweite Hälfte des 19. Jahrhunderts fällt auch der Beginn der großtechnischen Herstellung synthetischer Produkte (Ammoniaksynthese, Kohlehydrierung, Kunststoffindustrie).

Im 20. Jahrhundert führten die neuen Erkenntnisse über den Atombau zur weiteren Klärung von Struktur, Eigenschaften und Reaktionsweisen von Stoffen. Diese Entwicklung brachte eine starke Wechselwirkung zwischen Physik, Chemie und Biologie mit sich, die sich bis heute erhalten hat. In der ersten

Hälfte des 20. Jahrhunderts gelang mithilfe der organischen Chemie die Herstellung von Acetaldehyd, Butadien und Synthesekautschuk sowie die Kohleverflüssigung. Nach 1950 begann die Olefin-Chemie mit der Herstellung von Kunststoffen und Synthesefasern zunehmend an Bedeutung zu gewinnen. Der Atombau kann heute noch immer durch das Rutherfordsche Atommodell, ergänzt durch das Orbitalmodell, beschrieben werden. Allerdings werden durch die Quantenmechanik neue Impulse für das Verständnis atomar-chemischer Zusammenhänge gesetzt.

Das vorliegende Buch bietet einen einfachen Zugang zu den wichtigsten Problemen der Chemie. Mithilfe von zahlreichen Abbildungen und Beispielen werden komplexe Sachverhalte leicht verständlich erklärt. Das ausführliche Inhaltsverzeichnis und ein umfangreicher lexikalischer Teil ermöglichen das rasche Auffinden eines Teilgebietes oder Stichwortes.

Damit wird das „Große Buch der Chemie“ zu einem übersichtlichen und anwenderfreundlichen Nachschlagewerk.

Anorganische Chemie

I. Grundlagen der Chemie

1.1 Grundbegriffe

Stoff und Körper

Unter Stoff, Material oder Substanz versteht man jede Art von Materie, die einen Raum erfüllen kann und Masse besitzt. Ein abgegrenzter Teil eines Stoffes ist ein Körper.

Stoffe sind beispielsweise Messing, Stahl, Eisen, Schwefel, Marmor, Holz, Wasser, Alkohol, Blut, Milch, Luft. Beim Körper muss man stets zwischen dem Stoff, aus dem er besteht und der Form, die er hat, unterscheiden. Jeder Stoff zeichnet sich durch bestimmte Eigenschaften aus, die es erlauben, ihn von anderen Stoffen zu unterscheiden, z. B. die Farbe, den Geruch, den Geschmack, das spezifische Gewicht, den Aggregatzustand, die Kristallform bei festen Stoffen, usw.

Reinstoff und Stoffgemische

Ein Reinstoff ist ein Stoff, der aus gleich beschaffenen Teilchen besteht, jedes Teilchen hat dieselben Eigenschaften. Ein chemisches Material, das aus Teilchen mit verschiedenen wesentlichen Eigenschaften besteht, heißt Stoffgemische.

Reinstoffe sind z. B. Zuckerkristalle, Stangenschwefel, Kochsalz, Sauerstoff, Wasser, Eisen, Quecksilber, Neon, Kohlendioxid usw.

Heterogene Stoffgemische: Bei ihnen ist die Zusammensetzung der verschiedenen Stoffe optisch gut erkennbar. Im Rauch sind Feststoffe mit Luft vermengt, in einer Emulsion sind nicht mischbare Flüssigkeiten zusammengebracht (Öl und Wasser), eine Suspension ist eine Aufschwemmung von Feststoff in Flüssigkeit (Schlamm).

Homogene Stoffgemische: Sie sind optisch nicht als Stoffgemische erkennbar. Man unterscheidet Legierungen (erstarrte Metallschmelzen verschiedener Metalle), Gläser (erstarrte Schmelzen von Quarzsand mit bestimmten Zuschlägen), Feststofflösungen (Salze sind in Wasser völlig aufgelöst), Flüssigkeitsgemenge (Wasser und Alkohol) und Gasmischungen (Luft ist eine Mischung aus Sauerstoff, Stickstoff, Kohlendioxid, Edelgasen und anderen Gasen).
Einige Stoffgemische lassen sich durch verschiedenartige Verfahren trennen, die wichtigsten sind Filtrieren, Destillieren und Trennung mit dem Scheidetrichter.

Kristalle und amorphe Stoffe
Die meisten Stoffe haben die Fähigkeit, beim Übergang in den festen Zustand Gebilde zu erzeugen, die von ebenen Flächen regelmäßig begrenzt sind und deren Gestalt von der Art des Stoffes bestimmt wird. Sie heißen *Kristalle.* Wenn die Kristalle sehr klein sind und mit dem bloßen Auge noch erkennbar sind, heißt der Stoff kristallin, bei mikrokristallinen Stoffen sind die Kristalle nur mehr unter dem Mikroskop erkennbar.
Feste Stoffe, die niemals Kristallform annehmen, heißen gestaltlos oder auch *amorph.* Zu ihnen gehören beispielsweise Glas, Gummi, Harz, Leim.

1.2 Grundreaktionen

Zerlegung (Analyse)

Eine *Analyse* ist eine chemische Reaktion, bei der ein Reinstoff durch Energiezufuhr in neue Reinstoffe mit neuen physikalischen und chemischen Eigenschaften zerfällt: $AB \rightarrow A + B$

Beispiele: Marmor wird unter Wärme in gebrannten Kalk (Calciumoxid) und Kohlendioxid zerlegt, Wasser wird durch elektrische Energie in Wasserstoffgas und Sauerstoffgas zerlegt.

Vereinigung (Synthese)

Eine *Synthese* ist eine chemische Reaktion, bei der aus zwei oder mehr Reinstoffen ein neuer Reinstoff aufgebaut wird, der neue chemische und physikalische Eigenschaften besitzt: A + B → A B

Beispiele: Ein Gemenge von Eisen und Schwefel vereinigt sich beim Erhitzen zu Eisensulfid. Eine Mischung von Wasserstoffgas und Sauerstoffgas reagiert unter Explosion zu Wasser.
Auch Wasserstoff reagiert mit Chlor sehr heftig, und zwar bei Lichteinfall. Dabei entsteht ein neuer Reinstoff, nämlich Chlorwasserstoffgas.

Umsetzung

Chemische Reaktionen, bei denen ein Bestandteil einer Verbindung durch einen anderen ersetzt wird, heißen *einfache Umsetzungen:*

A B + C → AC + B oder A B + C → B C + A

Chemische Reaktionen, bei denen Umsetzungen zwischen zwei Verbindungen ablaufen, nennt man *doppelte Umsetzungen:*

A B + C D → A D + B C oder A B + C D → A C + B D

Beispiel: Ein Gemenge von rotem Quecksilbersulfid (Zinnober) mit grauem Eisenpulver wird erhitzt. Es entstehen Eisensulfid und Quecksilber. Diese chemische Reaktion stellt eine einfache Umsetzung dar.

1.3 Grundbausteine

Elemente

Reinstoffe, die sich auf chemischem Weg nicht mehr weiter zersetzen lassen, heißen Elemente.

Die verschiedenen Elemente sind im Periodensystem der Elemente (Abkürzung: PSE) systematisch geordnet zusammengefasst. Die Elemente werden durch Buchstaben symbolisiert, die meist aus dem lateinischen oder griechischen Namen der Elemente hergeleitet sind.

Beispiele: Sauerstoff: O von Oxygenium
Wasserstoff: H von Hydrogenium
Quecksilber: Hg von Hydrargyrum
Eisen: Fe von Ferrum
Stickstoff: N von Nitrogenium.

Atome

Die *Atome* sind die kleinsten Teilchen der Elemente. Die Atome eines Elements sind gleichartig und haben dieselbe Masse. Sie sind auf chemischem Weg nicht teilbar.

Periodensystem der Elemente

Man schreibt die Elemente in der Reihenfolge ihrer Ordnungszahl in einem rechteckigen Schema auf. Aus der Stellung des Elements im Periodensystem kann man die Verteilung der Elektronen in den Schalen erkennen. In der ersten Zeile stehen die Elemente, die bis zu 2 Elektronen in der K-Schale haben. In der zweiten Zeile sind die Elemente aufgeführt, deren Atomhüllen aus der vollen K-Schale und bis zu 8 Elektronen in der L-Schale bestehen. In jeder weiteren Zeile stehen die Elemente, deren Elektronen gerade wieder eine neue Schale auffüllen.

Valenzelektronen

Valenzelektronen sind die Elektronen der äußersten Schale in der Hülle eines Atoms. Sie werden vom Kern am wenigsten fest gebunden und können daher relativ leicht abgespalten werden. Nur die Valenzelektronen (Außenelektronen) sind an einer chemischen Reaktion beteiligt.

Edelgaskonfiguration

Die volle Belegung der jeweils äußersten Schale mit Elektronen ist ein energetisch stabiler Zustand. Er heißt *Edelgaskonfiguration,* da alle Edelgase (außer Helium, erste Schale, zwei Elektronen) acht Elektronen in der äußeren Schale aufweisen. Alle Atome sind bestrebt, diesen stabilen Zustand zu erreichen. Dies lässt sich entweder durch Aufnahme zusätzlicher Valenzelektronen von anderen Atomen oder durch Abgabe eigener Valenzelektronen erreichen.

Atomionen

Kationen: Gibt ein Atom Valenzelektronen ab, um die Edelgaskonfiguration der weiter innen liegenden Schale zu erreichen, wird es positiv geladen, weil die positive Kernladung gleich geblieben ist und einige negative Ladungen durch die abgegebenen Elektronen fehlen. Das Atom ist ein positiv geladenes Ion geworden, und da es von der Kathode (dem negativen Pol einer Stromquelle) angezogen wird, nennt man es Kation.

Kationen können in der Regel nur solche Elemente bilden, die nur bis zu vier Valenzelektronen besitzen (außer Kohlenstoff). Es sind dies die Metalle der Hauptgruppen.

Anionen: Nimmt ein Atom Valenzelektronen auf, um die Edelgaskonfiguration zu erreichen, wird es zum negativ geladenen Ion. Da es von der Anode (dem positiv geladenen Pol einer Stromquelle) angezogen wird, nennt man es Anion. Anionen entstehen aus den Nichtmetallen, welche 5, 6 oder 7 Valenzelektronen haben.

Moleküle

Die *Moleküle* sind die kleinsten Teilchen von Verbindungen. In einem Reinstoff liegen gleichartige Moleküle vor. Sie bestehen aus zwei oder mehr aneinander gebundenen Atomen.

In einigen Fällen haben die untereinander gleichartigen Atome (die Elemente) ebenfalls die Fähigkeit, sich in bestimmter Zahl und Ordnung zu sog. Elementmolekülen zusammenzuschließen. Dies trifft z. B. für die Elemente Wasserstoff, Sauerstoff oder Stickstoff zu, ihre Moleküle bestehen aus zwei Atomen. Ihre chemischen Formeln lauten deshalb: H_2, O_2, N_2. Auch die Halogene (VII. Hauptgruppe) treten molekular auf. Ozon (O_3) ist eine Elementmodifikation des Sauerstoffs.

Molekülionen

Die *Moleküle* sind die kleinsten Teilchen von Verbindungen. In einem Reinstoff liegen gleichartige Moleküle vor. Sie bestehen aus zwei oder mehr aneinander gebundenen Atomen.

Beispiele: SO_4^{2-}: Dieses Ion (Sulfation) besteht aus einem Schwefelatom, vier Sauerstoffatomen und trägt zwei negative Elementarladungen.

H_3O^+: Dieses Ion (Oxoniumion) besteht aus drei Wasserstoffatomen, einem Sauerstoffatom und trägt eine positive Elementarladung.

PO_4^{3-}: Dieses Ion (Phosphation) besteht aus einem Phosphoratom, vier Sauerstoffatomen und trägt drei negative Elementarladungen.

1.4 Verbindungsgesetze

Erhaltung der Masse

Bei chemischen Reaktionen tritt keine Vermehrung oder Verminderung der Masse der am Vorgang beteiligten Stoffe ein. Die Gesamtmasse der Ausgangsstoffe ist gleich der Gesamtmasse der Endstoffe. Zersetzt man beispielsweise 100 g Wasser mithilfe des elektrischen Stroms in die Elemente, so entstehen 11,1 g Wasserstoff und 88,9 g Sauerstoff.

Konstante Proportionen

Elemente vereinigen sich in festen Mengenverhältnissen zu chemischen Verbindungen. Eine chemisch reine Verbindung enthält daher die Grundstoffe in einem bestimmten und konstanten Massenverhältnis.

Beispiel: Quecksilberoxid enthält 92,6 % Quecksilber und 7,4 % Sauerstoff: Hg : O = 92,6 : 7,4 = 25 : 2. Im Quecksilberoxid ist 1 g Quecksilber mit 0,08 g Sauerstoff verbunden.

Multiple Proportionen

Wenn zwei Elemente mehrere Verbindungen eingehen, so stehen die Massen eines der beiden Elemente, die sich mit der gleichen Menge des anderen Elements verbinden, zumeist miteinander im Verhältnis einfacher ganzer Zahlen. In Verbindungen wird daher von jedem beteiligten Element eine bestimmte Grundmasse oder ein ganzzahliges Vielfaches derselben gefunden.

Beispiel: 1 g Blei bindet $1 \cdot 0{,}077$ g Sauerstoff zu PbO.
1 g Blei bindet $2 \cdot 0{,}077$ g Sauerstoff zu PbO_2.
1 g Blei bindet $\frac{4}{3} \cdot 0{,}077$ g Sauerstoff zu Pb_3O_4.
Das Verhältnis der Sauerstoffmassen ist $1 : 2 : \frac{4}{3}$ oder 3 : 6 : 4.

Gesetz von Humboldt

Bei Gasreaktionen treten stets einfache und ganzzahlige Volumenverhältnisse auf.

Beispiel: Bei der Elektrolyse von Wasser erhält man stets Wasserstoffgas und Sauerstoffgas im Volumenverhältnis 2 : 1. Bei der Synthese von Wasser aus diesen Elementen reagieren stets zwei Raumteile Wasserstoffgas mit einem Raumteil Sauerstoff zu 2 Raumteilen Wasserdampf.

Gesetz von Avogadro

In gleich großen Raumteilen (Volumina) aller Gase befinden sich bei gleichem Druck und gleicher Temperatur die gleiche Anzahl von Teilchen (Atome oder Moleküle).

Formelsprache der Chemie

Ein Elementsymbol hat zwei Bedeutungen: die Abkürzung für den Namen des Elements und die Darstellung von genau einem Atom des betreffenden Elements.
Chemische Formel: Die Zusammensetzung eines Moleküls wird durch Aneinanderreihen von Symbolen der beteiligten Elemente zum Ausdruck gebracht, wobei ein und dasselbe Element mehrfach enthalten sein kann. In diesem Fall wird eine Indexzahl hinter das Elementsymbol gesetzt.

Beispiele: O_2 ist die Formel für ein Molekül des Elements Sauerstoff, es besteht aus zwei Sauerstoffatomen.
CH_4 ist die Formel für ein Methanmolekül, es besteht aus einem Atom Kohlenstoff und vier Atomen Wasserstoff.
NH_3 ist die Formel für Ammoniak. Seine Moleküle sind jeweils aus einem Stickstoff- und drei Wasserstoffatomen aufgebaut.

Die Anzahl von Molekülen oder Einzelatomen wird durch einen Koeffizienten (Beizahl) vor der Formel angegeben.

Beispiele: 3 Cu ist die Formel für drei Atome Kupfer.
2 H_2O ist die Formel für zwei Moleküle Wasser.

1.5 Stöchiometrie

Mol

Das *Mol* ist eine in der Chemie oft verwendete Stoffmengeneinheit. 1 mol ist eine SI-Basiseinheit und es gilt: 1 mol ist die Stoffmenge eines Systems, das aus ebenso vielen Teilchen besteht wie in genau 12 g Kohlenstoff des Isotops ^{12}C enthalten ist.

Loschmidt'sche Zahl/Avogadro-Konstante: Sie gibt an, wie viele Moleküle bzw. Atome in 1 mol eines Stoffes enthalten sind, nämlich $L = 6{,}022 \cdot 10^{23}$.
Molvolumen: Das Volumen von 1 mol eines beliebigen Gases beträgt bei Normalbedingungen (0 °C und 1013 mbar) genau 22,4 l. Ist V ein beliebiges Volumen eines Gases und n die Zahl der Mol des Gases, dann gilt für das Molvolumen: $V_m = \frac{V}{n}$.
Molare Masse M: Sie ist zahlenmäßig gleich der relativen Atommasse bzw. relativen Molekülmasse und gibt die Masse eines Mols in g an. Ist m die Masse eines Körpers und n die Zahl der Mol, dann gilt: $M = \frac{m}{n}$.

Beispiele:	1 mol Wasserstoff (H_2)	=	2 g
	1 mol Sauerstoff (O_2)	=	32 g
	1 mol Wasser (H_2O)	=	18 g
	1 mol Kupfer (Cu)	=	63,5 g

Wertigkeit

Die Wertigkeit oder Valenz eines Elements ist die Zahl, die angibt, wie viel Wasserstoffatome eines seiner Atome chemisch zu binden oder in einer Verbindung zu ersetzen vermag.

Beispiele:
H_2O: Sauerstoff hat die Wertigkeit 2
NH_3: Stickstoff hat die Wertigkeit 3
CH_4: Kohlenstoff hat die Wertigkeit 4

Da die Wertigkeit von Sauerstoff 2 ist, kann die Wertigkeit von Metallen in Verbindung mit Sauerstoff ermittelt werden.

Beispiele: CuO: Kupfer hat die Wertigkeit 2
Al_2O_3: Aluminium hat die Wertigkeit 3
Na_2O: Natrium hat die Wertigkeit 1

Viele Schwermetalle, wie Kupfer, Blei, Mangan, Eisen u. a. können mehrere Wertigkeiten haben. Daher wird bei diesen Metallen die Wertigkeit im Namen der Verbindung als römische Zahl (Oxidationszahl) angegeben.

Beispiele: PbO_2: Blei(IV)-oxid, Wertigkeit 4
$FeCl_3$: Eisen(III)-chlorid, Wertigkeit 3
MnO_2: Mangan(IV)-oxid, Wertigkeit 4
Hg_2S: Quecksilber(I)-sulfid, Wertigkeit 1

Mengenberechnungen

Zur Berechnung der Mengen, mit denen Elemente oder Verbindungen an einem chemischen Vorgang teilnehmen, braucht man an Stelle der Symbole und Formeln nur die Molmassen einzusetzen.

1. Beispiel: Wie viel g Eisen und Schwefel sind notwendig, um 12 g Eisensulfid zu erhalten?

$Fe + S \rightarrow FeS$ $\qquad 56 + 32 = 88$

56 g Eisen ergeben mit 32 g Schwefel 88 g Eisensulfid.

x g Eisen ergeben mit *y* g Schwefel 12 g Eisensulfid.

$x = \frac{56 \cdot 12}{88}$ g = 7,64 g, $\qquad y = \frac{32 \cdot 12}{88}$ g = 4,36 g

2. Beispiel: Wie viel g Sauerstoff werden aus der Luft verbraucht, um 30 g Magnesium vollständig zu verbrennen? Wieviel g Magnesiumoxid entstehen dabei?

$2\,Mg + O_2 \rightarrow 2\,MgO$

48,6 g Magnesium ergeben mit 32 g Sauerstoff 80,6 g Magnesiumoxid.

30 g Magnesium ergeben mit *x* g Sauerstoff *y* g Magnesiumoxid.

$x = \frac{30 \cdot 32}{48{,}6}$ g = 19,75 g, $\qquad y = \frac{30 \cdot 80{,}6}{48{,}6}$ g = 49,75 g

Molmassenbestimmung von Gasen

Aus der allgemeinen Gasgleichung $p \cdot V = n \cdot R \cdot T$ kann die Stoffmenge n in mol berechnet werden. Ist die Masse des Gases bekannt, so wird die Molmasse des Gases nach $M = \frac{m}{n}$ berechnet. Beide Formeln zusammengefasst ergibt:

$$M = \frac{m \cdot R \cdot T}{p \cdot V}, [\, M \,] = 1 \frac{\text{g}}{mol}$$

R ist die allgemeine Gaskonstante: $R = 8{,}3144 \frac{\text{J}}{K \cdot mol}$

Diffusion und Osmose

Diffusion: Lösliche Stoffe verteilen sich im Lösemittel gleichmäßig. Das heißt, dass im zeitlichen Mittel in jedem Volumenabschnitt gleich viele Moleküle bzw. Ionen des gelösten Stoffes zu finden sind. Der gleiche Effekt tritt ein, wenn sich zwei Gase mischen. Dieser Vorgang heißt Diffusion. Die Diffusion lässt sich mit der Brownschen Molekularbewegung beschreiben. Jedes Atom bzw. Molekül wird durch Lösemittelmoleküle bewegt und bewegt umgekehrt die Lösemittelmoleküle. Dies führt zu einer statistischen Verteilung des gelösten Stoffes im Lösemittel.

Osmose: Trennt man eine Lösung eines Stoffes und das reine Lösemittel durch eine für das Lösemittel, jedoch nicht für den gelösten Stoff, durchlässige Membran, so kommt es zu einer Volumenzunahme auf der Seite der Lösung. Dieser Vorgang heißt Osmose.

Osmotischer Druck: Der durch die Osmose entstandene Höhenunterschied der Flüssigkeitssäulen entspricht einer Druckdifferenz. Diese Druckdifferenz wird osmotischer Druck genannt.
1. Osmotisches Gesetz: Bei gleicher Temperatur ist der osmotische Druck p einer Lösung der Konzentration c des gelösten Stoffes proportional.
2. Osmotisches Gesetz: Bei gleicher Konzentration c ist der osmotische Druck p der absoluten Temperatur T direkt proportional.
Osmotische Vorgänge spielen bei der Aufnahme des Wassers und der Nährsalze durch die Wurzelhaare der Pflanzen eine große Rolle.

Osmotische Gesetze: $p = c \cdot \text{konst}$ $p = T \cdot \text{konst}$

Die Molmasse von gelösten Stoffen bestimmt man mit der sog. Osmotischen Gleichung, die der allgemeinen Gasgleichung entspricht. Ist n die Molzahl des gelösten Stoffes und V das Volumen des Lösungsmittels, so gilt:

Osmotische Gleichung: $p \cdot V = \text{konst} \cdot n \cdot T$

mit $M = \frac{m}{n}$ ergibt sich für die Molmasse M:

$$M = \frac{m \cdot T \cdot \text{const}}{p \cdot V}$$

Siedepunktserhöhung

Befindet sich in einer Flüssigkeit ein gelöster Stoff, so erhöht sich ihr Siedepunkt um $\Delta\vartheta_s$. Die *Siedepunktserhöhung* ist zu der Molzahl n des gelösten Stoffes proportional, wobei sich die Molzahl immer auf 1000 g des Lösungsmittels beziehen soll: $\Delta\vartheta_s = E_s \cdot n$. E_s ist die Lösungsmittelkonstante, sie hat für Wasser den Wert $E_s = 0{,}511 \, \frac{\text{K} \cdot \text{kg}}{mol}$. So lässt sich auch aus der Siedepunktserhöhung die Molmasse des gelösten Stoffes errechnen.

Gefrierpunktserniedrigung

Befindet sich in einer Flüssigkeit ein gelöster Stoff, so erniedrigt sich ihr Gefrierpunkt um $\Delta\vartheta_g$. Die *Gefrierpunktserniedrigung* ist zu der Molzahl n des gelösten Stoffes proportional, wobei sich die Molzahl immer auf 1000 g des Lösungsmittels beziehen soll: $\Delta\vartheta_g = E_g \cdot n$. E_g ist die Lösungsmittelkonstante, sie hat für Wasser den Wert $E_g = 1{,}860 \, \frac{\text{K} \cdot \text{kg}}{mol}$. Die Molmasse des gelösten Stoffes erhält man somit auch aus der Gefrierpunktserniedrigung.

Die osmotischen Gesetze und die Gesetze der Siedepunktserhöhung und der Gefrierpunktserniedrigung gelten in dieser einfachen Form nur für gelöste Stoffe, die nicht in Ionen zerfallen. Bei Salzlösungen sind Korrekturen erforderlich.

1.6 Energie bei Reaktionen

Exotherm und Endotherm

Es gibt chemische Reaktionen, bei denen Energie freigesetzt wird, man nennt sie *exotherme* Reaktionen. Die dabei entstehenden Produkte sind stabil. Reaktionen, bei denen ständig Energie zugeführt werden muss, um das gewünschte Produkt zu erhalten, heißen *endotherm.* Dabei entstehen weniger stabile Endstoffe.

Enthalpie

Darunter versteht man einen bestimmten aber unbekannten Energieinhalt eines chemischen Systems. Ist die allgemeine chemische Reaktion $A + B \rightarrow C + D$ gegeben, so hat das chemische System der Edukte einen bestimmten (unbekannten) Energieinhalt, die Enthalpie H_1, das System der Produkte die Enthalpie H_2. Bei der exothermen Reaktion ist H_2 kleiner als H_1, bei der endothermen Reaktion ist H_2 größer als H_1.

Reaktionsenthalpie: Darunter versteht man die bei einer chemischen Reaktion auftretende Differenz von H_2 und H_1:

Reaktionsenthalpie: $\Delta H_r = H_2 - H_1$

ΔH_r ist bei exothermen Reaktionen negativ, bei endothermen Reaktionen positiv. Die Reaktionsenthalpie ist als Wärme zu messen.

Beispiele: $2\,H_2 + O_2 \rightarrow 2\,H_2O$, $\Delta H_r = -571{,}8$ kJ
$CuO + H_2 \rightarrow Cu + H_2O$, $\Delta H_r = -120{,}6$ kJ
$3\,ZnO + 2\,Fe \rightarrow Fe_2O_3 + 3\,Zn$, $\Delta H_r = 224{,}8$ kJ

Bindungsenthalpie: Sie ist definiert als Betrag der Wärmeenergie, der frei wird, wenn 1 mol einer Verbindung aus den Elementen hergestellt wird. Sie ist als Größe stets negativ, ihre Einheit ist J/mol.

Zersetzungsenthalpie: Sie hat für die gleiche Verbindung den gleichen Zahlenwert wie die Bindungsenthalpie, trägt aber ein positives Vorzeichen.

Aktivierungsenergie: Darunter versteht man den Energiebetrag, den man zum Starten einer exothermen Reaktion einsetzen muss. In diesem Falle wird die Aktivierungsenergie zusätzlich zur Reaktionsenthalpie wieder frei.

Katalysator

Ein Katalysator ist ein Stoff, der eine chemische Reaktion beschleunigt und am Ende der Reaktion unverändert wieder vorliegt.

Katalysatoren ermöglichen alternative Reaktionswege. Dadurch muss weniger Aktivierungsenergie zugeführt werden. Katalysatoren bestehen oft aus Metallen (Platin) oder Metalloxiden verschiedenster Zusammensetzung.

Entropie

Darunter versteht man einen ungeordneten Zustand (der Moleküle). Alle chemischen Systeme streben nach maximaler *Entropie*, also nach einem möglichst ungeordneten Zustand. Die Zunahme der Unordnung begünstigt eine Reaktion.

Beispiele: Die Entropie nimmt zu, wenn ein Feststoff zur Flüssigkeit wird (entweder in einer Lösung oder in einer Schmelze). Der größte Entropiezuwachs entsteht beim Übergang von einem Feststoff zum Gas (Sublimieren). Beim Lösen von Salzen nimmt die Entropie zu, deshalb verläuft der Vorgang spontan.

1.7 Aufstellen von Reaktionsgleichungen

Die Kenntnis der Formeln für die Ausgangs- und Endstoffe ist Voraussetzung für das Aufstellen chemischer Reaktionsgleichungen. Als Beispiel betrachten wir die Herstellung von Ammoniak aus den Elementen. Die Ausgangsstoffe sind damit Stickstoff und Wasserstoff, das Reaktionsprodukt ist Ammoniak.

Stickstoff + Wasserstoff → Ammoniak

1. Schritt: Anschreiben der Formeln für die an der Reaktion beteiligten Stoffe.

$$N_2 + H_2 \rightarrow NH_3 \qquad (1)$$

Beachte: In Formelgleichungen erscheinen auf beiden Seiten der chemischen Gleichung die Atome in gleicher Anzahl, aber in verschiedener Gruppierung.

Bei Gleichung (1) ist dies offensichtlich nicht der Fall. Auf der linken Seite stehen 2 N-Atome (im Molekül N_2), auf der rechten Seite der Gleichung aber nur 1 N-Atom (im Molekül NH_3). Auch die Anzahl der H-Atome ist auf beiden Seiten der Formelgleichung verschieden.

Koeffizienten

Die Formelgleichung (1) muss nun durch Einfügen von *Koeffizienten* (Beizahlen) rechnerisch richtig gestellt werden. Dabei dürfen die Indizes der Formeln N_2, H_2 und NH_3 natürlich *nicht* verändert werden.

2. Schritt: Rechnerische Richtigstellung durch Koeffizienten.

Man orientiert sich am besten an den H-Atomen. In Gleichung (1) stehen links 2 H-Atome, rechts 3 H-Atome. Das kleinste gemeinsame Vielfache von 2 und 3 ist die Zahl 6. Man versucht, Gleichung (1) so auszugleichen, dass auf beiden Seiten 6 Wasserstoffatome auftreten. Dies gelingt so:

$$N_2 + 3\,H_2 \rightarrow 2\,NH_3 \qquad (2)$$

Natürlich könnte man auch zuerst die N-Atome auf beiden Seiten durch Koeffizienten ausgleichen. Man erhält dann aus (1):

$$N_2 + H_2 \rightarrow 2\,NH_3 \qquad (3)$$

Formelgleichung (3) ist noch nicht vollständig ausgezählt, weil auf der rechten Seite 6 H-Atome, auf der linken jedoch nur 2 H-Atome stehen. Man schreibt vor H_2 den Koeffizienten 3 und erhält so ebenfalls Gleichung (2).

$$N_2 + 3\,H_2 \rightarrow 2\,NH_3 \qquad (2)$$

Die Formelgleichung (2) kann wie folgt gelesen werden: 1 Molekül Stickstoff reagiert mit 3 Molekülen Wasserstoff zu 2 Molekülen Ammoniak. Eine andere Sprechweise wäre: 1 mol Stickstoff (das sind $6{,}022 \cdot 10^{23}$ N_2-Moleküle) reagiert mit 3 mol Wasserstoff (das sind $18{,}066 \cdot 10^{23}$ H_2-Moleküle) zu 2 mol Ammoniak (das sind $12{,}044 \cdot 10^{23}$ NH_3-Moleküle).

Die Koeffizienten in Gleichung (2) haben auch praktische Bedeutung. Mithilfe der relativen Atom- und Molekülmassen kann man berechnen, in welchem Mengenverhältnis Wasserstoff und Stickstoff eingesetzt werden müssen, um Ammoniak darzustellen.

Aus Gleichung (2) wissen wir, dass sich 1 mol Stickstoff mit 3 mol Wasserstoff zu 2 mol Ammoniak umsetzt. Das heißt, bei der Darstellung von Ammoniak aus den Elementen reagieren 28 g Stickstoff (= 1 mol N_2) mit 6 g Wasserstoff (= 3 mol H_2) zu 34 g Ammoniak (= 2 mol NH_3).

Oxidation

Betrachten wir nun die Verbrennung von Magnesium. Dabei reagiert Magnesium mit dem Sauerstoff der Luft zu Magnesiumoxid. Der Vorgang heißt *Oxidation*.

Magnesium + Sauerstoff → Magnesiumoxid

1. Schritt: Die Formeln der an der Oxidation beteiligten Stoffe werden angeschrieben.

$$Mg + O_2 \rightarrow MgO \qquad (4)$$

Die Reaktionsgleichung (4) ist chemisch nicht richtig, weil die Summe der beteiligten Elementsymbole auf der linken und rechten Seite des Reaktionspfeils nicht gleich ist.

2. Schritt: Richtigstellung von (4) durch Koeffizienten.

$$2\,Mg + O_2 \rightarrow 2\,MgO \qquad (5)$$

2 mol Magnesium reagieren mit 1 mol Sauerstoff zu 2 mol Magnesiumoxid. Damit reagieren 48,6 g Magnesium mit 32 g Sauerstoff zu 80,6 g Magnesiumoxid.

Im nächsten Beispiel betrachten wir die Verbrennung von Ethanol (Ethylalkohol). Man hat festgestellt, dass Ethanol zu Kohlendioxid und Wasser oxidiert wird.

1. Schritt: Die Formeln für die Ausgangs- und Endstoffe werden angeschrieben.

$$C_2H_5OH + O_2 \rightarrow CO_2 + H_2O \qquad (6)$$

Man erkennt, dass sich auf der linken Seite der Gleichung 2 C-Atome, 6 H-Atome und 3 O-Atome befinden. Auf der rechten Seite sind es nur 1 C-Atom, 2 H-Atome und (wie links) 3 O-Atome.
Bei der Verbrennung von Ethanol wird so viel Sauerstoff aus der Luft verbraucht, wie erforderlich ist, um Ethanol C_2H_5OH vollständig in Kohlendioxid CO_2 und Wasser H_2O umzuwandeln. Die Zahl der O_2-Moleküle, die bei der Verbrennung benötigt werden, richtet sich also nach der Anzahl der entstehenden Kohlendioxid- und Wassermoleküle. Deshalb wird der Koeffizient für O_2 auf der linken Seite *zuletzt* festgelegt.

a) Ausgleich der Zahl der Kohlenstoffatome:

$$C_2H_5OH + O_2 \rightarrow 2\,CO_2 + H_2O \qquad (7)$$

b) Ausgleich der Zahl der Wasserstoffatome:

$$C_2H_5OH + O_2 \rightarrow 2\,CO_2 + 3\,H_2O \qquad (8)$$

c) Ausgleich der Zahl der Sauerstoffatome (zum Schluss):

$$C_2H_5OH + 3\,O_2 \rightarrow 2\,CO_2 + 3\,H_2O \qquad (9)$$

d) Kontrolle, ob die Gleichung richtig ausgezählt worden ist:

Betrachten wir zunächst die linke Seite der Formelgleichung (9). Wir erkennen, dass 2 C-Atome, 5 + 1 = 6 H-Atome, 1 + 3 · 2 = 7 O-Atome vorliegen. Auf der rechten Seite von Gleichung (9) befinden sich 2 · 1 = 2 C-Atome, 3 · 2 = 6 H-Atome und 2 · 2 + 3 · 1 = 4 + 3 = 7 O-Atome. Damit ist die Gleichung (9) richtig gestellt. Ergeben sich beim Auszählen einer Gleichung für die Koeffizienten Bruchzahlen, dann erweitert man die Gleichung im Allgemeinen so, dass alle Koeffizienten ganzzahlig werden.

$$C_6H_6 + \tfrac{15}{2}\,O_2 \rightarrow 6\,CO_2 + 3\,H_2O \qquad (10)$$

Die Gleichung (10) würde man mit dem Faktor 2 multiplizieren, um ganzzahlige Koeffizienten zu bekommen. Allerdings ist dies nicht unbedingt erforderlich. Denn Gleichung (10) kann wie folgt interpretiert werden: 1 mol Benzol reagiert mit 7,5 mol Sauerstoff zu 6 mol Kohlendioxid und 3 mol Wasser.

$$2\,C_6H_6 + 15\,O_2 \rightarrow 12\,CO_2 + 6\,H_2O \qquad (11)$$

Die relativen Molekülmassen (Einheit u) der beteiligten Stoffe sind im Falle von Reaktion (11): $m(C_6H_6) = 78$ u, $m(O_2) = 32$ u, $m(CO_2) = 44$ u, $m(H_2O) = 18$ u.

Mit den relativen Molekülmassen und den Koeffizienten der Formelgleichung kann man nun angeben, in welchem Mengenverhältnis die an der Reaktion beteiligten Stoffe reagieren.

Bei der Verbrennung von Benzol, wie in Gleichung (11) angegeben, reagieren 2 · 78 g = 156 g Benzol mit 15 · 32 g = 480 g Sauerstoff zu 12 · 44 g = 528 g Kohlendioxid und 6 · 18 g = 108 g Wasser.

Addiert man auf der linken Seite die Grammzahlen, so erhält man: 156 g + 480 g = 636 g. Auf der rechten Seite: 528 g + 108 g = 636 g. Dies ist nach dem Gesetz von der Erhaltung der Masse zu erwarten.

Abschließend betrachten wir die Verbrennung von Ammoniak zu Stickoxid NO und Wasser („Ostwald-Verfahren"). Zunächst werden die Formeln der beteiligten Stoffe in (12) angeschrieben.

$$NH_3 + O_2 \rightarrow NO + H_2O \qquad (12)$$

Es erfolgt der Ausgleich der einzelnen Atome. Der Ausgleich von Sauerstoff O_2 erfolgt zuletzt, da sich sein Verbrauch an den Endstoffen NO und H_2O orientiert. Ausgleich der

a) Wasserstoffatome: $2\,NH_3 + O_2 \rightarrow NO + 3\,H_2O$

b) Stickstoffatome: $2\,NH_3 + O_2 \rightarrow 2\,NO + 3\,H_2O$

c) Sauerstoffatome: $2\,NH_3 + \frac{5}{2}O_2 \rightarrow 2\,NO + 3\,H_2O$

$$4\,NH_3 + 5\,O_2 \rightarrow 4\,NO + 6\,H_2O \qquad (13)$$

Aggregatzustand

Will man in einer chemischen Formelgleichung zum Ausdruck bringen, in welchem Aggregatzustand sich die umgesetzten Edukte und Produkte befinden, so wird dies hinter der chemischen Formel des jeweiligen Stoffes angegeben. Für Festkörper wählt man das Symbol „s" (engl. solid), für die Flüssigkeit den Buchstaben „l" (engl. liquid), und für die gasförmigen Stoffe gibt man ein „g" (engl. gas) an.

Kohlenstoff ist ein Feststoff, deshalb wählt man die Schreibweise C (s). NH_3 (g) bedeutet, dass Ammoniak unter den gegebenen Bedingungen (Druck, Temperatur) gasförmig vorliegt. Wasser geht bei 100 °C in den gasförmigen

Zustand über. Entsteht bei einer chemischen Umsetzung Wasserdampf, so schreibt man H_2O (g). Bei 0 °C gefriert das Wasser. Soll von Eis die Rede sein, wird dies mit H_2O (s) angezeigt.

Ist eine Substanz in Wasser gelöst, setzt man hinter ihre chemische Formel ein „aq“ (lat. aqua = Wasser). NaCl(s) wäre die Schreibweise für festes Natriumchlorid (Kochsalz), NaCl (aq) ist in Wasser gelöstes Salz. Da sich in dieser Lösung frei bewegliche Natrium- und Chloridionen befinden, die von Wassermolekülen umgeben sind, ist die Darstellung Na^+ (aq) bzw. Cl^- (aq) geläufig.

Ammoniak ist ein Stoff, der in Wasser außergewöhnlich gut löslich ist. Eine wäßrige NH_3-Lösung wird „Ammoniakwasser“ genannt. Im Gegensatz zum gasförmigen Ammoniak ist die Darstellung NH_3 (aq) zu wählen.

II. Atommodelle

2.1 Kugelmodell des Atoms

Atome

Nehmen wir einmal an, wir hätten einen Würfelzucker. Durch Teilen kann man erreichen, dass der Zuckerwürfel in immer kleinere Stücke zerfällt, bis schließlich feine Körnchen entstehen. Wenn der Zucker zerrieben wird, handelt es sich dabei um einen *physikalischen Vorgang*, weil die Eigenschaften des Zuckers, wie Farbe und Geschmack, beim Zerkleinern für jedes einzelne dabei entstehende Zuckerteilchen erhalten bleiben.

Löst man Zucker in Tee, Kaffee oder Wasser, so ändert er seine charakteristischen Eigenschaften ebenfalls nicht. Er gibt lediglich seine kompakte Form auf und verteilt sich in der Flüssigkeit.

Schwefelwasserstoff ist ein farbloses und übel riechendes Gas, das bei der Fäulnis schwefelhaltiger organischer Stoffe (Eiweiß) entsteht. Beim Faulen von Eiern entwickelt sich größtenteils dieser Stoff. Sein Geruch ist so intensiv, dass er selbst dann noch wahrzunehmen ist, wenn sich in einem Raum die Teilchen des Schwefelwasserstoffs zu den Teilchen der Luft in einem Verhältnis von 1 : 100.000 befinden. Die Eigenschaften des Stoffs bleiben offensichtlich erhalten, auch dann, wenn er sich weit ausbreitet.

Das zeigt sich auch an bestimmten Farbstoffen, wie etwa Lackmus. Bringt man nur einen Tropfen von purpurfarbenem Lackmus in einen größeren Behälter mit Wasser, so breitet sich dieser Pflanzenfarbstoff im ganzen Wasser aus.

Das Edelmetall Gold kann zu einer dünnen Folie mit einer Dicke von 0,00001 mm ausgehämmert werden, ohne dass das feine Blattgold reißt. Auch Eisen kann zu Eisenspänen und schließlich zu Eisenmehl verarbeitet werden, wobei jeweils die Metalleigenschaften erhalten bleiben. Aber irgendwann werden wir an eine Grenze kommen, an der die weitere Zerteilung des Metalls aus praktischen Gründen nicht mehr gelingt.

Die bisherigen Beispiele zeigen, dass Materie ohne Verlust der ursprünglichen Eigenschaften weit gehend in kleinere Portionen geteilt werden kann. Es stellt sich nun die Frage, ob man die Stoffe, zumindest in Gedanken, immer weiter zerkleinern kann, bis man schließlich auf ein winzig kleines Teilchen stößt, das gewissermaßen der „Baustein" der Materie ist und das selbst nicht mehr weiter zerlegt werden kann. Ein Eisenstück würde in einem solchen Fall aus Millionen von Teilchen bestehen. Gold wiederum wäre aus Partikeln aufgebaut, die das Wesen dieses edlen Metalls ausmachen.

Leukipp von Milet (etwa 450 v. Chr.) kam als erster zu der Auffassung, dass Materie aus Teilchen besteht, die nicht weiter zerlegt werden können. Er nannte sie *Atome* (griech. atomos = unteilbar). Nach seiner Lehre gibt es verschiedene Atome, die sich durch Größe. Alle Atome bestehen aber aus dem gleichen Grundstoff, den Leukipp jedoch nicht näher erläuterte.

Sein Schüler, Demokrit von Abdera (460 – 370 v. Chr.), baute die Lehre von den Atomen (*Atomismus*) weiter aus, sodass man ihm im Allgemeinen zuschreibt, er habe den Begriff des *Atoms* geprägt. Die Atome sind für Demokrit unveränderliche, undurchdringliche Teilchen, die für den Menschen unsichtbar sind. Demokrit nahm an, dass die Eigenschaften der Materie dadurch zustande kommen, dass sich die Atome einmal durch Größe, Form und Masse unterscheiden, aber auch zueinander eine bestimmte Lage einnehmen können. Die Atome können außerdem miteinander zusammenstoßen, sich vereinigen und sich wieder trennen. Daraus resultiert die Vielfalt der Stoffe.

Demokrit lehrte, dass sich zwischen den Atomen leerer Raum befindet. Nach Demokrit gibt es die Objekte, die der Mensch sinnlich wahrnimmt, nicht wirklich, auch wenn er meint, sie existierten. Nur die Atome und der leere Raum sind wirklich und zugleich unzerstörbar. Lediglich die „Wirkungen" der Atome kann der Mensch erkennen, die er allgemein als Farbe, Geschmack, Geruch und Temperatur beschreibt. Die *Seele* besteht nach Demokrit ebenfalls aus Atomen, die wiederum in den verschiedenen Organen des menschlichen Körpers „Wirkungen" wie Vernunft und Gefühle hervorrufen.

Nach Demokrit sind die kleinsten Teilchen der Materie die Atome (griech. atomos = unteilbar). Nach seiner Lehre gibt es verschiedene Atome, die sich durch Größe, Gestalt und Masse unterscheiden. Sie können sich zu neuen Einheiten zusammenschließen, sich aber auch wieder voneinander trennen. Die Atome bleiben für den Menschen unsichtbar.

Daltons Atomtheorie

Der Engländer John Dalton (1766–1844) griff die unbewiesene Vorstellung Demokrits, dass Materie aus unzerstörbaren Atomen aufgebaut sei, wieder auf und baute sie zu einer neuen *Atomtheorie* aus. Dalton stellte die Hypothese auf, dass alle Elemente (wie Gold, Eisen, Schwefel usw.) aus Atomen bestehen, die man sich als winzige *Kugeln* vorzustellen hat. Sie sind nicht hohl, sondern gleichmäßig mit Masse ausgefüllt und vollkommen elastisch, d. h. sie brechen nicht auseinander, wenn sie mit anderen Atomen zusammenprallen.

Partialdruck

Befindet sich in einem Behälter Heliumgas (Symbol: He), so sind in ihm Heliumatome eingeschlossen, die sich alle durch das gleiche Volumen und die gleiche Masse auszeichnen. Ständig treffen sie auf die Wände des Behälters und bewirken dadurch einen bestimmten Druck, den man als *Partialdruck* des Gases bezeichnet. Die Heliumatome unterscheiden sich von den Atomen des Schwefels (Symbol: S) dadurch, dass die Schwefelatome wiederum eine für sie spezifische Größe und Masse besitzen.

Nach Dalton besteht jedes chemische Element aus Atomen, die jeweils eine für dieses Element charakteristische Größe und Masse besitzen. Die Atome sind kleine, gleichmäßig mit Masse ausgefüllte Kugeln und vollkommen elastisch.

Elementsymbole

Für die Elemente Kohlenstoff, Neon, Aluminium, Eisen und Gold wählt der Chemiker in der angegebenen Reihenfolge die Symbole C, Ne, Al, Fe und Au. Diese Abkürzungen stehen sowohl für den Elementnamen als auch für ein einziges Atom des betreffenden Elements.

Aus dem betrachteten Zusammenhang erkennt man im Allgemeinen stets, ob mit „Zn" beispielsweise das Metall Zink oder aber nur ein einziges Atom dieser Substanz gemeint ist.

Die Elementsymbole verwendet man sowohl für das Element als auch für ein Atom des betreffenden Elements.

Moleküle

Verbindungen (wie Wasser, Kohlendioxid, Ammoniak usw.) kommen nach Dalton dadurch zustande, dass sich verschiedene Atome zu Verbänden zusammenschließen und auf diese Weise neue Einheiten entstehen, die man als *Moleküle* bezeichnet. Verbinden sich beispielsweise zwei Wasserstoffatome (Symbol: H) mit einem Sauerstoffatom (Symbol: O), so bildet sich ein Wassermolekül, für das der Chemiker die Schreibweise H_2O wählt. Eine „Sauerstoffkugel" hat sich mit zwei „Wasserstoffkugeln" zu einem neuen Teilchen verknüpft.

Wassermoleküle
H_2O

Es ist zu beachten, dass die kleinsten Teilchen der Verbindungen die Moleküle und *nicht* die Atome sind, wenngleich die Moleküle wiederum aus Atomen aufgebaut sind. Aber durch den Zusammenschluss von Atomen zu Molekülen entstehen Stoffe, die sich durch vollkommen neue Eigenschaften auszeichnen.

Insofern ist es gerechtfertigt, die Moleküle als die kleinsten Einheiten der Verbindungen zu betrachten. So hat die Flüssigkeit „Wasser“ beispielsweise völlig andere Eigenschaften als die Gase „Wasserstoff“ und „Sauerstoff“, aus denen sie gebildet ist.

Die kleinsten Teilchen der Verbindungen sind die Moleküle.

Chemische Formel

Die Schreibweise „H_2O“ für das Wassermolekül wird *chemische Formel* genannt. Sie bringt zum Ausdruck, welche Atome und wie viele Atome der jeweiligen Art sich zu einem Molekül zusammengeschlossen haben. Die Anzahl der gebundenen Atome wird durch einen tiefgestellten Index nach dem Elementsymbol angegeben. Ist nur ein Atom eines Elements am Aufbau des Moleküls beteiligt, so verzichtet man auf den Index „1“. Insofern schreibt man für das Wassermolekül nicht H_2O_1, sondern nur H_2O. Die chemische Formel wird auch eingesetzt, wenn man die Substanz selbst (hier: das Wasser) beschreiben will.

Die chemische Formel für Verbindungen bringt zum Ausdruck, welche und wie viele Atome am Aufbau der jeweiligen Moleküle beteiligt sind. Gleichzeitig wird die chemische Formel als Abkürzung für die Verbindung selbst verwendet.

Das Kohlendioxid besteht aus Molekülen, die jeweils aus einem Kohlenstoffatom (Symbol: C) und zwei Sauerstoffatomen (Symbol: O) aufgebaut sind. Damit wird dem Kohlendioxidmolekül die chemische Formel CO_2 zugeordnet. Gleichzeitig steht CO_2 auch für Kohlendioxid, das ein farbloses Gas und Bestandteil der Ausatmungsluft ist. Leitet man Kohlendioxid in Wasser, so entsteht „Kohlensäure“.

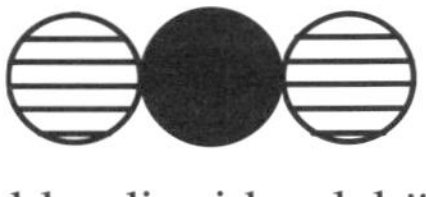

Kohlendioxidmolekül
CO_2

Ein Ammoniakmolekül setzt sich aus einem Stickstoffatom (Symbol: N) und drei Wasserstoffatomen (Symbol: H) zusammen. Deshalb kann das Molekül durch die Formel NH_3 ausgedrückt werden. Ammoniak, ein stechend riechendes, zu Tränen reizendes Gas, besteht ausschließlich aus Molekülen der genannten Zusammensetzung. Leitet man Ammoniak in Wasser, so wird diese Lösung als „Salmiakgeist“ bezeichnet. Ammoniak ist ein wichtiger Ausgangsstoff zur Herstellung der Salpetersäure und ihrer Salze, der Nitrate, die als Kunstdünger verwendet werden.

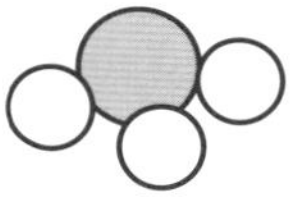

Ammoniakmolekül
NH_3

Abschließend seien die Kohlenwasserstoffverbindungen Methan (CH_4), Propan (C_3H_8) und Ethin (C_2H_2) sowie Ethanol ($C_2H_5OH = C_2H_6O$) genannt.

Das Methanmolekül besteht aus fünf Atomen; aus einem Kohlenstoffatom (C) und vier Wasserstoffatomen (H). Damit setzt sich das Molekül aus zwei verschiedenen „Atomsorten“ zusammen.

Das Propanmolekül ist aus insgesamt elf Atomen aufgebaut, aus drei C-Atomen und acht H-Atomen.

Das Ethinmolekül ist dadurch entstanden, dass sich zwei C-Atome mit zwei H-Atomen zusammengeschlossen haben. Untersuchungen zeigen, dass im Propan- und Ethinmolekül jeweils die C-Atome miteinander verknüpft sind.

Am Aufbau des Ethanolmoleküls sind drei verschiedene Atomarten beteiligt, nämlich zwei C-Atome, sechs H-Atome und ein O-Atom. Durch die Schreibweise C_2H_5OH (statt C_2H_6O) will man zum Ausdruck bringen, dass eines der Wasserstoffatome an einem Sauerstoffatom gebunden ist.
Warum sich die Atome in den Molekülen genau in der angegebenen Art und Weise verbinden, kann an dieser Stelle nicht geklärt werden. Dies wird Gegenstand von Kapitel 5.2 sein.

Nach Dalton sind die kleinsten Teilchen der Elemente die Atome. Wir wollen nun Elemente aufzeigen, die von dieser Regel abweichen.

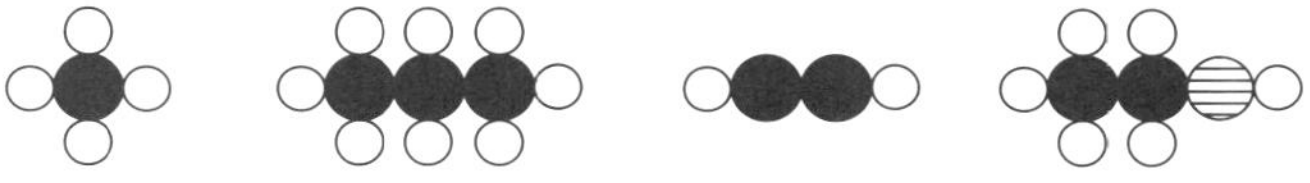

Methan CH_4 — Propan C_3H_8 — Ethin C_2H_2 — Ethanol C_2H_5OH

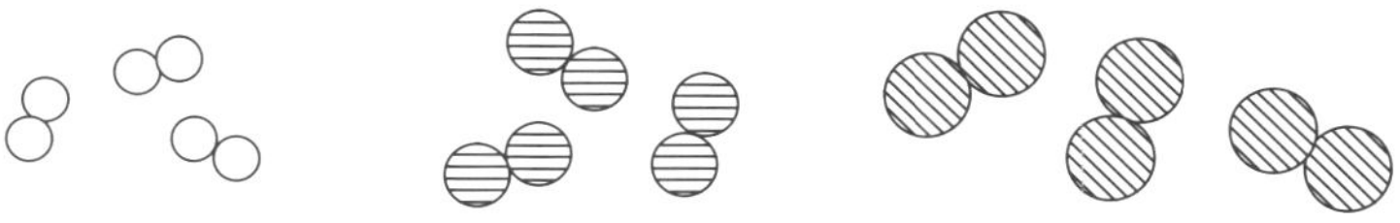

Wasserstoff H_2 — Sauerstoff O_2 — Chlor Cl_2

Bei einigen Elementen sind die kleinsten Teilchen nicht die Atome, sondern die Moleküle. Diese Moleküle sind aber, im Gegensatz zu denen der Verbindungen, aus gleichen Atomen aufgebaut. Elemente, die *molekular* auftreten, sind: Wasserstoff (H_2), Stickstoff (N_2), Sauerstoff (O_2), Fluor (F_2), Chlor (Cl_2), Brom (Br_2) und Iod (I_2). In den angegebenen Fällen gibt man deshalb für die Elemente nicht das chemische Elementsymbol, sondern die chemische Formel an, wie dies in den Klammern jeweils angezeigt ist.

Die Moleküle von Elementen sind aus gleichen, die Moleküle von Verbindungen aus verschiedenen Atomen aufgebaut.

Atommodelle

Das einfachste *Atommodell* sieht die Atome als kleine, gleichmäßig mit Masse ausgefüllte und vollkommen elastische Kugeln. Schon Demokrit hat die Auffassung vertreten, dass der Mensch nicht in der Lage ist, die Atome tatsächlich zu sehen oder ihre wahre Beschaffenheit zu erkennen. Er kann immer nur die „Wirkungen" der Atome in „getrübter Weise" wahrnehmen. Da die Atome „unendlich" kleine Gebilde darstellen, sind sie der direkten Beobachtung und Beschreibung nicht zugänglich.

Deshalb müssen von ihnen *Modelle* entwickelt werden, wohl wissend, dass Modelle die *Wirklichkeit* nur sehr unvollständig beschreiben. Jede Zeit wird ihre eigene *Vorstellung* vom Atom haben, und immer wieder werden Forscher das Bestreben haben, ihr *Bild* vom Atom zu erweitern, um damit die verschiedenen Experimentalergebnisse und Erscheinungen in der Natur zu erklären. Aber nie wird der Mensch das Atom in seiner Ganzheit klar erkennen und erfassen.

Modelle sind anschauliche Bilder, die dazu dienen, Sachverhalte zu beschreiben und Gesetzmäßigkeiten zu erklären. Gleichzeitig eröffnen sie die Möglichkeit, Voraussagen über den Ausgang neuer Experimente zu treffen und den Ablauf chemischer Reaktionen zu erklären.

Oft reicht ein einziges Modell nicht aus, um ein bestimmtes Phänomen zu beschreiben. Deshalb verwendet man verschiedene Modelle gleichzeitig, um der beobachteten Erscheinung gerecht zu werden. Jedes Modell kann immer nur bestimmte Aspekte der Wirklichkeit erfassen.

Modelle sind anschauliche Bilder, die den Versuch unternehmen, die Wirklichkeit zu beschreiben. Sie können jedoch immer nur Ausschnitte aus der Realität erfassen.

Ein Modell darf niemals mit der Wirklichkeit gleichgesetzt werden. Das Modell dient lediglich zur Veranschaulichung eines Sachverhalts. Um dies klar herauszustellen, betrachten wir einige Modelle, die im täglichen Leben eingesetzt werden. Eine Schaufensterpuppe stellt beispielsweise ein Modell für eine Person dar, da der menschliche Körper mit Materialien wie Kunststoff, Schaumgummi, Holz und Metallen nachgebildet wird. Mit der Puppe soll gleichzeitig das Bild vermittelt werden, wie ein Kleid, ein Kostüm oder ein Anzug ausfallen, wenn sie von einer Frau oder einem Mann getragen werden.

Das Modell im Schaufenster stellt das Abbild eines bekleideten Menschen dar, ohne diesen in seiner Körperlichkeit wirklich zu erfassen. Will man die inneren Organe wie Herz, Lunge, Leber oder das menschliche Knochengerüst aufzeigen, so ist die Schaufensterpuppe als Modell unbrauchbar. Man muss sich weitere Modelle konstruieren, um auch diesen Aspekten der menschlichen Realität gerecht zu werden. Das künstliche Skelett ist ein geeignetes Modell, um etwa die Wirbelsäule, den Schultergürtel oder die Knochen des Brustkorbs aufzuzeigen. Dagegen versagt es, wenn die Nervenbahnen und -zellen erklärt werden sollen.

Anhand dieses Beispiels wird klar, dass sehr viele Modelle erforderlich sind, um die Wirklichkeit „Mensch“ zu erfassen. Die Frage, ob nun ein Modell richtig oder falsch ist, ergibt hier keinen Sinn, da immer nur das Modell verwendet werden kann, das gerade geeignet ist, um auf eine bestimmte Fragestellung möglichst genau einzugehen.

Zwar kann ein menschliches Skelett in das Schaufenster eines Kaufhauses gestellt werden, aber es ist dort deplaziert, weil es im Zusammenhang mit einem Kleidungskauf nicht wirkungsvoll und adäquat eingesetzt wird. Auch ist das Gerippe ungeeignet, um etwa psychische Zusammenhänge aufzuzeigen.

Um Atome und Moleküle beschreiben zu können, machen wir uns von ihnen ein Bild. Wir entwerfen verschiedene Modelle, die wir nebeneinander verwenden. Es ist die Kunst des Chemikers, immer die „richtige Schublade“ zu ziehen, d. h. er muss wissen, welches Modell er gerade einzusetzen hat, um ein vorliegendes Phänomen zu beschreiben und zu erklären. Jedes Modell, und sei es noch so einfach, ist willkommen, wenn es in der Lage ist, beobachtete Vorgänge und die daraus abgeleiteten Gesetzmäßigkeiten zu erläutern.

Dalton-Modell

Das einfachste Atommodell ist das Dalton-Modell, das die Atome als Kugeln betrachtet. Man spricht auch vom Kugelmodell des Atoms.

Loschmidt'sche/Avogadro'sche Zahl
In Abschnitt 1.5 haben wir aufgezeigt, dass in der Stoffmenge von 1 mol stets $6{,}022 \cdot 10^{23}$ Teilchen enthalten sind. Diese Zahl wird nach dem Physiker Joseph Loschmidt (1821–1895) als *Loschmidt'sche Zahl* oder nach dem Physiker Amedeo Avogadro (1776–1856) als *Avogadro'sche Zahl* bezeichnet. Für die Konstante wählt man entweder die Symbole L oder N_A.

Setzt man das *Kugelmodell* für das Atom voraus, so kann man mithilfe der Loschmidtschen Zahl die Masse, den Durchmesser und das Volumen von Atomen abschätzen. Die Vorstellung, dass Atome kleine Kugeln sind, genügt bereits, um erstaunliche Erkenntnisse aus dem atomaren Bereich zu erlangen. Am Beispiel des Eisenatoms werden wir aufzeigen, wie es gelingt, nähere Aussagen über ein Atom zu gewinnen.

1 mol Eisen hat eine Masse von 55,8 g. Dividiert man die Masse durch die Loschmidtsche Zahl, so ermittelt sich die Masse m eines Eisenatoms.

$$m(\text{Fe}) = \frac{55{,}8\ \text{g}}{6{,}022 \cdot 10^{23}} = 9{,}266 \cdot 10^{-23}\ \text{g} = 9{,}27 \cdot 10^{-26}\ \text{kg}$$

Atomare Masseneinheit
Um die sehr kleine Masse der Atome in vernünftigen Zahlenwerten auszudrücken, wird die Einheit „kg" im atomaren Bereich durch die *atomare Masseneinheit* ersetzt. Man verwendet für sie den Buchstaben „u" (engl. atomic

mass unit). Die exakte Definition der Atommasseneinheit u ist Abschnitt 3.3 zu entnehmen.

$$1\ \text{u} = 1{,}66 \cdot 10^{-27}\ \text{kg}$$
$$1\ \text{kg} = 6{,}02 \cdot 10^{26}\ \text{u}$$

Die Masse eines Eisenatoms in atomaren Masseneinheiten kann mit der angegebenen Umrechnung gemäß nachstehender Rechnung ermittelt werden.

$$m(\text{Fe}) = 9{,}27 \cdot 10^{-26} \cdot 6{,}02 \cdot 10^{26}\ \text{u} = 55{,}8\ \text{u}$$

Man beachte, dass 55,8 g die Masse von $6{,}022 \cdot 10^{23}$ Eisenatomen ist, während 55,8 u (das sind $9{,}27 \cdot 10^{-26}$ kg) die Masse eines *einzigen Eisenatoms* angibt. Damit haben wir eine Möglichkeit aufgezeigt, wie die Masse einzelner Atome bestimmt werden kann.

Verhältnisgleichung

Ein Eisenwürfel mit einer Kantenlänge a = 10 cm hat eine Masse von 7,873 kg. Verwendet man die Loschmidtsche Zahl, so kann man mithilfe einer *Verhältnisgleichung* die Zahl x der Eisenatome berechnen, die diesen Würfel bilden.

$$55{,}8\ \text{g} : 6{,}022 \cdot 10^{23}\ \text{Atome} = 7873\ \text{g} : x$$

Produktgleichung

Die Verhältnisgleichung führen wir in eine *Produktgleichung* über. Diese erhalten wir nach der Rechenregel: „Das Produkt der Außenglieder ist gleich dem Produkt der Innenglieder."

$$55{,}8\ \text{g} \cdot x = 6{,}022 \cdot 10^{23}\ \text{Atome} \cdot 7873\ \text{g}$$

Löst man die Produktgleichung nach x hin auf, so ergibt sich die Zahl der Eisenatome in einem Würfel der Kantenlänge a = 10 cm.

$$x = \frac{6{,}022 \cdot 10^{23}\ \text{Atome} \cdot 7873\ \text{g}}{55{,}8\ \text{g}} = 849{,}7 \cdot 10^{23}\ \text{Atome}$$

$$x = 8{,}5 \cdot 10^{25}\ \text{Atome}$$

Der Eisenwürfel hat das Volumen $V_W = a^3 = 1000\ cm^3$. Nehmen wir jetzt einmal an, die Atome seien keine Kugeln, sondern winzige Würfel. Teilt man nun das Volumen des Eisenwürfels durch die Anzahl der in ihm befindlichen Eisenatome, so kann man das Volumen V eines (würfelförmigen) Atoms berechnen.

$$V = \frac{1000\ \text{cm}^3}{8{,}5 \cdot 10^{25}} = 117{,}647 \cdot 10^{-25}\ \text{cm}^3 = 1{,}2 \cdot 10^{-23}\ \text{cm}^3$$

$$V = 1{,}2 \cdot 10^{-23} \cdot 10^3\ \text{mm}^3 = 1{,}2 \cdot 10^{-20}\ \text{mm}^3$$

Die Kantenlänge α des „Atomwürfels" mit dem Rauminhalt $V = \alpha^3$ ermittelt sich in folgender Weise:

$$\alpha = \sqrt[3]{V} = \sqrt[3]{1{,}2 \cdot 10^{-20}\ \text{mm}^3} = 2{,}289 \cdot 10^{-7}\ \text{mm} = 2{,}3 \cdot 10^{-7}\ \text{mm}$$

Wir müssen zur Vorstellung, dass das Atom eine Kugel ist, zurückkehren. Die Atomkugel könnte so in dem Würfel liegen, dass sich ihr Mittelpunkt im Zentrum des Würfels befindet und sie seine Seitenflächen berührt. In diesem Falle wäre der Durchmesser der Kugel mit der Seitenkante des „Atomwürfels" identisch. Die Abbildung zeigt einen Querschnitt durch „Atomwürfel" und „Atomkugel".

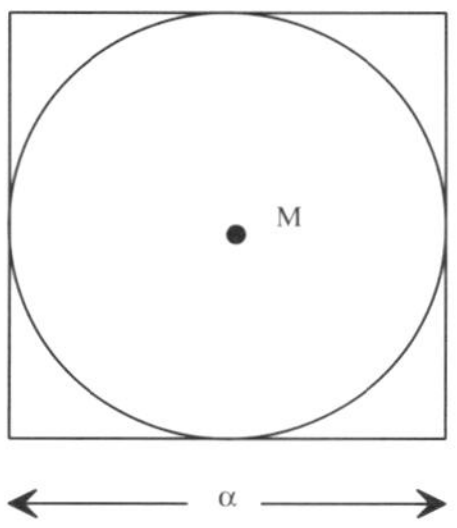

Atomdurchmesser

Wir haben zwar ein vereinfachtes Verfahren zur Berechnung des Atomdurchmessers gewählt, aber es genügt zu wissen, dass sich der Durchmesser der Atome in der Größenordnung 0,0000001 mm = 10^{-7} mm bewegt. Untersuchungen zeigen tatsächlich, dass der Durchmesser der Eisenatome $2{,}34 \cdot 10^{-7}$ mm beträgt.

Der Durchmesser der Atome liegt zwischen $1 \cdot 10^{-7}$ und $5{,}5 \cdot 10^{-7}$ mm.

Da wir lediglich Größenverhältnisse im atomaren Bereich aufzeigen wollen, beschränken wir uns auf Abschätzungen. Den Durchmesser eines Eisenatoms wollen wir deshalb für die weiteren Betrachtungen auf $2 \cdot 10^{-7}$ mm runden. Das würde nun bedeuten, dass auf einer 1 cm langen Strecke 50 Millionen Eisenatome zu liegen kämen.

$$\frac{10\ \text{mm}}{2 \cdot 10^{-7}\ \text{mm}} = 5 \cdot 10^{7} = 50.000.000\ \text{Eisenatome}$$

Um eine weitere Vorstellung von der Größe der Atome zu bekommen, betrachten wir einen Stecknadelkopf aus Eisen, der ein Volumen von 1 mm^3 besitzt. In ihm befinden sich etwa 100 Trillionen Atome.

Wir haben oben bereits festgestellt, dass ein Eisenwürfel mit einem Volumen $V_W = a^3 = (10\ \text{cm})^3 = (100\ \text{mm})^3 = 10^6\ \text{mm}^3$ eine Masse von 7873 g besitzt. In ihm befinden sich $8{,}5 \cdot 10^{25}$ Eisenatome. Den Stecknadelkopf fassen wir als kleinen Würfel mit einer Kantenlänge von 1 mm auf. Mit einer Verhältnisgleichung lässt sich dann die Anzahl x der Eisenatome im Kopf der Stecknadel berechnen.

$$10^6\ \text{mm}^3 : 8{,}5 \cdot 10^{25}\ \text{Atome} = 1\ \text{mm}^3 : x$$

Die Verhältnisgleichung wandelt man in eine Produktgleichung um.

$$10^6\ \text{mm}^3 \cdot x = 1\ \text{mm}^3 \cdot 8{,}5 \cdot 10^{25}\ \text{Atome}$$

Es folgt die Umstellung nach der Unbekannten x (Anzahl der Eisenatome):

$$x = \frac{1\ \text{mm}^3 \cdot 8{,}5 \cdot 10^{25}\ \text{Atome}}{10^6\ \text{mm}^3} = 8{,}5 \cdot 10^{19}\ \text{Atome}$$

$$x = 85 \cdot 10^{18}\ \text{Atome} = 100 \cdot 10^{18}\ \text{Atome (gerundet)}$$

Eine Rundung zeigt, dass etwa 100 Trillionen (10^{18}) Eisenatome einen Stecknadelkopf bilden. Könnte man sie zu einer Perlenkette aneinanderreihen, so ergäbe sich eine Strecke von 20 Millionen Kilometern. Das entspricht dem 52fachen Abstand zwischen Erde und Mond. Die mittlere Entfernung von Erde und Mond kann mit 384.400 km angesetzt werden.

Obwohl die Atome nicht sichtbar sind, lassen sich ihre Massen und Durchmesser ohne Schwierigkeit bestimmen. Das einfache *Kugelmodell* genügt bereits, um zu erstaunlichen Ergebnissen und Aussagen über die Atome zu gelangen. Das Modell nach Dalton ist außerdem geeignet, die Gesetze von den konstanten und multiplen Proportionen, das Gesetz von der Erhaltung der Masse (Abschnitt 1.4), die Gasgesetze und die Vorgänge bei der Diffusion und Osmose (Abschnitt 1.5) zu erklären.

Synthese und Analyse

Den Ablauf chemischer Reaktionen kann man sich mit dem Teilchenmodell der Materie so vorstellen, dass die beteiligten Atome bzw. Moleküle „umgruppiert" werden. Nach Dalton können sich die Atome zu neuen Einheiten, den Molekülen, zusammenschließen. Andererseits können sie sich aus größeren Atomverbänden auch wieder lösen. In diesem Zusammenhang betrachten wir die *Synthese* von Ammoniak und die elektrolytische Zersetzung *(Analyse)* von Wasser.

$$\text{Wasserstoff (g)} + \text{Stickstoff (g)} \rightarrow \text{Ammoniak (g)}$$

Bei der Ammoniaksynthese aus den Elementen reagieren die H_2-Moleküle des Wasserstoffs mit den N_2-Molekülen des Stickstoffs zu NH_3-Teilchen.

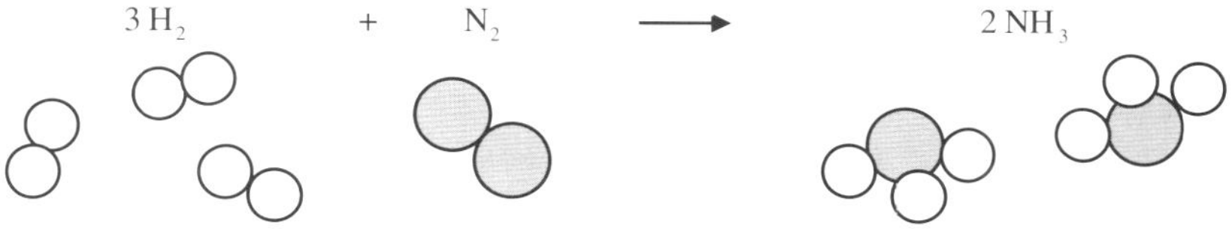

Auf beiden Seiten der chemischen Formelgleichung stehen jeweils sechs H-Atome und zwei N-Atome. Mit dem Kugelmodell kann „plastisch" aufgezeigt werden, dass das *Gesetz von der Erhaltung der Masse* Gültigkeit besitzt. Die Atome – und damit ihre Masse – können nicht einfach „verschwinden". Bei chemischen Reaktionen muss die Masse der Ausgangsstoffe (Wasserstoff und Stickstoff) mit der Masse der Endstoffe (Ammoniak) übereinstimmen.

Bei der *Synthese* von Ammoniak entsteht aus den Elementen H_2 und N_2 die chemische Verbindung NH_3. Bei der Zersetzung von Wasser mithilfe des elektrischen Stroms gehen umgekehrt aus der Verbindung H_2O die Elemente Wasserstoff H_2 und Sauerstoff O_2 hervor. In diesem Fall haben wir es mit einer Analyse zu tun (Abschnitt 1.2).

Wasser (l) → Wasserstoff (g) + Sauerstoff (g)

Durch Energiezufuhr „zerbrechen" die Wassermoleküle in ihre Bestandteile, nämlich in einzelne Wasserstoff- und Sauerstoffatome. Diese wiederum verbinden sich sofort zu den Molekülen H_2 und O_2. Die Elemente Wasserstoff und Sauerstoff treten nämlich molekular auf.

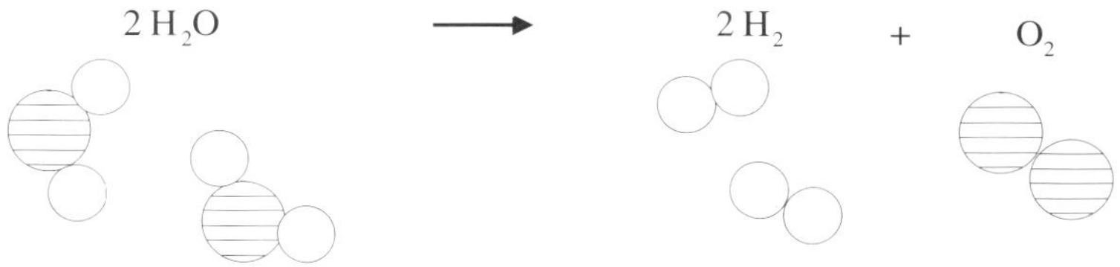

Man erkennt aus der Abbildung, dass die Anzahl der Teilchen und damit die Masse während der chemischen Reaktion unverändert bleiben.

Änderung des Aggregatzustands

Auch der Aufbau von Festkörpern, Flüssigkeiten und Gasen kann mit dem Kugelmodell erklärt werden. Fast jedes Element kann in den festen (s), flüssigen (l) und gasförmigen (g) Zustand überführt werden. Die Änderung des *Aggregatzustands* stellt man sich so vor, dass die Teilchen Energie aufnehmen oder abgeben und auf diese Weise ihre Beweglichkeit erhöhen oder vermindern.

Bei Raumtemperatur sind die Metalle, mit Ausnahme von Quecksilber (Hg), fest. Aber durch Erhitzen kann man die Metalle in ihre Schmelzen überführen, bei noch höheren Temperaturen entstehen Metalldämpfe. Brom (Br_2) ist das einzige Nichtmetall, das flüssig ist. Alle anderen Elemente mit Nichtmetallcharakter sind entweder fest (z. B. Schwefel, Phosphor, Kohlenstoff) oder gasförmig (z. B. Wasserstoff, Stickstoff, Helium).

Auch die Verbindungen können in den drei Aggregatzuständen auftreten. Wasser (H_2O), Schwefelsäure (H_2SO_4) und Ethanol (C_2H_5OH) sind beispielsweise flüssig, Ammoniak (NH_3), Kohlendioxid (CO_2) und Methan (CH_4) gasförmig, Siliciumdioxid (SiO_2) und Zucker ($C_{12}H_{22}O_{11}$) sind fest. Es gibt gewisse Gesetzmäßigkeiten, aus denen man Hinweise über den Aggregatzustand einer Substanz erhalten kann. In Abschnitt 5.1 wird aufgezeigt, daß alle Salze, wie z. B. das Kochsalz, Feststoffe sind.

Ein Stoff ist *fest*, wenn seine Teilchen (Atome, Moleküle) nicht beweglich sind. Sie rücken eng zusammen, und jedes Teilchen hat seinen festen Platz. Da die Atome oder Moleküle regelmäßig nach geometrischen Strukturen angeordnet sind, ist es üblich, von einem Gitter zu sprechen.

Die Abbildung zeigt einen zweidimensionalen Schnitt durch das *Gitter* eines Feststoffs. Die Anordnung der Teilchen erfolgt nach allen Richtungen des Raumes.

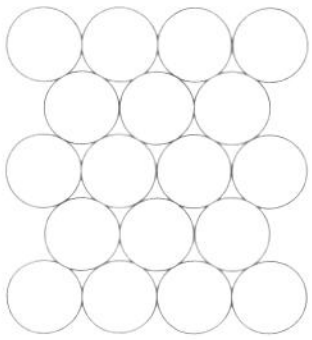

Feststoff
(s)

Es stellt sich die Frage, wie es den Teilchen gelingt, innerhalb des Gitters zusammenzubleiben. Man muss davon ausgehen, dass zwischen den Teilchen im Festkörper *Anziehungskräfte* herrschen. Ihre Natur kann allerdings mit der Vorstellung, dass Atome massive Kugeln sind, nicht erklärt werden. Damit stoßen wir an die Grenzen des Dalton-Modells.

Ist ein Stoff *flüssig*, so haben die Teilchen die regelmäßige Anordnung im Gitter aufgegeben und sind beweglich geworden. Die enge Packung besteht nicht mehr. Aber immer noch müssen zwischen den Atomen oder Molekülen Anziehungskräfte herrschen, da sie sich noch in einem gemeinsamen Verband befinden.

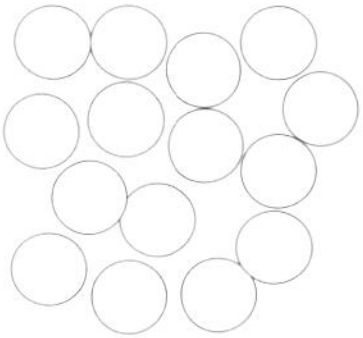

Flüssigkeit
(l)

Eine Substanz kommt nur dann vom festen in den flüssigen Aggregatzustand, wenn ihr Energie zugeführt wird. Die Teilchen des Gitters nehmen diese auf und können so die Anziehungskräfte teilweise überwinden und in Bewegung kommen. Man sagt, der Stoff *schmilzt*.

Ist die Materie *gasförmig*, so haben die Teilchen die Anziehungskräfte völlig überwunden, sie haben sich aus dem gemeinsamen Verband gelöst. Jetzt können sie sich frei und unabhängig voneinander im Raum bewegen. Die Teilchen befinden sich in ständiger Bewegung. Geht ein flüssiger Stoff in den gasförmigen Zustand über, so spricht man vom *Sieden*.

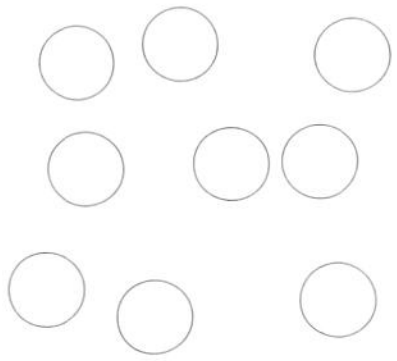

Das Kugelmodell des Atoms ist sehr einfach und anschaulich. Die Beispiele zeigen, dass es in der chemischen Praxis zur Erklärung vieler Sachverhalte eingesetzt werden kann. Die wesentlichen Stärken des Dalton-Modells sollen abschließend nochmals zusammengefaßt werden.

Das Dalton-Modell des Atoms ist geeignet, Masse und Durchmesser der Atome zu bestimmen, das Gesetz von der Erhaltung der Masse plausibel zu machen und die Aggregatzustände der Materie zu erläutern.

2.2 Atommodell von Thomson

Elektrostatische Anziehungskräfte

Bei der Beschreibung des festen und flüssigen Aggregatzustands haben wir angenommen, dass die Teilchen der Materie durch *Anziehungskräfte* zusammengehalten werden. Wir sind damit auf einen Mangel des Dalton-Modells gestoßen, da nicht geklärt ist, welcher Natur diese Kräfte sind und wie sie zustande kommen. Heute weiß man, dass zwischen den Atomen elektrostatische Anziehungskräfte herrschen, die die Teilchen in einem Verband zusammenhalten.

Prinzipiell lässt sich mit dem Dalton-Modell nicht erklären, wie Elektrizität zustande kommt. Jeder von uns hat schon erlebt, dass er einen „elektrischen Schlag" bekommen hat, wenn er gewisse Gegenstände angefasst hat. Manchmal beobachtet man sogar einen Funkenschlag, wenn man seinen Autoschlüssel ins Schloss der Wagentür steckt. Streicht man mit seinen Händen über den

Fernsehbildschirm, so nimmt man ein deutliches Knistern wahr. Man spürt, dass sich auf dem Schirm „etwas" angesammelt hat. Reibt man einen Hartgummistab mit einem Katzenfell, so kann man mit ihm kleine Papierfetzen anziehen oder sogar einen Wasserstrahl ablenken. Alle diese Erscheinungen können mit dem einfachen Kugelmodell nicht mehr erklärt werden.

Elektron

Der englische Physiker Joseph John Thomson (1856–1940) untersuchte den Elektrizitätsdurchgang in Gasen und im Vakuum und die Ablenkung von *Kathodenstrahlen* im elektrischen und magnetischen Feld. Es gelang ihm, von den Teilchen dieser Strahlung den Quotienten aus der Ladung e und der Masse m zu bestimmen und das Wesen dieser Strahlung zu ergründen. Thomson gilt als der Entdecker eines neuen Teilchens, das man heute als *Elektron* bezeichnet. Für seine Arbeiten erhielt Thomson 1906 den Nobelpreis für Physik.

Elektrischer Strom besteht aus einem Fluss von Elektronen. Diese können nur von Atomen stammen, da sie die „Bausteine" der Materie sind. Thomson gelangte deshalb zu der Auffassung, dass die Elektronen in den Atomkugeln stecken müssen und unter bestimmten Bedingungen freigesetzt werden. Die Elektronen sind kleine Teilchen, die eine elektrisch negative Ladung tragen. Gleichzeitig müssen die Atome aus einer elektrisch positiven Masse bestehen, da sie – mit den „eingebetteten" Elektronen – nach außen elektrisch neutral sind. Thomson kam zu der Erkenntnis, dass das *Elektron* ein elementarer Baustein aller Atome ist.

Die Abbildung zeigt ein Atom mit vier Elektronen, eingebettet in eine positiv geladene Atommasse.

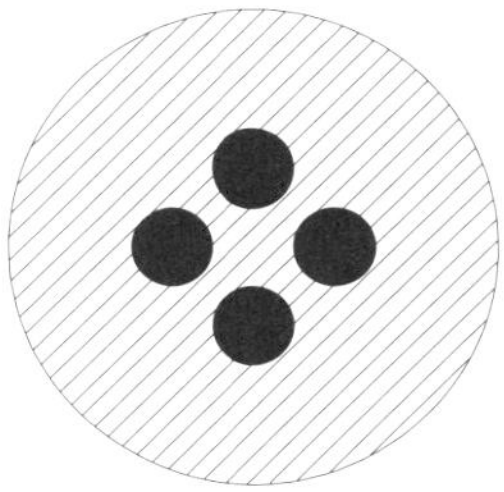

Thomson-Modell

Thomson diskutierte die Frage, an welche Gleichgewichtslagen die Elektronen gebunden sind. Er war der Auffassung, dass die Elektronen in geometrischen Strukturen (Hantel, gleichseitiges Dreieck, regulärer Tetraeder usw.) innerhalb der Atomkugel angeordnet sind. Da die Frage nach dem Muster der Einbettung nur noch von historischem Interesse ist, können wir auf Einzelheiten verzichten.

Das Thomson-Modell betrachtet die Atome als Kugeln, die gleichmäßig mit Masse und elektrisch positiver Ladung ausgefüllt sind. In die Kugeln sind nach einem regelmäßigen Muster auch negative Teilchen, die Elektronen, eingebettet. Durch elektrostatische Anziehungskräfte werden die geladenen Teilchen in ihrer Ruhelage gehalten. Das Atom ist nach außen elektrisch neutral.

Das Thomson'sche Atommodell ist geeignet, das Auftreten geladener Teilchen zu erklären. Wenn Atome Elektronen zusätzlich abgeben oder aufnehmen, stimmt die Anzahl der positiven Ladungen in der Atommasse nicht mehr mit der der negativen Elektronen überein. Das Atom verliert nach außen hin seine Neutralität, es wird zum Ladungsträger. Ein geladenes Atom, egal ob elektrisch positiv oder negativ, wird als *Ion* bezeichnet.

Kation

Wenn das Atom, das in obiger Abbildung angegeben ist, zwei Elektronen abgibt, entsteht eine Atomkugel, deren Masse aus vier positiven Ladungen besteht, aber in der nur noch zwei negative Ladungen eingebettet sind. Das entstehende Atom muss eine zweifach positive Ladung bekommen. Um die Ladung des Atoms festzustellen, muss nur die Rechnung

$$\text{Ladungszahl} = 4 \cdot (+1) + 2 \cdot (-1) = +4 - 2 = +2$$

durchgeführt werden. Das entstehende Teilchen ist ein zweifach positiv geladenes Ion. Positive Ionen werden auch als *Kationen* bezeichnet.

Anion

Würde das oben angegebene Atom ein Elektron zusätzlich aufnehmen, so kämen auf vier positive Ladungen der Kugelmasse fünf negative Elektronen. Das entstehende Ion hätte in diesem Fall eine einfach negative Ladung.

$$\text{Ladungszahl} = 4 \cdot (+1) + 5 \cdot (-1) = +4 - 5 = -1$$

Negativ geladene Ionen werden als *Anionen* bezeichnet. Ganz allgemein neigen die Atome von Metallen zur Elektronenabgabe und damit zur Bildung von Kationen, die Atome von Nichtmetallen nehmen Elektronen auf und werden zu Anionen.

Das Thomson-Modell ist nur noch von historischem Interesse. Aber es hat aufgezeigt, dass das *Elektron* ein elementarer Baustein des Atoms ist.

Elektrischer Strom, Kathodenstrahlen und Blitzentladungen sind nichts anderes als der Fluss schneller Elektronen.

Elementarladung

Die Elektrizitätsmenge, die in einem Elektron gespeichert ist, wird als *Elementarladung* (Symbol: e) bezeichnet und in Coulomb (C) angegeben.

Thomson hat die spezifische Ladung $\frac{e}{m}$ der Elektronen bestimmt. Später konnte auch die Elementarladung e und die Masse m der Elektronen bestimmt werden.

$$\frac{e}{m} = 1{,}7588 \cdot 10^{11}\ \text{C kg}^{-1}$$

$$e = 1{,}6021 \cdot 10^{-19}\ \text{C}$$

$$m = 9{,}109 \cdot 10^{-31}\ \text{kg} = 5{,}48597 \cdot 10^{-4}\ \text{u}$$

Zwar können mit dem Thomson-Modell elektrische Phänomene erklärt werden, aber Lichterscheinungen von Gasen und die radioaktive Strahlung, bei der auch positiv geladene Teilchen, und in Begleitung dazu energiereiche Röntgenstrahlung (γ-Strahlung), von den Atomen ausgehen, können nicht plausibel gemacht werden.

2.3 Das Rutherford-Modell

Das Kugelmodell kann weiterhin verwendet werden, um etwa die Masse und den Durchmesser von Atomen zu berechnen oder den Aufbau von Festkörpern, Flüssigkeiten und Gasen zu erklären. Auch die Gasgesetze und die Gesetze der Wärmelehre können zufriedenstellend interpretiert werden. Es ist deshalb angebracht, dieses Atommodell beizubehalten.

Wir haben gesehen, dass mit dem Thomson-Modell zwar die Erscheinungen der Elektrizität und das Entstehen von Ionen gedeutet werden kann, nicht aber die Fähigkeit von Atomen, Röntgenstrahlen und farbiges Licht auszusenden.

Ernest Rutherford (1871–1937) veröffentlichte 1911 ein neues Atommodell, das 1913 von seinem Schüler Niels Bohr weiter ausgebaut wurde. Rutherford gilt noch heute als einer der bedeutendsten Forscher auf den Gebieten der Atomphysik und der Radioaktivität. Er stellte u.a. fest, dass Atome zwei Arten von radioaktiver Strahlung abgeben können, die er α- und β-Strahlen nannte. 1908 erhielt er den Nobelpreis für Chemie.

α-Teilchen

Rutherford untersuchte die Streuung von α-Teilchen an einer dünnen Goldfolie. Die α-Teilchen sind elektrisch positiv geladene Teilchen und werden vom radioaktiven Element Radium (Ra) ausgeschickt. Wendet man das Kugelmodell auch auf die α-Teilchen an, so ist anzunehmen, dass sie nach dem Auftreffen auf der Goldfolie von dieser zurückgeworfen werden. Rutherford stellte aber fest, dass der überwiegende Teil der Geschosse ohne merkliche Ablenkung durch das

Goldblatt hindurchging und dabei kaum an Geschwindigkeit verlor. Nur wenige Teilchen wurden abgelenkt oder gar zurückgeworfen.

Da sich Gold besonders dünn auswalzen lässt, wurde dieses Edelmetall für die Streuversuche ausgewählt. Die Folie, die von Rutherford verwendet wurde, hatte eine Schichtdicke von nur 0,00005 cm. Später wiederholte Rutherford seine Experimente an anderen Metallfolien und stellte abermals fest, dass die α-Teilchen Tausende von Atomen ohne merkliche Ablenkung durchfliegen können. Nur manchmal wurden besonders große Ablenkwinkel festgestellt, dann sogar über 90°.

Rutherford folgerte aus seinen Versuchen, dass Atome keine massiven, gleichmäßig mit Masse ausgefüllten Kugeln sein können. Die Atome müssen vielmehr leeren Raum besitzen. Nur so ist zu erklären, dass die meisten α-Teilchen die Atome der Metallfolie geradlinig durchqueren. Aus dieser Tatsache schloss Rutherford ferner, dass die meisten α-Teilchen auf ihrem Weg durch die Goldfolie nicht an positiv geladenen Teilchen vorbeikommen.

Atomkern

Da aber auch große Streuwinkel auftreten, müssen in den Atomen Zentren vorhanden sein, in denen die ganze Masse und die positive Ladung des Atoms vereinigt ist. Gleichzeitig nehmen sie aber ein sehr kleines Volumen innerhalb der Atome ein. Rutherford nannte diese Zentren *Atomkerne*.

Die Abbildung zeigt den Durchgang durch die Atome einer Metallfolie. Nur wenn die α-Teilchen auf einen Atomkern treffen oder in seine Nähe kommen, werden sie abgelenkt.

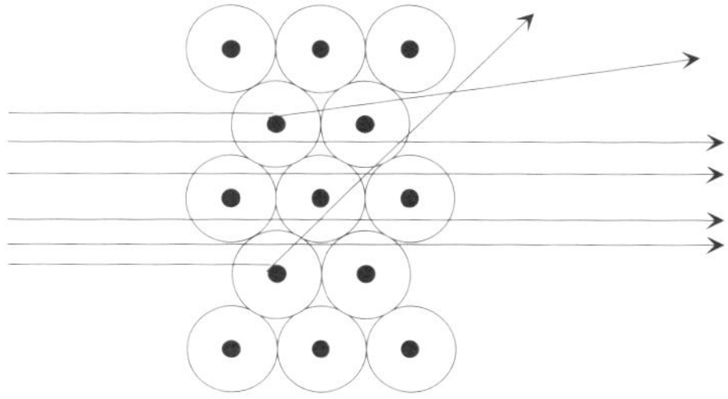

Kernradius

Nach Berechnungen von Rutherford haben die Atomkerne einen Radius in der Größenordnung von 10^{-14} bis 10^{-15} m. Die genaue Auswertung der Streuversuche zeigte, dass man den Kernradius eines Atoms nach folgender Formel ermitteln kann, wobei mit A die relative Atommasse in u bezeichnet wird.

$$r = 1{,}3 \cdot 10^{-15} \cdot \sqrt[3]{A}\ \text{m}$$

Das Eisenatom hat die relative Atommasse 55,8 u. Damit kann der Radius des Atomkerns im Eisenatom berechnet werden.

$$r = 1{,}3 \cdot 10^{-15} \cdot \sqrt[3]{55{,}8}\ \text{m} = 1{,}3 \cdot 10^{-15} \cdot 3{,}82\ \text{m}$$

$$r = 4{,}966 \cdot 10^{-15}\ \text{m} = 5 \cdot 10^{-15}\ \text{m}$$

In Abschnitt 2.1 haben wir gezeigt, dass das Eisenatom einen Durchmesser von $2{,}34 \cdot 10^{-7}$ mm = $2{,}34 \cdot 10^{-10}$ m hat. Berechnet man nun den Quotienten aus dem Atom- und dem Kerndurchmesser, so können wir angeben, in welchem Größenverhältnis beide zueinander stehen.

$$\frac{d(\text{Atom})}{d(\text{Kern})} = \frac{2{,}340 \cdot 10^{-10}\ \text{m}}{9{,}932 \cdot 10^{-15}\ \text{m}} = \frac{23.560}{1}$$

Der Durchmesser eines Eisenatoms ist etwa 20.000-mal größer als der Durchmesser seines positiven Kerns. Damit wird besonders deutlich, dass die meisten α-Teilchen bei ihrem Durchgang durch eine Metallfolie nicht abgelenkt werden können, da die Wahrscheinlichkeit sehr gering ist, dass sie auf einen positiven Atomkern stoßen.

Die positive Ladung und nahezu die gesamte Masse des Atoms sind im Atomkern konzentriert. Der Kerndurchmesser beträgt nur rund $\frac{1}{20.000}$ des Atomdurchmessers. Der überwiegende Teil des Atoms ist leerer Raum.

Feste Form der Materie

Obwohl ein Atom weit gehend aus leerem Raum besteht, können wir Materie dennoch in ihrer festen Form wahrnehmen. Um dies zu erklären, können wir das Netz eines Fußballtores betrachten. Das Netz besteht weit gehend aus leerem Raum, besitzt aber Verknüpfungsstellen. Diese Knoten können die Atomkerne symbolisieren. Die verschiedenen Atomschichten innerhalb einer Metallfolie kann man darstellen, indem man sich vorstellt, dass mehrere Fußballnetze versetzt hintereinander gespannt werden.

Ist jedes Netz großmaschig gestrickt, so können ohne weiteres kleinere Kügelchen, die für die α-Teilchen stehen, durch die Netze hindurchgeschossen werden. Die Wahrscheinlichkeit ist relativ gering, dass ein Geschoss auf einen Verknüpfungsknoten trifft, auch dann, wenn mehrere Netze hintereinander angeordnet sind. Erst wenn ihre Anzahl sehr groß wird, können die Kugeln die Netzreihen nicht mehr ungehindert passieren. Sind Millionen von Fußballnetzen vorhanden, so erscheinen sie uns von vorne als feste Front, obwohl jedes Netz selbst aus vielen „Löchern“ besteht.

Um noch eine bessere Vorstellung von den Atomen zu bekommen, geben wir einige anschauliche Beispiele.
Der Atomkern verhält sich von der Größe her zum gesamten Atom wie ein Stecknadelkopf zu einer 10 m langen Nadel. Im Falle des Eisenatoms wäre die Nadel sogar 20 m lang.

Wäre es möglich, die Kerne aller Atome eines Flugzeugträgers zusammenzupressen, so erhielte man einen Körper, der die Größe eines Stecknadelkopfes hätte. Dieser Nadelkopf hätte gleichzeitig die gewaltige Masse des Flugzeugträgers. An diesem Beispiel wird abermals deutlich, welches Ausmaß der leere Raum innerhalb eines Atoms annimmt.

Die Leere in der Welt der Atome kann mit der Leere des Weltalls verglichen werden. An dieser Stelle soll daran erinnert werden, dass bereits Demokrit vom leeren Raum im Zusammenhang mit den Atomen gesprochen hat (Abschnitt 2.1).

Positiver Kern und negative Hülle

Nach Rutherford besteht das Atom aus einem *positiven Kern* und einer *negativen Hülle*. Da das Atom nach außen elektrisch neutral ist, muss die Anzahl der positiven Kernladungen mit der der negativen Elektronen in der Atomhülle übereinstimmen. Die Elektronen werden vom positiv geladenen Kern angezogen und im Atomverband festgehalten.

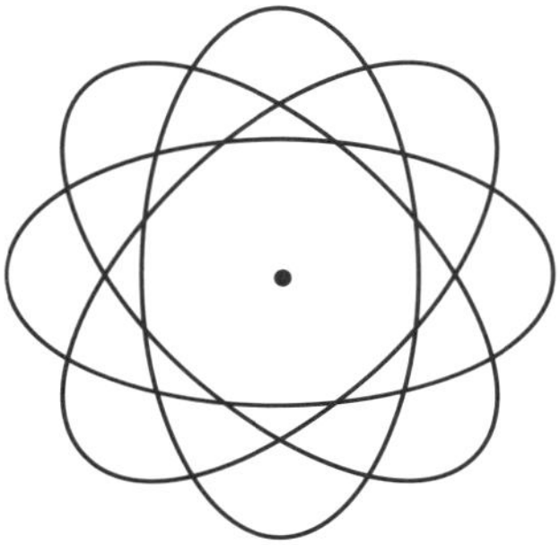

Die Gesamtheit der Elektronen bestimmt die Hülle und damit den Radius (bzw. Durchmesser) eines Atoms.

Die negativ geladenen Elektronen werden vom positiven Atomkern angezogen und im Atomverband festgehalten. Die Elektronen bilden die Hülle des Atoms und bestimmen seinen Radius. Man spricht auch von der Elektronenhülle.

Kernladungszahl

James Chadwick (1891–1974) verbesserte die Streuversuche an verschiedenen Metallfolien und entwickelte eine Methode zur Bestimmung der positiven Ladung in verschiedenen Atomkernen. Die Anzahl Z der positiven Ladungen im Kern eines Atoms wird als *Kernladungszahl* oder als *Ordnungszahl* bezeichnet. Mithilfe der Ordnungszahl Z lassen sich die Atome der verschiedenen Elemente im so genannten *Periodensystem der Elemente* in einer eindeutigen Reihenfolge anordnen.

Im Periodensystem (PSE) werden die Elemente nach zunehmender Kernladungszahl Z angeordnet. Man spricht auch von der Ordnungszahl.

Will man die Ladungsmenge berechnen, die in einem Atomkern gespeichert ist, so muss man das Produkt aus der Ordnungszahl Z und der Elementarladung e bilden. Die Elektronenhülle besitzt in einem neutralen Atom die gleiche Ladungsmenge wie der Kern, lediglich mit negativem Vorzeichen.

$$\text{Ladung des Atomkerns} = Z \cdot e = Z \cdot 1{,}6021 \cdot 10^{-19}\ \text{C}$$

Aluminium hat im Periodensystem die Ordnungszahl Z = 13 und besitzt damit 13 positive Kernladungen und 13 Elektronen in der Hülle. Ein Eisenatom (Z = 26) besitzt im Atomkern 26 positive Ladungen, das entspricht einer Elektrizitätsmenge von $26 \cdot e = 41{,}65 \cdot 10^{-19}$ C. Entsprechend befinden sich 26 Elektronen in der Hülle, die ebenfalls diese Ladungsmenge aufweist.

Man beachte, dass das Rutherford-Modell zwar von einem positiven Atomkern und einer negativen Elektronenhülle ausgeht, aber noch keine Aussagen über die Struktur des Atomkerns macht.

Elementarteilchen

Heute geht man davon aus, dass die *Protonen* im Kern die Träger der positiven Elementarladung sind. Außerdem befinden sich in ihm *Neutronen*, die elektrisch neutral sind und dafür sorgen, dass sich die Protonen wegen ihrer gleichnamigen Ladung nicht gegenseitig abstoßen. Eine Theorie über den Aufbau der Atomkerne wurde von Werner Heisenberg (1901–1976) entwickelt (Kapitel 3).

Protonen, Neutronen und Elektronen werden als Elementarteilchen bezeichnet. Das Proton ist elektrisch positiv, das Neutron ist ein neutrales Teilchen, das Elektron stellt ein negativ geladenes Teilchen dar.

In der nachstehenden Tabelle wird die Masse der Elementarteilchen beschrieben.

Proton	$m_P = 1{,}6725 \cdot 10^{-27}\,kg = 1{,}007277\,u$
Neutron	$m_N = 1{,}6748 \cdot 10^{-27}\,kg = 1{,}008665\,u$
Elektron	$m_E = 9{,}1091 \cdot 10^{-31}\,kg = 5{,}48597 \cdot 10^{-4}\,u$

Masse der Elementarteilchen

Die Masse des Neutrons und des Protons ist ungefähr gleich und etwa 1836-mal „größer" als die des Elektrons.

$$\frac{m_P}{m_E} = \frac{1{,}007277\,u}{5{,}48597 \cdot 10^{-4}\,u} = 1836$$

Die Elektronen haben offensichtlich wenig Masse.

Die Masse eines Elektrons ist sehr viel kleiner als die Masse des Protons. Sie beträgt etwa $\frac{1}{1850}$ der Protonenmasse.

Die Bedeutung des Rutherford'schen Atommodells liegt darin, dass zum ersten Mal ein *Kern-Hülle-Modell* entwickelt wurde, das auch bei den nachfolgenden Modellen beibehalten wurde.

2.4 Das Bohr-Modell

Ein Elektron hat je nach seiner Entfernung r vom Kern eine bestimmte potenzielle Energie (ähnlich wie ein Körper im Schwerefeld der Erde) und eine kinetische Energie, weil es um den Kern kreist. Die Gesamtenergie des Elektrons ist dann die Summe aus potenzieller und kinetischer Energie:

Gesamtenergie des Elektrons: $$E = -\frac{1}{2} \cdot \frac{1}{4\pi \cdot \varepsilon_0} \cdot \frac{(Ze) \cdot e}{r}$$

Wenn von der „Bahn" des Elektrons gesprochen wird, ist der Energiewert E gemeint, den man auch als Energiestufe bezeichnet. Ist der Bahnradius r unendlich groß, dann hat das Elektron den Energiewert 0, je näher das Elektron um den Atomkern kreist, desto größer ist sein negativer Energiewert. Die Einheit des Energiewerts ist das Elektronenvolt (eV). Die Umrechnung in die Einheit Joule ist: 1 eV = $1{,}602 \cdot 10^{-19}$, weiter gilt 1 MeV = 1.000.000 eV.

Bohr'sche Postulate

Der dänische Atomphysiker Niels Bohr (1885–1962) hat dem Rutherford-Modell noch zwei Postulate hinzugefügt, die den Mechanismus der Elektronenbahnen genauer zu erklären versuchen.

1. Bohr'sches Postulat:

Ein Elektron kann sich nur auf bestimmten Bahnen um den Atomkern bewegen (den sog. Quantenbahnen), die durch Quantenbedingungen festgelegt sind. Diese Bahnen durchläuft das Elektron strahlungsfrei (verlustfrei). Jeder Quantenbahn entspricht eine bestimmte Energiestufe, d. h. auf jeder möglichen Bahn hat das Elektron eine bestimmte Gesamtenergie.

Die den Quantenbahnen entsprechenden Energiestufen bezeichnet man mit E_1, E_2, E_3, ... E_n, wobei E_1 die dem Atomkern am nächsten gelegene Bahn ist, dann folgen E_2, E_3 usw. Die Indices 1, 2, 3, ... heißen Hauptquantenzahlen. Befindet sich das Elektron auf der Energiestufe E_1, so hat es seinen größten negativen

Energiewert (–13,53 eV, Wasserstoffatom), ist es dagegen sehr weit vom Kern entfernt, so hat es den Energiewert 0.

2. Bohr'sches Postulat:

E_n, E_k seien zwei Energiestufen mit $n > k$ und $n, k = 1, 2, 3, \ldots$ (E_n hat den größeren Bahnradius). Ein Elektron kann von k nach n springen, wenn es die Energie $E_n - E_k$ aufgenommen hat. Umgekehrt wird es beim Übergang von E_n auf die kernnähere Stufe E_k die aufgenommene Energie als elektromagnetischen Wellenzug (Photon) wieder abgeben. Die Frequenz f des Photons ergibt sich durch die Beziehung: $E_n - E_k = h \cdot f$.
h = Plancksche Konstante oder Wirkungsquantum = $6{,}62 \cdot 10^{-34}$ Js

Wenn also ein Atom Energie aus seiner Hülle aussendet, dann kann dies nur in festen „Energieportionen" (Quanten) geschehen. Umgekehrt nimmt das Atom auch nur bestimmte Energieportionen auf, wenn Elektronen auf energiereichere Bahnen springen. Sind im Atom alle Elektronen auf der niedrigsten Stufe, so befindet es sich im Grundzustand. Nimmt es Energie auf, so befindet es sich im angeregten Zustand.

Ionisation

Befindet sich ein Elektron auf der Quantenbahn E_n und wird ihm die Energie E_n zugeführt, so springt es auf die Stufe E_∞ mit der Energie $E = 0$. Das Elektron gehört dann dem Atom nicht mehr an. Das Atom hat das Elektron verloren. Das Atom ist nun positiv geladen (positives Ion). Der Vorgang heißt Ionisation, die Energie E_n ist die Ionisierungsenergie.

Aufbauprinzip der Atomhüllen

Die genaue Spektralanalyse des Lichts, das aus den Atomen ausgesandt wird, gibt Auskunft über den Aufbau der Atomhüllen. Im elektrischen Feld des Atomkerns

gibt es zunächst die schon erwähnten Energiestufen, auf denen sich die Elektronen strahlungsfrei bewegen. Die Energiestufen heißen auch Schalen, denn sie liegen gleichsam wie Kugelschalen mit verschieden großen Radien um den Kern. Die Schalen werden von innen nach außen mit K, L, M, N, O, P, Q bezeichnet; dies entspricht den Hauptquantenzahlen von 1 bis 7. Jede Energiestufe (ausgenommen E_1) muss noch in weitere Unterstufen eingeteilt werden, deren Zahl nach außen wächst. Die Energiezustände der Unterschalen heißen der Reihe nach s, p, d, f, ... , sie entsprechen den Nebenquantenzahlen, bezeichnet mit l, wobei $l = 0, 1, 2, 3, \ldots, (n-1)$. Aber auch die Unterschalen müssen noch feiner eingeteilt werden. Die Elektronen können dort weitere Energiezustände annehmen, die durch die magnetische Quantenzahl m und die Spinquantenzahl s beschrieben werden. m ist eine ganze Zahl mit $-l \leq m \leq +l$ und s hat nur zwei Werte, $s = \pm\frac{1}{2}$.
Einem Elektron ordnet man also stets 4 Quantenzahlen zu: n, l,m, s.

Röntgenstrahlen
Im Gegensatz zu den optischen Lichtwellen entstehen die Röntgenwellen durch Quantensprünge zwischen den inneren Elektronenschalen. Da die inneren Elektronen durch den Kern weit stärker gebunden sind als die äußeren, sind die Energieunterschiede der Elektronen im Anfangs- und Endzustand viel größer als bei den äußeren Elektronen. Die Energie der Röntgenquanten ist viel größer als bei den Lichtquanten, d. h. Röntgenstrahlen haben eine große Frequenz und eine sehr kleine Wellenlänge im Bereich von $1{,}6 - 66 \cdot 10^{-9}$ m. Röntgenstrahlen sind also noch kurzwelliger als ultraviolettes Licht. Sie haben auf Grund ihrer hohen Energie eine starke chemische und biologische Wirkung.

III. Atombau

3.1 Aufbau der Atome

Atomkern und Atomhülle

Rutherford folgerte aus seinen Streuversuchen, dass Atome keine massiven, gleichmäßig mit Masse ausgefüllten Kugeln sind, sondern vielmehr leeren Raum besitzen.
Die gesamte positive Atomladung und nahezu die ganze Atommasse sind auf einen kleinen Bereich im Zentrum des Atoms konzentriert. Dieses Zentrum nennt man *Atomkern*.

Da ein Atom nach außen hin elektrisch neutral ist, müssen in ihm so viele negative wie positive Ladungen vorhanden sein. Das heißt, die positive Kernladung wird durch eine entsprechende Anzahl von Elektronen im Atom kompensiert. Diese negativen Ladungen sind in der so genannten *Atomhülle*. Sie wird auch als *Elektronenhülle* bezeichnet.

Jedes Atom besteht aus einem positiven Kern und einer negativen Hülle. Der Kerndurchmesser beträgt nur rund $\frac{1}{20.000}$ des Atomdurchmessers. Der überwiegende Teil des Atoms ist leerer Raum. Im Atomkern befinden sich die Protonen, in der Atomhülle die Elektronen.

Kernladungszahl

Aus den Streuversuchen konnte Rutherford auch Rückschlüsse auf die Größe der Kernladung ziehen. Chadwick wiederholte die Streuversuche an verschiedenen Metallfolien und entwickelte eine Methode zur Bestimmung der positiven Ladung in den Atomkernen.
Er stellte fest, dass die Anzahl der Elementarladungen im Kern eines Atoms mit dessen *Ordnungszahl* im Periodensystem übereinstimmt. Die Anzahl der positiven Ladungen wird auch als *Kernladungszahl* bezeichnet.

Die Teilchen, die im Atomkern jeweils eine positive Ladung tragen, nennt man *Protonen*. Die Kernladungszahl ist damit mit der Protonenzahl und diese wiederum mit der Ordnungszahl (Symbol: Z) identisch. Da ein Atom nach außen hin neutral ist, gibt Z damit gleichzeitig auch die Elektronenzahl in der Atomhülle an.

Die Protonen tragen die (positive) Elementarladung im Kern, die nahezu masselosen Elektronen die (negative) Elementarladung in der Hülle des Atoms. Bei jedem neutralen Atom ist die Ordnungszahl Z = Kernladungszahl = Protonenzahl = Zahl der Elektronen in der Hülle.

Coulomb

Multipliziert man die Elementarladung $e = 1{,}6021 \cdot 10^{-19}$ C mit Z, so erhält man die elektrische Ladung in Coulomb, die sowohl im positiven Atomkern als auch in der negativen Elektronenhülle enthalten ist.

Beispiele: Gold (Au) hat die Ordnungszahl Z = 79. Damit besitzt jedes Goldatom 79 Protonen im Kern und 79 Elektronen in der Hülle.
Schwefel (S) besteht aus Atomen, die die Kernladungszahl 16 haben, d. h. jedes S-Atom hat 16 Protonen im Kern und 16 negative Ladungen in der Elektronenhülle.
Natrium (Na) hat die Ordnungszahl 11. Damit hat jedes Na-Atom in seinem Kern eine elektrische Ladung von $11 \cdot e = 17{,}6231 \cdot 10^{-19}$ C gespeichert.

Da sich gleichnamige Ladungen abstoßen, muss dies auch für die Protonen gelten. Der Atomkern kann nur stabil bleiben, wenn zwischen den Protonen eine genügende Anzahl elektrisch neutraler Teilchen eingelagert ist, die die gegenseitige Abstoßung der Protonen verhindert. Diese Teilchen werden *Neutronen* genannt.

Nukleonen

Die Bausteine des Kerns (Nuklid) sind die Protonen und Neutronen. Sie werden als *Nukleonen* bezeichnet (lat. nucleus = Kern). Es ist zu beachten, dass man aus dem PSE lediglich die Protonenzahl der Atome eines Elements ablesen kann, nicht aber deren Nukleonenzahl. Diese muss als *Massenzahl* (Symbol: A) anderweitig bekannt sein.

Alle Atomkerne bestehen aus Protonen und Neutronen (Nukleonen).

Aufbau der Atomkerne

Chadwick gelang es im Übrigen auch, die Neutronen als neutrale Teilchen nachzuweisen. Heisenberg hat 1932, kurz nach Entdeckung des Neutrons, eine neue Theorie über den Aufbau der Atomkerne aufgestellt, die auch heute noch gilt. Diese Theorie soll hier kurz zusammengefasst werden.

1. Die Kernladungszahl (und damit die Ordnungszahl) Z eines Atoms ist gleich der Zahl der im Kern befindlichen Protonen.

2. Die Nukleonenzahl eines Atomkerns ist gleich der Summe der Protonenzahl Z und der Neutronenzahl N. Sie wird als Massenzahl A eines Atoms bezeichnet. Es gilt: $A = Z + N$.

Man charakterisiert einen Atomkern (Nuklid) dadurch, dass man dem chemischen Elementsymbol als linken oberen Index die Massenzahl A und als linken unteren Index die Kernladungszahl Z anfügt. Die Neutronenzahl N ergibt sich aus der Differenz $A - Z$.

Beispiele:

Nuklid	Massenzahl	Protonenzahl	Neutronenzahl
$^{13}_{6}C$	13	6	7
$^{27}_{13}Al$	27	13	14
$^{200}_{80}Hg$	200	80	120

Das neutrale Kohlenstoffatom, das die in der Tabelle angegebenen Nukleonen besitzt, hat 6 Elektronen in der Hülle.
Entsprechend besitzen das Aluminiumatom 13 und das Quecksilberatom 80 Elektronen in der Atomhülle.

Die Protonen sind positiv geladene, die Elektronen negativ geladene und die Neutronen elektrisch neutrale Teilchen. Die Masse von Proton und Neutron ist fast gleich groß, die des Elektrons beträgt nur etwa $\frac{1}{1850}$ der Masse des Protons oder Neutrons.

Elektronenschalen

Nach dem Bohr'schen Atommodell bewegen sich die Elektronen auf bestimmten Bahnen um den Atomkern. Diese „Bahnen" stehen für einen bestimmten Energieinhalt des Elektrons. Elektronen mit dem gleichen Energiezustand (Energieniveau) gehören der gleichen Bahn an. Diese Bahnen werden häufig auch als *Elektronenschalen* bezeichnet.
Es spricht nichts dagegen, wenn man weiterhin die Modellvorstellung verwendet, dass sich die Elektronen auf kreis- oder ellipsenförmigen Bahnen um den Atomkern bewegen.

Hauptquantenzahl

Die erste Schale, die dem Atomkern am nächsten ist, heißt K-Schale. Man sagt auch, die Elektronen dieser Schale besitzen die *Hauptquantenzahl* n = 1. Die zweite Schale ist die L-Schale mit n = 2, die dritte Schale heißt M-Schale (n = 3) usw.

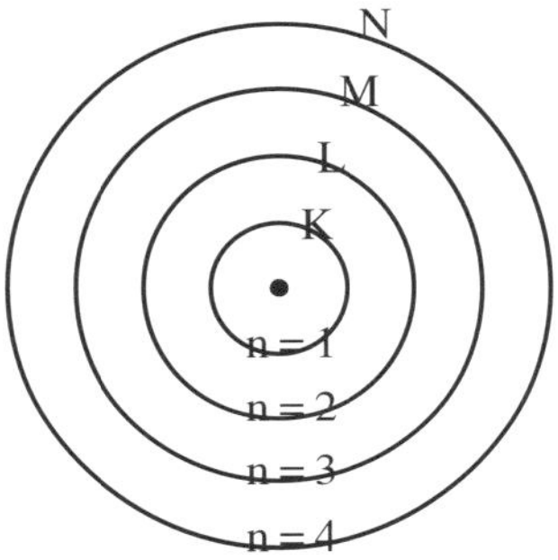

Zwiebelschalenmodell

Auch das *„Zwiebelschalenmodell"* ist sehr einprägsam. Man stelle sich vor, dass eine Zwiebel so aufgeschnitten wird, dass man ihre Ringe sieht. Das Zentrum entspricht dem Atomkern, und die Elektronen bewegen sich nun auf den verschiedenen „Zwiebelringen". Jeder Ring entspricht einem bestimmten Energiezustand der Elektronen. Die Elektronen auf dem ersten Ring haben eine andere Energie als die auf dem zweiten, und die wiederum ein anderes Energieniveau als die Elektronen auf dem dritten Ring usw.

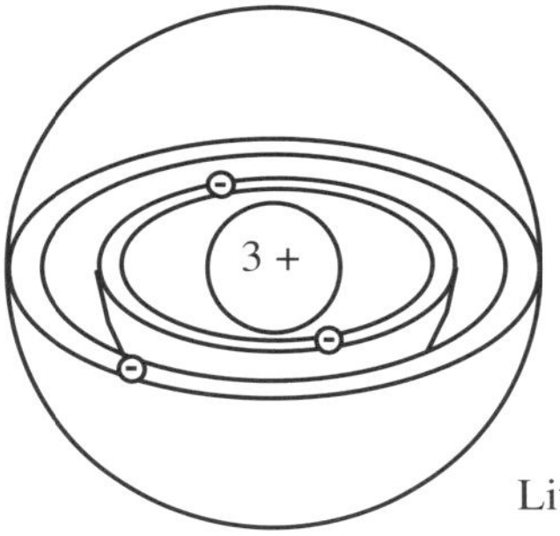

Lithiumatom

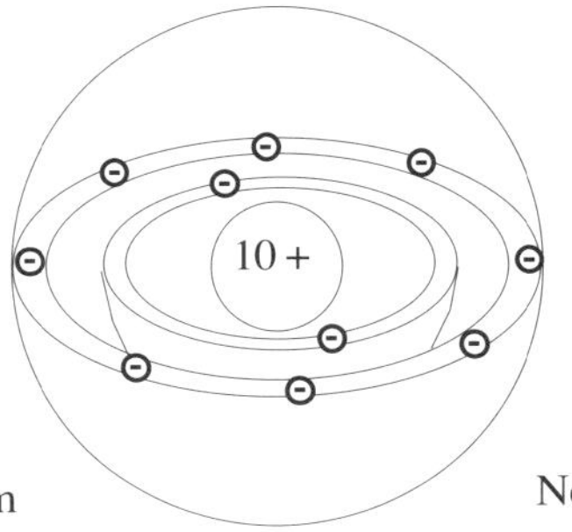

Neonatom

In vorstehender Abbildung wird das Schalenmodell für die Atome des Lithiums (Li) und des Neons (Ne) angegeben. Man erkennt, dass beide Atome in der innersten Schale, die dem Atomkern am nächsten ist, jeweils zwei Elektronen besitzen. Lithium hat die Ordnungszahl Z = 3, seine Atome besitzen damit drei Elektronen. Die Atome des Neons (Z = 10) weisen in der Atomhülle zehn Elektronen auf. Beide Atome haben zwei „Arten" von Elektronen, die der K-Schale haben ein anderes Energieniveau als die der L-Schale. In folgender Abbildung wird das Natriumatom (Z = 11) angegeben. Es gibt in ihm Elektronen mit drei verschiedenen Energiezuständen.

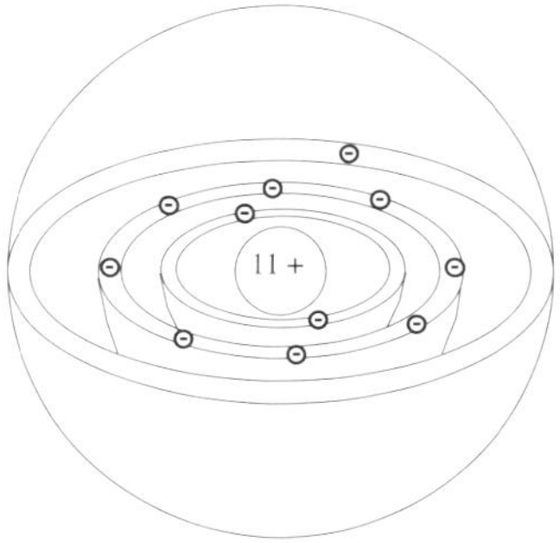

Natriumatom

In jeder Schale kann nur eine bestimmte Anzahl von Elektronen Platz finden. Mit der Formel $2n^2$ (wobei n die Hauptquantenzahl ist) kann man berechnen, wie viele Elektronen maximal in einer Schale untergebracht werden können. Zuerst werden immer die inneren, dann erst die äußeren Schalen mit Elektronen gefüllt.

Hauptquantenzahl	**Schale**	**maximale Elektronenanzahl $2n^2$**
n = 1	K	2
n = 2	L	8
n = 3	M	18
n = 4	N	32
n = 5	O	50
n = 6	P	72

Periodensystem

Die Elemente sind im Periodensystem (PSE) so angeordnet, dass man daraus sofort ablesen kann, wie viele Schalen bei den Atomen eines bestimmten Elements mit Elektronen besetzt sind. So besitzen die Elemente der ersten *Periode* (waagrechte Zeile) nur eine Schale, die mit Elektronen besetzt ist. Calcium (Ca) und Krypton (Kr) sind Elemente der vierten Periode. Ihre Atome haben jeweils vier Elektronenschalen.

Die Ordnungszahl Z gibt an, wie viele Elektronen ein Atom eines Elements in seiner Hülle besitzt. Phosphor steht mit der Ordnungszahl Z = 15 in der 3. Periode.

Damit sind beim Phosphoratom 15 Elektronen auf drei Schalen verteilt. Gemäß der Formel $2n^2$ befinden sich auf der K-Schale 2, auf der L-Schale 8 und auf der M-Schale 5 Elektronen.

Das Ca-Atom (Z = 20) hat insgesamt 20 Elektronen, die sich auf vier Schalen verteilen. Hier zeigt sich ein neues Phänomen. Sobald nämlich ein Hauptgruppenelement in einer Schale acht Elektronen hat, beginnt die Besetzung mit der nächsten Schale, obwohl in der vorletzten Schale noch Elektronen Platz finden könnten.

Damit hat das Calciumatom in der K-Schale 2, in der L-Schale 8, in der M-Schale 8 und in der N-Schale 2 Elektronen.

Nach dem Element Calcium (mit 8 Elektronen in der M-Schale) beginnen im PSE die Nebengruppen, angeführt von Scandium. Bei den Nebengruppenelementen von Scandium (Sc) bis Zink (Zn) wird nun die M-Schale aufgefüllt. Da in der M-Schale (n = 3) maximal 18 Elektronen Platz haben, wird verständlich, warum es in der 4. Periode zehn Nebengruppenelemente geben muss.

Valenzelektronen

Das Periodensystem gibt auch Auskunft darüber, wie viele Elektronen ein Atom eines bestimmten Elements in seiner äußersten Schale hat. Die Elektronen in der äußersten Schale nennt man *Außenelektronen* oder *Valenzelektronen*. Sie bestimmen die Eigenschaften eines Elements und sind bei chemischen Reaktionen von besonderer Bedeutung. Bei den Hauptgruppenelementen erkennt man die Zahl der Valenzelektronen an der Gruppennummer. Im PSE werden die senkrechten Spalten *Gruppen* genannt.

So haben alle Atome der Elemente aus der VI. Hauptgruppe (Chalkogene) 6 Elektronen in der äußersten Schale, die der Alkalimetalle (Hauptgruppe I) jeweils ein Außenelektron. Weil die Valenzelektronen die Eigenschaften bestimmen, zeigen die Elemente, die in einer Hauptgruppe stehen, ähnliches chemisches Verhalten. Es gibt kein Element, dessen Atome mehr als 8 Außenelektronen haben. Sobald eine Elektronenschale mit 8 Elektronen besetzt ist, wird mit dem Aufbau der nächsten Schale begonnen.

Perioden und Gruppen

Im Periodensystem der Elemente (PSE) werden die waagrechten Zeilen als Perioden, die senkrechten Spalten als Gruppen bezeichnet. Damit besteht das PSE (Hauptgruppen) aus sieben Perioden und acht Gruppen. Die Gruppennummer gibt die Anzahl der Valenzelektronen an, die Periodennummer die Anzahl der besetzten Elektronenschalen.

Wie schon ausgeführt, wird das PSE in Haupt- und Nebengruppen eingeteilt. Auf die „Lanthaniden und Actiniden“ soll erst später eingegangen werden. Die Elemente der Hauptgruppen zeichnen sich dadurch aus, dass deren Atome mit fortschreitender Ordnungszahl in ihrer *äußersten Schale* immer ein Elektron mehr einbauen. Die Atome der Nebengruppenelemente erhalten mit zunehmender Ordnungszahl ein weiteres Elektron in der *vorletzten Schale*.

Betrachten wir die Elemente der 3. Periode, so hat das Mg-Atom (Z = 12) 2 Valenzelektronen, das Al-Atom 3, das Si-Atom 4 Außenelektronen. Die Periode endet schließlich beim Argon (Ar) mit 8 Elektronen auf der äußersten M-Schale.

Bei den Nebengruppenelementen der 4. Periode hat das Scandiumatom (Sc) 9 Elektronen in der vorletzten Schale (M-Schale), das Titanatom (Ti) 10 Elektronen usw. Das letzte Nebengruppenelement der 4. Periode ist Zink (Zn); es hat mit 18 Elektronen die vorletzte Schale gefüllt. Nun treten wir mit Gallium (Ga) in die Hauptgruppen ein, und das weitere Auffüllen der N-Schale erfolgt. Die Atome des Galliums haben nun jeweils ein Valenzelektron mehr als die Atome des vorangegangenen Hauptgruppenelements Calcium (Ca), nämlich 3 Elektronen in der N-Schale.

Edelgaskonfiguration

Atome gleichen ihre Elektronenhülle an die der Edelgase (stabil) durch chemische Reaktionen an. Dies kann durch Abgabe oder durch Aufnahme von Außenelektronen geschehen. Das Wasserstoffatom hat sein Valenzelektron in der K-Schale. Insofern versuchen die Atome des Wasserstoffs, noch ein Elektron aufzunehmen, um die maximale Elektronenanzahl auf der Valenzelektronenschale zu erreichen. Damit erhält das H-Atom die Elektronenanordnung von Helium.

Die Besetzung der Außenschale mit acht Elektronen nennt man Edelgaskonfiguration, weil sie für alle Edelgase außer für Helium gilt. Befinden sich auf der äußersten Schale acht Elektronen, so spricht man auch vom Elektronenoktett.

Die Valenzelektronen bestimmen die chemischen Eigenschaften der Elemente. Das Element selbst wird durch die Protonen im Kern geprägt. Bei chemischen Reaktionen bleibt der Atomkern unverändert, lediglich die Valenzelektronenschale wird einem Wandel unterworfen. So geben die Atome von Metallen Außenelektronen ab, während die Atome von Nichtmetallen in ihrer äußersten Schale noch Elektronen aufnehmen.

Nimmt beispielsweise ein Wasserstoffatom ein Elektron auf, so hat es zwar die Edelgaskonfiguration von Helium, bleibt aber ein Wasserstoffteilchen, weil die

Protonenzahl das Element bestimmt. Da das entstandene Teilchen nun zwei Elektronen in der Hülle, aber nur ein Proton im Atomkern besitzt, ist es insgesamt negativ geladen (Symbol: H^-). Gibt ein Natriumatom (Na) sein Valenzelektron ab, so bekommt das entstehende Natriumteilchen das Elektronenoktett von Neon (Ne). Es entsteht dadurch ein elektrisch positiv geladenes Teilchen (Na^+).

Verändern neutrale Atome ihre Valenzelektronenzahl, so entstehen positiv oder negativ geladene Atome, da die Protonenzahl nicht mehr mit der Elektronenzahl übereinstimmt.

Beispiele: In folgender Tabelle sind einige Teilchen mit ihrer Protonen- und Elektronenzahl angegeben. Außerdem wird vermerkt, aus wie vielen Elektronenschalen das Atom bzw. Ion aufgebaut ist.

Teilchen	Name	Protonen	Elektronen	Schale
H	Wasserstoffatom	1	1	1
H^+	Proton	1	0	0
H^-	Hydridion	1	2	1
Mg	Magnesiumatom	12	12	3
Mg^{2+}	Magnesiumion	12	10	2
Fe	Eisenatom	26	26	4
Fe^{2+}	Eisenion	26	24	3
He	Heliumatom	2	2	1
He^{2+}	α-Teilchen	2	0	0

Abschließend betrachten wir das Element Barium (Ba) mit der Ordnungszahl Z = 56. Aus seiner Stellung im PSE entnehmen wir, dass jedes Ba-Atom

56 Protonen im Kern hat und gleichzeitig 56 Elektronen in der Hülle, die aus 6 Schalen besteht. Die Atome des Bariums zeichnen sich durch 2 Valenzelektronen aus, die sich auf der P-Schale (n = 6) befinden. Durch Abgabe dieser Außenelektronen entsteht das Bariumion Ba^{2+}, das die gleiche Elektronenanordnung wie das Xenonatom (Xe) besitzt.

3.2 Isotope

Mischelemente

Barium ist ein sog. *Mischelement*, da es aus sieben natürlich vorkommenden Atomarten besteht, die wiederum mit unterschiedlicher Häufigkeit auftreten. Alle Atome des Bariums haben die gleiche Protonenzahl, unterscheiden sich voneinander aber in der Neutronen- und damit in der Massenzahl. Die Atome des Bariums werden als *Isotope* bezeichnet.

Der Begriff „Isotope" (griech. isos = gleich, topos = Stelle) bringt zum Ausdruck, dass alle Atome des Bariums die Kernladungszahl Z = 56 und somit die gleiche Ordnungszahl haben. Damit stehen sie im PSE an der gleichen Stelle. Aber das PSE gibt keine Hinweise auf die Anzahl der Isotope und deren Neutronenzahl.

Die natürlich vorkommenden Isotope des Bariums haben die Massenzahlen 130 (0,101 %), 132 (0,097 %), 134 (2,41 %), 135 (6,59 %), 136 (7,81 %), 137 (11,32 %) und 138 (71,66 %). In Klammern ist die relative Häufigkeit angegeben, mit der das Isotop auftritt. Aus $N = A - Z = A - 56$ lassen sich nun die Neutronenzahlen der Isotope ermitteln: 74, 76, 78, 79, 80, 81, 82. Mit aufwändigen physikalischen Methoden können die einzelnen Isotope getrennt werden.

Atome mit gleicher Protonenzahl, aber verschiedener Nukleonenzahl (d. h. unterschiedlicher Massenzahl A bzw. unterschiedlicher Neutronenzahl N) nennt man Isotope eines Elements.

Reinelemente

Nur 19 Elemente sind aus *einer* natürlich vorkommenden Atomart aufgebaut. Man nennt sie *Reinelemente*. Dazu gehören die Hauptgruppenelemente Beryllium (Be), Fluor (F), Natrium (Na), Aluminium (Al), Phosphor (P) und Arsen (As). Von den Nebengruppenelementen seien Scandium (Sc), Mangan (Mn) und Gold (Au) genannt, die nur aus einer Atomart bestehen.

Elemente, die aus Isotopen bestehen, heißen Mischelemente. Besteht ein Element aus nur einer Atomart, wird es als Reinelement bezeichnet. Die meisten Elemente sind Mischelemente.

Isotope des Wasserstoffs

Von dem Element Wasserstoff existieren drei Isotope. Die Isotope des Wasserstoffs nennt man Protium, Deuterium und Tritium. Der Kern des am häufigsten vorkommenden Wasserstoffatoms (99,9851 %) besteht aus einem Proton. Dieses Wasserstoffisotop heißt Protium. Deuterium (0,0149 %) besteht aus zwei Nukleonen, aus einem Proton und einem Neutron. Tritium ($< 10^{-10}$ %) ist das Wasserstoffisotop, dessen Kern aus einem Proton und zwei Neutronen aufgebaut ist. Alle Isotope haben ein Elektron in der Hülle (K-Schale).

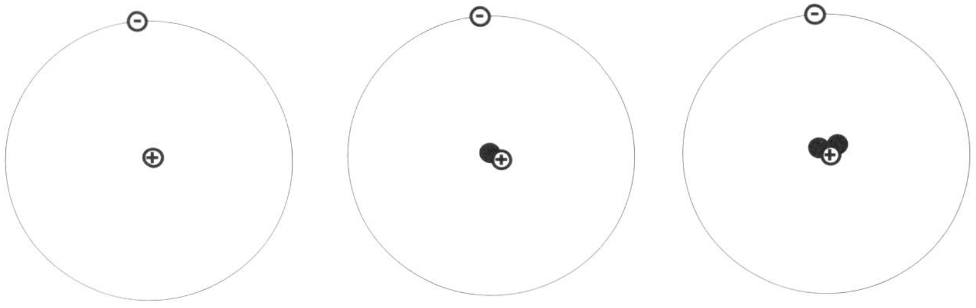

Symbole:	Protium	Deuterium	Tritium
	$^{1}_{1}H$	$^{2}_{1}H = ^{2}_{1}D$	$^{3}_{1}H = ^{3}_{1}T$

Die drei Wasserstoffisotope haben jeweils ein Proton im Atomkern. Insofern genügt es, wenn man sie ausschließlich durch die Massenzahlen und das Elementsymbol charakterisiert (^{1}H, ^{2}H,^{3}H).

Durchschnittliche Nukleonenzahl des Lithiumatoms

Lithium (Z = 3) ist ein Mischelement, das aus zwei Isotopen besteht. Das eine Isotop besteht aus 6 Nukleonen (7,4 %), das andere aus 7 Nukleonen (92,6 %). Der Aufbau der beiden Lithiumatome wird in folgender Abbildung gezeigt.

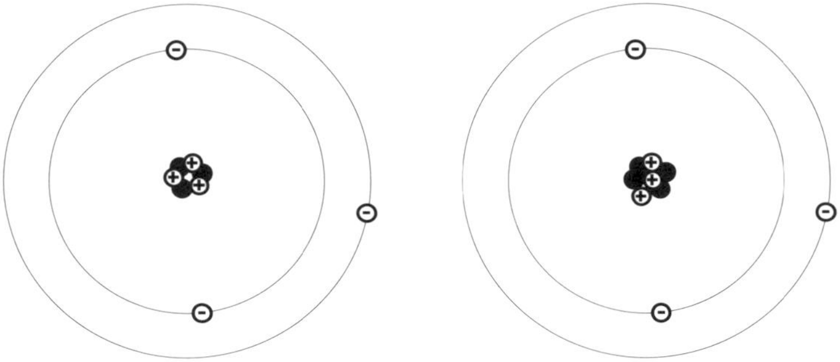

Symbole: $^{6}_{3}Li$ $^{7}_{3}Li$

Nehmen wir einmal an, an einer Prüfungsarbeit im Fach Chemie nehmen 25 Studenten teil. Die Leistungen werden mit sechs Notenstufen bewertet. Dabei ergebe sich folgende Notenverteilung:

Notenstufe	**1**	**2**	**3**	**4**	**5**	**6**
Studentenzahl	5	5	4	7	3	1
relative Häufigkeiten	5/25 0,20 20 %	5/25 0,20 20 %	4/25 0,16 16 %	7/25 0,28 28 %	3/25 0,12 12 %	1/25 0,04 4 %

In der zweiten Zeile stehen die absoluten, in der dritten Zeile die relativen Häufigkeiten, die außerdem noch in Prozenten angegeben werden. Multipliziert man die Notenstufen mit den jeweiligen relativen Häufigkeiten und bildet die Summe, so erhält man die Durchschnittsnote 3,04 der Prüfungsarbeit.

$$1 \cdot 0{,}20 + 2 \cdot 0{,}20 + 3 \cdot 0{,}16 + 4 \cdot 0{,}28 + 5 \cdot 0{,}12 + 6 \cdot 0{,}04 = 3{,}04$$

Da Lithium aus zwei Isotopen besteht, kann man sich fragen, was die durchschnittliche Nukleonenzahl (Massenzahl) eines Lithiumatoms ist. Da jedes Proton und Neutron auch eine gewisse Masse hat, ist damit auch die Frage nach der durchschnittlichen Masse eines Lithiumatoms verbunden. Man beachte aber, dass die Massenzahl A eine Teilchenzahl ist, die durchschnittliche Masse hingegen in kg gemessen wird.

Will man nun berechnen, aus wie vielen Nukleonen ein Lithiumatom durchschnittlich aufgebaut ist, so muss man, wie im Fall der Prüfungsnoten, die relativen Häufigkeiten der Isotope berücksichtigen.

Nukleonenzahl	**6**	**7**
relative Häufigkeiten	7,4 % = 0,074	92,6 % = 0,926

Man beachte, dass 1 % die Kurzschreibweise für 1/100 = 0,01 ist. Wie am Beispiel der Prüfungsnoten aufgezeigt wurde, berechnet sich die durchschnittliche Massenzahl eines Lithiumatoms wie folgt:

$$6 \cdot 0{,}074 + 7 \cdot 0{,}926 = 0{,}444 + 6{,}482 = 6{,}926$$

Nun wird verständlich, warum im PSE für Lithium auch noch der Wert 6,9 (gerundet) angegeben ist. In dieser Zahl werden die relativen Häufigkeiten der natürlich vorkommenden Isotope berücksichtigt. Allerdings sind in ihr noch weitere Größen enthalten, die es noch zu besprechen gilt. Dies wird deutlich, wenn man die Berechnungen auf die Isotope des Elements Barium anwendet, deren relative Häufigkeiten oben angegeben sind. Für die Atome des Bariums findet man die durchschnittliche Massenzahl 137,406. Im PSE steht bei Barium (Z = 56) aber die gerundete Zahl 137,3.

3.3 Die relative Atommasse

Rutherford gelangte zu der Auffassung, dass die Atome aus einem positiven Kern und einer negativen Hülle bestehen. Die positiven *Elementarteilchen* nennt man Protonen, die negativen sind die Elektronen. Heisenberg nahm an, dass im Atomkern auch noch Neutronen vorhanden sind, die keine Elementarladung tragen, damit sie die gegenseitige Abstoßung der Protonen verhindern und diese somit zusammenhalten. Chadwick gelang es, die Neutronen als ungeladene Teilchen nachzuweisen.

Atommasseneinheit
Betrachtet man die Reinelemente Natrium (Z = 11) und Arsen (Z = 33), so bestehen die Atome des Natriums aus 23 Nukleonen und 11 Elektronen, die Arsenatome aus 75 Nukleonen und 33 Elektronen.
Da die Elektronen nahezu masselos sind und die Neutronen und Protonen etwa die gleiche Masse haben, ist leicht abzuschätzen, dass die Arsenatome mit 75 Nukleonen insgesamt „schwerer“ sind als die Atome des Natriums mit nur 23 Nukleonen.

Vergleicht man die genannten Atome noch mit Protium, dem Wasserstoffatom mit nur einem Kernteilchen, so lässt sich sagen, dass das Natriumatom etwa 23-mal und ein Arsenatom etwa 75-mal schwerer als das Wasserstoffisotop ^{1}H ist. Seit 1961 verwendet man aber nicht Protium, sondern das Kohlenstoffisotop ^{12}C, bestehend aus 12 Nukleonen und 6 Elektronen, als Vergleichsatom. Man hat sich auf diese Basis geeinigt, weil der Großteil aller chemischen Verbindungen Kohlenstoffatome enthält.

Von diesem Isotop ausgehend, definiert man für den atomaren Bereich eine neue Masseneinheit „u“, da die Einheit „kg“ im atomaren Bereich wenig anschaulich und für den Gebrauch des Chemikers auch nicht handlich ist. Für die Masse des Kohlenstoffatoms ^{12}C setzt man willkürlich 12 u. Die neue Einheit u heißt *Atommasseneinheit* (engl. atomic mass unit).

Die atomare Masseneinheit 1 u ist der zwölfte Teil der Masse eines Atoms des Kohlenstoffisotops ^{12}C. Also: $1\ u = \frac{1}{12}\ m\ (^{12}C)$.

Weil das ^{12}C-Atom eine Masse von $19{,}92 \cdot 10^{-27}$ kg besitzt, folgt daraus: $1\ u = 1{,}66 \cdot 10^{-27}$ kg. Entsprechend kann die Einheit kg auch in Atommasseneinheiten u angegeben werden.

Umrechnung: $1\ u = 1{,}66 \cdot 10^{-27}$ kg; $1\ kg = 6{,}022 \cdot 10^{26}$ u

Massendefekt

In der Tabelle wird die Masse der Elementarteilchen in kg und u angegeben.

Proton	m_p	=	$1{,}6725 \cdot 10^{-27}$ kg	=	1,007277 u
Neutron	m_n	=	$1{,}6748 \cdot 10^{-27}$ kg	=	1,008665 u
Elektron	m_e	=	$9{,}1091 \cdot 10^{-31}$ kg	=	0,000548597 u

Natrium (Z = 11) besteht aus den Atomen ^{23}Na. Damit besteht der Kern aus 11 Protonen und 12 Neutronen, die Hülle aus 11 Elektronen. Mit vorstehender Tabelle ist es möglich, die Masse eines Natriumatoms zu berechnen.

$$\begin{aligned} m(^{23}Na) &= 11 \cdot 1{,}007277\ u + 12 \cdot 1{,}008665\ u + 11 \cdot 0{,}000548597\ u \\ &= 11{,}080047\ u + 12{,}10398\ u + 0{,}006034567\ u \\ &= 23{,}19006157\ u \end{aligned}$$

Messungen zeigen aber, dass das Natriumatom nur eine Masse von 22,991 u besitzt. Wie später ausgeführt, ist dies auf den *Massendefekt* zurückzuführen. Der obige Zahlenwert wird im PSE angegeben; man bezeichnet ihn als *relative Atommasse* oder kurz als Atommasse. Mit dem Umrechnungsfaktor 1 u = $1{,}66 \cdot 10^{-27}$ kg kann die Atommasse auch in der Einheit kg angegeben werden.

Relative Atommasse

Im letzten Abschnitt (3.2) ist aufgezeigt worden, dass das Mischelement Lithium aus den Isotopen ^{6}Li und ^{7}Li besteht. Für die beiden Isotope haben wir die durchschnittliche Massenzahl 6,926 berechnet. Das Lithiumatom ^{6}Li besteht aus 3 Protonen, 3 Neutronen und 3 Elektronen. Seine Atommasse ist 6,049471791 u.

$$\begin{aligned} m(^{6}Li) &= 3 \cdot 1{,}007277\ u + 3 \cdot 1{,}008665\ u + 3 \cdot 0{,}000548597\ u \\ &= 3{,}021831\ u + 3{,}025995\ u + 0{,}001645791\ u \\ &= 6{,}049471791\ u \end{aligned}$$

Da das Isotop ^{7}Li ein Neutron mehr besitzt als ^{6}Li, berechnet sich seine Atommasse, indem zur Masse des zuletzt genannten Isotops noch die Masse eines Neutrons addiert wird.

$$\begin{aligned} m(^{7}Li) &= 6{,}049471791\ u + 1{,}008665\ u \\ &= 7{,}058136791\ u \end{aligned}$$

Will man nun die durchschnittliche Masse eines Lithiumatoms angeben, so müssen auch die relativen Häufigkeiten der beiden Isotope (7,4 % bzw. 92,6 %) mit in die Rechnung einbezogen werden.

$$\begin{aligned} m(Li) &= 0{,}074 \cdot m(^{6}Li) + 0{,}926 \cdot m(^{7}Li) \\ &= 0{,}447660912\ u + 6{,}535834668\ u \\ &= 6{,}983495581\ u \end{aligned}$$

Genaue Messungen zeigen, dass die durchschnittliche Masse eines Lithiumatoms nur 6,940 u beträgt (Massendefekt). Dies ist die *relative Atommasse* eines Lithiumatoms.

Unter der relativen Atommasse versteht man die durchschnittliche Masse des Atoms eines Elements in atomaren Masseeinheiten (u). In ihr sind der Massendefekt und die relativen Häufigkeiten der natürlich vorkommenden Isotope berücksichtigt.

Beachte: Die Atommasse gibt an, wie „schwer" das Atom eines Elements ist. Sie ist aus dem PSE ablesbar. So haben die Atome von Barium (Ba) eine durchschnittliche Masse von 137,3 u. Die Massenzahl ist hingegen die Anzahl der Nukleonen und aus dem PSE nicht erkennbar.

3.4 Atomradien

Innerhalb einer Hauptgruppe (senkrechte Spalte im PSE) nimmt der Atomradius von oben nach unten zu. Dies ist verständlich, da mit jeder Periode eine neue Elektronenschale hinzukommt.
Betrachten wir etwa die I. Hauptgruppe, so besitzt das Lithiumatom 2, das Natriumatom 3, das Kaliumatom 4 Schalen usw.

Innerhalb einer Periode nehmen die Atomradien von links nach rechts ab. Die Zahl der Schalen in einer Periode bleibt gleich. Durch die zunehmende Zahl an Protonen werden die Elektronenhüllen näher zum Kern gezogen. Dies gilt nicht für die Atome der Edelgase.

Die Atomradien nehmen im PSE von oben nach unten zu, sowie von links nach rechts (bis zu den Edelgasen) ab.

3.5 Metalle und Nichtmetalle

Metalle sind Feststoffe mit einem charakteristischen Glanz. Sie sind gute Strom- und Wärmeleiter. Quecksilber ist das einzige Metall, das bei Raumtemperatur flüssig ist. Alle Elemente der Nebengruppen sind Metalle. In den Hauptgruppen befinden sich Metalle, Halbmetalle und Nichtmetalle. Die Nichtmetalle können in allen Aggregatzuständen auftreten und weisen die genannten Metalleigenschaften nicht auf.

Denkt man sich im PSE der Hauptgruppen von links oben nach rechts unten eine Diagonale, so stehen unterhalb dieser Linie die Metalle, oberhalb der Diagonalen die Nichtmetalle. Alle Elemente im Grenzbereich werden als Halbmetalle bezeichnet. Sie zeigen sowohl die Eigenschaften der Metalle als auch die der Nichtmetalle. Die Diagonale beginnt beim Bor (B). Damit gehören alle Elemente der I. und II. Hauptgruppe zu den Metallen.

H							He
Li	Be	B	C	N	O	F	Ne
Na	Mg	Al	Si	P	S	Cl	Ar
K	Ca	Ga	Ge	As	Se	Br	Kr
Rb	Sr	In	Sn	Sb	Te	I	Xe
Cs	Ba	Tl	Pb	Bi	Po	At	Rn
I.	**II.**	**III.**	**IV.**	**V.**	**VI.**	**VII.**	**VIII.**

Wasserstoff (Symbol: H) nimmt eine Sonderstellung ein. Obwohl er ein Nichtmetall ist, steht er in der I. Hauptgruppe. Das liegt daran, dass seine Atome nur ein Valenzelektron besitzen.

Ionen

Ein Atom, das eine positive oder negative Elementarladung trägt, wird als *Ion* bezeichnet. Die Schreibweise für ein Ion erfolgt so, dass man rechts oben am Elementsymbol die Anzahl der positiven oder negativen Ladungen anbringt. So ist Mg^{2+} ein zweifach positiv geladenes Magnesiumion und F^- ein einfach negativ geladenes Fluoridion. Negativ geladene Ionen, die nur aus einem Atom bestehen, erhalten bei der Namensgebung die Endsilbe -id.

Beispiele:	H^-	Hydridion	F^-	Fluoridion
	Cl^-	Chloridion	Br^-	Bromidion
	O^{2-}	Oxidion	S^{2-}	Sulfidion
	N^{3-}	Nitridion	P^{3-}	Phosphidion

Metalle zeichnen sich dadurch aus, dass ihre Atome Valenzelektronen abgeben, um auf diese Weise Edelgaskonfiguration zu erreichen. So entstehen aus den Metallatomen positiv geladene Ionen, die auch als *Kationen* bezeichnet werden. Die Atome des Natriums (I. Hauptgruppe) geben ein Elektron, die des Bariums (II. Hauptgruppe) ihre beiden Außenelektronen ab.

$$Na \rightarrow Na^+ + e^-$$
$$Ba \rightarrow Ba^{2+} + 2\,e^-$$

Weil aus den Metallatomen positive Ionen entstehen, nennt man sie *elektropositiv*. Metalle bzw. ihre Atome sind *Elektronenspender* (Elektronendonatoren).

Anionen

Die Nichtmetallatome nehmen umgekehrt Elektronen auf, um die Elektronenanordnung des nachfolgenden Edelgases zu erhalten. So entstehen negativ geladene Ionen, die man *Anionen* nennt. Das Schwefelatom (VI. Hauptgruppe) nimmt zwei Elektronen in die Valenzelektronenschale auf, das Bromatom ein Elektron, damit das Elektronenoktett erfüllt wird.

$$S + 2\,e^- \rightarrow S^{2-}$$
$$Br + e^- \rightarrow Br^-$$

Aus den Nichtmetallatomen entstehen negative Ionen. Nichtmetalle sind deshalb *elektronegativ*. Sie sind *Elektronenakzeptoren* (Elektronenacceptoren).

Metallcharakter

Der Metallcharakter nimmt innerhalb einer Hauptgruppe zu. Dies ist verständlich, weil der Atomradius zunimmt. Die Außenelektronen sind damit weiter vom positiven Atomkern entfernt und können leichter aus dem Atomverband entfernt werden. Sie werden durch die inneren Elektronen vom Kern abgeschirmt.

Das Bohrsche Atommodell besagt, dass die Elektronen, die sich auf einer Bahn bewegen, die vom Kern weiter entfernt ist, ein höheres Energieniveau besitzen. Damit haben die Valenzelektronen mit größerer Hauptquantenzahl mehr Energie. Das heißt gleichzeitig, dass für diese nicht mehr so viel Energie aufgebracht werden muss, um sie aus dem Atomverband zu entfernen. Damit können die Außenelektronen von Metallatomen innerhalb einer Gruppe um so leichter abgetrennt werden, je mehr Elektronenschalen sie besitzen.

Innerhalb einer Periode nimmt der Metallcharakter ab. Bekanntlich nimmt der Atomradius innerhalb der Periode ab, also können die Valenzelektronen nicht mehr so leicht abgespalten werden, da sie näher am positiven Atomkern sind. Die Anziehungskraft zwischen Kern und Außenelektronen nimmt zu. Damit muss der Metallcharakter abnehmen.

Der Metallcharakter nimmt in den Gruppen von oben nach unten zu, in den Perioden nimmt er von links nach rechts hin ab.

Demnach ist Cäsium (Cs) das elektropositivste Metall, Fluor (F) das elektronegativste Nichtmetall. Cäsiumatome sind ausgezeichnete Elektronendonatoren, Fluoratome die besten Elektronenakzeptoren. Beide Atome neigen leicht dazu, Edelgaskonfiguration zu erreichen.

$$Cs \rightarrow Cs^{+} + e^{-}$$
$$F + e^{-} \rightarrow F^{-}$$

Cäsium und Fluor sind die reaktionsfreudigsten Elemente überhaupt. So muss das Metall Cäsium in einer Glasampulle aufbewahrt werden, weil es sich sofort entzündet, wenn es mit dem Sauerstoff der Luft in Berührung kommt. Fluor ist ein grüngelbes, extrem giftiges Gas, das mit allen Elementen reagiert. Bei Rotglut werden sogar die edlen Metalle Gold (Au) und Platin (Pt) angegriffen.

3.6 Ionenradien

Metallionen

Die positiven *Metallionen* sind beträchtlich kleiner als die entsprechenden Atome. Dies ist verständlich, weil bei den Kationen die Kernladungszahl größer ist als die Elektronenzahl. Der Kern kann damit die Elektronenhülle stärker zusammenziehen als im neutralen Atom. Außerdem ist bei den Kationen eine Schale weniger mit Elektronen besetzt als bei den neutralen Metallatomen.

Nichtmetallionen

Die negativen *Nichtmetallionen* sind erheblich größer als die entsprechenden Atome. Dieser Größenunterschied lässt sich dadurch erklären, dass bei den Anionen die Elektronenhülle mehr Elektronen enthält, als der Protonenzahl entspricht. Die Elektronenhülle wird vom Kern nicht mehr so stark zusammengehalten, die gegenseitige Abstoßung der Elektronen kommt stärker zur Geltung. Das Ion erreicht für seine Außenschale Oktett, dadurch wird der Radius größer.

Die positiven Metallionen sind beträchtlich kleiner, die negativen Nichtmetallionen erheblich größer als die entsprechenden neutralen Atome.

Ionisierungsenergie

Bei der Erzeugung von Kationen durch Entzug von Elektronen aus dem Atomverband, muss Energie aufgebracht werden. Diese wird als *Ionisierungsenergie* bezeichnet. Bei der Bildung negativer Ionen von Nichtmetallen wird im Allgemeinen Energie freigesetzt. Diese Energie wird *Elektronenaffinität* genannt.

Die Ionisierungsenergie nimmt innerhalb einer Gruppe ab. Das ist leicht nachvollziehbar, da der Atomradius zunimmt und damit die Entfernung der Außenelektronen erleichtert wird. Innerhalb einer Periode nimmt die Ionisierungsenergie zu. Der Grund ist darin zu sehen, dass der Atomradius mit zunehmender Kernladungszahl abnimmt und die Elektronenhülle stärker vom Kern angezogen wird. Es muss deshalb mehr Energie aufgebracht werden, um ein Elektron aus dem Atomverband zu entfernen.

Man beachte, dass der Begriff *Ionisierungsenergie* ausschließlich auf die Erzeugung *positiver* Ionen (Kationen) durch Entzug von Elektronen angewandt wird. Die Energie, die erforderlich ist, um beispielsweise aus einem Kupferatom ein Elektron zu entfernen, nennt man die 1. Ionisierungsenergie.

$$Cu \rightarrow Cu^{+} + e^{-}$$

Spaltet man aus dem entstandenen Kupferion (Cu^{+}) ein zweites Elektron ab, so muss ein weiterer Energiebetrag aufgebracht werden, der größer ist als der der ersten Ionisierung, weil es durch die erhöhte Kernladungszahl in einem positiven Ion schwieriger wird, ein negatives Elektron zu entfernen. Die Energie, die nun aufgewandt werden muss, heißt 2. Ionisierungsenergie.

$$Cu^{+} \rightarrow Cu^{2+} + e^{-}$$

IV. Elektronen und Orbitale

4.1 Elektronenhülle

Valenzelektronen

Für die Chemie ist die Elektronenhülle viel wichtiger als der Atomkern. Bei chemischen Reaktionen werden nämlich nur die Elektronen umgeordnet, der Atomkern bleibt hingegen unverändert. Es sind die Elektronen auf der äußersten Elektronenschale, die das chemische Verhalten der Atome bestimmen. Diese Elektronen nennt man *Außenelektronen* oder *Valenzelektronen.*

Bei den Hauptgruppenelementen gibt die Gruppennummer die Anzahl der Außenelektronen an. So haben die Atome der Elemente der I. Hauptgruppe (Alkalimetalle) jeweils ein Valenzelektron, die Elemente der VII. Hauptgruppe (Halogene) jeweils sieben Außenelektronen. Die Elemente der Nebengruppen, die so genannten Übergangsmetalle, haben – von einigen Ausnahmen abgesehen – jeweils zwei Außenelektronen. Die Atome von Chrom (Cr), Kupfer (Cu) und Silber (Ag) haben nur ein Valenzelektron. In diesem Kapitel versuchen wir zu ergründen, wie diese „Ausnahmen" zu erklären sind.

Edelgaskonfiguration

Atome haben stets das Bestreben, für ihre Valenzelektronenschale *Edelgaskonfiguration* (Oktett) zu erreichen. Diese Elektronenanordnung stellt einen energiearmen Zustand dar und wird deshalb von Atomen angestrebt.
Es gilt allgemein, dass Teilchen versuchen, ein energiegünstiges Niveau zu erreichen. Das ist letzten Endes auch die Triebfeder für das Ablaufen chemischer Umsetzungen.

Energiehauptniveau

Lange Zeit war man der Auffassung, dass sich die Elektronen auf Bahnen um den Atomkern bewegen, die man auch als *Schalen* bezeichnen kann. Den einzelnen Schalen hat man die Großbuchstaben K, L, M, N usw. zugeordnet. Befindet sich

ein Elektron auf der kernnahen K-Schale, so wird ihm die *Hauptquantenzahl* n = 1 zugeordnet. Elektronen, die sich in der L-Schale befinden, haben die Hauptquantenzahl n = 2 usw.
Die Vorstellung von den Schalen ist sehr anschaulich, deshalb wird sie in der Chemie weiterhin verwendet.

Wenn sich Elektronen etwa auf der M-Schale befinden, also die Hauptquantenzahl n = 3 haben, so heißt dies, dass sie alle den gleichen Energiezustand besitzen. Die Elektronen auf der N-Schale, mit der Hauptquantenzahl n = 4, haben dann eine höhere Energie. Also wird Elektronen, die das gleiche Energieniveau haben, eine Schale zugeordnet. Sie steht für eine ganz bestimmte Energie der Elektronen. Damit sind die Elektronen der Atomhülle auf *Energiehauptniveaus* mit unterschiedlicher Energie verteilt.

Je größer die Hauptquantenzahl n eines Elektrons ist, um so größer ist sein Energieniveau und desto weiter ist es vom Atomkern entfernt.

Ionisierungsenergie
Das Bohrsche Atommodell besagt, dass die Elektronen ihre Energie innerhalb eines Atoms nur in bestimmten Portionen ändern können. Die Energie von Elektronen verändert sich innerhalb des Atoms nicht allmählich, sondern portionsweise. Ein Elektron mit dem Energieniveau, das der Hauptquantenzahl n = 1 entspricht, kann nur die Energie von der Schale n = 3 annehmen, wenn ihm exakt die Energiedifferenz zwischen den beiden Hauptniveaus zugeführt wird. Beim „Zurückspringen" gibt das Elektron die Energiedifferenz in Form eines Photons wieder ab.

Die Energieportion, die ein Elektron im Atom aufnehmen oder abgeben muss, um ein anderes Energieniveau zu erreichen, wird als *Energiequant* bezeichnet. Die Energie, die einem Elektron zugeführt werden muss, damit es den Atomverband verlassen kann, heißt *Ionisierungsenergie*.

Freies Elektron

Hat ein Elektron den Atomverband verlassen, also genügend Energie erhalten, um die Anziehungskraft des positiven Kerns zu überwinden, so wird es als *freies Elektron* bezeichnet. Es kann nun sein Energieniveau kontinuierlich verändern und unterliegt jetzt nicht mehr der *Energiequantelung*. Der Änderung des Energiezustands in „Portionen“ unterliegen die Elektronen nur, wenn sie in einer Atomhülle eingebunden sind.

Ein Elektron kann seine Energie innerhalb des Atomverbands nicht kontinuierlich verändern, sondern unterliegt der Energiequantelung.

Energieniveauschema

Die nachstehende Abbildung zeigt das *Energieniveauschema* für ein beliebiges Atom. Der Pfeil gibt die Energie an, die erforderlich ist, um ein Elektron aus der Atomhülle zu entfernen. Aus dem Energieniveauschema wird klar, dass einem Elektron mit der Hauptquantenzahl n = 1 mehr Energie zugeführt werden muss als etwa einem Elektron mit der Hauptquantenzahl n = 4, um es aus dem Atomverband zu lösen.

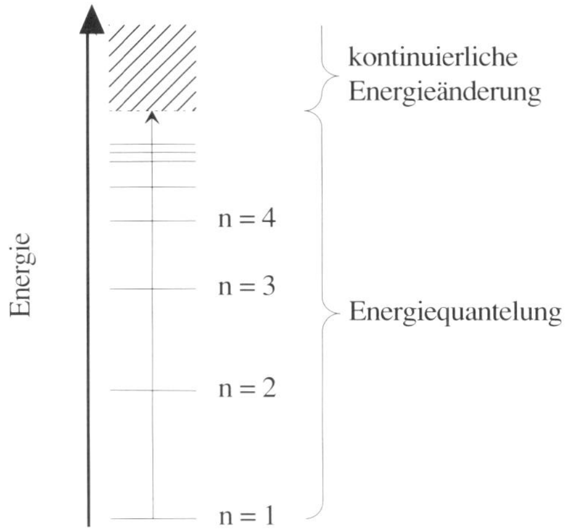

Im vorstehenden *Energieniveauschema* sind die Energiezustände in der Atomhülle sehr vereinfacht dargestellt. Die dort eingezeichneten Energiehauptniveaus (Schalen) gliedern sich nämlich in *Unterniveaus* auf.

Die Unterniveaus werden durch eine Kombination von Zahlen und Kleinbuchstaben gekennzeichnet. Die Zahl kennzeichnet die Schale (die Hauptquantenzahl), zu der das Unterniveau gehört. Die Teilschalen werden in der Reihenfolge zunehmender Energie mit den Kleinbuchstaben s, p, d und f bezeichnet. Die Elektronen, die sich auf diesen Niveaus befinden, heißen s-, p-, d- und f-Elektronen.

Eine Elektronenschale mit der Hauptquantenzahl n enthält n Unterniveaus (Teilschalen), die in der Reihenfolge zunehmender Energie mit s, p, d und f bezeichnet werden.

Hat ein Elektron die Hauptquantenzahl n = 2, so hat es die Möglichkeit, zwei verschiedene Energiezustände (2s, 2p) anzunehmen. Die Elektronen der N-Schale (n = 4) befinden sich auf den Niveaus 4s, 4p, 4d und 4f. Die Elektronen der Hauptquantenzahl n = 4 können also vier verschiedene Energiezustände haben. Die Tabelle gibt einen Überblick über die Unterniveaus der jeweiligen Energiehauptniveaus (Schalen).

Schale	**Hauptquantenzahl**	**Teilschalen**	**max. Elektronenzahl**
N	n = 4	4s, 4p, 4d, 4f	32
M	n = 3	3s, 3p, 3d	18
L	n = 2	2s, 2p	8
K	n = 1	1s	2

Nun wird das Energieniveauschema für die Unterniveaus der ersten vier Elektronenschalen bei Mehrelektronensystemen (d. h. Atomen mit mehreren

Elektronen) angegeben. In der Abbildung sind auch die Hauptniveaus eingezeichnet. Wie schon ausgeführt, sind sie nicht wirklich vorhanden, sondern stellen lediglich eine Art Mittelwert in den Energieniveaus dar. Die Elektronen sind *ausschließlich* auf den Teilschalen (s, p, d und f) verteilt.

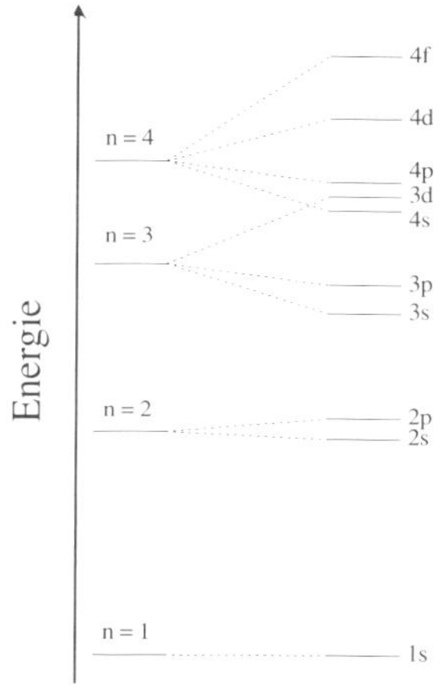

Wir stellen uns nun die Frage, wie viele Lichtquanten (Photonen) unterschiedlicher Energie ein Elektron eines Atoms der 2. Periode (Mehrelektronensystem) abgeben kann, wenn es von der 3. Schale (M) in die 2. Schale (L) wechselt. Betrachten wir die möglichen Unterniveaus 3s, 3p, 3d der M-Schale und die Niveaus 2s, 2p der L-Schale, so wird klar, dass es $3 \cdot 2 = 6$ Elektronenübergänge geben kann. Damit erscheinen im Spektrum sechs verschiedene Spektrallinien.

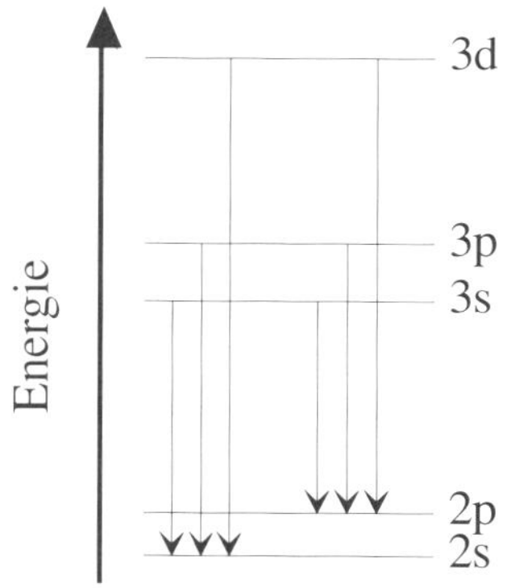

Beim Wasserstoffatom, das nur ein Elektron hat, haben die Unterniveaus gleiche Energie. Man sagt, die Unterniveaus sind *entartet*. Beim Quantensprung eines Elektrons von der 3. auf die 2. Schale erscheint im Spektrum nur eine Spektrallinie. Es zeigt sich die rote Spektrallinie aus der Balmer-Serie.

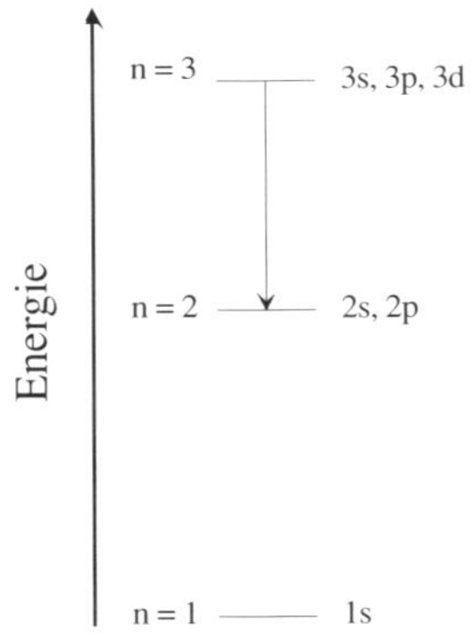

Die Spektrallinien eines Elements spalten sich in weitere Linien auf, wenn man ein Magnetfeld anlegt. Das heißt aber, daß die Anzahl der Quantensprünge zugenommen hat. Es muss davon ausgegangen werden, dass sich die Unterniveaus nochmals in Zustände aufgliedern, die sich beim Anlegen eines Magnetfeldes in ihrer Energie unterscheiden.

Orbitale

Die einzelnen Energiezustände bezeichnet man als *Orbitale*. Während das s-Unterniveau nur aus einem Orbital besteht, gliedern sich die p-Teilschalen in drei Orbitale, das d-Unterniveau in fünf und das f-Teilniveau in sieben Orbitale. Die Orbitale eines Unterniveaus haben die gleiche Energie. Sie unterscheiden sich erst dann im Energieniveau, wenn von außen ein Magnetfeld angelegt wird.

Der Elektronenübergang in einem Mehrelektronensystem von der 3. auf die 2. Schale wird im Magnetfeld 36 Spektrallinien liefern, da es für die Hauptquantenzahl n = 3 insgesamt 9 Orbitale (ein 3s-, drei 3p- und fünf 3d-Orbitale) und für die L-Schale 4 Orbitale (ein 2s- und drei 2p-Orbitale) gibt. Damit sind $9 \cdot 4 = 36$ Quantensprünge möglich.

Es gibt ein s-Orbital, drei p-Orbitale, fünf d-Orbitale und sieben f-Orbitale.

Es ist üblich, die einzelnen Orbitale in einem Energieniveauschema mithilfe von Kästchen (Zellen) darzustellen. Dabei werden Orbitale gleicher Energie zusammenhängend als Block gezeichnet. Da es drei p-Orbitale gibt, muss für diese ein Dreierblock angegeben werden. Für die fünf d-Orbitale zeichnet man entsprechend einen Fünferblock.

In der Kästchenschreibweise entspricht jedem Kästchen ein Orbital.

Die folgende Abbildung zeigt das Energieniveauschema der ersten vier Elektronenschalen, wobei die Kästchenschreibweise der Orbitale verwendet wird.

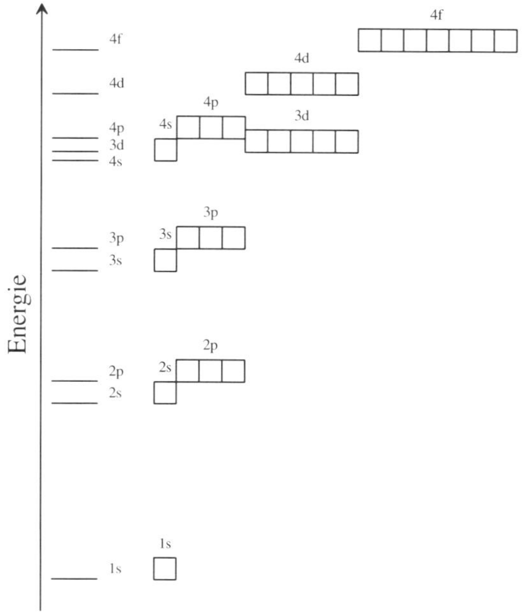

In der Abbildung ist zu erkennen, dass die 4s-Elektronen einen geringeren Energiezustand besitzen als die 3d-Elektronen. Das heißt, dass in Atomen zunächst die 4s-Orbitale und erst dann die 3d-Orbitale mit Elektronen aufgefüllt werden. Die Regeln, nach denen die Besetzung der Orbitale mit Elektronen erfolgt, werden in diesem Kapitel noch beschrieben.

Da das Zeichnen des Energieniveauschemas viel Platz erfordert, zeichnet man die Kästchen in einer Zeile, wobei die weiter links stehenden Orbitale mit Elektronen ausgestattet sind, die weniger Energie haben als die weiter rechts stehenden. Deshalb plaziert man das Kästchen, das das 4s-Orbital symbolisiert, vor den Fünferblock der 3d-Orbitale. Allerdings ist es auch üblich, die Kästchen pro Hauptquantenzahl zusammenzulassen und auf die exakten Energieverhältnisse beim Zeichnen der Kästchen zu verzichten.

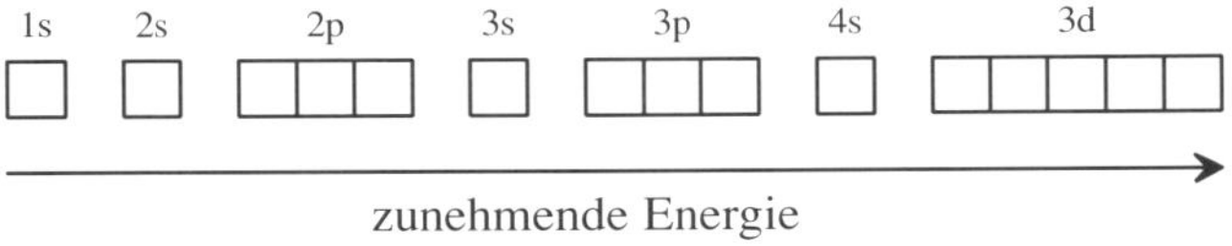

4.2 Orbitale

Denken wir uns ein Windrad. Wenn es sich dreht, ist die Bewegung der einzelnen Flügel nicht mehr zu erkennen. Man sieht nur noch eine runde Scheibe. Aber man weiß, dass sich die Flügel nun innerhalb dieser Scheibe drehen. Wir erkennen den Aufenthaltsort der Windradflügel, ohne sie wirklich zu orten. Aber mit Sicherheit befinden sie sich innerhalb dieser kreisförmig erscheinenden „Wolke“ (Orbital).

Als weiteres Beispiel kann die Nachtaufnahme von in Straßen fahrenden Autos genannt werden. Die Autos werden auf den Fotos zu verschwommenen Lichtstreifen. Die Autos und ihr genauer Ort sind nicht zu erkennen, wohl aber die Lichtbahnen der sich bewegenden Schweinwerfer. Man weiß dadurch, auf welchen „Bahnen“ (Orbitale) die Autos gefahren sind.

Da sich Elektronen mit hoher Geschwindigkeit um den Atomkern bewegen, kann man die genaue Bewegung im Einzelnen nicht erfassen. Aber analog zu den angegebenen Beispielen kann man den Raum angeben, in dem sie sich aufhalten. Dieser Raum ist ein dreidimensionales Gebilde und wird als *Orbital* bezeichnet. Da sich die Elektronen in diesen Orbitalen bewegen und elektrisch negativ geladene Teilchen sind, kann das Orbital als Wolke negativer Ladung aufgefasst werden.

Ein Orbital kann man sich als Ladungswolke vorstellen.

Es ist nicht möglich, die genaue Bahn eines Elektrons um den Atomkern anzugeben. Man kann aber sagen, mit welcher Wahrscheinlichkeit sich das Elektron zu einer bestimmten Zeit an einem bestimmten Ort in der Umgebung des Atomkerns befindet. Orbitale können damit auch als Räume aufgefasst werden, in denen sich die Elektronen mit sehr hoher Wahrscheinlichkeit aufhalten.

Ein Orbital ist der Raum in der Atomhülle, in dem sich ein Elektron mit ziemlich großer Wahrscheinlichkeit (90 %) aufhält.

Elektronendichte

Innerhalb der Orbitale gibt es wiederum Räume, in denen sich die Elektronen häufiger aufhalten als an anderen Stellen des Orbitals. Man sagt, die *Elektronendichte* ist innerhalb des Orbitals unterschiedlich. Das heißt aber gleichzeitig, dass an Stellen, wo die Elektronendichte größer ist, das Elektron auch häufiger anzutreffen ist. Insofern kann der Begriff Elektronendichte im Sinne von „Aufenthaltswahrscheinlichkeit des Elektrons“ verwendet werden.

Zur Veranschaulichung der Elektronendichte stelle man sich vor, man könne ein Elektron zu einem bestimmten Zeitpunkt auf einer durchsichtigen Folie durch einen schwarzen Punkt festhalten. Zu einem anderen Zeitpunkt gibt man auf einer weiteren Folie ebenfalls einen Punkt an, der nun die jetzige Lage des Elektrons darstellen soll. Wiederholt man dieses Verfahren möglichst oft und legt dann die Folien übereinander, so erscheint die Ladungswolke dort besonders dicht, wo sich das Elektron besonders oft befindet, wo seine Aufenthaltswahrscheinlichkeit am größten ist.

Da ein Orbital ein dreidimensionales Gebilde ist, dürfte klar sein, dass die „Folienprojektion“ lediglich einen zweidimensionalen Querschnitt durch das Orbital liefern kann. Dabei wird der Querschnitt ein symmetrisches Bild von den Aufenthaltswahrscheinlichkeiten der Elektronen innerhalb des Orbitals liefern. Orbitale sind symmetrische Ladungswolken.

Orbitalformen

Je nach dem Energieniveau der Elektronen haben die Orbitale unterschiedliche Formen. Es soll betont werden, dass ein Orbital nicht streng begrenzt ist, auch wenn bei den folgenden Abbildungen dieser Eindruck entsteht. Ein Elektron kann sich auch außerhalb des zu ihm gehörenden Orbitals befinden. Die räumliche Begrenzung des Orbitals besagt lediglich, dass sich Elektronen mit einer Wahrscheinlichkeit von 90 % innerhalb dieses Raumes befinden.

> Den verschiedenen Energieniveaus der Elektronen entsprechen verschieden geformte Orbitale, die nach außen keine scharfe Grenze besitzen.

s-Orbitale

In einem Orbital können sich maximal zwei Elektronen befinden. Die Elektronen, die die Ladungswolke des 1s-Orbitals formen, haben das geringste Energieniveau in der Elektronenhülle. Das 1s-Orbital bildet sich kugelförmig um den Atomkern aus. Im Vergleich zu den höheren Energieniveaus ist der räumliche Abstand der 1s-Elektronen zum Kern gering.

Innerhalb des 1s-Orbitals gibt es, vom Atomkern aus gesehen, keine Richtung, in der sich die Elektronen bevorzugt bewegen. Das 1s-Orbital ist kugelsymmetrisch. Das heißt, eine beliebige Drehung des 1s-Orbitals hätte zur Folge, dass dieses neu entstehende Orbital mit dem ursprünglichen wieder zur Deckung kommt. Die Ladungsdichte ist also innerhalb des 1s-Orbitals vollkommen symmetrisch.

Das 1s-Orbital ist kugelsymmetrisch.

In der Abbildung ist ein 1s-Orbital in ein rechtwinkliges Koordinatensystem eingezeichnet. Im Ursprung des Koordinatensystems befindet sich der Atomkern des entsprechenden Atoms. Ein Wasserstoffatom, das im Grundzustand nur ein 1s-Elektron besitzt, hätte die angegebene Gestalt.

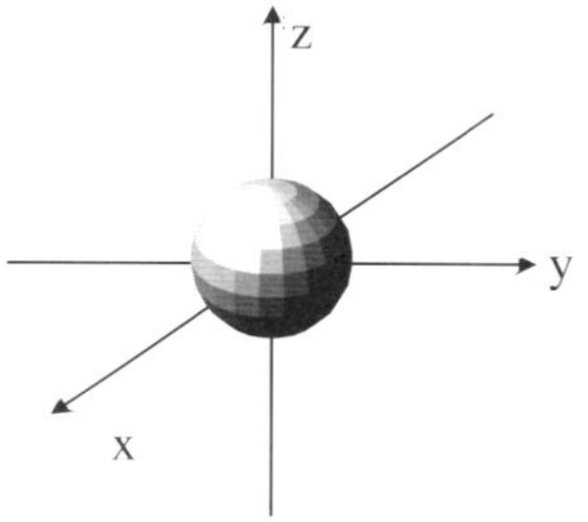

Das Bild der 1s-Kugel mag den Eindruck erwecken, als hielten sich die Elektronen innerhalb des Orbitals an allen Stellen mit gleicher Wahrscheinlichkeit auf. Das ist nicht der Fall. Innerhalb des Orbitals gibt es nämlich wiederum Räume mit unterschiedlicher, aber symmetrischer Ladungsdichte. Mit zunehmendem Abstand vom Kern nimmt die Ladungsdichte allmählich ab. Das 1s-Orbital ist deshalb nicht scharf begrenzt, sondern „verliert" sich allmählich nach außen hin.

Ein s-Orbital gibt es nicht nur für die Hauptquantenzahl n = 1, sondern auch für alle anderen Energiehauptniveaus. Dabei sind alle s-Orbitale der Atomhülle *kugelsymmetrisch*. Die s-Orbitale der höheren Niveaus haben aber mit zunehmender Hauptquantenzahl auch ein jeweils größer werdendes Volumen.

Alle s-Orbitale sind kugelsymmetrisch. Mit zunehmender Energie der s-Elektronen wird der Radius der zugehörigen Orbitale größer.

p-Orbitale

Es gibt drei 2p-Orbitale, die alle *hantelförmig* sind. Der Atomkern befindet sich dabei im Schnittpunkt der beiden Hantelteile. Ein Elektron, das ein 2p-Niveau besetzt, hat nun die Wahl zwischen drei verschiedenen 2p-Orbitalen, die man mit $2p_x$, $2p_y$ und $2p_z$ bezeichnet, entsprechend der jeweiligen Koordinatenachse, entlang der die Hantel gerichtet ist.

Da die 2p-Orbitale hantelförmig sind, gibt es nun, vom Atomkern aus gesehen, eine Richtung im Raum, in der sich die 2p-Elektronen bevorzugt aufhalten. Die 2p-Orbitale sind *rotationssymmetrisch*. Durch beliebige Drehung um die Koordinatenachse kommt das Orbital und damit seine Ladungsdichte wieder mit sich selbst zur Deckung. Die Abbildung zeigt die Form und die räumliche Orientierung der drei 2p-Orbitale auf.

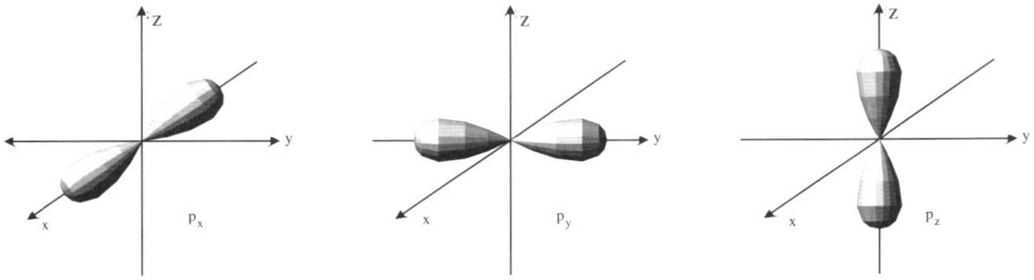

Die drei 2p-Orbitale unterscheiden sich durch ihre räumliche Orientierung. Sie stehen jeweils senkrecht aufeinander. Ein 2p-Orbital ist rotationssymmetrisch hinsichtlich seiner Längsachse.

Die Form der energiereicheren p-Orbitale ist nicht mehr ganz so einfach darzustellen wie die der 2p-Orbitale. Aber näherungsweise können wir uns auch die höheren p-Orbitale als *Hantel* vorstellen.

d-Orbitale

Die nächste Abbildung zeigt Form und räumliche Orientierung der fünf 3d-Orbitale. Da jedes 3d-Orbital mit jeweils zwei Elektronen besetzt werden kann, gibt es demnach insgesamt zehn 3d-Elektronen. Auf die Darstellung der 4f-Orbitale wird verzichtet.

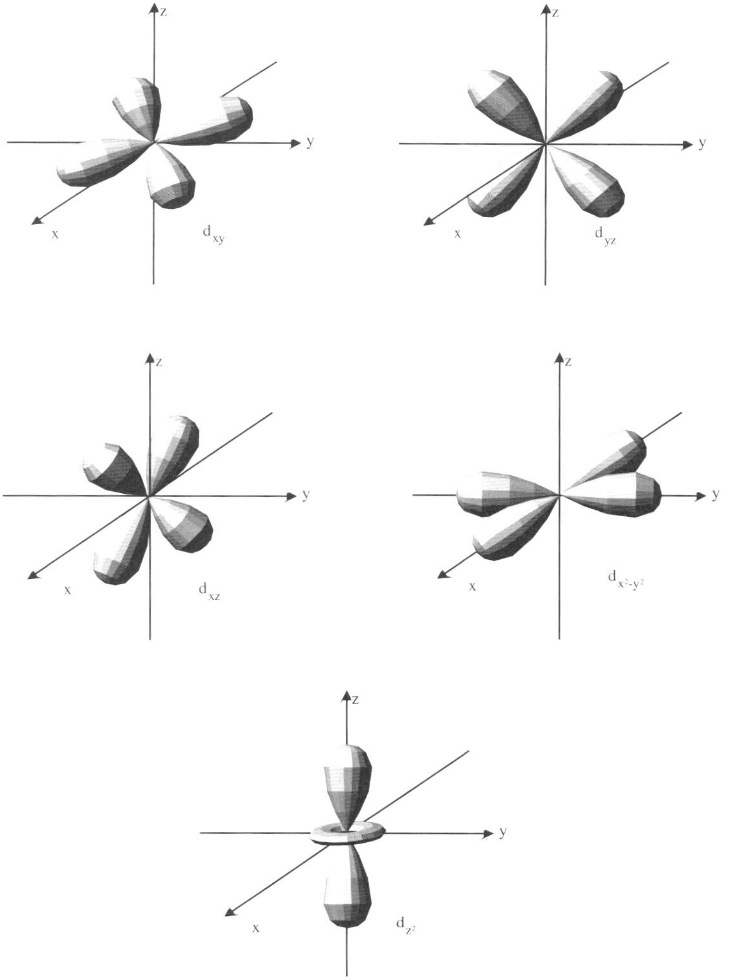

Das Bild von der Elektronenwolke ist nur eine anschauliche Modellvorstellung, um den Umgang mit den Orbitalen in der chemischen Praxis zu ermöglichen. Diese Darstellung ist genauso mangelhaft wie das Bild von den Elektronenschalen.

Es wurde schon mehrmals darauf hingewiesen, dass sich in einem Orbital maximal zwei Elektronen befinden können.

Die Regeln, nach denen die genaue Besetzung der Orbitale erfolgt, werden im nächsten Abschnitt behandelt.

4.3 Elektronenverteilung

Pauli-Prinzip
Die Elektronenverteilung auf die verschiedenen Orbitale (1s, 2s, 2p, 3s, 3p, 3d usw.) wird als *Elektronenkonfiguration* bezeichnet. Es wird nun aufgezeigt, wie die Besetzung der Elektronen in den Orbitalen erfolgt und welche Schreibweisen für die Verteilung der Elektronen in der Atomhülle geläufig sind. Die Regel, dass sich in einem Orbital nur maximal zwei Elektronen bewegen können, wird nach dem Physiker Wolfgang Pauli als *Pauli-Prinzip* bezeichnet.

Pauli-Prinzip: In einem Orbital können sich nie mehr als zwei Elektronen befinden.

Berücksichtigt man das Pauli-Prinzip und vergegenwärtigt man sich nochmals die Tatsache, dass es ein s-Orbital, drei p-Orbitale, fünf d-Orbitale und sieben f-Orbitale gibt, so wird klar, dass es insgesamt zwei s-Elektronen, sechs p-Elektronen, zehn d-Elektronen und vierzehn f-Elektronen geben muss.

Schale	Orbitale	max. Anzahl der Elektronen pro Orbital	max. Anzahl der Elektronen pro Schale
n = 1	1s	2	2
n = 2	2s	2	
	2p	6	8
n = 3	3s	2	
	3p	6	
	3d	10	18
n = 4	4s	2	
	4p	6	
	4d	10	
	4f	14	32

Befinden sich in einem Orbital keine Elektronen, so kann damit auch das Orbital nicht existieren, da es als Aufenthaltsort bzw. als Ladungswolke eines Elektrons definiert wird. Trotzdem kann es sinnvoll sein, von einem *leeren Orbital* oder einem *unbesetzten Orbital* zu sprechen. Da Teilchen stets versuchen, den energieärmsten Zustand einzunehmen, ist klar, dass die Orbitale, die im Energieniveauschema weiter unten stehen, zuerst besetzt werden.

Die energieärmsten Orbitale werden zuerst besetzt.

Entsprechend diesem Aufbauprinzip der Elektronenhülle befindet sich das Elektron des Wasserstoffatoms (Z = 1) im 1s-Orbital. Das Heliumatom mit der Ordnungszahl 2 bringt seine beiden Elektronen ebenfalls im 1s-Orbital unter. Man sagt, das 1s-Orbital ist *voll besetzt*. Beim Lithiumatom (Z = 3) sind drei Elektronen in der Atomhülle. Von diesen sind nun zwei im 1s-Orbital, das verbleibende Valenzelektron ist ein 2s-Elektron. Beim Berylliumatom (Be) ist schließlich auch das 2s-Orbital voll besetzt. Bor mit der Ordnungszahl 5 ist das erste Element im PSE, dessen Atome ein 2p-Elektron besitzen.

Kästchenschreibweise

Es ist üblich, die Elektronenverteilung in *Kästchenschreibweise* anzugeben. Vorläufig werden wir die einzelnen Elektronen in den Kästchen durch Punkte darstellen. Erst später werden wir sie durch Pfeile ersetzen. Neben der Kästchenschreibweise kennt man auch die so genannte *Formelschreibweise*. Man gibt über den Orbitalsymbolen als rechten oberen Index die Zahl der Elektronen an, die sich in den entsprechenden Orbitalen befinden. Für die Elemente Wasserstoff bis Bor geben wir nun die Elektronenkonfiguration mit diesen beiden Schreibweisen wieder.

	1s	2s	2p			
$_1H$	[•]	[ ]	[ ][ ][ ]	$1s^1$		
$_2He$	[••]	[ ]	[ ][ ][ ]	$1s^2$		
$_3Li$	[••]	[•]	[ ][ ][ ]	$1s^2$	$2s^1$	
$_4Be$	[••]	[••]	[ ][ ][ ]	$1s^2$	$2s^2$	
$_5B$	[••]	[••]	[•][ ][ ]	$1s^2$	$2s^2$	$2p^1$

Unterscheiden sich Orbitale in der Energie, so lässt man zwischen den Zellen einen Abstand. Man zeichnet die Kästchen hingegen als Block, wenn es sich um energiegleiche Orbitale handelt. Die zusätzliche Angabe der Raumrichtungen der 2p-Orbitale ($2p_x$, $2p_y$, $2p_z$) ist im Allgemeinen nicht üblich, kann aber manchmal die Erklärung bestimmter Sachverhalte erleichtern.

Hund'sche Regel

Gibt man nun die Elektronenkonfiguration für die Atome des Kohlenstoffs an, so sind bei der Zellenschreibweise prinzipiell zwei Anordnungen denkbar. Einerseits könnte man annehmen, dass ein 2p-Orbital doppelt besetzt ist, andererseits wäre auch die einfache Besetzung von zwei 2p-Orbitalen möglich. Im letzteren Fall wären die beiden 2p-Elektronen *ungepaart.*

$_6C$

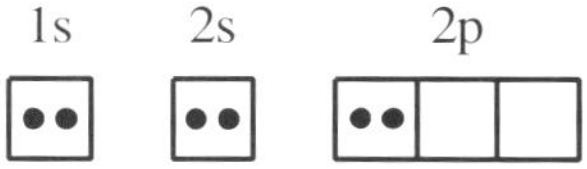

$1s^2$ $2s^2$ $2p^2$

$_6C$

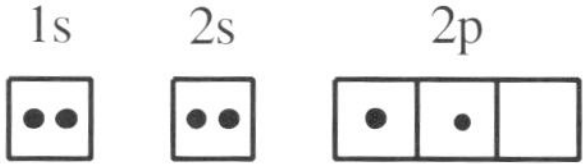

$1s^2$ $2s^2$ $2p^2$

Da die 2p-Orbitale alle die gleiche Energie haben, sind im Grunde beide Zustände möglich. Nach der Hund'schen Regel, die nach dem Physiker Friedrich Hund benannt ist, müssen wir uns allerdings für die zuletzt genannte Konfiguration entscheiden. Das heißt, das Kohlenstoffatom besitzt zwei *ungepaarte Elektronen.*

Hund'sche Regel: Energiegleiche Orbitale werden zunächst nur mit einem Elektron besetzt. Erst nachdem alle energiegleichen Niveaus einfach besetzt sind, kommt in jedes Orbital ein zweites Elektron.

Unter Berücksichtigung der Hund'schen Regel kann nun auch die Elektronenkonfiguration der Atome von den Elementen Stickstoff, Sauerstoff, Fluor, Neon und Natrium angegeben werden.

	1s	2s	2p	3s	
$_{7}N$	••	••	• | • | •		$1s^2\ 2s^2\ 2p^3$
$_{8}O$	••	••	•• | • | •		$1s^2\ 2s^2\ 2p^4$
$_{9}F$	••	••	•• | •• | •		$1s^2\ 2s^2\ 2p^5$
$_{10}Ne$	••	••	•• | •• | ••		$1s^2\ 2s^2\ 2p^6$
$_{11}Na$	••	••	•• | •• | ••	•	$1s^2\ 2s^2\ 2p^6\ 3s^1$

Gepaarte und ungepaarte Elektronen

Aus der Kästchenschreibweise für die Elemente der 2. Periode wird deutlich, dass die Atome der Elemente Lithium, Kohlenstoff, Stickstoff, Sauerstoff und Fluor *ungepaarte Elektronen* besitzen. So weisen das Li-Atom und das F-Atom jeweils ein ungepaartes Elektron auf. Beim Li-Atom ist dieses ein 2s-, beim F-Atom ein 2p-Elektron. Das N-Atom hat drei und das O-Atom zwei ungepaarte Elektronen im 2p-Niveau.

Lediglich die Atome von Beryllium und Neon besitzen ausschließlich Orbitale, die jeweils mit zwei Elektronen besetzt sind. Befinden sich zwei Elektronen in einem Orbital, so heißen sie *gepaart*. Man spricht auch von einem *Elektronenpaar*. Das Be-Atom besitzt in seiner Valenzelektronenschale, dem 2s-Niveau, ein Elektronenpaar. Das Ne-Atom hat in der äußersten Schale (2s, 2p) vier Elektronenpaare.

Die meisten Elemente bestehen aus Atomen mit ungepaarten Elektronen. Das ist leicht einzusehen, weil nach der Hund'schen Regel energiegleiche Orbitale zunächst einfach besetzt werden, bevor die Auffüllung zu Paaren erfolgt.

Elektronenkonfiguration

Bei der Angabe der Elektronenkonfiguration eines Elements mithilfe von Zellen sind die folgenden Regeln zu befolgen:

1. Die Ordnungszahl Z und damit die Elektronenzahl des Elements muss bekannt sein.
2. Man zeichnet sich ein Energieniveauschema der Orbitale in der Kästchenschreibweise.
3. Man füllt das Schema mit Elektronen auf und beachtet dabei:
   a) Die energieärmsten Orbitale werden zuerst besetzt.
   b) Pauli-Prinzip: In jedem Orbital haben maximal zwei Elektronen Platz.
   c) Hund'sche Regel: Energiegleiche Orbitale werden zunächst einfach besetzt.

4.4 Elektronenspin

Nach dem Bohr'schen Atommodell bewegen sich die Elektronen auf Bahnen um den Atomkern, so wie sich die Planeten um die Sonne bewegen. Diese Vorstellung haben wir in diesem Kapitel durch das Orbitalmodell erweitert. Elektronen bewegen sich innerhalb der s-, p-, d- und f-Orbitale mit hoher Geschwindigkeit, so dass die Orbitale als „verschmierte" Ladungswolken mit negativer Ladung aufgefasst werden können.

Betrachtet man den Teilchencharakter der Elektronen, so können sie sich nicht nur in der Elektronenhülle um den Atomkern bewegen, sondern gleichzeitig auch eine Rotation um die eigene Achse durchführen. Diese Eigenrotation wird als *Spin* bezeichnet. Der Begriff stammt vom englischen Verb „to spin“, was so viel wie „sich drehen“ bedeutet. Auch die Erde dreht sich immer wieder um die eigene Achse, während sie gleichzeitig um die Sonne kreist.

Dia- und Paramagnetismus

Bewegte elektrische Ladung erzeugt ein Magnetfeld. Demnach muss jedes Elektron, das sich um den Atomkern bewegt, ein magnetisches Moment ergeben. Diese magnetischen Einzelmomente können mithilfe von Vektoren beschrieben werden. Nun können sich diese Momente aber auch gegenseitig aufheben, sodass nach außen kein magnetisches Gesamtmoment für das Atom in Erscheinung tritt. Die Vektorsumme der Einzelmomente liefert hier den Nullvektor. In diesem Fall spricht man von *Diamagnetismus*. Erzeugen die Elektronen für das Atom ein magnetisches Moment, so nennt man diese Erscheinung *Paramagnetismus*.

Die magnetischen Momente resultieren einmal daraus, dass sich die Elektronen in der Atomhülle bewegen, sie entstehen aber auch dadurch, dass sie sich um die eigene Achse drehen. Dabei können die Elektronen zwei Drehbewegungen durchführen. Sie können sich rechts oder links herum drehen. Es zeigt sich, dass Atome mit ungepaarten Elektronen in den Orbitalen ein magnetisches Moment besitzen, also *paramagnetisch* sind. Atome mit gepaarten Elektronen sind *diamagnetisch*, erzeugen also für das Atom kein magnetisches Moment.

Der Para- bzw. Diamagnetismus lässt sich dadurch nachweisen, dass man Stoffe in ein inhomogenes Magnetfeld einführt. Bei paramagnetischen Stoffen zeigt sich, dass die Substanzen in die Gebiete mit größerer Feldstärke hineingezogen werden. Diamagnetische Stoffe werden aus den Gebieten größerer Feldstärke des Magnetfeldes herausgedrängt. Damit gibt es eine experimentelle Methode, um festzustellen, ob die Atome eines Elements ungepaarte Elektronen besitzen oder nicht. Die Theorie von Friedrich Hund, dass energiegleiche Orbitale zuerst einfach mit Elektronen besetzt werden, lässt sich damit überprüfen.

Jedes Elektron besitzt durch seine Eigenrotation ein magnetisches Moment. Weil gepaarte Elektronen aber kein magnetisches Moment ergeben, müssen sich die Einzelmomente $\vec{\mu}_1$ und $\vec{\mu}_2$ der beiden Elektronen durch Vektoraddition gegenseitig aufheben. Das magnetische Gesamtmoment μ ist Null.

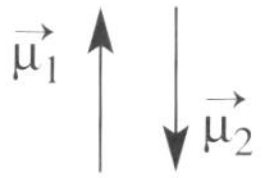

$$\vec{\mu} = \vec{\mu}_1 + \vec{\mu}_2 = \vec{o}$$
$$\mu = |\vec{\mu}| = 0$$

Weil Elektronen durch Eigenrotation ein magnetisches Moment aufbauen, werden wir für die Darstellung der Elektronen in der Kästchenschreibweise der Orbitale künftig keine Punkte mehr verwenden, sondern Pfeile. Diese Vektorpfeile stehen für das jeweilige magnetische Moment, das sich aus der Eigenrotation der Elektronen ergibt. Bei gepaarten Elektronen zeigt der eine Pfeil künftig nach oben, der andere nach unten.

Pauli-Verbot

Das Pauli-Prinzip besagt, dass sich in einem Orbital höchstens zwei Elektronen aufhalten können. Befindet sich in einem Orbital ein Elektronenpaar, so zeigt sich, dass es kein magnetisches Moment erzeugt. Die beiden Elektronen unterscheiden sich damit in ihrem Spin. Das eine Elektron dreht sich im Uhrzeigersinn, das andere entgegen dem Uhrzeigersinn um die eigene Achse.

Pauli-Verbot: In einem Orbital können zwei Elektronen nicht den gleichen Spin haben.

Zeichnen wir die Elektronenkonfiguration für das Heliumatom, so wäre die erste Darstellung falsch, die zweite hingegen korrekt.

Bei doppelt besetzten Orbitalen müssen die beiden Elektronen immer einen entgegengesetzten Spin haben. Das stellt man durch Pfeile dar, die in verschiedene Richtungen weisen. Sind einfach besetzte Orbitale im Atom vorhanden, so ist es üblich, die Pfeile konsequent nur in eine Richtung zu orientieren. Es soll hervorgehoben werden, dass es nicht möglich ist, bei einem einzelnen Elektron nachzuweisen, *wie* es sich um die eigene Achse dreht. Die Auffassung von der Eigendrehung ist nur eine Modellvorstellung, um das Phänomen des Para- und Diamagnetismus zu erklären.

Zur Veranschaulichung der „neuen" Schreibweise betrachten wir die Elektronenkonfiguration der Elemente Kohlenstoff, Aluminium, Phosphor und Kalium. Beim Kaliumatom wird das 4s-Orbital vor den 3d-Orbitalen besetzt, da das 4s-Orbital ein geringeres Energieniveau besitzt. Man vergleiche dazu das Energieniveauschema von Abschnitt 4.1.

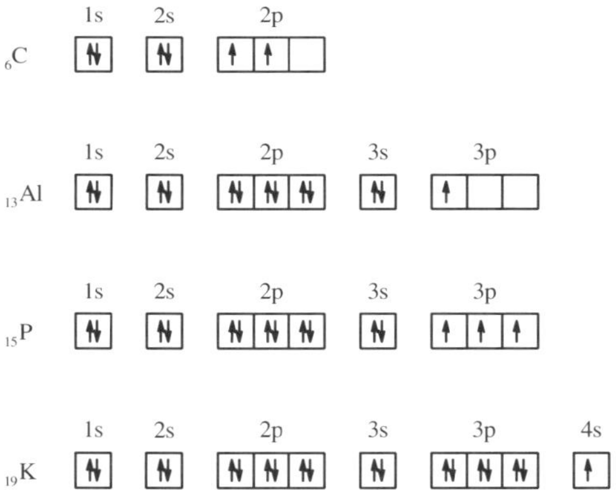

Abschließend soll noch die Formelschreibweise für die zuletzt genannten Elemente angegeben werden. Da beim Kohlenstoffatom die innerste Schale mit der maximalen Elektronenzahl besetzt ist und sie damit die Konfiguration des Heliumatoms erreicht hat, schreibt man für die Elektronenanordnung des Atomrumpfes (Atom ohne Valenzelektronenschale) das Symbol [He].

C: $1s^2$ $2s^2$ $2p^2$ C: [He] $2s^2$ $2p^2$

Bei Aluminium und Phosphor hat der Atomrumpf die Edelgaskonfiguration des Neonatoms erreicht. Deshalb wird das Symbol [Ne] für die Elektronenanordnung der beiden inneren Schalen eingeführt.

Al:	$1s^2$	$2s^2$	$2p^6$	$3s^2$	$3p^1$	Al:	[Ne]	$3s^2$	$3p^1$
P:	$1s^2$	$2s^2$	$2p^6$	$3s^2$	$2p^3$	P:	[Ne]	$3s^2$	$3p^3$

Das Kaliumatom hat im Atomrumpf die Konfiguration des Argonatoms. Sein einziges Valenzelektron (I. Hauptgruppe) befindet sich im 4s-Orbital.

K:	$1s^2$	$2s^2$	$2p^6$	$3s^2$	$3p^6$	$4s^1$	K: [Ar]	$4s^1$

4.5 Promotion von Elektronen

Grundzustand und Promotion

Aus der Zellenschreibweise für das Kohlenstoffatom geht hervor, dass zwei Valenzelektronen (im 2s-Orbital) gepaart, die anderen beiden (im 2p-Orbital) hingegen ungepaart sind. Man sagt, das C-Atom befindet sich im *Grundzustand*. Führt man dem C-Atom Energie zu, so wird das Elektronenpaar im 2s-Orbital entkoppelt und ein Elektron in das 2p-Orbital befördert. Es entsteht ein Kohlenstoffatom mit vier ungepaarten Elektronen. Den Vorgang nennt man *Promotion* (lat. Beförderung).

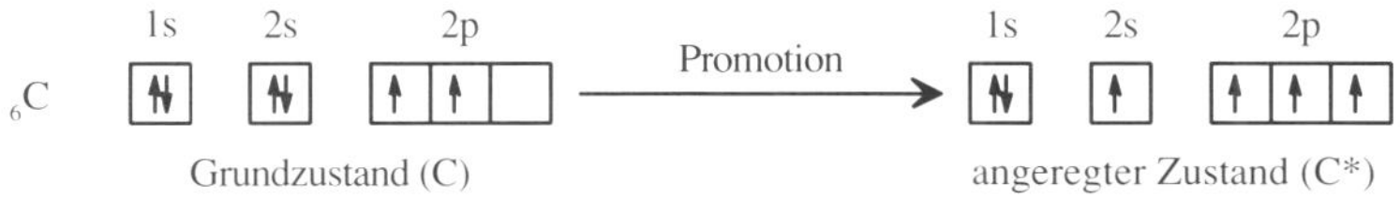

Promotionsenergie

Da eines der Elektronen ein höheres Energieniveau bekommt, ist das entstehende C-Atom mit den vier ungepaarten Elektronen auch energiereicher. Man sagt, das Kohlenstoffatom befindet sich nun in einem *angeregten Zustand*. Die für die Promotion erforderliche Energie nennt man *Promotionsenergie* oder *Anregungsenergie*. Für das angeregte Kohlenstoffatom ist das Symbol C* geläufig.

Molekül

Die einfachste Kohlenwasserstoffverbindung ist Methan. In jedem Methanmolekül hat sich ein Kohlenstoff- mit vier Wasserstoffatomen verbunden. Die chemische Formel ist CH_4.

Eine Bindung zwischen den Atomen kommt allgemein dadurch zustande, dass in ein Orbital mit einem ungepaarten Elektron ein weiteres Elektron von einem anderen Atom aufgenommen wird. So schließen sich die beteiligten Atome zu einem Verband zusammen, den man *Molekül* nennt.

Betrachtet man das Kohlenstoffatom im Grundzustand, so hat dieses nur zwei ungepaarte Elektronen. Insofern müsste die einfachste Kohlenwasserstoffverbindung die Zusammensetzung CH_2 haben.

Da diese Verbindung nicht bekannt ist, muss man davon ausgehen, dass das C-Atom zunächst in den angeregten Zustand übergeht, in dem es vier ungepaarte Elektronen ausbildet. Erst jetzt ist die Voraussetzung zur Bindung von vier H-Atomen gegeben. Die Existenz der Verbindung CH_4 wird damit verständlich.

In den angeregten Zustand kommt das Kohlenstoffatom erst dann, wenn man ihm Energie zuführt. Damit wird klar, warum Kohlenstoff mit Wasserstoff bei Raumtemperatur nicht reagiert. Methan, ein farb- und geruchloses Gas, gewinnt man aus den Elementen bei 1200 °C im elektrischen Lichtbogen zwischen Kohleelektroden.

Von Schwefel sind nur drei stabile Fluorverbindungen bekannt, nämlich Schwefeldifluorid SF_2, Schwefeltetrafluorid SF_4 und Schwefelhexafluorid SF_6. Andere Schwefelfluoride wie etwa SF, SF_3 oder SF_5 kennt man nicht. Sie können allenfalls, wie das Teilchen CH_2, nur für einen Bruchteil von Sekunden existieren.

Zeichnet man das Kästchenschema für die Elektronen des Schwefelatoms im Grundzustand, so erkennt man sofort, dass die Verbindung SF_2 zustande kommen muss, weil das S-Atom zwei ungepaarte 3p-Elektronen besitzt. Die zwei 3p-Orbitale mit ungepaarten Elektronen können jeweils ein Elektron eines Fluoratoms aufnehmen und damit zwei Halogenatome binden.

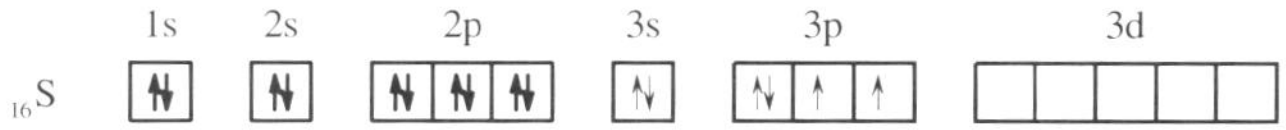

Grundzustand

Wird das Elektronenpaar im 3p-Orbital entkoppelt und in das 3d-Niveau befördert, so entsteht ein Schwefelatom mit vier ungepaarten Elektronen. Damit können vier Fluoratome gebunden werden (SF_4). Das Schwefelatom befindet sich vor der Bindung in einem angeregten Zustand.

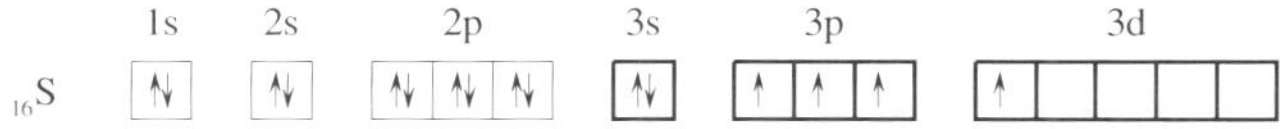

Ein angeregter Zustand

Da auch das Elektronenpaar aus dem 3s-Orbital zur Valenzelektronenschale gehört, kann auch dieses entkoppelt werden. Durch Promotion entsteht der zweite angeregte Zustand des S-Atoms. Es wird klar, dass es die Schwefelfluorverbindung SF_6 geben muss.

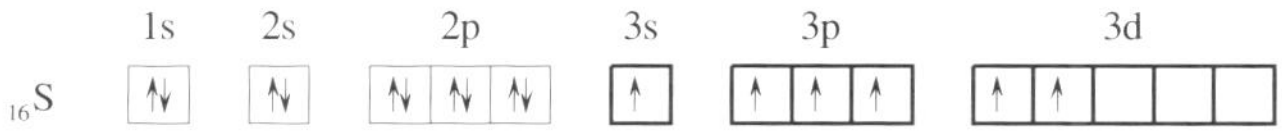

Weiterer angeregter Zustand

Man braucht sich nur zu überlegen, wie viele ungepaarte Elektronen ein Atom in der Valenzelektronenschale realisieren kann, und weiß damit auch, welche Verbindungen von ihm zu erwarten sind.

Aus den vorstehenden Betrachtungen wird auch verständlich, dass sich ein Atom nicht mehr an die *Oktettregel* zu halten braucht, wenn ihm in der äußersten Elektronenschale d-Orbitale zur Verfügung stehen. Das ist im PSE erstmals für die Elemente der 3. Periode der Fall.

Ab der 3. Periode halten sich die Atome nicht mehr an die Oktettregel, da ihnen d-Orbitale in der äußersten Schale zur Verfügung stehen.

4.6 Aufbau des Periodensystems

Gibt man von einem Element die Elektronenkonfiguration seiner Atome an, so sind beim Aufbau der Elektronenhülle das Pauli-Verbot und die Hund'sche Regel zu beachten. Außerdem müssen die energieärmsten Orbitale zuerst besetzt werden. Bei der Angabe der Elektronenkonfiguration des Kaliumatoms (Z = 19) haben wir in Abschnitt 4.4 gesehen, dass das Valenzelektron im 4s-Orbital und nicht in einem 3d-Niveau untergebracht wird, weil das 4s-Niveau energiegünstiger ist. Damit besitzt das Kaliumatom vier Elektronenschalen, die vorletzte Schale ist noch nicht vollständig besetzt.

Im vorstehenden Kästchenschema sind die Orbitale nicht nach zunehmender Energie angeordnet. Die 3d-Niveaus sind vor das 4s-Orbital eingebaut, damit deutlich wird, dass sie zur M-Schale (n = 3) gehören, die die maximale Zahl von 18 Elektronen (nach der Formel $2n^2$) noch nicht erreicht hat. Die 3d-Orbitale sind die *leeren Orbitale* der *vorletzten Schale*.

Besetzungsregel

Es gilt allgemein, dass das 4s-Niveau vor den 3d-Orbitalen besetzt wird. Aber noch bleibt offen, wie die Besetzung der Orbitale bei höheren Hauptquantenzahlen erfolgt. Wie die Elektronen in die Orbitale eines Atoms eingebaut werden, ist der folgenden Regel zu entnehmen. Dazu schreibt man von oben nach unten,

Zeile für Zeile, jeweils die Orbitale pro Hauptquantenzahl an. Da die Orbitale jenseits der f-Niveaus im Grundzustand der Elemente nicht besetzt sind, erübrigt sich eine Bezeichnung der höheren Energieniveaus.

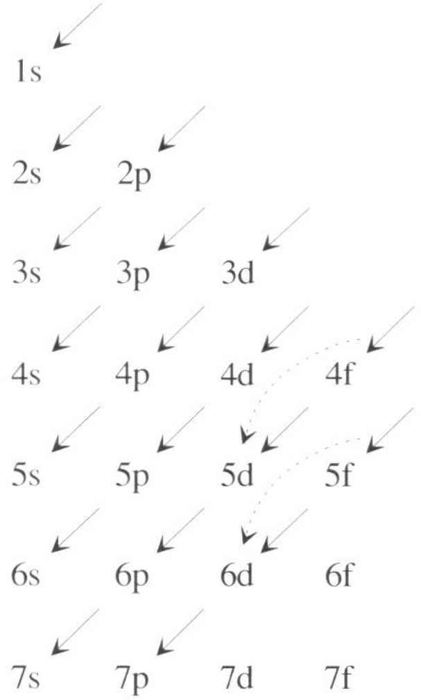

Die Besetzung der Orbitale erfolgt in der Reihenfolge der diagonalen Pfeile. Diese *Besetzungsregel* hat nur zwei Ausnahmen: Vor der Besetzung der 4f-Orbitale wird ein 5d-Elektron und vor der Besetzung des 5f-Niveaus ein 6d-Elektron eingebaut. Diese einfache Regel stellt im Grunde den Aufbau des Periodensystems der Elemente (PSE) dar. Dies soll im folgenden aufgezeigt werden.

Haupt- und Nebengruppen

Das PSE wird in *Hauptgruppen* und *Nebengruppen* eingeteilt. Die entsprechenden Elemente bezeichnet man als Hauptgruppen- bzw. Nebengruppenelemente. Kalium ($_{19}K$) und Silicium ($_{14}Si$) sind z.B. Hauptgruppen-, Kobalt ($_{27}Co$) und Quecksilber ($_{80}Hg$) Nebengruppenelemente, die auch als *Übergangselemente* bezeichnet werden. Da die Elemente aus den Nebengruppen alle Metalle sind, spricht man auch von den *Übergangsmetallen*.

Lanthaniden und Actiniden

Schließlich gibt es noch eine weitere Gruppe von Elementen, die man als *Lanthaniden* und *Actiniden* bezeichnet.

Zu den *Lanthaniden* („seltene Erdmetalle") gehören die Elemente mit den Ordnungszahlen 58 bis 71. Sie befinden sich in der 6. Periode des Periodensystems, beginnen mit Cer ($_{58}Ce$) und enden mit dem Element Lutetium ($_{71}Lu$).

Zu den Actiniden zählt man die Elemente der 7. Periode mit den Ordnungszahlen 90 bis 103. Sie werden von Thorium ($_{90}Th$) angeführt und gehen bis zum Lawrencium ($_{103}Lr$).

Elektronenkonfiguration

In den Abschnitten 4.3 und 4.4 haben wir bereits die Elektronenkonfiguration für verschiedene Hauptgruppenelemente in der Kästchen- und Formelschreibweise wiedergegeben. In der nächsten Tabelle wird die Verteilung der Elektronen für die Hauptgruppenelemente der 2. und 3. Periode zusammengefasst.

2. Periode		**Konfiguration**	**3. Periode**		**Konfiguration**
Lithium	Li	[He] $2s^1$	Natrium	Na	[Ne] $3s^1$
Beryllium	Be	[He] $2s^2$	Magnesium	Mg	[Ne] $3s^2$
Bor	B	[He] $2s^2\,2p^1$	Aluminium	Al	[Ne] $3s^2\,3p^1$
Kohlenstoff	C	[He] $2s^2\,2p^2$	Silicium	Si	[Ne] $3s^2\,3p^2$
Stickstoff	N	[He] $2s^2\,2p^3$	Phosphor	P	[Ne] $3s^2\,3p^3$
Sauerstoff	O	[He] $2s^2\,2p^4$	Schwefel	S	[Ne] $3s^2\,3p^4$
Fluor	F	[He] $2s^2\,2p^5$	Chlor	Cl	[Ne] $3s^2\,3p^5$
Neon	Ne	[He] $2s^2\,2p^6$	Argon	Ar	[Ne] $3s^2\,3p^6$

Aus der Tabelle ist sofort zu erkennen, dass bei den Hauptgruppenelementen einer Periode nacheinander das s-Orbital und die drei p-Orbitale mit Elektronen aufgefüllt werden. Hauptgruppenelemente sind dadurch gekennzeichnet, dass sie ausschließlich s- und p-Elektronen als Außenelektronen besitzen. Die Hauptgruppen können durch folgende Abbildung charakterisiert werden.

Hauptgruppen							
I	**II**	**III**	**IV**	**V**	**VI**	**VII**	**VIII**
s^1	s^2	p^1	p^2	p^3	p^4	p^5	p^6

Die Gruppennummer ist die Anzahl der Valenzelektronen und stellt damit die Summe aus der Zahl der s- und p-Elektronen dar. Am Ende einer Periode sind die s- und p-Orbitale vollständig mit Elektronen besetzt. Damit muss es im PSE *acht Hauptgruppen* geben.

Im PSE gibt es acht Hauptgruppen. Die Valenzelektronen der Hauptgruppenelemente befinden sich in s- oder p-Orbitalen. Die Gruppennummer ist die Anzahl der Valenzelektronen, die Summe aus den s- und p-Elektronen.

Beim Kaliumatom befindet sich das Valenzelektron im 4s-Orbital, die 3d-Orbitale der *vorletzten Schale* sind *unbesetzt*. Nun betrachten wir Selen (Z = 34), das wie Kalium der 3. Periode angehört. Berücksichtigt man die bisher angegebenen Besetzungsregeln, so erkennt man, dass beim Selenatom die 3d-Orbitale, im Gegensatz zum Kaliumatom, vollständig besetzt sind. Schon an dieser Stelle sei erwähnt, dass die Auffüllung der d-Orbitale in der vorletzten Schale über die Nebengruppenelemente erfolgt.

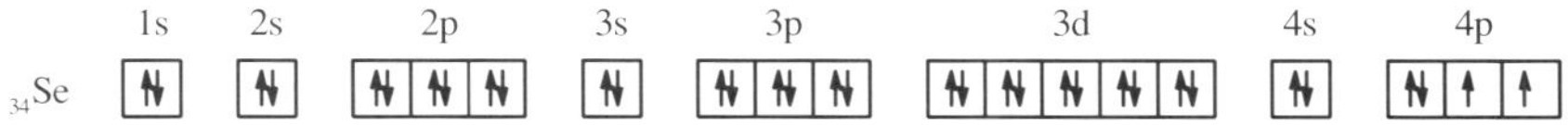

Mit Kalium, das sich im PSE vor den Nebengruppen der 3. Periode befindet, haben wir ein Hauptgruppenelement gefunden, dessen vorletzte Schale noch unbesetzt ist.
Selen, das im PSE nach den Nebengruppen kommt, ist dagegen ein Element aus den Hauptgruppen, bei dem die inneren Schalen vollständig mit Elektronen aufgefüllt sind.

Von den inneren Schalen der Hauptgruppenelemente sind die s- und p-Orbitale vollständig mit Elektronen besetzt. Die d-Orbitale der vorletzten Schale sind entweder ganz leer oder vollständig gefüllt.

Nebengruppen

Um einen „Einstieg" in die Nebengruppen zu bekommen, betrachten wir das Erdalkalimetall Calcium (Ca) mit der Ordnungszahl 20. Beim Calciumatom sind die 3d-Orbitale noch unbesetzt.

Nach der „Besetzungsregel" muss nach der vollständigen Besetzung des 4s-Niveaus mit dem Auffüllen der 3d-Orbitale begonnen werden. Insofern besitzt das Scandiumatom ($_{21}$Sc) ein Elektron im 3d-Orbital der vorletzten Schale und nicht im 4p-Niveau.

Aus dem Kästchenschema wird verständlich, dass es genau *zehn Nebengruppen* geben muss, da das d-Orbital der *vorletzten Schale* bis zur vollständigen

Besetzung zehn Elektronen aufnehmen kann. Dies ist schließlich beim Zink ($_{30}$Zn) gegeben.

Alle 3d-Orbitale sind beim Zinkatom mit Elektronen aufgefüllt. Nach der Besetzungsregel ist das 4p-Orbital das nächst höhere Niveau. Mit Gallium ($_{31}$Ga) treten wir wieder in die Hauptgruppen ein.

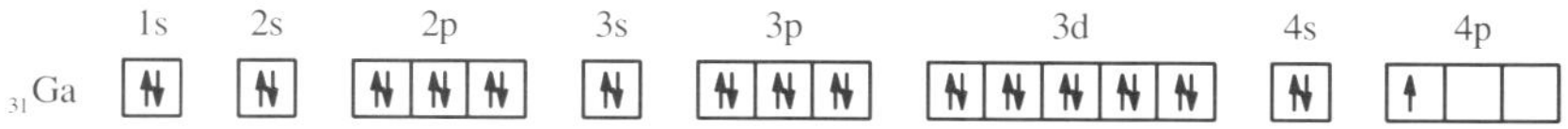

Die bis zum Krypton folgenden Elemente haben volle d-Orbitale in der zweitäußersten Schale. Ganz allgemein können wir die Regel ableiten, dass die Elemente der I. und II. Hauptgruppe, die vor den Nebengruppen stehen, leere d-Orbitale in der vorletzten Schale haben. Die Hauptgruppenelemente der III. bis VIII. Gruppe, die nach den Nebengruppen kommen, haben gefüllte d-Orbitale in der zweitäußersten Elektronenschale.

Bei den Elementen der Nebengruppen werden die d-Orbitale der vorletzten Schale mit Elektronen aufgefüllt. Damit trennen sie die Hauptgruppen in Elemente mit leeren d-Orbitalen (links davon) und mit vollbesetzten d-Orbitalen (rechts davon) in der zweitäußersten Schale. Die Valenzelektronen der Nebengruppen sind s-Elektronen.

Nach dem Aufbauprinzip der Elektronenhülle haben die Nebengruppenelemente der 4. Periode die Valenzelektronenkonfiguration 4s^2. Bei Chrom ($_{24}$Cr) und Kupfer ($_{29}$Cu) stellt man jedoch Abweichungen fest. In der nachstehenden Tabelle wird die Elektronenverteilung für die Nebengruppenelemente der 4. Periode für das 3d- und 4s-Niveau angegeben. Wie der Tabelle zu entnehmen ist, haben die Chrom- und Kupferatome nur jeweils ein Valenzelektron im 4s-Niveau.

Orbitale	Sc	Ti	V	Cr	Mn	Fe	Co	Ni	Cu	Zn
3d	1	2	3	5	5	6	7	8	10	10
4s	2	2	2	1	2	2	2	2	1	2

Es muss davon ausgegangen werden, dass das halbe (beim Chromatom) bzw. das volle (beim Kupferatom) d-Orbital mit fünf bzw. zehn Elektronen aus Symmetriegründen bevorzugt ist, wodurch es zu *Anomalien* in der Elektronenkonfiguration der genannten Atome kommt. Diese Ausnahmen sind im Periodensystem angegeben.

Alle Lanthaniden und Actiniden sind Metalle. Die Lanthaniden befinden sich in der 6. Periode, die Actiniden in der 7. Periode des PSE. Die Actiniden sind radioaktiv. Uran mit der Ordnungszahl 92 ist das letzte Element im PSE, das in der Natur noch zu finden ist. Alle nach Uran folgenden Actiniden müssen künstlich hergestellt werden. Je höher die Ordnungszahl der Actiniden wird, um so kurzlebiger sind in der Regel ihre Isotope.

Bei den Lanthaniden und Actiniden werden die f-Orbitale der drittäußersten Elektronenschale mit Elektronen aufgefüllt. Da es sieben f-Orbitale gibt, muss es demnach 14 Gruppen bei den Lanthaniden und Actiniden geben. Auch bei diesen Elementen gibt es Ausnahmen in der regelmäßigen Besetzung der Orbitale.

Die Elektronenkonfiguration der Elemente

Element	Z	1s	2s	2p	3s	3p	3d	4s	4p	4d	4f	5s	5p	5d	5f	6s	6p	6d	7s
H	1	1																	
He	2	2																	
Li	3	2	1																
Be	4	2	2																
B	5	2	2	1															
C	6	2	2	2															
N	7	2	2	3															
O	8	2	2	4															
F	9	2	2	5															
Ne	10	2	2	6															
Na	11	2	2	6	1														
Mg	12	2	2	6	2														
Al	13	2	2	6	2	1													
Si	14	2	2	6	2	2													
P	15	2	2	6	2	3													
S	16	2	2	6	2	4													
Cl	17	2	2	6	2	5													
Ar	18	2	2	6	2	6													
K	19	2	2	6	2	6		1											
Ca	20	2	2	6	2	6		2											
Sc	21	2	2	6	2	6	1	2											
Ti	22	2	2	6	2	6	2	2											
V	23	2	2	6	2	6	3	2											
Cr	24	2	2	6	2	6	5	1											

Element	Z	1s	2s	2p	3s	3p	3d	4s	4p	4d	4f	5s	5p	5d	5f	6s	6p	6d	7s
Mn	25	2	2	6	2	6	5	2											
Fe	26	2	2	6	2	6	6	2											
Co	27	2	2	6	2	6	7	2											
Ni	28	2	2	6	2	6	8	2											
Cu	29	2	2	6	2	6	10	1											
Zn	30	2	2	6	2	6	10	2											
Ga	31	2	2	6	2	6	10	2	1										
Ge	32	2	2	6	2	6	10	2	2										
As	33	2	2	6	2	6	10	2	3										
Se	34	2	2	6	2	6	10	2	4										
Br	35	2	2	6	2	6	10	2	5										
Kr	36	2	2	6	2	6	10	2	6										
Rb	37	2	2	6	2	6	10	2	6			1							
Sr	38	2	2	6	2	6	10	2	6			2							
Y	39	2	2	6	2	6	10	2	6	1		2							
Zr	40	2	2	6	2	6	10	2	6	2		2							
Nb	41	2	2	6	2	6	10	2	6	4		1							
Mo	42	2	2	6	2	6	10	2	6	5		1							
Tc	43	2	2	6	2	6	10	2	6	6		1							
Ru	44	2	2	6	2	6	10	2	6	7		1							
Rh	45	2	2	6	2	6	10	2	6	8		1							
Pd	46	2	2	6	2	6	10	2	6	10									
Ag	47	2	2	6	2	6	10	2	6	10		1							
Cd	48	2	2	6	2	6	10	2	6	10		2							
In	49	2	2	6	2	6	10	2	6	10		2	1						
Sn	50	2	2	6	2	6	10	2	6	10		2	2						
Sb	51	2	2	6	2	6	10	2	6	10		2	3						
Te	52	2	2	6	2	6	10	2	6	10		2	4						

Element	Z	1s	2s	2p	3s	3p	3d	4s	4p	4d	4f	5s	5p	5d	5f	6s	6p	6d	7s
I	53	2	2	6	2	6	10	2	6	10		2	5						
Xe	54	2	2	6	2	6	10	2	6	10		2	6						
Cs	55	2	2	6	2	6	10	2	6	10		2	6			1			
Ba	56	2	2	6	2	6	10	2	6	10		2	6			2			
La	57	2	2	6	2	6	10	2	6	10		2	6	1		2			
Ce	58	2	2	6	2	6	10	2	6	10	2	2	6			2			
Pr	59	2	2	6	2	6	10	2	6	10	3	2	6			2			
Nd	60	2	2	6	2	6	10	2	6	10	4	2	6			2			
Pm	61	2	2	6	2	6	10	2	6	10	5	2	6			2			
Sm	62	2	2	6	2	6	10	2	6	10	6	2	6			2			
Eu	63	2	2	6	2	6	10	2	6	10	7	2	6			2			
Gd	64	2	2	6	2	6	10	2	6	10	7	2	6	1		2			
Tb	65	2	2	6	2	6	10	2	6	10	9	2	6			2			
Dy	66	2	2	6	2	6	10	2	6	10	10	2	6			2			
Ho	67	2	2	6	2	6	10	2	6	10	11	2	6			2			
Er	68	2	2	6	2	6	10	2	6	10	12	2	6			2			
Tm	69	2	2	6	2	6	10	2	6	10	13	2	6			2			
Yb	70	2	2	6	2	6	10	2	6	10	14	2	6			2			
Lu	71	2	2	6	2	6	10	2	6	10	14	2	6	1		2			
Hf	72	2	2	6	2	6	10	2	6	10	14	2	6	2		2			
Ta	73	2	2	6	2	6	10	2	6	10	14	2	6	3		2			
W	74	2	2	6	2	6	10	2	6	10	14	2	6	4		2			
Re	75	2	2	6	2	6	10	2	6	10	14	2	6	5		2			
Os	76	2	2	6	2	6	10	2	6	10	14	2	6	6		2			
Ir	77	2	2	6	2	6	10	2	6	10	14	2	6	7		2			
Pt	78	2	2	6	2	6	10	2	6	10	14	2	6	9		1			
Au	79	2	2	6	2	6	10	2	6	10	14	2	6	10		1			
Hg	80	2	2	6	2	6	10	2	6	10	14	2	6	10		2			

Element	Z	1s	2s	2p	3s	3p	3d	4s	4p	4d	4f	5s	5p	5d	5f	6s	6p	6d	7s
Tl	81	2	2	6	2	6	10	2	6	10	14	2	6	10		2	1		
Pb	82	2	2	6	2	6	10	2	6	10	14	2	6	10		2	2		
Bi	83	2	2	6	2	6	10	2	6	10	14	2	6	10		2	3		
Po	84	2	2	6	2	6	10	2	6	10	14	2	6	10		2	4		
At	85	2	2	6	2	6	10	2	6	10	14	2	6	10		2	5		
Rn	86	2	2	6	2	6	10	2	6	10	14	2	6	10		2	6		
Fr	87	2	2	6	2	6	10	2	6	10	14	2	6	10		2	6		1
Ra	88	2	2	6	2	6	10	2	6	10	14	2	6	10		2	6		2
Ac	89	2	2	6	2	6	10	2	6	10	14	2	6	10		2	6	1	2
Th	90	2	2	6	2	6	10	2	6	10	14	2	6	10		2	6	2	2
Pa	91	2	2	6	2	6	10	2	6	10	14	2	6	10	2	2	6	1	2
U	92	2	2	6	2	6	10	2	6	10	14	2	6	10	3	2	6	1	2
Np	93	2	2	6	2	6	10	2	6	10	14	2	6	10	4	2	6	1	2
Pu	94	2	2	6	2	6	10	2	6	10	14	2	6	10	6	2	6		2
Am	95	2	2	6	2	6	10	2	6	10	14	2	6	10	7	2	6		2
Cm	96	2	2	6	2	6	10	2	6	10	14	2	6	10	7	2	6	1	2
Bk	97	2	2	6	2	6	10	2	6	10	14	2	6	10	8	2	6	1	2
Cf	98	2	2	6	2	6	10	2	6	10	14	2	6	10	10	2	6		2
Es	99	2	2	6	2	6	10	2	6	10	14	2	6	10	11	2	6		2
Fm	100	2	2	6	2	6	10	2	6	10	14	2	6	10	12	2	6		2
Md	101	2	2	6	2	6	10	2	6	10	14	2	6	10	13	2	6		2
No	102	2	2	6	2	6	10	2	6	10	14	2	6	10	14	2	6		2
Lr	103	2	2	6	2	6	10	2	6	10	14	2	6	10	14	2	6	1	2

V. Chemische Bindungen

5.1 Die Ionenbindung

Schmilzt man metallisches Natrium (Na) und leitet über dieses Chlorgas (Cl_2), so reagieren die beiden Elemente heftig zu Natriumchlorid (Kochsalz). Verbrennt man einen Magnesiumdraht (Mg), so entsteht unter blendender Lichterscheinung ein weißes Pulver. Das Magnesium setzt sich dabei mit dem Sauerstoff (O_2) der Luft zu Magnesiumoxid um.

Natrium + Clor → Natriumchlorid
Magnesium + Sauerstoff → Magnesiumoxid

Reagieren Metalle mit Nichtmetallen, so entstehen in exothermen Reaktionen Feststoffe, die man *Salze* nennt. Sie zeichnen sich durch hohe Schmelzpunkte aus. So schmilzt Natriumchlorid bei 801 °C, Magnesiumoxid bei 2800 °C.

Elektronenformeln

Für die Wiedergabe der Elektronen in der äußersten Schale eines Atoms gibt es eine einfache Schreibweise. Jedes Valenzelektron wird durch einen Punkt neben dem Atom- bzw. Elementsymbol symbolisiert. Die Elektronen der inneren Schalen werden nicht berücksichtigt, weil bei chemischen Reaktionen nur die Außenelektronen beteiligt sind.

Die Atome der Hauptgruppenelemente haben das Bestreben, bezüglich ihrer Valenzelektronenschale Edelgaskonfiguration („Oktettregel“) zu erreichen.

Aus der vorstehenden „Punktschreibweise“ (*Elektronenformeln*) wird ersichtlich, dass das Sauerstoffatom (O) noch zwei, das Chloratom (Cl) noch ein Elektron aufnehmen kann, um Elektronenoktett zu erreichen. Dabei entstehen negativ geladene Ionen (Anionen). Da Nichtmetallatome das Bestreben haben, Elektronen aufzunehmen, bezeichnet man sie auch als elektronegativ. Sie sind Elektronenakzeptoren.

Gliedert ein Chloratom, das 17 positiv geladene Protonen im Kern hat, noch zusätzlich ein Elektron in seine Atomhülle ein, so sind nun 18 negative Ladungen vorhanden. Damit überwiegt eine negative Elementarladung, das Anion (Chloridion) muss einfach negativ geladen sein (Cl^-).

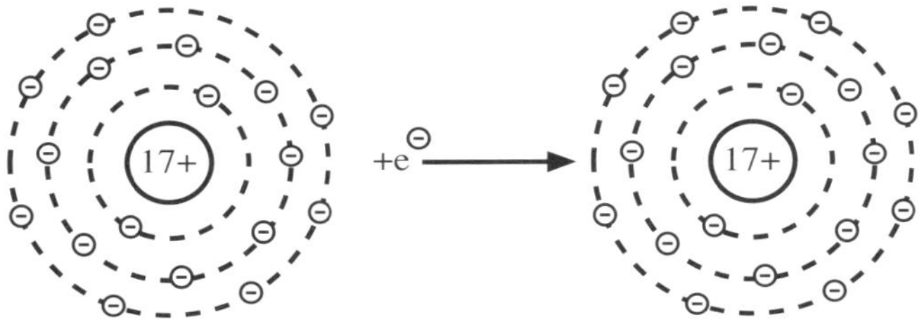

Chloratom (Cl) Chloridion (Cl^-)

Das Sauerstoffatom besitzt 8 Protonen im Kern und 8 Elektronen in der Hülle. Durch Aufnahme von zwei weiteren Elektronen entsteht ein zweifach negativ geladenes Oxidion O^{2-}.

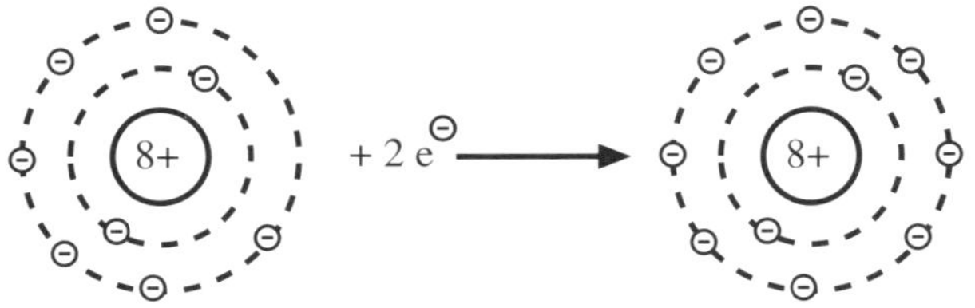

Sauerstoffatom (O) Oxidion (O^{2-})

Metallatome geben Elektronen ab, sind damit Elektronenspender und werden so zu positiv geladenen Ionen (Kationen). Metalle bezeichnet man wegen der Neigung ihrer Atome, Kationen zu bilden, als elektropositiv.

Elektronenspender und Elektronenakzeptoren

Metalle sind Elektronenspender (Elektronendonatoren); sie sind elektropositiv. Nichtmetalle sind Elektronenakzeptoren (Elektronenacceptoren); sie sind elektronegativ.

Gibt das Natriumatom (Na) sein Valenzelektron ab, so entsteht ein Natriumteilchen, das weiterhin 11 Protonen im Kern, aber nur noch 10 Elektronen in der Hülle besitzt. Damit überwiegt eine positive Elementarladung, und so entsteht das positive Natriumion Na^+.

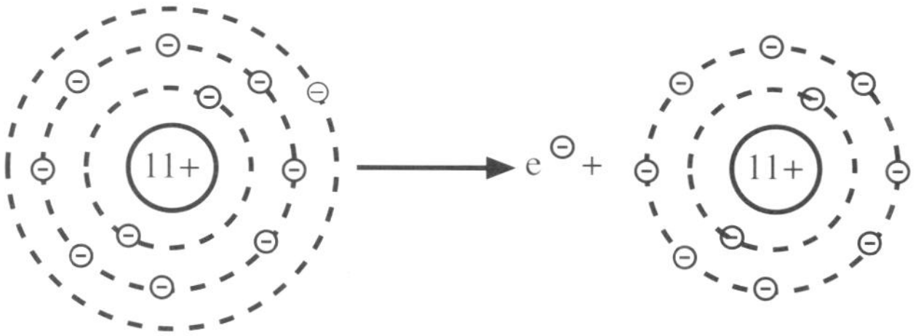

Natriumatom (Na) Natriumion (Na^+)

Das Magnesiumatom (Mg) gibt zwei Außenelektronen ab, um Edelgaskonfiguration zu erhalten. Da das entstehende Kation nur noch 10 Elektronen in der Hülle, aber weiterhin 12 Protonen im Kern besitzt, muss das Magnesiumion eine zweifach positive Ladung (Mg^{2+}) haben.

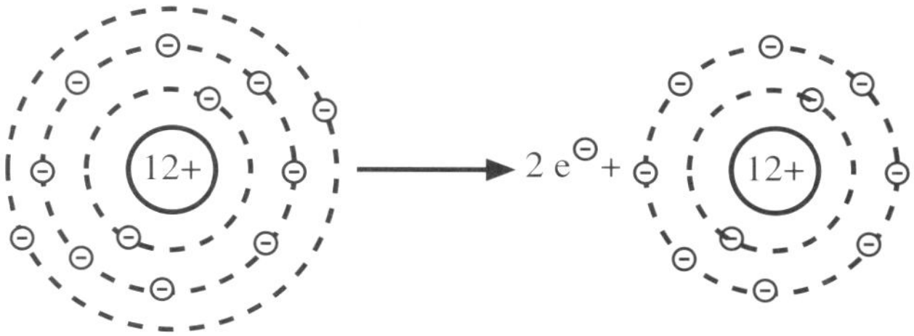

Magnesiumatom (Mg) Magnesiumion (Mg^{2+})

Reagiert nun Natrium mit Chlor, so gibt jeweils ein Natriumatom sein Valenzelektron an ein Chloratom ab. Auf diese Weise entstehen ein Natriumion (Na^+) und ein Chloridion (Cl^-). Dabei erreichen beide Teilchen Edelgaskonfiguration. Damit die Übertragung des Elektrons vom Metallatom auf das Nichtmetallatom überhaupt erfolgen kann, muss zuvor das Chlormolekül (Cl_2) in seine beiden Chloratome gespalten werden.

Die positiven Natriumionen und die negativen Chloridionen ziehen sich gegenseitig an und bilden auf diese Weise eine dichte Packung. Ihr Zusammenhalt wird als *Ionenbindung* bezeichnet. Gleichzeitig herrschen zwischen den Ionen mit gleicher Ladung aber auch abstoßende Kräfte. Das Zusammenspiel dieser elektrostatischen Kräfte bewirkt, dass die Ionen, die als Kugeln aufgefasst werden können, sich in regelmäßiger Anordnung nach allen Richtungen hin zusammenlagern.

Ionenbindung

Unter einer Ionenbindung versteht man den Zusammenhalt von entgegengesetzt geladenen Ionen, der durch elektrostatische Anziehungskräfte bewirkt wird. Dabei entsteht ein so genanntes Ionengitter. Da Salze Feststoffe sind, spricht man auch von einem Kristallgitter.

Die kleinsten Teilchen des Natriumchlorids sind die Ionen. Jedes Natriumion (Na^+) ist von sechs Chloridionen (Cl^-) und jedes Chloridion (Cl^-) von sechs Natriumionen (Na^+) umgeben. Jedes Ion wird von den entgegengesetzt geladenen Ionen somit oktaedrisch umgeben.

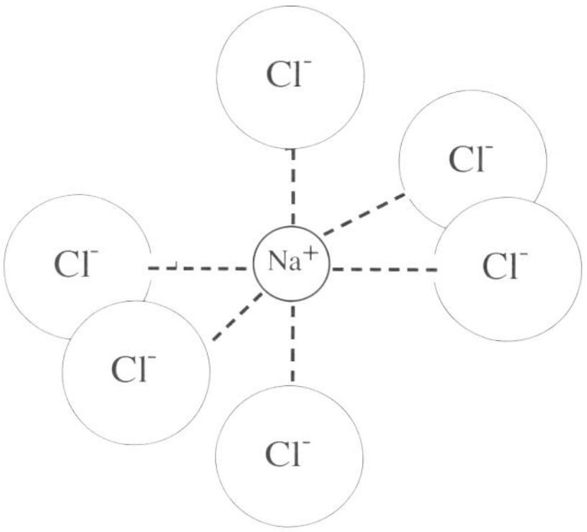

Innerhalb einer Ebene des Kristallgitters ist ein Na^+-Ion von vier Cl^--Ionen umgeben und umgekehrt.

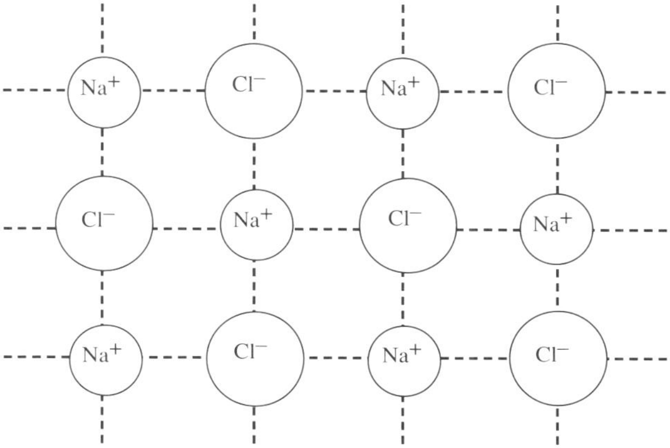

Die gestrichelten Linien symbolisieren in den Abbildungen die elektrostatischen Anziehungskräfte zwischen den Ionen.

Die Ionen im Kochsalzgitter sind verschieden groß. Da die Natriumionen mit ihren 10 Elektronen die Edelgaskonfiguration des Neonatoms (Ne) erreicht haben (2 Elektronenschalen), sind sie kleiner als die Chloridionen, die die Elektronenanordnung des Argonatoms (Ar) aufweisen (3 Elektronenschalen).

Die folgende Abbildung zeigt die Ionenpackung im Kristallgitter von Natriumchlorid. Die schwarzen Kugeln sind die Natriumionen, die weißen Kugeln die Chloridionen.

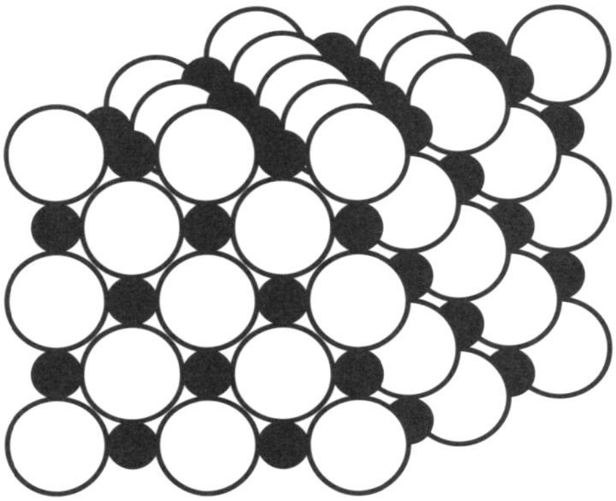

Verhältnisformel

Obwohl unendlich viele Natrium- und Chloridionen im Kochsalzgitter vorliegen, treten sie letztendlich im Verhältnis 1 : 1 auf. Deshalb schreibt man für Natriumchlorid die chemische Formel Na^+Cl^-. Es ist üblich, auf die Ladungen der Kationen und Anionen zu verzichten; man schreibt nur noch NaCl. Diese chemische Formel bezeichnet man als *Verhältnisformel*, da sie angibt, in welchem Verhältnis die entgegengesetzt geladenen Ionen zueinander stehen.

Die Formeln von Ionenverbindungen sind Verhältnisformeln. Aus ihnen ist ersichtlich, in welchem Zahlenverhältnis die Kationen und Anionen im Ionengitter zueinander stehen.

Da nun die Verhältnisformel von Natriumchlorid bekannt ist, kann die chemische Gleichung für die Entstehung von NaCl aus den Elementen formuliert werden:

$$2\,Na + Cl_2 \rightarrow 2\,NaCl$$

Die Entstehung des Kochsalzgitters wird nochmals in folgender Abbildung aufgezeigt.

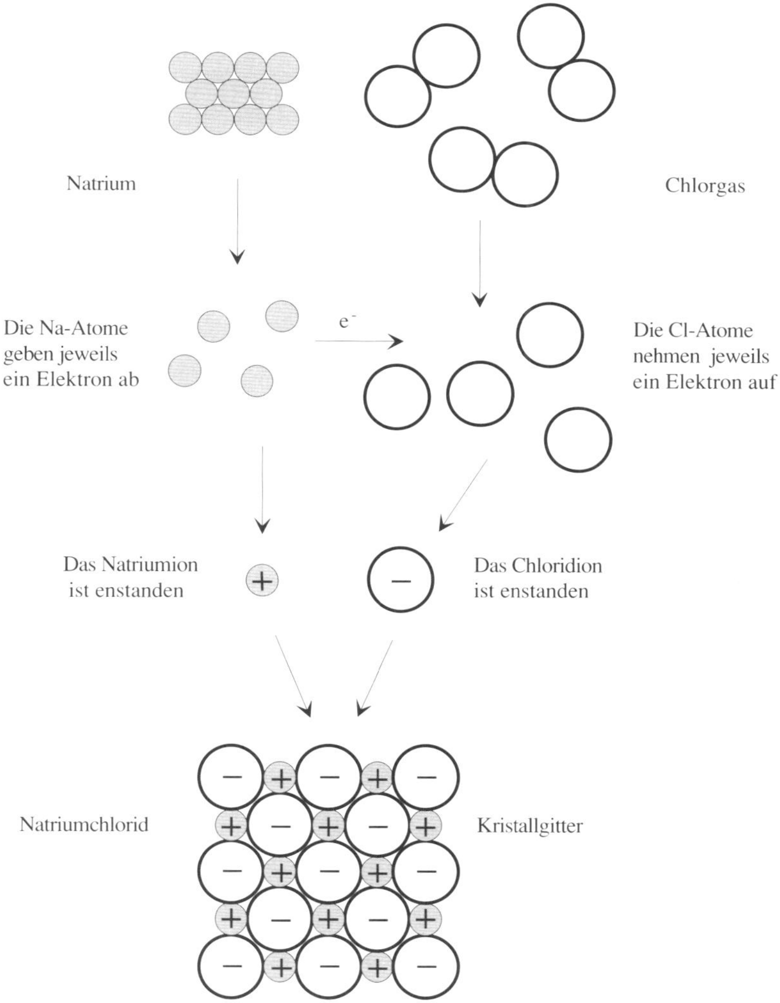

Betrachten wir nun die Entstehung von Magnesiumoxid. Die Magnesiumatome geben jeweils ihre beiden Valenzelektronen an die Atome des Sauerstoffs ab. Auf diese Weise entstehen zweifach positiv geladene Magnesiumionen (Mg^{2+}) und zweifach negativ geladene Sauerstoffionen, die als Oxidionen (O^{2-}) bezeichnet werden. Im Ionengitter des Magnesiumoxids liegen die Magnesium- und Oxidionen, wie beim Kochsalz, im Verhältnis 1 : 1 vor. Die Verhältnisformel des Salzes lautet somit $Mg^{2+}\,O^{2-}$ bzw. MgO.

Chemische Gleichung für die Entstehung von MgO aus den Elementen:

$$2\,Mg + O_2 \rightarrow 2\,MgO$$

Eine Ionenbindung kommt dadurch zustande, dass ein Metall mit einem Nichtmetall reagiert. Die Metallatome geben ihre Valenzelektronen an die Nichtmetallatome ab. Auf diese Weise entstehen entgegengesetzt geladene Ionen, die sich in einem Ionengitter zusammenlagern. Salze sind feste Metall-Nichtmetall-Verbindungen.

Reagiert Calcium (Ca) mit Chlor (Cl_2), so entsteht Calciumchlorid.

$$Ca + Cl_2 \rightarrow CaCl_2$$

Calcium ist ein Element der II. Hauptgruppe, d. h. ein Calciumatom gibt seine beiden Valenzelektronen ab. Es entsteht das zweifach positiv geladene Calciumion Ca^{2+}. Chlor ist ein Element der VII. Hauptgruppe. Damit hat ein Chloratom 7 Valenzelektronen, kann also noch ein Elektron aufnehmen, um zum Chloridion Cl^- mit Edelgaskonfiguration zu werden.
Im Ionengitter des Calciumchlorids müssen die Calciumionen zu den Chloridionen im Verhältnis 1 : 2 stehen, damit das Ionengitter nach außen elektrisch neutral ist. Calciumchlorid kann nun durch die Ionen $Ca^{2+} + 2\,Cl^-$ bzw. mithilfe seiner Verhältnisformel $CaCl_2$ beschrieben werden. Es sei betont, dass sie besagt, dass im Salzgitter auf ein Calciumion zwei Chloridionen kommen.

Oxidationszahl

Um die chemischen Formeln der verschiedenen Salze rasch angeben zu können, haben die Chemiker den Begriff der *Oxidationszahl* bzw. *Wertigkeit* eingeführt.

Die Oxidationszahl (Wertigkeit) eines Elements ist die Ladung des Ions, einschließlich seines Vorzeichens, die sich von diesem Element nach einer ionischen Reaktion ableiten lässt.

Spricht man von der Oxidationszahl, so ist es üblich, diese mit arabischen Ziffern zu belegen.
Verwendet man hingegen den synonymen Ausdruck der Wertigkeit, so wird diese meist mit römischen Ziffern ausgedrückt.

Elemente	**Gruppennummer**	**Oxidationszahl**	**Wertigkeit**
Alkalimetalle	I	+1	+I
Erdalkalimetalle	II	+2	+II
Halogene	VII	–1	–I
Sauerstoffgruppe	VI	–2	–II
Stickstoffgruppe	V	–3	–III

Ionenwertigkeit

Bei Ionen stimmt die Elektrovalenzzahl mit der Ladung des Ions überein. Man spricht auch von der *Ionenwertigkeit.*

Beispiele: Na^+ hat die Ionenwertigkeit +1, das Fluoridion F^- hat die Elektrovalenzzahl –1, das Aluminiumion Al^{3+} besitzt die Ionenwertigkeit +3, und dem Nitridion N^{3-} muß die Elektrovalenzzahl –3 zugeordnet werden.

Kalium ist ein Vertreter der I. Hauptgruppe. Damit hat es die Elektrovalenzzahl +1. Sauerstoff besitzt die Elektrovalenzzahl –2. Man schreibt zunächst die Elektrovalenzzahlen über den Elementsymbolen an.

$$\overset{+1}{\mathrm{K}}\quad\overset{-2}{\mathrm{O}}$$

Die Summe der Elektrovalenzzahlen ist stets null. Demnach müssen im Kaliumoxid die Kalium- zu den Oxidionen im Verhältnis 2 : 1 stehen. Die Verhältnisformel lautet somit K_2O ($2\,K^+ + O^{2-}$).

Aluminium besitzt als Metall der III. Hauptgruppe die Elektrovalenzzahl + 3. Schwefel ist ein Vertreter der VI. Hauptgruppe mit der Elektrovalenzzahl – 2. Zunächst notiert man wieder die Ionenwertigkeiten über den Elementsymbolen:

$$\overset{+3}{\mathrm{Al}}\quad\overset{-2}{\mathrm{S}}$$

Weil $2 \cdot (+3) + 3 \cdot (-2) = 0$ ist, müssen im Aluminiumsulfid auf zwei Al^{3+}-Ionen drei S^{2-}-Ionen kommen. Die Verhältnisformel des Salzes lautet damit Al_2S_3 ($2\,Al^{3+} + 3\,S^{2-}$).

Beispiele: Aluminiumchlorid $AlCl_3$, Magnesiumnitrid Mg_3N_2, Calciumsulfid CaS, Magnesiumbromid $MgBr_2$, Kaliumsulfid K_2S.

Die Metalle der Nebengruppen können unterschiedliche Wertigkeiten annehmen. Deshalb muss in der Nomenklatur der entsprechenden Salze die Wertigkeit angegeben werden, damit man weiß, welche Ladung das entsprechende Metallion besitzt.
So gibt es beispielsweise ein Kupferchlorid, in dem das Kupferion nur eine positive Ladung (Cu^+) trägt. Dieses Salz hat die Verhältnisformel CuCl und trägt den Namen Kupfer-(I)-chlorid. Im Kupferchlorid, in dem das Metallion als Cu^{2+}-Ion vorliegt, muss die Verhältnisformel $CuCl_2$ heißen. Der Name ist Kupfer-(II)-chlorid.

Weitere Beispiele: Eisen-(II)-oxid FeO, Eisen-(III)-oxid Fe_2O_3, Quecksilber-(I)-chlorid HgCl, Quecksilber-(II)-chlorid $HgCl_2$, Mangan-(II)-oxid MnO, Mangan-(IV)-oxid MnO_2.

Bei der Bildung einer Ionenbindung kommt es zu einem Elektronenübergang (Elektronentransfer) vom Metallatom zum Nichtmetallatom. Auf diese Weise entstehen (positive) Metallkationen und (negative) Nichtmetallanionen.

Gitterenergie

Bei der Bildung eines Salzkristalls aus Ionen wird eine bestimmte Energie frei. Da die Ionen sich in so genannten „Gittern" anordnen, wird diese als *Gitterenergie* bezeichnet. Je höher die Ladung der Ionen und je geringer ihr Abstand im Kritallgitter ist, desto höher ist die Gitterenergie des Salzes.
Die Gitterenergie kann nicht experimentell ermittelt werden. Es gibt aber einen indirekten Weg zur Bestimmung der Gitterenergie über den *Born-Haber-Kreisprozess*. Dieser Born-Haber-Kreisprozess zeigt die Bildung des Salzgitters von Natriumchlorid. Sie wird in hypothetische Schritte aufgeteilt, deren Werte bis auf die Gitterenergie bekannt sind.

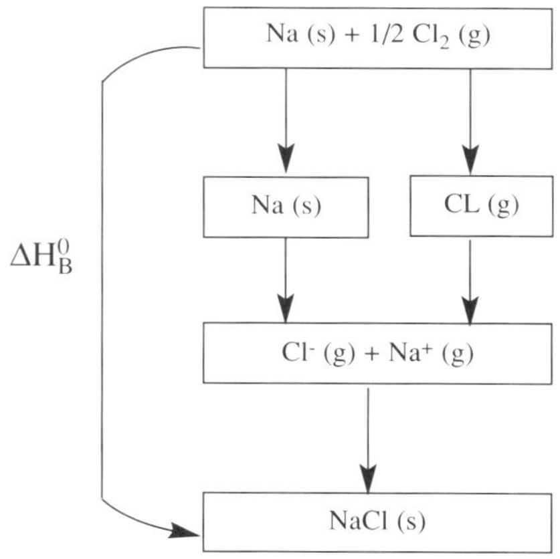

Nach dem Heß'schen Satz ist die Energie einer Verbindung unabhängig vom Reaktionsweg beim Aufbau der Verbindung. Es gilt:

$$\Delta H_B^0 = \Delta H_S^0 + \tfrac{1}{2}\Delta H_D^0 + I + E_{ea} + U_g$$

Die Bildungsenthalpie ΔH_B^0 entspricht der Summe der fünf Teilschritte, die folgenden Energien entsprechen.

ΔH_S^0: Sublimationsenthalpie von Natrium; Energie, die benötigt wird, um ein Natriumatom aus einem Metall in Natrium-Gas zu überführen.

$\tfrac{1}{2}\Delta H_D^0$: Dissoziationsenthalpie von Chlor; Energie, die aufgewendet werden muss, um ein Chlormolekül in zwei Chloratome zu spalten. (Hier wird die halbe Dissoziationsenthalpie eingesetzt, da NaCl nur ein Chloratom enthält.)

I: Ionisierungsenergie; Energie, die zur Überführung eines Natriumatoms in ein Kation aufgewendet werden muss.

E_{ea}: Elektronenaffinität von Chlor; Energie, die frei wird, wenn ein Chloratom ein Elektron aufnimmt und zum Chloridion wird.

U_g: Gitterenergie; Energie, die bei der Bildung eines Kristalls aus Natrium- und Chlorionen frei wird.

Der Wert der Gitterenergie ist die einzige Unbekannte. Sie berechnet sich nach:

$$U_g = \Delta H_B^0 - \Delta H_S^0 - \tfrac{1}{2}\Delta H_D^0 - I - E_{ea}$$

Für Natriumchlorid beträgt die Gitterenergie 788 kJ/mol. Der sehr große Energiegewinn beim Aufbau des Ionengitters ist ein Grund für die spontane Reaktion von Chlor mit Natrium.

Hydratationsenthalpie

Die Lösungsenthalpie ΔH_L gibt an, wie hoch die Enthalpiedifferenz eines Salzes im festen und im gelösten Zustand ist. Sie setzt sich zusammen aus der Summe der negativen Gitterenergie und der Hydratationsenthalpie der Ionen.
Die Hydratationsenthalpie ΔH_H gibt an, wieviel Energie frei wird, wenn ein

Ion in Lösung geht und von einer Hydrathülle umschlossen wird. Der Energiegewinn resultiert aus den Anziehungskräften zwischen dem Ion und den polaren Wassermolekülen der Hydrathülle. Damit ein Salz in Lösung geht, muss die Hydratationsenthalpie der Ionen mindestens so groß sein wie die Gitterenergie des Salzes, da die Gitterenergie überwunden werden muss.

Beispiel: Die Hydratationsenthalpien von einem Natriumkation und einem Chloridanion übertreffen die Gitterenergie von Natriumchlorid.

$$\Delta H_H(Na^+) = -406 \text{ kJ/mol}$$

$$\Delta H_H(Cl^-) = -384 \text{ kJ/mol}$$

$$\Delta H_H(Na^+) + \Delta H_H(Cl^-) = -790 \text{ kJ/mol} \quad > \quad U_g = -788 \text{ kJ/mol}$$

Die Werte zeigen, dass es für das Salz Natriumchlorid energetisch günstiger ist, wenn die Ionen in Lösung gehen, als wenn sie im Kristall verbleiben.

5.2 Die Atombindung

Reagieren Nichtmetalle miteinander, bilden sich Stoffe, bei denen die kleinsten Teilchen *Moleküle* sind. Auch alle gasförmigen Elemente (außer Edelgase) treten als zweiatomige Moleküle auf. Man sagt, sie kommen molekular vor. Dies muss beim Aufstellen der chemischen Formeln berücksichtigt werden.

Die Elemente Wasserstoff (H_2), Stickstoff (N_2), Sauerstoff (O_2), Fluor (F_2), Chlor (Cl_2), Brom (Br_2) und Iod (I_2) treten molekular auf.

Die kleinsten Teilchen von Chlorgas sind also die Chlormoleküle. Diese kommen dadurch zustande, dass sich zwei Chloratome zusammenlagern. Bei diesem Zusammenschluss kommt es aber zu keinem Elektronenübergang. Zwei Chloratome teilen sich vielmehr ein Elektronenpaar. Auf diese Weise ist es beiden Chloratomen im Molekül möglich, für die Valenzelektronenschale ein Elektronenoktett zu erreichen.

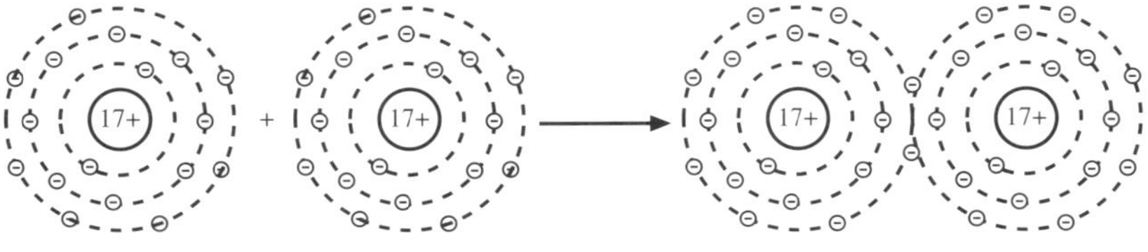

Chloratom (Cl) Chloratom (Cl) Chlormolekül (Cl_2)

Elektronenformeln

Da die Elektronen der inneren Schalen bei beiden Chloratomen nicht zur Bindung beitragen, gibt man nur die Valenzelektronen durch Punkte an. Den Zusammenschluss zweier Chloratome zu einem Molekül formuliert man deshalb einfacher mit den *Elektronenformeln*.

Das Elektronenpaar, das nun beide Chloratome verbindet, heißt *gemeinsames* oder *bindendes Elektronenpaar*. Die Elektronenpaare, die nur von einem der beiden Atome im Molekül stammen, nennt man *freie Elektronenpaare*. Jedes Chloratom (Cl) besitzt demnach im Chlormolekül (Cl_2) ein gemeinsames und drei freie Elektronenpaare. Die durch das gemeinsame Elektronenpaar bewirkte Bindung heißt *Atombindung*.

Valenzstrichformeln

In der Elektronenformel ersetzt man sowohl die bindenden als auch die freien Elektronenpaare durch einen so genannten Valenzstrich.

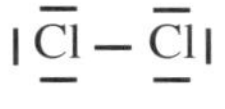

Diese Art der Moleküldarstellung nennt man *Valenzstrichformel* oder *Lewis-Struktur*. Jeder Strich, der sich zwischen zwei Atom- bzw. Elementsymbolen befindet, symbolisiert ein gemeinsames, bindendes Elektronenpaar. In der organischen Chemie ist es üblich, von der *Strukturformel* zu sprechen, wobei man oft gleichzeitig auf das Schreiben der freien Elektronenpaare verzichtet.

Es ist zu beachten, dass Chlorgas aus Molekülen (Cl_2) besteht, während Natriumchlorid (NaCl) eine ionische Verbindung ist und sich *nicht* aus Molekülen aufbaut. Das Natriumchlorid stellt ein Kristallgitter dar, das von den Metallkationen Na^+ und den Nichtmetallanionen Cl^- gebildet wird.

Für ein Wasserstoffmolekül (H_2) ist folgende Elektronen- bzw. Valenzstrichformel anzugeben. Indem sich zwei H-Atome zu einem Molekül zusammenschließen, erhalten beide die Elektronenkonfiguration von Helium (He). Freie Elektronenpaare gibt es im Wasserstoffmolekül nicht.

H : H   H – H

Methan (CH_4) ist ein farb- und geruchloses Gas. Die kleinsten Teilchen dieser organischen Verbindung sind CH_4-Moleküle. Die Valenzstrichformel von Methan bzw. dessen Molekülen muss so angegeben werden, dass für jedes der im Molekül beteiligten Atome die Edelgaskonfiguration erfüllt ist. Das C-Atom muß Oktett erreichen, die H-Atome müssen im Molekül die Elektronenanordnung von Helium erreichen.

Beim Aufstellen von Valenzstrichformeln müssen die Valenzelektronen der am Molekül beteiligten Atome so verteilt werden, dass jedes Atom Edelgaskonfiguration erreicht.

Atombindung

Die Moleküle des Methans zeichnen sich dadurch aus, dass sich ein Kohlenstoffatom (C) mit vier Wasserstoffatomen (H) über vier gemeinsame Elektronenpaare zusammengeschlossen hat.

Unter einer Atombindung versteht man die feste Verknüpfung von Atomen in einem Molekül durch gemeinsame Elektronenpaare. Atombindungen entstehen, wenn sich Nichtmetallatome zusammenschließen.

Bindigkeit

Das Kohlenstoffatom hat im Methanmolekül vier Wasserstoffatome gebunden. Damit hat das C-Atom vier Atombindungen (Elektronenpaarbindungen) ausgebildet. Man sagt, das Kohlenstoffatom ist vierbindig. Die *Bindigkeit* erkennt man unmittelbar aus der Valenzstrichformel, indem man die von einem Atom ausgehenden Valenzstriche zählt. Wasserstoffatome sind demnach einbindig.

Unter der Bindigkeit eines Atoms (Atomwertigkeit) versteht man die Zahl der Atombindungen (Elektronenpaarbindungen), die von einem Atom ausgehen.

Im Folgenden werden die Valenzstrichformeln von Wasser (H_2O), Ammoniak (NH_3), Chlorwasserstoff (HCl), Wasserstoffperoxid (H_2O_2) und von den organischen Verbindungen Ethan (C_2H_6), Propan (C_3H_8), Butan (C_4H_{10}) und Ethanol (C_2H_5OH) angegeben.

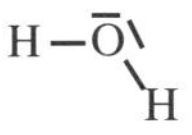

Wasser

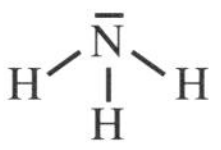

Ammoniak

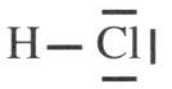

Chlorwasserstoff

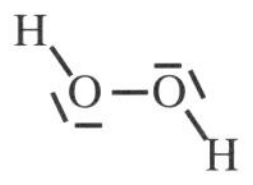

Wasserstoffperoxid

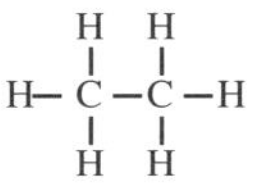

Ethan

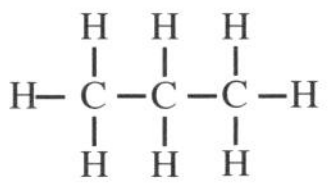

Propan

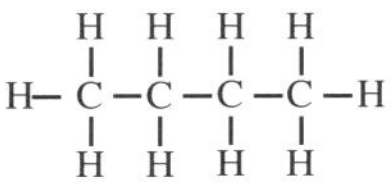

Butan

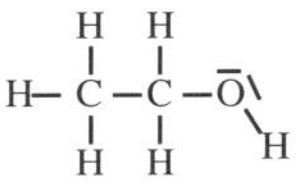

Ethanol

Aus den vorstehenden Valenzstrichformeln ist ersichtlich, dass sowohl das Wasserstoffatom als auch das Chloratom 1-bindig sind. Das Sauerstoffatom ist 2-bindig, das Stickstoffatom 3-bindig und das Kohlenstoffatom 4-bindig.

Die Bindigkeit eines Atoms ergibt sich auch aus der Überlegung, wie viele Elektronen ein Nichtmetallatom noch aufnehmen muss, um zur Edelgaskonfiguration zu gelangen. Da beispielsweise alle Halogenatome 7 Außenelektronen haben, benötigen sie noch ein Elektron, um Achterschale zu erreichen. Damit sind die Halogene einwertige Elemente.

Mehrfachbindungen

Beim Aufstellen von Strukturformeln organischer Verbindungen ist darauf zu achten, dass von den H-Atomen nicht mehr als ein Valenzstrich ausgehen darf, von den C-Atomen immer vier Valenzstriche. Man sagt, Wasserstoff tritt in seinen Verbindungen einbindig, Kohlenstoff immer vierbindig auf.

Zwischen zwei Atomen kann sich mehr als eine Atombindung ausbilden. Im Sauerstoffmolekül O_2 werden zwei Bindungen von vier Elektronen gebildet. Man spricht von einer *Doppelbindung*. Jedes Sauerstoffatom erreicht so eine Achterschale. Im Stickstoffmolekül N_2 liegt sogar eine *Dreifachbindung* vor, die von sechs Elektronen gebildet wird.

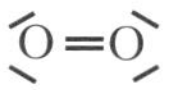

Je mehr Atombindungen zwischen zwei Atomen bestehen, um so geringer ist deren Abstand und um so fester ist die Bindung.

In Molekülen können Einfach-, Doppel- und Dreifachbindungen vorkommen.

Bei der Aufstellung der *Valenzstrichformeln* (Lewis-Strukturen, Strukturformeln) sind folgende Regeln zu beachten:

1. Es muss die Anzahl der Valenzelektronen für jedes der am Molekül beteiligten Nichtmetallatome bestimmt werden. Dabei ist die Anzahl der Valenzelektronen mit der Gruppennummer im Periodensystem identisch.

2. Man bestimmt die Summe aller Valenzelektronen, die auf das Molekül verteilt werden müssen. Dividiert man diese Zahl durch 2, so erhält man die Anzahl der Valenzstriche (Elektronenpaare).

3. Jedes Atom muss im Molekül Edelgaskonfiguration besitzen. Man sagt, die „Oktettregel" (beim Wasserstoffatom lediglich Duett) muss erfüllt sein.

Ethen hat die chemische Formel C_2H_4. Da jedes C-Atom vier und jedes H-Atom ein Valenzelektron mitbringt, sind im Molekül insgesamt $2 \cdot 4 + 4 \cdot 1 = 12$ Valenzelektronen beteiligt. In der Lewis-Struktur von Ethen müssen 6 Valenzstriche untergebracht werden. Berücksichtigt man noch die Oktettregel bzw. die Vierbindigkeit des C-Atoms, so ergibt sich für das Ethen-Molekül die folgende Strukturformel:

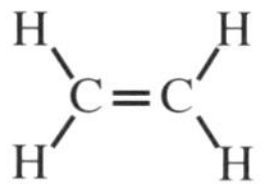

Die C-Atome sind im Ethenmolekül durch eine Doppelbindung verknüpft.

Ethin hat die Zusammensetzung C_2H_2. Nach der „Elektronenbilanz" müssen $2 \cdot 4 + 2 \cdot 1 = 10$ Valenzelektronen im Molekül verteilt werden. Das sind 5 Valenzstriche. Da die beiden C-Atome Elektronenoktett besitzen, resultiert daraus eine Dreifachbindung zwischen den Kohlenstoffatomen.

$$H-C\equiv C-H$$

Die Moleküle des Kohlendioxids (CO_2) setzen sich aus zwei Sauerstoffatomen und einem Kohlenstoffatom zusammen. Ein Molekül besitzt $1 \cdot 4 + 2 \cdot 6 = 16$ Valenzelektronen. Für die Zeichnung der Lewis-Formel werden 8 Valenzstriche benötigt. Die beteiligten Atome können nur dann ihre Bindigkeit einhalten, wenn sich im Molekül zwei Doppelbindungen befinden.

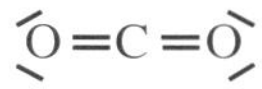

Unter Verwendung obiger Regeln findet man für Propen (C_3H_6), Formaldehyd (CH_2O), Essigsäure (CH_3COOH), Blausäure (HCN), Hydrazin (N_2H_4) und Hydroxylamin (NH_2OH) die nachstehenden Lewis-Strukturen:

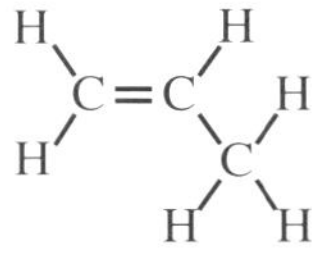

Propen

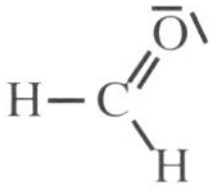

Formaldehyd

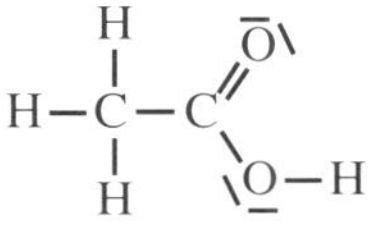

Essigsäure

Blausäure

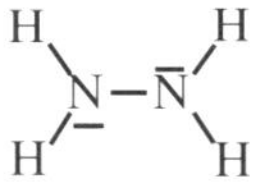

Hydrazin

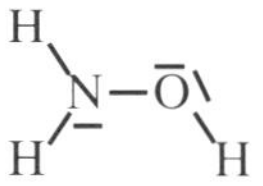

Hydroxylamin

Im nächsten Abschnitt wird aufgezeigt, dass man die reine Atombindung meist nur zwischen zwei gleichen Nichtmetallatomen findet, wie z. B. im Chlormolekül Cl_2. Das Elektronenpaar ist in diesem Fall zwischen den beiden Chloratomen symmetrisch angeordnet, gehört beiden in gleicher Weise an.

In Molekülen werden die Atome duch Elektronenpaarbindungen zusammengehalten. Dabei können Einfach-, Doppel- und Dreifachbindungen auftreten. Die durch ein oder mehrere gemeinsame Elektronenpaare bewirkte Bindung nennt man Atombindung. Sie kann immer nur zwischen Nichtmetallatomen zustande kommen.

5.3 Die polare Atombindung

Wenn sich zwei gleiche Atome zu einem Molekül zusammenschließen, wie z. B. in den Molekülen Cl_2 oder H_2, hält sich das Bindungselektronenpaar in der Mitte zwischen den beiden Atomen auf. Die Elektronenverteilung im Molekül ist dann symmetrisch, da das bindende Elektronenpaar beiden Atomen im Molekül in gleicher Weise angehört. Es liegt eine reine Atombindung vor.

In den meisten chemischen Verbindungen liegen aber weder reine Atombindungen noch reine Ionenbindungen vor. Sie weisen vielmehr Bindungsformen auf, die zwischen diesen beiden Extremen liegen.
Wir betrachten im folgenden die Bindungsverhältnisse in den Molekülen des Chlorwasserstoffs (HCl).

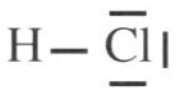

Im Chlorwasserstoffmolekül HCl übt das Chloratom eine stärkere Anziehungskraft auf das Bindungselektronenpaar aus als das Wasserstoffatom. Dadurch kommt es zu einer Elektronenverschiebung in Richtung des Chloratoms.

Negative und positive Teilladung
Das Bindungselektronenpaar hält sich damit überwiegend beim Chloratom auf. Da Elektronen eine elektrisch negative Ladung besitzen, muss das Chloratom damit mehr negative Ladung tragen als das Wasserstoffatom. Man sagt, das Chloratom bekommt durch die asymmetrische Verteilung des Bindungselektronenpaars eine *negative Teilladung*, während das Wasserstoffatom durch den teilweisen Abzug des Elektronenpaars eine *positive Teilladung* erhält.
Es ist üblich, die „Teilladungen“ durch die Symbole δ – und δ + auszudrücken und über den Atomsymbolen in der Strukturformel des Moleküls anzugeben.

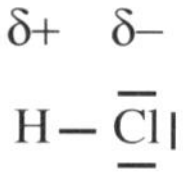

Man muß sich aber im Klaren darüber sein, dass es eine Teil- bzw. Partialladung nicht wirklich geben kann; denn die kleinste elektrische Ladung, die beispielsweise ein Elektron trägt, ist die Elementarladung $e = 1{,}6021 \cdot 10^{-19}$ C (Coulomb).

Die Bezeichnung *Partialladung* soll lediglich zum Ausdruck bringen, dass durch die asymmetrische Elektronenverteilung ein Molekül entsteht, das eine mehr negative und eine mehr positive Seite aufweist, wobei sich die Elektronen an einem Molekülende häufiger als am anderen aufhalten. Dadurch entsteht eine Polarisierung. Die Atombindung wird deshalb als *polar* bezeichnet.

Polarisierung

Zwei gleiche Nichtmetallatome bilden eine reine Atombindung, in der die Bindungselektronen von beiden Atomen gleichermaßen geteilt werden. Werden jedoch verschiedene Nichtmetallatome gebunden, so haben sie nicht in gleicher Weise Anteil an den Elektronen dieser Atombindung. Es besteht ein gewisser Unterschied in ihrer Tendenz, Bindungselektronen an sich heranzuziehen. In diesem Fall liegt eine polare Atombindung vor.

Je größer der Unterschied in der Elektronenanziehungstendenz zwischen zwei Atomen ist, umso polarer wird die Atombindung und umso mehr nähert sich der Bindungstyp der ionischen Bindung. Die polare Atombindung ist eine Bindungsart, die zwischen der reinen Atom- und Ionenbindung steht.

Elektronegativität

Um den Typ einer Bindung abzuschätzen, wird der Begriff der *Elektronegativität* eingeführt. Je stärker elektronegativ ein Atom ist, umso stärker kann es das Bindungselektronenpaar der Bindung an sich ziehen. Diesem elektronegativen Atom gibt man das Symbol δ^-, dem anderen Bindungspartner das Symbol δ^+.

Unter der Elektronegativität (EN) eines Atoms versteht man sein Bestreben, innerhalb eines Moleküls Bindungselektronen an sich zu ziehen.

Im Periodensystem nimmt die Elektronegativität innerhalb einer Gruppe von oben nach unten mit steigender Ordnungszahl ab (weil der Metallcharakter zunimmt) und innerhalb einer Periode von links nach rechts zu.

Die gebräuchlichsten Elektronegativitätswerte stammen von Linus Pauling. Sie basieren auf experimentell abgeleiteten Werten der Bindungsenergien. Dem Fluoratom (F), das die größte Elektronegativität aufweist, hat Pauling willkürlich den Wert 4,0 zugewiesen. Den Edelgasen wird der Wert 0 zugeordnet.

Elektronegativitäten der Elemente

1 H 2,1																	2 He –
3 Li 1,0	4 Be 1,5											5 B 2,0	6 C 2,5	7 N 3,0	8 O 3,5	9 F 4,0	10 Ne –
11 Na 0,9	12 Mg 1,2											13 Al 1,5	14 Si 1,8	15 P 2,1	16 S 2,5	17 Cl 3,0	18 Ar –
19 K 0,8	20 Ca 1,0	21 Sc 1,3	22 T 1,5	23 V 1,6	24 Cr 1,6	25 Mn 1,5	26 Fe 1,8	27 Co 1,8	28 Ni 1,8	29 Cu 1,9	30 Zn 1,6	31 Ga 1,6	32 Ge 1,8	33 As 2,0	34 Se 2,4	35 Br 2,8	36 Kr –
37 Rb 0,8	38 Sr 1,0	39 Y 1,2	40 Zr 1,4	41 Nb 1,6	42 Mo 1,8	43 Tc 1,9	44 Ru 2,2	45 Rh 2,2	46 Pd 2,2	47 Ag 1,9	48 Cd 1,7	49 In 1,7	50 Sn 1,8	51 Sb 1,9	52 Te 2,1	53 I 2,5	54 Xe –
55 Cs 0,7	56 Ba 0,9	57 La 1,1	72 Hf 1,3	73 Ta 1,5	74 W 1,7	75 Re 1,9	76 Os 2,2	77 Ir 2,2	78 Pt 2,2	79 Au 2,4	80 Hg 1,9	81 Tl 1,8	82 Pb 1,8	83 Bi 1,9	84 Po 2,0	85 At 2,2	86 Rn –

Das EN-Konzept ist ein sehr nützliches Hilfsmittel, um den Bindungstyp in einer Verbindung zu bestimmen. Die Elektronegativität eines Atoms ist jedoch keine konstante Größe. Sie wird nämlich nicht nur vom betrachteten Atom selbst, sondern auch von der Art und Anzahl der gebundenen Atome geprägt. Außerdem können die EN-Werte dazu verwendet werden, die Reaktionsfähigkeit zwischen Elementen abzuschätzen.
Aus der EN-Skala entnehmen wir für die Elektronegativität des Wasserstoffatoms $x_H = 2{,}1$ und für die des Chloratoms $x_{Cl} = 3{,}0$. Bildet man die Differenz der beiden Elektronegativitätswerte, so erhält man eine Aussage über die Polarisierung der Bindung im Chlorwasserstoffmolekül HCl.

$$\Delta x = x_{Cl} - x_H = 3{,}0 - 2{,}1 = 0{,}9$$

Liegt die berechnete EN-Differenz im Bereich zwischen 0,5 und 1,5, so liegt eine polare Atombindung vor. Ist der EN-Unterschied zwischen zwei Atomen kleiner als 0,5, so kann die Bindung noch als reine Atombindung aufgefasst werden.

Für Natriumchlorid (NaCl) erhalten wir eine EN-Differenz, die über 2,0 liegt. In diesem Fall muss von einer Ionenbindung ausgegangen werden.

$$\Delta x = x_{Cl} - x_{Na} = 3{,}0 - 0{,}9 = 2{,}1$$

Es ist zweckmäßig, folgende Einteilung hinsichtlich des Bindungstyps vorzunehmen:

Bindungstyp	**EN-Unterschied (Δx)**
Atombindung	$0{,}0 \le \Delta x < 0{,}5$
polare Atombindung	$0{,}5 \le \Delta x < 1{,}5$
ionischer Übergang (Salze)	$1{,}5 \le \Delta x < 2{,}0$
Ionenbindung (Salze)	$\Delta x \ge 2{,}0$

Die C-H-Bindungen im Ethanmolekül (C_2H_6) werden als reine Atombindungen eingestuft ($\Delta x = x_C - x_H = 0{,}4$). Sie werden *unpolare Atombindungen* genannt.

5.4 Dipole

Im HCl-Molekül liegt eine polare Atombindung vor. Beim Chloratom befindet sich mehr elektrische Ladung als beim Wasserstoffatom. Damit ist das Cl-Atom relativ zum H-Atom der negative Teil des Moleküls, während das H-Atom im Vergleich zum Cl-Atom mehr den positiven Teil des Moleküls darstellt. Das HCl-Molekül ist aber insgesamt elektrisch neutral. Die Bindungselektronen werden lediglich mehr zum Chloratom hin verschoben, wodurch sich eine asymmetrische Elektronenverteilung im Molekül ergibt.

Auf diese Weise entstehen im Molekül zwei Pole. Man nennt das HCl-Molekül ein *polares Molekül* oder einen *Dipol*. In diesem Abschnitt wird aufgezeigt, dass polare Atombindungen nicht zwangsläufig auch ein polares Molekül zur Folge haben. Dies ist lediglich bei zweiatomigen Molekülen der Fall, deren Atome sich in der Elektronegativität beträchtlich unterscheiden, so z. B. bei den Molekülen HCl und HF.

$$\overset{\delta+}{\mathrm{H}}-\overset{\delta-}{\underline{\overline{\mathrm{Cl}}}}| \qquad \overset{\delta+}{\mathrm{H}}-\overset{\delta-}{\underline{\overline{\mathrm{F}}}}|$$

Kondensator

Werden zwei Metallplatten parallel zueinander in einem bestimmten Abstand angeordnet und wird eine Spannung an diese Platten angelegt, dann laden sich die beiden Metallplatten elektrisch auf. Diese Versuchsanordnung wird als *Kondensator* bezeichnet. Die auf den Platten gespeicherte elektrische Ladung q ist ein jeweils Vielfaches der Elementarladung und zur angelegten Spannung U direkt proportional.

Bildet man den Quotienten aus der Ladungsmenge q und der zwischen den Kondensatorplatten erzeugten Spannung U, so erhält man die Kapazität C des Kondensators.

$$C = \frac{q}{U}$$

Wird nun eine polare Substanz, wie z. B. Chlorwasserstoffgas (HCl), zwischen die beiden Kondensatorplatten gebracht, so stellt man fest, dass sich die Ladungsmenge q auf den Platten vergrößert und sich damit die Kapazität C des Kondensators bei unveränderter Spannung erhöht.

Jedes Molekül des Chlorwasserstoffs richtet sich zwischen den Kondensatorplatten so aus, dass der negative Pol (das Cl-Atom) der positiven Metallplatte gegenübersteht, während der positive Pol (das H-Atom) sich zur negativen Kondensatorplatte orientiert. Die beiden Metallplatten werden nun jeweils mit einer Polfront durch die HCl-Moleküle konfrontiert. Dadurch verstärken sie ihre Ladungsmenge q, die Kapazität C des Kondensators erhöht sich.

Die nachstehende Abbildung zeigt die auf den Kondensatorplatten gespeicherte Ladung. In Abbildung (a) herrscht zwischen den Platten ein Vakuum, in Abbildung (b) befinden sich polare HCl-Moleküle im Kondensator. Die HCl-Moleküle richten sich im elektrischen Feld des Kondensators aus.

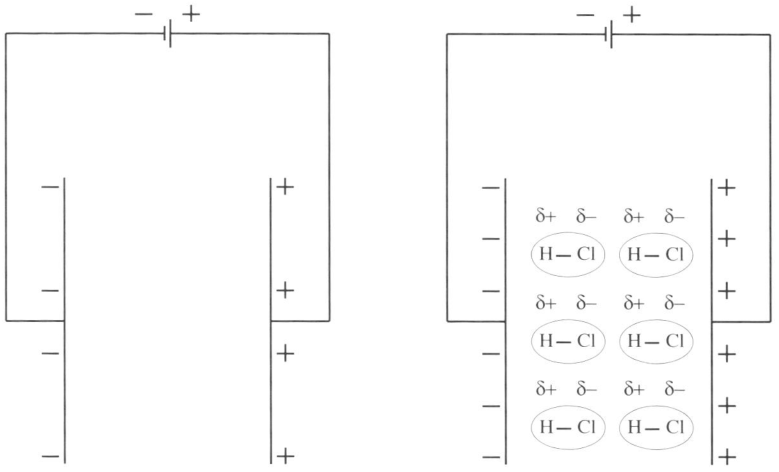

(a) (b)

Bringt man Stoffe wie Chlor (Cl_2) oder Wasserstoff (H_2) zwischen die Metallplatten, so zeigt der Kondensator die gleiche Kapazität, wie wenn zwischen den Platten ein Vakuum angelegt wäre. Da sowohl in den Molekülen des Chlors als auch in denen des Wasserstoffs die Atome sich über eine reine Atombindung zusammenschließen, sind die Moleküle unpolar. Der experimentelle Befund bestätigt deshalb die bereits ausgeführten Bindungsverhältnisse.

Dipolmoment

Durch Bestimmung der Kapazität hat man eine Möglichkeit, die Polarität von Molekülen experimentell zu bestimmen. Je mehr sich die Kapazität erhöht, um so stärker polar müssen die Moleküle der in den Kondensator eingeführten Substanz sein. Man sagt, die Moleküle besitzen ein *Dipolmoment*.

Vektoren

Physikalische Größen, die eine bestimmte Richtung haben (z. B. Kraft, Geschwindigkeit, Impuls), werden durch Vektoren beschrieben. Sie sind gekennzeichnet durch eine *Richtung* (Vektorpfeil) und einen *Betrag* (Länge des Vektors). Wird ein Vektorpfeil einer Parallelverschiebung (Translation) unterzogen, so repräsentiert er immer noch den gleichen Vektor. Man spricht von *parallelgleichen* Vektoren. Für die Vektoren $\vec{a}$ und $\vec{b}$ gilt: $\vec{a} = \vec{b}$.

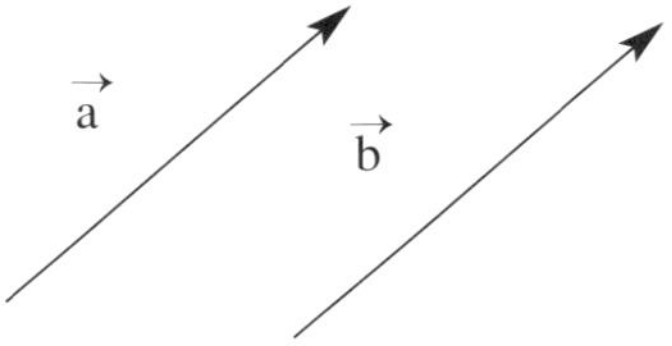

Den Betrag eines Vektors $\vec{a}$, also seine Länge, kennzeichnet man, indem man das Vektorsymbol zwischen Betragsstriche setzt oder einfach a schreibt: $a = |\vec{a}|$.

Zu den Vektoren $\vec{u}$ und $\vec{v}$ bildet man den Summenvektor $\vec{c} = \vec{u} + \vec{v}$, indem der Fußpunkt von $\vec{v}$ an die Spitze von $\vec{u}$ gesetzt wird. Der Vektor, der vom Fußpunkt von $\vec{u}$ zur Spitze von $\vec{v}$ zeigt, ist der Summenvektor $\vec{c} = \vec{u} + \vec{v}$.

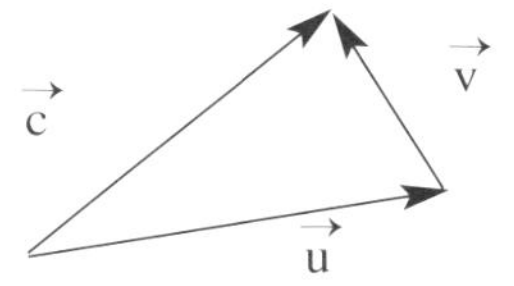

Addiert man Vektoren so, dass sich eine geschlossene Vektorkette ergibt, dann ist die Vektorsumme der Nullvektor. Es gilt: : $\vec{m} + \vec{n} + \vec{p} + \vec{q} = \vec{o}$.

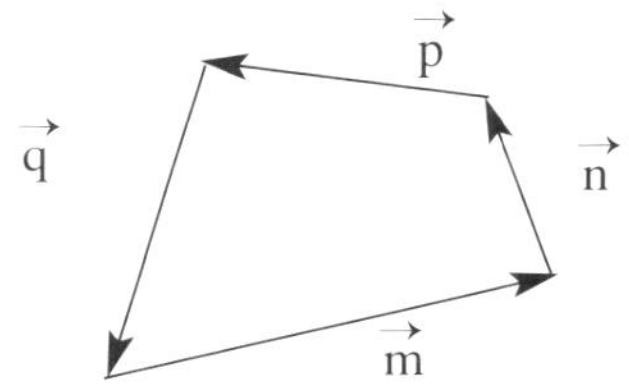

Auch eine polare Atombindung kann durch einen Vektorpfeil beschrieben werden, wobei der Pfeil vom elektropositiven (δ^+) zum elektronegativen Atom (δ^-) zeigt. Es sei erwähnt, dass der Vektorpfeil lediglich eine gedachte Größe ist, um das Phänomen der polaren Atombindung besser beschreiben zu können. Bei der Vektorbetrachtung verzichten wir in den Strukturformeln auf die freien Elektronenpaare.

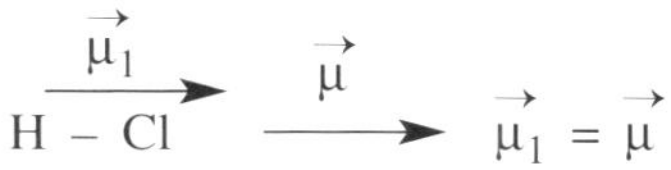

Vektoren, die verwendet werden, um die Polarität von Atombindungen und Molekülen zu beschreiben, heißen *Dipolmomente*. Die Bindung zwischen dem Wasserstoff- und Chloratom im HCl-Molekül besitzt ein Dipolmoment $\vec{\mu}_1$. Aus diesem Dipolmoment resultiert ein Dipolmoment $\vec{\mu}$ für das gesamte Molekül ($\vec{\mu}_1$ und $\vec{\mu}$ sind parallelgleiche Vektoren). Im Falle des HCl-Moleküls stimmt das

Dipolmoment der polaren Atombindung mit dem gesamten Dipolmoment des Moleküls überein.

Das Gesamtdipolmoment $\vec{\mu}$ besitzt nun einen bestimmten Betrag ($\mu = |\vec{\mu}|$). Dieser wird zu Ehren des niederländischen Physikers Peter Debye in Debye-Einheiten (D) angegeben. Mit dem Kondensator kann das Dipolmoment von Stoffen experimentell ermittelt werden. Für Chlorwasserstoff findet man $\mu = 1{,}04$ D.

> Die Polarität einer Atombindung wird mithilfe ihres Dipolmoments ausgedrückt. Das Dipolmoment ist ein Vektor. Er besitzt sowohl einen Betrag (Länge) als auch eine Richtung. Aus den Dipolmomenten der einzelnen Atombindungen resultiert ein Dipolmoment für das ganze Molekül (Gesamtdipolmoment).

Bringt man Kohlendioxid (CO_2) zwischen die Kondensatorplatten, so wird die Kapazität des Kondensators nicht vergrößert. Das bedeutet, dass die Moleküle des Kohlendioxids keine Dipole sind und damit das Dipolmoment $\mu = 0$ D besitzen. Dies ist zunächst verwunderlich, da im Kohlendioxidmolekül zwei polare Atombindungen vorliegen.

Berechnet man die Elektronegativitätsdifferenz zwischen dem Sauerstoff- und Kohlenstoffatom pro Atombindung, so findet man

$$\Delta x = x_O - x_C = 3{,}5 - 2{,}5 = 1{,}0$$

Damit liegen im CO_2-Molekül zwei polare Atombindungen vor. Die Sauerstoffatome tragen die negative Teilladung, dem Kohlenstoffatom wird die positive Partialladung zugewiesen.

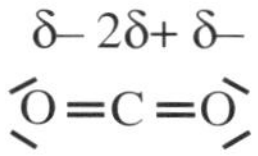

Das Molekül besitzt wegen der polaren Atombindungen zwei Dipolmomente $\vec{\mu}_1$ und $\vec{\mu}_2$, die entgegengesetzt gerichtet sind, aber den gleichen Betrag haben.

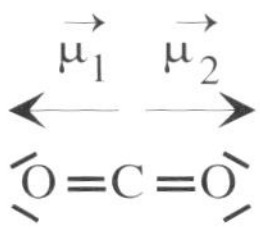

Da das Molekül kein Dipolmoment besitzt, muss man davon ausgehen, dass das CO_2-Molekül linear gebaut ist, d. h. die Atome des Moleküls auf einer Geraden liegen. Das C-Atom und die beiden O-Atome bilden einen Winkel von 180°. Damit gibt das Dipolmoment Auskunft über die Geometrie, d. h. den räumlichen Bau, des CO_2-Moleküls. Addiert man die beiden Vektoren $\vec{\mu}_1$ und $\vec{\mu}_2$, so ergibt sich der Nullvektor $\vec{o}$, da $\vec{\mu}_1$ der Gegenvektor zu $\vec{\mu}_2$ ist.

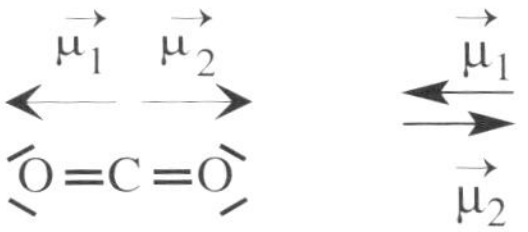

$$\vec{\mu} = \vec{\mu}_1 + \vec{\mu}_2 = \vec{o}$$

$$|\vec{\mu}| = \mu = 0 \text{ D}$$

Ladungsschwerpunkte

Vektoren sind geeignete Hilfsmittel, um eine Entscheidung über den Dipolcharakter eines Moleküls zu treffen. Allerdings kann auch die Methode der *Ladungsschwerpunkte* verwendet werden. Verbindet man die negativen Partialladungen an den beiden O-Atomen, so fällt der Mittelpunkt dieser Strecke mit der positiven Teilladung am C-Atom zusammen. Das ist deshalb der Fall, weil das CO_2-Molekül linear und symmetrisch gebaut ist. Man sagt, die Ladungsschwerpunkte fallen zusammen.

Fallen die Ladungsschwerpunkte innerhalb eines Moleküls zusammen, so ist das Molekül unpolar, d. h. kein Dipol. Treffen die Ladungsschwerpunkte innerhalb eines Moleküls nicht zusammen, so hat das Molekül Dipolcharakter. Es wird dann als Dipol bezeichnet.

Polarität des Wassers

Wasser (H_2O) hat ein Dipolmoment von 1,83 D. Jede H-O-Bindung im Wassermolekül ist für sich allein polar. Die Bindungselektronen werden mehr zum Sauerstoffatom verschoben, da dieses stärker elektronegativ ist. Man findet eine EN-Differenz von $\Delta x = 1{,}4$.

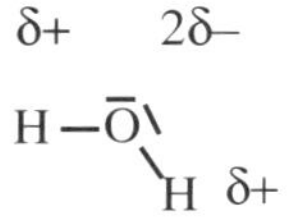

Wäre das Wassermolekül linear gebaut, so müssten sich die Dipolmomente der Bindungen, wie beim CO_2-Molekül, gegenseitig aufheben. Für das gesamte Molekül würde daraus kein Dipolmoment resultieren. Da dies im Widerspruch zum experimentellen Befund (1,83 D) steht, ist davon auszugehen, dass das Wassermolekül gewinkelt ist. In diesem Fall addieren sich die Dipolmomente der einzelnen H-O-Bindungen zu einem Gesamtdipolmoment, das von null verschieden ist.

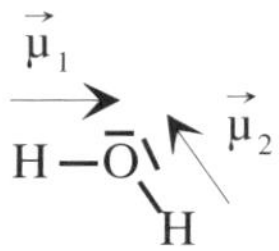

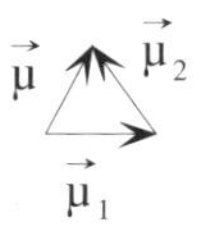

$$\vec{\mu} = \vec{\mu}_1 + \vec{\mu}_2$$

$$|\vec{\mu}| = \mu = 1{,}83 \text{ D}$$

Das Wassermolekül H_2O besitzt zwei Bindungselektronenpaare und zwei freie Elektronenpaare. Das Wassermolekül ist gewinkelt und besitzt einen Bindungswinkel von 104,5°. Das H_2O-Molekül ist ein Dipol, bei dem das Sauerstoffatom das negative „Ende“ des Moleküls darstellt.

Untersucht man das gewinkelte Wassermolekül mit der Methode der Ladungsschwerpunkte, so erkennt man, dass der Mittelpunkt (der Ladungsschwerpunkt) zwischen den positiven Teilladungen der H-Atome nicht mit der negativen Partialladung des O-Atoms zusammenfällt. Damit muss das Wassermolekül ein Dipol sein.

Tetrachlormethan

Tetrachlormethan, (CCl_4), auch Tetrachlorkohlenstoff genannt, ist eine farblose, süßlich riechende Flüssigkeit, die als Lösungsmittel für Öle, Fette und Harze sowie als Bestandteil von Fleckenwassern verwendet wird. Da Tetrachlormethan Öle und Fette löst, ist CCl_4 selbst ein unpolarer Stoff. Es besitzt kein Dipolmoment.

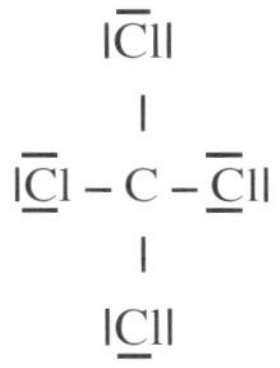

Aus der Valenzstrichformel kann die Geometrie eines Moleküls nicht entnommen werden. Die vorstehende Lewis-Struktur vermittelt den Eindruck, als wäre der Bindungswinkel zwischen zwei Chloratomen und dem Kohlenstoffatom 90°. Das ist aber nicht der Fall. Durch Röntgenstrukturanalyse findet man einen Bindungswinkel von 109,5° (so genannter Tetraederwinkel).

Das Kohlenstoffatom befindet sich im Zentrum eines Tetraeders, die Einfachbindungen sind zu dessen Ecken gerichtet, an denen sich die Chloratome befinden.
Auf diese Weise ergibt sich der genannte Bindungswinkel, der auch als Tetraederwinkel bezeichnet wird.

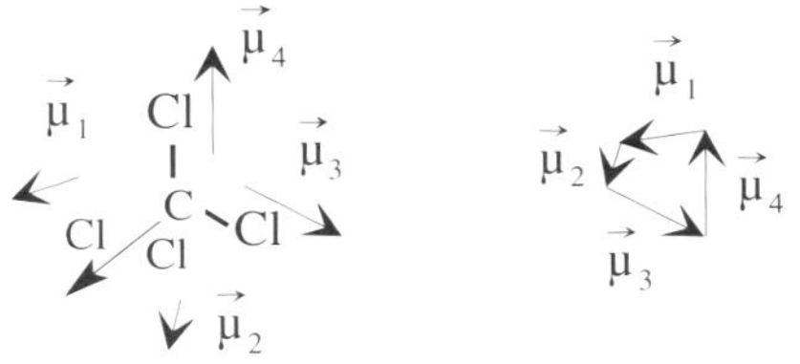

$$\vec{\mu} = \vec{\mu}_1 + \vec{\mu}_2 + \vec{\mu}_3 + \vec{\mu}_4 = \vec{o}$$

$$|\vec{\mu}| = \mu = 0\ \text{D}$$

Addiert man die Vektoren der einzelnen C-Cl-Bindungen, so entsteht eine geschlossene Vektorkette, d. h. die Vektorsumme ergibt den Nullvektor. Damit hat das Molekül, obwohl vier polare Atombindungen vorliegen, kein Dipolmoment. Tetrachlormethan ist damit ein unpolarer Stoff, der unpolare Stoffe wie Öle und Fette löst.

Das CCl_4-Molekül ist tetraedrisch gebaut. Das Tetraeder hat als geometrische Figur einen Schwerpunkt. Dieser liegt im Zentrum des Tetraeders, wo sich das Kohlenstoffatom befindet. Damit fallen die Schwerpunkte der Partialladungen zusammen. Das Molekül ist unpolar.

Man beachte, dass im CCl_4-Molekül vier polare Atombindungen vorliegen, aber das Molekül selbst kein Dipol ist. Voraussetzung für den Dipolcharakter eines Moleküls ist also nicht nur die unterschiedliche Elektronegativitätsdifferenz (Δx) der Bindungspartner, sondern auch seine räumliche Struktur.

Stereoisomere
Abschließend werden zwei organische Moleküle betrachtet, deren Atome in einer Ebene liegen. Die Bindungswinkel zwischen den Atomen betragen jeweils 120°. Beide Moleküle besitzen die gleichen Atome, unterscheiden sich lediglich durch deren räumliche Anordnung (*Stereoisomere*).

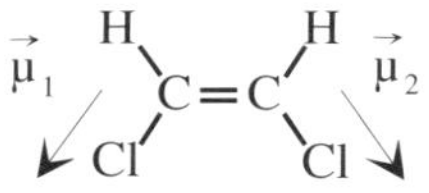

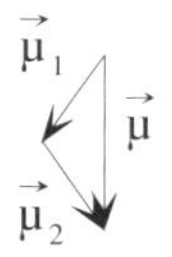

$\vec{\mu} = \vec{\mu}_1 + \vec{\mu}_2$

$|\vec{\mu}| = \mu = 1{,}85\ D$

cis-1,2-Dichlorethen
(Z-1,2-Dichlorethen)

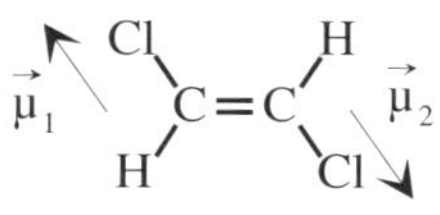

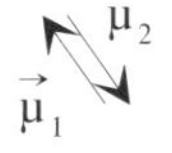

$\vec{\mu} = \vec{\mu}_1 + \vec{\mu}_2 = \vec{o}$

$|\vec{\mu}| = \mu = 0\ D$

trans-1,2-Dichlorethen
(E-1,2-Dichlorethen)

Beim cis-1,2-Dichlorethen liegen die Chloratome zusammen auf einer Seite, während beim trans-1,2-Dichlorethen die Chloratome jeweils auf verschiedenen Seiten des Moleküls angeordnet sind. Das zuerst genannte Molekül ist ein Dipol, das andere hingegen unpolar. Mithilfe der Vektoraddition ist dies leicht nachvollziehbar.

Da beim cis-1,2-Dichlorethen die Chloratome auf einer gemeinsamen Seite stehen, wird es auch Z-1,2-Dichlorethen genannt (Z = zusammen). Beim trans-1,2-Dichlorethen stehen die Cl-Atome auf verschiedenen Seiten der Doppelbindung, deshalb ist auch die Nomenklatur E-1,2-Dichlorethen geläufig (E = entgegengesetzt).

Die beiden Moleküle können auch mit der Methode der Ladungsschwerpunkte untersucht werden. Beim E-Molekül fällt der Schwerpunkt zwischen den positiven Teilladungen der C-Atome mit dem Schwerpunkt der negativen Partialladungen der Cl-Atome in der Mitte der Doppelbindung zusammen. Damit muss das Molekül unpolar sein. Beim Z-Molekül fallen die Schwerpunkte hingegen nicht zusammen.

Eine Atombindung ist um so stärker polarisiert, je größer die Elektronegativitätsdifferenz der beteiligten Atome ist. Auch wenn im Molekül polare Atombindungen vorliegen, muss das Molekül deshalb noch keinen Dipol darstellen. Voraussetzung für den Dipolcharakter eines Moleküls ist neben der unterschiedlichen Elektronegativität der Bindungspartner auch die Geometrie des Moleküls.

5.5 Die Formalladung

Die einfache Atombindung A-B zeichnet sich dadurch aus, dass sich zwei Nichtmetallatome A und B ein gemeinsames Bindungselektronenpaar teilen. Dabei stammt das eine Elektron von A, das andere von B. Es gibt aber auch

Atombindungen, bei denen das Bindungselektronenpaar nur von *einem* Bindungspartner geliefert wird. In diesem Fall ist das betreffende Atom auch nicht mehr in der Lage, seine Bindigkeit einzuhalten. Um dies zum Ausdruck zu bringen, gibt man *Formalladungen* bei mindestens einem der Bindungspartner an, auf jeden Fall bei dem, der das Elektronenpaar liefert. Diese können formaler Natur sein, aber auch wirkliche Ladungen darstellen.

Das Ammoniakmolekül NH_3 besitzt ein freies Elektronenpaar und kann über dieses ein Proton H^+ anlagern. Da das Proton kein Elektron besitzt, muss das Stickstoffatom im Ammoniakmolekül sein freies Elektronenpaar als Bindungselektronenpaar zur Verfügung stellen, um das Wasserstoffion zu binden. Damit gibt das N-Atom seine 3-Bindigkeit auf und nimmt die Bindigkeit 4 an. Es entsteht das Ammoniumion NH_4^+.

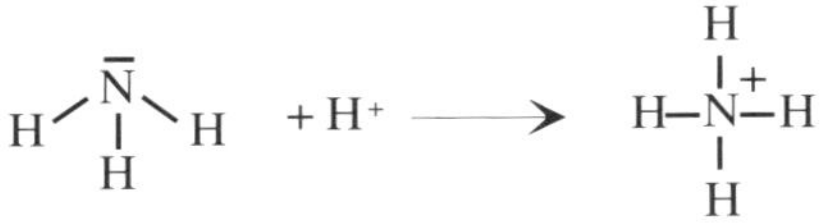

Das entstehende bindende Elektronenpaar war ursprünglich das freie Elektronenpaar des Stickstoffatoms. Dem N-Atom fehlt nun gewissermaßen ein Elektron, weil es von Natur aus fünf Elektronen hat. Das Ammoniumion entsteht dadurch, dass das N-Atom dem Wasserstoffion ein Elektron „leiht".
Teilt man im Ammoniakmolekül die Bindungselektronen zu gleichen Teilen zwischen dem N-Atom und den H-Atomen auf und zählt noch die beiden nichtbindenden (freien) Elektronen hinzu, so erhält das Stickstoffatom im NH_3-Molekül fünf Elektronen. Eine Formalladung muss nicht angebracht werden, weil das N-Atom als Vertreter der V. Hauptgruppe fünf Elektronen hat.
Im Ammoniumion stehen dem Stickstoffatom nur noch vier Elektronen zur Verfügung, weil jedes bindende Elektronenpaar formal zwischen den beiden Partnern aufgeteilt werden muss. Weil das N-Atom damit ein Elektron weniger hat, muss es eine positive Formalladung bekommen. Die Bindigkeit der H-Atome ist im Ammoniumion erfüllt, insofern müssen diese nicht mit einer Formalladung ausgestattet werden. Da nur eine einzige Ladung angebracht werden muss, ist diese nicht formaler Natur, sondern stellt eine echte Ladung dar. Das Teilchen NH_4^+ ist ein Kation.

Wird in einem Molekül die Bindigkeit eines Atoms nicht eingehalten, so ordnet man diesem Atom eine Formalladung zu. In diesem Fall wird das Bindungselektronenpaar ausschließlich von einem Atom der Atombindung geliefert. Ist nur eine (positive oder negative) Formalladung vorhanden, so liegt eine Elementarladung vor. Das Molekül wird zum Ion.

Auch das Wassermolekül H_2O kann über eines seiner freien Elektronenpaare ein Proton aufnehmen. Auf diese Weise entsteht das Hydroniumion H_3O^+, das auch als Oxoniumion bezeichnet wird.

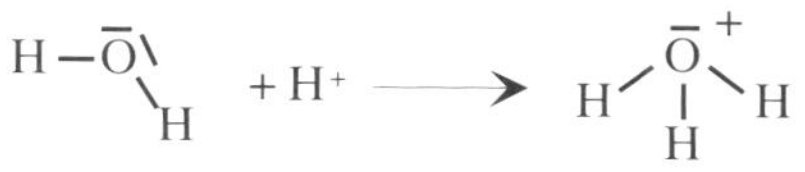

Im Wassermolekül kommen dem O-Atom sechs Elektronen zu (jeweils ein Elektron pro Atombindung und zwei freie Elektronenpaare), womit das Sauertoffatom die erforderlichen sechs Elektronen (VI. Hauptgruppe) hat. Im Hydroniumion hingegen fallen ihm nur noch fünf Elektronen zu (jeweils ein Elektron pro Atombindung und ein Elektronenpaar). Das O-Atom erhält im Hydroniumion eine positive Formalladung, die zugleich eine echte Ladung darstellt. Den H-Atomen müssen keine Formalladungen zugeordnet werden, da jedes Wasserstoffatom pro Bindung ein Elektron erhält.

Bestimmung der Formalladung

Bei der Bestimmung der Formalladung ordnet man jedem Atom pro Atombindung ein Elektron zu, während sein freies Elektronenpaar ganz mitgezählt wird. Dann vergleicht man die Elektronenzahl des an der Atombindung beteiligten Atoms mit der Zahl der Valenzelektronen, die dieses Atom besitzen würde, wenn es ungebunden wäre.

Kohlenmonoxid (CO) ist ein farb- und geruchloses Gas. Es ist extrem giftig, da es in der Lage ist, den Sauerstoff aus dem Hämoglobin des Blutes zu verdrängen, wodurch der Sauerstofftransport im Blut unterbunden wird. Das CO-Molekül hat 10 Valenzelektronen. Die Oktettregel wird eingehalten, wenn man zwischen dem Kohlenstoff- und Sauerstoffatom eine Dreifachbindung annimmt.

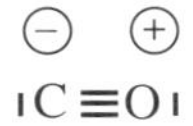

Weder für das Kohlenstoff- noch für das Sauerstoffatom wird die Bindigkeit eingehalten. Beide Atome besitzen im CO-Molekül fünf Valenzelektronen. Im ungebundenen Zustand hätte das C-Atom vier, das O-Atom sechs Elektronen. Damit muss dem C-Atom eine negative, dem O-Atom eine positive Formalladung zugeordnet werden. Da entgegengesetzte Ladungen im Molekül verteilt werden, liegen keine echten Ladungsträger vor. Die Formalladungen besagen lediglich, dass das Sauerstoffatom ein Elektronenpaar zur Atombindung beigetragen hat.

Aus der EN-Tabelle entnimmt man, dass das O-Atom die größere Elektronegativität hat und damit die negative Partialladung im Molekül trägt. Das Sauerstoffatom liefert ein Bindungselektronenpaar, bekommt dadurch eine positive Formalladung, stellt aber den negativen Pol des CO-Moleküls dar. An diesem Beispiel wird deutlich, dass die Ladungen nur formaler Natur sind. Das CO-Molekül besitzt ein Dipolmoment von 0,12 D.

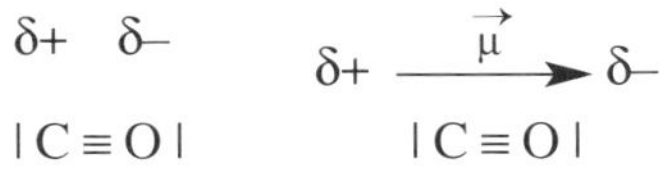

$\mu = |\vec{\mu}| = 0{,}12$ D

Mit der Regel für die Anbringung von Formalladungen ist leicht nachvollziehbar, warum das Hydroxidion HO^- und das Chloridion Cl^- jeweils eine negative Ladung bekommen, die gleichzeitig eine echte Ladung ist.

Hydroxidion Chloridion

Abschließend betrachten wir die Valenzstrichformel von Salpetersäure (HNO_3), die nur unter Verwendung von Formalladungen korrekt angegeben werden kann. Außerdem tritt bei diesem Säuremolekül das Phänomen der *Mesomerie* in Erscheinung, das im folgenden Abschnitt besprochen wird.

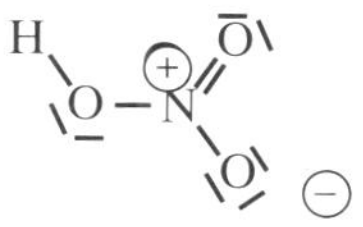

5.6 Mesomerie

Eine Lewis-Struktur allein gibt die wahren Bindungsverhältnisse im HNO_3-Molekül nicht wieder. Betrachtet man die Valenzstrichformel, so wird der Eindruck erweckt, als bilde das N-Atom einerseits eine Einfachbindung zu dem O-Atom aus, das die negative Formalladung trägt, aber gleichzeitig auch eine Doppelbindung zum anderen Sauerstoffatom.

Aus Untersuchungen geht hervor, dass im HNO_3-Molekül beide NO-Bindungen die gleiche Länge besitzen und zwischen einer Einfach- und einer Doppelbindung liegen. Das Molekül kann mit einer einzigen Valenzstrichformel nicht mehr exakt beschrieben werden. Deshalb gibt man zwei Strukturformeln an, die man durch einen *Mesomeriepfeil* verbindet. Der Pfeil bringt zum Ausdruck, dass das HNO_3-Molekül nur durch eine Kombination aus den beiden Grenzstrukturen beschrieben werden kann und die wahren Bindungsverhältnisse gewissermaßen eine Mischform aus diesen darstellen. Die Erscheinung, dass ein Molekül durch eine Valenzstrichformel allein nicht mehr beschrieben werden kann, nennt man *Mesomerie*.

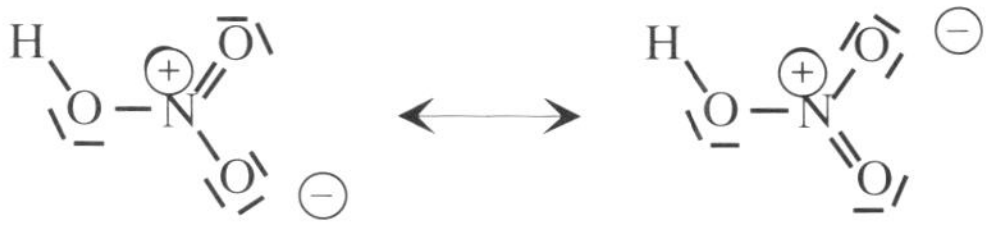

(1) (2)

Grenzstrukturen

Man stelle sich vor, die Strukturformeln (1) und (2) seien auf durchsichtigen Folien gezeichnet. Legt man die beiden Folien so übereinander, dass die entsprechenden Atome miteinander zur Deckung kommen, so wird einerseits die Einfachbindung von Formel (2) mit der Doppelbindung von Formel (1) zur Deckung kommen und umgekehrt die Einfachbindung von (1) mit der Doppelbindung von (2).

Das bedeutet, dass die wahren NO-Bindungsverhältnisse zwischen einer Einfach- und einer Doppelbindung liegen. Die Formeln (1) und (2) werden *Grenzstrukturen* genannt.

Unter Mesomerie versteht man die Erscheinung, dass die wahren Bindungsverhältnisse in einem Molekül nicht mehr mit einer einzigen Valenzstrichformel beschrieben werden können. Die dazu erforderlichen Strukturformeln werden Grenzstrukturen genannt.

Mesomeriestabilisiert

Schwefeldioxid (SO_2) ist ein farbloses, stechend riechendes Gas, das das Rosten von Eisen (Korrosion) begünstigt. Es löst sich leicht in Wasser und bildet so die schweflige Säure (H_2SO_3). Die Bindungsverhältnisse im SO_2-Molekül können ebenfalls nur mit zwei Strukturformeln exakt wiedergegeben werden, da beide SO-Bindungen gleich lang sind. Es gibt im SO_2-Molekül weder eine Einfach- noch eine Doppelbindung. Die wahren Bindungsverhältnisse liegen zwischen diesen beiden Extremen.

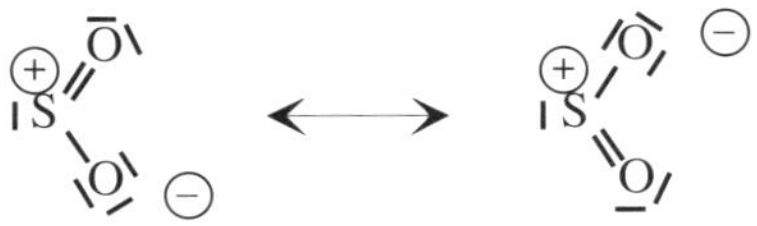

Es hat sich gezeigt, dass Verbindungen, die durch mesomere Grenzformeln beschrieben werden können, besonders energiearme und damit stabile Stoffe sind.
Man sagt, die Moleküle sind *mesomeriestabilisiert.* Damit zeigen sie auch geringe Reaktionsbereitschaft.

Distickstoffoxid (N_2O) ist ein farbloses Gas von schwachem, süßlichem Geruch, das sich leicht zu einer Flüssigkeit verdichten läßt. Da es eine schwach betäubende Wirkung zeigt, wird es für Narkosezwecke verwendet. Distickstoffoxid ist auch als „Lachgas" bekannt.

Die mesomeren Grenzstrukturen stehen mit den beobachteten Bindungslängen des Moleküls im Einklang. Messungen zeigen, dass der NN-Bindungsabstand im N_2O-Molekül zwischen dem einer Doppel- und einer Dreifachbindung liegt. Die NO-Bindungslänge hat einen Wert, der sich zwischen den Bindungslängen für die NO-Einfachbindung und einer NO-Doppelbindung befindet.

Alle mesomeren Grenzstrukturen eines gegebenen Moleküls müssen dieselbe Anordnung der Atome und eine ähnliche Energie aufweisen.

Insofern kann die folgende Grenzstruktur für das Distickstoffoxidmolekül nicht angegeben werden, weil in ihr zu viele Formalladungen auftreten, was immer auf einen energiereichen Zustand des Moleküls hinweist.
Außerdem stehen sich zwei gleichnamige Formalladungen am Stickstoff- und Sauerstoffatom gegenüber, was einen Bindungsbruch zwischen diesen beiden Atomen begünstigt.

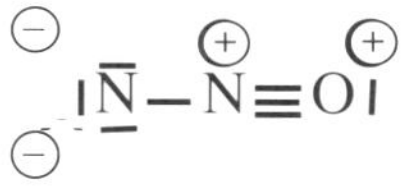

V. Bindungen

Das Carbonation CO_3^{2-} ist ebenfalls ein mesomeriestabilisiertes Teilchen, das durch drei mesomere Grenzformeln beschrieben werden kann. Da nur negative Ladungen an den Sauerstoffatomen auftreten, sind diese keine Formalladungen, sondern echte Ladungsträger.

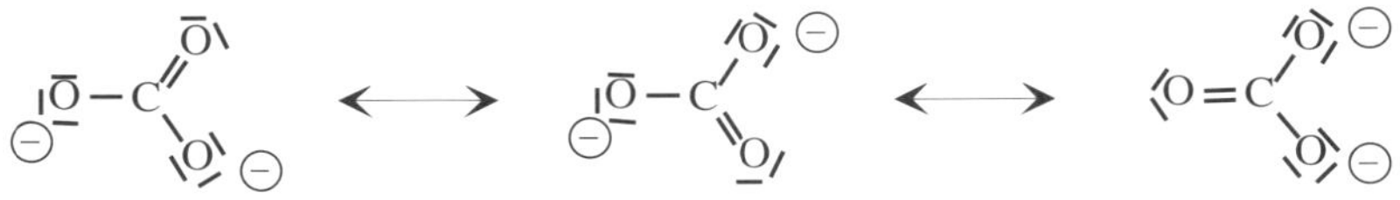

5.7 Die Metallbindung

Metalle zeigen eine mehr oder weniger große Tendenz, Elektronen abzugeben. Sie sind elektropositive Elemente. Metallatome werden als Elektronenspender oder Elektronendonatoren bezeichnet. Die Metalle sind Feststoffe und gute Strom- und Wärmeleiter.

Die Elektronegativitätswerte der Alkalimetalle (I. Hauptgruppe) liegen zwischen 0,7 und 1,0; die der Erdalkalimetalle (II. Hauptgruppe) zwischen 0,9 und 1,5; die Halbmetalle haben EN-Werte zwischen 1,5 und 2,5. Alle Elemente der Nebengruppen sind Metalle, sie werden auch als Übergangsmetalle bezeichnet. Ihre Elektronegativitäten schwanken zwischen 1,1 und 2,4.

Die Atome der Metalle, die in den Hauptgruppen des PSE stehen, geben so viele Elektronen ab, wie die Gruppennummer angibt. Demnach bilden Natriumatome durch Abgabe eines Elektrons einfach positiv geladene, Calciumatome durch Abgabe von zwei Elektronen zweifach positiv geladene Ionen (Kationen).

$$Na \rightarrow Na^+ + e^- \qquad Ca \rightarrow Ca^{2+} + 2\,e^-$$

Elektronengas

Nebengruppenelemente zeichnen sich dadurch aus, dass die Atome eines bestimmten Metalls oft eine unterschiedliche Anzahl von Elektronen abspalten können. So bilden Eisenatome sowohl zwei- als auch dreiwertige Ionen.

$Fe \rightarrow Fe^{2+} + 2\ e^-$ $\quad$ $Fe \rightarrow Fe^{3+} + 3\ e^-$

Man nimmt an, dass in den Metallen jedes Atom mindestens ein Valenzelektron abgegeben hat. Die so zurückgebliebenen Atomrümpfe, nun Kationen, sind in festen Metallen in einer dichten Kugelpackung angeordnet. Sie besetzen ganz bestimmte Plätze in einem Gitter, das als *Metallgitter* bezeichnet wird. Die abgegebenen Elektronen bewegen sich frei im Gitter und gehören damit dem gesamten Verband an. Sie sind *delokalisiert*. Man sagt, es liegt ein *Elektronengas* vor, in das die Metallkationen eingebettet sind.

In der Abbildung wird eine Ebene aus einem Metallgitter dargestellt, bei dem jedes Metallatom ein Valenzelektron abgegeben hat. Die Metallkationen liegen in einem „Meer" von Elektronen.

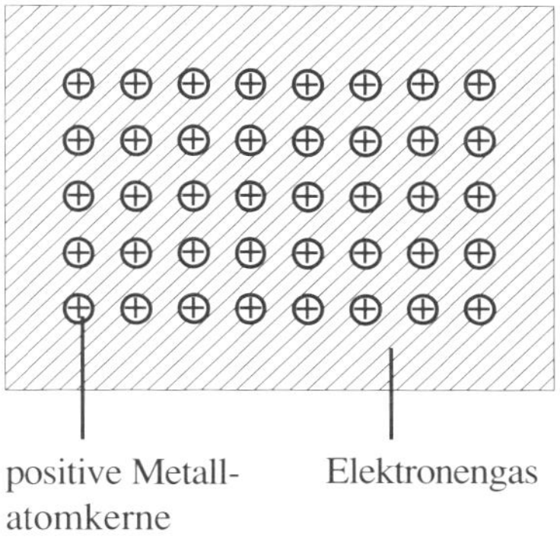

Strom- und Wärmeleitfähigkeit

Die *Metallbindung* beruht auf der elektrostatischen Anziehung zwischen den positiv geladenen Metallionen und dem Elektronengas. Je nach Art des Gitters gibt es dabei mehr oder weniger günstige Fließrichtungen für die delokalisierten Elektronen. Da elektrischer Strom in einem Fluss von Elektronen besteht, wird damit verständlich, warum Metalle gute Stromleiter sind.

Die gute Wärmeleitfähigkeit der Metalle lässt sich dadurch erklären, daß die Atomrümpfe in einer dichten Kugelpackung angeordnet sind. Dadurch können sich die Metallatome gegenseitig anstoßen und so die Wärme leiten. Als Wärme wird ganz allgemein die Bewegungsenergie von Teilchen bezeichnet.

Metallgitter

Die festen und flüssigen metallischen Elemente bestehen aus Kationen, die in ein Elektronengas eingebettet sind. In den festen Metallen sind die Metallionen in dichtesten Kugelpackungen angeordnet, die man als Metallgitter bezeichnet.

In einem Metallgitter lassen sich die Metallionen oft leicht durch die anderer Metalle ersetzen. Darauf beruht die leichte Mischbarkeit der Schmelzen verschiedener Metalle, wobei beim Erstarren die Metallgitter von *Legierungen* entstehen. So ist Bronze eine Legierung aus Kupfer (Cu) und Zinn (Sn), Messing besteht aus Kupfer und Zink (Zn). Wichtige Zusatzmetalle für Eisenlegierungen sind Nickel, Chrom und Wolfram.

Legierungen

Legierungen sind, wie oben erwähnt, Mischungen verschiedener Metalle. Reine Metalle haben häufig andere chemische und physikalische Eigenschaften als Legierungen. So werden bestimmte andere Metalle zum Beispiel Eisen beigemengt, um die Eigenschaften für seine Verwendung zu verbessern. Eisen mit Beimengungen von Kohlenstoff oder anderen Metallen bezeichnet man als *Stahl*. Besonders in Edelstahl sind hohe Anteile anderer Metalle enthalten. Beimengungen von Chrom machen Stähle rostfrei, Nickelanteile sorgen für geringe Brüchigkeit und Metalle wie Wolfram erhöhen die Festigkeit des Stahls. Anteile von Silicium findet man in Anlagen der chemischen Industrie, da sie den Stahl säurebeständig machen. Nickel und Chrom sind zum Beispiel in ‚Nirosta' enthalten, einem Stahl, der zu zahlreichen Gebrauchsgegenständen verarbeitet wird.

Die Schmelztemperatur einer Legierung liegt immer unter der Schmelztemperatur des schwerer zu schmelzenden reinen Metalls. Die Mischbarkeit von Metallen hängt von verschiedenen Faktoren ab. Der Gittertyp, der Ionenradius und die Elektronegativität der Metalle entscheiden darüber, ob die Metalle in jedem Verhältnis mischbar, begrenzt mischbar oder nicht mischbar sind.
Von Silber und Gold gibt es Legierungen jeder Zusammensetzung, weil die reinen Metalle in demselben Gittertyp vorliegen und weil die Ionenradien sich sehr ähnlich sind. Kupfer und Silber bilden Legierungen unter 5% und über 86% Silberanteil. Dazwischen liegende Silberanteile kommen nicht in Mischungen mit Kupfer vor. Man spricht von einer *Mischungslücke*. Blei und Eisen sind dagegen nicht mischbar.

Für die Zusammensetzung von Legierungen gibt es keine bestimmten Zahlenverhältnisse wie in Molekülen, bei denen das Gesetz der konstanten Proportionen gilt. Man gibt daher den prozentualen Anteil der Metalle an. Messing kann zum Beispiel aus 75% Kupfer und 25% Zink bestehen. Die genaue Zusammensetzung im Metallgitter variiert.

Es gibt Legierungen von unbegrenzt mischbaren Metallen, die eine geordnete molekülähnliche Struktur mit konstanten Proportionen ausbilden, wenn die Schmelzen sehr langsam abgekühlt werden. Dass eine so genannte *Überstruktur* vorliegt, kann man durch die erhöhte Leitfähigkeit der geordneten Legierung gegenüber anderen Legierungen zeigen. Bei Kupfer und Gold ist die Leitfähigkeit besonders hoch, wenn sie im Verhältnis 1:1 oder 3:1 vorliegen.
Andere Metalle wie zum Beispiel Germanium und Magnesium, die sich in der Schmelze nicht mineinander mischen, bilden Mischkristalle konstanter Zusammensetzung im festen Zustand aus. Das einzig mögliche Mischkristall hat die Zusammensetzung Mg_2Ge. Unterhalb eines bestimmten Anteils von Germanium scheidet sich neben der Legierung reines Magnesium ab, oberhalb davon reines Germanium.

Energiebändermodell

Das Energiebändermodell erweitert die Erklärung, die das Elektronengas für die metallische Bindung liefert. Hinter dem Bändermodell steckt die Orbitaltheorie. Jedem Metallatom können Orbitale bestimmter Ausprägung zugeordnet werden. Die Elektronenkonfiguration ist aus dem Periodensystem der Elemente ersichtlich (Vgl. Kapitel 4.6 Aufbau des Periodensystems). Im Beryllium sind das 1s- und 2s-Orbital mit jeweils zwei Elektronen besetzt. Diese Atomorbitale können mit Orbitalen eines anderen Berylliumatoms in Wechselwirkung treten. In einem Berylliummetall sind sehr viele Berylliumatome mit gleichen Orbitalen zusammengelagert, sodass sich zahlreiche Molekülorbitale bilden, die sich in ihren Energieniveaus unterscheiden müssen. Man spricht von einem *Energieband*, das die Orbitale durch die Aufspaltung in verschiedene Energieniveaus bilden.

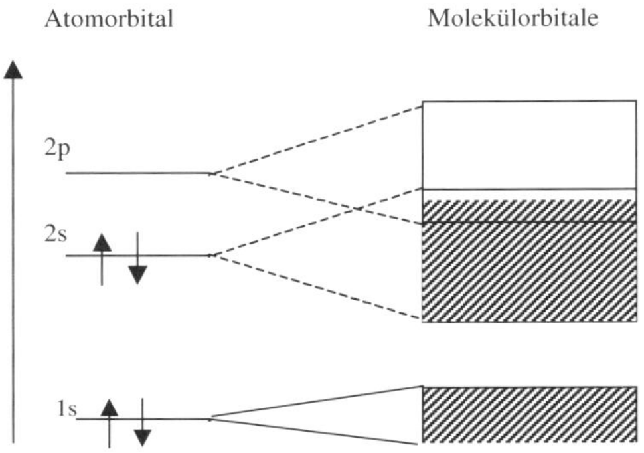

Die schraffierten Bereiche im Energieniveauschema von Beryllium zeigen, dass die 1s- und 2s-Orbitale voll besetzt sind. Da das 2s- und 2p-Band der Molekülorbitale sich überlappen, können die Valenzelektronen von Beryllium leicht angeregt werden. Der Übergang zu höheren Energieniveaus ist durch die Aufspaltung der Orbitale wesentlich erleichtert. Der Übergang vom 1s- zum 2s-Orbital ist dagegen nicht so einfach möglich, da die Elektronenbänder nicht überlappen. Sie sind durch eine *verbotene Zone* getrennt.

Das 2p-Orbital wird beim Beryllium zum *Leitungsband*, das die gute elektrische Leitfähigkeit erklärt. Das Leitungsband ist jeweils das nächsthöhere Energieband nach dem *Valenzband*, welches die Valenzelektronen enthält. Die

Elektronen aus dem Valenzband können schon bei geringer Energiezufuhr in das Leitungsband übergehen und der Stoff zeigt elektrische Leitfähigkeit. Bei Metallen überlappen das Valenz- und das Leitungsband immer.

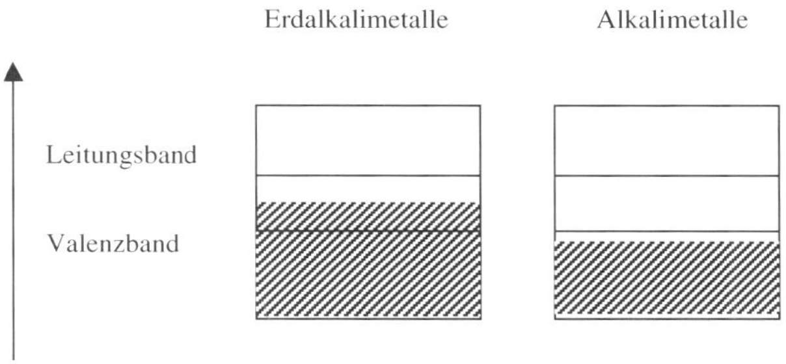

Ein Vergleich von Erdalkali- und Alkalimetallen zeigt, wie sich das Energieniveauschema voll besetzter und halb besetzter Orbitale unterscheidet. Die Elektronenkonfiguration hat keine Auswirkung auf die Überlappung von Leitungsband und Valenzband. In beiden Fällen sind die Stoffe leitfähig, weil die Elektronen auf höhere Energieniveaus innerhalb des Valenzbandes oder des Leitungsbandes wechseln können.

Halbleiter und Isolatoren

Bei Halbleitern wie Isolatoren überlappen Valenz- und Leitungsband nicht. Sie unterscheiden sich aber in der Breite der verbotenen Zone, die die beiden Bänder voneinander trennt.

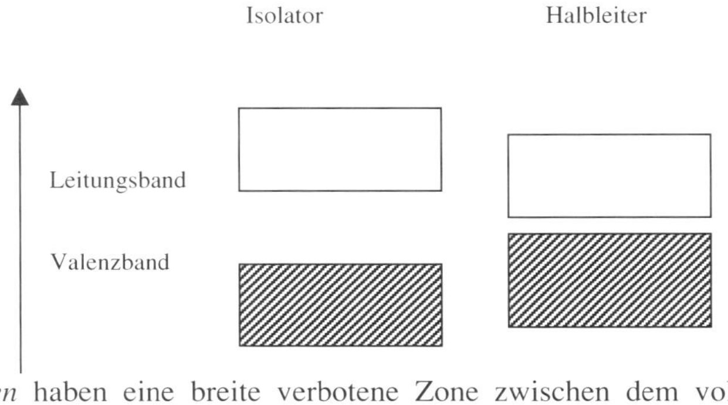

Isolatoren haben eine breite verbotene Zone zwischen dem voll besetzten Valenzband und dem Leitungsband. Die Elektronen können nicht angeregt und in das Leitungsband überführt werden. Wenn das Valenzband nicht voll besetzt ist, kann ein Stoff trotz breiter verbotener Zone den Strom leiten, weil die Elektronen innerhalb des Valenzbandes angeregt werden können. Isolatoren haben demnach immer voll besetzte Valenzbänder, in denen keine Elektronenübergänge möglich sind.

Beim *Halbleiter* ist die verbotene Zone sehr schmal. Es können leicht Elektronen vom voll besetzten Valenzband in das Leitungsband übergehen, wenn dem Halbleiter Energie zugeführt wird. Es entsteht Leitfähigkeit durch die Elektronen im Leitungsband. Zusätzlich wird Leitfähigkeit durch das Valenzband ermöglicht, da die fehlenden Elektronen als *Defektelektronen*, also sozusagen als wandernde Fehlstellen, betrachtet werden können. Diese Fehlstellen erlauben wiederum die Anregung von Elektronen innerhalb des Valenzbandes.

Dotierte Halbleiter

Der Eigenhalbleiter Silicium hat vier Valenzelektronen. Die elektrische Leitfähigkeit von Silicium kann durch die Dotierung mit Atomen erhöht werden, die fünf bzw. drei Valenzelektronen besitzen. Werden Atome mit fünf Valenzelektronen (5. Hauptgruppe des Periodensystems) in das Siliciumgitter eingefügt, so spricht man von einem *n-dotierten Halbleiter*. Arsen-Atome liefern zum Beispiel dem Halbleiter Silicium zusätzliche Elektronen.

Werden Fremdatome mit drei Valenzelektronen (3. Hauptgruppe des Periodensystems, z. B. Bor) in das Silicium-Gitter eingebaut, führt dies zu *p-dotierten Halbleitern*. Es entsteht eine Elektronenfehlstelle, die ein Silicium-Elektron leicht besetzen kann. Die Fehlstelle befindet sich somit im Valenzband des Siliciums und sorgt für eine erhöhte Leitfähigkeit des Halbleiters.

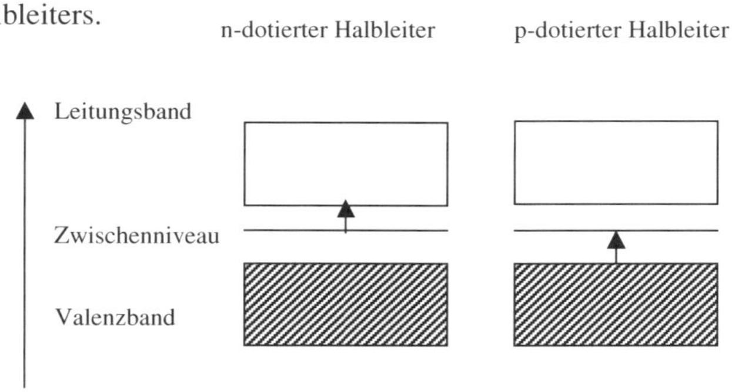

Die Pfeile an den Zwischenniveaus verdeutlichen, durch welches Prinzip die Leitfähigkeit im dotierten Halbleiter erhöht wird. Sie zeigen, welche Elektronenübergänge durch die Dotierung ermöglicht werden.
Beim n-dotierten Halbleiter liegen Elektronen des Fremdatoms (z. B. Arsen) auf einem Energieniveau zwischen Valenz- und Leitungsband. Das besetzte Zwischenniveau kann leicht Elektronen ins Leitungsband abgeben. Im p-dotierten Halbleiter können Elektronen aus dem voll besetzten Valenzband in das nicht voll besetzte Zwischenniveau übergehen. Die Leitfähigkeit der p-dotierten Halbleiter beruht auf Fehlstellen im Valenzband.

Silicium als Halbleiter ist heute der wichtigste Stoff für die Herstellung von Mikrochips. Ein weiteres wichtiges Anwendungsgebiet für Halbleiter ist die Herstellung von Solarzellen. Sehr verkürzt ausgedrückt enthält eine Foto-Voltaik-Anlage p- und n-dotiertes Silizium, dessen Elektronen durch die Einstrahlung des Sonnenlichtes angeregt werden. Durch die Kopplung der p- und n-dotierten Schichten nach der Elektronenanregung erhält man elektrischen Strom, weil sich entgegengesetzte Ladungen der p- und n-Schicht ausgleichen.

Einfluss der Temperatur auf die Leitfähigkeit

Germanium und Silicium sind Halbleiter. Sie zeigen im Unterschied zu Metallen erhöhte Leitfähigkeit bei Temperaturerhöhung. Bei Metallen nimmt die Leitfähigkeit bei steigender Temperatur ab. Eine Erklärung dafür liefert das Elektronengas-Modell. Je höher die Temperatur des Metalls ist, desto stärker schwingen die positiv geladenen Atomrümpfe. Der Elektronenfluss wird durch die Schwingungen behindert und es kommt zu einer verminderten Leitfähigkeit. Bei Halbleitern dagegen wird durch die Zufuhr von thermischer Energie der Elektronenübergang ins Leitungsband erleichtert und die Leitfähigkeit nimmt zu.

VI. Komplexe

6.1 Bindungsverhältnisse und Struktur

Reagieren Metalle mit Nichtmetallen, so entstehen *Salze*. Die Metallatome geben Elektronen an die Nichtmetallatome ab. Es entstehen so Kationen und Anionen, die in einem *Ionengitter* durch elektrostatische Anziehungskräfte zusammengehalten werden.

Kommt es zwischen Nichtmetallen zu einer chemischen Umsetzung, so schließen sich die Atome zu Molekülen zusammen. In diesen teilen sich die Nichtmetallatome gemeinsame Elektronenpaare. Die Verknüpfung von Atomen über Elektronenpaare nennt man *Atombindung*.

Komplexbindung
Sowohl bei der Ionen- als auch bei der Atombindung ist das Erreichen der Edelgaskonfiguration *(Oktettregel)* das treibende Moment zur Bildung von Ionen (bei Salzen) und Molekülen (bei Nichtmetallverbindungen). Wir beschreiben nun einen weiteren Bindungstyp, der neben der Ionenbindung in gewissen Salzen vorliegen kann. Man spricht in dem Fall von der *Komplexbindung*. Liegt diese Art der Bindung vor, dann werden die entsprechenden Stoffe als *Komplexe* bezeichnet.

Paramagnetische und diamagnetische Komplexe
Eng mit der Farbigkeit der Komplexe verbunden ist deren magnetisches Verhalten. Es gibt sowohl *paramagnetische* als auch *diamagnetische* Komplexe. In Abschnitt 4.4 (Elektronenspin) ist das Phänomen des Para- und Diamagnetismus aufgezeigt worden.

Paramagnetische Stoffe haben ungepaarte Elektronen und erzeugen damit ein magnetisches Moment. Diamagnetische Substanzen besitzen ausschließlich Elektronenpaare und erzeugen kein magnetisches Feld, weil sich die magnetischen Momente der Elektronen gegenseitig aufheben (entgegengesetzte Spins). Alfred Werner, ein Schweizer Chemiker, hat sich um die Stereometrie komplexer Verbindungen verdient gemacht und gezeigt, dass mit der Elektronenkonfiguration auch ein bestimmter räumlicher Bau verbunden ist.

Bindungsverhältnisse

Um die Bindungsverhältnisse in Komplexen aufzuzeigen, werden wir die Kästchenschreibweise für die Orbitale verwenden. Wenn Teilchen miteinander eine Komplexbindung eingehen, so schreibt man diese in der chemischen Formel stets zwischen eckige Klammern.

Die spezielle Nomenklatur, die man für Komplexe verwendet, wird in Abschnitt 6.2 erklärt. Zunächst werden zwei Komplexverbindungen des Eisen-(III)-Ions Fe^{3+} untersucht, nämlich Hexaquoeisen-(III)-chlorid und Natrium-hexacyanoferrat-(III).

Das Hexaquoeisen-(III)-chlorid hat die Verhältnisformel $[Fe(H_2O)_6]Cl_3$ bzw. $[Fe(H_2O)_6]^{3+} + 3\ Cl^-$. Ganz offensichtlich besteht zwischen dem dreifach positiv geladenen Komplexkation $[Fe(H_2O)_6]^{3+}$ und den einfach negativ geladenen Chloridionen (Cl^-) eine *Ionenbindung*.

Im Ionengitter des Salzes stehen die Kationen zu den Anionen im Verhältnis 1 : 3. Die Kationen bestehen aber nicht aus einfachen Metallionen, sondern sind von komplexer Natur.

Die Komplexbindung kommt innerhalb des Kations, zwischen dem Fe^{3+}-Ion und den 6 H_2O-Molekülen, zustande. Wie schon gesagt, schreibt man die Teilchen, die an der Komplexbindung teilnehmen, in eckige Klammern. Weil das vorliegende Eisenion dreifach positiv geladen ist, die Wassermoleküle hingegen neutral sind, muss das Komplexkation insgesamt eine dreifach positive Ladung erhalten. Deshalb ist zu schreiben: $[Fe(H_2O)_6]^{3+}$.

Das Fe-Atom hat die Elektronenstruktur $1s^2\ 2s^2\ 2p^6\ 3s^2\ 3p^6\ 3d^6\ 4s^2$ bzw. [Ar] $3d^6\ 4s^2$. Eisen ist paramagnetisch, weil die Fe-Atome jeweils vier ungepaarte Elektronen besitzen, die zusammen ein magnetisches Moment erzeugen.

Fe 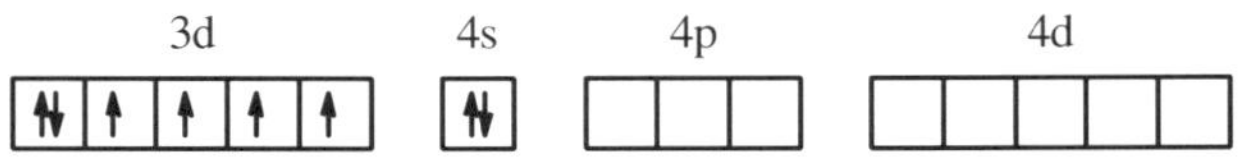

Durch Entfernen von zwei Elektronen aus dem 4s-Orbital (Außenelektronenschale) und einem Elektron aus dem 3d-Orbital (vorletzte Schale) entsteht aus dem Fe-Atom das Fe^{3+}-Ion mit der Elektronenkonfiguration [Ar] $3d^5$. Dem Kästchenschema kann man entnehmen, dass das Fe^{3+}-Ion leere 4s-, 4p und 4d-Orbitale besitzt.

Fe^{3+} 

Jedes Wassermolekül hat zwei freie Elektronenpaare. Mit einem der freien Elektronenpaare kann jeweils ein H_2O-Molekül eines der leeren Orbitale des Fe^{3+}-Ions „mitbenutzen“. Auf diese Weise kommen Bindungen zwischen dem zentralen Eisen-(III)-Ion und den sechs H_2O-Molekülen zustande. So entsteht das Komplexion $[Fe(H_2O)_6]^{3+}$. Im Kästchenschema werden die Elektronen, die von den H_2O-Molekülen stammen, durch größere Pfeile dargestellt.

$[Fe(H_2O)_6]^{3+}$ 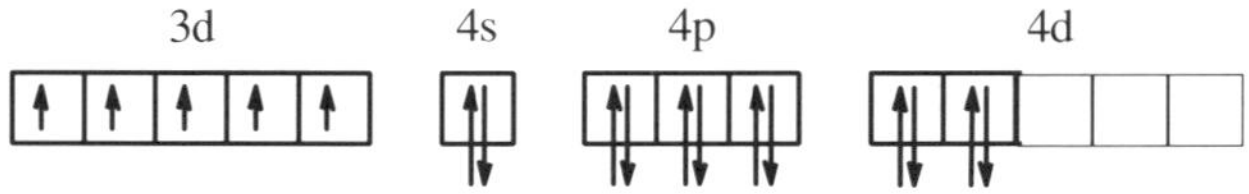

Das Anbinden der H_2O-Moleküle an das Fe^{3+}-Ion über unbesetzte Orbitale wird als *Komplexbindung*, das Metallkation selbst als *Zentralion* bezeichnet. Die Teilchen, die an die leeren Orbitale des Zentralions „andocken“ und die Bindungselektronen zur Verfügung stellen, werden Liganden genannt. Die Zahl der *Liganden* stellt die *Koordinationszahl* dar. In unserem Beispiel hätte das Komplexion die Koordinationszahl 6, weil sechs Wassermoleküle an das Fe^{3+}-Ion gebunden sind.

Das Komplexion $[Fe(H_2O)_6]^{3+}$ ist paramagnetisch, weil die 3d-Orbitale mit fünf ungepaarten Elektronen besetzt sind. Die Elektronenpaare der H_2O-Moleküle besetzen die Niveaus 4s, 4p und zwei 4d-Orbitale. Das Eisenkation hat insgesamt zwölf Elektronen aufgenommen. Aus dem Kästchenschema könnte man den Eindruck gewinnen, dass die 4s-, 4p- und 4d-Elektronen unterschiedliche Energie besitzen. Das ist aber nicht der Fall. Alle Elektronen, die von den Liganden stammen, haben das gleiche Energieniveau.

Hybridisierung

Die Orbitale des Zentralions, die die Liganden binden, passen ihr Energieniveau gegenseitig an. Diesen Vorgang der Energienivellierung nennt man *Hybridisierung*. Die Orbitale 4s, 4p und zwei der 4d-Orbitale erhalten den gleichen Energiezustand. Da ein s-Orbital, drei p-Orbitale und zwei d-Orbitale an der Hybridisierung mitwirken, spricht man von einer sp^3d^2-Hybridisierung. In nachstehender Darstellung wird versucht, der Hybridisierung gerecht zu werden.

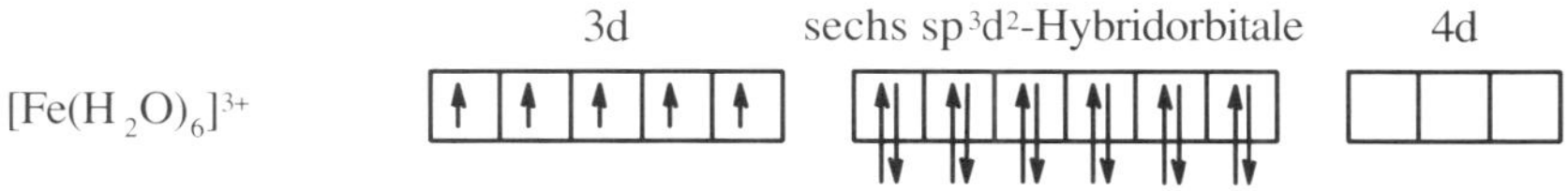

Koordinationspolyeder

Im Komplexkation gibt es sechs energiegleiche sp^3d^2-Hybridorbitale, die als „wurst"förmige Ladungswolken aufgefasst werden können. Weil sich gleichnamige Ladungen abstoßen, versuchen die Hybridorbitale des Zentralions, den größtmöglichen Abstand voneinander einzunehmen. Dies ist genau dann der Fall, wenn die Hybridorbitale zu den Ecken eines Oktaeders gerichtet sind. Untersuchungen zeigen, dass die H_2O-Moleküle tatsächlich oktaedrisch um das Fe^{3+}-Ion gruppiert sind.

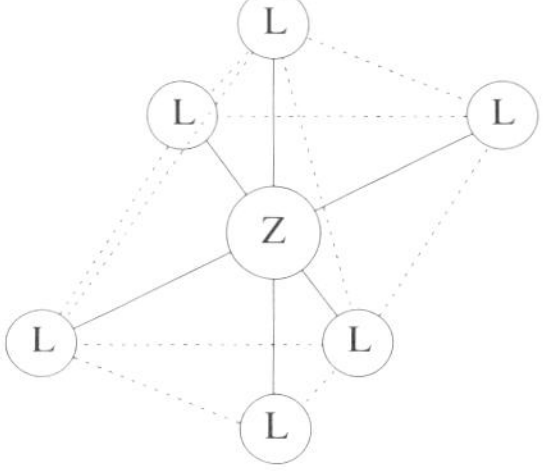

Z = Zentralion
L = Ligand

Die geometrische Anordnung der Liganden wird als *Koordinationspolyeder* bezeichnet. Im vorliegenden Beispiel ist es ein Oktaeder, in dessen Zentrum sich das Metallkation Fe^{3+} befindet. Die Liganden sind die Wassermoleküle. Jeder Bindungsstrich symbolisiert in der Abbildung ein sp^3d^2-Hybridorbital.

Eine weitere Komplexverbindung des Eisen-(III)-Ions ist das Salz Natrium-hexacyanoferrat-(III) mit der Formel $Na_3[Fe(CN)_6]$ bzw. 3 Na^+ + $[Fe(CN)_6]^{3-}$. Im Ionengitter sind die Natriumionen Na^+ mit den Komplexionen $[Fe(CN)_6]^{3-}$ im Verhältnis 3 : 1 zusammengepackt.

Im Gegensatz zum oben betrachteten Aquokomplex ist das komplexe Ion nicht positiv, sondern negativ geladen. Die dreifach negative Ladung des Komplex-anions resultiert daraus, dass ein Fe^{3+}-Ion und sechs einfach negativ geladene Cyanidionen CN^- eine Komplexbindung eingehen. Die Liganden sind, im Gegensatz zum Aquokomplex, keine neutralen Moleküle, sondern (negative) Ionen.

Aber es gibt noch einen weiteren wesentlichen Unterschied zwischen dem Aquo- und dem Cyanokomplex des Eisen-(III)-Ions. Bevor sich die Cyanidionen in die leeren Orbitale des Zentralions „einnisten“, werden die ungepaarten Elektronen im 3d-Orbital des Fe^{3+}-Ions gepaart, sodass im 3d-Orbital nur noch *ein* ungepaartes Elektron übrig bleibt. Weil die 3d-Elektronen des Zentralions zusammenrücken, können sich zwei Cyanidionen auch an der Besetzung von zwei 3d-Niveaus beteiligen.

$[Fe(CN)_6]^{3-}$

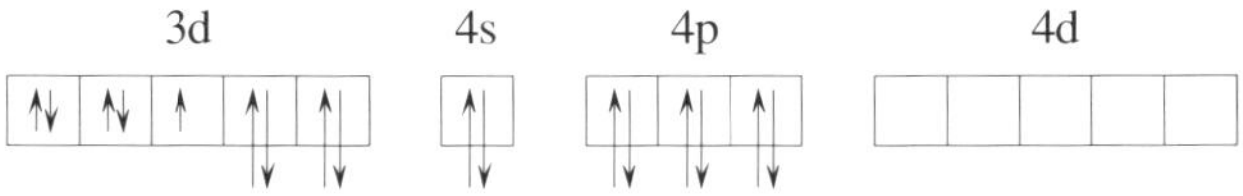

Nach der Besetzung der 3d-, 4s- und 4p-Orbitale des Zentralions durch Elektronenpaare der Liganden erhält das Fe^{3+}-Ion annähernd die Valenz-elektronenkonfiguration von Krypton (Kr), dem nächstfolgenden Edelgas.

Offensichtlich versuchen auch die Zentralionen in Komplexen, die Edelgasanordnung für die äußerste Schale („Oktettregel") zu erreichen. Damit wird verständlich, warum nicht mehr als *sechs* Wassermoleküle vom Fe^{3+}-Ion als Liganden gebunden werden.

Will man die Energieangleichung (Hybridisierung) zwischen den beiden 3d-Orbitalen, dem 4s-Orbital und den drei 4p-Orbitalen darstellen, so kann das Kästchenschema auch anders gezeichnet werden. Im Zentralion liegt eine d^2sp^3-Hybridisierung vor. Die Hybridorbitale sind abermals zu den Ecken eines Oktaeders gerichtet, in dessen Zentrum sich das Fe^{3+}-Ion befindet.

$[Fe(CN)_6]^{3-}$

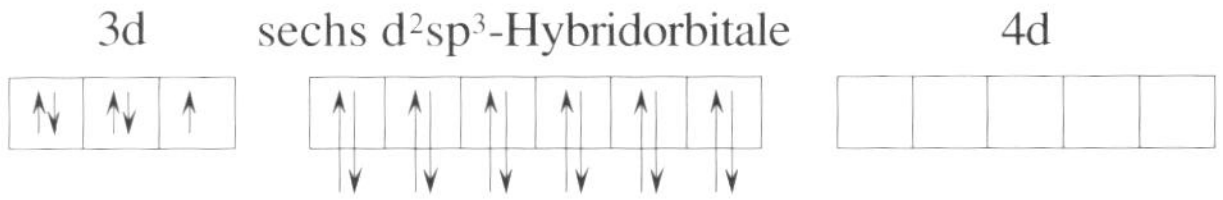

Sowohl die sp^3d^2-Hybridisierung, bei der 4d-Orbitale beteiligt sind, als auch die d^2sp^3-Hybridisierung, bei der 3d-Orbitale verwendet werden, bewirken eine Orientierung der Liganden zu den Ecken eines Oktaeders. Deshalb muss zwischen sp^3d^2 und d^2sp^3 nicht unterschieden werden.
Ganz allgemein bilden Komplexe mit der Koordinationszahl 6 jeweils Oktaeder aus.

Im Aquokomplex $[Fe(H_2O)_6]^{3+}$ hat das Eisen-(III)-Ion fünf ungepaarte Elektronen in den 3d-Niveaus. Die Orbitale einer „äußeren" Schale (4s, 4p, 4d) werden für die Hybridisierung bereitgestellt. Im Cyanokomplex $[Fe(CN)_6]^{3-}$ hat das Zentralion hingegen nur ein ungepaartes Elektron. Für die Hybridisierung werden nicht nur Orbitale von äußeren Schalen, sondern auch zwei „innere" 3d-Orbitale verwendet.

High-spin-Komplex

Den Aquokomplex bezeichnet man als *high-spin-Komplex*, da er durch seine fünf ungepaarten Elektronen ein größeres magnetisches Moment aufweist als etwa der Cyanokomplex. Man sagt, die Zahl der Spins ist größer. Da an der Bindung nicht die inneren 3d-Orbitale, sondern die äußeren 4d-Orbitale beteiligt sind, spricht man auch von einem *outer-orbital-Komplex* oder einem *Anlagerungskomplex.*

Low-spin-Komplex

Der Cyanokomplex ist dagegen ein *low-spin-Komplex*, weil er nur ein ungepaartes Elektron und damit ein kleines magnetisches Moment besitzt. Bei diesem Komplex sind auch die inneren 3d-Orbitale an der Hybridisierung beteiligt, deshalb ist der Cyanokomplex ein *inner-orbital-Komplex* oder ein *Durchdringungskomplex.*

In der Tabelle werden nochmals die gängigen Begriffe anhand der hier behandelten Beispiele aufgeführt.

Aquokomplex $[Fe(H_2O)_6]^{3+}$	**Cyanokomplex $[Fe(CN)_6]^{3-}$**
viele ungepaarte Elektronen	wenig ungepaarte Elektronen
großes magnetisches Moment	kleines magnetisches Moment
großer Spin	kleiner Spin
high-spin-Komplex	low-spin-Komplex
outer-orbital-Komplex	inner-orbital-Komplex
Anlagerungskomplex	Durchdringungskomplex

Abschließend sollen noch die Bindungsverhältnisse in zwei Komplexen des Nickel-(II)-Ions dargestellt werden.

Bekannt sind die komplexen Ionen $[NiCl_4]^{2-}$ und $[Ni(CN)_4]^{2-}$. Mögliche Komplexsalze, dargestellt durch ihre Verhältnisformeln, wären etwa $Na_2[NiCl_4]$ oder $Mg[Ni(CN)_4]$.

Mit [Ar] $3d^8$ $4s^2$ kann die Elektronenanordnung des Nickelatoms, mit [Ar] $3d^8$ die des Nickelions Ni^{2+} wiedergegeben werden.

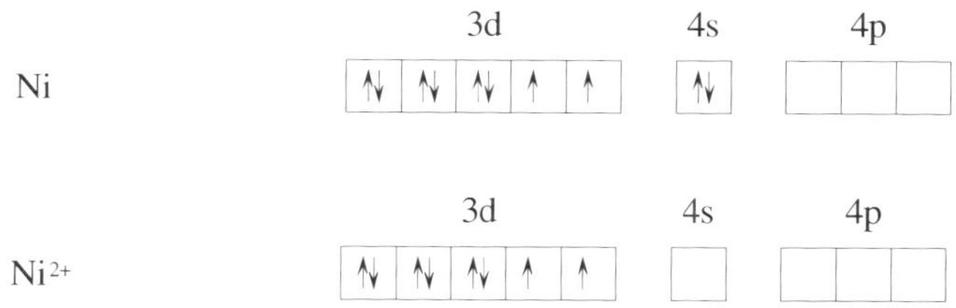

Das Ni^{2+}-Ion besitzt zwei ungepaarte Elektronen. Nun gibt es für das Zentralion zwei Möglichkeiten. Das Nickelion könnte die einfache Besetzung der 3d-Orbitale beibehalten. Die Liganden müssten in diesem Fall die leeren 4s- und 4p-Orbitale besetzen. Der Komplex, der auf diese Weise entsteht, ist ein Anlagerungskomplex (high-spin-Komplex). Die beiden ungepaarten Elektronen könnten sich aber auch zu einem Paar zusammenschließen, wodurch ein freies 3d-Orbital entsteht. Einer der Liganden hat nun die Chance, ein 3d-Orbital zu besetzen. Es ergibt sich ein Durchdringungskomplex (low-spin-Komplex).

Untersuchungen zeigen, dass das Tetrachloroniccolat-(II)-Ion $[NiCl_4]^{2-}$ ein Anlagerungskomplex ist. Im 3d-Orbital verbleiben zwei ungepaarte Elektronen. Die zweifach negative Ladung des Komplexions kommt dadurch zustande, dass das Zentralion ein zweifach positives Metallion (Ni^{2+}) ist und die vier Chloridionen (Cl^{-}) jeweils einfach negativ geladen sind.

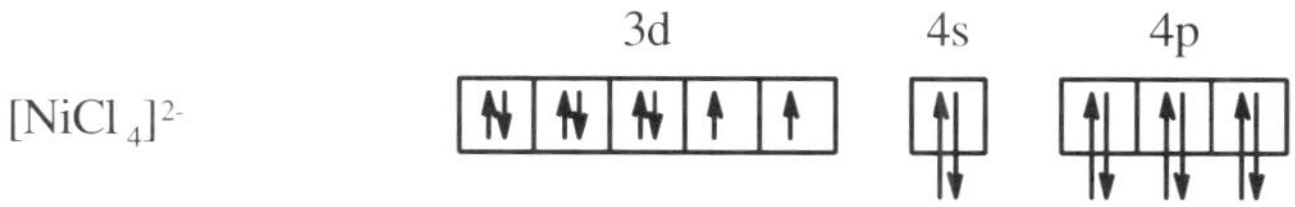

Bevor die Liganden die leeren 4s- und 4p-Orbitale besetzen, kommt es zur Energieangleichung der genannten Niveaus. Weil an dieser Nivellierung ein s- und drei p-Orbitale beteiligt sind, spricht man von einer sp^3-Hybridisierung. Das folgende Orbitalschema ist so gezeichnet, dass die Hybridisierung beim Tetrachloroniccolat-(II)-Ion berücksichtigt wird.

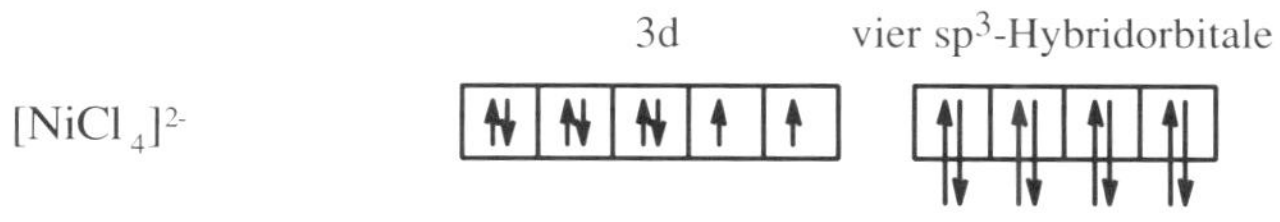

Jedes sp^3-Hybridorbital kann man sich, ähnlich wie die d^2sp^3-Hybridorbitale, als „wurst"förmige Ladungswolken vorstellen. Da sie sich gegenseitig abstoßen, versuchen sie, einen maximalen Abstand voneinander einzunehmen. Das gelingt, indem sie sich so ausrichten, dass die vier sp^3-Hybridorbitale zu den Ecken eines Tetraeders zeigen. Untersuchungen bestätigen, dass das Ion $[NiCl_4]^{2-}$ tatsächlich tetraedrisch gebaut ist.

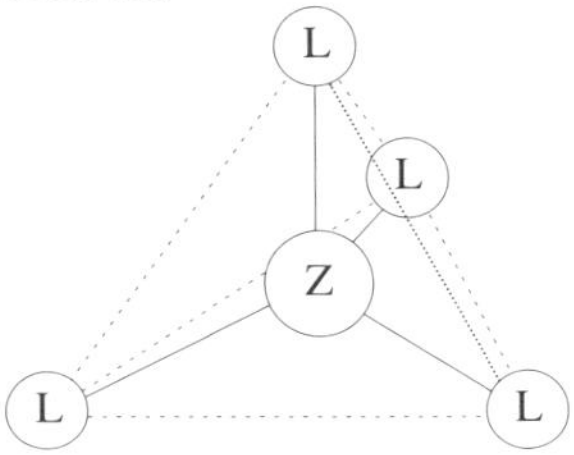

Z = Zentralion
L = Ligand

Beim Tetracyanoniccolat-(II)-Komplex stellt man experimentell fest, dass er diamagnetisch ist. Damit besitzt das komplexe Anion keine ungepaarten Elektronen mehr. Die ungepaarten Elektronen des Ni^{2+}-Ions sind zusammengerückt und haben ein leeres 3d-Orbital hinterlassen, das nun für ein freies Elektronenpaar eines Cyanidions (CN^-) zur Verfügung steht. Die anderen Liganden „schieben" ihre freien Elektronenpaare in ein 4s-Orbital und zwei 4p-Orbitale.

$[Ni(CN)_4]^{2-}$

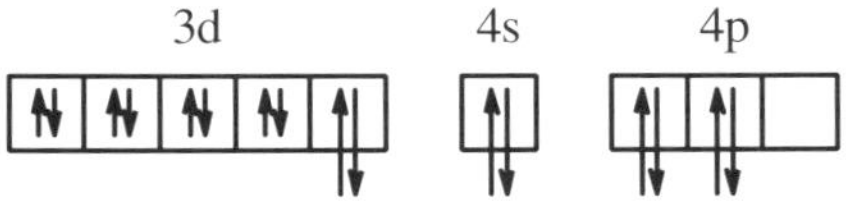

Bei diesem Komplexanion kommt es vor der Ligandenbindung zu einer dsp^2-Hybridisierung, die stets eine quadratisch-planare Ausrichtung der Liganden verursacht, d. h. die Cyanidionen besetzen die Ecken eines Quadrats, das in einer Ebene liegt. Auf diese Weise bekommen die dsp^2-Hybridorbitale die Chance, einen möglichst großen Abstand voneinander einzunehmen.

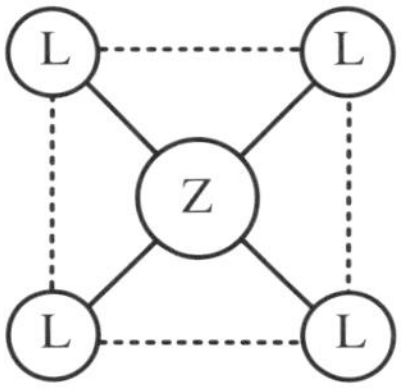

Z = Zentralion
L = Ligand

Wir haben bislang Komplexe der Metallionen Fe^{3+} und Ni^{2+} betrachtet. Es könnte nun der Eindruck entstehen, als müsste sich im Zentrum eines Komplexes stets ein Metallion befinden. Aber es gibt auch Komplexe, wie z. B. Pentacarbonyleisen $Fe(CO)_5$, mit einem *neutralen Zentralatom*. Wie schon ausgeführt, besitzt das Fe-Atom die Elektronenstruktur [Ar] $3d^6\,4s^2$.

Pentacarbonyleisen ist ein diamagnetischer Komplex. Das bedeutet, dass sich die acht Elektronen aus den 3d- und 4s-Orbitalen zu Paaren in den 3d-Niveaus zusammenschließen. Durch Bindung der Kohlenmonoxidmoleküle erreicht das Eisenatom die Außenschale ($4s^2\,4p^6$) des Kryptonatoms.

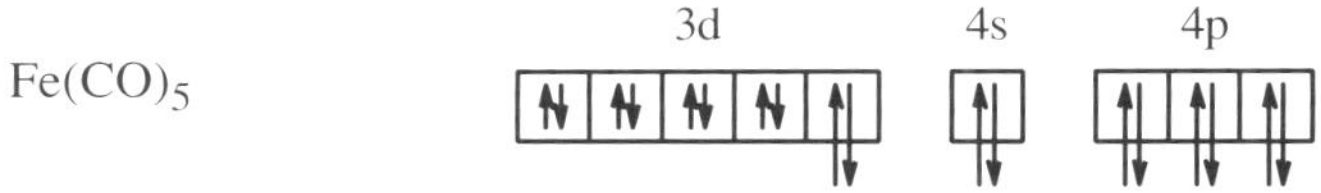

Der Vollständigkeit wegen soll auch noch das Kästchenschema mit den fünf dsp^3-Hybridorbitalen des Eisenatoms dargestellt werden.

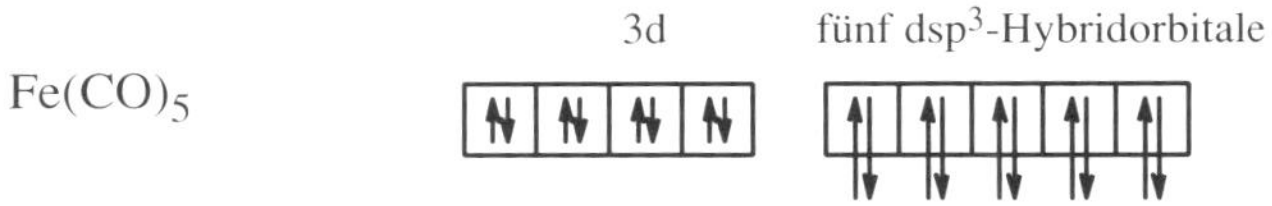

Untersuchungen zeigen, dass eine dsp^3-Hybridisierung, wie sie im Pentacarbonyleisen vorliegt, eine trigonale Bipyramide bewirkt.

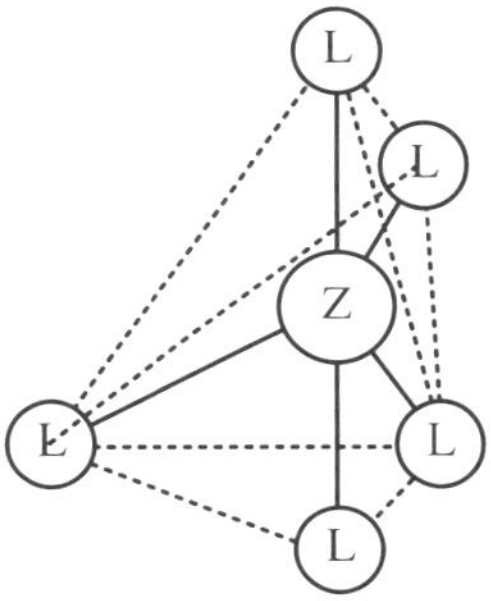

Z = Zentralatom
L = Ligand

Man beachte, dass Pentacarbonyleisen $Fe(CO)_5$ kein Salz ist. Es liegt nämlich nur eine Komplexbindung, nicht aber gleichzeitig eine Ionenbindung vor, so wie dies bei den anderen bislang besprochenen Komplexen der Fall ist. Pentacarbonyl-eisen ist eine gelbe Flüssigkeit, die bei 103 °C siedet.

Ein Komplex ist eine chemische Verbindung, in der ein Metallatom oder -ion über seine leeren Orbitale neutrale Moleküle oder negativ geladene Ionen mit freien Elektronenpaaren bindet. Die an das Zentralteilchen gebundenen Bindungspartner heißen Liganden. Die Anzahl der gebundenen Liganden ist die Koordinationszahl. Die räumliche, geometrische Anordnung der Liganden wird als Koordinationspolyeder bezeichnet. Die elektrische Ladung eines Komplexes ergibt sich aus der Summe der Ladungen seiner Bestandteile.

Koordinationszahl

Da die *Komplexbindung* auch *koordinative Bindung* genannt wird, ist es üblich, für die Ligandenzahl den Begriff „Koordinationszahl" zu verwenden und die räumlich-geometrische Anordnung der Liganden als „Koordinationspolyeder" zu bezeichnen.

Die verschiedenen Hybridisierungen wirken sich unterschiedlich auf die räumliche Struktur von Komplexen aus. Wir sind bislang den folgenden Koordinationspolyedern begegnet: Tetraeder (sp^3-Hybridisierung), quadratisch-planare Struktur (dsp^2), trigonale Bipyramide (sp^3d) und Oktaeder (d^2sp^3).

Bevor wir in Abschnitt 6.3 eine Übersicht über die Stereometrie der Komplexe geben, soll ein Komplex beschrieben werden, der eine lineare Struktur (sp-Hybridisierung) aufweist.

Wir betrachten den Diamminsilber-(I)-Komplex $[Ag(NH_3)_2]^+$ und geben deshalb die Elektronenstruktur des Ag-Atoms an: [Kr] $4d^{10}$ $5s^1$. Da mit der Konfiguration $5s^1$ (statt $5s^2$) die 4d-Orbitale aus Symmetriegründen voll besetzt werden können, besitzt das Silberatom nur ein Valenzelektron im 5s-Niveau. [Kr] $4d^{10}$ ist die Elektronenanordnung für das Ag^+-Ion.

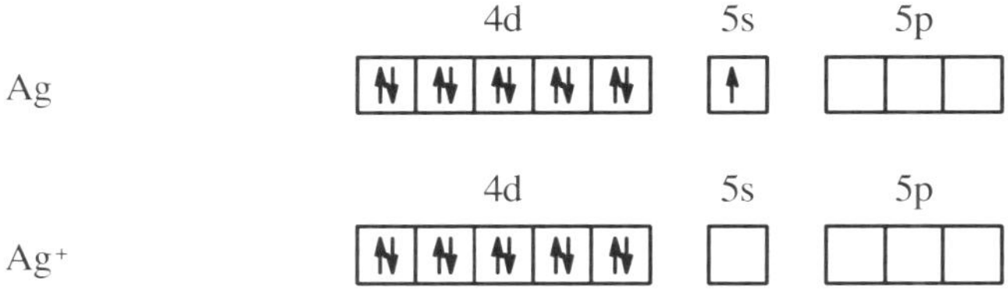

Es ist klar, dass $[Ag(NH_3)_2]^+$ ein diamagnetischer Komplex ist. Da vom Ag^+-Ion nur zwei Ammoniakmoleküle gebunden werden, stehen dafür das 5s- und ein 5p-Orbital zur Verfügung.

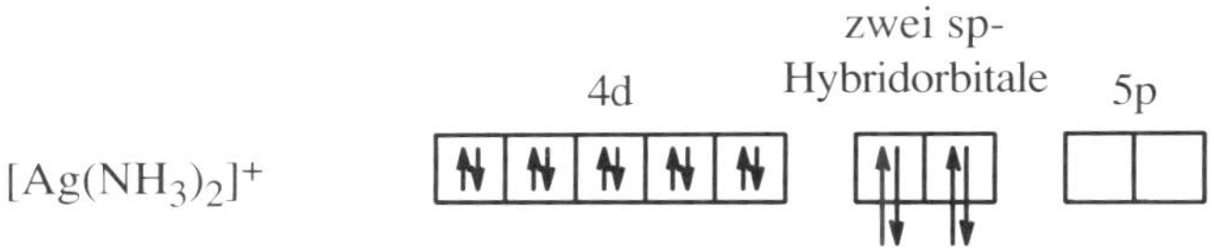

Es gibt offensichtlich zwei energiegleiche sp-Hybridorbitale, die sich so anordnen, dass sie einen maximalen Abstand voneinander einnehmen. Das ist der Fall, wenn sie einen Winkel von 180° bilden. Das Komplexkation ist damit linear gebaut, d. h. das Zentralion und die Liganden liegen auf einer Geraden.

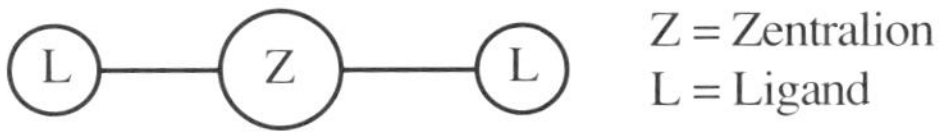

6.2 Nomenklatur

Die bisher besprochenen Komplexe bestanden ausschließlich aus Liganden, die negativ (z. B. Cl^-, CN^-) oder neutral (z. B. H_2O, CO) geladen waren. Aber es können ohne weiteres auch Anionen und Moleküle gleichzeitig an das Zentralteilchen gebunden werden. Es ist sogar möglich, daß ein Ligand einen anderen verdrängt und so ein neuer Komplex entsteht.

$[Fe(OH)(H_2O)_5]^{2+}$ $[Fe(OH)_3(H_2O)_3]$

Im ersten Komplex sind fünf Wassermoleküle und ein Hydroxidion (OH^-) gebunden. Da der Komplex eine zweifach positive Ladung trägt, handelt es sich beim Zentralion um ein Fe^{3+}-Ion. Das gleiche Zentralion befindet sich im zweiten Komplex. Da drei negativ geladene Hydroxidionen an der koordinativen Bindung teilnehmen, ist der Komplex insgesamt neutral geladen.

In diesem Abschnitt wird zunächst aufgezeigt, wie die chemische Formel von Komplexen angeschrieben wird. Anschließend gehen wir auf die Namensgebung (Nomenklatur) der verschiedenen Komplexverbindungen ein. Schon jetzt sei darauf hingewiesen, dass bei der Namensgebung beachtet werden muss, ob es sich beim Komplex um ein Kation, ein Anion oder ein neutrales Teilchen handelt.

Die chemische Formel eines Komplexes schreibt man so, dass die an der Komplexbindung teilnehmenden Teilchen in eckige Klammern [ ] gesetzt werden. In der Klammer wird zuerst das Zentralteilchen (Atom oder Ion) angegeben, dann folgen die ionischen und dann die neutralen Liganden.

Als Beispiele seien die möglichen Komplexe des Pt^{4+}-Ions mit den Liganden NH_3 und Cl^- genannt. Die Gesamtladung des Komplexes ergibt sich aus der Summe der Ladungen von Zentralion und Liganden.

$[Pt(NH_3)_6]^{4+}$ $[PtCl(NH_3)_5]^{3+}$ $[PtCl_2(NH_3)_4]^{2+}$ $[PtCl_3(NH_3)_3]^+$
$[PtCl_4(NH_3)_2]$ $[PtCl_5(NH_3)]^-$ $[PtCl_6]^{2-}$

Der zuerst genannte Platinkomplex trägt eine vierfach positive Ladung. Demnach bildet das Komplexkation mit Nichtmetallionen eine Ionenverbindung. Als Beispiel könnte das Komplexsalz $[Pt(NH_3)_6]Cl_4$ genannt werden. Der zuletzt angegebene Komplex ist ein Anionkomplex. Zu ihm gehört beispielsweise das Natriumsalz $Na_2[PtCl_6]$.

Das Aufstellen der chemischen Formeln für Komplexverbindungen dürfte jetzt kein Problem mehr darstellen. Aber noch ist ungeklärt, wie die Komplexverbindungen benannt werden. Für die Nomenklatur gibt es nämlich spezielle Regeln. Zunächst werden wir uns der Namensgebung der an der koordinativen Bindung beteiligten Liganden zuwenden.

Regel 1: Die Liganden werden bei der Namensgebung in alphabetischer Reihenfolge aufgeführt. Gleichzeitig wird jedem ionischen Liganden die Endung „o" gegeben, um seine Funktion als Ligand herauszustellen.

Die wichtigsten der in Komplexen auftretenden ionischen und neutralen Liganden werden in nachstehender Tabelle aufgeführt. Daraus wird ersichtlich, dass die Nomenklatur dadurch vereinfacht wird, dass man beispielsweise das Chloridion (Cl^-) nicht als „chlorido", sondern lediglich als „chloro" bezeichnet. Entsprechend nennt man das Hydridion (H^-) nur noch „hydro" (statt „hydrido"). Bei den neutralen Liganden verzichtet man zum Teil auf die Endsilbe -o.

Nomenklatur der Liganden					
F^-	fluoro	H^-	hydro	H_2O	aquo
Cl^-	chloro	OH^-	hydroxo	NH_3	ammin
Br^-	bromo	CN^-	cyano	CO	carbonyl
I^-	iodo	SCN^-	rhodano	NO	nitrosyl

Der Platinkomplex $[Pt(NH_3)_6]^{4+}$ ist demnach ein Amminkomplex, während $[PtCl_6]^{2-}$ ein Chlorokomplex ist. In Abschnitt 6.1 wurde der Eisenkomplex $[Fe(H_2O)_6]^{3+}$ bereits als Aquokomplex und $[Fe(CN)_6]^{3-}$ als Cyanokomplex eingeführt.

In der nächsten Tabelle werden die griechischen Zahlensilben aufgeführt, die bei der Nomenklatur verwendet werden, um Auskunft über die Anzahl der gebundenen Liganden zu geben.

Ligandenzahl					
1	mono	5	penta	9	nona
2	di	6	hexa	10	deca
3	tri	7	hepta	11	undeca
4	tetra	8	octa	12	dodeca

Die griechische Zahlensilbe wird nun vor den Namen des Liganden gestellt. Treffen dabei zwei gleiche Vokale, wie etwa bei „penta" und „ammin", zusammen, so wird ein Vokal weniger geschrieben. Ein Zentralteilchen, das fünf NH_3-Moleküle gebunden hat, ist damit ein Pentamminkomplex. Auf die Zahlensilbe „mono" wird im Allgemeinen verzichtet.

Regel 2: Die Anzahl der Liganden wird als griechische Zahlensilbe vor den Namen der Liganden gestellt. Die Reihenfolge in der Nennung der Liganden erfolgt nach dem Alphabet der Ligandennamen, ohne Berücksichtigung der griechischen Zahlensilbe.

So ist der Komplex $[PtCl(NH_3)_5]^{3+}$ ein Pentamminchlorokomplex, $[PtCl_2(NH_3)_4]^{2+}$ ein Tetrammindichloro-, $[PtCl_3(NH_3)_3]^+$ ein Triammintrichloro-, $[Fe(OH)(H_2O)_5]^{2+}$ ein Pentaquohydroxo- und $[Cu(CN)_4]^{2-}$ ein Tetracyanokomplex.

Regel 3: Nach den Liganden erfolgt die Bezeichnung des Zentralatoms oder -ions. Ist der Komplex ein Anion, so erhält das Zentralteilchen die Endsilbe „at“. Nach dem Namen des Metallions wird die Ionenwertigkeit mit einer römischen Ziffer angegeben.

Die Tabelle gibt eine Übersicht über die gängigen Bezeichnungen für Zentralionen. Beim Anionkomplex wird neben der Endsilbe -at außerdem die lateinische Bezeichnung der Metalle bevorzugt. Bei positiven und neutralen Komplexen verwendet man weiterhin den deutschen Namen des Metalls.

Zentralion		
Metall	**Kationkomplex (+)**	**Anionkomplex (–)**
Fe	eisen-	ferrat-
Co	kobalt-	cobaltat-
Ni	nickel-	niccolat-
Cu	kupfer-	cuprat-
Ag	silber-	argentat-
Au	gold-	aurat-
Pt	platin-	platinat-
Zn	zink-	zincat-
Hg	quecksilber-	mercurat-

$[PtCl_2(NH_3)_4]^{2+}$ ist ein Kationkomplex und heißt Tetrammindichloroplatin-(IV)-Komplex, während der Anionkomplex $[PtCl_5(NH_3)]^-$ als Amminpentachloroplatinat-(IV)-Komplex bezeichnet werden muss. $Fe(CO)_5$ ist ein neutraler Komplex und heißt Pentacarbonyleisen.

Liegt ein Kationkomplex vor, so muss es auch noch Anionen geben, die mit dem positiven Komplexion eine Ionenbindung eingehen. Den Namen des Anions stellt man nach den des Kationkomplexes. Das Komplexsalz $[Pt(NH_3)_6]Cl_4$ bzw. $[Pt(NH_3)_6]^{4+} + 4\ Cl^-$ erhält den Namen Hexamminplatin-(IV)-tetrachlorid oder einfach Hexamminplatin-(IV)-chlorid.

Die römische Ziffer besagt, dass es sich bei dem Zentralion um das (vierwertige) Pt^{4+}-Ion handelt. Weil sechs neutrale Ammoniakmoleküle (NH_3) als Liganden vorhanden sind, muss der Kationkomplex insgesamt eine vierfach positive Ladung tragen. Daraus folgt unmittelbar, dass im Ionengitter des Komplexsalzes die Komplexkationen zu den Chloridionen im Verhältnis 1 : 4 stehen. Weil die Anzahl der Cl^--Ionen ohne weiteres gefolgert werden kann, verzichtet man auf die Angabe der Zahlensilbe „tetra".

Liegt ein Anionkomplex vor, so muss es auch noch Kationen geben, die mit dem negativen Komplexion eine Ionenbindung eingehen. Den Namen des Kations stellt man vor den Namen des Anionkomplexes. Das Komplexsalz $Na_4[Fe(CN)_6]$ bzw. $4\ Na^+ + [Fe(CN)_6]^{4-}$ erhält den Namen Tetranatrium-hexacyanoferrat-(II) oder nur Natrium-hexacyanoferrat-(II).

Der Komplex setzt sich aus dem (zweiwertigen) Fe^{2+}-Ion und sechs Cyanidionen (CN^-) zusammen. Insofern muss ein vierfach negativ geladenes Komplexion entstehen. Das Ionengitter ist nur dann nach außen elektrisch neutral, wenn auf ein Komplexanion vier Na^+-Ionen kommen. Mit der genauen Beschreibung des Komplexanions ist auch die Anzahl der Na^+-Ionen festgelegt, weshalb sie in der Nomenklatur des Komplexsalzes nicht mehr berücksichtigt werden muss.

Regel 4: Liegt ein Komplexsalz vor, so kann das Komplexion sowohl posi-tiv als auch negativ geladen sein. Im ersten Fall gibt man den Namen des Anions nach der Nomenklatur für den Kationkomplex an, im zweiten Fall wird die Bezeichnung für das Kation vor den Namen des Anionkomplexes gestellt. Auf die Anzahl der Nichtkomplexionen wird im Allgemeinen verzichtet.

Um die Nomenklaturregeln anwenden zu können, geben wir noch zwei weitere Beispiele für Komplexsalze an. Für einige Komplexe haben sich Namen (*Trivialnamen*) eingebürgert, die nicht den Regeln des Nomenklatursystems folgen. Das liegt daran, dass die Salze zu einer Zeit ihren Namen bekommen haben, als über die Bindungsverhältnisse und die Struktur der Komplexe noch nichts bekannt war.

Das „gelbe Blutlaugensalz" hat die chemische Formel $K_4[Fe(CN)_6]$. Sein Name kommt daher, dass es früher durch Erhitzen von Blut (das Fe-, C- und N-haltig ist) mit Kaliumcarbonat (K_2CO_3) und anschließendem Auslaugen mit Wasser gewonnen wurde. Nach den Nomenklaturregeln muss es als Kalium-hexacyanoferrat-(II) bezeichnet werden.

„Berliner Blau" hat die Zusammensetzung $Fe_4[Fe(CN)_6]_3$. Da in der Verbindung zwei verschiedene Eisenionen existieren, muss die Wertigkeit von mindestens einem Eisenkation bekannt sein, da sonst die Namensgebung nicht möglich ist. Untersuchungen zeigen, dass das zweiwertige Eisenion Fe^{2+} das Zentralion des Anionkomplexes ist. Damit hat „Berliner Blau" die Zusammensetzung $4\ Fe^{3+} + 3\ [Fe(CN)_6]^{4-}$ und muss den Namen Eisen-(III)-hexacyanoferrat-(II) bekommen. „Berliner Blau" wird als Malerfarbe eingesetzt, außerdem verwendet man es zur Herstellung von blauer Tinte und als Farbstoff für Lichtpauspapier.

6.3 Hybridisierungstypen

Bindet das Zentralion eines Komplexes Liganden, so passen die Orbitale des Zentralions ihr Energieniveau gegenseitig an. Diesen Vorgang der Energienivellierung nennt man *Hybridisierung* (lat. hybrid = von zweierlei Herkunft, gemischt). Aus Orbitalen unterschiedlicher Energie entstehen Mischlinge mit gleicher Energie, die man als *Hybridorbitale* bezeichnet. Damit kommen völlig gleichwertige Bindungen zwischen dem Zentralion und den Liganden zustande.

Da die Hybridorbitale jeweils zwei Elektronen enthalten (die von den Liganden stammen) und sich gleichnamige Ladungen gegenseitig abstoßen, streben die Hybridorbitale einen maximalen Abstand voneinander an. Auf diese Weise kommt eine räumliche Ausrichtung der energiegleichen Ladungswolken zustande.

Die Folge ist, dass sich die Liganden in einem ganz bestimmten Koordinationspolyeder um das Zentralion anordnen, das von der Anzahl der Hybridorbitale bzw. der Liganden geprägt wird.

Hybridisierung

Die Energieangleichung ursprünglich verschiedener Orbitale bezeichnet man als Hybridisierung. Durch sie entsteht eine Gleichwertigkeit in der Bindung zwischen Zentralion und Liganden. Durch die Ausrichtung der Hybridorbitale im Raum erhalten die Komplexe eine bestimmte geometrische Struktur, die als Koordinationspolyeder bezeichnet wird.

Die Anzahl der an das Zentralion (oder -atom) gebundenen Liganden heißt Koordinationszahl. Sie ist mit der Anzahl der Orbitale identisch, die an der Hybridisierung mitgewirkt haben. Bei der Ausbildung der Hybridorbitale versucht das Zentralteilchen, in seiner Außenschale möglichst die Edelgaskonfiguration der Atome des im PSE nachfolgenden Edelgases zu erreichen.

Allerdings gelingt dies nicht immer, wie man den in Abschnitt 6.1 dargestellten Kästchenschemas der Komplexe $[Fe(H_2O)_6]^{3+}$, $[Ni(CN)_4]^{2-}$ und $[Ag(NH_3)_2]^+$ entnehmen kann.

In der nachstehenden Tabelle sind die einzelnen Hybridisierungstypen, die Struktur (Koordinationspolyeder) und die Anzahl der Liganden (Koordinationszahl) angegeben. Außerdem werden Beispiele aufgezeigt.

Typ	Struktur	Ligandenzahl	Beispiele
sp	linear	2	$[Ag(NH_3)_2]^+$
sp^3	tetraedrisch	4	$[Al(OH)_4]^-$, $[NiCl_4]^{2-}$
dsp^2	quadratisch-planar	4	$[Ni(CN)_4]^{2-}$, $[PtCl_4]^{2-}$
sp^3d	trigonal bipyramidal	5	$Fe(CO)_5$
d^2sp^3	oktaedrisch	6	$[Co(NH_3)_6]^{3+}$, $[Fe(CN)_6]^{3-}$

6.4 Ligandenaustausch

Ist ein Salz, wie z. B. Natriumchlorid (NaCl) oder Kupfersulfat ($CuSO_4$), wasserlöslich, so wird beim Lösen des Salzes das Kristallgitter zerstört. Die Wassermoleküle sind nämlich in der Lage, die Kationen und Anionen aus dem Ionengitter zu entfernen. Weil die H_2O-Moleküle Dipole sind, wird das negative Polende (mit dem O-Atom) die Kationen und das positive Molekülende (mit den H-Atomen) die Anionen aus dem Salzgitter lösen. So entstehen frei bewegliche Ionen.

Kupfersulfat besteht aus den Kupfer-(II)-Ionen Cu^{2+} und den Sulfationen SO_4^{2-}. Jedes Cu^{2+}-Ion hat die Elektronenkonfiguration [Ar] $3d^9$ und besitzt damit leere 4s-, 4p- und 4d-Orbitale.

Cu^{2+}

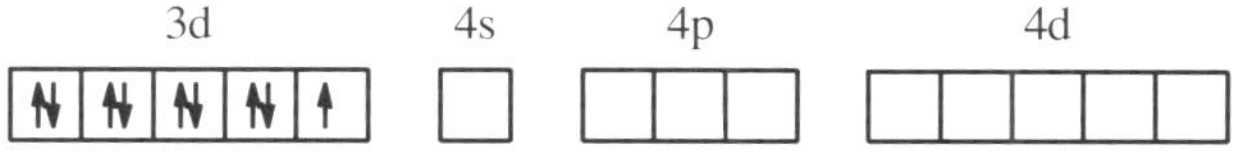

Löst man Kupfersulfat in Wasser, so werden die Kupfer- und Sulfationen nicht nur frei beweglich, sondern die Cu^{2+}-Ionen gehen gleichzeitig eine koordinative Bindung mit den H_2O-Molekülen ein. Die Folge ist, dass der Aquokomplex $[Cu(H_2O)_4]^{2+}$ entsteht. Auch wenn wir im Folgenden ausschließlich die Cu^{2+}-Ionen und die aus ihnen entstehenden Komplexe betrachten, müssen wir uns im Klaren sein, dass in einer Kupfersulfatlösung ebenfalls SO_4^{2-}-Ionen vorhanden sind.

Man könnte annehmen, dass der Komplex $[Cu(H_2O)_4]^{2+}$ eine sp^3-Hybridisierung besitzt. Aber Untersuchungen zeigen, dass der Tetraquokupfer-(II)-Komplex quadratisch-planar ist. Damit muss eine dsp^2-Hybridisierung vorliegen. Eine solche Energienivellierung kann nur dadurch erfolgen, dass vor der Hybridisierung das ungepaarte 3d-Elektron in ein 4p-Orbital befördert wird (Abschnitt 4.5).

(a)

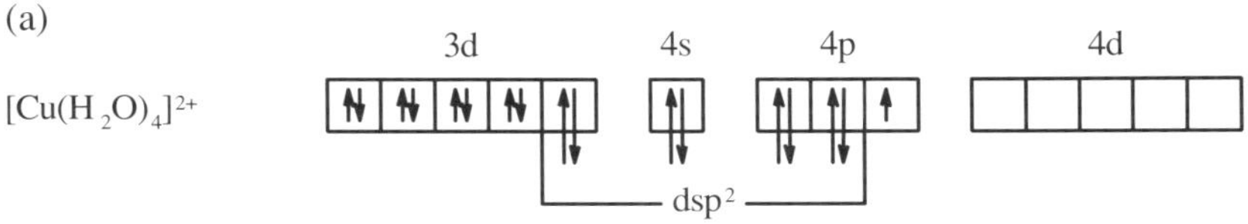

Geht man von einer Promotion in das $4p_z$-Orbital aus, dann wäre das ungepaarte 4p-Elektron des Aquokomplexes ein Valenzelektron. Damit müsste sich dieses als Außenelektron leicht aus dem Zentralion entfernen lassen, wodurch der Komplex $[Cu(H_2O)_4]^{3+}$ entstehen sollte. Dies stellt man aber nicht fest. Außerdem konnte man durch Elektronenspinresonanzspektroskopie nachweisen, dass das einfach besetzte Orbital keinen p_z-Charakter besitzt. Die Formulierung (a) muss deshalb verworfen werden. Denkbar ist allerdings auch die Kästchenschreibweise, wie in (b) dargestellt.

(b)

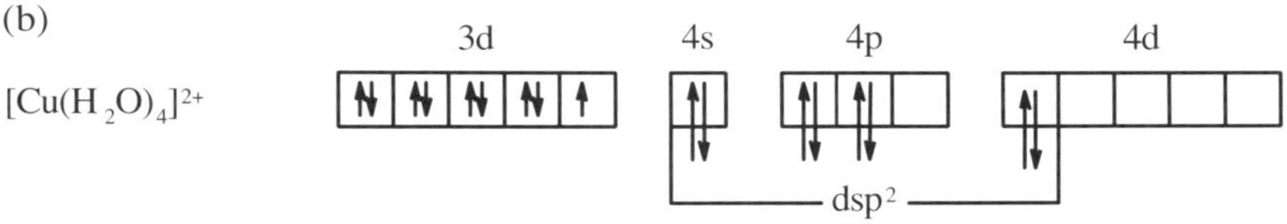

Mit der Formulierung (b) kann man zwar eine sp^2d-Hybridisierung herstellen, aber man kann nicht begründen, warum das $4p_z$-Orbital leer bleiben soll, zumal es energieärmer als das 4d-Orbital ist. Insofern trifft auch die Kästchenschreibweise (b) den Sachverhalt nicht richtig. Mit dem Tetraquokupfer-(II)-Komplex haben wir ein Beispiel für einen Komplex gefunden, bei dem die bislang dargestellte Orbitaltheorie auf ihre Grenzen stößt.

Der Tetraquokupfer-(II)-Komplex $[Cu(H_2O)_4]^{2+}$ hat eine blaue Farbe (hellblau, himmelblau). Wasserfreies Kupfersulfat ist weiß, aber sobald es feucht wird, nimmt es infolge der Komplexbindung zwischen den Cu^{2+}-Ionen und den H_2O-Molekülen die blaue Farbe an. Bei 200 °C gelingt es, die koordinative Bindung rückgängig zu machen, das Wasser wieder abzuspalten und weißes Kupfersulfat zu gewinnen. Man nutzt diese Farbänderung aus, um Spuren von Wasser, z. B. in Alkoholen, nachzuweisen.

Versetzt man nun blaue Kupfersulfatlösung mit Ammoniak (NH_3), so geht die Lösung in ein tiefes Kornblumenblau über. Es entsteht der dunkelblaue Tetramminkupfer-(II)-Komplex $[Cu(NH_3)_4]^{2+}$. Die Ammoniakmoleküle verdrängen die Wassermoleküle aus dem ursprünglichen Aquokomplex. Es kommt zu einem *Ligandenaustausch*. Diese Reaktion kann dazu verwendet werden, Kupfer-(II)-Ionen in wässriger Lösung nachzuweisen.

$$[Cu(H_2O)_4]^{2+} + 4\,NH_3 \rightarrow [Cu(NH_3)_4]^{2+} + 4\,H_2O$$

hellblau dunkelblau

Da die NH_3-Moleküle in der Lage sind, die H_2O-Moleküle zu verdrängen, kann gefolgert werden, dass der Tetramminkomplex stabiler ist als der Aquokomplex. Beide Komplexe haben quadratisch-planare Struktur.

Gibt man Kaliumcyanid (KCN bzw. $K^+ + CN^-$) zum Amminkomplex, so stellt man fest, dass die dunkelblaue Farbe verschwindet und sich eine farblose Lösung einstellt. Die Cyanidionen (CN^-) verdrängen die NH_3-Moleküle, und es entsteht der farblose Cyanokomplex $[Cu(CN)_4]^{2-}$. Damit ist der Tetracyanocuprat-(II)-Komplex noch stabiler als der Aquokomplex.

$$[Cu(NH_3)_4]^{2+} + 4\,CN^- \rightarrow [Cu(CN)_4]^{2-} + 4\,NH_3$$

dunkelblau farblos

Untersuchungen zeigen, dass der Cyanokomplex ein Tetraeder ist. Mithilfe der Orbitaltheorie kann dieser Bau mit einer sp^3-Hybridisierung erklärt werden.

$[Cu^{II}(CN)_4]^{2-}$
Cu^{2+}

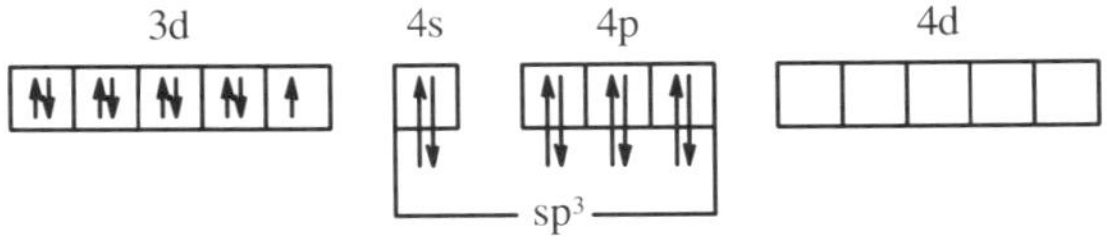

Es sei noch erwähnt, dass der Tetracyanocuprat-(II)-Komplex leicht ein weiteres Elektron aufnimmt und so in den Tetracyanocuprat-(I)-Komplex übergeht. Weil dieser erheblich stabiler ist, wandelt sich der Cuprat-(II)-Komplex spontan in den Cuprat-(I)-Komplex um.

$[Cu^{I}(CN)_4]^{2-}$
Cu^{+}

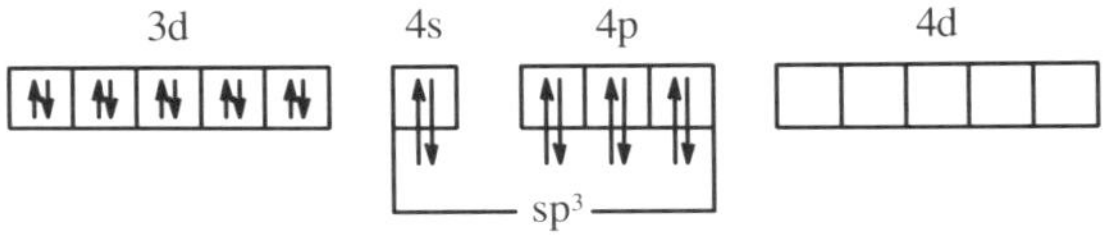

π-Rückbindung

Die Stabilität einiger Liganden lässt sich durch besondere Bindungstypen innerhalb der Komplexe beschreiben. Sogenannte π-Akzeptorliganden bilden besonders stabile Bindungen zum Zentralatom aus. Ein wichtiger π-Akzeptor ist der Carbonylligand. Neben der typischen σ-Hinbindung vom Ligand zum Metall, bildet das Carbonyl vom Metall zum Ligand eine π-Rückbindung aus. Auf der einen Seite besteht eine koordinative Bindung von einem besetzten Ligand-Orbital zu unbesetzten Metall-Orbitalen. Umgekehrt bilden besetzte Metall-Orbitale eine Bindung zu unbesetzten Orbitalen des Liganden aus. Die folgende schematische Zeichnung zeigt oben die σ-Hinbindung und unten die π-Rückbindung:

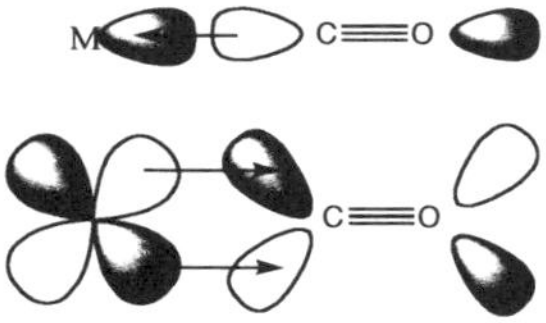

Die beiden Bindungen verstärken sich gegenseitig, da sie jeweils die Elektronendichte zugunsten der anderen Bindung erhöhen. Man spricht vom σ-Donator-π-Akzeptor-Synergismus.

Mit diesem Bindungskonzept lässt sich die Stabilität von Carbonylliganden und ihre relative Resistenz gegenüber dem Ligandenaustausch erklären. π-Akzeptoren wie Cyanid- und Stickstoffliganden bilden schwächere π-Bindungen aus, sie sind daher leichter vom Zentralatom zu lösen als der Carbonylligand. Beim Cyanid- wie beim Carbonylliganden lässt sich mit der π-Rückbindung erklären, weshalb ihre Bindungen an Hämoglobin im Blut stärker sind als die Bindung von Sauerstoff an Hämoglobin. Sowohl Kohlenmonoxid als auch Cyanide wie Zyankali sind aufgrund ihrer stabilen Komplexbildung im Blut hochgiftig, weil sie die Sauerstoffaufnahme blockieren (Vgl. Kapitel 6.6 Komplexe in der Natur).

6.5 Mehrzähnige Liganden und mehrkernige Komplexe

Mehrzähnige Liganden

Als Zähnigkeit bezeichnet man die Zahl der Bindungen, die von einem Liganden zum Zentralatom ausgebildet werden können. Alle bisher genannten Liganden sind *einzähnig*, da sie jeweils von einem Atom aus eine Bindung zum Zentralion bilden. Mehrzähnige Liganden können mit mehreren Atomen Bindungen zum Zentralatom ausbilden. Man spricht von *Chelatkomplexen*, weil die Liganden ein Zentralion einklammern (chelat: nlat. Krebsschere).

Zweizähnige Liganden: Ein bekannter Vertreter der zweizähnigen Liganden ist das 1,2-Diaminoethan (Ethylendiamin), das häufig mit „en" abgekürzt wird. Es kann von beiden Stickstoffatomen aus koordinative Bindungen zum Zentralatom bilden. Das heißt, 1,2-Diaminoethan kann zwei einzähnige Liganden ersetzen.

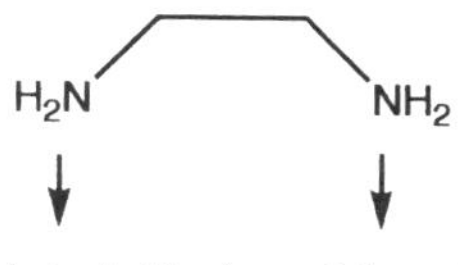

Dreizähnige Liganden: Bei dreizähnigen Liganden bestehen zwischen Ligand und Zentralatom drei Bindungen. Dem zweizähnigen Liganden Ethylendiamin entsprechend gibt es das dreizähnige Diethylentriamin, das man mit „dien" abkürzt. Die Bindungen werden von den drei Stickstoffatomen aus gebildet.

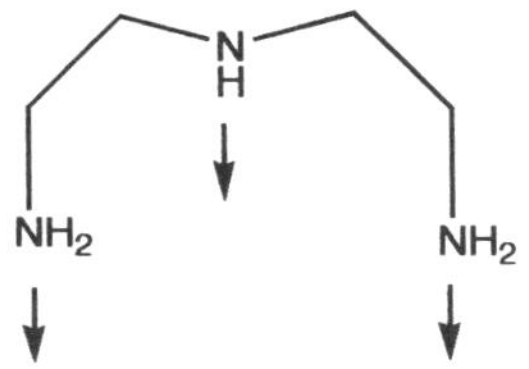

Außerdem gibt es zwei sehr wichtige aromatische Liganden. Cyclopentadienyl $(C_5H_5)^-$ und Benzol C_6H_6 bilden drei Bindungen über sechs π-Elektronen des aromatischen Systems aus, wie zum Beispiel im Benzoltricarbonylchrom-Komplex $[Cr(CO)_3(C_6H_6)]$. Sind zwei Ringe an ein Zentralatom gebunden, spricht man von *Sandwich-Komplexen.* Ferrocen $[Fe(C_5H_5)_2]$ ist 1951 als erster Sandwichkomplex dargestellt worden.

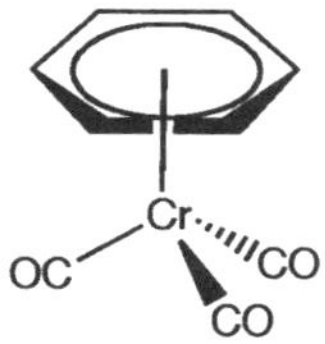

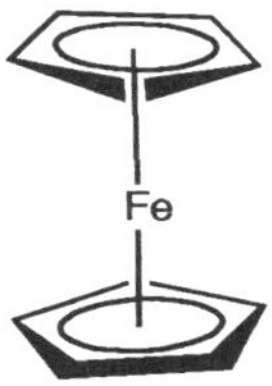

Mehrzähnige Liganden: Hier sollen zwei Beispiele Einblick geben, wie Liganden aussehen können, die eine noch höhere Zähnigkeit haben. Der vierzähnige Ligand Porphyrin bildet die Bindungen zum Zentralatom an den Stickstoffatomen aus.

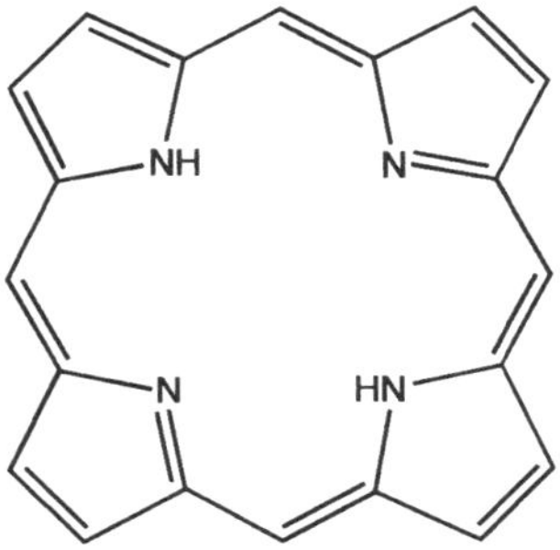

Es ergibt sich eine quadratisch-planare Struktur im Komplex. Das Porphyrin ist zum Beispiel ein Bestandteil des Hämoglobins mit Eisen als Zentralatom (Vgl. Kapitel 6.6 Komplexe in der Natur).

Das EDTA-Anion (Ethylendiammintetraacetat) ist ein sechszähniger Ligand. Er bildet über die Acetatgruppen und Stickstoffatome sechs Bindungen aus.

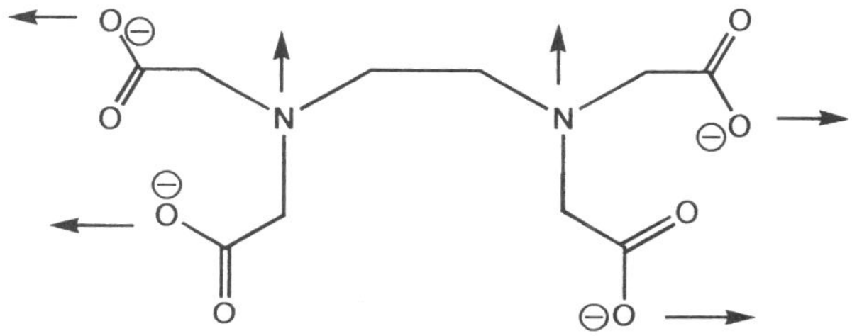

Im Chelatkomplex des EDTA werden die Bindungen so gewinkelt, dass sich ein oktaedrischer Koordinationspolyeder um ein Zentralatom herum ergibt.

Chelateffekt

Chelatkomplexe sind häufig stabiler als Komplexe mit einzähnigen Liganden, weil sich beim Liganden-Austausch die Entropie erhöht. Die Entropie ist ein Maß für die Unordnung eines Systems. Die Freie Standardenthalpie ΔG^0 ist mit der Standardentropie S^0, der Temperatur T und der Standardreaktionsenthalpie ΔH^0 nach folgender Gleichung verknüpft:

$$\Delta G^0 = \Delta H^0 - T\Delta S^0$$

Je höher der Wert der Entropie ist, desto niedriger wird die freie Reaktionsenthalpie. Die Reaktion wird energetisch begünstigt.

Werden mehrere einzähnige Liganden L' durch zweizähnige Liganden L'' ersetzt, so erhöht sich die Entropie des Systems, da mehr Teilchen entstehen. Aus vier Teilchen auf der Eduktseite werden sieben auf der Produktseite.

Beispiel: $ML'_6 + 3\,L'' \rightleftarrows ML''_3 + 6\,L'$

Das Gleichgewicht wird nach rechts verschoben, da die Freie Standardenthalpie für die Hinreaktion durch die Zunahme der Entropie erniedrigt wird. Es wird bevorzugt der Chelatkomplex mit den zweizähnigen L''-Liganden gebildet.

Mehrkernige Komplexe

In einigen Komplexen wird der Kern aus mehreren Zentralatomen gebildet. Ein zweikerniger Komplex ist zum Beispiel das Mangancarbonyl $Mn_2(CO)_{10}$, bei dem zwei Manganatome miteinander verbunden sind, die jeweils eine Bindung zu fünf Carbonylliganden ausbilden.

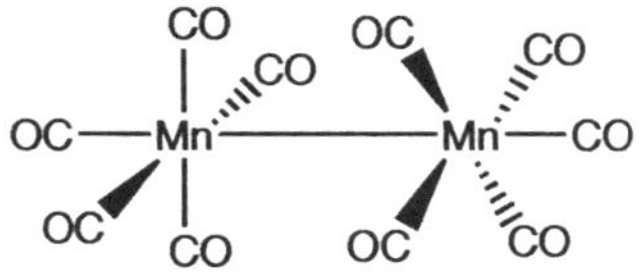

Bilden sich in Komplexen Bindungen zwischen den Metallatomen, so spricht man von *Clusterverbindungen*. Sie besitzen Eigenschaften, die zwischen denen von Molekülen und denen von Metallen liegen. Ab 55 Metallatomen kann eine Delokalisierung der Elektronen gezeigt werden, wie sie für Metalle typisch ist. Die Metalle sind meistens von einer Ligandenhülle umgeben, die den Cluster stabilisiert und die Synthese definierter Clustergrößen erlaubt. So genannte ‚nackte' Cluster bestehen nur aus Metallatomen.

Neben den Metall-Metall-Bindungen gibt es in mehrkernigen Komplexen Strukturen, in denen die Zentralatome durch Brückenliganden miteinander verbunden werden. Ein Beispiel hierfür ist das Eisencarbonyl $Fe_2(CO)_9$, bei dem die Eisenatome miteinander verbunden sind und drei Carbonylliganden zusätzlich verbrückende Bindungen ausbilden.

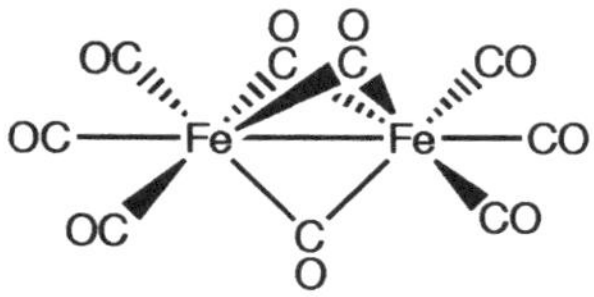

Im zweikernigen Platin-Komplex $[Pt(NH_3)Cl_2]_2$ gibt es keine Metall-Metall-Bindung. Die Kernatome werden lediglich durch verbrückende Chlorid-Liganden aneinander gebunden. Es ist der erste Metallcarbonyl-Komplex, der synthetisiert wurde.

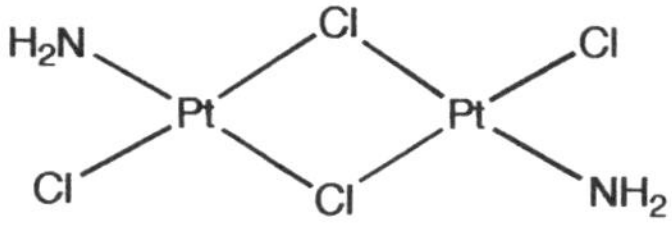

6.6 Komplexe in der Natur

In der Natur kommen zahlreiche kompliziert gebaute Komplexe vor, die lebenserhaltende Funktionen haben. So ist das Blattgrün *(Chlorophyll)* mit der Zusammensetzung $C_{55}H_{72}MgN_4O_5$ ein Magnesium- und der rote Blutfarbstoff *(Hämoglobin)* ein Eisenkomplex. Viele Hormone, Vitamine und Enzyme sind ebenfalls Metallkomplexe.

Hämoglobin

Das Eisenatom (Fe) des Hämoglobins kann Sauerstoff (O_2), Kohlenmonoxid (CO) und Cyanidionen (CN^-) komplex binden. Das O_2-Molekül besitzt freie Elektronenpaare, wodurch es als Ligand auftreten kann. Das CO-Molekül und das Cyanidion werden jeweils über das freie Elektronenpaar am C-Atom vom Fe-Atom des Hämoglobins gebunden.

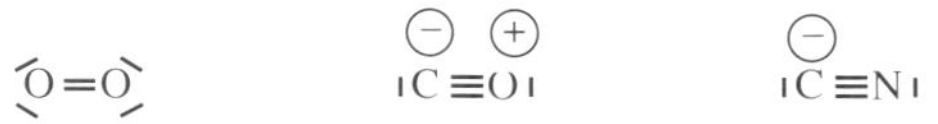

In der Lunge nimmt das Eisenatom des Hämoglobins den Sauerstoff (O_2) auf (1) und transportiert ihn in die Körpergewebe, wo er wieder abgegeben wird (2), weil er für die Verbrennung (Oxidation) der aufgenommenen Nahrung benötigt wird. Hämoglobin, das Sauerstoff als Liganden komplex gebunden hat und eine hellrote Farbe aufweist, wird als *Oxyhämoglobin* bezeichnet.

(1) O_2 + Hämoglobin → Oxyhämoglobin

(2) Oxyhämoglobin → Hämoglobin + O_2

Das Kohlenmonoxid (CO) ist extrem giftig, weil das Hämoglobin mit dem Kohlenmonoxid zu einem stabileren Komplex reagiert, als ihn das Oxyhämoglobin darstellt. Da das CO-Molekül ein ausgezeichneter Ligand ist, kann es in einer *Ligandenaustauschreaktion* den Sauerstoff verdrängen (3).

(3) CO + Oxyhämoglobin → CO-Hämoglobin + O_2

Die Affinität des Hämoglobins zu CO ist etwa 200mal größer als zu O_2. Mischt man Blut mit Luft, die 0,1 % Kohlenmonoxid enthält, so gehen etwa 50 % des Blutfarbstoffs in CO-Hämoglobin über. Bei einem CO-Gehalt von 0,3 % werden sogar 75 % des Blutes in CO-Hämoglobin umgewandelt. Wird bei dem zuletzt genannten Prozentsatz das CO-Hämoglobin nicht rückgängig gemacht, so wird nach etwa 10 bis 15 Minuten der Tod beim Menschen eintreten. Bei CO-Vergiftungen kann das Oxyhämoglobin durch reine Sauerstoffzufuhr zurückgebildet werden.

Kohlenmonoxid entsteht bei der unvollständigen Verbrennung von Kohle (4), Heizöl und Benzin. Ist die Sauerstoffzufuhr dagegen ausreichend, so entsteht nach Gleichung (5) das (stabilere) Kohlendioxid.

(4) $2\,C\,(s) + O_2\,(g) \rightarrow 2\,CO\,(g)$

(5) $C\,(s) + O_2\,(g) \rightarrow CO_2\,(g)$

Die Giftwirkung der Blausäure (HCN) und der Cyanide, wie z. B. Cyankali (KCN), beruht darauf, dass die Cyanidionen (CN^-) mit den Metallatomen der Enzyme des menschlichen Organismus eine Komplexbindung eingehen. Auf diese Weise werden die Enzyme, die als Biokatalysatoren wirken, in ihrer Funktion eingeschränkt.

Katalysatorgifte

Stoffe, die einen Katalysator in seiner Funktion hemmen oder ihn unbrauchbar machen, werden als *Katalysatorgifte* bezeichnet. Kohlenmonoxid, Cyanide und Schwefelwasserstoff (H_2S) sind solche Gifte, da sie mit den Zentralatomen natürlich vorkommender Komplexe eine koordinative Bindung eingehen und dadurch die Biokatalysatoren in ihrer Funktion beeinträchtigen.

VII. Chemische Reaktionen

7.1 Säure-Base-Reaktionen

Säure-Base Definition von Arrhenius

Säuren bestehen aus Molekülen, die mit Wasser Oxoniumionen (H_3O^+) bilden. Ihre chemische Formel beginnt stets mit Wasserstoff, dann folgt der Säurerest (entweder ein Ion oder eine Gruppe von Atomen mit elektrischer Ladung), der die Säure charakterisiert.

Das Oxoniumion ist für die saure Reaktion einer Lösung verantwortlich. Ist es von Wasserdipolen umgeben (hydratisiert), so wird es Hydronium genannt.

Eine saure Reaktion ist die Eigenschaft einer Lösung, sauer zu schmecken und Lackmusfarbstoff rot zu färben.

Beispiele: Chlorwasserstoffsäure HCl, Säurerest Cl^-
Reaktion mit Wasser:
$HCl + H_2O \rightarrow H_3O^+ + Cl^-$

Schwefelsäure H_2SO_4, Säurerest SO_4^{2-}
Reaktion mit Wasser:
$H_2SO_4 + 2\,H_2O \rightarrow 2\,H_3O^+ + SO_4^{2-}$

Basen bestehen aus Molekülen, die mit Wasser so ganennate Hydroxidionen (OH^-) bilden. Ihre chemische Formel beginnt stets mit Metallatomen, dann folgen ein oder mehrere Hydroxidionen, je nach stöchiometrischer Wertigkeit des Metalls.

Beispiele: Kaliumhydroxid KOH:
Reaktion im Wasser: $KOH \rightarrow K^+ + OH^-$
Calciumhydroxid $Ca(OH)_2$:
Reaktion im Wasser: $Ca(OH)_2 \rightarrow Ca^{2+} + 2\,OH^-$

Wässerige Lösungen von Basen nennt man Laugen. In ihnen sind hydratisierte Hydroxidionen enthalten. Laugen reagieren alkalisch. Darunter versteht man die Eigenschaft einer Lösung, sich seifig anzufühlen, bitter zu schmecken und Lackmusfarbstoff blau zu färben.

Exakter ist die Definition einer Base nach Brönsted: Basen sind Moleküle, die Protonen aufnehmen können (Protonenakzeptoren).

Neutralisation

Gleiche Mengen von Oxoniumionen und Hydroxidionen verbinden sich zu Wasser: $H_3O^+ + OH^- \rightarrow 2\,H_2O$. Die Begleitionen (Säurerest und Metallion) bilden Salze: $Cl^- + Na^+ \rightarrow NaCl$. Die Produkte der beiden Halbreaktionen (Wasser und NaCl) reagieren neutral, d. h. sie verändern die Lackmusfarbe nicht.

Salze sind Stoffe, die aus Metallionen und Säureresten zusammengesetzt sind.

Neutralisationsreaktionen: Säure + Base $\rightarrow$ Salz + Wasser

Beispiele: $HCl + KOH \rightarrow KCl + H_2O$
$H_2SO_4 + Ca(OH)_2 \rightarrow CaSO_4 + 2\,H_2O$

Titration

In einer neutralen Lösung sind gleiche Konzentrationen an Oxoniumionen (H_3O^+) und Hydroxidionen (OH^-) enthalten. Bei der Titration von Säuren oder Laugen wird die Neutralisationsreaktion zur Bestimmung einer unbekannten Konzentration genutzt. Sind zum Beispiel 1 mol H_3O^+-Ionen in einer Lösung, braucht man auch 1 mol OH^--Ionen, um eine neutrale Lösung (pH 7) zu erhalten. Bei der Zugabe von Säure in eine Lauge (oder umgekehrt) gilt also für einprotonige Säuren, dass sie gleiche Stoffmengen an Säure und Lauge enthalten, wenn die Lösung neutral ist.

$$n\,(\text{Säure}) = n\,(\text{Lauge})$$

Da die Stoffmenge n aus Konzentration und Volumen nach $n = c \cdot V$ berechnet werden kann, ist die unbekannte Konzentration bestimmbar, wenn drei Größen bekannt sind: Das Volumen der Lösung unbekannter Konzentration, die Konzentration der Maßlösung und das Volumen der Maßlösung, die bis zur Neutralisation der unbekannten Lösung verbraucht wurde.

$$c\,(\text{Säure}) = \frac{c\,(\text{Lauge}) \cdot V\,(\text{Lauge})}{V\,(\text{Säure})}$$

Beispiel: 500 ml Salzsäure mit unbekannter Konzentration werden so lange mit Natronlauge (c = 1 mol/l) versetzt, bis die Lösung neutral ist. Es werden 250 ml Natronlauge verbraucht. Setzt man die Werte in die Gleichung ein, ergibt sich für die Konzentration der Salzsäure: c (HCl) = 0,5 mol/l.

Nach demselben Prinzip lassen sich natürlich auch Laugen unbekannter Konzentration mit Säuren titrieren.

Wann eine Lösung neutral ist, lässt sie sich entweder durch Zugabe von Indikatoren bestimmen, die ungefähr bei pH 7 umschlagen (z. B. Bromthymolblau) oder man benutzt ein pH-Meter. Der Vorteil des pH-Meters ist, dass sich die Änderung des pH-Wertes kontinuierlich verfolgen lässt.

Trägt man den pH-Wert gegen das Volumen der Titrationslösung auf, so ergibt sich eine *Titrationskurve*.

Titrationkurve einer starken Säure

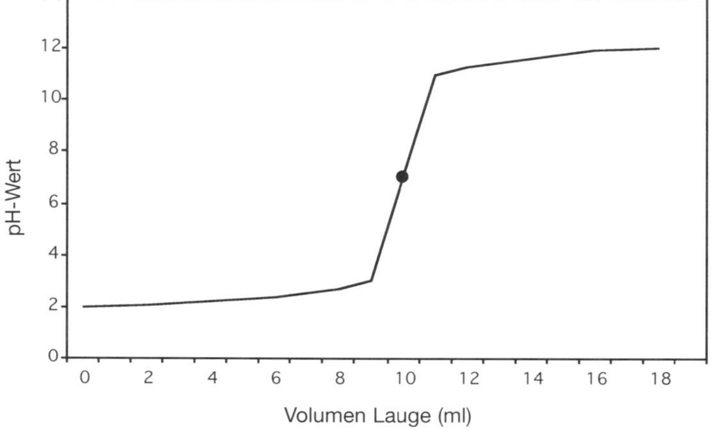

Diese Titrationskurve stellt die Titration einer starken Säure mit einer starken Lauge dar. Die Säure hat zu Beginn einen pH-Wert von 2. Am Äquivalenzpunkt ist die Lösung neutral. Es sind bis dahin 10 ml Lauge hinzugegeben worden. Bei einem Überschuss an Lauge liegt die Lösung schließlich mit pH 12 im alkalischen Bereich. Je stärker die Säuren und Laugen bei der Titration sind, desto höher ist der pH-Sprung um den Äquivalenzpunkt.

Titrationkurve einer schwachen Säure

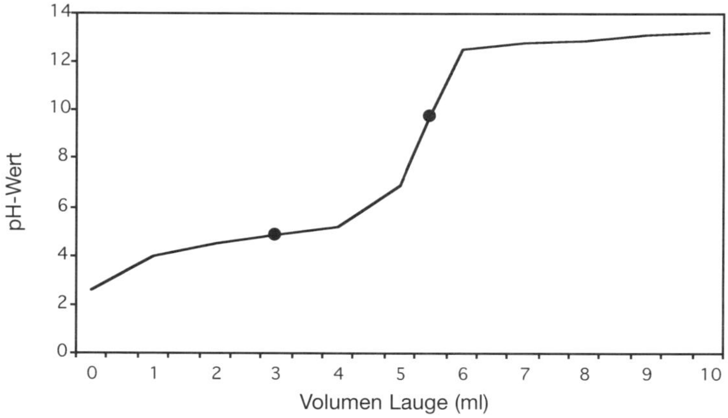

Bei einer schwachen Säure (z. B. Essigsäure) liegen nicht alle Säuremoleküle dissoziiert vor. Die Konzentration der Oxoniumionen ist also zunächst gering. Im Laufe der Neutralisation werden zunehmend undissoziierte Säuremoleküle in Säureanionen und Oxoniumionen hydrolysiert, sodass die Neutralisation fortschreiten kann. (Vgl. Kapitel 7.3 Chemisches Gleichgewicht)

In der dargestellten Kurve wird nach Zugabe von 3 ml Lauge der *Halbäquivalenzpunkt* erreicht. An diesem Punkt ist genau die Hälfte der Säure neutralisiert worden. Säurerestanionen und undissoziierte Säure-Moleküle liegen am Halbäquivalenzpunkt in gleicher Konzentration vor. Bei starken Säuren gibt es diesen Wendepunkt nicht, da alle Moleküle von vornherein dissoziiert sind.

Der Äquivalenzpunkt ist in diesem Beispiel nach Zugabe von knapp 6 ml Lauge erreicht. An diesem Punkt ist die Säure vollständig neutralisiert. Bei der Titration schwacher Säuren ist der Äquivalenzpunkt im Vergleich zur Titration starker Säuren (pH 7) zu einem höheren pH-Wert (hier ca. pH 10) verschoben, da die Säureanionen mit Wasser zu Hydroxidionen reagieren. Diese Hydroxidionen sorgen für einen pH-Wert im alkalischen Bereich.

Säure-Base-Definition von Brönsted

Brönsted liefert eine weiter reichende Säure-Base-Definition als Arrhenius. Er erklärt saure und basische Eigenschaften nach dem Donator-Akzeptor-Prinzip.

Säuren sind Protonendonatoren, das heißt sie geben Protonen (H^+) ab. Basen sind Protonenakzeptoren, sie nehmen Protonen auf.

Nach Brönsted sind an Säure-Base-Reaktionen auf der Eduktseite immer eine Säure *und* eine Base beteiligt.

Beispiel: $HCl + H_2O \rightleftarrows Cl^- + H_3O^+$

Die Säure HCl (Protonendonator) gibt H^+ an die Base H_2O (Protonenakzeptor) ab. Basen haben nach der Brönsted-Definition als Protonenakzeptoren mindestens ein freies Elektronenpaar. Der Reaktionspfeil verdeutlicht, dass es sich bei Säure-Base-Reaktionen um Gleichgewichtsreaktionen handelt. Bei der Rückreaktion wirkt das Oxoniumion H_3O^+ als Säure (Protonendonator), die ein Proton an das Chloridion (Protonenakzeptor) abgibt. Es ergeben sich korrespondierende Säure-Base-Paare.

$$\mathrm{HCl} + \mathrm{H_2O} \rightleftarrows \mathrm{Cl^-} + \mathrm{H_3O^+}$$

$$\text{Säure 1} + \text{Base 2} \rightleftarrows \text{Base 1} + \text{Säure 2}$$

Chlorwasserstoff und das Chloridion bilden zum Beispiel ein Säure-Base-Paar, weil sie durch Protonenaufnahme bzw. -abgabe ineinander überführbar sind. Auf welcher Seite das Gleichgewicht liegt, hängt von den Säure- und Basestärken der Stoffe ab (vgl. Kapitel 7.3 Gleichgewichtsreaktionen).

Einige Stoffe (zum Beispiel H_2O und HSO_4^-) können als Protonendonatoren und -akzeptoren wirken:

Reaktion als Base	Reaktion als Säure
$H_2O + H^+ \rightleftarrows H_3O^+$	$H_2O \rightleftarrows OH^- + H^+$
$HSO_4^- + H^+ \rightleftarrows H_2SO_4$	$HSO_4^- \rightleftarrows SO_4^{2-} + H^+$

Stoffe, die sowohl als Base als auch als Säure wirken können, werden als *Ampholyte* bezeichnet.

Säure-Base-Definition von Lewis

Lewis‘ Definition bezieht in das Säure-Base-Konzept Stoffe mit ein, die nicht wasserstoffhaltig sind. Damit liefert er eine Erklärung, warum einige Stoffe, die nach Brönsted keine Säure sind, saure Eigenschaften zeigen. Er verwendet wie Brönsted das Donator-Akzeptor-Prinzip, wendet dieses aber nicht auf Protonenübergänge an.

Lewis-Säuren sind Elektronenpaarakzeptoren, das heißt Säuren können ein Elektronenpaar aufnehmen.
Lewis-Basen haben ein freies Elektronenpaar, das sie als Elektronenpaardonatoren abgeben.
Zwischen Säuren und Laugen bilden sich kovalente Bindungen.

Eine typische Lewis-Säure ist Aluminiumchlorid ($AlCl_3$). Ein Chloridion (Cl^-) als Lewis-Base kann mit einem freien Elektronenpaar eine dative kovalente Bindung zur Lewis-Säure $AlCl_3$ aubilden. Cl^- ist der Elektronenpaardonator, $AlCl_3$ der Elektronenpaarakzeptor.

$$AlCl_3 + Cl^- \rightarrow AlCl_4^-$$

Weitere typische Lewis-Säuren sind BF_3, SO_2, SiF_4 und Kationen wie Cu^{2+}. Sie alle können am Zentralatom eine zusätzliche Bindung eingehen.
Typische Lewis-Basen sind Halogenidionen, CN^-, NH_3 und CO. Sie alle haben ein freies Elektronenpaar, das eine dative Bindung bilden kann.
Leider fallen bei der Lewis-Definition klassische Säuren wie HCl heraus. Nur die Ionen des Chlorwasserstoffs würden als Säure gelten. Streng genommen gibt es aber kein H^+, da ein Proton immer eine Verbindung eingeht. In einer wässrigen Lösung von Chlorwasserstoff (Salzsäure) liegt das Oxoniumion H_3O^+ vor und nicht ein einzelnes Proton. Auch das Oxoniumion ist aber nach Lewis keine Säure.

Unter „Säuren" und „Basen" versteht man im Allgemeinen Stoffe, die nach der Brönsted-Definition Säuren oder Basen sind. Meint man Säuren und Basen im Sinne der Lewis-Definition, so bezeichnet man sie explizit als Lewis-Säuren und -Basen.

7.2 Redoxreaktionen

Oxidation

Oxidation ist die Elektronenabgabe eines Atoms.

Beispiel: $Cu \rightarrow Cu^{2+} + 2\ e^-$

Reduktion

Reduktion ist die Elektronenaufnahme eines Atoms.

Beispiel: $Cl_2 + 2\ e^- \rightarrow 2\ Cl^-$ $\overline{\Delta t}$

Redoxreaktion

Oxidations- und Redoxreaktionen sind immer gekoppelt, da die abgegebenen Elektronen der Oxidation in der Reduktion aufgenommen werden. Das Ergebnis als Summe beider Reaktionen nennt man Redoxreaktion.

$$Cu \rightarrow Cu^{2+} + 2e^-$$

$$Cl_2 + 2e^- \rightarrow 2Cl^-$$

$$Cu + Cl_2 + 2e^- \rightarrow Cu^{2+} + 2Cl^- + 2e^-$$

$$Cu + Cl_2 \rightarrow CuCl_2$$

7.3 Chemisches Gleichgewicht

Beschreibung

Viele Reaktionen verlaufen nicht vollständig in einer Richtung. Das heißt, wenn die Reaktion abgeschlossen ist, kann man nicht 0 % Edukte und 100 % Produkte erwarten, sondern es hat sich ein Gleichgewicht zwischen den Produkten und Edukten herausgebildet. Das Gleichgewicht ist dynamisch, es finden Hinreaktionen zwischen den Edukten und Rückreaktionen zwischen den Produkten statt.

Symbolisch wird dies durch einen Doppelpfeil ausgedrückt:

$$A + B \Leftrightarrow C + D$$

Reaktionsgeschwindigkeit

Die Reaktionsgeschwindigkeit v ist die Veränderung der Stoffmenge Δn bzw. der Konzentration der Produkte bzw. der Edukte Δc in der Zeit Δt.

In einem Konzentrations-Zeit-Diagramm lässt sich der Ablauf von Reaktionen darstellen. Die steigende Kurve zeigt die zunehmende Konzentration eines Produkts, die Konzentration des Edukts nimmt entsprechend der fallenden Kurve ab.

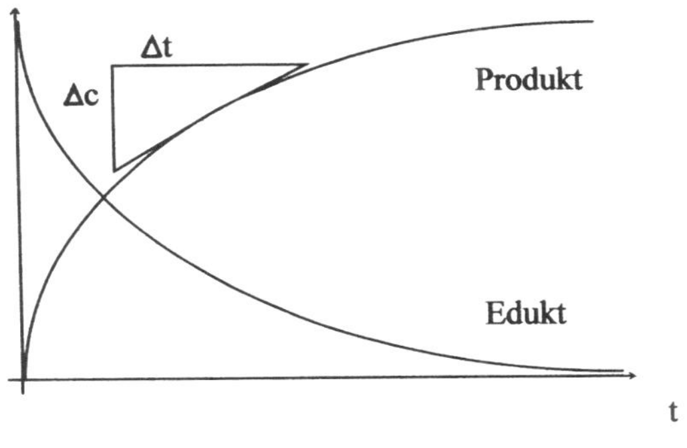

Die Reaktionsgeschwindigkeit zu einem bestimmten Zeitpunkt t entspricht der Steigung der Tangente an diesem Punkt.

Für Feststoffe gilt: $v = \Delta n$ (Produkt)/Δt

Für Lösungen gilt: $v = \Delta c$ (Produkt)/Δt bzw. $v = -\Delta c$ (Edukt)/Δt

Nach der Stoßtheorie müssen Teilchen aneinander stoßen, damit sie miteinander reagieren können. Die Reaktionsgeschwindigkeit ist bei Lösungen temperatur- und konzentrationsabhängig. Bei Feststoffen spielt der Zerteilungsgrad eine Rolle.

Einfluss der Temperatur:
Je höher die Temperatur ist, desto stärker bewegen sich die Teilchen. Die Wahrscheinlichkeit eines Zusammenstoßes wird damit erhöht. Es gilt die Faustregel, dass sich die Reaktionsgeschwindigkeit verdoppelt, wenn die Temperatur um 10 K erhöht wird.

Einfluss der Konzentration:
Ebenso erhöht sich die Wahrscheinlichkeit eines Zusammenstoßes von Teilchen, je höher die Konzentration des relevanten Stoffes ist. Das zeigt sich auch im Konzentrations-Zeit-Diagramm. Je niedriger die Konzentration des Eduktes wird, desto flacher wird die Kurve, das heißt desto geringer wird die Reaktionsgeschwindigkeit.

Einfluss des Zerteilungsgrades:
Wenn Feststoffe Einfluss auf die Reaktionsgeschwindigkeit haben, so wird die Geschwindigkeit umso höher, je feiner der Feststoff vorliegt. Ein Metallblock hat zum Beispiel eine geringere Oberfläche als Metallpulver. Die Zusammenstöße der Reaktanden sind beim Pulver also wahrscheinlicher als beim Metallblock, weil die Angriffsfläche größer ist. Die Reaktion läuft dadurch schneller ab.

In mehrschrittigen Reaktionen bestimmt der langsamste Reaktionsschritt die Geschwindigkeit. Es ergibt sich eine für jede Reaktion charakteristische Geschwindigkeitskonstante k bei einer festgelegten Temperatur.

Für Reaktionen, bei denen der geschwindigkeitsbestimmende Schritt monomolekular ist, gilt die Gleichung:

$$\nu = k \cdot c\,(A) \qquad \text{(A: Edukt)}$$

Es handelt sich um eine Reaktion 1. Ordnung.

Bei bimolekularen Reaktionen müssen im geschwindigkeitsbestimmenden Schritt zwei Teilchen zusammenstoßen.

Beispiel: $H_2 + I_2 \rightleftarrows 2\,HI$

Die Reaktion ist 2. Ordnung. Für bimolekulare Reaktionen gilt:

$$\nu = k \cdot c^2\,(A)$$

bzw. $$\nu = k \cdot c\,(A) \cdot c(B)$$

bzw. $$\nu = k \cdot c^2\,(B) \qquad \text{(A, B: Edukte)}$$

Es gibt auch Reaktionen höherer Ordnung, bei denen entsprechend viele Teilchen zusammenstoßen müssen und Reaktionen 0. Ordnung, bei denen die Reaktionsgeschwindigkeit unabhängig von der Konzentration der Edukte ist.

Für eine Gleichgewichtsreaktion gilt $\nu_1 = \nu_2$, wenn ν_1 die Geschwindigkeit der Hinreaktion und ν_2 die Geschwindigkeit der Rückreaktion ist.

Halbwertszeit

Als Halbwertszeit t bzw $t_{1/2}$ wird die Zeitspanne bezeichnet, die verstreicht bis die Hälfte eines Stoffes abgebaut ist. Sie ist abhängig von der Reaktionsordnung. Bei einer Reaktion 0. Ordnung ist die Reaktionsgeschwindigkeit von der Konzentration unabhängig. Für $t_{1/2}$ gilt:

$$t_{1/2} = \frac{c_0(A)}{2k}$$

Besonders bekannt ist die Halbwertszeit bei Zerfallsreaktionen radioaktiver Stoffe (Vgl. Kapitel 10.1). Sie sind Reaktionen 1. Ordnung. (Es handelt sich dabei aber nicht um Gleichgewichtsreaktionen.) Die Halbwertszeit ist in dem Fall unabhängig von der Konzentration. Die Zerfallsreaktionen werden für die Altersbestimmung von organischen Stoffen genutzt. Für $t_{1/2}$ gilt:

$$t_{1/2} = \frac{\ln 2}{k}$$

Für Reaktionen 2. Ordnung gilt:

$$t_{1/2} = \frac{1}{k \cdot c_0(A)}$$

Die Halbwertszeit eines Eduktes verhält sich bei bimolekularen Reaktionen zur Ausgangskonzentration umgekehrt proportional.

Massenwirkungsgesetz

Im Gleichgewichtszustand ist das Verhältnis des Produktes der Konzentrationen der Endstoffe und des Produktes der Konzentrationen der Ausgangsstoffe bei bestimmter Temperatur und bestimmtem Druck konstant.

Ist die allgemeine Gleichung $m\,\mathrm{A} + n\,\mathrm{B} \rightleftarrows x\,\mathrm{C} + y\,\mathrm{D}$ gegeben (*m,n, x, y* sind die Anteile der Elemente A, B, C, D in der Reaktion), und sind die Konzentrationen der Elemente c(A), c(B), c(C), c(D), dann gilt für die Gleichgewichtskonstante *K*:

$$K = \frac{c^{x}(\mathrm{C}) \cdot c^{y}(\mathrm{D})}{c^{m}(\mathrm{A}) \cdot c^{n}(\mathrm{B})}$$

$K = 1$: Edukte und Produkte liegen in gleichen Mengen nebeneinander vor.

$K > 1$: Es liegen mehr Produkte als Edukte nebeneinander vor.

$K < 1$: Es liegen mehr Edukte als Produkte nebeneinander vor.

Beispiel: Ammoniaksynthese: $3\ H_2 + N_2 \rightleftarrows 2\ NH_3$

Bei der Temperatur von 220 °C = 493 K und 90 bar ergibt sich eine Ausbeute von 75 % Ammoniak. Gesucht ist die Gleichgewichtslage der Reaktion.

Der Anteil der Edukte ist 100 % – 75 % = 25 %. Da die Edukte aus 4 Molekülen bestehen, gehen an den Stickstoff

$\frac{1}{4} \cdot 25\ \% = 6{,}25\ \%$ und an den Wasserstoff $\frac{3}{4} \cdot 25\ \% = 18{,}75\ \%$.

Berechnung des Molvolumens nach $V = \frac{n\ R\ T}{p}$:

$V = \frac{1 \cdot 0{,}08205 \cdot 493}{90}\ l = 0{,}45\ l$ (R bei 220 °C = 0,08205)

Berechnung der Konzentrationen:

Ammoniak: $\frac{75}{100} \cdot \frac{1}{0{,}45} = 1{,}667$ mol

Stickstoff: $\frac{6{,}25}{100} \cdot \frac{1}{0{,}45} = 0{,}139$ mol

Wasserstoff: $\frac{18{,}75}{100} \cdot \frac{1}{0{,}45} = 0{,}417$ mol

$K = \frac{1{,}667^2}{0{,}139 \cdot 0{,}417^3} = 275{,}8$. Das Gleichgewicht liegt weit rechts.

Prinzip von LeChatelier

Die Lage eines Gleichgewichts lässt sich durch bestimmte Bedingungen beeinflussen. Ein System reagiert auf einen äußeren Zwang, indem es versucht, diesem möglichst auszuweichen. Das Gleichgewicht verschiebt sich. Diese von LeChatelier erkannte Gleichgewichtsverschiebung heißt auch *Prinzip des kleinsten Zwangs*. Eine Änderung der Gleichgewichtslage kann durch verschiedenartige äußere Bedingungen hervorgerufen werden:

1) Konzentrationsänderung der Edukte oder Produkte.

   Entfernt man aus einem Gleichgewicht eines der Produkte, so wird sich das Gleichgewicht neu einstellen. Die Gleichgewichtskonstante K bleibt gleich, also nimmt die Konzentration der Edukte ab, bis das Gleichgewicht wieder hergestellt ist.

Ebenso wirkt sich die Erhöhung der Konzentration eines Edukts als Verschiebung auf die Produktseite aus.

2) Temperaturänderung
Wird die Temperatur bei einer Gleichgewichtsreaktion erhöht, so verschiebt sich das Gleichgewicht auf die Seite der Produkte des endothermen Reaktionsablaufs. Dagegen wird bei Temperaturerniedrigung der exotherme Reaktionsablauf gestärkt.

Die Temperatur hat wiederum Einfluss auf die Reaktionsgeschwindigkeit, so dass sich das Gleichgewicht bei niedrigen Temperaturen eventuell viel langsamer einstellt als unter Normalbedingungen.

3) Druckänderung
Dieser Punkt ist besonders bei Reaktionen relevant, in denen sich die Stoffmenge gasförmiger Edukte von der Stoffmenge gasförmiger Produkte unterscheidet. Gase haben im Vergleich zu Feststoffen ein sehr großes Volumen. Übt man während der Reaktion erhöhten Druck aus, verschiebt sich das Gleichgewicht auf die Seite des niedrigeren Volumens.

Beispiel Ammoniaksynthese: $N_2 + 3\,H_2 \rightleftarrows 2\,NH_3$

1 mol Stickstoff und 3 mol Wasserstoff reagieren zu 2 mol Ammoniak. Das heißt 4 mol gasförmige Stoffe auf der Eduktseite stehen 2 mol gasförmigen Stoffen auf der Produktseite gegenüber. Bei Druckerhöhung wird die Produktseite bevorzugt, weil dadurch das Gasvolumen insgesamt verringert wird.

Säurestärke
Säuren bilden mit Wasser Gleichgewichtsreaktionen, so genannte Protolysen, d. h. dass nicht alle Säuremoleküle in Ionen zerfallen sind bzw. mit dem Wasser zu Ionen reagiert haben. Die Reaktion wird also folgendermaßen allgemein dargestellt: $HA + H_2O \rightleftarrows H_3O^+ + A^-$, A bedeutet Säurerest.

Starke Säuren sind weit gehend bzw. vollständig in Ionen zerfallen; in schwachen Säuren sind nur wenige Moleküle in Ionen zerfallen.

Säurekonstante: Wendet man das Massenwirkungsgesetz auf die Säureprotolyse an, dann ergibt sich für die Gleichgewichtskonstante: $K = \frac{c(H_3O^+) \cdot c(A^-)}{c(HA) \cdot c(H_2O)}$
Die Konzentration des Wassers ist praktisch konstant, daher lässt sich für Säuren eine spezielle Gleichgewichtskonstante $K_S = K \cdot c(H_2O)$ angeben, genannt Säurekonstante:

$$K_S = \frac{c(H_3O^+) \cdot c(A^-)}{c(HA)}$$

Säureexponent: Der negative dekadische Logarithmus der Säurekonstante ist der Säureexponent, $pK_S = -\lg K_S$.

Beispiel: Hat die Säurekonstante den Wert 40000, dann ist der Säureexponent $-\lg 40000 = -4{,}60$.

Säurekonstante und Säureexponent geben Auskunft über die Stärke einer Säure. Je kleiner der Wert des Säureexponenten ist, umso größer ist die Konzentration der H_3O^+-Ionen, also umso stärker ist die Säure.

Basenstärke
Basen bilden mit Wasser Gleichgewichtsreaktionen, d. h. dass nicht alle Basenmoleküle den Wassermolekülen Protonen (Wasserstoffionen) entreißen können. Die Reaktion wird also folgendermaßen allgemein dargestellt:
$B + H_2O \rightleftarrows BH^+ + OH^-$, B bedeutet Basenmolekül.

Starke Basen reagieren weitgehend bzw. vollständig mit Wasser, schwache Basen reagieren kaum mit Wasser.

Basenkonstante: Wendet man das Massenwirkungsgesetz auf die Basenprotolyse an, dann ergibt sich für die Gleichgewichtskonstante: $K = \frac{c(BH^+) \cdot c(OH^-)}{c(B) \cdot c(H_2O)}$.
Die Konzentration des Wassers ist praktisch konstant, daher lässt sich für Basen eine spezielle Gleichgewichtskonstante $K_B = K \cdot c(H_2O)$ angeben, genannt Basenkonstante:

$$K_B = \frac{c(BH^+) \cdot c(OH^-)}{c(B)}$$

Basenexponent: Der negative dekadische Logarithmus der Basenkonstante ist der Basenexponent, $pK_B = -\lg K_B$.
Basenkonstante und Basenexponent geben Auskunft über die Stärke einer Base. Je kleiner der Wert des Basenexponenten ist, umso größer ist die Konzentration der OH^--Ionen, also umso stärker ist die Base.
In verdünnten Lösungen gilt: $K_S \cdot K_B = c(H_3O^+) \cdot c(OH^-) = 10^{-14}$ (bei einer Temperatur von 22 °C) und daher gilt nach den Regeln der Logarithmenrechnung $pK_S + pK_B = 14$. Somit lässt sich der pK_B-Wert berechnen, wenn der pK_S-Wert bekannt ist.

VII. Reaktionen

pH-Wert

Der pH-Wert ist der negative dekadische Logarithmus der Oxoniumionen-Konzentration:

$$pH = -\lg \frac{c(H_3O^+)}{mol/l}$$

Der pH-Wert wird durch mol/l geteilt, damit der Ausdruck keine Einheit hat. Die Einheit mol/l der Konzentration wird weggekürzt.

Der pH-Wert gibt an, ob eine Lösung sauer, neutral oder alkalisch ist (Vgl. Kapitel 7.1 Säure-Base-Reaktionen).

pH	1	2	3	4	5	6	7	8	9	10	11	12	13	14

sauer (pH 1–6) neutral (pH 7) alkalisch (pH 8–14)

Wasser liegt mit Oxonium- und Hydroxidionen im Gleichgewicht vor. Man spricht von der *Autoprotolyse* des Wassers:

$$H_2O + H_2O \rightleftarrows H_3O^+ + OH^-$$

Das Massenwirkungsgesetz für die Reaktion lautet:

$$K = \frac{c(H_3O^+) \cdot c(OH^-)}{c^2\,(H_2O)}$$

Da das Gleichgewicht zu fast hundert Prozent auf der Eduktseite liegt, kann die Wasserkonzentration als konstant angenommen werden. Es ergibt sich die Konstante K_W als Gleichgewichtskonstante des Wassers:

$$K \cdot c^2\,(H_2O) = K_W = c(H_3O^+) \cdot c(OH^-)$$

Bei 25°C ist $K_W = 10^{-14}$ mol²/l². Demnach sind die Konzentration von Oxoniumionen und Hydroxidionen in Wasser $c(H_3O^+) = c(OH^-) = 10^{-7}$ mol/l. Werden die Werte logarithmiert so ergibt sich unter Normalbedingungen:

$$pK_W = pOH + pH = 14$$

Die pH-Werte von Lösungen lassen sich mithilfe des Massenwirkungsgesetztes berechnen. Es können einfache Formeln abgeleitet werden. Der Grad der Vereinfachung hängt von der Säure- bzw. Basenstärke ab.

pH-Wert-Berechnung für starke Säuren:

Bei der Reaktion starker Säuren mit Wasser werden die Säuremoleküle fast vollständig dissoziiert. Das heißt, die Säure spaltet sich zu nahezu hundert Prozent in Ionen auf.

$$HA + H_2O \rightarrow H_3O^+ + A^-$$

Bei starken Säuren gilt für den Protolysegrad α:

$$\alpha = \frac{\text{c (protolysierte HA-Moleküle)}}{\text{c (HA-Moleküle vor der Protolyse}}$$

Die Oxoniumionen-Konzentration in Lösung ist also genauso hoch wie die Anfangskonzentration c_0 der Säure. Für den pH-Wert gilt demnach:

$$pH = -\lg \frac{c(H_3O^+)}{mol/l} = -\lg \frac{c_0(HA)}{mol/l}$$

Beispiel: Der pH-Wert einer Salzsäure-Lösung soll bestimmt werden. Die Ausgangskonzentration der Salzsäure beträgt c_0 (HCl) = 0,5 mol/l. Für den pH-Wert ergibt sich daraus:

$$pH = -\lg \frac{0{,}5 mol/l}{mol/l} = 0{,}3$$

pH-Wert-Berechnung für starke Basen:

Bei starken Basen in Wasser reagieren genau wie bei starken Säuren fast alle Moleküle.

$$B + H_2O \rightarrow OH^- + BH^+$$

Auch hier ist der Protolysegrad $\alpha = 1$. Die Konzentration der Hydroxidionen in Lösung entspricht daher der Anfangskonzentration c_0 der Base:

$$p{=}H = -\lg \frac{c(HO^-)}{mol/l} = -\lg \frac{c_0(B)}{mol/l}$$

Der pH-Wert berechnet sich daraus wie folgt: $pH = pK_W - pOH = 14 - pOH$

Beispiel: Der pH-Wert einer Lösung von 0,7 mol Natronlauge in einem Liter Wasser soll berechnet werden:

$$pOH = -\lg \frac{0{,}7 mol/l}{mol/l} = 0{,}15$$

$$\text{pH} = 14 - 0{,}15 = 13{,}85$$

pH-Wert-Berechnung für schwache Säuren:

Das Massenwirkungsgesetz für die Gleichgewichtsreaktion zwischen schwacher Säure und Wasser lautet:

$$K_S = \frac{c(H_3O^+) \cdot c(A^-)}{c\,(HA)}$$

Bei schwachen Säuren dissoziieren nur wenig Säuremoleküle. Der Protolysegrad α ist meistens kleiner als 0,5, sodass die Konzentration der Säureanionen ungefähr der Ausgangskonzentration der Säure entspricht. Außerdem ist die Konzentration der Oxoniumionen dieselbe wie die Konzentration der Säureanionen.

$$c\,(HA) \approx c_0\,(HA) \quad \text{und} \quad c\,(H_3O^+) = c\,(A^-)$$

Daraus folgt für das Massenwirkungsgesetz:

$$K_S = \frac{c^2(H_3O^+)}{c_0\,(HA)}$$

Für die Oxoniumionenkonzentration ergibt sich daraus:

$$c(H_3O^+) = \sqrt{K_S \cdot c_0(HA)} \qquad \text{bzw.} \qquad \boxed{pH = \tfrac{1}{2} \cdot (pK_S - \lg c_0(HA))}$$

Beispiel: Eine Essigsäure-Lösung hat die Ausgangskonzentration c_0(Essigsäure) = 0,4 mol/l. Der pK_S-Wert von Essigsäure ist 4,65. Es soll der pH-Wert berechnet werden.

$$\text{pH} = \frac{1}{2} \cdot (4{,}65 - \lg 0{,}4) = 2{,}5$$

VII. Reaktionen

pH-Wert-Berechnung für schwache Basen:
Auch bei schwachen Basen liegt der Protolysegrad α häufig unter 0,5. Auch hier entspricht also die Anfangskonzentration der Base ungefähr der Konzentration im Gleichgewicht und es liegen genauso viele Hydroxidionen wie Kationen in Lösung vor.

$$c\,(B) \approx c_0\,(B) \quad \text{und} \quad c\,(OH^-) = c\,(BH^+)$$

Für das Massenwirkungsgesetzt folgt daraus:

$$K_s = \frac{c^2(OH^-)}{c_0\,(B)}$$

Durch Umformen ergibt sich für die Konzentration der Hydroxidionen bzw. für den pOH-Wert:

$$c(OH^-) = \sqrt{K_B \cdot c_0(B)} \qquad \text{bzw.} \qquad \boxed{pOH = \tfrac{1}{2} \cdot (pK_B - \lg c_0(B))}$$

Der pH-Wert berechnet sich daraus nach $pH = pK_W - pOH = 14 - pOH$

Löslichkeitsgleichgewicht
Die meisten Salze lösen sich leicht in Wasser. Ist die Lösung gesättigt, bildet sich ein Bodensatz des Salzes. Die Ionen im Bodensatz gehen zum Teil in die Lösung über, während Ionen aus der Lösung sich umgekehrt am Boden ablagern. Diesen Austausch nennt man Löslichkeitsgleichgewicht. In der folgenden Gleichung steht AB für ein Salz:

$$AB\,(s) \rightleftarrows A^+\,(aq) + B^-\,(aq)$$

Für gesättigte Lösungen ergibt sich eine Konstante aus dem Produkt der Ionen-Konzentrationen:

$$K_L\,(AB) = c(A^+) \cdot c(B^-)$$

Das Löslichkeitsprodukt K_L ist temperaturabhängig, da mit steigender Temperatur mehr Ionen in einer Lösung gelöst werden können.
Für Kupferchlorid beträgt das Löslichkeitsprodukt unter Normalbedingungen zum Beispiel K_L (CuCl) = $1 \cdot 10^{-6}$ mol²/ l². Die Konzentration der Kationen und der Anionen beträgt also in einer gesättigten Kupferchlorid-Lösung $1 \cdot 10^{-3}$ mol/l. Liegt die Konzentration der Ionen unter diesem Wert, spricht man von einer ungesättigten Lösung. Wenn das Löslichkeitsprodukt überschritten wird, handelt es sich um eine übersättigte Lösung.

Für die Löslichkeitsgleichgewichte lassen sich die Exponenten direkt aus der Formel des Salzes ableiten. Es gelten für die Salze AB_2 und AB_3 zum Beispiel folgende Formeln:

$$K_L\ (AB_2) = c(A^+) \cdot c^2(B^-)\ \text{Einheit: mol}^3/\text{l}^3$$
$$K_L\ (AB_3) = c(A^+) \cdot c^3(B^-)\ \text{Einheit: mol}^4/\text{l}^4$$

Allgemein gilt also für das Löslichkeitsprodukt eines beliebigen Salzes:

$$K_L\ (A_xB_y) = c^x(A^+) \cdot c^y(B^-) \qquad \text{Einheit: mol}^{x+y}/\ \text{l}^{x+y}$$

Da der Übergang von Teilchen aus dem Bodensatz zu Teilchen in Lösung ein Gleichgewichtszustand ist, gilt das Prinzip des kleinsten Zwanges. Wird die Konzentration einer Ionensorte erhöht, verschiebt sich das Gleichgewicht auf die Seite des festen Stoffes. Es fällt so viel Salz zusätzlich aus, dass das Löslichkeitsprodukt den ursprünglichen Wert erreicht. Die Konzentration einer Ionensorte kann zum Beispiel dadurch erhöht werden, dass ein zweites Salz zugegeben wird, welches dieselben Ionen wie das vorhandene Salz bildet. Es fällt dann das Salz mit dem geringeren Löslichkeitsprodukt aus.

Beispiel: Zu einer gesättigten Silberchlorid-Lösung ($K_L = c(Ag^+) + c(Cl^-) = 2 \cdot 10^{-10}$ mol²/l²) wird Natriumchlorid gegeben. Natriumchlorid ist in Wasser sehr gut löslich. Das schwerlösliche Silberchlorid wird demnach ausfallen, weil sich die Konzentration der Chloridionen in der Lösung erhöht hat, das Löslichkeitsprodukt aber dasselbe bleibt. Es reduziert sich sozusagen die Konzentration der Silberionen, da die Konzentration der Chloridionen gestiegen ist.

In der Analytik macht man sich Fällungsreaktionen für den Nachweis von Ionen zunutze. Eine quantitative Bestimmung des Ionengehaltes ist zum Beispiel durch gravimetrische Verfahren möglich, die zwar aufwendig aber sehr genau sind. In einem ersten Schritt wird die Ionensorte, die bestimmt werden soll, mit einem geeigneten Gegenion als schwerlösliches Salz ausgefällt. Im zweiten Schritt wird das Salz von der Lösung getrennt, getrocknet und gewogen. Auf diese Weise bestimmt man zum Beispiel die Chloridkonzentration in wässrigen Lösungen. Durch die Zugabe von Silbernitrat wird eine Fällung des schwerlöslichen Silberchlorids bewirkt.

$$Ag^+ (aq) + Cl^- (aq) \rightleftarrows AgCl (s)$$

Aus der Masse des Silberchlorids lässt sich bestimmen, wie hoch die Konzentration der Chloridionen in der Lösung gewesen sein muss.

VIII. Elektrochemie

8.1 Elektrolyse

Bezeichnungen

Unter Elektrolyse versteht man die chemischen Veränderungen, die sich ergeben, wenn ein elektrischer Strom durch eine Flüssigkeit fließt. Die Stromzu- und abführungen heißen Elektroden. Sie bestehen aus Metallen oder Kohlenstoff. Die Flüssigkeit bezeichnet man als Elektrolytlösung. In ihr sind Salze, Säuren oder Basen (Elektrolyte) gelöst, die aufgrund ihrer Dissoziation in Ionen in wässriger Lösung leitfähig sind.

Die Elektroden sind an eine Stromquelle angeschlossen. Der Pluspol führt zur Anode, der Minuspol zur Kathode. Bei der Elektrolyse werden Redoxvorgänge an den Elektroden erzwungen, es finden also Stoffumwandlungen statt.

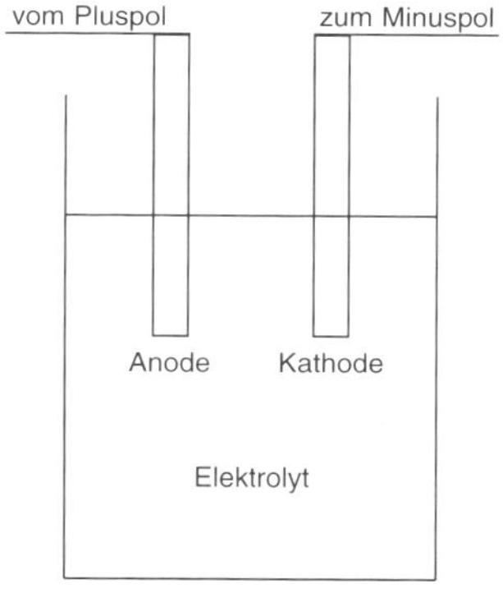

Dissoziation

Wassermoleküle haben auf Grund ihrer elektrischen Dipolwirkung eine besonders starke dissoziierende Wirkung auf die Moleküle des gelösten Stoffes, d. h. der Stoff wird von den Wassermolekülen in Ionen zerlegt.

Beispiele: Bei der Lösung von Schwefelsäure in Wasser entstehen aus jedem $H_2SO_4^-$-Molekül ein positives H_3O^+-Ion ein einfach negativ geladenes $H_2SO_4^-$-Ion. In einer Kacosalzlösung dissoziiert das Wasser positiv geladene Na-Ionen und negativ geladene Cl-Ionen.

Die an den Ionen auftretende Ladung ist immer ein kleines ganzzahliges Vielfaches der Elementarladung. Die Zahl dieser Elementarladungen ist identisch mit der stöchiometrischen Wertigkeit. Legt man an die Elektroden eine elektrische Spannung an, so breitet sich im Elektrolyt, genau wie im metallischen Leiter, ein elektrisches Feld aus, welches die Ionen in Bewegung setzt, und zwar die positiven Ionen in Richtung des Feldes auf die Kathode zu (Kationen) und die negativen Ionen gegen die Feldrichtung auf die Anode zu (Anionen).

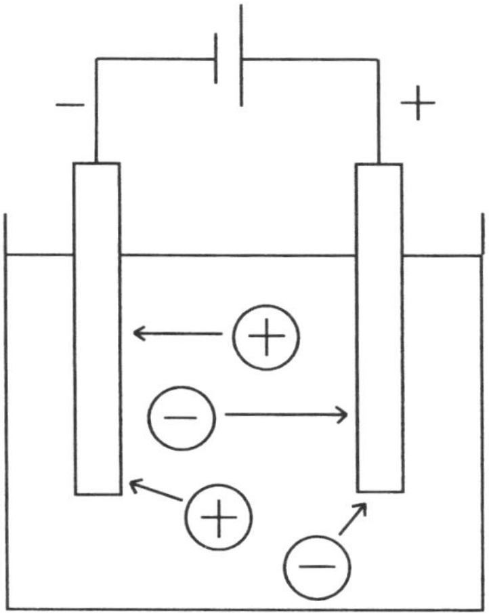

Reaktionen an den Elektroden

Die Ionen der Elektrolytlösung wandern zu den Elektroden. Die positiven Teilchen nehmen Elektronen auf, die negativen geben Elektronen ab. Es handelt sich um Redoxreaktionen.

Es werden die Stoffe an den Elektroden umgewandelt, die die geringste Zersetzungsspannung haben. Daher werden zum Teil auch Bestandteile des Wassers abgeschieden.

Beispiel 1: An eine Lösung von Zinkbromid wird eine Spannung angelegt, die für die Zersetzung ausreichend hoch ist. Die Zinkionen Zn^{2+} wandern zur Kathode. Sie werden zu Zink reduziert, indem jedes

Zinkion zwei Elektronen aufnimmt. Auf der Elektrode bildet sich eine Zinkschicht. Die Bromidionen scheiden sich an der Anode ab. Sie geben jeweils ein Elektron ab. Zwei Bromidionen werden nach Abgabe von zwei Elektronen zu einem Brommolekül oxidiert. An der Anode entsteht Bromgas.

Kathode (Reduktion): $Zn^{2+} + 2e^- \rightarrow Zn$
Anode (Oxidation): $2\,Br^- \rightarrow Br_2 + 2e^-$

Beispiel 2: Um Wasser in seine Bestandteile Wasserstoff und Sauerstoff zu zerlegen, bräuchte man eine sehr hohe Zersetzungsspannung. Durch die Zugabe von Schwefelsäure wird die nötige Spannung erniedrigt und man bekommt trotz des Ansäuerns Wasserstoff und Sauerstoff im Stoffmengenverhältnis 2:1. Bei der Elektrolyse von Schwefelsäure wandern die H-Ionen an die Kathode, holen sich dort je ein Elektron und verwandeln sich in ein elektrisch neutrales H-Atom. Je zwei H-Atome verbinden sich zu einem H_2-Molekül. So entstehen an der Kathode Blasen von Wasserstoffgas. An der Anode entsteht durch Elektronenabgabe Peroxodischwefelsäure, die in Wasser zu Peroxomonoschwefelsäure wird. Diese setzt sich mit Wasser in Schwefelsäure und Wasserstoff-peroxid um, welches in Wasser und Sauerstoff zerfällt.

$$2\,HSO_4^- \rightarrow S_2O_8^{2-} + 2H^+ + 2^{e-}$$

$$H_2S_2O_8 + H_2O \rightarrow H_2SO_5 + H_2SO_4$$

$$H_2SO_5 + H_2O \rightarrow H_2SO_4 + H_2O_2$$

$$2H_2O_2 \rightarrow 2\,H_2O + O_2$$

Zersetzungsspannung

Die Zersetzungsspannung gibt die Mindestspannung an, die angelegt werden muss, damit eine Reaktion abläuft. Sie ergibt sich aus der Differenz der

Redoxpotenziale, die aus der Spannungsreihe der Elemente entnommen werden können. (Vgl. Kapitel 8.2). Die Elektrolyse ist die Umkehrung der spontan ablaufenden Reaktionen im galvanischen Element. Die Spannung, die im galvanischen Element erzeugt wird, muss also bei der Elektrolyse mindestens aufgebracht werden, um die Redoxreaktionen in umgekehrter Richtung ablaufen zu lassen.

Beispiel: Im Daniell-Element treten Redoxreaktionen an einer Zink- und einer Kupferelektrode in einer Elektrolyt-Lösung auf. Zink wird zu Zinkkationen oxidiert und Kupferkationen werden zu Kupfer reduziert. (Vgl. Kapitel 8.2)

Galvanisches Element	Elektrolyse
Anode: $Zn \rightarrow Zn^{2+} + 2e^-$ Kathode: $Cu^{2+} + 2e^- \rightarrow Cu$	Kathode: $Zn^{2+} + 2e^- \rightarrow Zn$ Anode: $Cu \rightarrow Cu^{2+} + 2e^-$

Die Standardpotenziale betragen $E^0_{Zn} = -0{,}76\ V$ *und* $E^0_{Cu} = 0{,}34\ V$.

Aus der Nernst'schen Gleichung (Vgl. Kapitel 8.2) ergibt sich die Spannung, die aus dem Daniell-Element hervorgeht: $\Delta E = 1{,}1$ V.
Damit beträgt die Zersetzungsspannung für die Elektrolyse mindestens 1,1 V.

Überspannung
Im Experiment zeigt sich, dass die tatsächliche Zersetzungsspannung häufig über der Mindestspannung liegt, die man aus den Potenzialen errechnet. Man spricht von der *Überspannung*. Sie wird durch verschiedene Faktoren beeinflusst, die die Abscheidung von Ionen mehr oder weniger erschweren: Art der Ionen, Elektrodenmaterial, Elektrodenoberfläche, Temperatur und Stromdichte. Besonders hoch sind die Überspannungen, wenn an den Elektroden Gase entstehen. Die Gasbläschen schirmen die Elektrode ab und behindern den Stromfluss, sodass eine höhere Spannung nötig ist, um die Redoxreaktionen in Gang zu setzen.
Mit der Überspannung lässt sich erklären, warum Reaktionen ablaufen, die man aufgrund der errechneten Zersetzungsspannung eigentlich nicht erwartet.

Diese *Konkurrenzreaktionen* laufen ab, weil die Potenzialdifferenz um die Überspannung erhöht wird. Dadurch ist teilweise eine Reaktion von Stoffen günstiger, die eine höhere Potenzialdifferenz aufweisen, die aber geringere Überspannungen aufweisen.

Durch die Wahl des Elektrodenmaterials kann man beeinflussen, welche Reaktionen ablaufen. So erhält man zum Beispiel aus Natriumchloridlösungen Natrium statt Wasserstoff, wenn die Salzkonzentration hoch genug ist und Quecksilberelektroden eingesetzt werden, an denen die Überspannung von Wasserstoff besonders hoch ist.

Elektrolyse-Verfahren

Chloralkali-Elektrolyse: Die Chloralkali-Elektrolyse ist ein wichtiges Verfahren zur Herstellung von Natronlauge. Es handelt sich um die Elektrolyse einer Natriumchlorid-Lösung. Die Chloridionen werden zu Chlor oxidiert und Wasser wird zu Wasserstoff und Hydroxidionen reduziert. Es scheidet sich kein Natrium ab, weil Natrium ein höheres Elektrodenpotenzial hat als Wasser. Die Zersetzungsspannung bei der Abscheidung von Chlor und Wasserstoff ist also geringer, als wenn Chlor und Natrium abgeschieden würden. Natrium kann man nur unter erschwerten Bedingungen erzeugen (Elektrolyse einer Salzschmelze oder Beeinflussung der Überspannung (s. o.)).

An den Elektroden laufen folgende Reaktionen ab:

Kathode (Reduktion): $2\ H_2O + 2\ e^- \rightarrow H_2 + 2\ OH^-$

Anode (Oxidation): $2\ Cl^- \rightarrow Cl_2 + 2\ e^-$

Redoxreaktion: $2\ H_2O + 2\ NaCl \rightarrow H_2 + 2\ NaOH + Cl_2$

Die Anode besteht aus Kohle oder Titan, die Kathode aus Eisen. Um die Natronlauge in möglichst reinem Zustand zu erhalten, werden der Anoden- und der Kathodenraum durch ein Diaphragma getrennt. Es könnte ansonsten zu unerwünschten schnellen Reaktionen, zum Beispiel zwischen Hydroxidionen und Chlor, kommen.

Schmelzfluss-Elektrolyse:
Mit der Schmelzflusselektrolyse gewinnt man reines Aluminium. Bauxit (Bestandteile: Aluminiumoxid, Eisenoxid, u. a.), ein natürlich vorkommendes aluminiumhaltiges Gestein, ist der Ausgangsstoff für die Aluminiumgewinnung. Bauxit wird mit Natronlauge erhitzt, um Eisenoxide abzutrennen. Schließlich wird Aluminiumhydroxid ($Al(OH)_3$) ausgefällt und zu Aluminiumoxid verarbeitet. Das Aluminiumoxid (Al_2O_3) wird zu Aluminium und Sauerstoff elektrolysiert.

Kathode (Reduktion):	$4\ Al^{3+} + 12\ e^- \rightarrow\ Al$
Anode (Oxidation):	$6\ O^{2-} \rightarrow 3\ O_2 + 12\ e^-$
Redoxreaktion:	$2\ Al_2O_3 \rightarrow 3\ O_2 + 4\ Al$

Aluminiumoxid (Schmelztemp.: 2045°C) wird zusammen mit Kryolith (Na_3AlF_6, Schmelztemp. 960°C) erhitzt. Das Verfahren heißt ‚Schmelzfluss-Elektrolyse‘, weil sich Aluminiumoxid in der Kryolith-Schmelze löst.

Aluminiumionen werden am kathodischen Graphitboden der Schmelzwanne zu Aluminium reduziert. Die Oxidionen oxidieren an der Anode zu Sauerstoff. Die anodische Elektrode besteht aus Kohle, sodass der Sauerstoff zu Kohlenstoffdioxiden weiterreagiert und entweicht.

Faraday'sche Gesetze
Nach Faraday ist die Stoffmenge bzw. Masse eines elektrolytisch abgeschiedenen Stoffes proportional zu der Ladungsmenge, die durch den Elektrolyt geflossen ist (1. Gesetz). Für die Ladungsmenge gilt:

$$Q = I \cdot t \qquad \text{(Produkt aus Stromstärke I und Zeit t)}$$

Sie lässt sich experimentell mit einem *Coulometer* bestimmen. Es errechnet die Ladungsmenge aufgrund des zweiten Faraday'schen Gesetzes durch Messung der Massenzunahme von Silber in einer Vergleichszelle.
Die Faradaykonstante F gibt an, wie viel Ladungsmenge erforderlich ist, um

ein Mol eines einfach positiv geladenen Stoffes abzuscheiden (2. Gesetz). Steht z für die Ladungszahl, so gilt:

$$Q = 1\ \text{mol} \cdot z \cdot F$$

Die Faraday-Konstante beträgt 96500 C/mol.

8.2 Galvanische Elemente

Elektrolytische Polarisation

Leitet man Strom über zwei gleichartige Elektroden durch den Elektrolyt, so zeigen die Elektroden nach dem Abschalten der Stromquelle eine Spannung gegeneinander, genauer: Jede der Elektroden hat eine Spannung gegenüber dem Elektrolyten. Die Differenz dieser Spannungen ist also die Spannung zwischen den Elektroden. Dabei wird die Elektrode, die beim Stromdurchgang die Anode war, zum Pluspol, die andere Elektrode zum Minuspol. Verbindet man die Elektroden, so fließt Strom, der nach einiger Zeit wieder verschwindet.
Diese Erscheinung, *Polarisation* genannt, wurde 1792 von Volta entdeckt. Sie zeigt sich immer dann, wenn die Grenzflächen zwischen Elektrode und Flüssigkeit eine verschiedene Beschaffenheit haben. Die Verschiedenheit der Grenzflächen ist trotz gleicher Elektroden und Elektrolyten dadurch entstanden, dass bei der Elektrolyse eine Elektrode mit einer Wasserstoffhaut, die andere Elektrode mit einer Sauerstoffhaut überzogen wurde. Die gleiche Polarisationsspannung könnte man erzeugen, wenn man, ohne vorherigen Stromdurchgang, die Anode mit Sauerstoffgas, die Kathode mit Wasserstoffgas umspült.

Galvanisches Element

Vorrichtungen, bei denen durch Redoxreaktionen elektrische Spannungen hervorgerufen werden, heißen galvanische Elemente. Sie bestehen aus zwei Halbelementen mit unterschiedlichen Potenzialen.

Es gibt Elemente, bei denen zwei verschiedene Metalle in den gleichen Elektrolyt tauchen und solche, bei denen dieselben Metalle in zwei verschiedene Flüssigkeiten tauchen.
Den letzteren Fall kann man verwirklichen, indem man die Zelle durch einen porösen Tonzylinder in zwei getrennte Bereiche teilt, sodass sich die beiden verschiedenen Flüssigkeiten nur sehr langsam mischen können. Einen Stromdurchgang verhindert der Tonzylinder nicht.

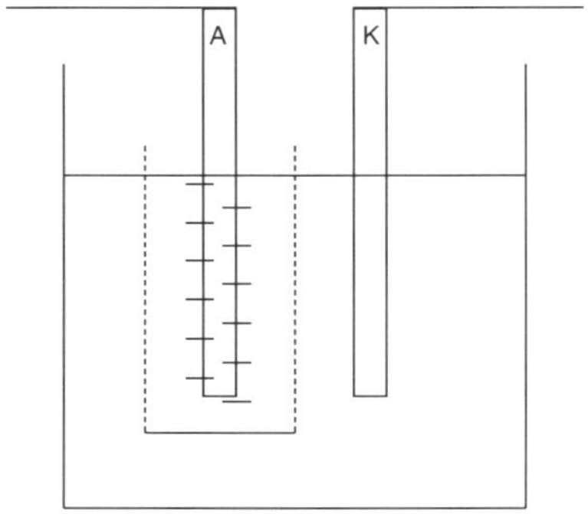

Ganz ähnlich wie die Metalle können sich auch Gasbeladungen der Elektroden verhalten, sofern sie sich merklich im Elektrodenmetall lösen und mit merklicher Geschwindigkeit Ionen in die Lösung senden.

Standardelektroden

Elektroden eines galvanischen Halbelements nennt man *Standardelektroden,* wenn die betreffenden Salzlösungen 1-molar sind (also 1 mol pro Liter). Jede Standardelektrode stellt mit ihrer Salzlösung ein Redoxsystem dar.

In einem galvanischen Element werden zwei unterschiedliche Halbelemente verbunden. Sie sind räumlich nur durch eine poröse Wand (*Diaphragma*, z.B. aus Ton) getrennt, die ionendurchlässig ist. Sie verhindert die zu schnelle Durchmischung und sorgt somit für einen kontinuierlichen Stromfluss, der aufgrund der Potenzialdifferenz der Halbzellen zustande kommt.
Die Redoxvorgänge in den Halbzellen sind voneinander getrennt, das Diaphragma erlaubt aber gleichzeitig einen Ladungsausgleich zwischen den

Halbzellen. Eine Alternative zum Diaphragma ist die *Elektrolytbrücke* bzw. Salzbrücke. Zwei räumlich getrennte Behälter werden durch eine Brücke verbunden, die einen Flüssigkeitsaustausch erlaubt.

Beispiel: Kupfer taucht in eine 1-molare $CuSO_4$-Lösung, Zink in eine 1-molare $ZnSO_4$-Lösung. Die Lösungen sind durch Tonzylinder getrennt. Zwischen den Elektroden liegt eine Spannung der Größe 1,11 V.

Halbelement mit Zinkstandardelektrode:

$Zn \rightleftarrows Zn^{2+} + 2\,e^-$

Halbelement mit Kupferstandardelektrode:

$Cu^{2+} + 2e^- \rightleftarrows Cu$

Galvanisches Element: $Zn + Cu^{2+} \rightleftarrows Cu + Zn^{2+}$

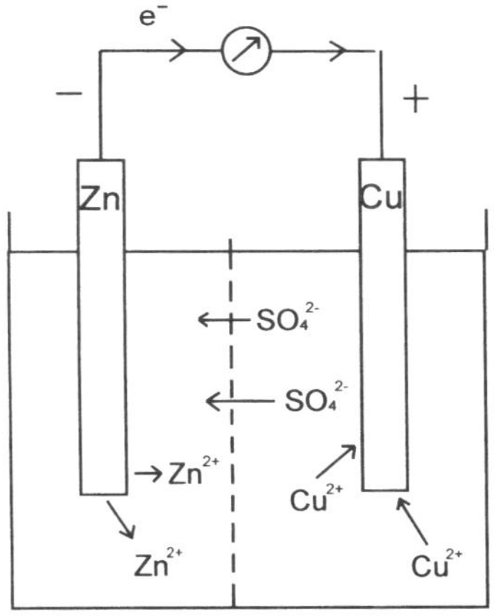

Die Zusammensetzung des galvanischen Elements kann man in einem *Zelldiagramm* wiedergeben:

$$Zn / Zn^{2+}\ (c = 1\ mol/l)\ //\ Cu^{2+}\ (c = 1\ mol/l)\ /\ Cu$$

Die Trennung der Halbzellen wird durch den doppelten Schrägstrich in der Mitte symbolisiert und innerhalb der Halbzellen gibt man das Redoxpaar getrennt durch einen einfachen Schrägstrich an. Die *Donatorhalbzelle*, das heißt die Zelle, in der die Oxidation stattfindet, steht links. Rechts steht die *Akzeptorhalbzelle*, in der die Elektronen aufgenommen werden und ein Stoff reduziert wird. Das beschriebene galvanische Element, das aus einer Zink- und einer Kupferhalbzelle besteht, die durch ein Diaphragma miteinander verbunden sind, nennt man nach ihrem Konstrukteur *Daniell-Element.*

Standard-Wasserstoffelektrode

Sie ist der (willkürlich festgesetzte) Bezugspunkt für Spannungsmessungen zwischen galvanischen Elementen und hat das Standardpotenzial 0. Sie besteht aus einem Platinblech, das in eine 1,2-molare Salzsäurelösung eintaucht (das sind 1 mol H_3O^+-Ionen) und von Wasserstoffgas (1 bar) umspült wird. Platin spaltet katalytisch die Wasserstoffmoleküle des Gases in Wasserstoffatome, die auf der Oberfläche des Platinblechs eine feste Wasserstoffelektrode bilden.

Spannungsreihe der Elemente

In der elektrochemischen Spannungsreihe sind alle Elemente nach ihrer Potenzialdifferenz bezogen auf die Standard-Wasserstoffelektrode sortiert. Stoffe mit einem höheren Elektrodenpotenzial können Stoffe mit niedrigerem Elektrodenpotenzial oxidieren.

Zwischen allen Standardelektroden und der Standard-Wasserstoffelektrode treten Spannungswerte auf, die man Standardpotenziale (E_0) nennt. (Unter Potenzial versteht man einen Spannungswert, der gegen einen festgelegten Bezugspol gemessen wird.) Das Standardpotenzial erhält ein negatives Vorzeichen, wenn die betreffende Standardelektrode an die Standard-Wasserstoffelektrode Elektronen abgibt, wenn erstere also der Minuspol ist, und ein positives Vorzeichen im umgekehrten Fall. Ordnet man alle Standardpotenziale nach Größe und Vorzeichen, so erhält man die Spannungsreihe der Elemente.

Redoxpaare	E^0 (V)
$K \rightleftarrows K^+ + e^-$	–2,92
$Ca \rightleftarrows Ca^{2+} + 2e^-$	–2,76
$Na \rightleftarrows Na^+ + e^-$	–2,71
$Mg \rightleftarrows Mg^{2+} + 2e^-$	–2,38
$Al \rightleftarrows Al^{3+} + 3e^-$	–1,67
$Zn \rightleftarrows Zn^{2+} + 2e^-$	–0,76
$Fe \rightleftarrows Fe^{2+} + 2e^-$	–0,41
$Pb \rightleftarrows Pb^{2+} + e^-$	–0,13
$H_2 + 2H_2O \rightleftarrows H_3O^+ + 2e^-$	**0**
$Cu \rightleftarrows Cu^{2+} + 2e^-$	0,35
$2\ I^- \rightleftarrows I_2 + 2e^-$	0,54
$Ag \rightleftarrows Ag^+ + e^-$	0,80
$2\ Br^- \rightleftarrows Br_2 + 2e^-$	1,07
$2\ Cl^- \rightleftarrows Cl_2 + 2e^-$	1,36

Jedes Metall reduziert die unterhalb von ihm stehenden Metallionen. Jedes Nichtmetall oxidiert die oberhalb von ihm stehenden Nichtmetallionen. Stärker negatives Normalpotenzial bedeutet, dass an der betreffenden Elektrode Elektronenüberschuss herrscht.

Beispiel: Besteht ein galvanisches Element aus einer Natrium- und einer Zinkelektrode, so ist Natrium der Minuspol. Natrium gibt die Elektronen ab und die Zinkionen nehmen sie auf.

Die elektropositiven Metalle, die in der Spannungsreihe unterhalb der Standard-Wasserstoffelektrode stehen, nennt man *edle Metalle*. Zu ihnen gehören Kupfer, Silber, Gold und Platin. Die elektronegativen Metalle wie zum Beispiel Zink, Eisen und Magnesium nennt man *unedle Metalle*. Sie lösen sich in Säure unter Wasserstoffentwicklung auf. Einige der unedlen Metalle zeigen die erwarteten Eigenschaften nicht, da sie durch eine Oxidschicht *passiviert* sind. So löst sich zum Beispiel Aluminium nicht in Säuren, ist aber dennoch ein unedles Metall, weil es ein negatives Standardelektrodenpotenzial besitzt.

Redoxpotenzial

Aus der Spannungsreihe der Elemente lässt sich errechnen, wie hoch die Spannung in einem galvanischen Element ist, wenn man zwei Standardelektroden miteinander verknüpft. Die Potenzialdifferenz der Standardelektroden wird direkt aus den Standardpotenzialen errechnet:

$$\Delta E = E^0 \text{ (Akzeptorhalbzelle)} - E^0 \text{ (Donatorhalbzelle)}$$

Beispiel Daniell-Element: $\Delta E = E^0_{Cu} - E^0_{Zn} = 1{,}11\ V$

Je weiter die Elemente in der Spannungsreihe voneinander entfernt sind, desto höher ist das Redoxpotenzial des galvanischen Elements.

Nernst'sche Gleichung

Die Nernst'sche Gleichung muss für die Berechnung des Redoxpotenzials angewendet werden, wenn die Konzentration der Halbzellen nicht den Standardbedingungen entspricht (c(Ox) bzw. c(Red) ≠ 1 mol/l).

Das Standardpotenzial eines galvanischen Elements kann mit der Nernst'schen Gleichung berechnet werden:

$$E = E^0 + \frac{0{,}059 V}{z} \lg \frac{c_{\text{Ox}}}{c_{\text{Red}}}$$

Die ausführliche Gleichung lautet: $E = E^0 + \frac{RT}{zF} \ln \frac{c_{\text{Ox}}}{c_{\text{Red}}}$

E: Redoxpotenzial der Halbzelle

E^0: Standardpotenzial der Halbzelle

R: Gaskonstante ($8{,}314\ J \cdot K^{-1} \cdot mol^{-1}$)

T: Temperatur (25°C = 298 K)

F: Faradaykonstante ($96487\ C \cdot mol^{-1}$)

z: Elektronenzahl im Redoxsystem

c_{Ox} und c_{Red}: Konzentrationen der oxidierten und reduzierten Form des Redoxpaares

VIII. Elektrochemie

Die 0,059 V aus der vereinfachten Gleichung (s. Kasten) ergeben sich, wenn man die Werte für R, T und F einsetzt und den natürlichen Logarithmus zum Zehner-Logarithmus umrechnet. Die einfache Gleichung gilt also streng genommen nur für eine Temperatur von 25°C.
Feststoffe und Wasser werden bei der Berechnung nicht als Konzentrationen angegeben. Sie fallen wie beim Massenwirkungsgesetz (Vgl. Kapitel 7) heraus. Für Metall-Halbzellen kann man daher die Konzentration der Metallionen logarithmieren:

$$E = E^0 + \frac{0{,}059V}{z} \lg c(Me^{z+})$$

Ist an den Reaktionen in der Halbzelle ein Gas beteiligt, setzt man den Partialdruck des Gases statt der Konzentration in die Gleichung ein.

Beispiel: Berechnung des Redoxpotenzials eines Daniell-Elements
Die Elektrodenpotenziale der Halbzellen werden nach der Nernst'schen Gleichung berechnet:

Akzeptorhalbzelle: $$E = E^0_{Cu} + \frac{0{,}059V}{2} \lg c(Cu^{2+})$$

Donatorhalbzelle: $$E = E^0_{Zn} + \frac{0{,}059V}{2} \lg c(Zn^{2+})$$

Daraus ergibt sich für das Redoxpotenzial des Daniell-Elements:

ΔE = E (Akzeptorhalbzelle) – E (Donatorhalbzelle)

$$\Delta E = E^0_{Cu} - E^0_{Zn} + \frac{0{,}059V}{z} \lg \frac{c_{\mathrm{Cu}^{2+}}}{c_{\mathrm{Zn}^{2+}}}$$

Konzentrationszelle

In Konzentrationszellen (bzw. Konzentrationsketten) werden nicht Halbzellen unterschiedlicher Redoxpaare, sondern Halbzellen mit unterschiedlicher Elektrolytkonzentration miteinander verbunden. Die Potenziale von Halbzellen sind konzentrationsabhängig. Zwischen zwei Halbzellen, die bis auf die Konzentration gleich geartet sind, ergibt sich daher eine Potenzialdifferenz.

Das galvanische Element strebt dem Konzentrationsausgleich entgegen. Weil das Diaphragma eine schnelle Diffusion der Ionen verhindert, gleichen sich die Systeme durch Redoxreaktionen aus. In der Halbzelle mit geringerer Konzentration läuft die Oxidation ab. Es gehen zusätzlich Ionen in Lösung und die Konzentration steigt (Donatorhalbzelle). In der höher konzentrierten Elektrolytlösung werden Ionen reduziert, die Konzentration wird daher im Laufe der Zeit niedriger (Akzeptorhalbzelle).
Die Nernst'sche Gleichung kann für Konzentrationszellen vereinfacht werden, da die Differenz der Standardpotenziale entfallt ($E^0_{Me} - E^0_{Me} = 0$). Für Konzentrationszellen gilt:

$$\Delta E = \frac{0{,}059V}{z} \lg \frac{c_1(Me^{z+})}{c_2(Me^{z+})}$$

Die Konzentration c_1 gibt die höhere Konzentration an (Donatorhalbzelle, Oxidation), c_2 die niedrigere (Akzeptorhalbzelle, Reduktion).

Beispiel: Das Elektrodenpotenzial einer Konzentrationszelle mit zwei Silberhalbzellen (0,1 mol/l und 0,8 mol/l) soll berechnet werden.

Zelldiagramm: Ag / Ag^+ (c = 0,1 mol/l) // Ag^+ (c = 0,8 mol/l) / Ag

$$\Delta E = 0{,}059V \cdot \lg \frac{c_1(Ag^+)}{c_2(Ag^+)} = 0{,}053V$$

Weil der Logarithmus von zehn eins ergibt, werden in einer Konzentrationszelle genau 0,059 V erreicht, wenn die Ionenkonzentration einfach geladener Ionen (z = 1) in der Donatorhalbzelle genau zehnmal so hoch ist wie die in der Akzeptorhalbzelle.

pH-Abhängigkeit des Elektrodenpotentials

Die Abhängigkeit des Elektrodenpotenzials vom pH-Wert ist nicht bei allen Redoxpaaren gegeben. Sie zeigt sich zum Beispiel bei der Wasserstoffhalbzelle. Da die Standard-Wasserstoffhalbzelle der Bezugspunkt für die Bestimmung der Potenziale anderer Halbzellen ist, ist ihr Standard-Elektrodenpotenzial auf 0 festgelegt. Wasserstoff wird mit einem Druck von 1 atm (bzw. 1,013 bar) in die Halbzelle eingeleitet. Der Partialdruck von Wasserstoff ist demnach $p(H_2)=1$ (bzw. 1,013). Für die Nernst'sche Gleichung ergibt sich daraus:

$$E = 0{,}059\ V \cdot lgc\ (H_3O^+) = -\ 0{,}059 \cdot pH$$

Die Konzentration der Oxoniumionen beträgt in der Standard-Wasserstoffelektrode 1 mol/l, sodass das Elektrodenpotenzial der Standard-Wasserstoffelektrode 0 ist.
In Wasser (pH 7) besteht ein Elektrodenpotenzial von –0,41V. Anhand dieses Wertes lässt sich voraussagen, dass unedle Metalle mit Wasser reagieren, die ein Elektrodenpotenzial unter –0,41V haben. Viele Metalle (z. B. Magnesium) bilden jedoch eine Hydroxidschicht aus. Aufgrund ihrer Passivierung kann die Reaktion nicht weiterlaufen.

Die pH-Abhängigkeit von Halbzellen kann man für die pH-Messung von Lösungen nutzen. Eine Bezugselektrode mit bekanntem pH-Wert wird in der Art einer Konzentrationszelle mit der unbekannten Lösung verbunden. Aus der Potenzialdifferenz lässt sich errechnen, wie hoch die Oxoniumionenkonzentration in der unbekannten Lösung sein muss. Man benutzt für pH-Messungen allerdings keine Wasserstoffhalbzellen, da die Handhabung zu kompliziert wäre. Als Bezugselektrode wird häufig eine Kalomel-Elektrode (Quecksilber-Qecksilberchlorid-Elektrode) oder eine Silber-Silberchlorid-Elektrode verwendet.

8.3 Galvanische Stromquellen

Technische Ausführungen von galvanischen Elementen nennen wir galvanische Stromquellen. Dies sind Batterien, Akkumulatoren oder Brennstoffzellen.

Taschenlampenbatterie

Die Elektroden sind Zink und Braunstein MnO_2, die sich in einem Elektrolyt befinden, der aus eingedicktem Ammoniumchlorid NH_4Cl besteht. Als Anode dient ein vom Braunstein umhüllter Kohlestift. Die Spannung beträgt 1,5 V.

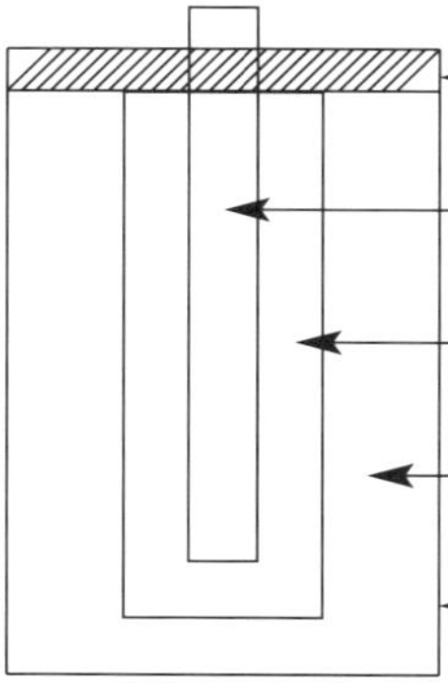

Es finden folgende chemische Reaktionen an den Elektroden statt:

Halbelement Zink: $Zn \rightarrow Zn^{2+} + 2\,e^-$

Halbelement Braunstein: $2\,MnO_2 + 2\,e^- + 2\,H_3O^+ \rightarrow Mn_2O_3 + 3\,H_2O$

Element: $Zn + 2\,MnO_2 + 2\,H_3O^+ \rightarrow Mn_2O_3 + Zn^{2+} + 3\,H_2O$

Die 2 H_3O^+ stammen aus der Protolyse der Ammoniumionen des Elektrolyten: $NH_4^+ + H_2O \rightleftarrows NH_3 + H_3O^+$. Das Ammoniakgas verbindet sich mit Zink, damit ist gesichert, dass das Gas die dichte Batteriehülle nicht sprengt.

Bleiakkumulator

Während die gewöhnlichen Elemente den Nachteil haben, dass sie bei längerer Strombelastung durch Veränderung oder Zerstörung ihrer Elektroden unbrauchbar werden, kann man bei den Akkumulatoren auf einfache Weise den ursprünglichen Zustand wieder herstellen, also den chemischen Vorgang umkehren.
Zwei Bleiplatten tauchen in 20%ige Schwefelsäure. Blei reagiert dabei mit der Schwefelsäure zu Blei(II)-sulfat und Wasserstoffgas, gemäß der Gleichung $H_2SO_4 + Pb \rightarrow PbSO_4 + H_2$. Bleisulfat ist schwer löslich und verhindert die Auflösung der Bleiplatten in der Schwefelsäure. Nachdem die Elektroden von gleicher Beschaffenheit sind, gibt es keine Polarisation.

Ladevorgang: Die Elektroden werden an eine Stromquelle angeschlossen, es tritt Elektrolyse ein, dadurch werden die Elektroden zusammen mit der Schwefelsäure zu Halbelementen.

Kathode:	$Pb^{2+} + 2\ e^- \rightarrow Pb$
Anode:	$Pb^{2+} + 6\ H_2O \rightarrow PbO_2 + 4\ H_3O^+ + 2\ e^-$
Gesamtreaktion:	$2\ Pb^{2+} + 6\ H_2O \rightarrow Pb + PbO_2 + 4\ H_3O^+$

Entladevorgang: Die Elektroden werden in einen Stromkreis geschaltet, es fließt Strom, und zwar außen vom Pluspol zum Minuspol.

Minuspol:	Halbelement Blei in Schwefelsäure, $E_0 = -0{,}28$ V
	$Pb \rightarrow Pb^{2+} + 2\ e^-$
Pluspol:	Halbelement PbO_2 in Schwefelsäure, $E_0 = +1{,}78$ V
	$PbO_2 + 4\ H_3O^+ + 2\ e^- \rightarrow Pb^{2+} + 6\ H_2O$
Gesamtreaktion:	$Pb + PbO_2 + 4\ H_3O^+ \rightarrow 2\ Pb^{2+} + 6\ H_2O$

Da beim Entladen Wasser gebildet wird, kommt es zu einer Verdünnung der Schwefelsäure und somit zu einer geringeren Spannung zwischen den Polen.

Brennstoffzellen

Saure Zelle: Die Elektroden bestehen aus porösen Nickelplatten, die sich in verdünnter Schwefelsäure befinden. An der Kathode wird unter Druck Wasserstoffgas eingeblasen, an der Anode Sauerstoffgas.

Nickel wirkt als Katalysator, es spaltet die Gasmoleküle in Gasatome, die sich an den Elektroden anlagern können. Bei der Stromentnahme gibt es folgende Reaktionen:

Minuspol:	$4\ H_2O + 2\ H_2 \rightarrow 4\ H_3O^+ + 4\ e^-$
Pluspol:	$O_2 + 4\ H_3O^+ + 4\ e^- \rightarrow 6\ H_2O$
Gesamt:	$2\ H_2 + O_2 \rightarrow 2\ H_2O$

Da ständig Wasser gebildet wird, verdünnt sich die Schwefelsäure, sie muss häufig nachgefüllt werden.

Alkalische Zelle: Da die Nickelelektroden in Schwefelsäure nicht beständig sind, verwendet man als Elektrolyten Kalilauge. Bei Stromentnahme gibt es folgende Reaktionen:

Minuspol:	$2\ H_2 + 4\ OH^- \rightarrow 2\ H_2O + 4\ e^-$
Pluspol:	$O_2 + 2\ H_2O + 4\ e^- \rightarrow 4\ OH^-$
Gesamt:	$2\ H_2 + O_2 \rightarrow 2\ H_2O$

8.4 Korrosion

Lokalelemente

Ein Lokalelement ist ein kleines kurzgeschlossenes galvanisches Element, das sich in einem Elektrolyt befindet, bei dem sich das Metall mit dem negativeren Potential allmählich auflöst.

Beispiel: Ein Zink- und ein Kupferstückchen berühren sich und befinden sich in verdünnter Schwefelsäure. Es fließt ein Kurzschlussstrom, wobei am Kupfer Wasserstoffgas entwickelt wird. Die Zinkelektrode löst sich allmählich auf. Folgende Reaktionen stellen sich ein: $Zn + Zn^{2+} + 2\ e^-$ und $2\ H_3O^+ + 2\ e^- \rightarrow H_2 + 2\ H_2O$.

Korrosion

Unter Korrosion eines Metalls versteht man dessen Zerstörung durch chemische Einflüsse.

Das Metall wird dabei stets zu Metallionen oxidiert, die anschließend in vielfältiger Weise weiterreagieren können. Eine solche Oxidation kann durch direkte chemische Reaktion des Metalls mit einer aggressiven Substanz erfolgen (z. B. Korrosion durch Chlorwasserstoff, Korrosion von Al/Mg-Legierungen durch Stickstoff, usw.).

Rosten: Es ist ein wichtiger Korrosionsvorgang, nämlich die chemische Reaktion von Eisen mit Wasser unter Mitwirkung von Sauerstoff. Der Rostvorgang ist sehr komplex; es bildet sich ein festes Produkt der Zusammensetzung FeOOH, das eine poröse lockere Struktur besitzt und damit den weiteren Zutritt von Feuchtigkeit und Luft zum Metall erlaubt, sodass schließlich vollständiges Durchrosten des Eisenstücks eintreten kann.

Elektrochemische Korrosion: Berühren sich zwei Metalle mit verschiedenen Normalpotentialen und taucht die Berührungsstelle in eine Elektrolytlösung (z. B. Regenwasser oder Wasser in der Erde mit gelösten Salzen), so entsteht ein Lokalelement. Es fließt ein Kurzschlussstrom, durch den sich das Metall, das den Minuspol bildet, allmählich auflöst.

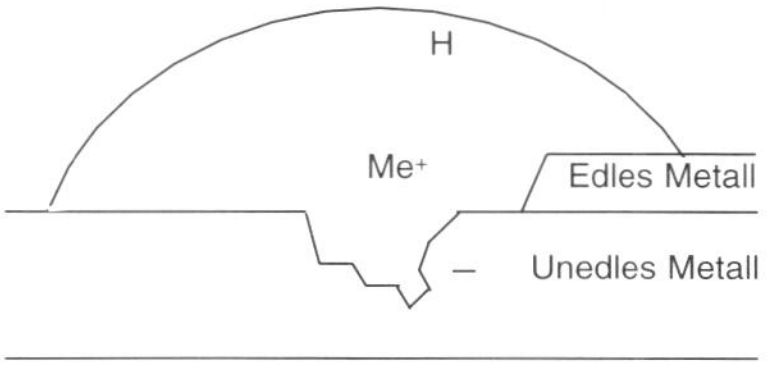

Korrosionsschutz

Metalle können durch verschiedene Verfahren vor Korrosion geschützt werden. Häufig werden die korrosionsgefährdeten Metalle mit einem weniger empfindlichen Stoff überzogen, eine andere Möglichkeit ist der kathodische Schutz.

Nichtmetallüberzüge: Metalle können mit Lacken, Emaille oder Schwermetalloxiden vor Korrosion geschützt werden. Mennige (Pb_3O_4) ist zum Beispiel ein bekanntes Rostschutzmittel.
Eisen wird zum Teil mit ‚Rostumwandlern' behandelt, die Phosphorsäure enthalten. Phosphorsäure reagiert mit Eisen zu Eisenphosphat, das eine Schutzschicht auf dem Metall bildet.

Metallüberzüge: Metalle, die an Luft oder in Wasser beständig sind, nutzt man als Überzüge für schnell korrodierende Metalle. Es eignen sich besonders edle

Metalle oder solche, die wie Chrom und Aluminium eine Schutzschicht ausbilden. Die beiden Gruppen unterscheiden sich allerdings wesentlich in ihrer Schutzfunktion, wenn der Überzug beschädigt wird. Ist das geschützte Metall unedler als die Schutzschicht, so wird die Korrosion beschleunigt.

Beispiel: Man überzieht ein Eisenblech a) mit Zink und b) mit Zinn.

a) Der Zinküberzug des Eisens wird beschädigt. Es entsteht ein Lokalelement an den Metallen. Da Zink ein niedrigeres Elektrodenpotenzial hat als Eisen, wird Zink oxidiert. Die Schutzschicht löst sich langsam auf.

b) Der Zinnüberzug des Eisens wird beschädigt. Auch hier entsteht ein Lokalelement, aber es kommt zu einer starken Korrosion des Eisens. Weil Zinn ein höheres Elektrodenpotenzial hat als Eisen, beschleunigt es die Korrosion des Stoffes, da die Oxidation am unedleren Metall abläuft.

Es gibt verschiedene Verfahren, metallische Schutzschichten anzubringen. Für Zinn gibt es zum Beispiel die Möglichkeit der Feuerverzinnung, dabei werden die Werkstoffe in flüssiges Zinn getaucht.

Ein wichtiges elektrochemisches Verfahren ist das *Galvanisieren*, bei dem die Schutzschicht elektrolytisch erzeugt wird. Auf diese Weise kann man Metalle unter anderem vernickeln, verchromen oder versilbern. Soll ein Gegenstand galvanisiert werden, müssen zunächst Oxidschichten, Fette und Unebenheiten entfernt werden, damit der Metallüberzug gut haftet. Anschließend wird der Gegenstand als Kathode eines galvanischen Elements mit dem Metall als Anode verbunden, mit dem es überzogen werden soll. Die Elektrolytlösung enthält die Ionen des Überzugsmetalls. Der Stromfluss wird gering gehalten, damit der Überzug gleichmäßig ist.

Kathodischer Schutz: An Schiffen, Spundwänden oder Heizungsanlagen, die ständig Wasser ausgesetzt sind, wirkt man der Korrosion des Metalls häufig durch Opferanoden entgegen. Das Metall, das man schützen will, verbindet man mit einem unedleren Metall. Es entsteht ein galvanisches Element. Das unedle Metall (z. B. Zink) wird oxidiert und löst sich nach und nach auf, weil Ionen des unedlen Metalls in Lösung gehen. Das edlere Metall, das geschützt werden soll, korrodiert nicht, da es im galvanischen Element die Kathode darstellt.

Alternativ dazu kann das korrosionsgefährdete Metall direkt durch den negativen Pol unter Gleichstrom gesetzt werden. Damit erübrigt sich die Opferanode.

Inhibitoren: Die Flüssigkeit, die das Metall zum korrodieren bringt, kann in geschlossenen Systemen weniger reaktionsfähig gemacht werden. Dies geschieht zum Beispiel, wenn korrosionsfördernde Stoffe entzogen werden. Kationenaustauscher können das das Wasser entsalzen und Sauerstoff kann durch Hydrazin entfernt werden. Eine Alternative ist, der Flüssigkeit korrosionshemmende Stoffe wie Phosphorsäure hinzuzufügen.

IX. Periodensystem der Elemente (PSE)

9.1 Bauplan des PSE

Im Periodensystem sind alle Elemente nach einer fortlaufenden Nummer eingetragen, das ist die Ordnungszahl. Sie ist gleich der Anzahl der Protonen im Atom des jeweiligen Elements und gleich der Anzahl der Elektronen in der Hülle. Ein ausführliches Periodensystem finden Sie auf den Seiten 444/445.

Perioden

Die Elemente sind außerdem in 10 Reihen angeordnet; diese Reihen sind untereinandergelegt und so gegeneinander verschoben, dass 8 Spalten (Gruppen) entstehen. Über die Bedeutung der Reihen für den Atomaufbau siehe Seite 61f. Die 10 Reihen sind zu folgenden 7 Perioden zusammengefasst:

Reihe 1:	Vorperiode, enthält 2 Elemente (H und He)
Reihe 2:	1. kleine Periode, enthält 8 Elemente (Li bis Ne)
Reihe 3:	2. kleine Periode, enthält 8 Elemente (Na bis Ar)
Reihen 4, 5:	1. große Periode, enthält 18 Elemente (K bis Kr)
Reihen 6, 7:	2. große Periode, enthält 18 Elemente (Rb bis Xe)
Reihen 8, 9:	Riesenperiode, enthält 32 Elemente (Cs bis Rn)
Reihe 10:	Nachperiode, enthält 17 Elemente (Fr bis Lw)

Haupt- und Nebengruppen

Innerhalb der Gruppen, die mit den römischen Ziffern I bis Viii bzw. I bis VIII und 0 bezeichnet werden, kommen chemisch verwandte Elemente übereinander zu stehen. Von der 4. Reihe ab zerfällt jede der ersten 7 Gruppen in eine Hauptgruppe und eine Nebengruppe. Die Hauptgruppe umfasst die größte Zahl der Elemente einer Gruppe und bestimmt ihre wichtigsten Eigenschaften, in der Nebengruppe steht der Rest der Elemente, die zwar untereinander eng verwandt sind, sich chemisch aber mehr oder weniger anders als die der Hauptgruppen verhalten. Die Hauptgruppen haben folgende Bezeichnungen:

I	Alkalimetalle
II	Erdalkalimetalle
III	Erdmetalle
IV	Kohlenstoffgruppe
V	Stickstoffgruppe
VI	Sauerstoffgruppe
VII	Halogengruppe
0	Edelgase

Links-Rechts-Beziehungen

Die stöchiometrische Wertigkeit der Elemente gegen Wasserstoff steigt von Gruppe I bis IV von 1 bis 4 und fällt von da bis Gruppe VII wieder auf 1. Die Höchstwertigkeit gegen Sauerstoff nimmt von Gruppe I bis VII regelmäßig von 1 bis 7 zu.

Beispiele:

Gruppe	I	II	III	IV	V	VI	VII
Wasserstoff-verbindung	KH	BeH_2	BH_3	CH_4	NH_3	SH_2	FH
Oxide	Na_2O	MgO	Al_2O_3	CO_2	N_2O_5	SO_3	Cl_2O_7

Der Grund dafür ist die unterschiedliche Anzahl von Elektronen in der Außenschale der Atomhülle.

Oben-Unten-Beziehungen

Bei den Elementen der Hauptgruppen zeigt sich mit zunehmender relativer Atommasse ein immer stärkeres Zunehmen der metallischen Eigenschaften.

Dies ist auch der Grund für die Zunahme der Basenstärke bzw. die Abnahme der Säurestärke der Oxide.

9.2 Hauptgruppenelemente

Wasserstoff

Wasserstoff ist das erste Element des PSE, mit dem leichtesten und einfachsten Atom, 1 H. Selten kommen die Isotope ^{2}H (^{2}D, Deuterium) und ^{3}H (^{3}T, Tritium) vor.

Wasserstoff ist der Baustein des Universums. Unter Normalbedingungen kommt Wasserstoff gasförmig vor, er ist farb- und geruchlos und brennt mit schwach bläulicher und sehr heißer Flamme. Die Entzündungstemperatur liegt bei etwa 600 °C.

Herstellung: Entweder durch Elektrolyse von Wasser $2\ H_2O \rightarrow 2\ H_2 + O_2$ oder durch Reaktion unedler Metalle mit Säuren, z. B. $Mg + 2\ HCl \rightarrow MgCl_2 + H_2$ oder großtechnisch aus Wassergas (Gemisch von CO und H_2), das aus Koks gewonnen wird, durch katalytische Oxidation von CO in CO_2, wobei anschließend das CO_2 durch Wasser oder Natronlauge vom Wasserstoff getrennt wird.

Reduktionsmittel: Wasserstoff kann wegen seiner großen Affinität zu Sauerstoff in der Hitze Metalloxide reduzieren und wird dabei selbst zu Wasser oxidiert: $CuO + H_2 \rightarrow Cu + H_2O$.

Natürliches Wasser: Es ist die wichtigste Verbindung des Wasserstoffs und für das Leben auf der Erde unentbehrlich. Natürliches Wasser ist eine Lösung verschiedener Salze in geringer Konzentration. Nur das so genannte destillierte Wasser ist ein Reinstoff und ein Nichtleiter mit sehr hohem elektrischen Widerstand.
Wie aus der Physik bekannt, hat Wasser sehr viele Anomalien in seinen Materialkonstanten.

Alkalimetalle (1. Hauptgruppe)

Lithium: Es ist das leichteste Metall und verbrennt in reinem Sauerstoff bei 180,2 °C zu Lithiumoxid: $4\,Li + O_2 \rightarrow 2\,Li_2O$.

Natrium: Ein weiches silberglänzendes Metall, das an der Luft rasch Oxidschichten bildet. Es reagiert mit Wasser sehr heftig zu Natronlauge: $2\,Na + 2\,H_2O \rightarrow 2\,NaOH + H_2$. Weniger heftig reagiert es mit Alkohol: $2\,Na + 2\,C_2H_5OH \rightarrow 2\,C_2H_5O^-Na^+ + H_2$. Wegen der heftigen Reaktion mit Wasser wird Natrium in der organischen Chemie als Trocknungsmittel für Lösungsmittel eingesetzt. Natrium färbt die Bunsenbrennerflamme gelb; es muss stets unter Petroleum aufbewahrt werden.

Natriumchlorid: Die wichtigste Verbindung von Natrium ist Natriumchlorid (Kochsalz). Es kommt in der Erde in großen Lagerstätten vor (Steinsalz) und muss daraus bergmännisch abgebaut werden. Auch aus dem Meerwasser wird es durch Verdunsten gewonnen. Es bildet würfelförmige Kristalle, die in Wasser leicht löslich sind (bei Zimmertemperatur sind in 100 g Wasser 35,8 g Kochsalz löslich).

Kochsalz ist eine Speisewürze aber auch ein wichtiger Ausgangsstoff zur Herstellung vieler Natrium- und Chlorverbindungen und von Chlorgas.

Natriumhydroxid: NaOH kommt als Reinstoff in der Natur nicht vor, es muss elektrolytisch aus Kochsalz hergestellt werden. Natriumhydroxid ist ein weißer, kristalliner, stark ätzender und hygroskopischer Feststoff. Er muss luftdicht aufbewahrt werden, da er mit dem Kohlendioxid in der Luft zu Natriumcarbonat reagiert: $2\,NaOH + 2\,CO_2 \rightarrow Na_2CO_3 + H_2O$.

Natriumhydroxid (auch Ätznatron genannt) reagiert mit Wasser unter Wärmefreisetzung zu Natronlauge, einer starken Base.

Natriumcarbonat (Soda): Formel $Na_2CO_3 \cdot 10\,H_2O$, besteht aus wasserhaltigen farblosen Kristallen, die ihr Kristallwasser an der Luft leicht abgeben (dabei verwittert das Soda und zerfällt zu einem weißen Pulver). Die wässrige Lösung reagiert alkalisch, weil das Salz einer schwachen Säure (Kohlensäure H_2CO_3) eine starke Base ist. Soda wird daher in Haushalt und Gewerbe als Reinigungs- und

Waschmittel benutzt. Mit relativ starken Säuren reagiert Soda zu Wasser, Kohlendioxid und dem Salz der stärkeren Säure.

Eine starke Säure verdrängt die schwächere Säure aus ihren Salzen: $Na_2CO_3 + 2\ HCl \rightarrow 2\ NaCl + H_2O + CO_2$.

Soda wird technisch im so genannten Solvay-Verfahren hergestellt: Ammoniakgas und Kohlendioxid werden in eine gesättigte Kochsalzlösung eingeleitet. Dabei bildet sich schwer lösliches Natriumhydrogencarbonat, das anschließend in großen Drehöfen zu Soda gebrannt wird. Das Solvay-Verfahren ist sehr wirtschaftlich, da freigesetztes Kohlendioxid wieder eingesetzt und teueres Ammoniakgas wieder zurückgewonnen werden kann.

Natriumsulfat (Glaubersalz): Formel Na_2SO_4, ist ein leicht lösliches, kristallines Salz, das bei der Glasherstellung, bei der Zellstoff- und Papierherstellung und zur Herstellung pharmazeutischer Präparate verwendet wird. Glaubersalz kann aus Schwefelsäure und Kochsalz nach folgender Reaktion hergestellt werden: $H_2SO_4 + 2\ NaCl \rightarrow Na_2SO_4 + 2\ HCl$.
Ein anderes Herstellungsverfahren verwendet Magnesiumsulfat und Kochsalz, wobei das Glaubersalz bei Temperaturen unter – 5 °C auskristallisiert: $MgSO_4 + 2\ NaCl \rightarrow Na_2SO_4 + MgCl_2$.

Natriumnitrat (Chilesalpeter): Formel $NaNO_3$, farblose hygroskopische, in Wasser leicht lösliche Kristalle. Natriumnitrat wird aus seinen natürlichen Lagern in der Wüste Atakama (Chile und Peru) abgebaut. Synthetisch kann der Chilesalpeter bei der Neutralisation von Salpetersäure mit Natronlauge gewonnen werden: $HNO_3 + NaOH \rightarrow NaNO_3 + H_2O$. Er wird als Düngemittel verwendet, dabei entsteht als Nebenprodukt Natriumhydrogensulfat: $NaNO_3 + H_2SO_4 \rightarrow NaHSO_4 + HNO_3$.

Kalium: Ein weiches, leicht schneidbares Metall, ähnlich dem Natrium, mit silbriger Schnittfläche, die an der Luft sofort durch Oxidation verschwindet. Es reagiert noch heftiger mit Wasser als Natrium, wobei sich der entstehende Wasserstoff entzündet: $2\,K + 2\,H_2O \rightarrow 2\,KOH + H_2$. Mit Alkohol reagiert Kalium weniger heftig: $2\,K + 2\,C_5H_{11}OH \rightarrow 2\,C_5H_{11}O^-K^+ + H_2$.

Kaliumchlorid: Formel KCl, farblose, stark salzig schmeckende Kristallwürfel, die sich in Wasser leicht lösen lassen. Es wird als Bestandteil der Abraumsalze von Steinsalzlagerstätten gewonnen und als Pflanzendünger verwendet. Außerdem ist Kaliumchlorid Ausgangsstoff für alle Kaliumverbindungen.

Rubidium: Es ist ein sehr reaktionsfreudiges Metall, das an der Luft unter Selbstentzündung reagiert und mit Wasser unter Aufglühen reagiert. Bei Bestrahlung mit Licht spaltet das Metall Elektronen ab, es wird daher als optischer Sensor verwendet. Es kann aus seinen Chloriden gewonnen werden, und zwar entweder durch Schmelzelektrolyse oder durch Erhitzen mit Calcium im Vakuum: $2\,RbCl + Ca \rightarrow CaCl_2 + 2\,Rb$.

Cäsium: Das Metall ist noch reaktionsfreudiger als Rubidium, das an der Luft unter Selbstentzündung reagiert und mit Wasser unter Aufglühen reagiert. Bei Bestrahlung mit Licht spaltet das Metall Elektronen ab, es wird daher als optischer Sensor verwendet. Herstellung wie bei Rubidium.

Francium: Es ist radioaktiv und chemisch unbedeutend.

Erdalkalimetalle (2. Hauptgruppe)

Beryllium: Es ist ein hartes, silberweißes und sprödes Metall, das sich in verdünnten Säuren auflöst. Es wird durch Schmelzelektrolyse seiner Chloride und Bromide gewonnen. Mit Kupfer zusammen bildet es eine Legierung, genannt Berylliumbronze, ein Material, das bei harten Schlägen keine Funken erzeugt.

Beryll: Formel $Be_3Al_2Si_6O_{18}$, ist der Bestandtteil einiger Halbedelsteine, z. B. Aquamarin (seine grünlich-hellblaue Farbe entsteht durch beteiligte Eisenverbindungen) oder Smaragd (seine grüne Farbe entsteht durch Beimengungen von Cr_2O_3).

Berylliumoxid: Formel BeO, ist ein weißes Pulver mit einer hohen Schmelztemperatur bei 2530 °C. Es wird aus Berylliumhydroxid hergestellt, das durch Glühen zerfällt: $Be(OH)_2 \rightarrow BeO + H_2O$. Er ist ein feuerfester Werkstoff und wird z. B. bei der Auskleidung von Raketenmotoren verwendet.

Magnesium: Es ist ein silberweißes, biegsames Metall, das in Band-, Draht- oder Pulverform in den Handel kommt. Es zersetzt (im Gegensatz zu seinen Verwandten in der Hauptgruppe Calcium, Strontium, Barium) das Wasser bei Raumtemperatur nur sehr langsam. Es überzieht sich in Luft mit einer dünnen grauen Oxidschicht und lässt sich sehr leicht entzünden, wobei es mit blendend weißem Licht verbrennt (Blitzlicht, Feuerwerkskörper) $2\,Mg + O_2 \rightarrow 2\,MgO$.
Brennendes Magnesium kann mit Wasser oder Sand nicht gelöscht werden, weil dabei brennendes Wasserstoffgas entsteht. Magnesium wird von allen Säuren (außer Flußsäure) angegriffen, nicht aber von Basen. Reines Magnesiummetall ist als Werkstoff nicht verwendbar, da es keine genügende Festigkeit besitzt. Magnesiumlegierungen sind dagegen sehr fest und leicht und werden vor allem im Flugzeug- und Autobau verwendet.

Eine Legierung ist eine Metallverbindung oder ein (aus dem Schmelzfluß erstarrtes) einheitliches Gemisch aus Metallen oder Metallverbindungen mit metallischen Eigenschaften.

Magnesium wird aus seinen Chloriden und Sulfaten, die sich in der Erdrinde befinden, durch Schmelzelektrolyse gewonnen.

Magnesiumoxid: Formel MgO, ist ein weißes feines Pulver oder ein gesinterter Festkörper. Es wird durch Verbrennen von Magnesium hergestellt und ist sehr hitzebeständig (Schmelztemperatur 2600 °C).

Calcium: Dieser Stoff kommt in der Natur sehr häufig vor, z. B. im Kalkstein oder im Calciumchlorid, aus dem es durch Schmelzelektrolyse auch rein gewonnen wird. Calciumionen im Wasser bestimmen u. a. die Wasserhärte. Calcium ist ein silberweißes, zähes Metall, das mit dem Messer nicht schneidbar ist. In der Luft bilden sich rasch Hydrid- oder Carbonatschichten an der Oberfläche. Mit Wasser reagiert es lebhaft: $Ca + 2\ H_2O \rightarrow Ca(OH)_2 + H_2$. Es verbrennt unter Beteiligung von Sauerstoff und Stickstoff mit hellroter Flamme: $8\ Ca + 2\ N_2 + O_2 \rightarrow 2\ CaO + 2\ Ca_3N_2$.

Calciumcarbonat (Kalkstein): Formel $CaCO_3$, es sind schwer lösliche, farblose Kristalle. Der Stoff zerfällt beim Erhitzen ab 900 °C in Calciumoxid und Kohlendioxid: $CaCO_3 \rightarrow CaO + CO_2$. Kalkstein wird auch von verdünnten Säuren zersetzt, z. B. von verdünnter Salzsäure (dabei entsteht Calciumchlorid, gemäß der Formel $CaCO_3 + 2\ HCl \rightarrow CaCl_2 + CO_2 + H_2O$), oder durch die Einwirkung von Kohlensäure, die in Regenwasser vorhanden ist gemäß $CaCO_3 + CO_2 + H_2O \rightarrow Ca(HCO_3)_2$. Das entstehende Hydrogencarbonat ist wasserlöslich, sickert in unterirdische Hohlräume und bildet dort nach Verdunstung des Wassers wieder Kalkstein in Form von Tropfsteinen.

Calciumhydroxid (Ätzkalk, Löschkalk): Formel $Ca(OH)_2$, weißes Pulver, bildet mit Wasser eine Suspension, die alkalisch reagiert (Kalkwasser). Kalkwasser wird zum Nachweis von Kohlendioxid verwendet. Das klare Kalkwasser trübt sich beim Einleiten von Kohlendioxid, bei fortgesetztem Einleiten von Kohlendioxid löst sich der Kalkniederschlag wieder auf. Die Reaktionsgleichung ist oben genannt.

Calciumsulfat (Gips): Formel $CaSO_4 \cdot 2\ H_2O$ ist ein weißes Kristallpulver, das in Wasser schwer löslich ist. Gips findet man in großen natürlichen Lagern; er ist ein wichtiges natürliches Sulfat.

Viele Salze binden, wenn sie sich aus einer Lösung als Kristalle ausscheiden, Wasser nach festen Mengenverhältnissen und geben es beim Zerfall der Kristalle (Erhitzen) wieder ab. Da sich dieses Wasser am Aufbau der Kristalle beteiligt, bezeichnet man es als Kristallwasser und fügt es der Salzformel bei.

Beim „Brennen“ (Erhitzen auf 120 °C – 160 °C) verliert der natürliche Gips einen Teil seines Kristallwassers und geht in den gebrannten Gips über. Mit Wasser angerührt, nimmt dieser unter Raumvermehrung wieder Wasser auf und bildet feine, nadelförmige Kristalle, die ineinander verfilzen und zu einer steinharten Masse werden (Abbinden). Gips findet Verwendung im Baugewerbe und Kunsthandwerk.

Strontium: Das Metall gewinnt man aus Strontiumcarbonat oder Strontiumsulfat, die beide in der Natur vorkommen. Es färbt die Bunsenflamme leuchtend rot.

Barium: Ein silbrig glänzendes Metall, das aus Bariumsulfat (Schwerspat) gewonnen wird. Bariumsulfat in Pulverform dient als Röntgenkontrastmittel. Außerdem ist es Bestandteil der weißen Malerfarbe.

Radium: Es ist ein stark radioaktives Metall, das im Dunkeln leuchtet, und eine starke chemische Ähnlichkeit mit Barium hat. Das radiumreichste Mineral ist die Pechblende (Urandioxid, UO_2), in der das Radium als Zerfallsprodukt des Urans enthalten ist.

Erdmetalle (3. Hauptgruppe)

Bor: Kristallines Bor bildet schwarzgraue, sehr harte und glänzende Kristalle; sie haben neben Diamant die größte Härte. Amorphes Bor ist ein braunes Pulver, das praktisch unlöslich ist. Es entzündet sich an der Luft bei 700 °C und verbrennt zu Bortrioxid (B_2O_3). Mit Chlor, Brom und Schwefel reagiert es bei höheren Temperaturen zu Chloriden, Bromiden und Sulfiden.

Bor leitet den elektrischen Strom bei Zimmertemperatur sehr schlecht, die Leitfähigkeit steigt aber mit zunehmender Temperatur.

Borsäure: Formel H_3BO_3, bildet weißglänzende, schuppige, durchscheinende, sich fettig anfühlende Kristallblättchen. Die Säure ist in Wasser löslich und wirkt dann als sehr schwache Säure. Sie hat antiseptische Wirkung und ist stark giftig.

Borsäure wird aus einer Reaktion von Borax ($Na_2B_4O_7$) mit Schwefelsäure gewonnen.

Aluminium: In der Natur sind Verbindungen des Aluminiums so verbreitet, dass es als häufigstes Metall in der Erdrinde gilt. Es kommt als Silikat vor (Feldspat, Kaolin, Ton), als Hydroxid (Bauxit, Laterit), als Oxid im Mineral Korund sowie im Mineral Kryolith. Hergestellt wird es durch Schmelzelektrolyse aus Tonerde. Rein ist es ein silbrig-weißes Leichtmetall, es lässt sich zu dünnen Folien und Drähten ausziehen und bis zu einer Dicke von 0,004 mm aushämmern. Die elektrische Leitfähigkeit ist 60 % von der des Kupfers. Aluminium ist ein wichtiger Bestandteil bei sehr harten Metalllegierungen und ein Katalysator in der organischen Chemie. Es ist an der Luft beständig, obwohl es mit Sauerstoff leicht reagiert, da sich eine feste Oxidschicht bildet, die eine weitere Oxidation verhindert. Fein verteiltes Aluminium verbrennt wie Magnesium mit sehr hellem Licht, nach der Gleichung: $4\,Al + 3\,O_2 \rightarrow 2\,Al_2O_3$. In nicht oxidierenden Säuren löst sich Aluminium unter Wasserstoffentwicklung auf: $2\,Al + 6\,HCl \rightarrow 2\,AlCl_3 + 3\,H_2$.

Bei der Schmelzelektrolyse wird die Tonerde mit Kryolith gemischt und bei der Temperatur von 900 °C geschmolzen. Dies geschieht in Becken, die mit Graphit ausgekleidet sind, der bei der Elektrolyse die Funktion der Kathode hat. In die Schmelze ragen als Anode Kohleelektroden, an denen sich Sauerstoff bildet.

Schmelze:	$2\,Al_2O_3 \rightarrow 4\,Al^{3+} + 6\,O^{2-}$
Kathode:	$4\,Al^{3+} + 12e^- \rightarrow 4\,Al$
Anode:	$6\,O^{2-} \rightarrow 3\,O_2 + 12e^-$
Gesamt:	$4\,Al^{3+} + 6\,O^{2-} \rightarrow 4\,Al + 3\,O_2$

Aluminiumoxid (Tonerde, Korund): Formel Al_2O_3, kommt als weißes Pulver oder in Form von harten, farblosen Kristallen vor. Aluminiumoxid ist nicht in Wasser, jedoch in starken Säuren löslich. Bei einem starken Glühen über 1100 °C entsteht die säureunlösliche Oxidform (Korund), die eine sehr hohe Härte hat und bei 2050 °C schmilzt.

Gallium: Es ist ein silberglänzendes Metall mit sehr niedrigem Schmelzpunkt bei 30 °C; es wird vorwiegend in der Halbleitertechnik zum Dotieren von Siliziumkristallen verwendet.

Indium: Es ist ein silberglänzendes, sehr weiches Metall mit niedrigem Schmelzpunkt bei 156,17 °C; es wird vorwiegend in der Halbleitertechnik zum Dotieren von Siliziumkristallen verwendet.

Thallium: Es ist ein bläulich-weißes, weiches und zähes Metall, mit dem Schmelzpunkt von 302,5 °C, das in feuchter Luft oxidiert.

Kohlenstoffgruppe (4. Hauptgruppe)

Kohlenstoff: Das Element Kohlenstoff tritt in zwei Formarten mit gegensätzlichen Eigenschaften auf: als Diamant und Graphit. Die natürlichen Kohlen enthalten neben wenig Kohlenstoff reichlich Kohlenstoffverbindungen.

Diamant: farblos, Kristallform reguläre Oktaeder, Härte 10, durchsichtig, nicht leitend
Graphit: schwarz, Kristallform sechsseitige Blättchen, Härte 0,5–1, undurchsichtig, gut leitend

Die Ursachen für diese gegensätzlichen Eigenschaften sind in der unterschiedlichen Anordnung der Kohlenstoffatome zu suchen.

Unter Trockendestillation versteht man die Hitzezersetzung vieler organischer Stoffe unter Luftabschluss.

Holz liefert bei Trockendestillation Holzkohle, Holzteer, Teerwasser und brennbares Holzgas. Aktivkohle ist sehr porenreich, hat also eine große Oberfläche und ist ebenso entstanden. Man verwendet die Aktivkohle als Filter. Steinkohle liefert bei Trockendestillation Rohgas, Teer und Gaswasser; Zucker ergibt dabei reinsten Kohlenstoff.

Kohlendioxid: Formel CO_2, ist ein farbloses und geruchloses Gas, schwerer als Luft, daher sammelt es sich am Boden an. Kohlendioxid löst sich leicht in Wasser, wobei Kohlensäure „H_2CO_3“ entsteht. Die Salze der sehr schwachen Kohlensäure heißen Karbonate. Sie zerfallen fast alle in der Hitze nach der Gleichung $MeCO_3 \rightarrow MeO + CO_2$ (Me bedeutet ein geeignetes Metall). Kohlendioxid lässt sich bei einem Druck von 50 bar und bei Zimmertemperatur verflüssigen und in Stahlflaschen transportieren. Durch rasches Ausfließen erstarrt die Flüssigkeit zu festem Trockeneis, das bei –78 °C wieder gasförmig wird (sublimiert). Kohlendioxid reagiert mit Basen zu Karbonaten oder Hydrogenkarbonaten.
Kohlendioxid entsteht bei jeder Verbrennung organischen Materials und fossiler Brennstoffe (Kohle, Erdöl, Erdgas, Holz).

Beispiel: Verbrennung von Methangas
$CH_4 + 2\,O_2 \rightarrow CO_2 + 2\,H_2O$

Kohlendioxid entsteht bei der thermischen Zersetzung von Carbonaten.
Beispiel: Magnesiumcarbonat $MgCO_3 \rightarrow MgO + CO_2$

Kohlendioxid entsteht bei Reaktionen von Carbonaten mit Säuren.
Beispiel: $CaCO_3 + H_2SO_4 \rightarrow CaSO_4 + CO_2 + H_2O$

Kohlenmonoxid: Formel CO, ist ein farb- und geruchloses Gas, das die Verbrennung nicht unterhält, aber selbst brennbar und giftig ist. Ein Gehalt von 0,3 % Kohlenmonoxid in der Luft wirkt, längere Zeit eingeatmet, tödlich, denn es lagert sich an den roten Blutfarbstoff an und macht diesen unfähig, Sauerstoff zu binden. Ist genügend Sauerstoff vorhanden, so verbrennt CO mit blauer Flamme zu Kohlendioxid: $2\,CO + O_2 \rightarrow 2\,CO_2$. Wegen des großen Bestrebens, sich mit Sauerstoff zu verbinden, ist CO ein wirksames Reduktionsmittel. So reduziert es beispielsweise die oxidischen Eisenerze im Hochofen zu Eisen: $Fe_2O_3 + 3\,CO \rightarrow 3\,CO_2 + 2\,Fe$.

Kohlenmonoxid entsteht bei nicht vollständiger Verbrennung kohlenstoffhaltiger Verbindungen (Auspuffgase, Tabakrauch, schlecht ziehende Öfen).

Cyanwasserstoff (Blausäure): Formel HCN, ist eine äußerst giftige, nach Bittermandeln riechende Flüssigkeit. Kleine Mengen in der Atemluft wirken tödlich infolge Atemlähmung. Die Salze der Blausäure heißen Cyanide. Die bekanntesten sind Kaliumcyanid KCN (Zyankali) und Natriumcyanid NaCN. Es sind leicht lösliche, sehr giftige Salze; sie entwickeln an der Luft Blausäure: $H_2O + CO_2 + 2\ KCN \rightarrow K_2CO_3 + HCN$.

Carbide: Carbide nennt man alle Metall-Kohlenstoffverbindungen. Als Beispiel sei das Calciumcarbid CaC_2 erwähnt, gelblich-graue Brocken, die einen unangenehmen Geruch verbreiten. Mit Wasser reagiert Calciumcarbid zu Ethin C_2H_2, einem Gas, das mit stark rußender, heller Flamme brennt, $CaC_2 + 2\ H_2O \rightarrow C_2H_2 + Ca(OH)_2$. Ethin ist Ausgangsstoff für die Herstellung zahlreicher organischer Verbindungen.

Silicium: Es ist das zweithäufigste Element der Erdkruste, da sein Oxid SiO_2 zu den häufigsten gesteinsbildenden Mineralien gehört. Kristallisiertes Siliciumdioxid heißt Quarz, farblose und wasserklare Kristalle nennt man Bergkristall, gefärbte Abarten sind der blaue Amethyst, der gelbe Zitrin, usw.
Als Reinstoff besteht Silicium aus dunkelgrauen, undurchsichtigen, stark glänzenden, harten und spröden Kristallen. Bei höherer Temperatur reagiert es mit Sauerstoff zu Siliciumdioxid: $Si + O_2 \rightarrow SiO_2$. Mit Fluor reagiert es bei Zimmertemperatur unter Feuerschein: $Si + 2\ F_2 \rightarrow SiF_4$. In Säuren ist Silicium unlöslich, mit Basen reagiert es heftig zu Silikaten, z. B. $Si + 2\ NaOH + H_2O \rightarrow Na_2SiO_3 + 2\ H_2$. Silicium ist das wichtigste Ausgangsmaterial für Transistoren und integrierte Schaltkreise in der Elektronik.

Siliciumdioxid: Formel SiO_2, kommt in der Natur in den oben beschriebenen Mineralien vor. Im amorphen Zustand kommt es im Flint oder Feuerstein vor (Kieselsäure). Auch Quarzglas ist amorphes Siliciumdioxid, das durch vorsichtiges Abkühlen aus Siliciumdioxidschmelzen entsteht. Quarzglas ist schwer schmelzbar und lässt im Gegensatz zu normalem Glas UV-Licht durch. SiO_2 wird von Säuren (ausgenommen Flusssäure HF) nicht angegriffen; mit Metalloxiden, Basen und Carbonaten bildet es Silikate.

Beispiele: $SiO_2 + 2\,NaOH \rightarrow Na_2SiO_3 + H_2O$

$SiO_2 + Na_2CO_3 \rightarrow Na_2SiO_3 + CO_2$

Gläser:

Gläser sind unterkühlte Schmelzen aus Quarzsand und Zusätzen wechselnder Zusammensetzung.

Fensterglas ist ein Natron-Kalk-Glas ($Na_2O \cdot CaO \cdot 6\,SiO_2$). Kalk-Kalk-Glas ($K_2O \cdot CaO \cdot 8\,SiO_2$) ist schwer schmelzbar, Jenaer Glas ist ein Bor-Tonerde-Glas, es enthält Zusätze von Al_2O_3 und B_2O_3, Bleikristall-Glas ist Kali-Blei-Glas mit der Formel $K_2O \cdot PbO \cdot 8\,SiO_2$.

Kieselsäure: Formeln H_2SiO_3, H_4SiO_4, freie Kieselsäuren sind nicht beständig, wohl aber leiten sich die einfachen Silikate von ihnen ab. Kieselsäure-Gel ist ein weißer sulziger Niederschlag aus $SiO_2 \cdot nH_2O$, $n = 1, 2, 3, ...$

Natürliche Silikate: Darunter versteht man Minerale, wie Gneis, Granit, Basalt, Porphyr und Feldspat.

Künstliche Silikate: Keramik besteht aus gebranntem feuchten Ton, der mit Sand und Feldspat gemischt ist. Wird Ton bei niedrigen Temperaturen gebrannt, so entsteht poröses, wasserdurchlässiges Material, so genanntes Tongut (Ziegelsteine, Schamotte, Steingut). Wird Ton bei sehr hohen Temperaturen gebrannt, so entsteht ein wasserundurchlässiges, sehr hartes Material, genannt Tonzeug (Porzellan, Fliesen). Der Zement ist ein graues Pulver aus Calcium-alumo-silicat; durch Wasseraufnahme wird der Zement sehr hart.

Germanium: Es ist ein grauweißes, sehr sprödes Metall. Aus Germanium wird Halbleitermaterial, wenn es mit Fremdatomen dotiert wird, z. B. mit Atomen aus

Phosphor, Arsen, Aluminium oder Gallium. Aus diesem Halbleitermaterial bestehen viele Schaltelemente der Elektronik (Dioden, Transistoren, Sensoren, usw.).

Zinn: Es ist ein silberweißes, stark glänzendes Metall mit geringer Härte. Da es sehr dehnbar ist, lässt es sich zu äußerst dünnen Folien auswalzen (Stanniol). Beim Biegen ist ein leises Knirschen zu hören, weil die Kristalle aneinanderreiben. Unterhalb von 13,3 °C wandelt sich Zinnmetall in graues Pulver um, oberhalb von 161 °C wird Zinn so spröde, dass man es zu Zinngrieß zerstoßen kann. In Luft und Wasser ist Zinn beständig, es wird nur von starken Säuren und Laugen angegriffen. Zinn lässt sich aus Zinnerz durch Reduktion mit Koks gewinnen: $SnO_2 + 2\,C \rightarrow 2\,CO + Sn$. Eisenblech wird verzinnt (Weißblech), damit es vor Korrosion geschützt ist, und damit zu Konservendosen verarbeitet werden kann, in denen Lebensmittel längere Zeit lagern können.

Blei: Es ist ein schweres und weiches Metall, auf frischer Schnittfläche silbrig glänzend; es überzieht sich aber in der Luft mit einer Schicht von PbO oder von einem basischen Carbonat, das sehr wetterbeständig ist. Blei und seine Verbindungen sind sehr giftig. In Schwefelsäure und Salzsäure ist Blei unlösbar, da sofort eine schwer lösbare Schutzschicht aus $PbSO_4$ bzw. $PbCl_2$ entsteht, Salpetersäure löst dagegen Blei zu Bleinitrat auf, mit Essigsäure entsteht giftiges Bleiacetat. Blei wird aus Bleiglanz (PbS) durch Rösten und Reduktion hergestellt, reines Blei wird durch anschließende Elektrolyse erzeugt.

Rösten: $2\,PbS + 3\,O_2 \rightarrow 2\,PbO + 2\,SO_2$

Reduktion: $PbO + CO \rightarrow Pb + CO_2$

Stickstoffgruppe (5. Hauptgruppe)

Stickstoff: Der größte Teil des Stickstoffs findet sich als freies Element in der Luft, die in Bodennähe 78 % davon enthält. Es ist ein farb- und geruchloses Gas und geht nur schwer Verbindungen ein, weil die beiden Stickstoffatome im Molekül sehr fest zusammenhalten und erst durch Aufwendung großer Energiemengen (Wärme, Elektrizität) getrennt werden können. Das an andere Atome gebundene Stickstoffatom ist dagegen sehr reaktionsfreudig. In Wasser ist Stickstoff nur halb so gut löslich wie Sauerstoff. Stickstoff reagiert mit dem

Luftsauerstoff bei hoher Temperatur oder elektrischen Funkenentladungen: $N_2 + O_2 \rightarrow 2\,NO$. Technisch erhält man Stickstoff durch fraktionierte Destillation aus flüssiger Luft: Flüssige Luft der Temperatur von – 196,5 °C wird langsam erwärmt, bei – 195,8 °C wird Stickstoff gasförmig und kann abgetrennt werden. Stickstoff wird in Gasflaschen bei 150 bar Druck aufbewahrt und dient als Schutzgas für feuergefährliche oder sauerstoffempfindliche Stoffe. Außerdem ist Stickstoff Ausgangsstoff für viele Synthesen.

Ammoniak: Formel NH_3, ist ein stechend riechendes farbloses Gas. Es wird in großen Mengen von Wasser aufgenommen (1 l Wasser nimmt 700 l Ammoniakgas auf). In der Natur entsteht es bei Fäulnis stickstoffhaltiger organischer Verbindungen (Eiweiß, Harnstoff). Ammoniak wird verflüssigt in Stahlflaschen aufbewahrt. Da es beim Verdampfen der Umgebung sehr viel Wärme entzieht, wird es zur Kälteerzeugung verwendet. Die wässerige Lösung des Ammoniaks heißt Ammoniakwasser (Salmiakgeist), eine alkalische Lösung, die nach folgender Gleichung entsteht: $H_2O + NH_3 \rightarrow NH_4OH$. Ammoniak verbrennt mit reinem Sauerstoff zu Stickstoffgas, mit einem Katalysator bei 400 °C zu Stickstoffmonoxid:

Stickstoffgas: $4\,NH_3 + 3\,O_2 \rightarrow 2\,N_2 + 6\,H_2O$
Stickstoffmonoxid: $4\,NH_3 + 5\,O_2 \rightarrow 4\,NO + 6\,H_2O$

Technisch wird Ammoniak mit dem Haber-Bosch-Verfahren hergestellt, gemäß der Gleichgewichtsreaktion $N_2 + 3\,H_2 \rightleftarrows 2\,NH_3$. Nachdem Stickstoffgas sehr reaktionsträge ist, wird bei 400 °C ein Katalysator notwendig, andererseits zerfällt aber das entstehende Ammoniak bei dieser Temperatur. Durch technische Mittel wurde dieses Problem jedoch gelöst.

Ammoniumsalze: Als Base kann Ammoniak bzw. seine wässerige Lösung mit Säuren Salze bilden, in denen an Stelle eines einwertigen Metallatoms die sog. Ammoniumgruppe NH_4^+ steht. Diese Salze heißen daher Ammoniumsalze. Mit Chlorwasserstoff vereinigt sich Ammoniak unmittelbar zu festem, weißen Ammoniumchlorid nach $NH_3 + HCl \rightarrow NH_4Cl$. Beim Erhitzen zerfällt Ammoniumchlorid wieder in Ammoniak und Chlorwasserstoff.

Die Spaltung einer Verbindung durch Wärme nennt man thermische Dissoziation.

Ammoniumchlorid ist leicht in Wasser löslich und entwickelt mit starker Natronlauge (beim Erwärmen) Ammoniakwasser bzw. Ammoniak, nach den Formeln

$$NH_4Cl + NaOH \rightarrow NaCl + NH_4OH \text{ und } NH_4OH \rightarrow NH_3 + H_2O.$$

Wirken Ammoniak und Kohlendioxid auf Gips ein, so entsteht Ammoniumsulfat, $(NH_4)_2SO_4$, ein wichtiger Stickstoffdünger:

$$2\ NH_3 + CO_2 + H_2O + CaSO_4 \rightarrow (NH_4)_2SO_4 + CaCO_3.$$

Stickstoffdioxid: Formel NO_2, ist ein rotbraunes, heftig riechendes, sehr giftiges Gas; es erstarrt beim Abkühlen auf –10,2 °C zu farblosen Kristallen. Es entsteht als Bestandteil der nitrosen Gase bei der Herstellung von Salpetersäure z. B. mit Metallen und zerfällt bei 200 °C.

Stickstoffmonoxid: Formel NO, ist ein farb- und geruchloses Gas, in Wasser kaum löslich. Es verbindet sich in der Luft sofort mit Sauerstoff zu Stickstoffdioxid: $2\ NO + O_2 \rightarrow 2\ NO_2$.

Salpetersäure: Formel HNO_3. Reine Salpetersäure ist eine farblose Flüssigkeit von stechend-süßlichem Geruch, die an feuchter Luft nebelt und mit Wasser mischbar ist. Sie ätzt die Haut unter Gelbfärbung. Konzentrierte Salpetersäure ist ein starkes Oxidationsmittel, sie oxidiert z. B. Schwefel zu Schwefelsäure: $6\ HNO_3 + S \rightarrow H_2SO_4 + 6\ NO_2 + 2\ H_2O$. Sie kann brennbare Stoffe entflammen und greift alle Metalle (ausgenommen Eisen, Aluminium, Gold und Platin) unter Entwicklung von Stickstoffdioxid an. Beim Erhitzen zerfällt Salpetersäure teilweise in Wasser, Stickstoffdioxid und Sauerstoff. Eine Mischung von konzentrierter Schwefelsäure und konzentrierter Salzsäure (Königswasser) greift selbst

Gold unter Bildung von Goldchlorid an. Die verdünnte Schwefelsäure reagiert nur noch mit unedlen Metallen, wie z. B. Zink:

$$Zn + 2\ HNO_3 \rightarrow Zn(NO_3)_2 + H_2.$$

Salpetersäure wird durch Ammoniakverbrennung mit Platin als Katalysator bei 600 °C hergestellt:

$$4\ NH_3 + 5\ O_2 \rightarrow 4\ NO + 6\ H_2O,\ 4\ NO + 2\ H_2O + 3\ O_2 \rightarrow 4\ HNO_3.$$

Phosphor: Er kommt als Element in zwei äußerlich verschiedenen Formarten vor (Allotropie).

Weißer Phosphor: Er ist in Form von wachsweichen gelblichen Stangen (die unter Wasser aufbewahrt werden müssen) im Handel. Er riecht schwach knoblauchartig, ist sehr giftig, leicht entzündlich, zeigt an der Luft ein fahlgrünes Leuchten und hat eine große Reaktionsfreudigkeit mit Sauerstoff.

Roter Phosphor: Er ist ein dunkelrotes, lockeres Pulver, geruchlos, entzündet sich bei etwa 400 °C, ist in allen Lösungsmitteln unlöslich, ungiftig, leuchtet und raucht nicht und ist sehr reaktionsträge.
Hergestellt wird Phosphor aus natürlichem Phosphorit. Bei hohen Temperaturen wird dem Phosphorit das Calcium mit Sand und der Sauerstoff mit Koks entzogen: $Ca_3(PO_4)_2 + 3\ SiO_2 + 5\ C \rightarrow 3\ CaSiO_3 + 5\ CO + 2\ P$.
Aus dem energiereicheren weißen Phosphor wird durch Erhitzen bis 250 °C der energieärmere rote Phosphor gewonnen.

Phosphorsäure: Formel H_3PO_4, besteht aus farblosen, wasserklaren, harten und geruchlosen Kristallen, die sich in Wasser leicht lösen; es entsteht dabei eine sirupartige, saure, ungiftige Lösung. Die Salze der Phosphorsäure heißen Phosphate. Phosphorsäure wird durch Oxidation von Phosphor hergestellt, wobei zunächst Phosphorpentoxid entsteht, das mit Wasser zu Phosphorsäure reagiert:

$$P_4 + 5\ O_2 \rightarrow P_4O_{10} \text{ und } P_4O_{10} + 6\ H_2O \rightarrow 4\ H_3PO_4.$$

Da Phosphorsäure ungiftig ist, kann sie als Säuerungsmittel in Lebensmitteln verwendet werden, aber auch als Rostschutzmittel. Phosphate sind wichtige Düngemittel.

Arsen: Gelbes Arsen ist sehr phosphorähnlich, unbeständig, und ist die nichtmetallische Modifikation des Elements. Graues Arsen besteht aus stahlgrauen, spröden, glänzenden Metallen; es ist die metallische Modifikation des Elements. Beim Erhitzen verbrennt Arsen zu Arsen(III)-oxid, nach der Formel $4\ As + 3\ O_2 \rightarrow 2\ As_2O_3$. Arsenoxid kommt als weißes, äußerst giftiges Pulver oder als porzellanartige, undurchsichtige, weiße kristalline Masse vor.

Antimon: Die metallische Modifikation besteht aus silberweißen, spröden, glänzenden Kristallen mit blättrig-grobkristalliner Struktur, elektrisch leitend. Antimon verbrennt an der Luft zu Antimon(III)-oxid, nach der chemischen Formel $4\ Sb + 3\ O_2 \rightarrow 2\ Sb_2O_3$; außerdem reagiert es mit Chlorgas unter Feuerschein gemäß der Formel $2\ Sb + 3\ Cl_2 \rightarrow 2\ SbCl_3$.

Bismut: Es setzt sich zusammen aus rotstichigen, silberweiß glänzenden und spröden Kristallen. Bismut wird vor allem als Bestandteil von Legierungen verwendet.

Chalkogene (6. Hauptgruppe)

Sauerstoff: Er ist das häufigste Element der Erdkruste; 20 % der Luft besteht aus Sauerstoff, der größte Teil des Sauerstoffs ist in Form von Oxiden und in Wasser gebunden. Sauerstoff ist ein geruchloses, geschmackloses Gas, das sich in Wasser besser löst als Stickstoff; er läßt sich bei –183 °C verflüssigen, dabei ist er eine wasserhelle, schwach bläulich schimmernde Flüssigkeit. In einatomiger Form ist Sauerstoff besonders reaktionsfreudig.

Oxide: Reaktionen mit Sauerstoff nennt man Oxidationen. Viele Stoffe reagieren schon bei Raumtemperatur mit Sauerstoff, jedoch so langsam, dass es dabei weder zu einer Flammenbildung noch zu merklicher Wärmeerzeugung kommt (stille Verbrennung).

Beispiele: Rosten von Eisen, Anlaufen von Metallen, Leuchten von weißem Phosphor.

Mit welcher Geschwindigkeit sich die Reaktion vollzieht, hängt u. a. davon ab, in welcher Menge und welchem Reinheitsgrad der Sauerstoff zur Verfügung steht. Verbrennungen in reinem Sauerstoff gehen rascher und unter stärkerer Wärme- und Lichtausstrahlung vor sich als in Luft. Reiner Sauerstoff wird in Flaschen bei 150 bar aufbewahrt.

Beispiele:	Schwarzes Eisenoxid	Fe_3O_4
	Kohlendioxid	CO_2
	Weißes Zinkoxid	ZnO
	Weißes Magnesiumoxid	MgO
	Schwarzes Kupferoxid	CuO
	Rotes Quecksilberoxid	HgO
	Schwefeldioxid	SO_2
	Phosphorpentoxid	P_2O_5

Viele Nichtmetalloxide sind Säureanhydride, d. h. durch Reaktion mit Wasser entstehen die entsprechenden Säuren.

Beispiele: $SO_2 + H_2O \rightarrow H_2SO_3$
$CO_2 + H_2O \rightarrow H_2CO_3$

Ozon: Gewöhnlicher Sauerstoff verwandelt sich bei den hohen Temperaturen des elektrischen Funkens (Gewitter) oder bei Bestrahlung mit ultraviolettem Licht (Hochgebirge) teilweise in Ozon. Ozon ist ein bei gewöhnlicher Temperatur farbloses, heftig riechendes Gas, dessen Molekül dreiatomig ist. Ozon entsteht auch durch fotochemische Reaktionen aus Stickoxiden. Für das Leben auf der Erde spielt der Ozongehalt der höheren Atmosphärenschichten (30 km bis 50 km Höhe) eine besondere Rolle. Das Ozon dieser Schichten fängt den größten Teil der lebensfeindlichen ultravioletten Sonnenstrahlen ab.

Hydroxide: Sie entstehen durch Reaktion der Metalloxide mit Wasser; sie enthalten das Hydroxidion OH^- und reagieren in wässeriger Lösung alkalisch, soweit sie nicht schwer löslich sind.

Beispiele: $Na_2O + H_2O \rightarrow 2\ NaOH$
$CaO + H_2O \rightarrow Ca(OH)_2$

Die Hydroxide der Alkali-, Erdalkali- und Erdmetalle sind in Wasser löslich und bilden Laugen. Schwermetallhydroxide sind schwer löslich. Schwer lösliche Hydroxide haben oft charakteristische Farben.
Beispiel: $Cu(OH)_2$ blau, $Fe(OH)_2$ grün, $Fe(OH)_3$ rotbraun

Schwefel: Elementarer Schwefel kommt in großen Lagerstätten in der Erdkruste vor. Bei seiner Gewinnung leitet man überhitzten Wasserdampf in die Tiefe, um dort den Schwefel zu schmelzen. Die Schmelze wird dann an die Oberfläche gepumpt. Ein anderes Verfahren lässt das abgebaute schwefelhaltige Gestein in geschlossenen Kammern durch überhitzten Wasserdampf ausschmelzen und durch Destillation reinigen. Schwefel kommt in drei verschiedenen Formen vor, da sich die Schwefelatome zu zwei verschiedenen Kristallformen zusammenschließen können, die dritte Form ist ein amorpher Schwefel.

Die Erscheinung, dass ein Element in mehreren selbständigen Formen auftreten kann, die sich nur in den physikalischen Eigenschaften (Schmelzpunkt, Dichte, Kristallform, usw.), nicht aber im chemischen Verhalten unterscheiden, nennt man Allotropie.

α-Schwefel hat rhombische Kristalle. Bei Zimmertemperatur ist er die beständigste Form; es sind gelbe, spröde, geruchlose und geschmacklose Kristalle. Sie sind in Wasser unlöslich, in Alkohol und Ether schwer löslich und in Schwefelkohlenstoff leicht löslich.
β-Schwefel (monokliner Schwefel) hat nadelförmige hellgelbe Kristalle, deren Gestalt sich auf ein vierkantiges schiefwinkliges Prisma zurückführen lässt. Oberhalb von 96 °C ist der monokline Schwefel beständig.
γ-Schwefel bildet sich beim raschen Abkühlen einer etwa 300 °C heißen Schwefelschmelze in kaltem Wasser. Er ist amorph, man nennt ihn auch elastischen Schwefel. Nach einiger Zeit geht er in den α-Schwefel über.

Sulfide: Elementarer Schwefel vereinigt sich unmittelbar mit nahezu allen Metallen, meist unter Wärmeentwicklung. Die entstehenden Verbindungen nennt man Sulfide. Die Tabelle zeigt einige wichtige sulfidische Erze:

Name und Formel	Farbe	Gewonnen wird daraus
Eisenkies, Schwefelkies, Pyrit, FeS_2	messinggelb	Eisen, Schwefeldioxid
Kupferkies, $CuFeS_2$	messinggelb	Kupfer
Zinnober, HgS	rot, grau	Quecksilber
Bleiglanz, PbS	blaugrau	Blei, Silber
Zinkblende, ZnS	gelb, braun	Zink

Schwefelwasserstoff: Wasserstoff und Schwefel vereinigen sich bei 300 °C zu Schwefelwasserstoff: $H_2 + S \rightarrow H_2S$. In kleinen Mengen stellt man den Schwefelwasserstoff durch Übergießen von Schwefeleisen mit Chlorwasserstoff her, gemäß $FeS + 2\ HCl \rightarrow FeCl_2 + H_2S$. Schwefelwasserstoff ist ein farbloses, sehr giftiges Gas, das nach faulen Eiern riecht. Schon 3 mg/l Luft wirken durch Lähmung des Zentralnervensystems tödlich.

Schwefeldioxid: Formel SO_2, entsteht aus der Verbrennung von Schwefel in Luft. Technisch wird es aber durch einen Röstvorgang bei Eisenkies gewonnen, nach der Formel $4\ FeS_2 + 11\ O_2 \rightarrow 2\ Fe_2O_3 + 8\ SO_2$. Es ist ein farbloses, stechend riechendes, nicht brennbares Gas, das auch die Verbrennung nicht unterhält. In Wasser ist es leicht und in großen Mengen löslich. SO_2 wirkt reduzierend und daher bleichend auf Farbstoffe.

Schweflige Säure: Formel H_2SO_3, entsteht bei der Reaktion von SO_2 mit Wasser bei Raumtemperatur: $SO_2 + H_2O \rightarrow H_2SO_3$. Beim Erhitzen läuft die Reaktion in der anderen Richtung. Schweflige Säure ist ein Reduktionsmittel, die Salze heißen Sulfite.

Schwefelsäure: Formel H_2SO_4, ist eine farb- und geruchlose, ölige und schwere Flüssigkeit. Beim Verdünnen dieser Säure mit Wasser tritt eine beträchtliche

Wärmeentwicklung und Raumverminderung auf. Aus diesem Grund muss man immer die Säure unter dünnem Strahl und bei heftigen Rühren in Wasser gießen und niemals umgekehrt. Konzentrierte Schwefelsäure zieht aus der Luft rasch Wasserdampf ab und wird deshalb als Trockenmittel für Gase verwendet. Sie ist eine starke Säure, d. h. in wässriger Lösung vollständig in Ionen zerfallen und reagiert daher mit allen Metallen, die in der Spannungsreihe oberhalb des Wasserstoffs stehen (unedle Metalle) unter Wasserstoffentwicklung, nur Eisen wird von ihr nicht angegriffen, jedoch von verdünnter Säure.

Beispiele: $Zn + H_2SO_4 \rightarrow ZnSO_4 + H_2$
$H_2SO_4 + CaCl_2 \rightarrow CaSO_4 + 2\ HCl$
$H_2SO_4 + CaF_2 \rightarrow CaSO_4 + 2\ HF$
$H_2SO_4 + Na_2SO_3 \rightarrow Na_2SO_4 + H_2SO_3$

Bei der Herstellung von Schwefelsäure wird Schwefeldioxid erzeugt, das mithilfe des Katalysators Vanadiumpentoxid zu Schwefeltrioxid oxidiert. Dieses wird daraufhin in 98 %-ige Schwefelsäure eingeleitet:

$S + O_2 \rightarrow SO_2$
$2\ SO_2 + O_2 \rightarrow 2\ SO_3$ (Katalysator)
$SO_3 + H_2O \rightarrow H_2SO_4$

Verdünnte Schwefelsäure greift alle unedlen Metalle unter Wasserstoffentwicklung an. Von edleren Metallen (Kupfer, Quecksilber, Silber) greift sie nur deren Oxide an.

Beispiel: $CuO + H_2SO_4 \rightarrow CuSO_4 + H_2O$

Sulfate: So heißen die Salze der Schwefelsäure. Sie kommen häufig als Mineralien vor und haben Kristallwasser.

Beispiele:	Kupfervitriol	$CuSO_4 \cdot 5\ H_2O$
	Eisenvitriol	$FeSO_4 \cdot 7\ H_2O$
	Gips	$CaSO_4 \cdot 2\ H_2O$

Selen: Das Element kommt in zwei Formen vor. Die graue, metallische Form ist sehr selten, die rote Form ist nicht metallisch und sehr unbeständig. Die metallische Form lädt sich bei Lichteinfall elektrisch auf und kann als optischer Sensor verwendet werden. Als Halbleiter spielt Selen in der Elektronik eine große Rolle.

Tellur: Es ist ein selten vorkommendes Metall und spielt in der Halbleitertechnik eine Rolle.

Polonium: Es ist ein radioaktives Element, aber chemisch bedeutungslos.

Halogene (7. Hauptgruppe)

Fluor: Es ist ein schwach gelbliches, stechend riechendes Gas, das sich sehr leicht mit anderen Elementen verbindet. Seine wichtigste, in der Natur vorkommende Verbindung, ist Flussspat CaF_2, dessen Kristalle Würfel sind, die sich leicht spalten lassen. Mit Wasserstoff reagiert es sogar im Dunkeln stark exotherm: $F_2 + H_2 \rightarrow 2\,HF$. Die Flußsäure HF ist auch die wichtigste Verbindung von Fluor, die zum Ätzen von Glas verwendet wird. Die Salze der Flußsäure heißen Fluoride, als Beispiel sei das Uranhexafluorid UF_6 genannt.

Chlor: Es ist ein grüngelbes, giftiges Gas, das schwerer als Luft ist und sich in Wasser zu Chlorwasser löst. Auf der Giftwirkung beruht seine Verwendung zur Entkeimung des Trinkwassers. Chlor zerstört (bei gleichzeitiger Anwesenheit von Feuchtigkeit) Farbstoffe und wird daher zum Bleichen von Papier und Baumwolle verwendet. Chlor vereinigt sich im Augenblick seines Entstehens unter beträchtlicher Wärmeentwicklung unmittelbar mit fast allen Metallen und mit vielen Nichtmetallen. Diese Verbindungen nennt man Chloride.

Beispiele:	Kupferchlorid:	$Cu + Cl_2 \rightarrow CuCl_2$
	Natriumchlorid (Kochsalz):	$2\,Na + Cl_2 \rightarrow 2\,NaCl$

Chlor wird entweder hergestellt durch eine Chlor-Alkali-Elektrolyse einer Kochsalzlösung oder in geringen Mengen durch eine Reaktion von Kaliumpermanganat $KMnO_4$ oder Braunstein MnO_2 mit Salzsäure:

$$2\,KMnO_4 + 16\,HCl \rightarrow 2\,KCl + 2\,MnCl_2 + 8\,H_2O + 5\,Cl_2$$
$$MnO_2 + 4\,HCl \rightarrow MnCl_2 + 2\,H_2O + Cl_2$$

Chlorwasserstoff: Wasserstoff brennt in Chlorgas, dabei entsteht ein farbloses, stechend riechendes Gas, das in der Luft nebelt. Das Gas brennt nicht und unterhält auch die Verbrennung nicht. Setzt man ein Gemisch von gleichen Raumteilen Wasserstoff und Chlor dem Sonnenlicht aus, so erfolgt die Vereinigung der Elemente explosionsartig (Chlorknallgas). Chlorwasserstoff entsteht auch aus Chloriden durch Verbindung mit konzentrierter Schwefelsäure.

Beispiel: $2\,NaCl + H_2SO_4 \rightarrow Na_2SO_4 + 2\,HCl$

Salzsäure: Formel HCl. Chlorwasserstoff wird von Wasser begierig und in großer Menge aufgenommen (1 l Wasser löst bei Zimmertemperatur 450 l Chlorwasserstoff auf). Die entstehende Flüssigkeit ist die Salzsäure, eine starke Säure und in verdünnter Form 100 %ig ionisiert. Hochkonzentrierte Salzsäure nebelt an der Luft und riecht stechend, da sie Chlorwasserstoffgas abgibt. Salzsäure reagiert unter Wasserstoffentwicklung mit unedlen Metallen, die entstehenden Salze heißen Chloride.

Beispiele: Magnesiumchlorid: $Mg + 2\,HCl \rightarrow MgCl_2 + H_2$
Eisenchlorid: $Fe + 2\,HCl \rightarrow FeCl_2 + H_2$

Edle Metalle, die in der Spannungsreihe links vom Wasserstoff stehen, werden von Salzsäure nicht angegriffen, aber deren Oxide.

Beispiel: Kupferchlorid: $CuO + 2\,HCl \rightarrow CuCl_2 + H_2O$

Brom: Brom ist bei Normalbedingungen eine übel riechende, rotbraune Flüssigkeit, die leicht Dämpfe entwickelt, welche auf Atemorgane ätzend wirken. Brom reagiert mit vielen unedlen Metallen unmittelbar zu Bromiden.

Beispiel: Zinkbromid: $Zn + Br_2 \rightarrow ZnBr_2$

Bromwasserstoff HBr, bzw. Bromwasserstoffsäure hat eine große chemische Ähnlichkeit mit Chlorwasserstoffsäure.

Iod: Iod kommt in Form von grauen, metallisch glänzenden Kristallplättchen vor, die bereits bei Zimmertemperatur sublimieren, d. h. in violettes Gas übergehen. Iod löst sich schwer in Wasser, gut in Alkohol (Iodtinktur) und sehr gut in Kaliumiodidlösung. Stärkekleister wird in Iod blau, daher kann man Jod als Nachweis von Stärke in Nahrungsmitteln verwenden. Iodwasserstoffsäure ist eine starke Säure. Iod verbindet sich mit Metallen und Nichtmetallen ähnlich wie Chlor.

Astat: Es ist ein chemisch unbedeutendes radioaktives Element.

Edelgase (Hauptgruppe 0)

Edelgase haben weder die Eigenschaften von Metallen noch von Nichtmetallen. Sie sind wenig reaktionsfreudig, da ihre Atomhüllen volle Außenschalen haben. Sie bilden nur einatomige Moleküle. In elektrischen Entladungsröhren leuchten sie mit charakteristischen Farben. Technisch werden sie überall da gebraucht, wo sich Gasfüllungen langzeitig nicht ändern sollen. Edelgase sind Bestandteile der Luft.

Helium: Es ist ein nicht brennbares Gas, das als Füllgas (Ballon) verwendet wird. Im Inneren der Sonne und der Fixsterne befinden sich große Mengen von Helium. In Gasentladungsröhren leuchtet Helium gelb.

Neon: In Gasentladungsröhren leuchtet Neon rot (Lichtreklame).

Argon: In Gasentladungsröhren leuchtet Argon blau und rot.

Krypton: In Gasentladungsröhren leuchtet Krypton gelb-grün. Ein Kryptonisotop entsteht bei Kernspaltungen von 235 U.

Xenon: In Gasentladungsröhren leuchtet Xenon blau-grün. Von Xenon gibt es einige Oxide (XeO_3, XeO_4, XeO_6) und Fluoride ($XeOF_2$, XeF_4, XeF_6).

Radon: Es entsteht als Zerfallsprodukt von Uran und Radium und ist selbst radioaktiv. Radon diffundiert aus der Erde in die Luft.

9.3 Nebengruppenelemente

Bei diesen Elementen handelt es sich um Metalle, die sich in den Elektronenzahlen der vorletzten Schale unterscheiden. Da diese Elektronen verhältnismäßig leicht durch Energieaufnahme in die letzte Schale gebracht werden können, haben die Elemente, je nach der Zahl der angehobenen Elektronen, mehrere Wertigkeiten. Die vorletzte Schale ist energetisch stabil, wenn sie halb belegt oder voll belegt ist. Dazu können Valenzelektronen zur Erreichung dieses Zustands „heruntergeholt“ oder Elektronen zu Valenzelektronen „heraufgeholt“ werden.
Die einzelnen Nebengruppen sind:

I a	Kupfergruppe
II a	Zinkgruppe
III a	Scandiumgruppe
IV a	Titangruppe
V a	Vanadiumgruppe
VI a	Chromgruppe
VII a	Mangangruppe
VIII a	Eisen-Kobalt-Nickel-Gruppe

Die Nebengruppennummer richtet sich zunächst nach der Hauptgruppe zu der sie gehören, mit einem beigefügten a. Alle Elemente der großen Nebengruppen der Lathaniden und der Actiniden sind zweiwertig, da ihre drittletzte Schale mit Elektronen aufgefüllt wird.

Kupfergruppe (Nebengruppe Ia)
Kupfer: In vorgeschichtlicher Zeit und auch im Altertum war Kupfer das erste Werkmetall. Nach einer Legierung von Kupfer und Zinn, der Bronze, wurde ein Zeitalter benannt. Die frühe Verwendung erkärt sich dadurch, dass Kupfer zum Teil als Reinstoff in der Erdoberfläche vorkommt. Aber auch in Erzen ist Kupfer vorhanden, z. B. im Kupferkies $CuFeS_2$ (USA und Chile) und im Kupferglanz Cu_2S.

Zur Herstellung von Kupfer röstet man den Kupferkies soweit ab, dass das im Kupferkies enthaltene Eisen oxidiert, während zunächst das Kupfer noch als Sulfid zurückbleibt:

$$4\,CuFeS_2 + 7\,O_2 \rightarrow 4\,CuS + 2\,Fe_2O_3 + 4\,SO_2$$

Daraufhin bläst man mit Sand vermischte Luft durch die Schmelze. Dabei wird das Kupfer oxidiert, während sich das Eisenoxid mit dem im Sand befindlichen Silicium verbindet (Schlacke).

$$2\,CuS + 3\,O_2 \rightarrow 2\,CuO + 2\,SO_2$$

Schließlich verbindet sich das Kupferoxid mit dem noch vorhandenen Kupfersulfid, sodass reines Kupfer entsteht.

$$2\,CuO + CuS \rightarrow 3\,Cu + SO_2$$

Das Kupfer kann dann elektrisch zu so genanntem Elektrolytkupfer veredelt werden. Kupfer ist ein hellrotes weiches und zähes Metall und sehr dehnbar. Es lässt sich zu Drähten bis zu 0,03 mm Durchmesser ziehen. Da es die Wärme achtmal besser als Eisen leitet, wird es für Gefäße aller Art verwendet, die den Zweck haben, Flüssigkeiten zu erwärmen. Wegen seiner guten elektrischen Leitfähigkeit hat Kupfer große Bedeutung als Stromleiter (Kupferdraht) in der Elektrotechnik. Kupfer oxidiert an der Luft zu grüner Patina. Als edles Metall entwickelt es mit Säuren keinen Wasserstoff, es reagiert nur mit oxidierenden Säuren (HNO_3). Bronze ist eine Legierung von Kupfer mit Zinn (75 % Cu, 25 % Zn), Messing ist eine Legierung aus Kupfer, Zink und Blei (58 % Cu, 40 % Zn, 2 % Blei) und Neusilber ist eine Legierung aus Kupfer, Zink und Nickel (56 % Cu, 25 % Zn, 19 % Nickel).

Silber: Silber ist ein weißes, weiches, sehr dehnbares Metall; es lässt sich zu sehr feinen Fäden ausziehen. Es ist ein edles Metall, das an der Luft nicht oxidiert, daher kommt es auch in reinem Zustand in der Erdoberfläche vor. Silber reagiert mit dem in der Luft befindlichen Schwefelwasserstoff, die Metalloberfläche

„läuft schwarz an“, nach der Formel

$$4\,Ag + 2\,H_2S + O_2 \rightarrow 2\,Ag_2S + 2\,H_2O$$

Silber wird lediglich von heißer Salpetersäure gelöst und dabei entsteht Silbernitrat: $3\,Ag + 4\,HNO_3 \rightarrow 3\,AgNO_3 + NO + 2\,H_2O$

Silberhalogenide werden in der Fotografie als lichtempfindliche Emulsionen eingesetzt, aus denen das Licht schwarze Silberatome entstehen lässt. Viele Münzen bestehen aus Silber, da Silber als Edelmetall große Beständigkeit hat. Hergestellt wird Silber aus Erzen, wie z. B. Ag_2S.

Gold: Gold ist ein glänzendes und weiches Edelmetall, das sich sehr dünn auswalzen und dehnen lässt. Gold kommt als Reinstoff vor und lässt sich wegen seiner hohen Dichte aus dem Gestein auswaschen. Ist Gold mit Quecksilber verbunden (amalgamiert), so lässt es sich durch Erhitzen vom Quecksilber trennen und dann durch Elektrolyse rein gewinnen. Gold wird an der Luft und in Säuren (Ausnahme Königswasser) nicht oxidiert. Gold reagiert mit Chlorwasser und mit Kaliumcyanid (KCN). Gold wird mit Silber oder Kupfer legiert, weil die Legierung sehr hart ist und als Schutzschicht von Schmuckstücken verwendet werden kann. Der Reinheitsgrad von Gold wird in Karat angegeben:

24 Karat ist 100 % Gold, 18 Karat 75 % Gold, 8 Karat ist 33 % Gold

Das Metall Gold wird als Währungsdeckung verwendet. Kolloidales Gold, mit Zinndioxid gemischt, dient als Goldpurpur zur Herstellung des roten Rubinglases.

Zinkgruppe (Nebengruppe II a)

Zink: Zink ist ein bläulich-weißes, bei gewöhnlicher Temperatur sprödes Metall, das sich aber zwischen 100 – 150 °C leicht walzen lässt. An der feuchten Luft überzieht es sich mit einer schützenden Haut von unlöslichem basischem

Carbonat und wird auch von Wasser nicht angegriffen. Deshalb verwendet man Zink als Rostschutz von Eisen. Man verzinkt das Eisen, indem man das gut gereinigte Eisen in eine Zinkschmelze taucht (feuerverzinktes Eisen). Als unedles Metall wird Zink bereits von verdünnten Säuren unter Wasserstoffentwicklung angegriffen. Mit konzentrierten Laugen bildet Zink das Zinkat:

$$Zn + 2\,NaOH + 2\,KOH \rightarrow K_2[Zn(OH)_4] + 2\,Na$$

In verzinkten Gefäßen soll man weder Speisen aufbewahren noch kochen, da Zink von den Säuren, die sich in den Speisen befinden, angegriffen wird und die entstehenden Zinkionen giftig sind.

Wichtige Zinkverbindungen: Zinkoxid (ZnO) kommt als weißes Pigment in den Malerfarben vor, außerdem ist es als Zinksalbe gegen Brandwunden bekannt. Zinkchlorid wird als Flussmittel beim Löten verwendet. Zinksulfid (ZnS) fluoresziert, wenn es von Röntgenstrahlen, UV-Strahlen oder radioaktiven Strahlen getroffen wird.

Cadmium: Es ist ein silberweißes, glänzendes, weiches, giftiges Metall, das sich an der Luft rasch mit einer Haut überzieht.
Cadmium hat vielfältige technische Anwendungen: Es ist Bestandteil von Legierungen mit niederer Schmelztemperatur (Lötzinn). Zusammen mit Nickel wird es in Akkumulatoren verwendet. In Kernreaktoren verwendet man Steuerstäbe aus Cadmium.

Quecksilber: Es ist bei Zimmertemperatur das einzige flüssige Metall und verdampft leicht. Quecksilber und seine Dämpfe sind sehr giftig. Als edles Metall reagiert es nur mit den oxidierenden Säuren (Salpetersäure). Mit vielen Metallen (Eisen ausgenommen) bildet es Legierungen, man nennt sie Amalgame. Quecksilber verwendet man als Katalysator, als Elektroden bei der Elektrolyse, sowie als Füllung von Thermometern oder Barometern.
Von den Verbindungen sind besonders Quecksilber(II)-oxid HgO (spaltet beim Erhitzen Sauerstoff ab) und Quecksilber(II)-sulfid HgS (Zinnober, ist ein Farbpigment) zu erwähnen.

Scandiumgruppe (Nebengruppe III a)

Scandium: Silberweißes Metall, entzündet sich selbst an der Luft und löst sich in verdünnten Säuren und in Wasser auf.

Yttrium: Graues, weiches Metall, reagiert mit dem Luftsauerstoff, entzündet sich bei 500 °C und löst sich in Mineralsäuren leicht auf. Die Oxide finden als Rot-Träger in Leuchtstoffröhren und Fernsehröhren Verwendung. Auch zum Dotieren von Silicium wird Yttrium gebraucht.

Lanthan: Es ist ein silberweißes Metall, das an der Luft schnell eine graue Oxidschicht erhält, die vor weiterer Oxidation schützt. Lanthan löst sich leicht in verdünnten Säuren zu dreiwertigen Salzen. Ab 350 °C entzündet sich das Metall an der Luft und verbrennt zu La_2O_3. Lanthanverbindungen werden als Katalysatoren verwendet, z. B. bei der Erdölgewinnung.
Lanthanide: Die Elemente des Periodensystems, die auf das Lanthan folgen, nennt man Lanthanide. Sie beginnen beim Element Cer (Z = 58) und enden beim Element Lutetium (Z = 71).

Actinium: Das Metall ist ein Glied der radioaktiven Zerfallsreihen, daher ist es in uranhaltigen Gesteinen enthalten, kann aber schwer isoliert werden. Es ist selbst radioaktiv.
Actinide: Die Elemente des Periodensystems, die auf das Actinium folgen, nennt man Actinide. Sie beginnen mit dem Element Thorium (Z = 90) und enden mit Lawrencium (Z = 103), enthalten also auch die künstlich erzeugten Transurane. Alle diese Elemente sind radioaktiv.

Uran: Uran gehört zu den Actiniden, es ist ein silberweißes, weiches, radioaktives Metall. Es reagiert an der Luft zu braun-schwarzen Oxiden, und leuchtet im Finstern grün-blau, weil die von den radioaktiven Strahlen angeregten Luftatome Licht aussenden.
Natürliches Uran besteht aus den Isotopen ^{238}U und ^{235}U im Verhältnis 140 : 1. Uran als Kernreaktorbrennstoff ist ein mit ^{235}U angereichertes ^{238}U, wobei das Mengenverhältnis $^{235}U : {}^{238}U$ etwa 5 : 95 beträgt. Uran wird auch als Glaszusatz verwendet, wobei die Gläser fluoreszieren.

Titangruppe (Nebengruppe IV a)

Titan: Es ist ein relativ häufig vorkommendes stahlglänzendes Metall, das erst bei höheren Temperaturen mit Sauerstoff reagiert. Man verwendet es als Legierungsbestandteil von Stahl beim Flugzeug- und Raketenbau.

Zirkonium: Es ist ein grauschwarzes, weiches, glänzendes Metall, und setzt dem elektrischen Strom einen erhöhten Widerstand entgegen. Es oxidiert in Sauerstoff erst bei 4660 °C (Weißglut). Das Metall ist chemisch resistent, es reagiert nur mit konzentrierter Schwefelsäure, Flusssäure, geschmolzenen Alkalihydroxiden, sowie mit Chlor und Chlorwasserstoff.

Hafnium: Das Metall ist im chemischen Verhalten dem Zirkonium ähnlich.

Vanadiumgruppe (Nebengruppe V a)

Vanadium: Es ist ein stahlgraues, hartes dehnbares Metall, das nur von Salpetersäure und Flusssäure angegriffen wird. Es lässt sich mit vielen Metallen gut legieren, z. B. mit Kupfer, Aluminium, Eisen, Kobalt. Legierungen mit Stahl sind besonders beständig.

Niob: Das Metall ist im chemischen Verhalten dem Vanadium ähnlich.

Tantal: Ist ein platingraues, sehr hartes, schmiedefähiges Metall. Das Metall ist chemisch resistent, es reagiert nur mit konzentrierter Schwefelsäure, Flusssäure, geschmolzenen Alkalihydroxiden, sowie mit Chlor und Chlorwasserstoff. Tantal kann als Platinersatz verwendet werden.

Chromgruppe (Nebengruppe VI a)

Chrom: Chrom ist ein silberweißes, glänzendes und hartes Metall, das nur in Verbindungen vorkommt. Es ist gegen Säuren und Laugen widerstandsfähig, daher wird es als Korrosionsschutz von Eisen verwendet. Chrom wird mit Stahl legiert, wobei die Legierung bessere mechanische Eigenschaften als Stahl hat. Chromsalze (Chromate) sind giftig.

Kaliumdichromat $K_2Cr_2O_7$ ist ein Oxidationsmittel und es wird zum Alkoholnachweis in der Atemluft verwendet, denn in alkoholhaltigem Atem färbt es sich von gelb nach grün.

Molybdän: Es ist ein silberweißes, sehr hartes und zugfestes Metall, reagiert beim Erhitzen mit Sauerstoff und tritt in mehreren Oxidationsstufen auf, wobei die sechswertigen Verbindungen am stabilsten sind. Es ist ein wichtiger Legierungszusatz bei Stahl.

Wolfram: Das weiß-glänzende Metall hat den höchsten Schmelzpunkt von allen Metallen (3410 °C). Je nach Kohlenstoffgehalt ist es mehr oder weniger hart, von Säuren wird es kaum angegriffen. Mit Sauerstoff reagiert es erst bei Rotglut, wobei eine Reihe verschiedener Oxide entstehen. Es dient zur Herstellung von Glühwendeln bei Glühlampen. Als Legierungszusatz gibt es dem Stahl eine besondere Härte (Wolframstahl). Auch als Katalysator wird Wolfram häufig verwendet.

Mangangruppe (Nebengruppe VII a)

Mangan: Mangan ist ein silberweißes, sprödes Metall. Da es ein unedles Metall ist, wird es von Wasser angegriffen und reagiert mit verdünnten Säuren. Mit Eisen und Stahl kann man es legieren, wodurch die Stahllegierung besonders hart wird. Das Mangandioxid (Mangan(IV)-oxid) wird in Taschenlampenbatterien als Anode verwendet und ist ein starkes Oxidationsmittel.

Technetium: Es ist ein radioaktives Metall, das nur technisch hergestellt wird, in der Natur also nicht gefunden wurde. Es löst sich nur in oxidierenden Säuren und verbrennt in Sauerstoff zu Te_2O_7. In der Medizin wird es als radioaktives Element zur Untersuchung innerer Organe verwendet.

Rhenium: Das Metall ist grau-glänzend und sehr hart. Es hat einen sehr hohen Schmelzpunkt (3180 °C). Von Sauerstoff wird es erst oberhalb der Temperatur 1000 °C angegriffen, außerdem reagiert es mit konzentrierter Salpetersäure zu Rhenaten. Man verwendet es für Thermoelemente und Glühlampenwendeln.

Eisen-Kobalt-Nickel-Gruppe (Nebengruppe VIII a)

Eisen: Unter allen Metallen spielt das Eisen seit mehr als 2000 Jahren die wichtigste Rolle im Leben der Völker. In der Natur kommt das Eisen in Erzen gebunden vor: Magneteisenstein Fe_3O_4 (Nordschweden, Ural, Mexiko), Roteisenstein Fe_2O_3 (Mitteldeutschland, Afrika, Brasilien, Ukraine), Brauneisenstein $Fe_2O_3 \cdot 3\ H_2O$ (Norddeutschland, Holland, Finnland), Spateisenstein $FeCO_3$ (Siegerland, Steiermark, England), Eisenkies FeS_2 und Magnetkies FeS. Eisen ist ein zähes, silberweißes magnetisierbares Metall. Es oxidiert an der feuchten Luft (Rosten) und muss vor Korrosion geschützt werden. Eisen wird im Hochofen hergestellt, in dem die oxidischen Eisenerze zu Roheisen reduziert werden. Die Reduktion erfolgt überwiegend durch Kohlenmonoxid. Das vom Hochofen gelieferte Roheisen enthält bis zu 10 % Fremdstoffe, darunter 3–5 % Kohlenstoff, den Rest bilden die Elemente Silizium, Mangan, Phosphor und Schwefel. Der hohe Kohlenstoffgehalt bewirkt, dass das Roheisen beim Erhitzen unmittelbar schmilzt, ohne vorher weich zu werden. Es lässt sich daher weder schmieden noch schweißen und ist sehr spröde. Entfernt man die Fremdstoffe durch Verbrennen in Sauerstoff, so erhält man Stahl, der weniger als 1,7 % Kohlenstoff enthalten soll. Stahl lässt sich schmieden. Die letzten Fremdstoffe entfernt man beim Stahl durch Umschmelzen im Lichtbogen des Elektroofens. Der so erhaltene Elektrostahl ist Stahl von bester Qualität.

Kobalt: Kobalt hat große Ähnlichkeit mit Eisen, ist aber härter und zäher als Stahl und ist ferromagnetisch, allerdings in geringerem Maße als Eisen. Es oxidiert nur beim Erhitzen, es treten ein-, zwei- und dreiwertige Oxidationsstufen auf. Hydratisierte Kobaltsalze sind rosa gefärbt, entzieht man ihnen das Wasser, dann werden sie blau (Nachweis von Feuchtigkeit). Die blaue Farbe der Salze wird beim Kobaltglas verwendet. Kobalt ist ein wichtiger Legierungsbestandteil bei Eisen.

Nickel: Es ist ein dem Eisen ähnliches, schwach ferromagnetisches Metall. Nickel lässt sich schmieden, schweißen und zu Draht ausziehen, es ist gegen Oxidation in Luft und gegen Wasser sehr widerstandsfähig. Nickel ist ein guter Katalysator und wird bei der Herstellung von Akkumulatoren verwendet. Eine Legierung von Nickel mit Eisen ist sehr korrosionsbeständig.

Platinmetalle: Dazu gehören Ruthenium, Rhodium, Palladium, Osmium, Iridium und Platin. Sie haben dieselben Eigenschaften und gehören zu den edelsten Metallen. Sie können an ihrer Oberfläche Wasserstoff- und Sauerstoffmoleküle in reaktionsfähige Atome zerlegen, sind also gute Katalysatoren. Sie sind gegen fast alle Säuren widerstandsfähig (Ausnahme Königswasser).

X. Radioaktivität

10.1 Natürliche Radioaktivität

Zusammensetzung der radioaktiven Strahlen

Im Jahr 1896 entdeckte Henri Becquerel eine von bestimmten Mineralien ausgehende Strahlung, welche die Luft ionisiert, Fotoplatten belichtet, Kondensatoren entlädt und chemische Prozesse beschleunigt.
Das Ehepaar Marie und Pierre Curie führte die Arbeiten von Becquerel weiter. Sie konnten zahlreiche radioaktive Elemente isolieren, wie z. B. Uran, Radium, Polonium, Actinium, Thorium, usw. Weiterhin konnten drei Strahlungskomponenten festgestellt werden:

α-*Strahlen:* Sie bestehen aus einem Paket von zwei Protonen und zwei Neutronen, sind also Heliumkerne mit der Massenzahl A = 4. (Symbol: ${}^{4}_{2}He^{++}$ oder α). Sie können wegen ihrer elektrischen Ladung magnetisch und elektrisch abgelenkt werden. Beim Verlassen der radioaktiven Substanz haben sie Geschwindigkeiten von 5 % bis 10 % der Lichtgeschwindigkeit. Ihre Reichweite in Luft beträgt je nach kinetischer Energie bis ca. 6 cm, in festen Stoffen ist die Reichweite geringer.

Beispiel: ${}^{238}_{92}U \rightarrow {}^{234}_{90}Th + {}^{4}_{2}\alpha$. Das Isotop 238 Uran zerfällt unter Aussendung eines α-Teilchens in das Isotop 234 Thorium.

β-*Strahlen:* Sie sind Elektronen, die mit großer Geschwindigkeit (bis zu 99 % der Lichtgeschwindigkeit) aus dem Atomkern geschleudert werden. Sie entstehen durch den spontanen Zerfall eines Neutrons im Kern in ein Proton und eben dieses Elektron. (Symbol: ${}^{0}_{-1}e$ oder β). Wegen ihrer kleinen Masse werden sie in elektrischen oder magnetischen Feldern stärker abgelenkt als die α-Teilchen. Sie haben in Luft eine etwas größere Reichweite als die α-Teilchen.

Beispiel: ${}^{215}_{84}Po \rightarrow {}^{215}_{85}At + {}^{0}_{-1}\beta$. Das Isotop 215 Polonium zerfällt unter Aussandung eines β-Teilchens in 215 Astatium.

γ-Strahlen: Sie sind elektromagnetische Wellen mit noch viel kleinerer Wellenlänge als die Röntgenstrahlen und sind demnach noch reicher an Energie als die Röntgenstrahlen. Sie stammen aus dem Kern und begleiten einen α- oder β-Zerfall. Sie lassen sich durch elektrische oder magnetische Felder nicht ablenken.

Zerfallsgesetz

Zur Zeit $t = 0$ seien N_0 noch unzerfallene Kerne im radioaktiven Stoff vorhanden. Zu einem beliebigen Zeitpunkt t sind es noch $N(t)$ unzerfallene Kerne. Die Zahl der unzerfallenen Kerne nimmt exponentiell mit der Zeit ab.

Zerfallsgesetz: $N(t) = N_0 \cdot e^{-kt}$

e ist die Eulersche Zahl, k die Zerfallskonstante, $[k] = \frac{1}{s}$. Die Zerfallskonstante gibt an, wie schnell ein bestimmter radioaktiver Stoff zerfällt. In der Praxis ist noch ein anderes Maß für die Zerfallsgeschwindigkeit üblich: die Halbwertszeit τ.

Die Halbwertszeit τ ist die Zeit, nach der die Hälfte der zu Beginn des Beobachtungszeitabschnitts vorhandenen Kerne zerfallen ist. Es gilt die Beziehung: $\tau \cdot k = \ln 2$.

Die radioaktiven Stoffe haben Halbwertszeiten von Bruchteilen von Sekunden bis zu Milliarden von Jahren. Beispielsweise hat das Uranisotop 238 U die Halbwertszeit von 4,5 Milliarden Jahren, Radium hat τ = 1600 Jahre, das Gas Thoron hat τ = 55 s.

Unter Aktivität A eines radioaktiven Stoffes versteht man die zeitliche Änderung der Zahl der unzerfallenen Kerne.

$$A = \left| \frac{\mathrm{d}N}{\mathrm{d}t} \right| = k \cdot N(t) \qquad [A] = 1 \text{ Ci (Curie)}$$

1 Ci hat ein Stoff, bei dem in der Sekunde $3{,}70 \cdot 10^{10}$ Zerfallsakte stattfinden. 1 g Radium hat etwa die Aktivität 1 Ci.

Zerfallsreihen

Durch das Ausschleudern eines α- oder β-Teilchens entsteht eine Veränderung des Nuklids.

$$\alpha\text{-Zerfall:} \quad {}^{m}_{n}\mathrm{K} \rightarrow {}^{m-4}_{n-2}\mathrm{K}' + \alpha$$

$$\beta\text{-Zerfall:} \quad {}^{m}_{n}\mathrm{K} \rightarrow {}^{m}_{n+1}\mathrm{K}' + \beta$$

Im Allgemeinen sind die Folgenuklide wieder radioaktiv und zerfallen weiter, unter Aussendung eines α- oder β-Teilchens. Es ergeben sich Zerfallsreihen, an deren Ende ein stabiles Nuklid steht. Es sind vier Zerfallsreihen bekannt:

Uran-Radium-Zerfallsreihe: Sie beginnt beim Nuklid ^{238}U und wandelt sich beim Zerfall in Thorium, Protactinium usw. bis zum stabilen Bleinuklid ^{206}Pb. Die Massenzahlen können allgemein in der Form $(4n + 2)$ angegeben werden.

Thorium-Zerfallsreihe: Vom Isotop ^{232}Th ausgehend, folgen neben anderen Elementen einige Radiumisotope. Über Bismut führt die Reihe schließlich zum stabilen Bleinuklid ^{208}Pb. Die Glieder dieser Reihe haben die Massenzahlen $4n$.

Uran-Actinium-Zerfallsreihe: Am Anfang steht das Urannuklid ^{235}U. Die Massenzahlen haben die Form $(4n + 3)$. Das stabile Endnuklid ist das Bleiisotop ^{207}Pb.

Neptunium-Zerfallsreihe: Sie beginnt mit dem seltenen Plutoniumnuklid ^{241}Pu und führt über Uran-, Radium- und Bismutisotope schließlich zum stabilen Bismutnuklid ^{209}Bi. Ihre Massenzahlen haben die allgemeine Form $(4n+1)$.

Altersbestimmung

Die Kenntnisse über den Zerfall natürlicher Nuklide nutzt man, um das Alter von Materie oder von Organismen zu bestimmen.

Für die Altersbestimmung von Mineralien kann man auf die Zerfallsreihen des Uran zurückgreifen. Die Uran-Radium-Zerfallsreihe verläuft von ^{238}U über 14 Schritte bis hin zum ^{206}Pb, einem stabilen Bleinuklid. Aus dem Verhältnis von ^{238}U zu ^{206}Pb in uranhaltigen Mineralien lässt sich das Alter des Minerals bestimmen. Der langsamste Schritt ist der erste Zerfallschritt von ^{238}U zu ^{226}Ra mit einer Halbwertszeit von $4{,}51 \cdot 10^{-9}$ Jahren. Dieser Schritt ist geschwindigkeitsbestimmend und daher entscheidend für die Berechnung des Mineralienalters. Aufgrund der hohen Halbwertszeit umfasst die Altersbestimmung von Mineralien sehr große Zeiträume. Man kann das Mindestalter der Erde und das Alter von Meteoriten mit dieser Methode abschätzen.

Die Altersbestimmung abgestorbener Pflanzen oder Tiere basiert auf der *^{14}C-Methode*y. Das Kohlenstoffnuklid ^{14}C wird durch kosmische Strahlung aus Stickstoff gebildet. Es ist ein β-Strahler mit einer Halbwertszeit τ von 5730 Jahren, der unter Emission eines β-Teilchens wieder zu Stickstoff zerfällt.

$$^{14}_{7}N + ^{1}_{0}n \rightarrow ^{14}_{6}C + ^{1}_{1}H$$

$$^{14}_{6}C \rightarrow ^{14}_{7}N + ^{0}_{-1}e$$

In der Atmosphäre gibt es eine konstante Konzentration von Kohlenstoffdioxid, die das radioaktive Nuklid ^{14}C enthält. Radioaktives Kohlenstoffdioxid $^{14}CO_2$ wird also in einem bestimmten Verhältnis zu stabilem $^{12}CO_2$ von lebenden Organismen aufgenommen und in den Stoffkreislauf eingeführt. In abgestorbenen Organismen wird kein Kohlenstoffdioxid mehr aufgenommen. Aus dem Verhältnis von stabilem Kohlenstoff zu radioaktivem Kohlenstoff lässt sich schließen, wieviel des Kohlenstoffnuklids ^{14}C zerfallen sein muss. Aus dieser Größe kann man darauf schließen, wann der Organismus abgestorben ist. Mit der ^{14}C-Methode wird unter anderem das Alter von Skeletten oder von Holzpfählen bei Ausgrabungen ermittelt.

Rechenweg:

$$t = \frac{\ln N_0 - \ln N(t)}{\ln 2} \cdot \tau$$

N_0: Zahl der Zerfälle zu Beginn; für ^{14}C ist $N_0 = 15{,}3\ \text{min}^{-1} \cdot g^{-1}$.
N (t): Zahl der Zerfälle zum gemessenen Zeitpunkt.

Strahlendosen
Wenn radioaktive Strahlen auf Körper treffen, erzeugen sie dort Ionen und der Körper absorbiert Energie. Aus dieser Beobachtung lassen sich einige Maße für die Dosis der aufgenommenen Strahlen ableiten.

Ionendosis I: Die Ionendosis ist der Quotient aus der im Körper erzeugten Ladung Q und der durchstrahlten Masse m: $I = \frac{Q}{m}$.
$[I]$ = 1 R (Röntgen) liegt vor, wenn durch Röntgen- oder γ-Strahlung in 1 g Luft $1{,}61 \cdot 10^{12}$ Ionenpaare erzeugt werden.

Energiedosis D: Die Energiedosis ist der Quotient aus der in dem durchstrahlten Körper absorbierten Energie E und der Masse m des betreffenden Körpers: $D = \frac{E}{m}$, $[D]$ = 1 rad (radiation absorbed dose).
1 rad ist die Dosis bei der in der Masse 1 g des durchstrahlten Stoffes eine Energie von 10^{-5} J absorbiert wird.

Dosisäquivalent: Die verschiedenen Arten ionisierender Strahlung sind biologisch verschieden stark wirksam. Unter Dosisäquivalent versteht man diejenige Röntgenstrahlung-Energiedosis, welche die gleiche biologische Wirkung hat, wie die Energiedosis der angewandten Strahlenart. Ist q ein Bewertungsfaktor, dann gilt $D_q = q\,D$. q ist für Röntgenstrahlen, γ- und β-Strahlung 1, für Protonen 10, für α-Strahlen etwa 20. $[D_q]$ = 1 rem (roentgen equivalent men). Die Dosisleistung der natürlichen Strahlenbelastung eines Menschen beträgt etwa 0,4 rem pro Jahr.

10.2 Künstliche Radioaktivität

Künstliche Kernumwandlung
Die erste künstliche Kernumwandlung und die dadurch hervorgerufene künstliche Radioaktivität wurde 1911 von Rutherford entdeckt. Er beschoss in einer

Nebelkammer mit Stickstofffüllung die Stickstoffkerne mit α-Teilchen. Gelegentlich wurde ein Stickstoffkern von einem α-Teilchen getroffen. Das Teilchen drang in den Kern ein, sodass ein Fluornuklid entstand, das sofort wieder unter Aussendung eines schnell fliegenden Protons in ein Sauerstoffnuklid zerfiel.

$$^{14}_{7}\mathrm{N} + ^{4}_{2}\alpha \rightarrow ^{18}_{9}\mathrm{F} \rightarrow ^{17}_{8}\mathrm{O} + ^{1}_{1}\mathrm{p}$$

Zum ersten Mal wurde also ein Stickstoffnuklid künstlich in ein Sauerstoffnuklid umgewandelt. Die als Folge auftretende Protonenstrahlung ist eine künstlich hervorgerufene Radioaktivität.

Positron

Das Positron ist beim Beschuss von Aluminium durch α-Teilchen erstmals entdeckt worden:

$$^{27}_{13}\mathrm{Al} + ^{4}_{2}\alpha \rightarrow ^{30}_{15}\mathrm{P} + ^{1}_{0}\mathrm{n} \text{ und } ^{30}_{15}\mathrm{P} \rightarrow ^{30}_{14}\mathrm{Si} + ^{0}_{1}\mathrm{e}.$$

Wird ein Aluminiumkern von einem α-Teilchen getroffen, so wandelt er sich unter Aussendung eines Neutrons in ein Phosphorisotop um. Dieses zerfällt sofort wieder in ein Siliziumisotop, wobei das Positron ausgeschleudert wird. Das Positron ist ein Elementarteilchen mit verschwindend kleiner Masse und einer positiven Elementarladung. Es stellt das positiv geladene Gegenstück zum Elektron dar. Positronen entstehen nur bei künstlicher Radioaktivität.

Freie Neutronen

Sie wurden erstmals 1932 von James Chadwick bei folgender künstlichen Kernumwandlung entdeckt: Berylliumkerne wurden mit α-Teilchen beschossen. Im Falle eines Treffers wandelt sich das Nuklid in ein instabiles Kohlenstoffnuklid um, das daraufhin sofort wieder in ein stabiles Kohlenstoffnuklid unter Aussendung eines schnellen Neutrons umgewandelt wird:

$$^{9}_{4}\mathrm{Be} + ^{4}_{2}\alpha \rightarrow ^{13}_{6}\mathrm{C} \rightarrow ^{12}_{6}\mathrm{C} + ^{1}_{0}\mathrm{n}.$$

Neutronen können infolge ihrer fehlenden Ladung ablenkungsfrei an den Atomkernen vorbeifliegen. Sie durchdringen deshalb auch dicke Schichten von festen Stoffen. Die schnellen Neutronen haben eine kinetische Energie bis zu 10^8 eV. Durch geeignete Bremssubstanzen (Moderatoren) lassen sich die Neutronen bis zu einer mittleren Energie von $2{,}5 \cdot 10^{-2}$ eV verlangsamen. Besonders als Moderatoren geeignet sind die Stoffe Wasser, Paraffin und Kohlenstoff in Form von Graphit. Freie Neutronen sind instabil, sie zerfallen mit einer Halbwertszeit von 13 Minuten in Protonen und Elektronen:

$$^{1}_{0}\mathrm{n} \rightarrow {}^{1}_{1}\mathrm{p} + {}^{0}_{-1}\mathrm{e}.$$

Aktivierung von Nukliden

Durch freie Neutronen können viele Kernumwandlungen herbeigeführt werden. Da die Neutronen keine elektrische Ladung haben, werden sie von den Kernen nicht abgelenkt, treffen auf sie, dringen in sie hinein und leiten die Umwandlung ein. Dabei lassen sich sonst stabile Nuklide künstlich radioaktiv machen, denn die Kernumwandlung ist stets von dem Ausschießen eines Elementarteilchens begleitet. Diesen Vorgang bezeichnet man als Aktivierung des betreffenden Elements. Langsame Neutronen haben noch bessere Trefferchancen als schnelle Neutronen.

Beispiel: $^{28}_{14}\mathrm{Si} + {}^{1}_{0}\mathrm{n} \rightarrow {}^{29}_{14}\mathrm{Si} \rightarrow {}^{28}_{13}\mathrm{Al} + {}^{1}_{1}\mathrm{p}$. Bei dieser Reaktion wird Silizium durch Neutronen aktiviert und wandelt sich in Aluminium um. Die künstliche radioaktive Strahlung besteht aus Protonen.

An den aktivierten Elementen kann man die radioaktiven Zerfallsvorgänge besonders gut untersuchen, denn sie haben im Allgemeinen kleine Halbwertszeiten. Deshalb haben die aktivierten Elemente in der Medizin und in der Technik verbreitete Anwendungen. Für medizinische Zwecke eignen sich besonders die Isotope ^{60}Co (Cobalt), ^{200}Au (Gold) und ^{131}I (Iod).

Die Nuklide der aktivierten Elemente sind instabil und gehen durch die radioaktive Strahlung in den stabilen Zustand über. Die meisten von ihnen sind β-Strahler, einige von ihnen sind Positronenstrahler.

Uran ist das letzte natürliche Element im PSE mit der Ordnungszahl 92. Durch Kernumwandlungen ist es gelungen, Isotope weiterer Elemente bis zur Ordnungszahl 105 künstlich herzustellen (Transurane). Alle sind radioaktiv, die meisten von ihnen mit einer sehr kurzen Halbwertszeit.

Massendefekt

Die Masse eines Nuklids (Kerns) m_N ist stets kleiner als die Massen seiner Nukleonen $\mathrm{Z}m_p + \mathrm{N}m_n$. Die Differenz heißt Massendefekt.

$$\Delta m_N = \mathrm{Z}m_p + \mathrm{N}m_n - m_N$$

Beispiel: Der Heliumkern besteht aus zwei Protonen und zwei Neutronen. Seine Masse ergibt theoretisch:

$2\,(m_p + m_n) = 2\,(1{,}0072766\text{ u} + 1{,}0086654\text{ u}) = 4{,}031884\text{ u}$.
Die genaue Massenbestimmung mit dem Massenspektrographen ergab den Wert $m_N = 4{,}0015064$ u. Der Massendefekt beträgt also $\Delta m_N = 0{,}0303776$ u.

Die Massendefekte der Nuklide nehmen im Allgemeinen mit wachsender Neutronenzahl zu.

Einstein-Gleichung

Der Massendefekt lässt sich durch die Einstein-Gleichung erklären. Sie besagt, dass jede Masse eine Energieform ist und umgekehrt. Die Umrechnung von Masse und Energie erlaubt folgende Gleichung:

Einstein-Gleichung: $E = m \cdot c^2$, $c = 300\,000$ km/s (Lichtgeschwindigkeit im Vakuum)

Beim Zusammenbau eines Nuklids aus seinen Nukleonen wird Energie frei, die seinem Massendefekt entspricht. Umgekehrt muss man die dem Massendefekt entsprechende Energie aufwenden, um den Kern in seine Nukleonen zu zerlegen. Diese erscheint dann als Massenzuwachs der dabei frei werdenden Neutronen.

10.3 Kernspaltung

Beschreibung

Die erste Kernspaltung wurde von Otto Hahn 1938 zufällig entdeckt und zwar beim Beschuss des Uranisotops ^{235}U mit freien Neutronen. Ein Neutron dringt in den Kern ein und es entsteht der Zwischenkern ^{236}U. Dieser Kern deformiert sich und zerfällt dann in zwei Bruchstücke, die mit großer Geschwindigkeit auseinander fliegen. Neben den Bruchstücken des Kerns werden noch drei Neutronen frei, außerdem tritt begleitend dazu eine γ-Strahlung auf.

$$^{235}_{92}U + ^{1}_{0}n \rightarrow ^{236}_{92}U \rightarrow ^{89}_{36}Kr + ^{144}_{56}Ba + 3 \cdot ^{1}_{0}n \text{ oder}$$

$$^{235}_{92}U + ^{1}_{0}n \rightarrow ^{236}_{92}U \rightarrow ^{90}_{38}Sr + ^{144}_{54}Xe + 2 \cdot ^{1}_{0}n$$

Die Kernbruchstücke bilden nachfolgend Zerfallsreihen, wobei vorwiegend β-Teilchen und γ-Strahlen ausgesandt werden.

Die dabei frei werdende Energie von $200 \cdot 10^6$ eV verteilt sich so: Kinetische Energie der Bruchstücke: $165 \cdot 10^6$ e; kinetische Energie der ausgeschleuderten Neutronen: $5 \cdot 10^6$ e; γ-Strahlung: $6 \cdot 10^6$ eV; Energieabgabe bei den nachfolgenden Zerfallsvorgängen: $24 \cdot 10^6$ eV.

Die sehr hohe kinetische Energie der Bruchstücke wandelt sich in Wärme um, da die schnell bewegten Bruchstücke ständig an die benachbarten Atome stoßen und ihre Energie an sie abgeben.

Kettenreaktion

Die bei der Spaltung ausgeschleuderten Neutronen können unter gewissen Bedingungen wieder weitere 235 U-Kerne spalten: Das spaltbare Material muss einen sehr großen Reinheitsgrad haben, sonst werden die freien Neutronen von den Kernen anderer Elemente absorbiert, und es muss eine bestimmte Mindestmenge an spaltbarem Material mit möglichst kleiner Oberfläche vorhanden sein. Damit soll gewährleistet sein, dass die freien Neutronen eine genügend große Zahl von Nukliden treffen. Andernfalls würden zu viele der Neutronen an den Nukliden vorbei aus dem Material herausfliegen. Sind diese Bedingungen erfüllt, so kann es zu einer Kettenreaktion von Spaltungen kommen.

Bezeichnet man die freien Neutronen einer Spaltungsgeneration, die zur Spaltung einer nachfolgenden Generation herangezogen werden, als wirksame Neutronen, dann gilt für den Multiplikationsfaktor C der Kettenreaktion:

C = Zahl der wirksamen Neutronen nach der Spaltung geteilt durch Zahl der wirksamen Neutronen vor der Spaltung.

$C > 1$: Die Zahl der Neutronen und damit die Zahl der Kernspaltungen wächst sehr rasch auf hohe Werte an. Die gesamte spaltbare Menge wird somit in Bruchteilen von Sekunden gespalten, es wird eine sehr große Energie frei und in Wärme umgewandelt (Atombombe).

$C = 1$: Durchschnittlich bringt jede Kernspaltung ein wirksames Neutron hervor, die Kettenreaktion ist in ihrem Ablauf ausgeglichen. Dies geschieht beim Kernreaktor. Dort ist eine Steuervorrichtung eingebaut, die dafür sorgt, dass stets die richtige Menge von wirksamen Neutronen vorhanden ist. Sie besteht aus Stäben von Borstahl oder Cadmium, die sich mehr oder weniger tief in das spaltbare Material schieben lassen. Sie haben die Eigenschaft, Neutronen besonders gut zu absorbieren. Neben dem Isotop ^{235}U ist auch noch ^{239}Pu und ^{233}U als spaltbares Material bekannt.

$C < 1$: Die Zahl der wirksamen Neutronen einer Generation ist geringer als die der vorhergehenden Generation, damit verringert sich die Zahl der Kernspaltungen, die Kettenreaktion hört nach kurzer Zeit auf.

Organische Chemie

I. Grundlagen

1.1 Kohlenstoffatom

Die organische Chemie untersucht die spezifischen Verbindungen, die der Kohlenstoff vor allem mit Wasserstoff, Sauerstoff, Stickstoff und den Halogenen eingeht.

Das Kohlenstoffatom ist vierwertig.

Das Kohlenstoffatom kann also mit seinen vier Valenzelektronen in einem Molekül vier Atombindungen ausbilden.

Beispiel: Ein Kohlenstoffatom kann sich mit vier einwertigen Wasserstoffatomen (CH_4) verbinden oder sich mit zwei zweiwertigen Sauerstoffatomen (CO_2) zusammentun oder sich mit einem einwertigen Wasserstoffatom und einem dreiwertigen Stickstoffatom (HCN) verknüpfen.

Das Kohlenstoffatom hat eine geringe Elektronegativität. Darunter versteht man die Fähigkeit von Atomen, Bindungselektronen von benachbarten Atomen an sich zu ziehen.

Die allgemeinen Eigenschaften von organischen Verbindungen zeigen sich darin, dass sie wenig wärmebeständig sind und geringe Reaktionsgeschwindigkeiten haben.

1.2 Verbindungen

Aliphatische Verbindungen

Kohlenwasserstoffverbindungen mit gerader oder verzweigter Kohlenstoffkette heißen aliphatische Verbindungen.

Man unterscheidet folgende Arten von aliphatischen Verbindungen (an allen endständigen Bindungsstrichen denke man sich ein H-Atom):

Einfachbindungen 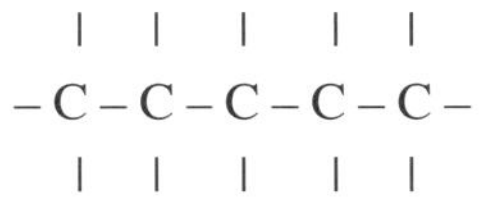

Doppelbindungen (konjugiert) 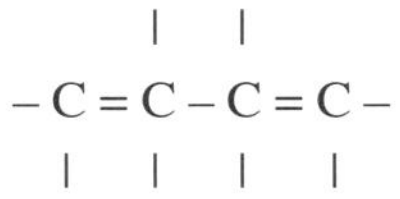

Doppelbindungen (isoliert) 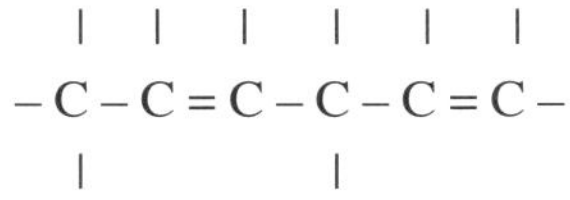

Doppelbindungen (kumuliert) 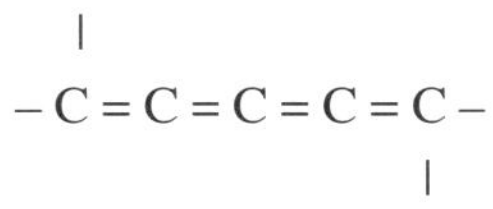

Dreifachbindungen (konjugiert) $-C \equiv C - C \equiv C - C \equiv C -$

Dreifachbindungen (isoliert) 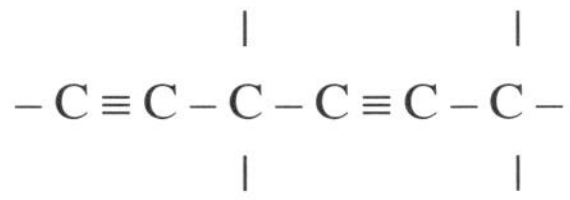

Kohlenstoffketten, die eine maximal mögliche Anzahl von Wasserstoffatomen binden, heißen gesättigt. Kohlenstoffketten mit Doppelbindungen oder Dreifachbindungen heißen ungesättigt, wobei man zwischen einfach ungesättigt und mehrfach ungesättigt unterscheidet.

Cyclische Verbindungen

Durch Verbindung der Kettenenden aliphatischer Kohlenwasserstoffverbindungen lassen sich beliebige Ringe herstellen, die entweder zu den gesättigten oder zu den ungesättigten Kohlenwasserstoffen gehören.

Beispiele:

Gesättigter Ring

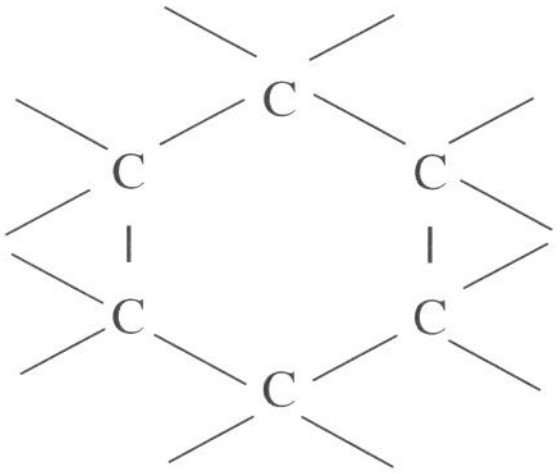

Cyclohexan

Ungesättigter Ring

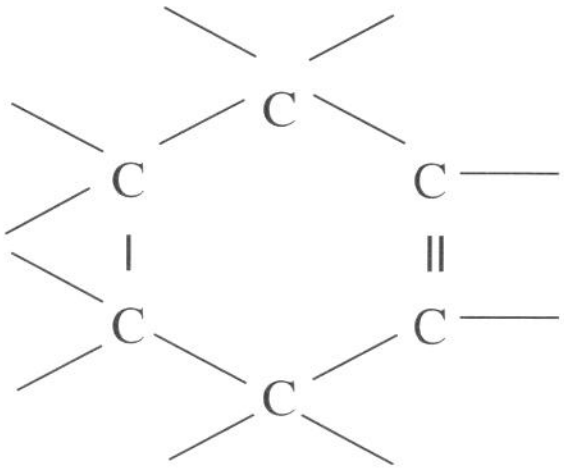

Cyclohexen

Ein ungesättigter cyclischer Kohlenwasserstoff mit sechs Kohlenstoffatomen und drei konjugierten Doppelbindungen heißt Benzol.

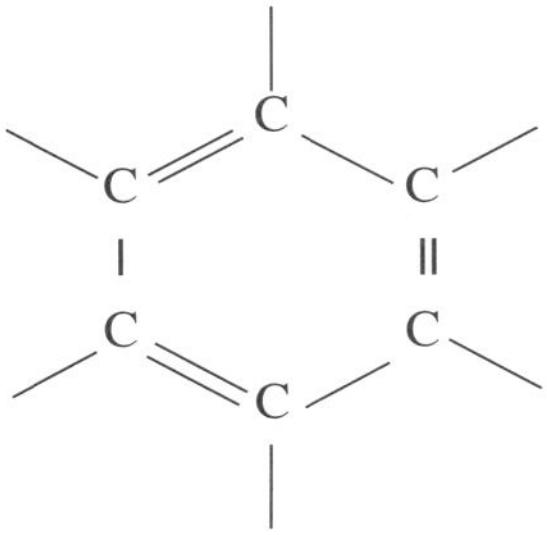

oder

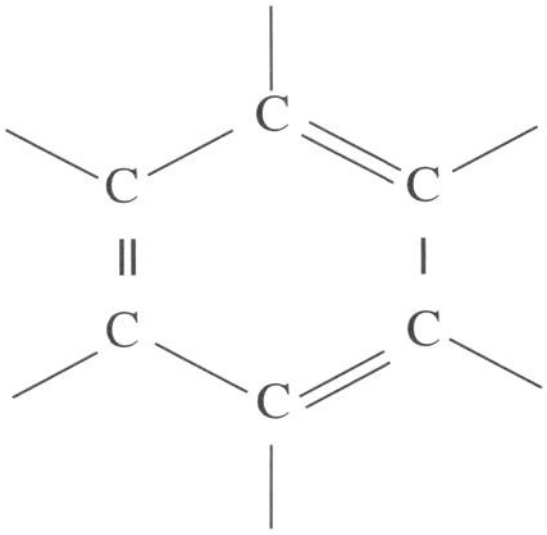

Gesättigte und ungesättigte Kohlenwasserstoffe können an Stelle eines oder mehrerer Kohlenstoffatome Fremdatome enthalten. Dann heißen die Verbindungen heterocyclisch.

Beispiel:

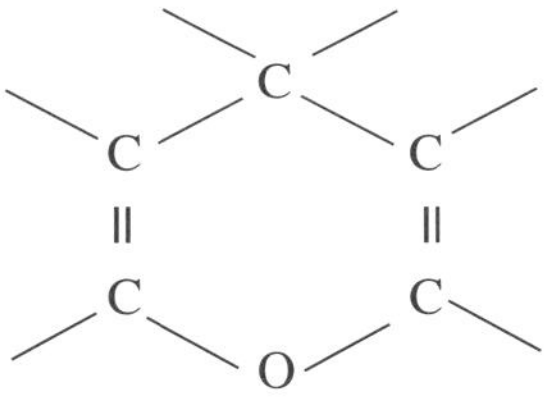

Pyran

Summen- und Strukturformeln

In der organischen Chemie bevorzugt man zur Beschreibung eines Moleküls so genannte Strukturformeln, im Gegensatz zur anorganischen Chemie, wo man häufig mit Summenformeln auskommt. In der Strukturformel sind die Stellungen der Atome zueinander deutlicher beschrieben.

Beispiel: Summenformel von Ethan: C_2H_6

Strukturformel von Ethan:

$$\begin{array}{ccccccc} & & H & & H & & \\ & & | & & | & & \\ H & - & C & - & C & - & H \\ & & | & & | & & \\ & & H & & H & & \end{array}$$

Oft genügt es, vereinfachte Strukturformeln zu verwenden. Dabei sind die Wasserstoffatome mit dem Kohlenstoffatom, mit dem sie jeweils gebunden sind, zu Gruppen zusammengefasst, die mit Valenzstrichen verbunden werden.

Beispiel: $H_3C - CH_2 - OH$ oder $HO - CH_2 - CH_3$

In der organischen Chemie können die Stellungen der Elementsymbole und die der Molekülgruppen vertauscht werden.

Funktionelle Gruppe

Ist in einer längeren Kohlenwasserstoffkette nur eine bestimmte Molekülgruppe für den betreffenden Stoff charakteristisch, dann nennt man diese eine funktionelle Gruppe.

Unter Anwendung von funktionellen Gruppen lässt sich die Strukturformel noch kürzer darstellen.

Beispiel: Bei der Carbonsäure ist die Gruppe C = O typisch.
\OH

Ist R ein Molekülrest (der z. B. aus einer längeren Kohlenwasserstoffkette bestehen kann und für die betreffende Reaktion keine Rolle spielt), so ist die Strukturformel R – C = O
\OH

Ein Kohlenstoffatom, das direkt neben der funktionellen Gruppe liegt, heißt α-ständig.

Beispiel:

```
         OH
         |
CH3 – CH – C = O     Funktionelle Gruppe: – C = O
            \OH                               \OH
```

Das links neben der funktionellen Gruppe liegende C-Atom ist α-ständig und hat eine OH-Gruppe (Hydroxylgruppe).

Strukturisomerie

Haben zwei oder mehrere Verbindungen die gleiche Summenformel, aber unterschiedliche Strukturformeln und damit auch unterschiedliche physikalische und chemische Eigenschaften, so spricht man von Strukturisomerie.

Beispiel: Summenformel C_2H_6O

Die Atome können auf zwei verschiedene Arten verbunden werden:

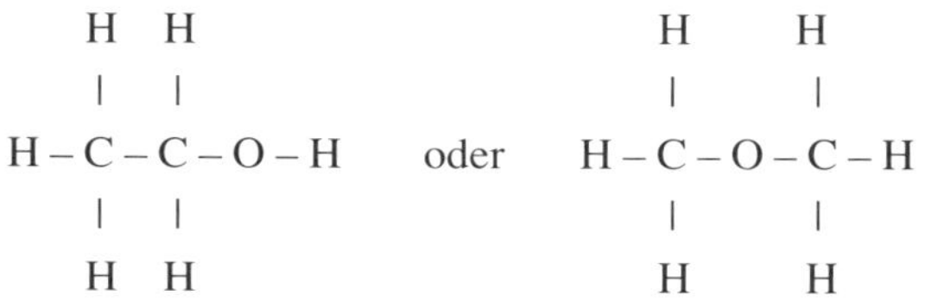

Ethanol (Ethylalkohol) Ether (Äther)

Gibt es eine Strukturisomerie zwischen unverzweigten und verzweigten Ketten, so erhalten die ersteren das Präfix n- (normal), die letzteren i- (isomer).

Beispiel: Butan, Summenformel C_4H_{10}

$CH_3 - CH_2 - CH_2 - CH_3$

n-Butan

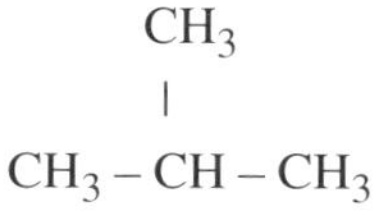

i-Butan

Die Zahl der Strukturisomeren nimmt bei den Kohlenwasserstoffen mit steigender Zahl der Kohlenstoffatome überproportional zu.

Induktiver Effekt

Alle in die Kohlenwasserstoffketten eingebauten Fremdatome, die elektronegativer als Wasserstoff sind, üben einen Elektronensog auf die Atombindung zum nächsten Kohlenstoffatom aus; sie polarisieren diese Bindung derart, dass das betreffende Kohlenstoffatom eine positive Teilladung erhält.
Dies ist der -I-Effekt (negativer induktiver Effekt).

Einige Atome oder funktionelle Gruppen, die in Kohlenwasserstoffketten eingebaut sind, haben überschüssige Elektronen und ziehen die Bindungselektronen einer Atombindung weniger stark an als ein Wasserstoffatom. Die Bindungselektronen werden sogar zum benachbarten Kohlenstoffatom hingeschoben, das eine negative Teilladung dort bewirkt.
Diese Art der Polarisation nennt man +I-Effekt (positiver induktiver Effekt).

II. Aliphatische Kohlenwasserstoffe

2.1 Alkane

Beschreibung

Die Gruppe der Alkane (Paraffine) enthält alle gesättigten, verzweigten und unverzweigten Kohlenwasserstoffe, die nur aus C- und H-Atomen aufgebaut sind.

Die Verbindungsgruppe der Alkane bildet eine so genannte homologe Reihe mit der Summenformel C_nH_{2n+2}. Der Anfang dieser homologen Reihe ist:

$n = 1$:	Methan	CH_4
$n = 2$:	Ethan	$CH_3 - CH_3$
$n = 3$:	Propan	$CH_3 - CH_2 - CH_3$
$n = 4$:	Butan	$CH_3 - CH_2 - CH_2 - CH_3$

Die nachfolgenden Glieder der homologen Reihe erhält man durch schrittweisen Einbau von weiteren $-CH_2$-Gruppen. Auch die Benennung der weiteren Glieder erfolgt homolog nach der Anzahl der Kohlenstoffatome:
C_5 Pentan, C_6 Hexan, C_7 Heptan, C_8 Oktan, C_9 Nonan, C_{10} Dekan, usw.
Die ersten vier dieser Reihe (Methan bis Butan) sind gasförmig und geruchlos,

die Verbindungen bis C_{16} sind flüssig und haben Petroleumgeruch, die höheren sind fest und geruchlos. Die Alkane sind brennbar, wobei mit steigender Kettenlänge immer mehr Kohlenstoff nicht oxidiert wird (Rußbildung). Alle Alkane sind unpolar, daher mischen sie sich nur mit unpolaren organischen Lösungsmitteln, z. B. den Fetten. Sie sind *lipophil* (fettliebend). Mit Wasser mischen sich die Allkane nicht, da Wassermoleküle polar sind. Alkane sind *hydrophob* (wasserfeindlich).

Alkyle

Durch Abspaltung eines Wasserstoffatoms erhält man einen reaktionsfreudigen Molekülrest. Diese Molekülreste (Radikale) werden ebenfalls homolog benannt, indem man im Namen des betreffenden Alkans die Endung -an durch die Endung -yl ersetzt. Alle Molekülreste der Alkane fasst man zur Gruppe der Alkyle zusammen.

Beispiele:	Methyl	$CH_3\bullet$
	Ethyl	$CH_3-CH_2\bullet$
	Propyl	$CH_3-CH_2-CH_2\bullet$
	Butyl	$CH_3-CH_2-CH_2-CH_2\bullet$ usw.

Die Verbindungsgruppe der Alkane enthält viele Strukturisomere, d. h. Verbindungen mit gleicher Summenformel aber mit verschiedener Struktur. Bei Pentan gibt es 3, bei Oktan 18, bei Dekan bereits 75 Isomere.

Strukturisomere der Alkane

Je höher die Zahl der Kohlenstoffatome in der Summenformel, desto mehr Möglichkeiten gibt es, sie im Molekül zu verknüpfen. Bei fünf Kohlenstoffatomen gibt es drei Verknüpfungsmöglichkeiten, also drei Stereoisomere, die sich in ihren chemischen und physikalischen Eigenschaften unterscheiden.

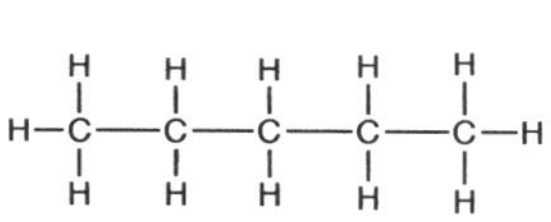

Pentan

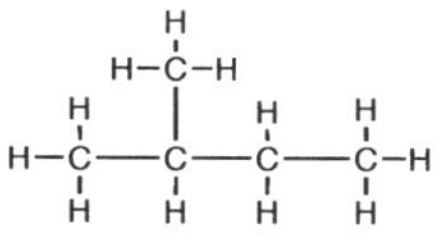

2-Butan

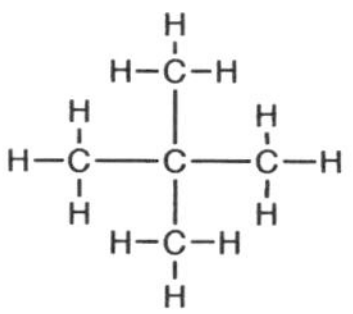

2,2-Propan

Nomenklatur der Alkane:
Die Benennung verzweigter Alkane kann je nach Struktur durch die Unterscheidung des n-Isomers als langkettiges und des i-Isomers als verzweigtes getroffen werden. Für die genaue Benennung greift man auf die IUPAC-Regeln (International Union of Pure and Applied Chemistry) zurück. Sie schreiben international vor, wie die Nomenklatur der Alkane funktioniert.

1. Es wird die längste Kohlenstoffkette im Molekül gesucht und benannt.
2. Die längste Kohlenstoffkette wird so nummeriert, dass die Seitenketten möglichst kleine Zahlen erhalten.
3. Die Seitenketten werden benannt und dem Alkylnamen nach alphabetisch sortiert. Bei mehreren gleichartigen Seitenketten wird ihre Zahl mit ‚di' für zwei, ‚tri' für drei und ‚tetra' für vier vor dem Alkylnamen angegeben.
4. Die einzelnen Namensteile werden im Alkannamen nach folgendem Schema sortiert:
   – Nummer des C-Atoms, an dem die Seitenkette hängt
   – Zahlwort für die Zahl gleichartiger Seitenketten
   – Name der Seitenkette (siehe Alkyle)
   – Name der längsten Kohlenstoffkette

Beispiele:

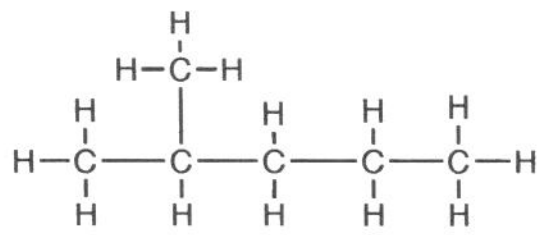

2-Methylpentan

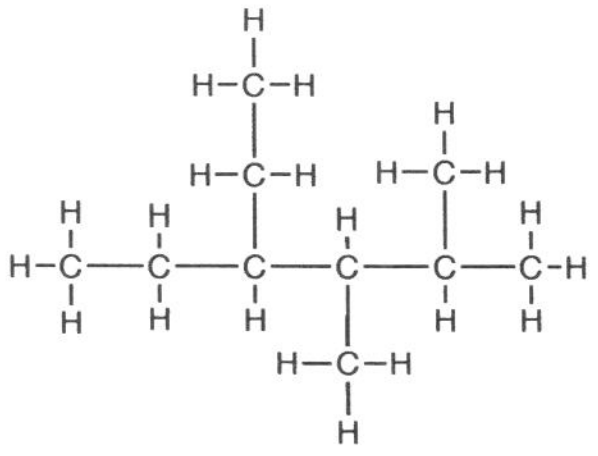

3, 4, 5-Trimethylheptan

Konformationsisomerie der Alkane
Die schematischen Zeichnungen geben nur die Verknüpfung der Kohlenstoffatome an. Bei den folgenden Zeichnungen handelt es sich zum Beispiel um dasselbe Molekül.

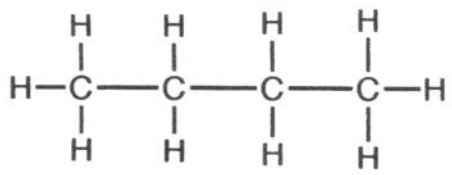

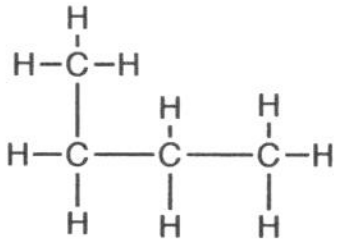

Die Atome und Atomgruppen in Alkanen können sich um die Einfachbindungen im Molekül drehen. Dadurch entstehen Isomere, die durch Rotation um die Einfachbindungen ineinander überführbar sind.

Je weiter die Elektronenbindungen im Molekül räumlich voneinander entfernt sind, desto geringer ist die Energie. In einem Methanmolekül sind die Wasserstoffatome tetraedrisch um das Kohlenstoffatom angeordnet, da so der größtmögliche Abstand zwischen den Atomen und Elektronenbindungen gegeben ist. Beim Ethan und weiteren homologen Alkanen sind die Bindungen um die Kohlenstoffatome herum wie bei Methan tetraedrisch angeordnet. Die Kohlenstoffkette ist gewinkelt. Die Alkanketten werden daher häufig als gezackte Linien gezeichnet. Die Ecken und Enden in den Zeichnungen stehen für Kohlenstoffatome.

Pentan

Hexan

i-Butan

Die Einfachbindungen in Alkanen sind drehbar. Wenn die Bindung zwischen den Kohlenstoffatomen im Alkan gedreht wird, ergeben sich unterschiedliche *Konformationsisomere*.

Für Ethan bedeutet das, dass die Stellung der Wasserstoffatome zueinander bei der Drehung der C-C-Bindung variiert. Die *Sägebock-Projektion* zeigt eine schematische Zeichnung des Ethan-Moleküls, dass die Ausrichtung der C-H-Bindungen deutlich macht.

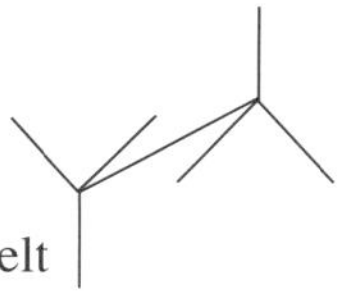

gestaffelt

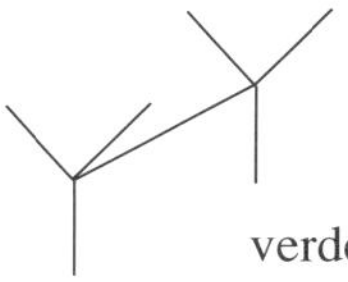

verdeckt (ekliptisch)

In der *Newman-Projektion* eines Ethan-Moleküls steht die Bindung, um die gedreht wird, senkrecht auf der Papierebene. Bindungen zum hinteren Atom werden vom Kreis verdeckt gezeichnet, Bindungen zum vorderen Atom sind über dem Kreis sichtbar.

gestaffelt verdeckt (ekliptisch)

Bei der verdeckten bzw. ekliptischen Konformation sind die H-Atome zur Deckung gebracht. In der Newman-Projektion wird deutlich, dass sich die Bindungselektronen in der verdeckten Konformation stark behindern. Die gestaffelte Konformation ist deshalb energetisch begünstigt. Da die Energiedifferenz zwischen den Konformations-Isomeren nur 13 kJ/mol beträgt, sind bei normaler Temperatur alle Konformationen zu finden, das heißt, im Molekül finden ständig Drehungen um Einfachbindungen statt.
Ein deutlicherer Energieunterschied entsteht bei größeren Substituenten als Wasserstoff. Bei Butan sind zum Beispiel im Vergleich zu Ethan zwei Wasserstoffatome durch Methylgruppen ersetzt.

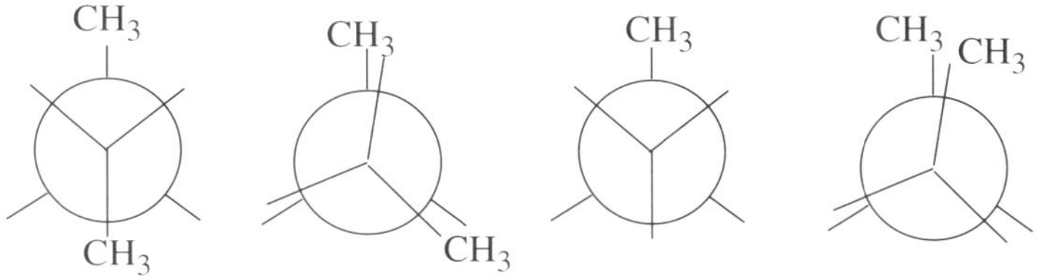

anti ekliptisch gauche ekliptisch

Die anti-Konformation des Butan ist die energieärmste, weil sich die großen Methyl-Substituenten am wenigsten behindern. Die ekliptischen Konformationen sind dagegen energetisch sehr ungünstig, besonders wenn beide Methylsubstituenten sich in dieselbe Richtung orientieren. Die Energiedifferenz zwischen dem sehr stabilen anti-Konformer und dem energetisch sehr ungünstigen ekliptischen Konformer (ganz rechts) beträgt 18,8

kJ/mol. Durch die Rotation um die Einfachbindung findet eine ständige Umwandlung der Konformere statt. Die energetischen Unterschiede erklären, warum Butan bei Raumtemperatur zu 72 % in der anti-Form vorliegt.
Ähnliche energetische Unterschiede der Konformere zeigen sich bei Halogensubstituenten. Die Energiebarriere liegt allerdings mit 13–15 kJ/mol etwas unter der von Butan. Das hängt vermutlich mit der geringeren Größe der Halogenatome im Vergleich zum Methylrest zusammen.

Physikalische Eigenschaften von Alkanen

Je mehr Kohlenstoffatome ein Alkanmolekül enthält, desto schwerer wird das Molekül. Mit zunehmender Masse steigen die Schmelz- und Siedetemperaturen der Stoffe. Die Tabelle zeigt gerundete Werte für Schmelz- und Siedetemperaturen von Propan (C_3H_8) bis Decan ($C_{10}H_{22}$).

Alkan	Schmelztemperatur	Siedetemperatur
Propan	–189 °C	–42 °C
Butan	–137 °C	–0,5 °C
Pentan	–130 °C	36 °C
Hexan	–95 °C	69 °C
Heptan	–90 °C	98 °C
Octan	–57 °C	130 °C
Nonan	–53 °C	160 °C
Decan	–30 °C	270 °C

Je schwerer die einzelnen Moleküle sind, desto mehr thermische Energie muss aufgewendet werden, um die Moleküle in Schwingung zu versetzen.

Ein zweiter Faktor für die Schmelz- und Siedetemperaturen ist neben der Masse der Moleküle die Struktur der Moleküle. Zwischen neutralen Molekülen bestehen schwache Wechselwirkungen. Es handelt sich um Anziehungskräfte, die durch die momentane Elektronenverteilung entstehen. Diese *van-der-Waals-Kräfte* ähneln Dipol-Dipol-Wechselwirkungen, sie sind aber kurzlebiger und abhängig von der Größe des Moleküls. Je größer die Oberfläche eines

Moleküls ist, das heißt je größer die Oberfläche der Elektronenwolke ist, desto leichter werden kurzzeitig Dipole induziert und desto stärker sind die intermolekularen Wechselwirkungen.
Der Einfluss der van-der-Waals-Kräfte auf die Schmelz- und Siedetemperaturen von Alkanen zeigt sich beim Vergleich von Strukturisomeren. Obwohl die Moleküle die gleiche Masse haben, sieden und schmelzen sie bei unterschiedlichen Temperaturen.

Alkan	Schmelztemperatur	Siedetemperatur
Butan	–137 °C	–0,5 °C
i-Butan (2-Methylpropan)	–60 °C	–12 °C

Je kompakter das Molekül ist, desto geringer sind die van-der-Waals-Kräfte zwischen den Molekülen. Bei größerer Moleküloberfläche ist wegen der größeren van-der-Waals-Kräfte mehr thermische Energie für das Sieden oder Schmelzen nötig.

Methan

Reines Methan ist ein farb-, geruch- und geschmackloses Gas, das sich im Wasser schwer auflöst und mit bläulicher Flamme brennt. Methan ist der Hauptbestandteil des Erdgases, aber auch im Grubengas und Sumpfgas ist es enthalten. Kleine Mengen von Methan erhält man aus der Reaktion von Aluminiumcarbid mit warmem Wasser:

$$Al_4C_3 + 12\ H_2O \rightarrow 4\ Al(OH)_3 + 3\ CH_4$$

Großtechnisch wird Methan aus Wassergas bei 300 °C gewonnen, wobei das Metall Nickel als Katalysator wirkt:

$$CO + 3\ H_2 \rightarrow CH_4 + H_2O$$

Methan reagiert gut mit Halogenen, z. B. mit Chlor, wobei unter Lichteinwirkung aus dem Chlormolekül zunächst zwei Chlorradikale entstehen, die dann den Kohlenwasserstoff angreifen; es entsteht Monochlormethan:

$$CH_4 + Cl_2 \rightarrow HCl + CH_3Cl$$

Der Kohlenwasserstoff gibt ein Wasserstoffatom ab und nimmt dabei ein Chloratom auf. Diesen Vorgang nennt man allgemein eine Substitution. Die Reaktion mit Chlor lässt sich weiter fortsetzen:

$$CH_3Cl + Cl_2 \rightarrow HCl + CH_2Cl_2$$

Aus dem Monochlormethan entsteht das Dichlormethan; eine weitere Verbindung mit Chlor ergibt das Trichlormethan (Chloroform, Narkosemittel):

$$CH_2Cl_2 + Cl_2 \rightarrow HCl + CHCl_3$$

Daraufhin entsteht das Tetrachlormethan (Tetrachlorkohlenstoff, Lösungsmittel für Harze):

$$CHCl_3 + Cl_2 \rightarrow HCl + CCl_4$$

Die neu entstandenen Kohlenstoffverbindungen heißen Derivate, weil sie sich durch schrittweise Abänderungen vom Grundmolekül (Methan) herleiten lassen.

2.2 Alkene

Beschreibung

Alkene haben genau eine Doppelbindung in einer sonst beliebig langen Kohlenstoffkette.

Diese Doppelbindung besteht aus zwei unterschiedlich starken Bindungen. Eine der Bindungen wird σ-Bindung genannt und entspricht der üblichen Einfachbindung, die zweite Bindung, die sogenannte π-Bindung, ist weniger fest als die σ-Bindung und bricht daher leicht auf.

Die Alkene bilden eine homologe Reihe mit der allgemeinen Summenformel C_nH_{2n}.

Den Anfang dieser homologen Reihe bilden die Verbindungen:

$n = 2$:	Ethen	$H_2C = CH_2$
$n = 3$:	Propen	$H_2C = CH - CH_3$
$n = 4$:	But-1-en	$H_2C = CH - CH_2 - CH_3$
	But-2-en	$H_3C - CH = CH - CH_3$

Diese Kohlenstoffkette wird wie das entsprechende Alkan benannt, nur wird die Endung -an gegen die Endungen -en ausgetauscht. Eine nachgestellte Zahl in Klammern gibt die Lage der Doppelbindung innerhalb einer längeren Kette an und beziffert das Kohlenstoffatom, von dem die Doppelbindung ausgeht. Dabei müssen die Kohlenstoffatome durchnumeriert werden. Dies könnte man von links nach rechts oder von rechts nach links durchführen. Numeriert wird so, dass dasjenige Kohlenstoffatom, das den Kettenanfang bildet, der Doppelbindung am nächsten steht. Bei Verzweigungen gibt es eine weitere Kennzahl:

Beispiele:

$$\begin{array}{l} H_3C - \underset{\displaystyle CH_3}{\underset{|}{C}} = CH - CH_3 \end{array}$$

Die Kohlenstoffatome des Buten werden von links nach rechts numeriert. Der Name ist 2-Methylbut-2-en. Die erste 2 zeigt an, dass die Verzweigung beim zweiten C-Atom erfolgt, die zweite 2 zeigt an, dass die Doppelbindung vom zweiten C-Atom ausgeht. Die Bezeichnung Methyl- gibt den Hinweis, dass das anhängige Radikal ein Methyl ist.

$$\begin{array}{l} H_2C = \underset{\displaystyle CH_3}{\underset{|}{C}} - CH_2 - CH_3 \end{array}$$

Die Kohlenstoffatome des Buten werden von links nach rechts numeriert. Der Name ist 2-Methylbut-1-en. Die 2 zeigt an, dass die Verzweigung beim zweiten C-Atom erfolgt, die 1 zeigt an, dass die

Doppelbindung vom ersten C-Atom ausgeht. Die Bezeichnung Methyl- gibt den Hinweis, dass das anhängige Radikal ein Methyl ist.

Alkenyle
Die Radikale der Alkene nennt man Alkenyle. Sie bilden wieder eine homologe Reihe. Die Benennung erfolgt analog zu den Alkanen, wobei die Endung -an durch -enyl ersetzt wird.

Beispiele:	Ethenyl	$\bullet CH = CH_2$
	2-Propenyl	$\bullet CH = CH - CH_3$
	1-Propenyl	$\bullet CH_2 - CH = CH_2$ (Anfang rechts)

Stereoisomere der Alkene
Eine Drehung um Zweifachbindungen ist im Gegensatz zu Einfachbindungen energetisch stark behindert. Die Drehung um eine Zweifachbindung findet daher praktisch nicht statt. Bei substituierten Alkenen ergeben sich Stereoisomere, weil die Moleküle nicht durch Drehen ineinander überführbar sind. So können zum Beispiel Chloratome im Dichlorethen auf derselben oder auf entgegengesetzten Seiten der Doppelbindung gebunden sein.

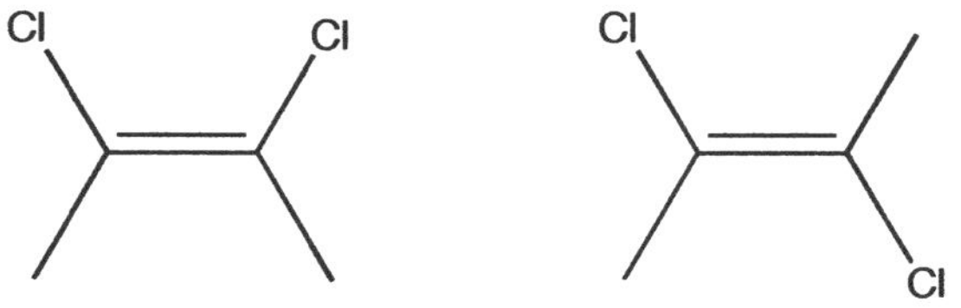

Man benennt die Stereoisomere der Alkene mit *cis-Alken*, wenn die Substituenten auf derselben Seite der Doppelbindung stehen und mit *trans-Alken*, wenn sie auf entgegengesetzten Seiten stehen. Die trans-Isomere sind häufig etwas stabiler als die cis-Isomere, weil sich die Substituenten sterisch weniger behindern.

Ethen

Ethen ist ein farbloses, wasserunlösliches Gas mit erstickendem, etherähnlichem Geruch. Es ist, wie alle Alkene, brennbar. Seine Herstellung erfolgt bei 350 °C mithilfe eines Katalysators, gemäß folgender Gleichung:

$$C_2H_5 - OH \rightarrow C_2H_4 + H_2O.$$

Ethen reagiert sehr leicht mit Brom und mit Wasserstoff. Bei der Reaktion mit Brom ergibt sich eine wasserhelle, ölige Flüssigkeit, die einen süßlichen Geruch hat. Bei der Reaktion mit Wasserstoff entsteht das entsprechende Alkan, und mit Wasser reagiert Ethen zu einem Alkohol.

$$H_2C = CH_2 + Br_2 \rightarrow \begin{array}{ccccccc} & & Br & & H & & \\ & & | & & | & & \\ H & - & C & - & C & - & H \\ & & | & & | & & \\ & & H & & Br & & \end{array}$$

1,2 Dibromethan (die Verzweigung ist am 1. und am 2. Kohlenstoffatom)

$$H_2C = CH_2 + H_2 \rightarrow H_3C - CH_3$$

Ethan

$$H_2C = CH_2 + H_2O \rightarrow \begin{array}{ccc} H_3C & - & CH_2 \\ & & | \\ & & OH \end{array}$$

Ethanol

Bei diesen Reaktionen hat sich nur ein Produkt gebildet; man nennt sie Additionsreaktionen.

Eine Reaktion, bei der die Edukte zusammengefasst werden und sich nur ein Produkt bildet, nennt man Additionsreaktion.

Polymerisation

Unter Polymerisation versteht man die Selbstadditionen zwischen den Molekülen eines Edukts (Ausgangsstoffes) ohne Bildung eines Nebenprodukts.

Beispiel: Polymerisation von Ethen; sie gelingt entweder bei Niederdruck mit einem Katalysator oder bei hohem Druck (1500 bar) und hoher Temperatur (250 °C).

Die Reaktionsgleichung der Polymerisation kann man so zusammenfassen:

$$n \cdot H_2C = CH_2 \rightarrow \begin{array}{c} \\ \\ {[} \end{array}\!\!\begin{array}{ccccc} & H & & H & \\ & | & & | & \\ - & C & - & C & - \\ & | & & | & \\ & H & & H & \end{array}\!\!\begin{array}{c} \\ \\ {]_n} \end{array}$$

wobei $n = 1, 2, 3, \ldots$ ist. Dabei können Makromoleküle entstehen. Die entstehenden Stoffe lassen sich zu bekannten Kunststoffprodukten verarbeiten (vgl. Kap.11).

2.3 Polyene

Beschreibung

Kohlenstoffverbindungen, die zwei oder mehr Doppelbindungen im Molekül haben, nennt man Polyene.

Dabei muss man verschiedene Gruppen unterscheiden:

Allene: Sie haben zwei kumulierte Doppelbindungen.

Beispiel: $H_2C = C = CH_2$, (Allen)

Diene: Sie haben zwei konjugierte Doppelbindungen.

Beispiel: $H_2C = CH - CH = CH_2$ (Buta-1,3-dien))

Diolefine: Sie haben zwei isolierte Doppelbindungen.

Beispiel: $H_2C = CH - CH - CH = CH_2$ (Penta-1,4-dien)

Polyene: Sie haben mehr als eine Doppelbindung in einer langen Kette.
Die Polyene benennt man wie die entsprechenden Alkane nach der Zahl der Kohlenstoffatome. Die Stellung der Doppelbindung in der Molekülkette wird mit möglichst kleinen, in Klammern nachgestellten, Zahlen angegeben. Zwei Doppelbindungen haben im Namen die Endungen -dien, drei Doppelbindungen haben die Endung -trien, usw.

Beispiel: $CH_3 - CH = CH - CH_2 - CH = CH - CH_2 - CH_3$

1 2 3 4 5 6 7 8

(Okta-2,5-dien)

Die erste Doppelbindung liegt zwischen den C-Atomen der Nummer 2 und 3. Hätte man das Molekül vom anderen Ende her durchnummeriert, so würde es Okta-3,6-dien heißen. Weil aber möglichst kleine Stellungsziffern gefordert werden, ist die erste Art der Nummerierung richtig.

Butadien

Das Buta-1,4-dien mit der Formel $H_2C = CH - CH = CH_2$ hat unter den Polyenen eine besondere Bedeutung, weil es als Ausgangsstoff für künstlichen Kautschuk benötigt wird. Butadien wird bei der Erdölgewinnung als Nebenprodukt gewonnen, und zwar aus n-Butan und den isomeren Butenen durch Dehydrierung unter Hilfe eines Katalysators (Gemisch aus CrO_3 und Al_2O_3).

$$CH_3 - CH_2 - CH_2 - CH_3 \rightarrow CH_3 - CH = CH - CH_3 \rightarrow H_2C = CH - CH = CH_2$$

Wie alle Verbindungen mit ungesättigten Kohlenwasserstoffketten neigt das Butadien zu Additionsreaktionen z. B. mit Brom zu 1,2-Dibrom-but-3-en oder zu 1,4-Dibrom-but-2-en:

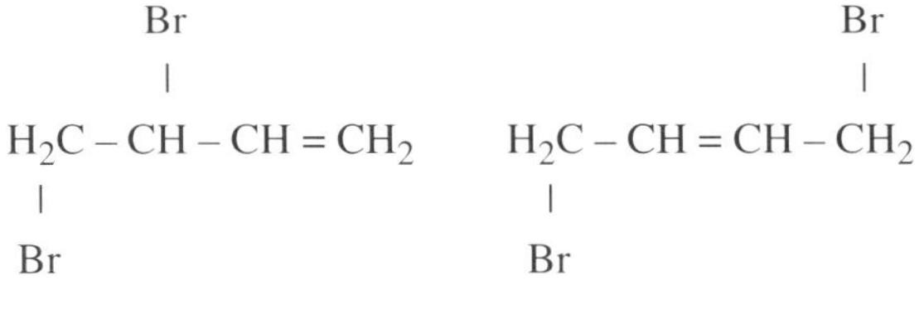

Mit Chlorwasserstoff gibt es Additionsreaktionen, die auf 3-Chlorbut-1-en oder auf 1-Chlorbut-2-en führen:

$$\begin{array}{ccc} H_2C - \underset{\underset{\displaystyle Cl}{|}}{CH} - CH = CH_2 & \qquad & H_3C - CH = CH - \underset{\underset{\displaystyle Cl}{|}}{CH_2} \end{array}$$

(Bei der zweiten Formel wurden die C-Atome von rechts nach links nummeriert.)

2.4 Alkine

Beschreibung

Kohlenwasserstoffe mit einer Dreifachbindung heißen Alkine.

Die homologe Reihe der Alkine wird durch die allgemeine Formel C_nH_{2n-2} beschrieben. Eine Dreifachbindung wird ausgedrückt, indem man die Endung -an des entsprechenden Alkans durch -in ersetzt. Die homologe Reihe fängt folgendermaßen an:

(Ethan)	Ethin	$CH \equiv CH$
(Propan)	Propin	$CH_3 - C \equiv CH$

Da bei den Dreifachbindungen zwei π-Bindungen und eine σ-Bindung vorliegen, sind diese Verbindungen sehr reaktionsfreudig.

Alkinyle

Die Radikale der Alkine heißen Alkinyle. Die Endung -in der Alkine wird durch die Endung -inyl ersetzt.

Beispiele: Ethinyl $CH \equiv C \bullet$

Propinyl $CH_3 - C \equiv C \bullet$

Ethin (Acetylen)

Reines Acetylen ist ein farbloses, brennbares Gas, von schwachem, angenehm süßlichem Geruch. In kleinen Mengen wird es aus Calciumcarbid und Wasser entwickelt:

$CaC_2 + 2\ H_2O \rightarrow HC \equiv CH + Ca(OH)_2.$

Beim Erhitzen wird das Molekül begünstigt zerfallen, das heißt eine Acetylenflamme setzt Kohlenstoff frei, sie rußt:

$HC \equiv CH \rightarrow 2\ C + H_2.$

Acetylen-Luft-Gemische sind sehr explosiv, die Reaktion läuft nach folgender Gleichung ab:

$2\ HC \equiv CH + 5\ O_2 \rightarrow 4\ CO_2 + 2\ H_2O.$

Eine Acetylen-Sauerstofflamme wird zum Schweißen verwendet, wobei das Eisenwerkstück an der erhitzten Stelle schmilzt und sich dem zu verschweißenden Werkstück nach dem Erkalten fest verbindet.

Additionsreaktionen: Bei der Reaktion mit Brom gibt es folgende Möglichkeiten:

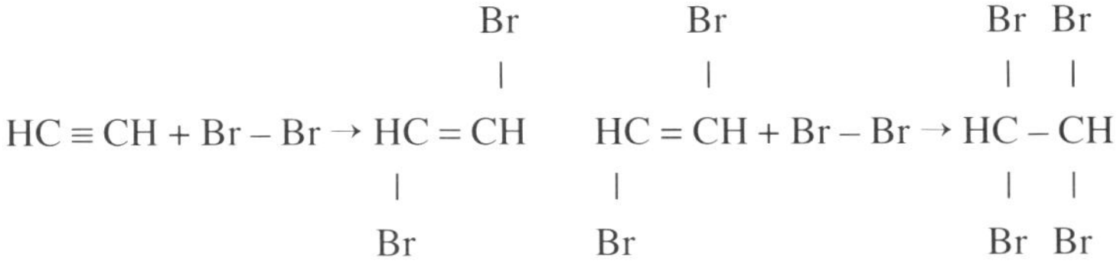

trans-1,2-Dibromethen 1,1,2,2-Tetrabromethan

Bei den trans-Isomeren liegen die Substituenten einander diagonal gegenüber, bei den cis-Isomeren liegen die Substituenten auf derselben Seite.

Durch Addition von Chlorwasserstoff erhält man Monochlorethen (Polyvinylchlorid). Dies ist der Ausgangsstoff zur Herstellung des wichtigen Kunststoffs PVC.

$$HC \equiv CH + HCl \rightarrow H_2\underset{\overset{|}{Cl}}{C} = CH_2$$

Durch Polymerisierung erhält man dann PVC.

III. Cyclische Kohlenwasserstoffe

3.1 Cycloalkane

Beschreibung

> Ringförmige Kohlenstoffverbindungen, die nur Einfachbindungen enthalten, die also nur aus CH_2-Gruppen aufgebaut sind, heißen Cycloalkane.

Wie die Alkane sind auch die Cycloalkane reaktionsträge, mit Ausnahme von Cyclopropan und Cyclobutan, den ersten beiden Molekülen in der homologen Reihe. Bei diesen beiden ist der Bindungswinkel zwischen den Kohlenstoffatomen vom Tetraederwinkel sehr weit entfernt, so daß die Bindungen eine hohe Spannung aufweisen und leicht aufbrechen.

Die homologe Reihe beginnt bei Cyclopropan:

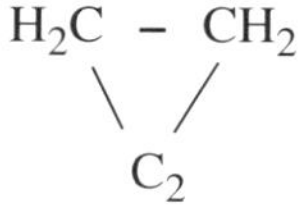

Cyclopropan

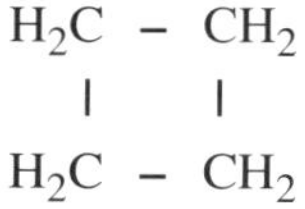

Cyclobutan

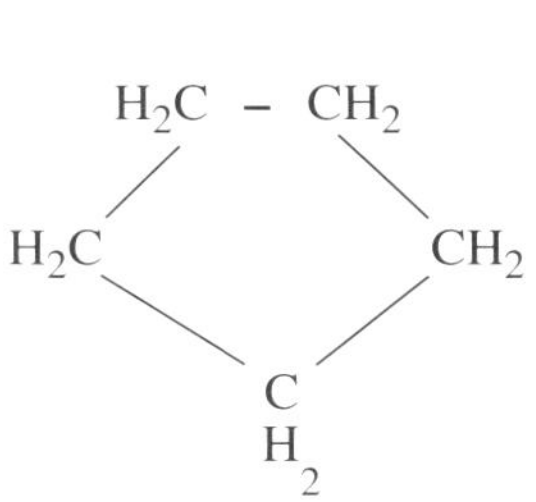

Cyclopentan

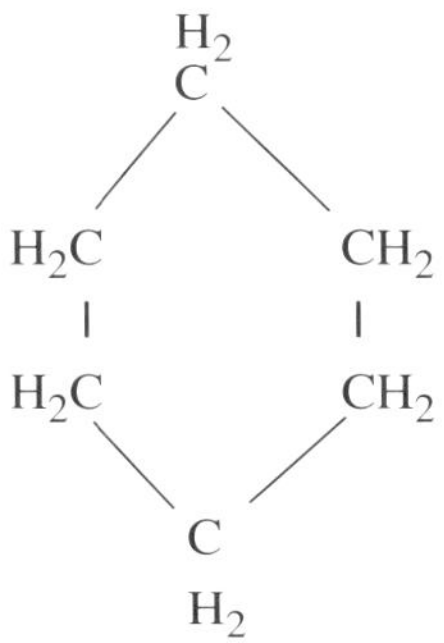

Cyclohexan

Isomerie

Konformationsisomerie:
Die ringförmige Struktur cyclischer Alkane führt dazu, dass sich die Einfachbindungen im Molekül nur eingeschränkt drehen lassen, da bei einer Drehung des Rings die Substituenten nicht durch die Ringebene rotieren.
Cyclohexan ist eine der wichtigsten cyclischen Verbindungen in der organischen Chemie. Für Cyclohexan gibt es drei charakteristische Konformationsisomere.

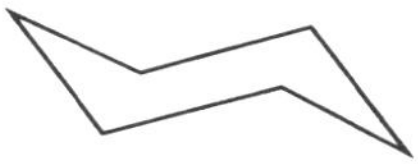

Sessel

Wanne

Twist

Die Wannenform ist das instabilste der Konformere, weil sich die Substituenten der nach oben gerichteten Kohlenstoffatome sterisch stark behindern. Die Wanne tritt nur als Übergangszustand zwischen Sessel- und Twistform auf. Mit Abstand am günstigsten ist die Sesselkonformation. Die Bindungen zu jedem Kohlenstoffatom bilden Tetraeder. Außerdem behindern sich die Wasserstoffatome bzw. die Substituenten in dieser Konformation nur minimal. Die Wasserstoffatome und Substituenten im Cyclohexan können in axialer oder äquatorialer Position zum Kohlenstoffring stehen.

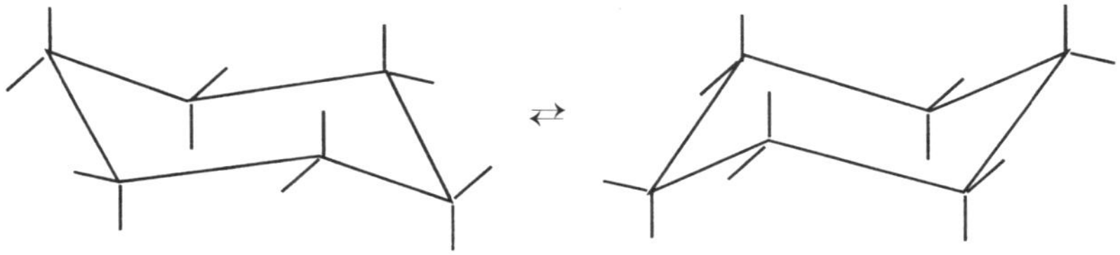

Bei normalen Temperaturen findet ein rascher Wechsel zwischen zwei verschiedenen Sesselkonformeren statt. Wenn die Sesselkonformation umklappt, gehen die axialen Wasserstoffatome und Substituenten in die äquatoriale Position über und umgekehrt.
Große Substituenten dirigieren die Konformation so, dass sie möglichst die äquatoriale Position einnehmen, da sie dort sterisch weniger behindert werden.

cis-/trans-Isomerie:
Wie bei den Alkenen gibt es auch bei den Cylcoalkanen Stereoisomere, die sich durch die Stellung der Substituenten am Kohlenstoffgerüst unterscheiden. Die Einfachbindungen in Cycloalkanen lassen sich nur innerhalb der Grenzen bewegen, die durch die Ringstruktur vorgegeben sind. Ein Substituent orientiert sich daher zu einer Seite des Alkanrings.

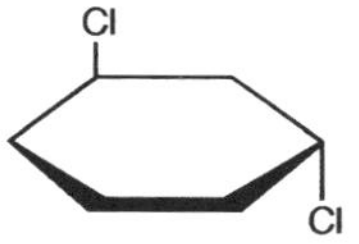

trans

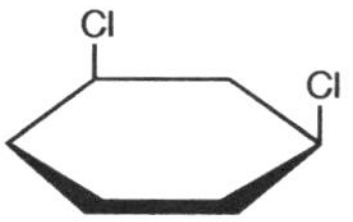

cis

Disubstituierte cyclische Alkane werden wie disubstituierte Alkene mit den Vorsilben ‚cis' und ‚trans' unterschieden.

Polycyclische Verbindungen

> Polycyclische Kohlenwasserstoffe bestehen aus zwei oder mehr miteinander verknüpften Ringen.

Häufig findet man Verknüpfungen, in denen die Ringe eine oder mehrere Bindung gemeinsam haben.

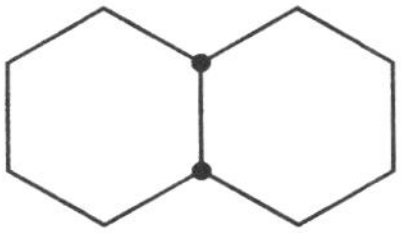

Die gemeinsamen Bindungen werden *Brücken* genannt, die Kohlenstoffatome, zwischen denen die Brücken bestehen, heißen *Brückenkopfatome*. Im systematischen Namen eines bicyclischen Alkans werden die Zahl der Kohlenstoffatome zwischen den Brückenkopfatomen in eckigen Klammern angegeben. Die Punkte an den Brückenkopfatomen (s. o.) signalisieren, dass die Wasserstoffatome an beiden Kohlenstoffatomen nach oben weisen. Es handelt sich hier also um eine cis-Verbindung.

Bei Molekülen, deren Ringe nur ein gemeinsames Kohlenstoffatom besitzen, spricht man von *Spiroalkanen*.

In vielen natürlichen Molekülen, den Steroiden, ist ein polycyclischer Baustein enthalten. Drei Cyclohexane und ein Cyclopentan bilden das Grundgerüst.

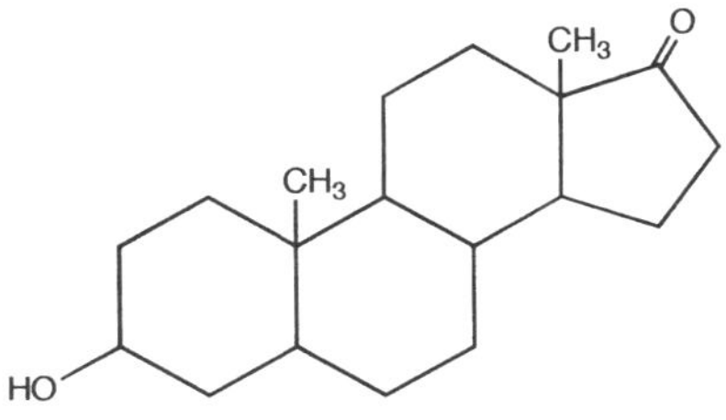

Unterschiedliche Substituenten und Doppelbindungen machen aus dieser polycyclischen Verbindung biologisch relevante Stoffe wie Östron, Testosteron, Cortison, Cholsäure u.a.

Heterocyclen

Bei heterocyclischen Verbindungen ist mindestens ein Kohlenstoffatom des Alkanrings durch ein Fremdatom ersetzt. Sauerstoff, Stickstoff und Schwefel sind die wichtigsten Stoffe, die Heterocyclen bilden.

In den Namen der heterocyclischen Verbindungen weisen die Vorsilben ‚oxa' auf Sauerstoff, ‚aza' auf Stickstoff und ‚thia' auf Schwefel hin. Für gängige heterocyclische Verbindungen sind Trivialnamen gebräuchlich.

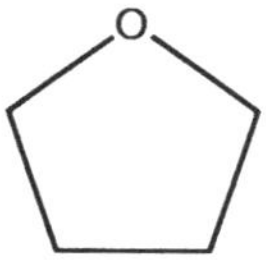

Tetrahydrofuran (THF)

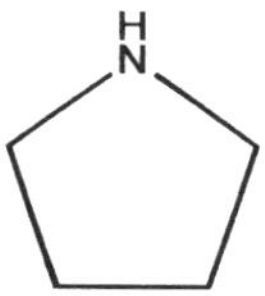

Pyrrolidin

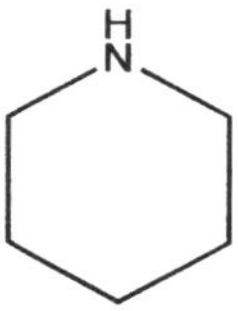

Piperidin

Einige wichtige heterocyclische Verbindungen sind wegen ihrer Ringstruktur mit Doppelbindungen Aromaten (Vgl. Kapitel 3.2)

3.2 Aromaten

Beschreibung

Aromaten sind cyclisch, planar und enthalten ein konjugiertes delokalisiertes π-Elektronen-System.
Es sind 4n + 2 Elektronen am π-Elektronen-system enthalten. (Hückel-Regel).

Aromaten sind besonders stabile Verbindungen, die sich in ihren chemischen Eigenschaften zum Teil erheblich von den nichtaromatischen Verbindungen unterscheiden. Der wichtigste aromatische Stoff ist das Benzol.

Das Benzolmolekül besteht aus einem Ring von sechs Kohlenstoffatomen mit sechs freien Valenzelektronen. Benzol und seine Derivate heißen aromatische Kohlenwasserstoffe.

Die Summenformel von Benzol ist C_6H_6, die Strukturformel ist

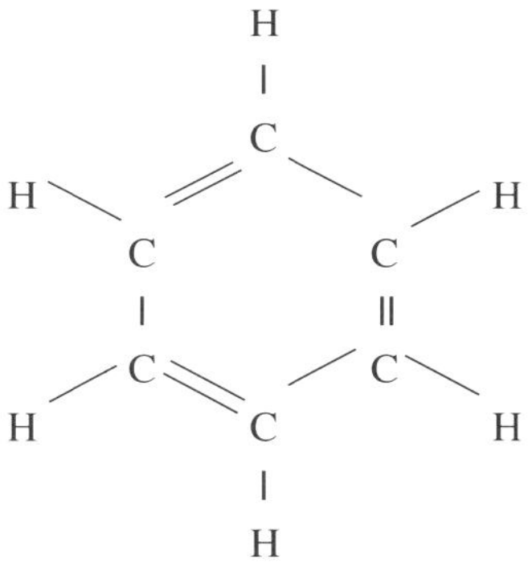

Die sechs freien Valenzelektronen lassen sich den einzelnen Kohlenstoffatomen nicht mehr zuordnen; sie sind delokalisiert und bilden zwei ringförmige Ladungswolken, eine davon oberhalb der Ebene der Kohlenstoffatome und eine unterhalb.

Symbole: 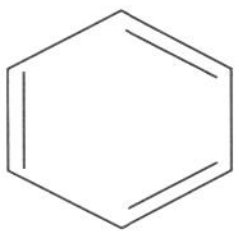 oder 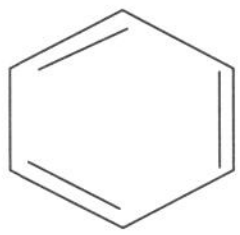 oder 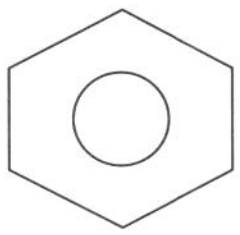

An den Ecken sitzen jeweils die Kohlenstoffatome, bei denen nach außen die Wasserstoffatome anhängig sind. Der Kreis symbolisiert die ringförmigen Ladungswolken der Elektronen.

Das einwertige Radikal des Benzols heißt Phenyl.

Symbol des Phenyls: 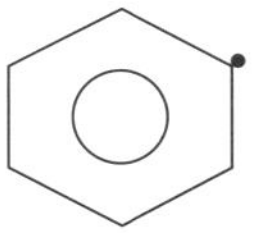

Benzol ist eine lichtbrechende, farblose Flüssigkeit mit aromatischem Geruch. Es ist leichter als Wasser und mit diesem nicht mischbar. Sowohl die Dämpfe als auch die Flüssigkeit sind stark giftig. Benzol ist ein gutes Lösungsmittel für Fette, Harze und Kautschuk. Außerdem ist es Ausgangsstoff für viele andere organische Verbindungen.
Additionsreaktionen sind bei Benzol selten, sie gelingen nur bei Chlorgas unter Lichteinwirkung, dabei entsteht Hexachlorcyclohexan. Der Benzolring enthält durch die sechs delokalisierten Elektronen ein Zentrum negativer Ladung. Somit können sich nur positiv geladene Teilchen dem Benzolring soweit nähern, dass es zu einer chemischen Reaktion kommen kann. Auch stark polarisierte Moleküle können Benzolringe angreifen (elektrophile Reaktion).

Ein Teilchen heißt elektrophil, wenn es bevorzugt an solchen Stellen eines Moleküls angreift, an denen sich eine erhöhte Partialladung befindet.

Benzolderivate: Durch elektrophile Substitutionen lassen sich Halogenderivate des Benzols herstellen.

Beispiele: Benzol kann mit Iodchlorid zu Monoiodbenzol umgesetzt werden.

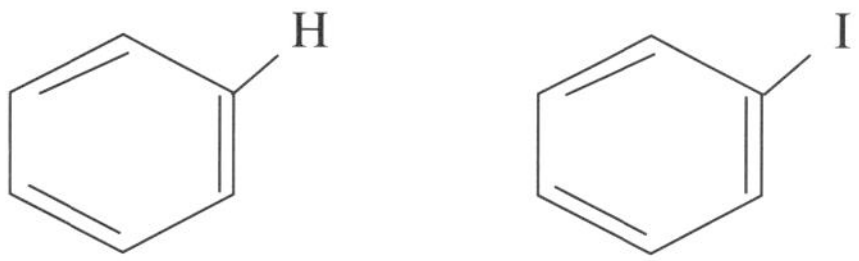

+ I – Cl → + HCl

Monoiodbenzol

Benzol kann mit Eisenbromid als Katalysator und Brom zu Monobrombenzol reagieren.

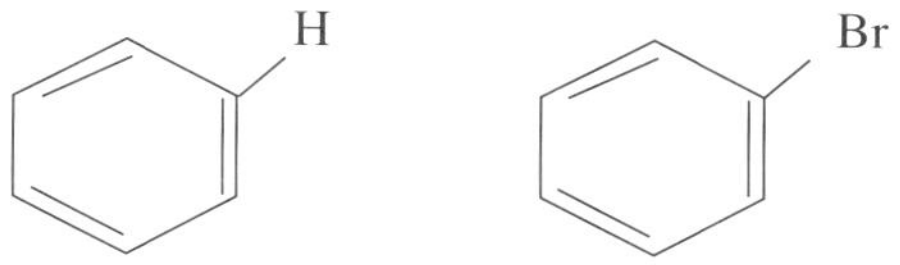

$+ Br_2 + FeBr_3 \rightarrow$ $+ HBr + FeBr_3$

Monobrombenzol

Toluol

Formel:

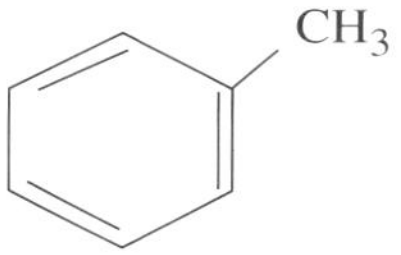

Toluol ist eine farblose, stark lichtbrechende, aromatisch riechende, leicht brennbare, weniger giftige Flüssigkeit, die in organischen Lösungen, wie Benzol und Aceton, löslich ist. Sie brennt mit rußender Flamme und bildet mit der Luft explosive Gemische.

Herstellung: Verbindet man Monochlormethan $H_3C - Cl$ mit Aluminiumchlorid $AlCl_3$, so wird das Chloratom des Monochlormethans so stark zu Aluminium hingezogen, dass die Methylgruppe $-CH_3$ eine positive Teilladung erhält. Damit ist sie ein elektrophiles Teilchen geworden, das Benzol angreifen kann. So wird ein Wasserstoffatom des Benzols durch $-CH_3$ ersetzt und es entsteht Toluol. Durch Nitrierung des Toluols entsteht Trinitrotoluol, bekannt als Sprengstoff TNT.

Auch mit Toluol lassen sich Halogenderivate bilden. Je nach Wahl der Versuchsbedingungen kann die Substitution des Halogens an der Seitenkette des Benzols oder direkt am Benzolkern erfolgen.

Beispiele:

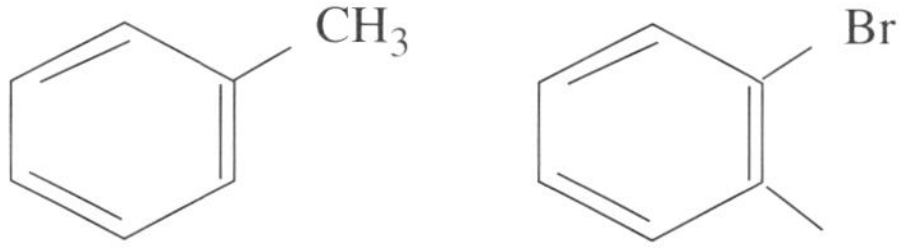

$+ Br_2 \rightarrow$ $CH_3 + HBr$

In der *Kälte* mit einem *Katalysator* greift das Halogen am *Kern* an (KKK).

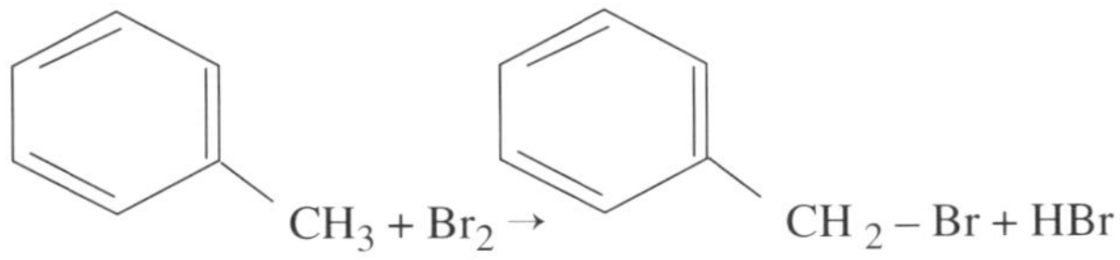

Bei *Sonnenlicht* oder *Siedehitze* greift das Halogen an der *Seitenkette* an.

Xylole (Dimethylbenzole)

Die Xylole sind wichtige organische unpolare Lösungsmittel. Sie sind farblose, stark aromatisch riechende, brennbare giftige Flüssigkeiten, die sich mit Wasser nicht mischen lassen, sie sind haut- und schleimhautreizend. Die Xylole kommen in drei Isomeren vor:

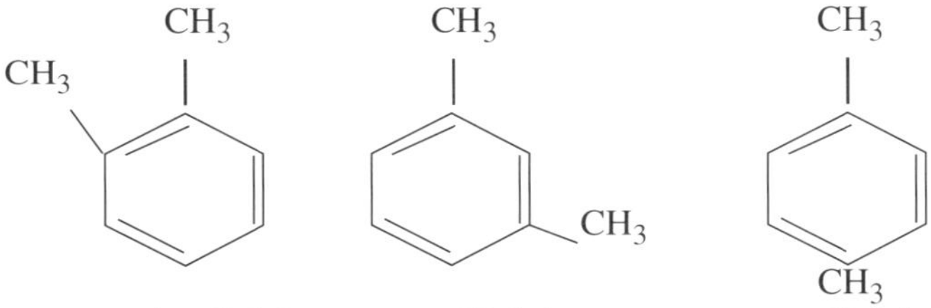

ortho-Xylol meta-Xylol para-Xylol

Heterocyclische und polycyclische Aromaten

Genau wie bei den nichtaromatischen Cycloalkanen gibt es auch bei den aromatischen Cycloalkanen Verknüpfungen von Ringen zu Polycylen.

Biaryle enthalten zwei Benzolringe, die über eine Einfachbindung miteinander verknüpft sind.

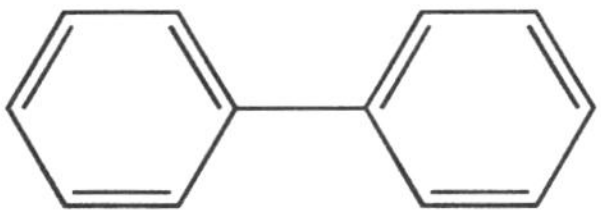

Im Biphenyl sind zum Beispiel zwei Benzolringe durch eine C-C-Bindung zu einem Molekül verbunden.

Die wichtigeren Verbindungen sind die, in denen Benzolringe über gemeinsame Bindungen im Ring verfügen.

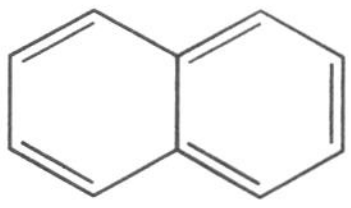

Naphthalin

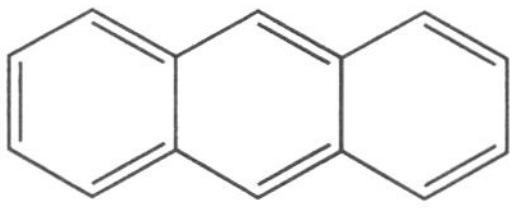

Anthracen

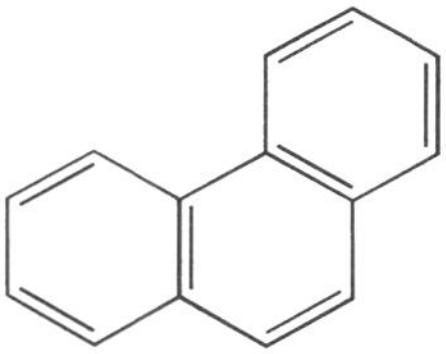

Phenanthren

Heterocyclische Verbindungen sind aromatisch, wenn das Fremdatom p-Orbitale in das π-Elektronen-System einfügen kann.

Furan

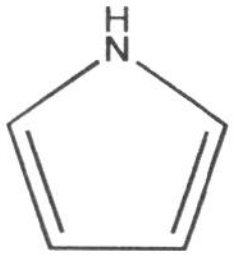

Pyrrol

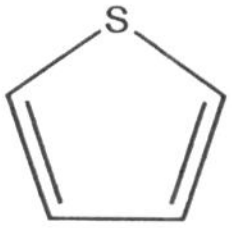

Thiophen

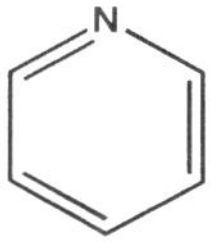

Pyridin

Auch die heterocyclischen Verbindungen können polycyclische Verbindungen sein, wie das Chinolinmolekül zeigt.

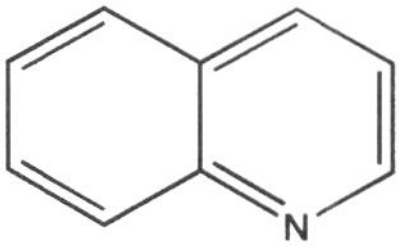

Chinolin

Zweitsubstitution an Aromaten

Wenn ein zweiter Substituent an einen Aromaten gebunden wird, der bereits einen Substituenten besitzt, so spricht man von einer *Zweitsubstitution*. Es handelt sich wie bei der Erstsubstitution an Aromaten meistens um elektrophile Substitutionen. Je höher die Elektronendichte im aromatischen Ring ist, desto wahrscheinlicher und schneller kann eine Reaktion erfolgen.

Einfluss des induktiven Effekts:

Die Zweitsubstitution wird durch Erstsubstituenten mit einem +I-Effekt (positiver induktiver Effekt) begünstigt, weil diese die Elektronendichte im Ring erhöhen. Die Zweitsubstitution läuft in diesem Fall schneller ab als eine Erstsubstitution. Substituenten mit +I-Effekt sind zum Beispiel $–NH_2$ und Alkylreste wie CH_3. Erstsubstituenten mit einem –I-Effekt (negativer induktiver Effekt), zum Beispiel -CHO, -Cl, $-NO_2$, verringern die Elektronendichte im Ring, und setzen die Reaktivität des Aromaten bei der Zweitsubstitution im Vergleich zur Erstsubstitution herab.

Einfluss des mesomeren Effekts:
Der mesomere Effekt ist häufig für die Reaktivität und Reaktionsgeschwindigkeit ausschlaggebend. Für Substituenten mit +M-Effekt ist eine mesomere Grenzformel möglich, bei der der Substituent eine Doppelbindung zum Ring ausbildet. Ein Substituent wie die Hydroxylgruppe (-OH) hat einen –I-Effekt und gleichzeitig einen +M-Effekt. Der positive mesomere Effekt setzt die Reaktivität des Phenols herauf und überwiegt gegenüber dem negativen induktiven Effekt. Im Gegensatz dazu überwieg der –I-Effekt gegenüber dem +M-Effekt bei den Halogenen. Obwohl sie eine Doppelbindung zum Ring ausbilden können, entziehen sie dem Ring so viel Elektronendichte, dass die Reaktivität des Aromaten herabgesetzt wird. Ein –M-Effekt setzt die Reaktivität in jedem Fall herab, weil diese Substituenten immer auch einen –I-Effekt ausüben.

In einem substituierten Benzol sind drei verschiedene Positionen für den Angriff eines zweiten Substituenten denkbar (Vgl. Xylole). Diese Positionen werden in Bezug auf den vorhandenen Substituenten ortho-, meta- und para-Stellung genannt.

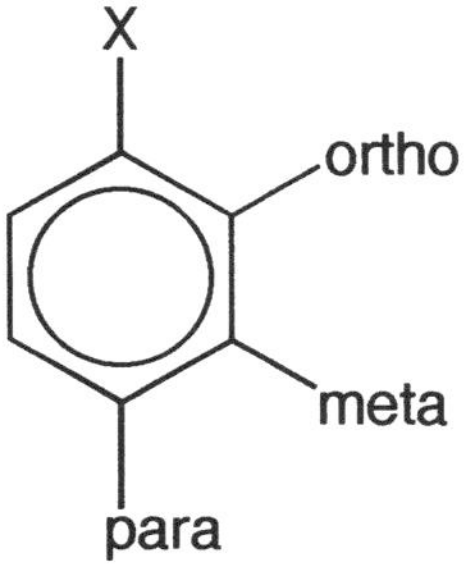

Bei einer Zweitsubstitution werden die drei Positionen nicht gleichwertig angegriffen. Der mesomere Effekt des ersten Substituenten entscheidet darüber, welche Stellungen für eine Bindung zum Zweitsubstituenten bevorzugt werden.
Die elektrophile Substitution erfolgt über einen π-*Komplex* und einen σ-*Komplex*. Im π-*Komplex* treten Wechselwirkungen zwischen elektrophilem Reaktionspartner und dem aromatischen Ring auf. Im folgenden σ-*Komplex* ist der Substituent bereits an den Ring gebunden, das Wasserstoff-Ion H^+ ist aber noch nicht abgespalten, so dass der Übergangszustand eine positive Ladung trägt.

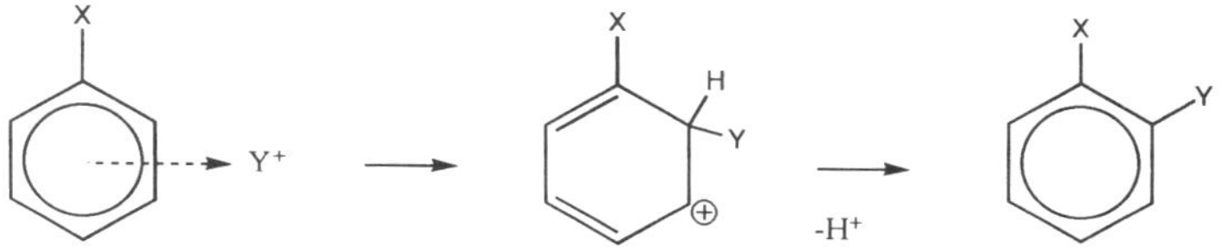

Der σ-*Komplex* ist mesomeriestabilisiert, da die positive Ladung des Übergangszustandes über den Ring verteilt werden kann. Folgende mesomere Grenzformeln zeigen den σ-*Komplex* der Zweitsubstitution von Anilin in o-, m- und p-Stellung:

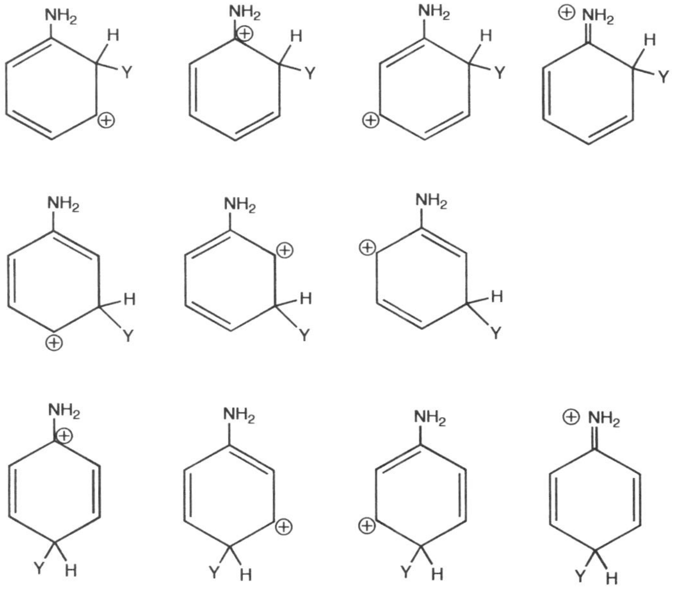

Je mehr mesomere Grenzformeln für eine Verbindung gelten, desto stabiler ist das Molekül. Im Vergleich zur meta-Stellung sind bei einem Substituenten mit +M-Effekt die ortho- und para-Stellungen begünstigt. Zu den o-/p-dirigierenden Substituenten gehören unter anderem die Hydroxylgruppe (-OH), die Aminogruppe (-NH_2) und die Halogene.
Zeigen die Erstsubstituenten einen –M-Effekt, so erfolgt ein Angriff des Zweitsubstituenten bevorzugt in der meta-Stellung. M-dirigierende Substituenten sind zum Beispiel die Nitrogruppe (-NO_2), die Cyanidgruppe (-CN) und die Aldehydgruppe (-CHO).

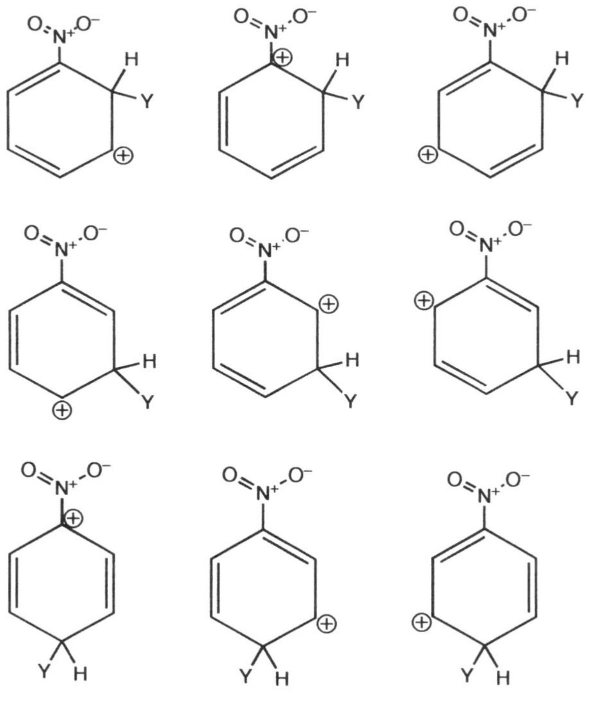

Die ortho- und para-Stellungen sind im Vergleich zur meta-Stellung ungünstiger, weil sie mesomere Grenzformeln mit zwei benachbarten positiv geladenen oder partial positiv geladenen Atomen haben.

IV. Alkohole

4.1 Aliphatische Alkohole

Beschreibung

Alkohole entstehen, wenn man ein, zwei, drei oder mehr Wasserstoffatome der Alkane durch OH-Gruppen (Hydroxylgruppen) substituiert. Dementsprechend gibt es ein-, zwei-, drei- oder mehrwertige Alkohole.

Die Hydroxylgruppe -OH ist nicht zu verwechseln mit dem Hydroxidion OH^-, das für alkalische Eigenschaften von Lösungen verantwortlich ist. Das Hydroxidion ist über eine Ionenbindung an andere Atome gebunden, die Hydroxylgruppe dagegen über eine kovalente Bindung.

Entsprechend der Reihe der Alkane gibt es eine homologe Reihe der aliphatischen Alkohole, die Alkanole. Die allgemeine Summenformel der Glieder der homologen Reihe ist $C_nH_{2n+1}OH$.

Die Benennung der Alkohole ergibt sich aus den entsprechenden Alkanen, indem man an den Namen des Alkans die Endung -ol anhängt. Die Stellung innerhalb einer längeren Kohlenwasserstoffkette wird durch eine nachgestellte, in Klammern gesetzte arabische Zahl angegeben. Vorangestellte Zahlen geben das gleiche an.

Die Benennung der mehrwertigen Alkohole erfolgt analog zu den einwertigen Alkoholen, nur wird zwischen dem Namen des Alkans und der Endung -ol ein griechisches Zahlwort eingefügt: -di- für zwei, -tri- für drei, -tetra- für vier, usw.

Anfang der homologen Reihe:

$n = 1$:	Methanol	$CH_3 - OH$
$n = 2$:	Ethanol	$CH_3 - CH_2 - OH$
$n = 3$:	Propanol-(1)	$CH_3 - CH_2 - CH_2 - OH$ (auch 1-Propanol) Die Nummerierung der C-Atome beginnt möglichst nah an der funktionellen Gruppe.

Propanol-(2) $CH_3 - CH - CH_3$ (auch 2-Propanol)
$\qquad\qquad\quad |$
$\qquad\qquad\; OH$

Mehrwertige Alkohole:

$n = 2$: Ethan-di-ol $CH_2 - CH_2$
$\qquad\qquad | \qquad |$
$\qquad\quad OH \quad OH$

$n = 3$: Propan-tri-ol $CH_2 - CH - CH_2$
$\qquad\qquad | \qquad | \qquad |$
$\qquad\quad OH \quad OH \quad OH$

Die ersten Glieder der homologen Reihe bis $n = 5$ sind flüssig und farblos, die mittleren Glieder bis $n = 11$ sind ölige, nach Fusel riechende Flüssigkeiten, die höheren Glieder sind weiße geruchlose Feststoffe.

Wie bei den Alkanen unterscheidet man primäre, sekundäre und tertiäre Alkohole, je nachdem, ob sich die OH-Gruppe an einem primären, sekundären oder tertiären Kohlenstoffatom befindet. Sekundäre Alkohole werden auch mit der Vorsilbe Iso- versehen.

Beispiele:

Primärer Alkohol: Ethanol $CH_3 - CH_2 - OH$

Sekundärer Alkohol: 2-Propanol $CH_3 - CH - CH_3$
$\qquad\qquad\quad |$
$\qquad\qquad\; OH$

(Iso-propanol)

Tertiärer Alkohol: tert-Butylalkohol
$\qquad\qquad CH_3$
$\qquad\qquad\; |$
$CH_3 - C - CH_3$
$\qquad\qquad\; |$
$\qquad\qquad OH$

Physikalische Eigenschaften

Siede- und Schmelztemperaturen: Die Siede- und Schmelztemperaturen von Alkoholen sind höher als die der Alkane mit gleicher Kettenlänge (vgl. Kapitel 2.1). So ist Ethanol zum Beispiel mit einer Siedetemperatur von 78°C bei Raumtemperatur flüssig, während Ethan (Siedetemperatur: –89°C) gasförmig ist. Zum Teil lassen sich die Unterschiede durch die Molekülmassen erklären. Ethanol wiegt 46 g/mol und Ethan 30 g/mol. Mit zunehmender Kettenlänge müsste aber der Einfluss der zusätzlichen Masse des Sauerstoff-Atoms im Alkohol wesentlich geringer werden. Aber auch bei längeren Kohlenstoffketten sind die Siedetemperaturen der Alkanole signifikant höher als die der Alkane:

Alkanol	Siedetemperatur	Alkan	Siedetemperatur
Propanol	97 °C	Propan	–42 °C
Butanol	117 °C	Butan	–0,5 °C
Pentanol	138 °C	Pentan	36 °C
Hexanol	158 °C	Hexan	69 °C

Ausschlaggebend für die höheren Siedetemperaturen der Alkohole sind vor allem *Wasserstoffbrücken-Bindungen*, die sich zwischen den Hydroxidgruppen der Alkoholmoleküle bilden.

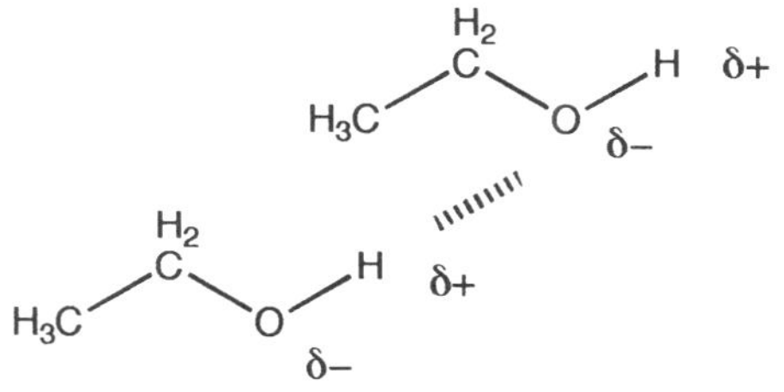

Zwischen den freien Elektronenpaaren eines Sauerstoffatoms und einem Wasserstoffatom der Hydroxidgruppe eines anderen Alkoholmoleküls bestehen starke Wechselwirkungen. Wasserstoffbrücken-Bindungen sind viel stärkere zwischenmolekulare Kräfte als die van-der-Waals-Bindungen zwischen Alkanmolekülen.

Mischbarkeit mit polaren und unpolaren Lösungsmitteln: Für die Mischbarkeit von Stoffen gilt in Bezug auf ihre Polarität „*Gleiches löst sich in Gleichem*". Unpolare Stoffe können miteinander gemischt werden und polare Stoffe. Unpolare und polare Stoffe mischen sich untereinander nicht, sodass sich zwei Phasen bilden, wenn beide Stoffe flüssig sind. Da Wasser ein polarer Stoff ist, der sich mit anderen polaren Stoffen mischt, heißen polare Stoffe *hydrophil* (wasserliebend). Fette dagegen sind unpolare Stoffe. Andere unpolare Stoffe, zum Beispiel die Alkane, heißen *lipophil* (fettliebend), weil sie sich mit Fett mischen bzw. *hydrophob* (wasserfeindlich), weil sie sich nicht mit Wasser mischen.
Die Hydrophilie bzw. Lipophilie von Alkoholen hängt mit den Anteilen zusammen, die die unpolare Kohlenstoffkette und die polare Hydroxidgruppe im Molekül ausmachen.

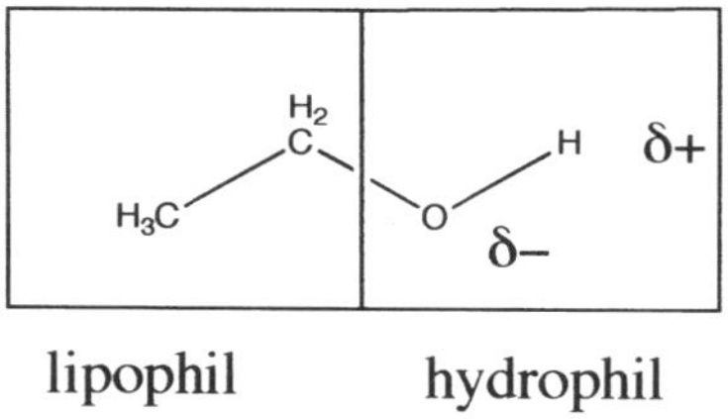

Im Methanol ist der Einfluss der polaren Hydroxidgruppe so groß, dass sich Methanol mit Wasser, nicht aber mit unpolaren Molekülen mischt. Ethanol ist sowohl hydrophil als auch lipophil. Alkohole mit wesentlich längeren Ketten sind mit Wasser nicht mischbar, die Mischbarkeit mit unpolaren Stoffen nimmt dagegen kontinuierlich zu. Der Einfluss der Hydroxidgruppe auf die Mischbarkeit ist im Vergleich zum großen Anteil der unpolaren Alkylgruppe sehr gering.

Oxidation von Alkoholen

Alkohole lassen sich im Allgemeinen leicht oxidieren. Ein primärer Alkohol reagiert mit einem Oxidationsmittel zu einem Aldehyd.

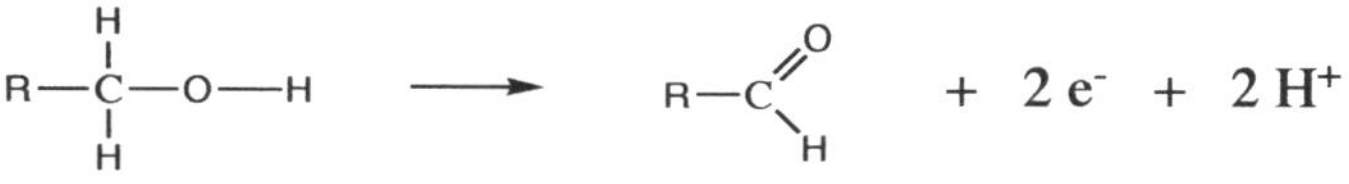

Alkohol hat die Oxidationszahl –1 am Kohlenstoffatom, an das die Hydroxid-Gruppe gebunden ist. Bei der Oxidation wird Alkohol durch die Abgabe von zwei Elektronen zum Aldehyd. Das Kohlenstoffatom in der Aldehydgruppe hat die Oxidationszahl +1.
Aufgrund ihrer Oxidationsreihen kann man primäre, sekundäre und tertiäre Alkohole gut unterscheiden, wie diese Übersicht zeigt:

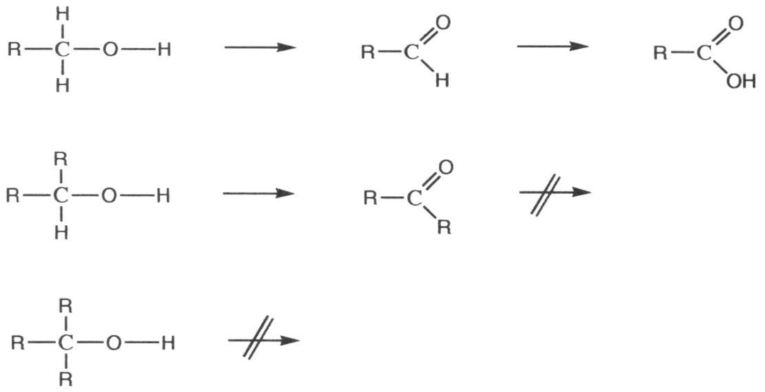

Primäre Alkohole oxidieren zum Aldehyd, das zur Carbonsäure weiteroxidieren kann. Sekundäre Alkohole oxidieren zum Keton und tertiäre Alkohole können nicht oxidiert werden.

Methanol

Aus dem Holzteer lässt sich ein Alkohol abdestillieren, der eine farblose, würzig riechende und brennbare Flüssigkeit ist: Methanol oder Methylalkohol. Schon der Genuss geringer Mengen führt zu schweren Verdauungsstörungen, Erblindung oder sogar zum Tod. Methanol kann auch durch die Haut aufgenommen werden, daher ist auch bei seiner Verwendung als Lösungsmittel Vorsicht geboten. Methanol kann auch aus Wassergas bei 200 bar und 400 °C unter Verwendung geeigneter Katalysatoren hergestellt werden, nach der Gleichung:

$$CO + 2\,H_2 \rightarrow CH_3-OH.$$

Ethanol (Ethylalkohol)

Ethanol ist eine brennbare Flüssigkeit, auch wenn sie mit Wasser gemischt wird, vorausgesetzt der Wasseranteil ist kleiner als der Alkoholanteil. Ethylalkohol ist in berauschenden Getränken enthalten. In geringen Mengen und in niedrigen Konzentrationen kann Ethanol anregend wirken, in großen Mengen kann der gegenteilige Effekt erreicht werden. Ethanol wird durch die sogenannte alkoholische Gärung hergestellt, wobei zuckerhaltige Flüssigkeiten von Hefepilzen in Alkohol umgewandelt werden. Dabei gibt es folgende chemische Reaktion:

$$\underset{\text{(Traubenzucker)}}{C_6H_{12}O_6} \rightarrow 2\ CH_3 - CH_2 - OH + 2\ CO_2.$$

Aus dieser wässrigen Lösung kann man durch Destillation 96 %igen Alkohol gewinnen. Die restlichen 4 % kann man nur mit wasserbindenden Substanzen entfernen.

Ethandiol (Glykol)

Dieser Stoff ist der einfachste Vertreter der mehrwertigen Alkohole. Glykol schmeckt süß und setzt den Gefrierpunkt des Wassers herab. Es wird als Frostschutzmittel in Wasser verwendet. Glykol wird hergestellt, indem man hypochlorige Säure (HClO) an Ethen addiert und das Produkt mit Natronlauge zusammenbringt:

$$H_2C = CH_2 + HClO \rightarrow \begin{array}{ccc} H_2C & - & CH_2 \\ | & & | \\ OH & & OH \end{array}$$

$$\begin{array}{c} CH_2 \\ | \\ OH \end{array} - \begin{array}{c} CH_2 \\ | \\ Cl \end{array} + NaOH \rightarrow \begin{array}{ccc} H_2C & - & CH_2 \\ | & & | \\ OH & & OH \end{array} + NaCl$$

Glycerin

Propan-1.2.3-tri-ol, Formel: $\begin{array}{ccccc} H_2C & - & CH & - & CH_2 \\ | & & | & & | \\ OH & & OH & & OH \end{array}$

Glycerin ist ein dreiwertiger Alkohol, der nicht giftig ist. Es wird durch Chlorierung von Propen und anschließender Substitution mit Natronlauge unter Abspaltung von Kochsalz hergestellt. Glycerin reagiert mit konzentrierter Salpetersäure unter Bildung eines Esters. Dabei werden die Wasserstoffatome der Hydroxylgruppen jeweils gegen eine Nitrogruppe substituiert. Das Ergebnis ist Nitroglycerin, ein gegen Erschütterung äußerst empfindlicher Sprengstoff.

$$\begin{array}{ccccccc} H_2C & - & CH & - & CH_2 & + 3\,HNO_3 \rightarrow 3\,H_2O + & H_2C - NO_2 \\ | & & | & & | & & | \\ OH & & OH & & OH & & HC - NO_2 \\ & & & & & & | \\ & & & & & & H_2C - NO_2 \end{array}$$

Glycerin hat einen sehr tiefen Gefrierpunkt, sodass Mischungen mit Wasser den Gefrierpunkt des Wassers bis ca. – 40 °C senken können. Man verwendet es als Gefrierschutzmittel. Auch als wasserspeicherndes Mittel hat es verschiedenartige Anwendungen.

4.2 Aromatische Alkohole

Werden beim Benzol ein oder mehrere Wasserstoffatome durch ein oder mehrere Hydroxylgruppen ersetzt, so entsteht Phenol.

Einwertiges Phenol

Formel:

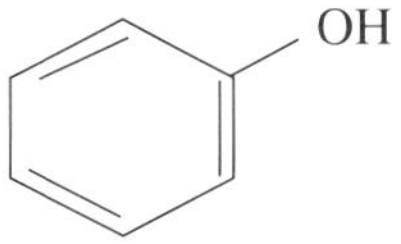

Phenol hat einen stärker ausgeprägten Säurecharakter als die aliphatischen Alkohole. Es reagiert zum Beipiel mit Natronlauge, dabei entsteht Phenolat.

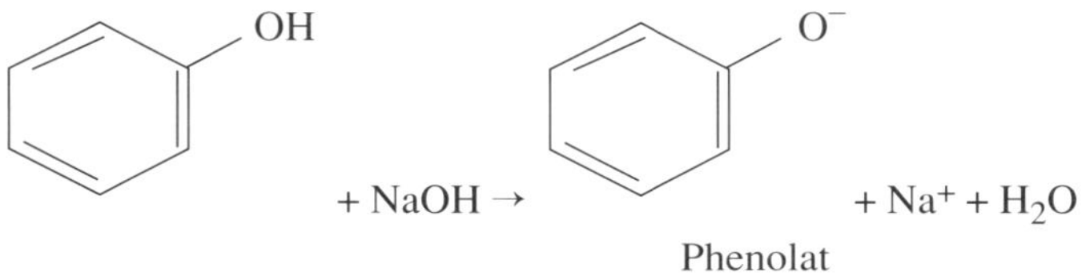

Phenol ist ein keimtötendes Mittel, man benötigt es zur Herstellung vieler Kunststoffe und für Medikamente.

Zweiwertige Phenole

Es gibt drei isomere zweiwertige Phenole mit unterschiedlichem chemischen Verhalten:

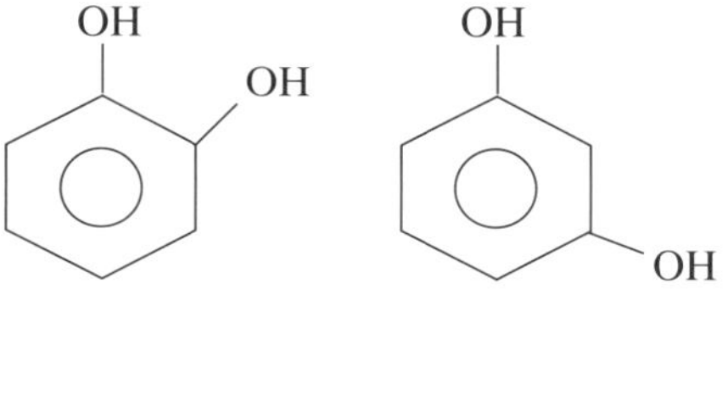

Brenzkatechin Resorcin Hydrochinon

Brenzkatechin und Hydrochinon sind gute Reduktionsmittel, die beispielsweise das in Silbersalzen enthaltene Silberion zu metallischem Silber reduzieren. Bei Resorcin reagiert die wässerige Lösung reduzierend.

Dreiwertige Phenole

Wichtige Vertreter dieser Gruppe sind das 1,2,3-Trihydroxybenzol (Pyrogallol), man verwendet es wegen seiner Sauerstoffempfindlichkeit zum Nachweis des Sauerstoffs, es färbt sich dabei braun, und das 1,3,5-Trihydroxybenzol (Phloroglucin), das man in der Biologie zum Nachweis verholzter Strukturen verwendet.

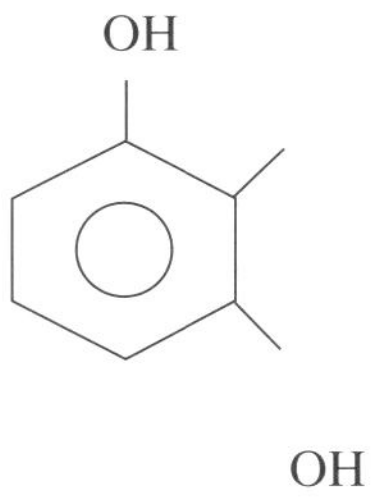

Pyrogallol

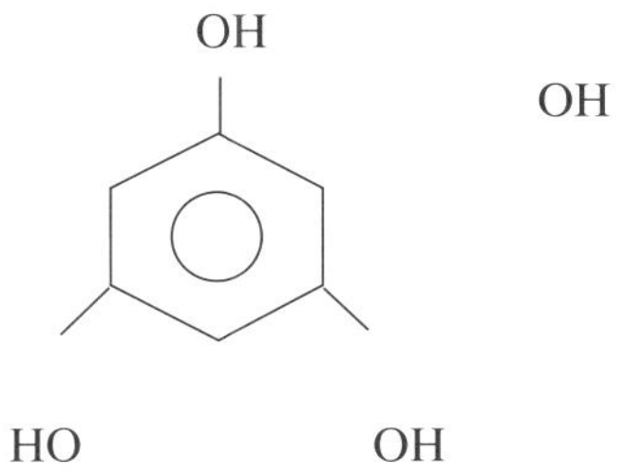

Phloroglucin

V. Ether, Aldehyde und Ketone

5.1 Ether

Beschreibung

Ist ein Wasserstoffatom eines Alkans durch eine Alkoxy-Gruppe (R – O –) ersetzt, so nennt man das Molekül Ether. Die funktionelle Gruppe R – O – R wird Ethergruppe genannt.

Die Silbe -oxy gibt an, dass ein Wasserstoffatom des Alkans durch ein Sauerstoffatom ersetzt ist. Die Ether benennt man ähnlich wie die verzweigten Alkane. Man nennt zuerst den Namen der Verzweigung mit vorangestellter Nummer der Verzweigungsstelle, also den Namen der Alkoxygruppe und dann den Namen des zugrunde liegenden Alkans. Anfang der homologen Reihe:

$n = 1$:	Methoxy-methan	$CH_3 - O - CH_3$
$n = 2$:	Methoxy-ethan	$CH_3 - O - CH_2 - CH_3$
$n = 3$:	2-Ethoxy-propan	$\begin{array}{r} CH_3 \\ \vert \\ CH_3 - CH_2 - O - CH \\ \vert \\ CH_3 \end{array}$

Eine ältere, aber sehr bekannte Benennung gründet sich auf die Vorstellung, dass die Ether Derivate von Wasser sind, wobei beide Wasserstoffatome des Wassermoleküls durch Alkylreste ersetzt sind.
In diesem Falle nennt man die Namen der Alkylreste und hängt das Wort Ether an.

Beispiele:	Dimethyl-ether	$CH_3 - O - CH_3$
	Methyl-ethyl-ether	$CH_3 - O - CH_2 - CH_3$
	Diethyl-ether	$CH_3 - CH_2 - O - CH_2 - CH_3$

Chemische Eigenschaften
Die Ether sind in Wasser kaum löslich, jedoch in organischen Lösungsmitteln sehr gut. Die Ether selbst sind sehr gute Lösungsmittel für unpolare organische Stoffe (Fette). Nachdem die Ether mit Natrium nicht reagieren, kann man Natrium als Trocknungsmittel zur Herstellung wasserfreier Ether verwenden. Nur Dimethylether ist gasförmig, die anderen Ether sind flüssig.

Diethylether (Ether)
Er verdunstet bei Zimmertemperatur und benötigt beim Verdunsten viel Energie, die durch Abkühlung der Umgebung gewonnen wird. Diesen Effekt verwendet man in der Medizin zur lokalen Betäubung der Haut und zur Herstellung von Kältemischungen.

Die Etherdämpfe sind schwerer als Luft, sie „fallen“ daher auf den Boden und fließen in Vertiefungen, wo sie mit Luft leicht entzündliche, explosive Gemische bilden. Die Explosionsneigung beruht auf der Anwesenheit geringer Mengen von Peroxiden im Ether, die sich unter Lichteinfluss oder in Sauerstoff bilden. Daher muss man Ether in braunen Flaschen lichtgeschützt aufbewahren. Die eingeatmeten Dämpfe wirken betäubend und werden teilweise heute noch als Narkosemittel verwendet. Ether löst sich in geringen Mengen im Blut, die Lösung gelangt ins Gehirn und wegen der guten Fettlöslichkeit dringt dort der Ether aus dem Blut in das Lipidsystem der Nerven.

5.2 Aldehyde

Beschreibung

Die Aldehydgruppe (Formylgruppe) wird durch Oxidation primärer Alkohole gebildet. Funktionelle Formel: $\mathrm{R-C=O}$
$\mathrm{\quad\quad\quad\quad\quad\quad\quad\quad\quad\quad\quad\quad\; \diagdown H}$

Für das erste Glied der homologen Reihe ist R gleich H. Bei der Benennung der Aldehyde legt man den Namen des Alkans zugrunde und hängt die Endung -al an.

Anfang der homologen Reihe:

$n = 1$:	Methanal	$\mathrm{H-C=O}$ $\mathrm{\quad\;\; \diagdown H}$
$n = 2$:	Ethanal	$\mathrm{CH_3-C=O}$ $\mathrm{\quad\quad\;\; \diagdown H}$
$n = 3$:	Propanal:	$\mathrm{CH_3-CH_2-C=O}$ $\mathrm{\quad\quad\quad\quad\;\; \diagdown H}$

Methanal ist gasförmig mit scharfem Geruch, die nächsten Glieder sind flüssig mit scharfem Geruch, höhere Glieder riechen fruchtartig und gehen zunehmend in den festen Zustand über.

Die ersten 7 Aldehyde der homologen Reihe haben bekannte Trivialnamen, die sich von den entsprechenden Säuren ableiten:

Nummer	Trivialname	Säure
1	Formaldehyd	Ameisensäure
2	Acetaldehyd	Essigsäure
3	Propionaldehyd	Propionsäure
4	Butyraldehyd	Buttersäure

5	Valeraldehyd	Valeriansäure
6	Caproaldehyd	Capronsäure
7	Heptaldehyd	Heptansäure

Aldehyde sind Bestandteile vieler in der Natur vorkommender Aromastoffe, so z. B. in der Blume des Weins.

Chemische Eigenschaften

Aldehyde reduzieren Silberatome zu metallischem Silber. Eine Silbernitratlösung wird mit Ammoniakwasser versetzt, Aldehyd wird zugegeben und vorsichtig erwärmt. Das metallische Silber schlägt sich dann an der Gefäßwand nieder (Silberspiegelprobe).

$$2\,AgNO_3 + \underset{\textstyle H}{R-C=O} + 2\,NH_4OH \rightarrow 2\,Ag + \underset{\textstyle OH}{R-C=O} + 2\,NH_4NO_3 + H_2O$$

Aldehyde reduzieren auch Kupferionen, jedoch nicht zum Metall, sondern von dem zweiwertigen in den einwertigen Ionenzustand. Zweiwertige Kupferionen sind blau gefärbt, einwertige dagegen rot, infolgedessen kommt es zu einem auffallenden Farbwechsel. Die Addition von Wasserstoff führt zu primären Alkoholen, gemäß folgender Gleichung:

$$R-\underset{\textstyle H}{\underset{|}{C}}=O + H_2 \rightarrow R-CH_2-OH$$

Aldoladditionen

Additionen von Aldehyden miteinander nennt man Aldoladditionen. Das folgende Beispiel geht von Acetaldehyden aus, das Produkt heißt Aldol.

$$CH_3-\underset{\textstyle H}{\underset{|}{C}}=O + H_3C-\underset{\textstyle H}{\underset{|}{C}}=O \rightarrow CH_3-\overset{\textstyle H}{\overset{|}{\underset{\textstyle OH}{\underset{|}{C}}}}-CH_2-\underset{\textstyle H}{\underset{|}{C}}=O$$

n-fache Addition führt zur Polymerisation (z. B. Paraformaldehyd).

5.3 Ketone

Beschreibung

Ketone haben die funktionelle Formel $R - \overset{\overset{\displaystyle O}{\|}}{C} - R_1$

Der Unterschied zu den Aldehyden ist, dass das Wasserstoffatom der Formyl-gruppe durch ein Kohlenstoffatom bzw. einen organischen Rest ersetzt ist. Ketone bilden, ähnlich wie die Aldehyde, eine homologe Reihe. Dem Namen des zugrunde liegenden Alkans wird die Endung -on angehängt. Die Stellung der Ketogruppe in der Kohlenstoffkette wird durch eine vorangestellte Zahl angegeben.
Beispiele:

$$\underset{\text{Propanon}}{CH_3 - \overset{\overset{\displaystyle O}{\|}}{C} - CH_3} \qquad \underset{\text{2-Pentanon}}{CH_3 - \overset{\overset{\displaystyle O}{\|}}{C} - CH_2 - CH_2 - CH_3}$$

Chemische Eigenschaften

Ketone haben keine Neigung zu Reduktionsreaktionen, auch Polymerisationsreaktionen sind selten und verlaufen träge. Additionsreaktionen verlaufen so wie bei den Aldehyden. Ketone stellt man durch Oxidation sekundärer Alkohole her.

Beispiel: 2-Propanol wird mit Kupfer(II)-oxid oxidiert.

$$CH_3 - \overset{\overset{\displaystyle OH}{|}}{CH} - CH_3 + CuO \rightarrow CH_3 - \overset{\overset{\displaystyle O}{\|}}{C} - CH_3 + H_2O + Cu$$

Typisch bei Ketonen ist die Substitutionsreaktion bei dem das α-ständige Kohlenstoffatom beteiligt ist. (α-ständig ist das Kohlenstoffatom, das direkt neben der Carbonylgruppe liegt.)

VI. Carbonsäuren

6.1 Monocarbonsäuren

Allgemeine Beschreibung der Carbonsäuren

Carbonsäuren sind organische Säuren, welche die Carboxyl-Gruppe als funktionelle Gruppe enthalten.

Funktionelle Formel:

```
R – C = O
    |
    OH
```

Je nach der Anzahl der Carboxylgruppen in einem Säuremolekül unterscheidet man Monocarbonsäuren, Dicarbonsäuren und Tricarbonsäuren.

Im Vergleich zu den anorganischen Säuren sind die Carbonsäuren sehr schwach, da die organischen Reste oft +I-Effekte haben, die eine Polarisierung der Bindung zwischen dem Sauerstoff und dem Wasserstoff verringern.

Aliphatische Monocarbonsäuren

Gesättigte Monocarbonsäuren bilden eine homologe Reihe mit der allgemeinen Summenformel $C_nH_{2n+1}COOH$.

Die Monocarbonsäuren werden so benannt, dass man an den Namen des entsprechenden Alkans das Wort -säure anhängt.

Anfang der homologen Reihe:

$n = 0$: Methansäure
$$\begin{array}{l} H - \overset{}{C} = O \\ \quad\;\; | \\ \quad\; OH \end{array}$$

$n = 1$: Ethansäure
$$\begin{array}{l} CH_3 - C = O \\ \qquad\;\;\, | \\ \qquad\; OH \end{array}$$

$n = 2$: Propansäure
$$\begin{array}{l} CH_3 - CH_2 - C = O \\ \qquad\qquad\quad\;\; | \\ \qquad\qquad\quad\; OH \end{array}$$

Methansäure (Ameisensäure): H – COOH, ist ätzend, hat einen stechenden Geruch, wirkt korrodierend und erzeugt beim Hautkontakt Blasen. Ameisensäure erhält man in kleinen Mengen durch Oxidation von Formaldehyd. Bei der technischen Herstellung wird Kohlenmonoxid in geschmolzenes Natriumhydroxid gepresst und anschließend mit Schwefelsäure zu Ameisensäure umgesetzt. Ameisensäure zerfällt leicht bei Erhitzen:

$$\begin{array}{l} H - C = O \rightarrow CO_2 + H_2 \\ \quad\;\; | \\ \quad\; OH \end{array}$$

Durch konzentrierte Schwefelsäure wird der Ameisensäure Wasser entrissen, dabei entsteht Kohlenmonoxid:

$$\begin{array}{l} H - C = O + H_2SO_4 \rightarrow CO + H_2O \\ \quad\;\; | \\ \quad\; OH \end{array}$$

Ameisensäure wurde häufig als Kesselsteinentferner eingesetzt, da sie Kalk in Kohlendioxid und lösliche Calciumsalze zerlegt. Wegen der Giftigkeit wird sie heute durch andere Mittel ersetzt.

Ethansäure (Essigsäure): CH_3COOH, ist Bestandteil des Speiseessigs. Dieser wird aus Ethanol durch bakterische Gärung gewonnen. Im Labor entsteht Essigsäure durch Oxidation von Acetaldehyd:

$$2\,CH_3-\underset{\displaystyle H}{\underset{|}{C}}=O + O_2 \rightarrow 2\,CH_3-\underset{\displaystyle OH}{\underset{|}{C}}=O$$

Wasserfreie Essigsäure wird als Eisessig bezeichnet, da sie schon bei 16,5 °C erstarrt. Die Salze der Essigsäure heißen Acetate. Eine Lösung von Aluminiumacetat wird als essigsaure Tonerde bei kühlenden Umschlägen verwendet. Aus Bleiacetat stellt man ein weißes Malerpigment her.

Fettsäuren

Fettsäuren sind langkettige Monocarbonsäuren.

Palmitinsäure: Formel $C_{15}H_{31}COOH$, ist ein Feststoff. Neutralisiert man sie mit einer Lauge, dann entsteht das Alkalisalz Palmitat (Seife).
Stearinsäure: Formel $C_{17}H_{35}COOH$, ist ein Feststoff. Neutralisiert man sie mit einer Lauge, dann entsteht das Alkalisalz Stearat (Seifenmolekül).
Ungesättigte Fettsäuren: Langkettige ungesättigte Fettsäuren spielen in der Biologie eine wichtige Rolle. Sind im Fett viele ungesättigte Fettsäuren enthalten, so stören diese mit ihrer Doppelbindung den Aufbau benachbarter gesättigter Fettsäuren, das Fett wird flüssig (Öl). Die Ölsäure, $C_{17}H_{33}COOH$, ist eine ungesättigte Fettsäure, die Doppelbindung ist genau in der Mitte.

Aromatische Monocarbonsäuren
Die Benzoesäure ist die wichtigste Verbindung dieser Gruppe. Es handelt sich um weiße blattförmige Kristalle, die sich in siedendem Wasser und Alkohol auf-

lösen. Ihre Säurestärke ist etwas größer als die der Essigsäure. Man verwendet sie als Konservierungsmittel. Sie wird durch Oxidation von Toluol mithilfe von Naphtolsalzen als Katalysator hergestellt.

$2 \cdot \quad + 3\ O_2 \rightarrow 2 \cdot \quad + 2\ H_2O$

6.2 Dicarbonsäuren

Aliphatische Dicarbonsäuren

Hat eine Kohlenwasserstoffkette zwei Carboxylgruppen, dann ist sie eine Dicarbonsäure.

Die Dicarbonsäuren bilden eine homologe Reihe, wobei an das entsprechende Alkan die Silben -disäure angehängt werden.

Beispiele:

Ethan-disäure (Oxalsäure)

$$\begin{array}{cc} O=C & -\ C=O \\ | & | \\ HO & OH \end{array}$$

Propan-disäure (Malonsäure)

$$\begin{array}{ccc} O=C & -\ CH_2 - & C=O \\ | & & | \\ HO & & OH \end{array}$$

Butan-disäure (Bernsteinsäure)

$$\begin{array}{cccc} O=C & -\ CH_2 - & CH_2 - & C=O \\ | & & & | \\ HO & & & OH \end{array}$$

Ethan-disäure (Oxalsäure): Formel HOOC – COOH, besteht aus farblosen Kristallen und ist sehr giftig. Sie ist in Wasser und Alkohol leicht löslich, Ihre Salze, die Oxalate, sind in der Blättern des Sauerklees enthalten.

Aromatische Dicarbonsäuren

Sie werden auch als Benzoldicarbonsäuren oder Phthalsäuren bezeichnet und haben zwei Carboxylgruppen an einem Benzolring.
Symbol:

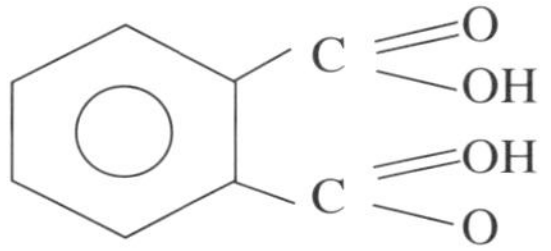

Die Phthalsäuren sind wichtige Ausgangsstoffe für Farbstoffe (Phenolphthalein) und für bestimmte Kunststoffe.

Hydroxycarbonsäuren

Bei den Hydroxycarbonsäuren werden im aliphatischen Rest der Carbonsäure ein oder mehrere Wasserstoffatome durch Hydroxylgruppen ersetzt.
Beispiel: α-Hydroxypropansäure (Milchsäure)

$$\begin{array}{ccccc} & & OH & & \\ & & | & & \\ CH_3 & - & CH & - & C = O \\ & & & & | \\ & & & & OH \end{array}$$

Durch deren -I-Effekt wird der Säuregrad verstärkt. Die Milchsäure entsteht durch Vergärung des Milchzuckers in der Milch (saure Milch). Milchzucker wird in der Landwirtschaft zur Herstellung von Silofutter verwendet.

Ketocarbonsäuren

Bei diesen Verbindungen befindet sich eine Ketogruppe am aliphatischen Säurerest. Ein wichtiger Vertreter der Ketocarbonsäuren ist die Brenztraubensäure oder α-Ketopropansäure:

Symbol:

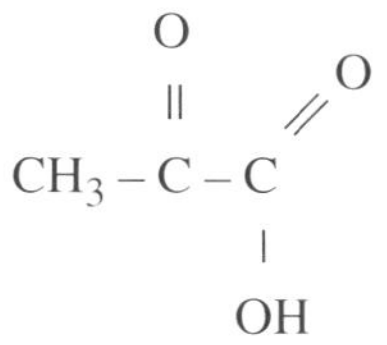

Die Salze der Brenztraubensäure heißen Pyruvate.

VII. Ester, Fette und Seifen

7.1 Ester

Beschreibung

Alle Verbindungen der Form R – C(=O) – O – R´, wobei R und R´ beliebige organische oder anorganische Molekülreste sein können, heißen Ester.

Ester entstehen durch Reaktionen zwischen Alkoholen und (anorganischen oder organischen) Säuren. Grundsätzlich wird bei der Veresterung immer Wasser abgespalten, und zwar so, dass der Alkohol das Wasserstoffatom und die Säure die Hydroxylgruppe liefern. Daher können auch nur solche anorganische Säuren Veresterungen eingehen, die ihr Säureproton an ein Sauerstoffatom gebunden haben. (Salzsäure ist nicht dafür geeignet.)

Bei der Bezeichnung der Ester gibt man zuerst den Namen der Säure an, benennt dann das Radikal des entsprechenden Alkohols und hängt den Namen -ester an.

Beispiele:

Essigsäure-methyl-ester

$$CH_3-\overset{O}{\overset{\|}{C}}-O-CH_3$$

Propansäure-propyl-ester

$$CH_3-CH_2-\overset{O}{\overset{\|}{C}}-O-CH_2-CH_2-CH_3$$

Ein Ester kann als Salz der betreffenden Säure aufgefasst werden. Daraus leiten sich Trivialnamen für die Ester ab.

Beispiele: Ethylacetat

$$CH_3-\overset{O}{\overset{\|}{C}}-O-CH_2-CH_3$$

Propylpropionat

$$CH_3-CH_2-\overset{O}{\overset{\|}{C}}-O-CH_2-CH_2-CH_3$$

Ester, die aus kurzen Kohlenstoffketten bestehen, sind wasserklar, flüssig und haben einen angenehmen, aromatischen Geruch. Langkettige Ester sind dagegen geruchlos und fest. Die Herstellung von Estern folgt nach der Gleichgewichtsreaktion:

$$\text{Säure} + \text{Alkohol} \rightleftarrows \text{Ester} + \text{Wasser}$$

Die chemische Gleichgewichtsreaktion kann durch äußere Einflüsse gesteuert werden. Wenn eine möglichst hohe Ausbeute an Ester erzielt werden soll, muss das Gleichgewicht nach rechts verschoben werden. Dies kann durch Einsatz von konzentrierter Schwefelsäure geschehen, denn erstens beschleunigen Wasserstoffionen die Einstellung des Estergleichgewichts und zweitens entzieht die konzentrierte Schwefelsäure dem Gleichgewicht laufend Wasser, wodurch es zu einer Verschiebung nach rechts kommt.

Beispiel: Aus Essigsäure und Ethylalkohol bildet sich Essigsäureethylester

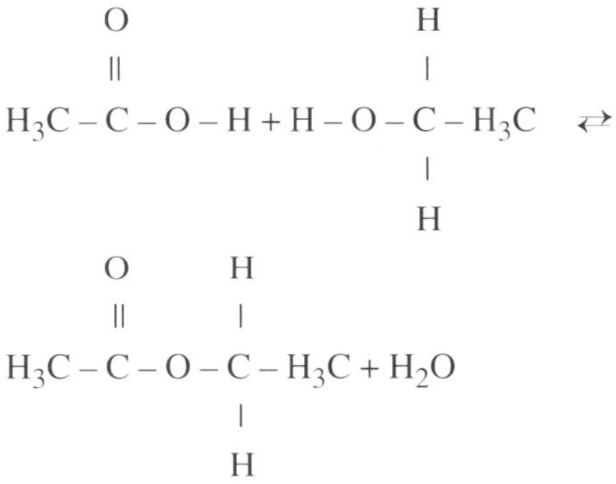

Die Ester spielen als Lösungsmittel z. B. bei der Herstellung von Lacken eine Rolle. Viele Ester haben einen charakteristischen Geruch, daher dienen sie als Aromastoffe. Birnenaroma erhält man beim Verestern von Essigsäure mit Amylalkohol. Eine Himbeeressenz enthält neun verschiedene Ester.

Wachse: Sie sind Ester, die aus langkettigen einwertigen Alkoholen und langkettigen Carbonsäuren entstanden sind, wobei beide Komponenten aus geradzahligen Kohlenstoffketten bestehen.

Beispiel: Bienenwachs ist ein Ester der Zusammensetzung
$C_{15} H_{31}COOC_{30}H_{61}$

7.2 Fette

Beschreibung

Fette bestehen aus Estern vorwiegend höherer Fettsäuren mit dem dreiwertigen Alkohol Glycerin. Die Unterschiede der Fette sind vor allem durch die verschiedenen Fettsäurereste bestimmt.

Die in den Fetten am häufigsten angetroffenen Fettsäuren sind die Palmitinsäure, die Stearinsäure und die Ölsäure.
Da ein Glycerinmolekül drei Fettsäuren binden kann, bezeichnet man die Fette auch als Triglyceride. Ein natürliches Triglycerid enthält niemals drei gleiche Fettsäuren.

Die Bezeichnung der Fette richtet sich nach der Bezeichnung der Ester. Zuerst kommt der Name des Alkohols, dann die Namen der Fettsäuren, wobei die letzte Fettsäure die Schlußsilbe -at trägt.

Beispiel: Ein Triglycerid, das aus Palmitinsäure, Stearinsäure und Ölsäure aufgebaut ist, heißt Glycerin-palmito-oleo-stearat.

Ein synthetisches Triglycerid, das nur aus Palmitinsäure aufgebaut ist, heißt Glycerintri-palmitat.

Eigenschaften
Tierische und pflanzliche Fette sind durchwegs Gemenge verschiedener Ester, so dass sich keine bestimmte Formel für ein Fett angeben lässt. Aus diesem Grund besitzen Fette auch keinen festen Schmelzpunkt, sondern einen Erweichungspunkt bzw. Schmelzbereich. Dieser ist umso niedriger, je höher der Anteil an ungesättigten Fettsäuren ist. Fette, die bei Normalbedingungen flüssig sind, heißen Öle.

Fette sind leichter als Wasser und darin nicht löslich, allerdings zeigen sie eine gute Löslichkeit in unpolaren Lösungsmitteln. In Anwesenheit bestimmter Stoffe (Emulgatoren) können Fette in fein verteiltem Zustand haltbare Emulsionen mit Wasser bilden (Milch).

Reine Fette sind geruch- und geschmacklos. Durch Einwirkung von Sauerstoff, Wärme und bestimmter Mikroorganismen werden viele Fette allmählich unter Wasseraufnahme gespalten, wobei unangenehm riechende Abbauprodukte entstehen, wie z. B. die Buttersäure, wenn Butter ranzig wird.

Fetthärtung

Die biologische Bedeutung der Fette ergibt sich aus dem hohen Energieinhalt. Daher sind Fette wichtige Reserve- und Betriebsstoffe. Da der Fettbedarf der Industrieländer sehr hoch ist und die natürlichen Fettquellen sehr begrenzt sind, ist es notwendig, die ausreichend vorhandenen, aber wenig attraktiven Öle (Baumwollsaatöl, Erdnussöl) in feste Fette umzuwandeln. Die ungesättigten Fettsäuren der Öle müssen mithilfe von Wasserstoff gesättigt werden. Dies geschieht bei der so genannten Fetthärtung. Beim Verfahren der katalytischen Hydrierung werden die Öle auf 180 °C erhitzt. Dann wird unter hohem Druck Wasserstoffgas und Nickelpulver (Katalysator) durchgespült. Dabei verlieren auch diese Öle ihre teilweise unangenehmen Gerüche.

Diese so gehärteten Öle bilden die Grundlage zur Margarineherstellung. Man vermeidet aber die ausschließliche Verwendung gesättigter Fette, da einige ungesättigte Fettsäuren für die Ernährung notwendig sind. Die ungesättigten Fettsäuren fasst man zum Begriff Vitamin F zusammen. Das Fehlen dieser Fettsäuren in der Nahrung führt zu ähnlichen Krankheitsbildern, wie bei Vitaminmangel festzustellen ist.

Beispiel: Aus flüssigem Triölsäureglycerinester wird durch Hydrierung fester Tristearinsäureglycerinester hergestellt.

Flüssige Phase:

$$\begin{array}{l}
H_3C-(CH_2)_7-CH=CH-(CH_2)_7-\overset{\displaystyle O}{\overset{\|}{C}}-O-CH_2 \\
\qquad\qquad\qquad\qquad\qquad\qquad\qquad\qquad\qquad\quad | \\
H_3C-(CH_2)_7-CH=CH-(CH_2)_7-\overset{\displaystyle O}{\overset{\|}{C}}-O-CH \\
\qquad\qquad\qquad\qquad\qquad\qquad\qquad\qquad\qquad\quad | \\
H_3C-(CH_2)_7-CH=CH-(CH_2)_7-\overset{\displaystyle O}{\overset{\|}{C}}-O-CH_2
\end{array}$$

$+ 3\ H_2$

180 °C, 5 bar , Nickelkatalysator

Feste Phase:

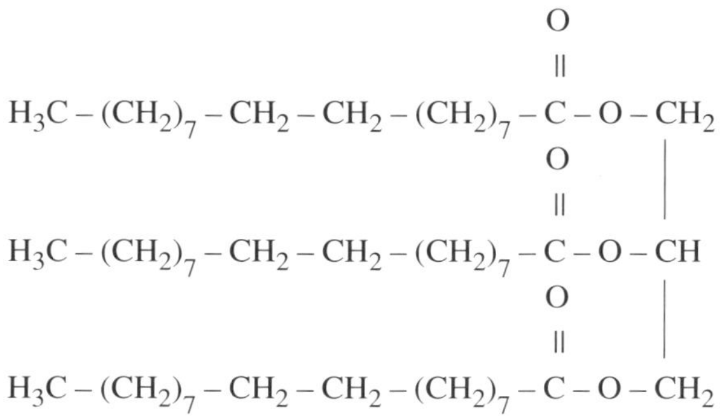

7.3 Seifen

Beschreibung

> Die Umkehrung der Veresterung ist die Verseifung.

Sie entstehen also beim Aufspalten der Fette durch Natron- oder Kalilauge (bei Erhitzen). Da hierzu natürliche Fette verwendet werden, enthalten die Seifen stets ein Gemenge aus Natriumstearat, Natriumpalmitat und Natriumoleat.

Seifen sind also die Alkalisalze der höheren Fettsäuren. Die Aufspaltung synthetischer Fette verläuft etwas übersichtlicher, wie das folgende Beispiel zeigt.

Herstellung

Beispiel: Tristearinsäureglycerinester wird mit Natronlauge zu Glycerin und Natriumstereat (Natronseife) aufgespalten.

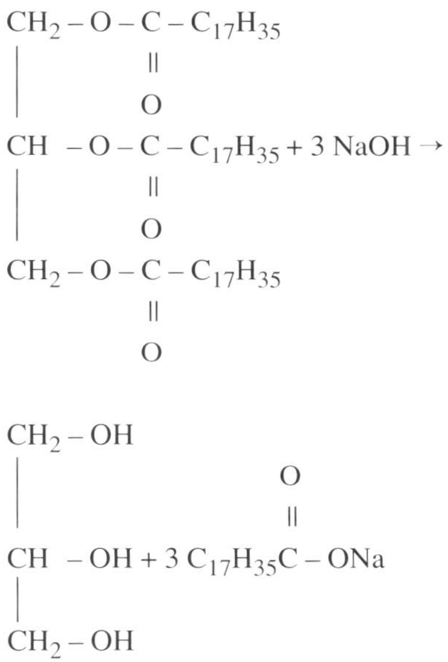

Technisch wird bei der Seifenherstellung auch Natriumcarbonat eingesetzt. Das Fettgemisch wird dabei nicht mit Natronlauge gekocht, sondern zuerst mit überhitztem Wasserdampf unter Zusatz von geeigneten Katalysatoren umspült. Nach einiger Zeit schwimmt dann auf dem Glycerinwasser das wasserunlösliche Gemenge der drei Fettsäuren. Diese werden abgeschöpft und anschließend mit Soda (Natriumcarbonat) gekocht. Als Endprodukt erhält man reine Seife, da die übrigen Produkte, Wasser und Kohlendioxidgas bei den hohen Reaktionstemperaturen ausgasen.

Chemische Eigenschaften

Die Seifenmoleküle haben ein kurzes hydrophiles (wasserliebendes) Ende und ein langes lipophiles (fettliebendes) und hydrophobes (wasserfürchtendes) Ende; daher sind sie in der Lage, sowohl fetthaltige Stoffe zu lösen als auch in Wasser gelöst zu bleiben.

Wässerige Seifenlösungen streuen das durchfallende Licht und geben sich dadurch als kolloide Lösungen zu erkennen.

Kolloide Teilchen haben einen Durchmesser von $5 \cdot 10^{-8}$ cm – $2 \cdot 10^{-5}$ cm. Diese Teilchen sind wesentlich größer als die der echten Lösungen, aber deutlich kleiner als die der Suspensionen; sie halten sich in der Flüssigkeit in der Schwebe.

Viele Seifenmoleküle schließen sich demnach zu Verbänden kolloidaler Größe zusammen; man nennt sie Seifenmicellen.

Seifenlösungen in Alkohol reagieren neutral. Erst bei Lösungen in Wasser ist eine alkalische Reaktion zu beobachten.

Beispiel:

$$C_{17}H_{35}COO^- + Na^+ + H_2O \rightarrow C_{17}H_{35}COOH + Na^+ + OH^-$$

Es entsteht Stearinsäure.

Waschvorgang

Wasser allein besitzt nur eine relativ geringe Reinigungskraft; erst durch Zugabe von Seifen oder anderer Waschmittel erreicht man den gewünschten Effekt.

Wasser hat, bedingt durch seine dipolartigen Moleküle, eine sehr große Oberflächenspannung. Dadurch wird die Benetzung, das heißt das Eindringen in das verschmutzte Gewebe, sehr behindert. Durch Zugabe von Seife wird diese Oberflächenspannung herabgesetzt, das Wasser wird dadurch leichter beweglich. Die Seifenanionen orientieren sich an der Wasseroberfläche so, dass sie mit ihrem hydrophoben Teil aus dem Wasser herausragen. So wird die Oberfläche von unpolaren Gruppen gebildet, und die Oberflächenspannung sinkt.

Schmutz besteht aus festen Teilchen, die zusammen mit Fett und Schweiß auf dem Gewebe haften. Die Ablösung des Schmutzes wird dadurch eingeleitet, dass die Seifenmoleküle mit ihrem hydrophoben Teil der wässerigen Phase ausweichen wollen. Sie dringen dabei in alle kapillaren Hohlräume und in den Schmutz selber ein und lösen ihn von der Faser ab. Die gleichsinnige elektrische Aufladung der Teilchen und der Faser verhindert durch elektrische Abstoßung, dass sich der Schmutz wieder absetzt und dass sich die Fetttröpfchen wieder zusammenballen.

Der Waschvorgang mit Seife hat auch einige Nachteile. Die alkalische Reaktion wässeriger Seifenlösungen verursacht Reizungen der Haut und schädigt manche Gewebe (Wolle). Die in hartem Wasser enthaltenen Calcium-, Magnesium- und Schwermetallionen bewirken die Ausfällung der waschaktiven Fettsäurerestionen als unlösliche Salze. Dadurch kommt es zu Seifenverlusten und zu einer Verkrustung und Vergrauung des Gewebes. In Haushalt und Industrie verwendet man heute daher anstelle von Seife andere waschaktive Substanzen, die wesentlich wirksamer sind, auch in hartem Wasser.

VIII. Amine

8.1 Chemische Eigenschaften der Amine

Beschreibung

Ersetzt man Wasserstoffatome des Ammoniaks NH_3 durch organische Kohlenwasserstoffketten (organische Reste), so erhält man die Amine: $R-NH_2$.

Je nachdem, wie viele Wasserstoffatome durch organische Reste ersetzt werden, unterscheidet man primäre, sekundäre und tertiäre Amine.

Primäre Amine: $R-\overline{N}-H$ (mit H am N: $\overset{}{\underset{H}{|}}$)

Sekundäre Amine: $R-\overline{N}-R_1$ (mit H am N: $\overset{}{\underset{H}{|}}$)

Tertiäre Amine:

$$\begin{array}{c} R - \overline{N} - R_1 \\ | \\ R_2 \end{array}$$

$\overline{N}$ bedeutet, dass das Stickstoffatom eine freies Elektronenpaar besitzt. Je nach Art des Restes kann man aliphatische und aromatische Amine unterscheiden.

Eigenschaften

Die einfachsten Amine sind wasserlöslich, leichtflüchtig und haben einen fischähnlichen Geruch.

Amine als Basen: Wegen des freien Elektronenpaares verhalten sich die aliphatischen Amine wie Basen, das heißt sie können Säureprotonen aufnehmen.

$$\begin{array}{ccccccc} & & & & H & & \\ & & & & | & & \\ R - N - H & + & HCl & \rightarrow & R - N^{+} - H & + & Cl^{-} \\ | & & & & | & & \\ H & & & & H & & \end{array}$$

Der Basencharakter nimmt dabei von den primären zu den tertiären Aminen ab. Die aromatischen Amine haben dieses Verhalten nicht, weil bei ihnen das freie Elektronenpaar in die delokalisierten Elektronen mit einbezogen wird und zur Bindung von Protonen nicht mehr zur Verfügung steht.

Ammoniumsalze: Aliphatische Amine bilden analog zu Ammoniak Ammoniumsalze.

Beispiel: Ein primäres Amin verbindet sich mit Monochlormethan zu (quartärem) Ammoniumchlorid.

$$\begin{array}{cccccccc} & & & & H & & & \\ & & & & | & & & \\ R - N - H & + & CH_3 - Cl & \rightarrow & R - N^{+} - H & + & Cl^{-} & \rightarrow \\ | & & & & | & & & \\ H & & & & CH_3 & & & \end{array}$$

$$\begin{array}{ll} + 2\,CH_3Cl & \quad CH_3 \\ & \quad\;\, | \\ \rightarrow & R - N^+ - CH_3 + Cl^- \\ & \quad\;\, | \\ - 2\,HCl & \quad CH_3 \end{array}$$

Umsetzung mit Salpetriger Säure (HNO_3): Aliphatische primäre Amine reagieren mit Salpetriger Säure zu Azoniumverbindungen, die sofort wieder in Stickstoffgas und Alkohol zerfallen:

$$R - \overline{N} = \overline{N} - OH \rightarrow R - OH + N_2$$

Aromatische primäre Amine reagieren mit Salpetriger Säure unter Wasserabspaltung zu Diazoniumverbindungen, die bei der Herstellung von Farben eine wichtige Rolle spielen:

Beispiel:

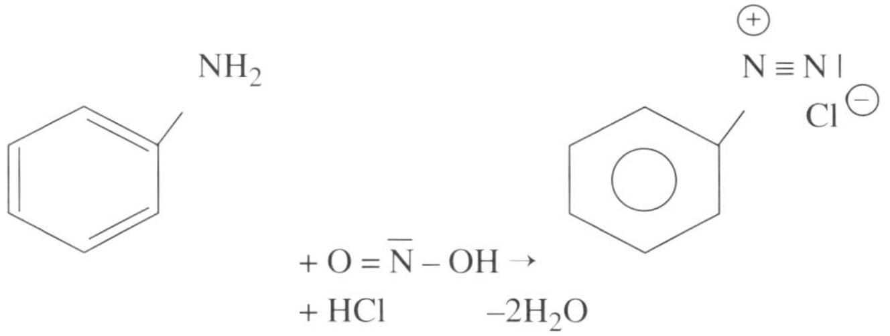

Sekundäre aliphatische Amine geben zusammen mit Salpetriger Säure gelb gefärbte Nitrosamine mit der funktionellen Gruppe $= N - N = O$.

Beispiel:

$$\begin{array}{c} R - \overline{N} - H + HO - \overline{N} = O \xrightarrow[-H_2O]{} R - \overline{N} - \overline{N} = O \\ \quad | \qquad\qquad\qquad\qquad\qquad\qquad | \\ \quad R_1 \qquad\qquad\qquad\qquad\qquad\quad R_1 \end{array}$$

8.2 Aminosäuren

Beschreibung

Carbonsäuren, in denen ein oder mehrere Wasserstoffatome des Alkylrests durch die Aminogruppe ersetzt sind, heißen Aminosäuren.

In der Natur bilden die Aminosäuren die Bausteine der Eiweiße. Diese natürlichen Aminosäuren haben die Aminogruppe am α-ständigen Kohlenstoffatom, bezogen auf die Carboxylgruppe (α-Amino-carbonsäuren)

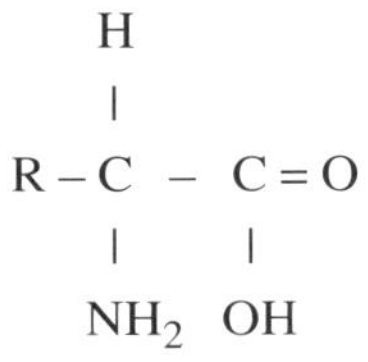

Die synthetischen Aminosäuren können die Aminogruppe an jedem beliebigen Kohlenstoffatom tragen.

Beispiel: β-Amino-propansäure

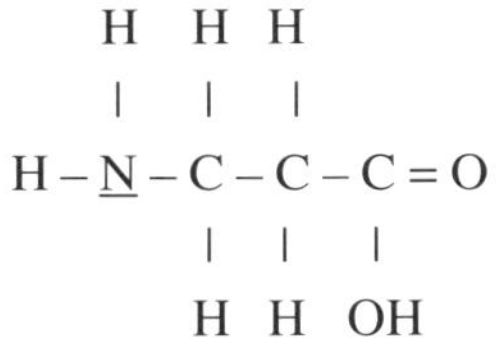

Amphotere Verbindungen

Eine amphotere Verbindung hat eine Säurenatur und eine Basennatur, das heißt sie kann Protonen abspalten und auch Protonen aufnehmen. Bei den Aminosäuren ist dies wegen der gegensätzlich wirkenden funktionellen Gruppen möglich. Die Aminogruppe reagiert basisch, sie zieht Protonen an und bindet sie mit ihrem freien Elektronenpaar. Die Carboxylgruppe reagiert sauer, sie spaltet leicht ihr

Proton ab. Diese beiden Reaktionen finden bei den Aminosäuren in wässeriger Lösung innerhalb desselben Moleküls statt (intramolekularer Protonenaustausch). Das Ergebnis ist ein Molekül, das zwei verschiedene Ladungen trägt, also ein so genanntes Zwitterion.

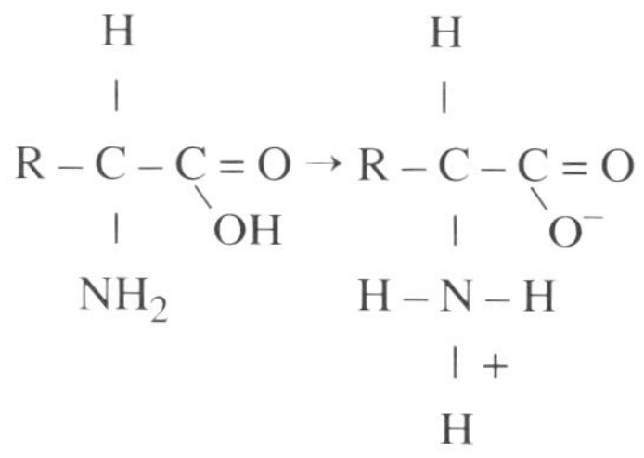

Zwitterionen verhalten sich wie Dipole. Legt man eine elektrische Spannung an eine wässerige Lösung von Zwitterionen, dann richten sich die Moleküle zwar nach dem Feld aus, aber wandern nicht.

Isoelektrischer Punkt

Darunter versteht man einen *pH*-Wert, bei dem in einer wässerigen Lösung Zwitterionen entstanden sind. Er tritt dann auf, wenn die Ionen in einem elektrischen Feld einer Gleichspannung nicht mehr wandern. Er hat für jede Aminosäure einen anderen Wert, da die Basenstärke der Aminogruppe und die Säurestärke der Carboxyl-Gruppe vom I-Effekt des jeweiligen Restmoleküls beeinflusst werden.

Überwiegt der Säurecharakter, dann muss der isoelektrische Punkt auf der alkalischen Seite liegen, überwiegt dagegen der Basencharakter der Aminogruppe, so muss der isoelektrische Punkt auf der sauren Seite liegen.

Benennung

Dem wissenschaftlichen Namen wird die jeweilige Carbonsäure zu Grunde gelegt, zusammen mit den Vorsilben α-Amino-.

Beispiel:

α-Amino-ethansäure 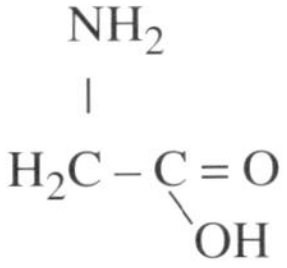

Die natürlichen Aminosäuren sind unter ihren Trivialnamen sehr bekannt. Ihre Abkürzung als Dreibuchstabensymbol ist in der Biochemie sehr verbreitet. Einige der wichtigsten Aminosäuren sind im folgenden Beispiel zusammengestellt:

Beispiel:

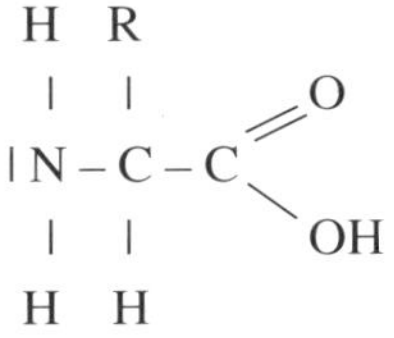

Glycin	Gly	R – H
Alanin	Ala	$R - CH_3$
Phenylalanin	Phe	$R - CH_2 -$ 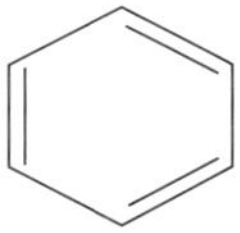
Serin	Ser	$R - CH_2 - OH$
Tyrosin	Tyr	$R - CH_2 -$ 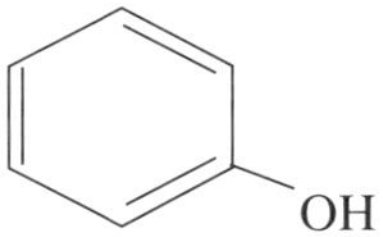
Cystein	Cys	$R - CH_2 - SH$

Chemische Eigenschaften

Aminosäuren reagieren mit Säuren so, dass ihre Aminogruppe ein Säureproton aufnimmt, wobei ein positiv geladenes Ammoniumion entsteht.

Beispiel: Glycin reagiert mit Salzsäure zu Glycinium-hydrochlorid.

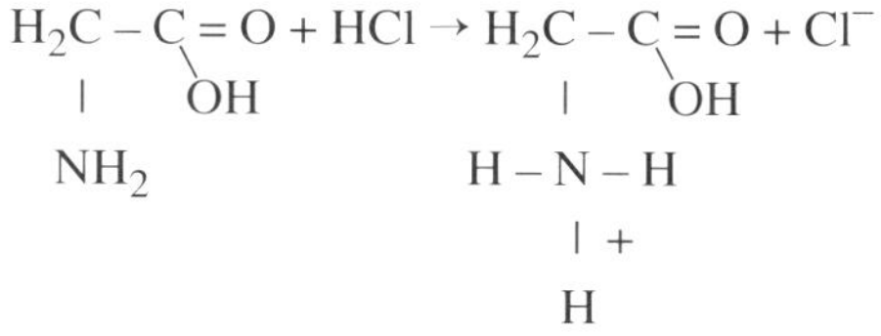

Aminosäuren reagieren mit Basen so, dass die Carboxyl-Gruppe das Säureproton abspaltet, wobei wegen der vorhandenen Aminogruppe ein basisches Salz und Wasser entsteht, ähnlich wie bei einer Neutralisation. Das folgende Beispiel zeigt die Reaktion von Alanin mit Natronlauge.

Beispiel: Alanin reagiert mit Natronlauge zu einem Natriumsalz des Alanins.

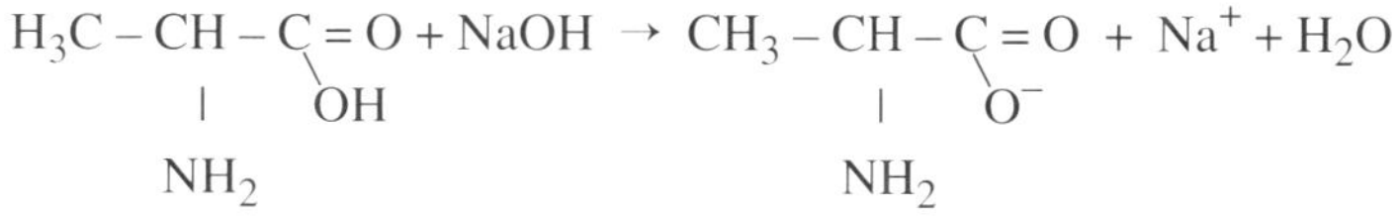

Die Aminosäuren können verestert werden, da sie eine Carboxylgruppe besitzen. Die Ester sind wegen der unveränderten Aminogruppe stark basisch. Die Veresterungsreaktionen sind Gleichgewichtsreaktionen.

Beispiel: Alanin reagiert mit Ethanol zu Alanin-ethylester.

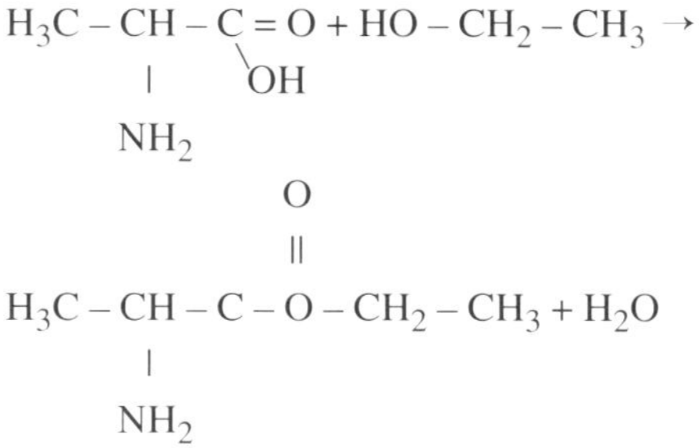

Zwei Aminosäuren reagieren so miteinander, dass die Aminogruppe der einen Aminosäure und die Carboxylgruppe der anderen Aminosäure unter Wasserabspaltung eine Bindung eingehen, die man Peptidbindung nennt. Die verbliebenen Aminosäurereste werden über die Gruppe

$$\begin{array}{c} O \\ \| \\ -C-N- \end{array}$$ verknüpft.

Beispiel: Aus Glycin und Alanin entsteht das Dipeptid. Verbindet sich ein Dipeptid mit einer weiteren Aminosäure, so entsteht ein Tripeptid usw.

Durch Verknüpfung vieler Aminosäuren über Peptidbindungen entstehen lange Kettenmoleküle. Bis zu einer relativen Molekülmasse von 10.000 bezeichnet man diese als Polypeptide, darüber als Proteine oder Eiweißstoffe (Makromoleküle). In einer Polypeptidkette folgen die Aminosäuren in einer ganz bestimmten Reihenfolge aufeinander. Diese Folge (Sequenz) spielt für das chemische Verhalten eines Makromoleküls eine große Rolle. Obwohl in der Natur nur 20 verschiedene Aminosäuren vorkommen, ist wegen der verschiedenartigen Sequenzen eine fast unbegrenzte Menge von verschiedenen Proteinen möglich. Außerdem hängen die chemischen Eigenschaften der Proteine noch von der räumlichen Gestalt der Molekülketten und deren Anordnung zueinander ab.

8.3 Eiweißstoffe

Beschreibung

Vom chemischen Aufbau her ist Eiweiß ein Gemisch von Proteinen und Proteiden. Die Proteide sind ähnlich wie die Proteine aufgebaut, enthalten aber neben der Polypeptidkette Phosphorsäurereste, Nucleinsäuren, Farbstoffe oder Kohlenhydrate.

Chemische Eigenschaften

Viele Proteine sind gut wasserlöslich, da sie polare Reste enthalten, die in wässeriger Lösung Anionen und Kationen ausbilden. Die Wasserlöslichkeit kann durch konzentrierte Säuren oder durch reinen Alkohol beseitigt werden. Das Eiweiß flockt dann aus der Lösung aus. Auch wenn eine Eiweißlösung erhitzt wird, gerinnt das Eiweiß. Dieser nicht umkehrbare Vorgang der Gerinnung wird Koagulation genannt. Die Koagulation ist die Zerstörung der komplizierten Struktur des Eiweißkörpers infolge äußerer Einwirkung. Bluteiweiß koaguliert schon bei 42 °C, Hühnereiweiß bei 60 °C und Milcheiweiß erst bei ca. 100 °C.

Nachweisreaktionen

Bringt man Eiweiß mit konzentrierter Salpetersäure zusammen, dann tritt eine Gelbfärbung ein. Diese Reaktion heißt Xanthoproteinreaktion. Sie geht auf eine Nitrierung von Aminosäuren zurück, die einen Benzolring im Rest tragen. Durch die Nitrierung des Benzolringes ändert sich die Lichtabsorption der Verbindung, wodurch die Gelbfärbung eintritt. Eine Gelbfärbung zeigt also die Anwesenheit von Tyrosin, Phenylalanin und Tryptophan im untersuchten Eiweißstoff an.
Bei einer anderen Farbreaktion, der Biuretreaktion, wird eine Eiweißlösung mit verdünnter Natronlauge leicht alkalisch gemacht und mit einigen Tropfen stark verdünnter Kupfer(II)-sulfatlösung erwärmt. Die Lösung färbt sich daraufhin rot bis blauviolett.

IX. Kunststoffe

Kunststoffe sind makromolekulare Stoffe. Sie bestehen aus sehr großen organischen Molekülen, die aus langen Kohlenstoffketten oder -netzen aufgebaut sind. Zu den natürlich vorkommenden Makromolekülen zählen zum Beispiel Zellulose, Harz und Kautschuk. Makromolekulare Naturstoffe lassen sich zu Kunststoffen umwandeln. So kann aus Zellulose beispielsweise Celluloid gemacht werden, ein halbsynthetischer Kunststoff.
Heute sind die meisten Kunststoffe rein synthetische Stoffe. Sie werden aus Erdölprodukten entweder direkt oder über Zwischenprodukte hergestellt.

9.1 Synthese-Verfahren

Monomere werden je nach Aufbau auf unterschiedlichen Reaktionswegen zu Polymeren umgesetzt. Die Monomere sind Ausgangsstoffe für die Herstellung von Kunststoffen. Sie müssen mindestens bifunktionell sein, das heißt, sie müssen an zwei Stellen im Molekül reagieren können. Die entstehenden Polymere (Makromoleküle) haben völlig andere Eigenschaften als die Ausgangsstoffe. So hat zum Beispiel Polyethen, ein Kunststoff, der für Verpackungen verwendet wird, völlig andere Eigenschaften als der gasförmige Ausgangsstoff Ethen.

Polymerisation
Bei der Polymerisation reagieren organische Moleküle (Monomere) mit Molekülen derselben Sorte zu langkettigen oder vernetzten Makromolekülen (Polymere). Es entstehen keine weiteren Nebenprodukte. Die durch Polymerisation hergestellten Kunststoffe heißen Polymerisate.

Beispiel: Polyethen (Polyethylen, PE) ist ein Polymerisat aus Ethen. Die Polymerisation wird durch Katalysatoren in Gang gesetzt, die die Doppelbindung einiger Ethen-Moleküle aufspalten. Dadurch entstehen reaktive Zwischenstufen, zum Beispiel Radikale, die Kettenreaktionen anstoßen. Aus den Doppelbindungen des Ethens werden Einfachbindungen zu den Nachbarmolekülen. Es entsteht ein langkettiges Alkan, das Polyethen.

Die Zahl n steht für große ganzzahlige Werte. Je nach Reaktionsbedingungen schwankt die durchschnittliche Molekülgröße.
Polystyrol (PS) und Polypropen (PP) sind weitere Beispiele für Polymerisate.

Polykondensation
Bei der Polykondensation werden wie bei der Polymerisation Monomere miteinander verknüpft. Es kann sich dabei um eine Molekülsorte (Produkt: Homopolymere) oder um zwei unterschiedliche Monomerensorten (Produkt: Copolymere) handeln, die miteinander reagieren. Im Gegensatz zur Polymerisation entsteht bei der Polykondensation ein niedermolekulares Nebenprodukt (z. B. Wasser). Die durch Polykondensation synthetisierten Kunststoffe bezeichnet man als Polykondensate.

Beispiel: Phenol-Formaldehyd-Harz ist ein Polykondensat aus Phenol und Formaldehyd. Bei der Reaktion wird Wasser abgespalten.

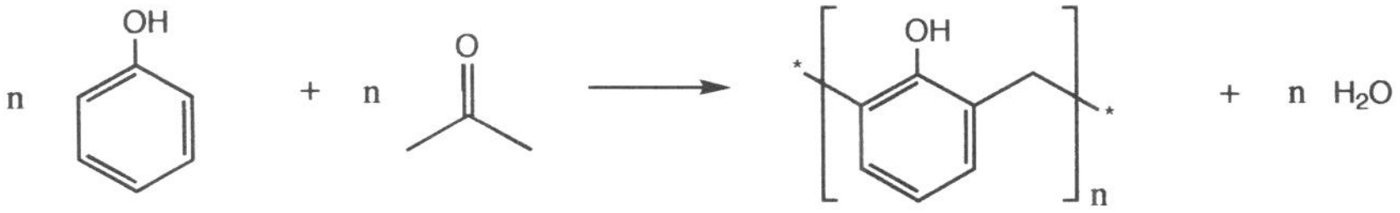

Durch Polykondensation werden auch Polyamide und Polyester hergestellt. Die Polyamide enthalten Peptidbindungen. Adipinsäure und Hexandiamin sind zum Beispiel die Ausgangsstoffe für Nylon. Sie verbinden sich unter Abspaltung von Wasser.

Polyaddition
Wenn zwei unterschiedliche Monomerensorten ohne die Abspaltung eines Nebenproduktes zu Polymeren reagieren, so handelt es sich um eine Polyaddition. Den entstandenen Kunststoff nennt man Polyaddukt. Häufig finden Polyadditionen unter Umlagerung von Wasserstoffatomen statt.

Bekannte Polyaddukte sind die Polyurethane und Epoxidharze.

Beispiel: Durch Umsetzung von Isocyanaten mit Alkohol entstehen Urethane.

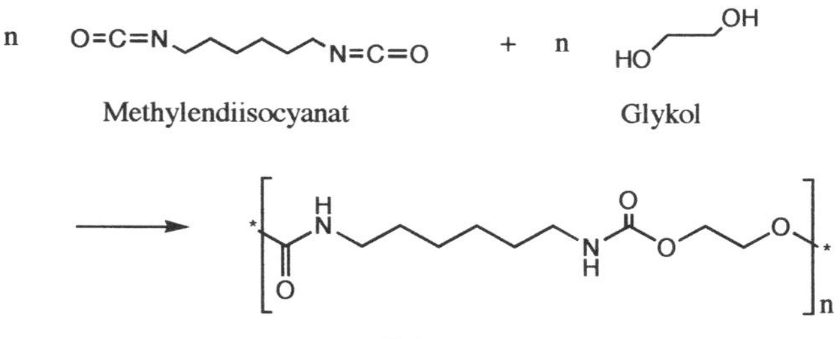

Polyurethan

9.2 Struktur von Kunststoffen

Kunststoffe werden aufgrund ihres molekularen Aufbaus in drei Gruppen eingeteilt: Thermoplaste, Duroplaste, Elastomere. Mit dem molekularen Aufbau sind jeweils bestimmte Eigenschaften bei der Erwärmung verknüpft.

Thermoplaste

Die Thermoplaste bestehen aus langkettigen Makromolekülen. Die Ketten werden nur durch intermolekulare Wechselwirkungen (van-der-Waals-Bindungen, Wasserstoffbrückenbindungen, Dipol-Dipol-Wechselwirkungen) zusammengehalten. Wird ein Thermoplast erwärmt, werden die Wechselwirkungen geschwächt. Der Kunststoff wird weich.

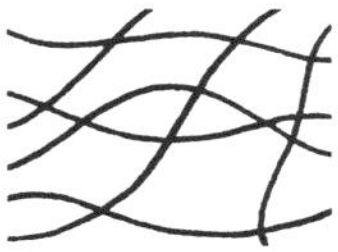

Thermoplaste werden in einem breiten Schmelzbereich zähflüssig. Eine feste Schmelztemperatur lässt sich nicht festlegen, weil der Kunststoff aus unterschiedlich großen Makromolekülen besteht. Die Schmelzbereiche von Polystyrol und Polyethen liegen zum Beispiel bei 100–130°C. Sie gehören wie die meisten gängigen Kunststoffe zu den Thermoplasten.

Die Thermoplaste lassen sich gut als Werkstoffe verarbeiten, weil sie verformbar sind und sich gießen oder pressen lassen.

Duroplaste

Im Gegensatz zu den Thermoplasten werden Duroplaste beim Erhitzen nicht weich, sondern sie zersetzen sich. In Duroplasten bilden die Moleküle dreidimensional verknüpfte Netze. Ab einer bestimmten Temperatur werden Bindungen in dem Molekülnetz gespalten. Der Kunststoff wird schwarz und verkohlt, ohne vorher zähflüssig geworden zu sein.

Ein bekannter Duroplast ist Bakelit. Es ist einer der ersten Kunststoffe, die vollsynthetisch hergestellt wurden (Anfang 20. Jahrhundert).
Duroplaste müssen als Werkstoffe schon bei der Herstellung die gewünschte Form haben bzw. sie müssen nach der Herstellung gesägt oder auf andere Weise mechanisch bearbeitet werden.

Elastomere

Die Elastomere sind sehr dehnbare Kunststoffe. Die Moleküle sind wie bei den Duroplasten netzartig aufgebaut, sind aber in ihrer Struktur nicht so starr. Weil die Molekülketten sehr weitmaschig miteinander verknüpft sind, lassen sich Elastomere gut dehnen. Wird ein Elastomer erwärmt, schrumpft er zusammen, weil durch die Schwingung der Molekülketten die Knotenpunkte enger zueinander gezogen werden.

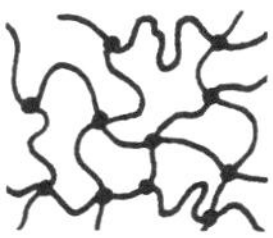

Taktizität

Die Taktizität gibt an, wie die Substituenten im Molekül ausgerichtet sind. Bei der Polymerisation von Propen entsteht zum Beispiel eine lange Alkankette mit

Methylgruppen. Je nach Reaktionsbedingungen bei der Polymerisation, zum Beispiel durch Zugabe von Katalysatoren (Ziegler-Natta-Katalysatoren), ergibt sich eine regelmäßige oder zufällige Anordnung der Methylreste im Polypropen (PP).

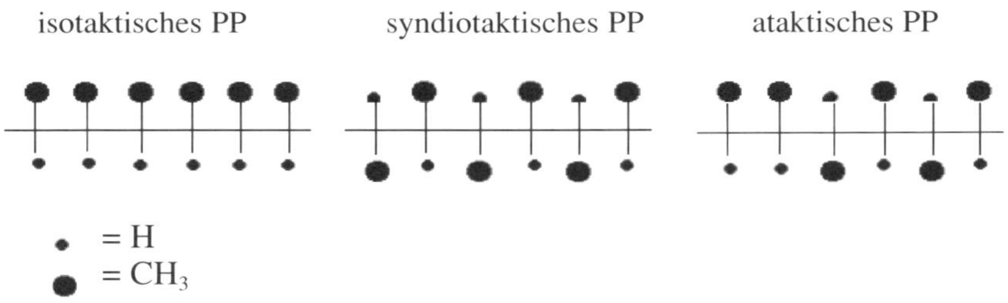

Ähnliche Strukturen finden sich auch in anderen Polymeren. In PVC bezieht sich die Taktizität zum Beispiel auf die Verteilung der Chlorsubstituenten im Alkan.

Aus der Anordnung der Substituenten im Polymermolekül ergeben sich bestimmte Eigenschaften für den Kunststoff. Sind die Substituenten sehr regelmäßig angeordnet wie beim isotaktischen und syndiotaktischen Polypropen, ist der Kunststoff härter als bei der ataktischen Struktur. Der Kunststoff besitzt kristalline Bereiche, in denen die Makromoleküle dichte Packungen bilden. Die ataktische Struktur führt zu einer geringeren Dichte und der Kunststoff ist weicher.

9.3 Verwendung von Kunststoffen

Jede Kunststoffart hat besondere Eigenschaften, die bestimmte Verwendungsmöglichkeiten nahe legen. In jedem Lebensbereich werden heute Kunststoffe verwendet. Zusätze wie Farbstoffe, Weichmacher oder Stabilisatoren sorgen dafür, dass die Eigenschaften der Kunststoffe optimiert werden und genau auf den Verwendungszweck abgestimmt sind. Einige Beispiele sollen verdeutlichen, wie breit das Spektrum der Verwendung ist.

Polyethen

$-(CH_2\text{-}CH_2\text{-})_n$

Polyethen, zum Teil auch Polyethylen bezeichnet, wird zum Beispiel für Verpackungen, Rohre und Kabelummantelungen benutzt. Polyethen lässt sich in weichem Zustand in Form pressen und gießen, weil es ein Thermoplast ist. Je nach Verfahren bei der Kunststoffherstellung entsteht Hochdruck-Polyethen (LDPE, Low-Density-PE) oder Niederdruck-Polyethen (HDPE, High-Density-PE). Unter hohem Druck bilden sich verzweigte strauchähnliche Molekülketten aus. Der so erzeugte Kunststoff ist wesentlich weicher als das Niederdruckpolyethen.

Polyvinylchlorid (PVC)

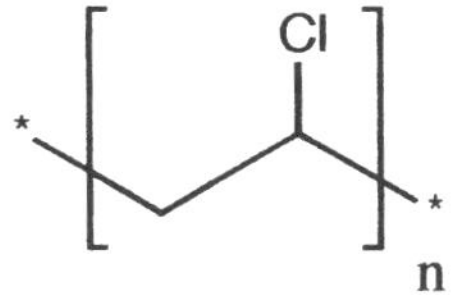

Polyvinylchlorid wird unter anderem für Bodenbeläge und Fensterprofile verwendet. Häufig werden dem Kunststoff Weichmacher zugesetzt. PVC ist in die Kritik geraten, weil bei der Herstellung und beim Verbrennen giftige Gase entweichen.

Polycarbonate

Polycarbonate werden für die Kunststoffindustrie immer wichtiger. Es handelt sich um ein sehr bruchfestes Material. Weil es durchsichtig ist, wird Polycarbonat in der CD-Produktion und für Sicherheitsscheiben eingesetzt.

Polytetrafluorethen (Teflon)

Bei Polytetrafluorethen handelt es sich um einen thermisch sehr beständigen Kunststoff, der Temperaturen zwischen –200°C und 260°C aushält. Daher wird er zum Beispiel für die Beschichtung von Pfannen verwendet. Aufgrund seiner glatten Oberflächenbeschaffenheit ist Polytetrafluorethen auch als Dichtungsmaterial geeignet.

IX. Kunststoffe

Polyurethan (PUR)
Die Pulyurethane werden für Kunstleder und Verpackungen verwendet. Außerdem können Polyurethane unter bestimmten Voraussetzungen bei der Herstellung Kohlendioxid abgeben. Sie sind daher leicht aufschäumbar. Als Schaumstoffe werden sie für Polster und als Isoliermaterial benutzt.

9.4 Recycling

Der Kunststoffverbrauch ist in den letzten 50 Jahren enorm angestiegen. Es wird daher immer wichtiger, den Kunststoffabfall optimal zu nutzen. Das Recycling kann auf unterschiedlichen Ebenen stattfinden: Gewinnung von Wärmeenergie (thermisches Recycling), Nutzung des sortenreinen Kunststoffes für neue Zwecke (werkstoffliches Recycling) oder Überführung in niedermolekulare Stoffe (rohstoffliches Recycling).

Thermisches Recycling
Kunststoffe haben einen sehr guten Brennwert. In einer Müllverbrennungsanlage kann die in ihnen enthaltene Energie nutzbar gemacht werden. Allerdings gehen bei diesem Verfahren die wertvollen Rohstoffe verloren. Kunststoffe wie PVC, die giftige Gase (z. B. Chlorwasserstoff-Gas) entwickeln, sind für das thermische Recycling nicht geeignet.

Werkstoffliches Recycling
Sortenreine Kunststoffe werden zu Granulat zerkleinert, das anschließend wiederverwertet werden. Kunststoffe, die werkstofflich recycelt werden, müssen Thermoplaste sein, da das gewonnene Granulat schmelzbar sein muss. Gemischte Kunststoffabfälle werden zunächst sortiert. Das führt leider zu den hohen Kosten dieses Verfahrens.

Rohstoffliches Recycling
Beim rohstofflichen Recycling gewinnt man aus den Polymeren die Monomere zurück. Dieses kann zum Beispiel durch Hydrolyse von Kunststoffen erreicht werden. Die Kunststoffe werden mit Wasserdampf unter hohem Druck und

hoher Temperatur zu Monomeren hydrolysiert. Aus den Monomeren kann der Kunststoff neu synthestisiert werden. Auf diese Weise zerlegt man zum Beispiel Polyethenterephthalat (PET) beim Mehrwegsystem der Plastikpfandflaschen.
Bei der Pyrolyse werden die Polymere bei hohen Temperaturen unter Luftabschluss in kleine Moleküle zerlegt, die als Brennstoffe dienen können. Es handelt sich bei den Produkten der Pyrolyse nicht unbedingt um die ursprünglichen Monomere des Kunststoffs.
Ein großer Nachteil der rohstofflichen Verfahren ist, dass sie sehr kostspielig sind.

X. Organische Farbstoffe

Zu den organischen Farbstoffen gehören alle farbigen Verbindungen, die wir aus der Tier- und Pflanzenwelt kennen. Ein Beispiel ist das Chlorophyll in grünen Pflanzen.

Schon früh hat man organische Farbstoffe (Purpur, Indigo, Reseda, Safran etc.) zum Färben von Textilien aus Pflanzen und Tieren gewonnen. Karmin ist beispielsweise ein roter Farbstoff, der aus Schildläusen gewonnen wurde, während die so genannte „Färberröte“ aus Krapp-Pflanzen stammte. Meistens wurde beim Färben keine Farbechtheit wie mit heutigen synthetisch hergestellten Farbstoffen erreicht und die Farben waren wegen der aufwendigen Gewinnung sehr teuer.

1856 stellte der Chemiker William Perkin das so genannte Mauvein als ersten organischen Farbstoff synthetisch her. In den Jahren darauf gelangen anderen Forschern Synthesen von Azofarbstoffen, Alizarin, Methylenblau und Indigo. In Deutschland wurden infolge der neuen Synthesemöglichkeiten zahlreiche Farbstofffabriken gegründet (BASF, Bayer etc.)

10.1 Lichtabsorption

Licht kann durch ein Prisma in Spektralfarben aufgespalten werden. Sichtbares Licht hat Wellenlängen von 400 bis 760 nm. Zusammen ergeben die Spektralfarben weißes Licht.

Farbig erscheinende Stoffe absorbieren aus dem Spektrum des sichtbaren Lichts bestimmte Wellenlängen. Die Farbe dieser Wellenlängen ‚fehlt‘ daraufhin im Lichtspektrum, sodass der Gegenstand für unser Auge in der Komplementärfarbe des absorbierten Lichtes erscheint.

Wellenlänge (λ)	Farbe des Lichts	Komplementärfarbe
400–430 nm	violett	gelbgrün
430–480 nm	blau	gelb
480–510 nm	blaugrün	orangerot
510–530 nm	grün	purpur
530–570 nm	gelbgrün	violett
570–580 nm	gelb	blau
580–680 nm	orangerot	blaugrün
680–750 nm	purpur	grün

Bei der Lichtabsorption werden Elektronen eines Stoffes angeregt. Je nachdem, wie viel Energie für die Anregung der Elektronen notwendig ist, wird das Licht einer bestimmten Wellenlänge absorbiert. Stoffe, die weiß erscheinen, absorbieren Licht im UV-Bereich (< 400 nm). Je genauer eine bestimmte Wellenlänge absorbiert wird, desto leuchtender und klarer wirkt die Farbe auf unser Auge.

π-Elektronen-Systeme

Organische Farbstoffe enthalten Mehrfachbindungen, deren π-Elektronen leicht angeregt werden können. Häufig handelt es sich um Abschnitte im Molekül, in denen die Elektronen über mehrere konjugierte Doppelbindungen und Heteroatome (z. B. Stickstoff) delokalisieren können.

Je länger das System der konjugierten Doppelbindungen ist, desto langwelligeres Licht wird absorbiert.

Auxochrome und Antiauxochrome

Einen ähnlichen Effekt haben auxochrome Gruppen. Es handelt sich um Substituenten, die mindestens ein freies Elektronenpaar besitzen (z. B. -OH, $-NH_2$, -Cl), das sich am π-Elektronen-System beteiligen kann. Die Wellenlänge des absorbierten Lichts erhöht sich durch Auxochrome.

Antiauxochrome (z. B. $-NO_2$) haben den gegenteiligen Effekt. Sie entziehen dem π-Elektronen-System Elektronendichte, sodass kurzwelligeres Licht absorbiert wird.

10.2 Stoffklassen organischer Farbstoffe

Azofarbstoffe

Der einfachste Azofarbstoff ist Anilingelb. Es enthält die für Azofarbstoffe charakteristischen aromatischen Ringe, die durch eine Azogruppe (-N=N-) verbunden sind.

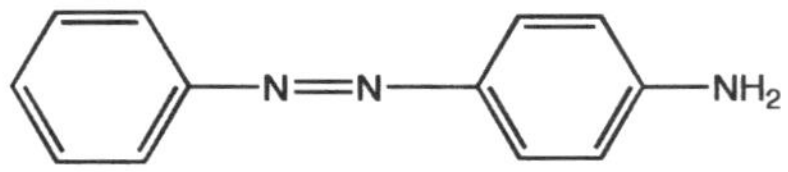

Anilingelb

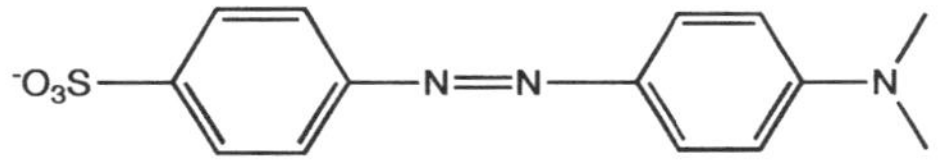

Methylorange

Die Azofarbstoffe werden in zwei Schritten hergestellt. Im ersten Schritt wird ein aromatischer Ring diazotiert, das heißt, es wird ein N_2-Substituent am Aromaten erzeugt.

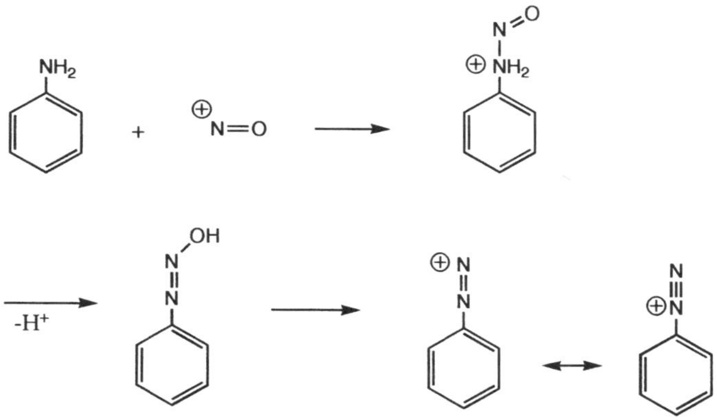

Phenyldiazoniumion

Im zweiten Schritt folgt die Azokupplung. Der N_2-Substituent verbindet sich mit einem weiteren aromatischen Ring. Die Reaktion verläuft nach dem Mechanismus der elektrophilen Substitution.

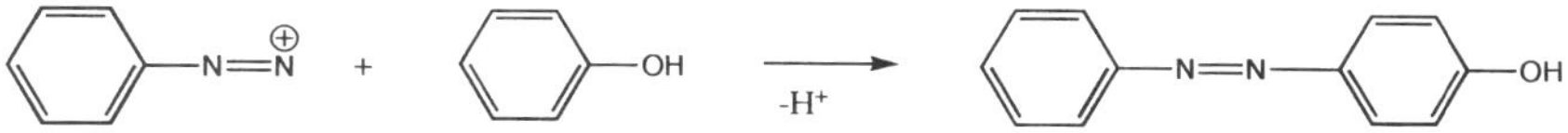

Anilin ist ein begehrter Ausgangsstoff für Azofarbstoff-Synthese. Mit der beginnenden großtechnischen Produktion von Azofarbstoffen Ende des 19. Jahrhunderts wurde die Anilin-Herstellung sehr wichtig. Davon zeugen Firmennamen wie BASF (Badische Anilin- und Soda-Fabrik).

Anthrachinon-Farbstoffe

Die Moleküle dieser Stoffklasse enthalten als Grundgerüst Anthrachinon.

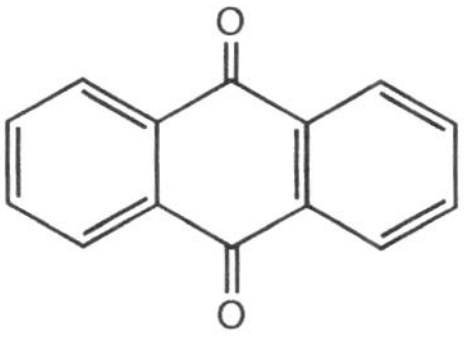

Anthrachinon

Anthrachinon ist ein hellgelblicher Stoff. Durch geeignete Substituenten kann ein sehr vielfältiges Farbspektrum erreicht werden.
Bereits sehr früh wurde Alizarinrot als erster Anthrachinonfarbstoff von Graebe und Liebermann synthetisiert.

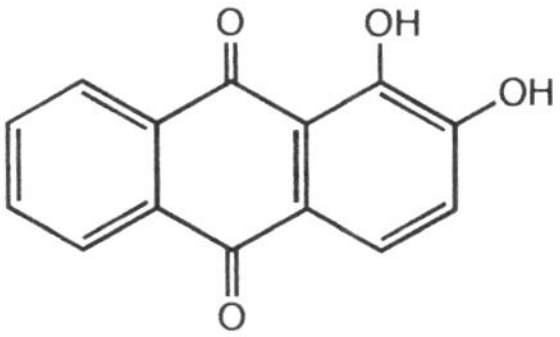

Alizarinrot

Triphenylmethanfarbstoffe

Die Triphenylmethan-Moleküle enthalten als Grundbaustein ein Carbeniumion, das von drei Phenylgruppen umgeben ist.

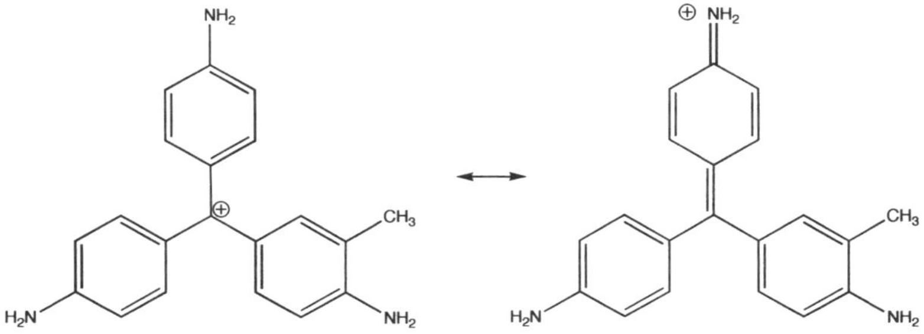

Indigo-Farbstoffe

Zu den Indigo-Farbstoffen gehört der Hauptbestandteil des in der Antike aus Purpurschnecken gewonnenen Purpurfarbstoffs: 6,6'-Dibromindigo.

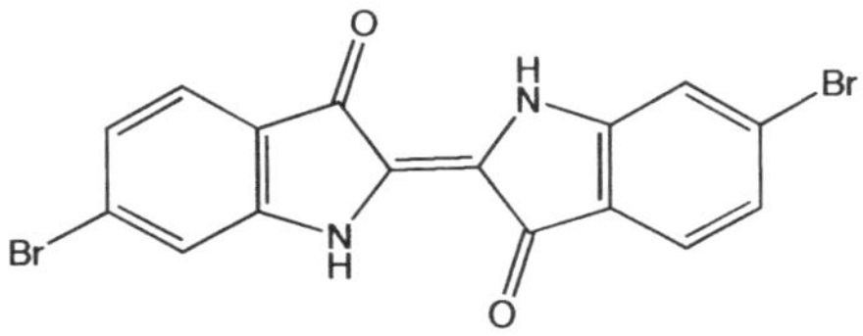

Wegen der schwierigen Gewinnung des Farbstoffs war Purpur sehr kostbar. Heute ist Indigo als Farbstoff für Fasern sehr gebräuchlich. 1878 hat Adolf von Baeyer Indigo erstmals synthetisiert. Es wurde durch die typischen „Blue Jeans" ein besonders bekannter Farbstoff (s. Küpenfarbstoffe).

10.3 Färbeverfahren

Direktfarbstoffe

Direktfarbstoffe werden den Fasern in einer wässrigen Lösung zugesetzt. Die Farbstoffe lagern sich durch van-der-Waals-Kräfte, Wassersstoffbrücken oder ionische Wechselwirkungen an die Fasern an.

Küpenfarbstoffe

Die Indigo-Farbstoffe gehören zu den durch Kupenfärbung verarbeiteten Stoffen. Die wasserunlöslichen Küpenfarbstoffe werden in ihrer reduzierten wasserlöslichen Form (Küpe) der Faser zugesetzt.

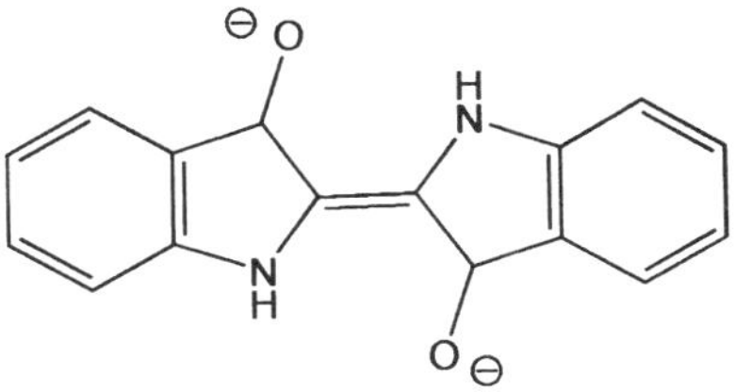

An der Luft oder unter Zugabe von Oxidationsmitteln entsteht wieder der wasserunlösliche Farbstoff, der eine Bindung zur Faser ausgebildet hat.

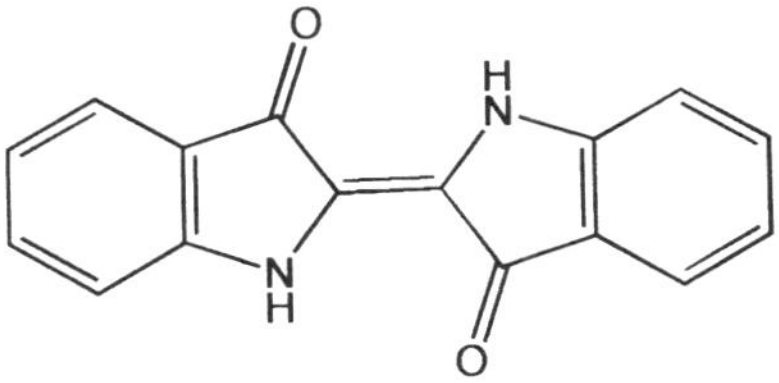

Beizenfarbstoffe

Beizen bedeutet, die Faser mit Metallsalzen zu behandeln, die zusammen mit den Farbstoffen wasserunlösliche Komplexe auf der Faser bilden.

Dispersionsfarbstoffe

Eine Dispersion ist ein in Wasser fein verteilter unlöslicher Farbstoff. Synthetische Fasern können die Dispersionsfarbstoffe gut adsorbieren. Der Farbstoff lässt sich nicht mehr durch Wasser von der Faser lösen.

10.4 Säure-Base-Indikatoren

Säure-Base-Indikatoren wechseln in einem bestimmten pH-Bereich ihre Farbe. Sie zeigen dadurch an, ob eine Lösung alkalisch, sauer oder neutral ist. Bei den Indikatoren handelt es sich um Farbstoffe, die selbst wie eine Säure oder Base reagieren.

$HIn + H_2O \rightleftarrows In^- + H_3O^+$

Der Indikator Methylrot schlägt zum Beispiel ungefähr bei pH 5 von rot (sauer) nach gelb (neutral/ alkalisch) um.

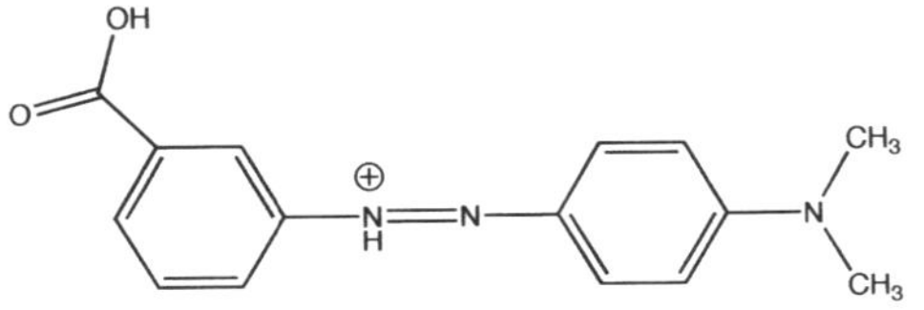

Methylrot (rot)

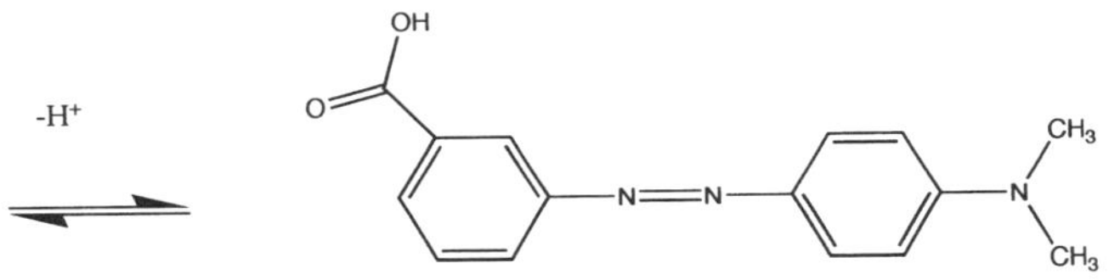

Methylrot (gelb)

Die Azogruppe wird in saurer Lösung protoniert. Dadurch können die Elektronen durch energieärmeres Licht angeregt werden und der Farbstoff erscheint uns rot. Die unprotonierte Form absorbiert energiereicheres Licht und es zeigt sich eine gelbe Farbe.
Einer der gebräuchlichsten Indikatoren ist Phenolphthalein.

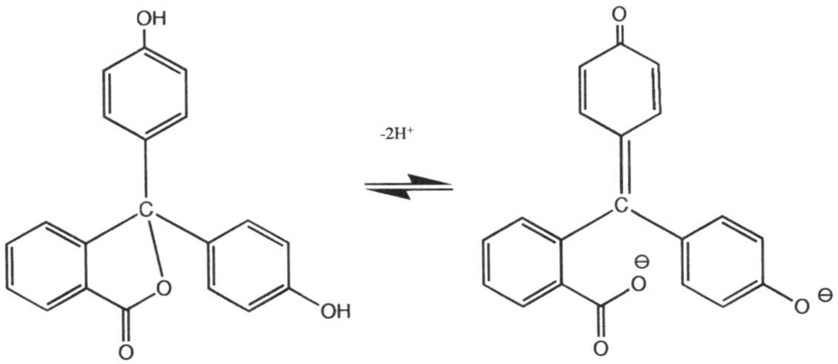

Phenolphthalein (farblos) Phenolphthalein (pink)

Phenolphthalein wird ungefähr bei pH 8 durch Abgabe von zwei Protonen zum Dianion. Die farblose Stoff wird rot. Die anionische Variante absorbiert im Gegensatz zum neutralen Phenolphthalein Licht aus dem sichtbaren Spektrum.

Aufgaben: Anorganische Chemie

Aufgaben zu Kapitel 1

1) Stellen Sie die Formelgleichungen für folgende Reaktionen auf. Achten Sie auf den Koeffizienten.
   a) Wasserstoff + Sauerstoff → Wasser
   b) Natrium + Chlor → Natriumchlorid
   c) Aluminium + Chlor → Aluminiumchlorid
   d) Schwefeldioxid + Sauerstoff → Schwefeltrioxid

2) Eine bestimmte Menge Stickstoff nimmt ein Volumen von 30 l bei Normalbedingungen ein. Um wieviel Mol des Gases handelt es sich?

3) Welche Masse haben die angegebenen Stoffmengen folgender Stoffe:
   a) 2 mol Wasser
   b) 1,2 mol Natriumchlorid
   c) 0,4 mol Methan

4) Die Umsetzung von Stickstoffmonoxid mit Stickstoffdioxid zu Distickstofftrioxid ist exotherm.
   $NO + NO_2 \rightarrow N_2O_3$ $\Delta H_r = -40$ kJ/mol
   Berechnen Sie aus der Reaktionsenthalpie und den Werten für die Bildungsenthalpien der Edukte die Bildungsenthalpie für das Produkt.
   ΔH_B (NO) = 90,3 kJ/mol ΔH_B (NO_2) = 33,2 kJ/mol

5) Für Gase gilt die allgemeine Gasgleichung $p \cdot V = n \cdot R \cdot T$.
   Wird die Temperatur eines Gases erhöht, so ändern sich Druck, Volumen oder beides und in welcher Weise?

Aufgaben zu Kapitel 2

1) Ein Heliumatom hat die Masse 4 u.

a) Wieviel kg wiegt ein Heliumatom?
b) Wieviele Heliumatome sind in 1 g des Edelgases vorhanden?

2) Berechnen Sie die Kernladung und die Ladung der Elektronenhülle eines Silberatoms.

3) Erklären Sie mithilfe der Bohr'schen Postulate, warum die Ionisierungsenergie bei Elektronen mit niedrigen Quantenzahlen höher ist, als die von Elektronen mit hohen Quantenzahlen.

Aufgaben zu Kapitel 3

1) Für Chlor wird im Periodensystem eine Massenzahl von 35,45 angegeben. Erklären Sie, wie es zu diesem Wert kommt, obwohl die Zahl der Neutronen und Protonen, aus deren Masse sich die Atommasse zusammensetzt, ganzzahlig sein muss.

2) Erklären Sie den Größenunterschied zwischen Anionen und Kationen.

Aufgaben zu Kapitel 4

1) Geben Sie die Elektronenkonfiguration eines Chloridions an.

2) Begründen Sie, warum Edelgase und Erdalkalimetalle diamagnetisch sind.

Aufgaben zu Kapitel 5

1) Ordnen Sie die polare Atombindung, die Ionenbindung und die Atombindung zwischen gleichen Molekülen qualitativ nach den zu erwartenden Dipolmomenten.

2) Erläutern Sie, warum ein Molekül mit polaren Bindungen nicht zwangsläufig ein Dipol sein muss.

3) Schreiben Sie die mesomeren Grenzformeln der folgenden Verbindungen auf:
a) Nitrosylkation NO^+
b) Ozon O_3

4) Die Hydratationsenergie nimmt von Lithium zum Kalium hin ab.
$\Delta H_H\,(Li^+) = -521 kJ/mol$
$\Delta H_H\,(Na^+) = -406$ kJ/mol,
$\Delta H_H\,(K^+) = -322$ kJ/mol
a) Begründen Sie den Verlauf der Werte.
b) Die Ionenbeweglichkeit ist ein Maß für die Schnelligkeit der Ionen in Lösungsmitteln wie Wasser. Sie ist in der oben genannten Reihe für Lithium am niedrigsten. Woran liegt das?

Aufgaben zu Kapitel 6

1) Geben Sie die Namen folgender Verbindungen an:
a) $[Ni(CO)_4]$
b) $NH_4[Co(NH_3)_2(NO_2)_4]$

2) Schreiben Sie die Formeln für folgende Verbindungen auf:
a) Tris(ethylendiamin)cobalt(III)-chlorid
b) Hexaaquachrom(III)-chlorid.

3) Komplexe sind verschieden stabil. Es kommt daher zum Austausch der Liganden, wenn dadurch ein stabilerer Komplex erreicht wird.
Erklären Sie die höhere Stabilität des Komplexes $[Ni(en)]^{2+}$ gegenüber dem Komplex $[Ni(NH_3)]^{2+}$.

4) Geben Sie eine mögliche Erklärung, warum der Carbonylkomplex

$[Ni(CO)_4]$ stabiler ist als der Amminkomplex $[Ni(NH3)_6]^{2+}$. Es sei darauf hingewiesen, dass die Entropie bei diesem Ligandenaustausch keine Rolle spielt.

5) Die Bindungslängen zwischen Metallatom und Carbonylligand sind relativ kurz, da durch die π-Rückbindung sozusagen Doppelbindungsanteile zum Metallatom auftreten. Treffen Sie eine Vorhersage für die Bindungslänge vom Metallatom zu einem Nitrosylliganden.

Aufgaben zu Kapitel 7

1) Phosphorsäure (H_3PO_4) ist eine dreiprotonige Säure.
   a) Geben Sie die einzelnen Protolyseschritte für die Säure an!
   b) Geben Sie an, bei welchen Ionen es sich um Ampholyte handelt und begründen Sie Ihre Antwort.

2) Eine Lösung von Wasserstoffchlorid wird mit Kaliumhydroxid versetzt.
   a) Um was für eine Reaktion handelt es sich?
   b) Benennen Sie die Reaktionsprodukte.

3) 100 ml Salzsäure werden mit Natronlauge titriert. Es werden folgende Volumen Natronlauge (c = 0,1 mol/l) verbraucht, bis die Lösung neutral ist:
   a) 100 ml
   b) 120 ml
   c) 400 ml

   Wie hoch ist die Konzentration der Salzsäure?

4) Kann bei der Titration einer schwachen Säure mit Natronlauge derselbe Indikator verwendet werden wie bei der Titration einer starken Säure?

5) 15g Natriumhydroxid-Plätzchen werden in 500 ml Wasser gelöst.
   a) Wieviel Salzsäure (c = 2 mol/l) ist nötig, um die Lösung zu neutralisieren?

b) Würde das Ergebnis anders lauten, wenn 15 g Natriumhydroxid in 1 l Wasser gegeben werden?

6) Geben Sie die Reaktion der folgenden Verbindungen mit Wasser an:
a) H_2SO_4, b) NH_3, c) H_2CO_3, d) CH_3COO^-.
Kennzeichnen sie die korrespondierenden Säure-Base-Paare.

7) a) Geben Sie die Reaktionsgleichung für die Autoprotolyse von Wasser an und erklären Sie, was „Autoprotolyse" bedeutet.
b) Auch wasserfreie Schwefelsäure geht eine Protolysereaktion ein. Geben Sie die Reaktionsgleichung an.

8) Erklären Sie, warum HCl eine Brönsted-Säure, aber keine Lewis-Säure ist.

Aufgaben zu Kapitel 8

1) Eine Standard-Wasserstoffhalbzelle wird mit einer Bleihalbzelle kombiniert. Bleisulfat hat in der Halbzelle eine Konzentration von 1 mol/l.
a) Welche Reaktionen laufen an der Anode und der Kathode ab?
b) Wie hoch ist das Elektrodenpotenzial des galvanischen Elements?

2) Wie groß ist das Elektrodenpotenzial in einer Kupferhalbzelle mit der Kupferionenkonzentration Cu^{2+} = 0,4 mol/l?

3) Wie hoch ist das Redoxpotenzial in folgendem galvanischen Element?

$$Fe / Fe^{2+} (c = 0{,}5 \text{ mol/l}) // Cu^{2+} (c = 0{,}8 \text{ mol/l}) / Cu$$

4) Das galvanische Element Fe / Fe^{2+} // Cu^{2+} / Cu hat ein Redoxpotenzial von 0,5 V. Die Konzentration der Eisenionen beträgt c (Fe^{2+}) = 0,6 mol/l. Wie hoch ist die Konzentration der Kupferionen im galv. Element?

5) Aus zwei Silberhalbzellen wird ein galvanisches Element gebaut. Die Konzentration der Silberionen beträgt in der einen Halbzelle 0,9 mol/l und in der anderen Halbzelle 0,35 mol/l.

Stellen Sie das Zelldiagramm der Zelle auf und berechnen Sie das Redoxpotenzial.

6) Das Redoxpotenzial einer Konzentrationszelle von Silberhalbzellen unterschiedlicher Konzentration beträgt 0,04 V. In der höher konzentrierten Halbzelle beträgt die Silberionen-Konzentration c = 1,1mol/l. Wie hoch ist die Ionenkonzentration in der anderen Halbzelle?

7) Silberbesteck läuft in der Luft schwarz an. Es handelt sich um eine dünne Silbersulfidschicht, die sich auf dem Metall bildet. Diese Schicht kann man beseitigen, indem das Silber in einer Salzlösung mit Aluminiumfolie in direkten Kontakt gebracht wird.
Erklären Sie, weshalb die Silbersulfidschicht verschwindet. Geben Sie die Reaktionsgleichung an.

Aufgaben zu Kapitel 9

1) Erklären Sie, worin sich Nebengruppenelemente von Hauptgruppenelementen unterscheiden.

2) Bromwasserstoff reagiert mit Chlor zu Chlorwasserstoff und Brom.

$$2HBr + Cl_2 \rightarrow 2HCl + Br_2$$

   a) Treffen Sie eine qualitative Aussage über die Säurestärke von Bromwasserstoff und Chlorwasserstoff.
   b) Mit welchem Halogenwasserstoff kann Brom zu Bromwasserstoff reagieren?

Aufgaben zu Kapitel 10

1) Bestimmen Sie wie alt eine Holzplanke ist, die eine Zerfallsrate der ^{14}C-Atome von10 Zerfallen pro Minute auf einem Gramm hat.

2) Woran liegt es, dass Elemente wie $_{83}Bi$ noch auf der Erde zu finden sind, obwohl sie ihrer Halbwertszeit zufolge längst zerfallen sein müssten.

Aufgaben: Organische Chemie

Aufgaben zu Kapitel 1

1) Erklären Sie den Unterschied zwischen Summenformeln und Strukturformeln. Geben Sie ein Beispiel.

2) Geben Sie die allgemeine Formel für Alkane und Cycloalkane an.

Aufgaben zu Kapitel 2

1) Benennen Sie folgende Verbindungen:

a)

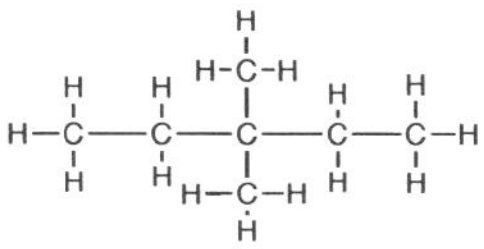

b)

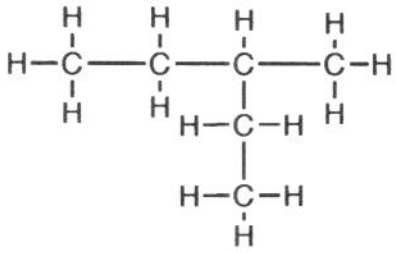

2) Schreiben Sie die Strukturformeln der folgenden Verbindungen auf:
a) 2,2-Dimethylhexan; b) 3-Ethylheptan; c) 3-Ethyl-3-methylpentan

3) Begründen Sie, warum es für Dichlorethan keine cis- und trans-Isomere gibt. Vergleichen Sie Dichlorethen mit Dichlorethan.

Aufgaben zu Kapitel 3

1) Eine Konformation des Cyclopentans nennt man „Briefumschlag“. Zeichnen Sie diese Konformation mit den Bindungen zu den Wasserstoffatomen.

2) Treffen Sie eine Vorhersage, ob eine Zweitsubstitution am Phenol eher in ortho-, meta- oder para-Position erfolgt.

Aufgaben zu Kapitel 4

1) Sortieren Sie die folgenden Verbindungen nach primären, sekundären und tertiären Alkoholen.

a) b) c) d)

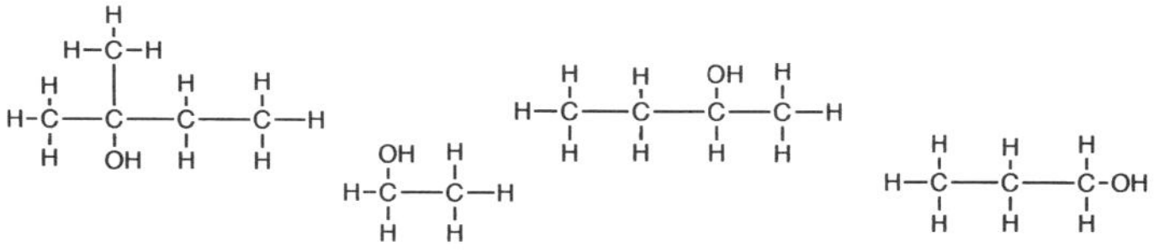

2) Alkohole wie Propanol werden zur Scheibenreinigung an Autos verwendet. Nennen Sie einige Eigenschaften, die für diese Verwendung nützlich sind.

Aufgaben zu Kapitel 5

1) *tert*-Butylmethylether wird Kraftstoffen beigefügt, um eine höhere Klopffestigkeit zu erzeugen. Zeichnen Sie die Strukturformel dieser Verbindung.

2) Ein Nachweis für Aldehyde ist die *Fehling-Probe*, bei der eine Redoxreaktion zwischen Aldehyd und den Kupferionen Cu^{2+} in alkalischer Lösung stattfindet. Geben Sie die Reaktionsgleichung an und bestimmen Sie, ob das Aldehyd oxidiert oder reduziert wird.

3) Ketone reagieren mit einer starken Base, indem sie ein a-H-Atom abspalten.

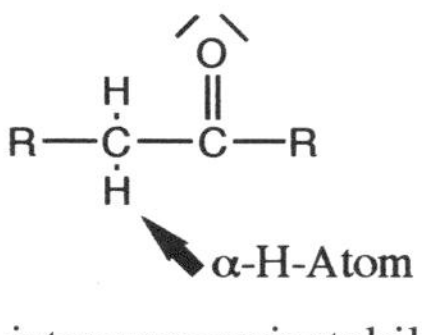

Das entstehende Anion ist mesomeriestabilisiert. Schreiben Sie die mesomeren Grenzformeln für die Verbindung auf.

Aufgaben zu Kapitel 6

1) Zeichnen Sie die Strukturformel des Acetations (Anion der Essigsäure) und erläutern Sie, warum es relativ stabil ist.

2) Treffen Sie eine begründete Vorhersage über die Mischbarkeit der folgenden Alkansäuren mit Wasser und mit Fett:
a) Ameisensäure (Methansäure HCOOH),
b) Stearinsäure ($C_{17}H_{23}COOH$)

Aufgaben zu Kapitel 7

1) Propansäure reagiert mit Ethanol unter Abspaltung von Wasser. Schreiben Sie die Reaktionsgleichung mit Strukturformeln auf und benennen Sie das Produkt.

2) Die Verseifung ist die Umkehrreaktion der Veresterung. Welche Produkte entstehen aus der Verseifung von Fetten?

3) Erklären Sie den Unterschied zwischen gesättigten und ungesättigten Fettsäuren.

Aufgaben zu Kapitel 8

1) Aminosäuren liegen in saurem und alkalischem Milieu in unterschiedlicher Form vor. Geben Sie die Strukturformeln von Glycin für die genannten Bedingungen an.

2) Aminosäuren reagieren miteinander zu Proteinen mit über hundert Aminosäurebausteinen. Geben Sie an, wie die Bindung zwischen den einzelnen Bausteinen aussieht.

Aufgaben zu Kapitel 9

1) Welches Produkt entsteht bei der Polymerisation von Styrol?

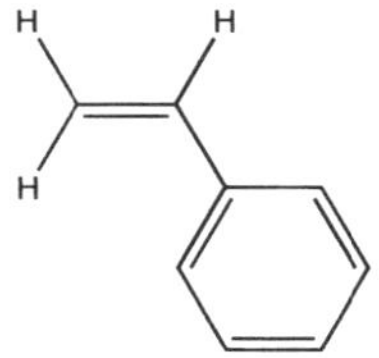

Schreiben Sie die Strukturformel des Polymers auf und benennen Sie den Stoff.

2) Kunststoffbecher aus Polypropylen verlieren beim Erwärmen ihre Form. Was ist die Ursache dafür auf molekularer Ebene?

Aufgaben zu Kapitel 10

1) Indigo ist ein blauer Farbstoff. Welche Wellenlänge hat das Licht, das Indigo absorbiert?

2) Methylenblau ist ein Indikatorfarbstoff, der in seiner reduzierten Form farblos und in der oxidierten Form blau ist. Die Strukturformel zeigt die farblose Verbindung.

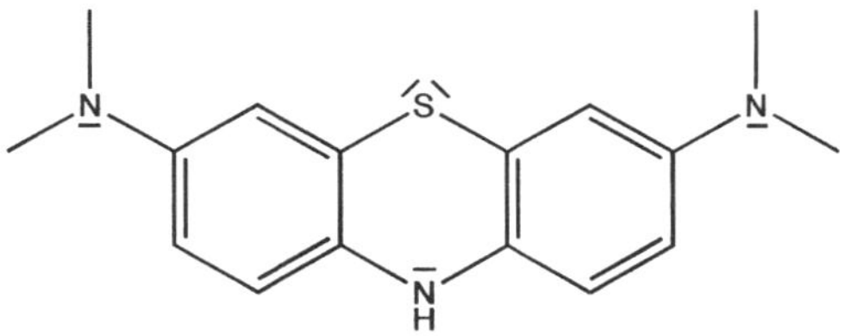

Schreiben Sie die Strukturformel für die blaue Verbindung des Methylenblau auf.

Lösungen: Anorganische Chemie

Lösungen der Aufgaben zu Kapitel 1

1) Es ergeben sich folgende Gleichungen:
   a) $2\ H_2 + O_2 \rightarrow 2\ H_2O$
   b) $2\ Na + Cl_2 \rightarrow 2\ NaCl$
   c) $2\ Al + 3\ Cl_2 \rightarrow 2\ AlCl_3$
   d) $2\ SO_2 + O_2 \rightarrow 2\ SO_3$

2) Für die Stoffmenge ergibt sich:

$$V_m = \frac{V}{n}$$

$$\Leftrightarrow = \frac{V}{V_m} = \frac{30l}{22{,}4l \cdot mol^{-1}} = 1{,}34mol$$

3) Zunächst muss die molare Masse der Stoffe aus der Zusammensetzung der Moleküle berechnet werden. (Die relative Atommasse jedes Elements findet man in Periodensystemen.)
   a) M (H_2O) = 18 g/mol; b) M (NaCl) = 58,4 g/mol; c) M (CH_4) = 16 g/mol
   Für die Berechnung der Masse einer bestimmten Stoffmenge gilt:
   Für die angegebenen Stoffe ergibt sich:

$$M = \frac{m}{n} \Leftrightarrow m = M \cdot n$$

   a) m (H_2O) = 36 g; b) m (NaCl) = 70 g; c) m (CH_4) = 6,4 g

4) Die Reaktionsenthalpie gibt die Differenz zwischen der Enthalpie der Edukte und der Produkte an. Für die Bildungsenthalpie des Produktes ergibt sich:

$$\Delta H_B\ (N_2O_3) = \Delta H_r + \Delta H_B\ (NO) + \Delta H_B\ (NO_2)$$
$$= -40\ kJ/mol + 90{,}3\ kJ/mol + 33{,}2\ kJ/mol = 83{,}5\ kJ/mol$$

   Distickstofftrioxid hat eine Bildungsenthalpie von 83,5 kJ/mol.

5) Die Temperaturerhöhung führt zu einer Volumenzunahme, zu einer Druckerhöhung oder zu beidem in gewissen Anteilen. (Beispiel: Zunehmender Druck in Autoreifen an heißen Tagen.)

Lösungen der Aufgaben zu Kapitel 2

1) a) Es gilt 1 u = 1,66 · 10^{-27} kg. Demnach wiegt ein Heliumatom 6,64 · 10^{-27} kg.

b) $\frac{6{,}022 \cdot 10^{23}}{4} = 1{,}505 \cdot 10^{23}$

In Gramm Heliumgas besteht aus 1,505 ·10^{23} Heliumatomen.

2) Silber besitzt 47 positive Ladungen im Atomkern. Die Elementarladung beträgt e = 1,6021 · 10^{-19}C.
Die Kernladung beträgt e · Z = 1,6021 · 10^{-19} C · 47 = 7,53 · 10^{-18}C.
Die Ladung der Elektronenhülle beträgt –7,53 · 10^{-18}C.

3) Bei der Ionisierung gehen die Elektronen zu einer unendlich hohen Hauptquantenzahl über, die den Energiewert 0 besitzt. Dieser wird nur erreicht, wenn die nötige Energie aufgebracht wird. Nach Bohr nimmt die Energie der Elektronen zu, je näher die Elektronenbahn am Kern liegt, also je niedriger die Hauptquantenzahl ist.

Lösungen der Aufgaben zu Kapitel 3

1) Es gibt zwei Isotope des Chlor. Das Isotop $^{35}_{17}Cl$ enthält achtzehn Neutronen, das Isotop $^{37}_{17}Cl$ zwanzig. Natürliches Chlor ist aus diesen Isotopen ungefähr im Verhältnis 3:1 zusammengesetzt. Daraus errechnet man die durchschnittliche Masse, die bei 35,45 u für ein Chloratom liegt. Es handelt sich bei Chlor demnach um ein Mischelement.

2) Die Kernladungszahl bleibt bei Anionen und Kationen im Vergleich zum Atom gleich. Anionen haben ein Elektron mehr. Bezogen auf das einzelne Elektron wird dadurch die Anziehung der Kernladung geschwächt. Im Kation dagegen wirkt die Kernladung auf ein Elektron weniger als im Atom. Auf das einzelne Elektron wirkt daher eine stärkere Kraft und die Elektronenhülle wird näher zum Kern gezogen. Das Kation ist daher kleiner als das Anion.

Lösungen der Aufgaben zu Kapitel 4

1) Ein Chloridion Cl^- besitzt ein Elektron mehr als ein Chloratom. Die Elektronenkonfiguration ist $1s^2\ 2s^2\ 2p^6\ 3s^2\ 3p^6$ bzw. [Ne].

2) Die Edelgase und die Erdalkalimetalle haben abgeschlossene Valenzschalen. In einer abgeschlossenen Elektronenschale sind gleich viele Elektronen mit links- und rechtsgedrehtem Spin vorhanden (Pauli-Prinzip). Daraus ergibt sich ein magnetisches Gesamtmoment von Null, die Ursache für diamagnetische Eigenschaften eines Stoffes.

Lösungen der Aufgaben zu Kapitel 5

1) Erwartete Dipolmomente für verschiedene Bindungsarten:
Ionenbindung > polare Atombindung > unpolare Atombindung
Die Polarität in einer Ionenbindung ist besonders hoch, weil ein Elektron von einem Atom an das andere abgegeben wird und die Atome anschließend unterschiedlich geladen sind. In der polaren Atombindung dagegen wird das bindende Elektronenpaar zu einem Atom hin verschoben, es ergibt sich daher eine Teilladung. Der Ladungsunterschied zwischen den Atomen ist nicht so hoch wie in der Ionenbindung. Bei der unpolaren Atombindung sind gleichartige Atome miteinander verbunden. Das Dipolmoment ist Null.

2) Ein Dipol ergibt sich dann, wenn die polaren Bindungen räumlich so angeordnet sind, dass ihr Gesamtdipolmoment nicht Null ist. CO_2 ist zum Beispiel kein Dipol, weil das Molekül linear gebaut ist.

3) a) 

b) 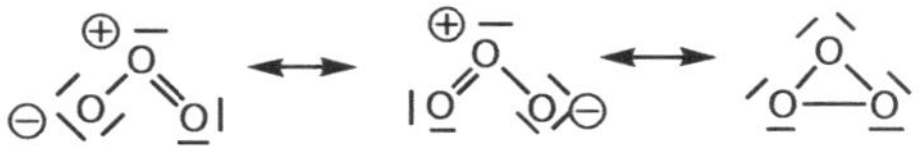

4) a) In der Reihe der Kationen von Lithium über Natrium zu Kalium werden die Radien immer größer und die Stärke des elektrischen Feldes immer geringer. Der Energiegewinn aus der Hydratation des Lithiumkations ist am größten, weil dort die Wechselwirkungen mit den Wassermolekülen am ausgeprägtesten sind.

b) Obwohl Lithium das kleinste Kation der Reihe ist, hat es aufgrund seiner elektrischen Feldstärke die größte und stabilste Hydrathülle. Diese Hydrathülle ist für die geringe Ionenbeweglichkeit verantwortlich.

Lösungen der Aufgaben zu Kapitel 6

1) a) Tetracarbonylnickel(0)

b) Ammonium-diammintetranitrocobaltat(III)

2) a) $[Co(en)_3]Cl_3$

b) $[Cr(H_2O)_6]Cl_3$

3) Der Ethylendiamminkomplex ist stabiler, weil er mehrzähnige Liganden enthält. Tauscht man zum Beispiel die Amminliganden gegen die Ethylendiamminliganden aus, so steigt die Entropie stark an. Auf der Produktseite sind dann mehr Teilchen als auf der Eduktseite. Die Produktseite, also die Entstehung des Ethylendiamminkomplexes wird daher bevorzugt.

Lösungen

4) Der Carbonylkomplex mit Nickel ist stabiler als der Amminkomplex, weil Carbonylliganden eine sehr starke Bindung eingehen. Sie sind in der Lage π-Rückbindungen zu bilden.

5) Die Bindung zwischen Metallatom und Nitrosylligand ist kürzer als zwischen Metallatom und Carbonylligand. Das Nitrosylkation kann eine stärkere π-Bindung aufbauen. Dadurch wird der Doppelbindungscharakter der Metall-Ligand-Bindung erhöht.

Lösungen der Aufgaben zu Kapitel 7

1) a) Phosporsäure kann drei Protonen abgeben, es gibt also drei Protolyseschritte:

$$H_3PO_4 + H_2O \rightleftarrows H_2PO_4^- + H_3O^+$$
$$H_2PO_4^- + H_2O \rightleftarrows HPO_4^{2-} + H_3O^+$$
$$HPO_4^{2-} + H_2O \rightleftarrows PO_4^{3-} + H_3O^+$$

b) Die Ionen $H_2PO_4^-$ und HPO_4^{2-} sind Ampholyte, weil sie sowohl Protonenakzeptoren als auch Protonendonatoren sein können.

2) a) Wasserstoffchlorid in Wasser (besser bekannt als Salzsäure) geht mit der Base Kaliumhydroxid eine Neutralisationsreaktion ein.

b) $HCl\ (aq) + KOH\ (aq) \rightleftarrows KCl\ (aq) + H_2O$

Aus Säure und Lauge entstehen Salz und Wasser. Das Salz Kaliumchlorid ist in Wasser aufgespalten in Kaliumkationen K^+ und Chloridanionen Cl^-.

3) Gesucht wird die Konzentration der Salzsäure c (HCl).

Gegeben sind: c (NaOH) = 0,1 mol/l
V (NaOH) = a) 100 ml, b) 120 ml, c) 400 ml
V (HCl) = 100 ml

Die Konzentration der Salzsäure ist nach der Gleichung

$$c\ (HCl) = \frac{c\ (NaOH) \cdot V\ (NaOH)}{cV\ (HCl)}$$

a) c (HCl) = 0,1 mol/l
b) c (HCl) = 0,12 mol/l
c) c (HCl) = 0,4 mol/l

4) Der Indikator muss bei der Titration im Bereich des Äquivalenzpunktes umschlagen, denn am Äquivalenzpunkt entspricht die Konzentration der zugegebenen Natronlauge der ursprünglichen Säurekonzentration. Bei starken Säuren liegt der Äquivalenzpunkt bei pH 7, es würde sich zum Beispiel Lackmus (Umschlagsbereich pH 5–8) eignen. Die Anionen schwacher Säuren wirken am Äquivalenzpunkt schon gleichzeitig als Basen, so dass der pH-Wert höher liegt als 7. Man müsste anstatt Lackmus zum Beispiel Phenolphthalein (Umschlagbereich pH 8–10) als Indikator verwenden.

5) a) Gesucht wird das Volumen der Säure, die bis zur Neutralisation verbraucht wird. Gegeben sind m (NaOH) = 15 g, V (NaOH) = 500 ml und c (HCl) = 2 mol/l. Die Molmasse für Natronlauge beträgt M (NaOH) = 40 g/mol.
Aus der Gleichung n = m/M ergibt sich für die Stoffmenge n (NaOH) = 0,375 mol.
Für die Konzentration der Natronlauge ergibt sich nach c = n/V:
c (NaOH) = 0,75 mol/l

Es gilt am Äquivalenzpunkt: $V(HCl) = \frac{c\,(NaOH) \cdot V\,(NaOH)}{c\,(HCl)}$

Demnach braucht man ungefähr 190 ml Salzsäure, um die Natronlauge zu neutralisieren.

b) Für 15 g Natriumhydroxid auf 1 l braucht man dasselbe Volumen der Salzsäure, da entscheidend ist, dass die Stoffmenge gleich ist.
Man kann also auch für Aufgabe a) einfacher rechnen:

$$n\,(NaOH) = n\,(HCl) = c\,(HCl) \cdot V\,(HCl),$$

demnach gilt: $V(HCl) = \frac{n\,(NaOH)}{c\,(HCl)}$

6) a) H_2SO_4 (Säure 1) + H_2O (Base2) $\rightleftarrows$ HSO_4^- (Base 1) + H_3O^+ (Säure 2)
b) NH_3 (Base 1) + H_2O (Säure 2) $\rightleftarrows$ NH_4^+ (Säure 1) + OH^- (Base 2)
c) H_2CO_3 (Säure 1) + H_2O (Base 2) $\rightleftarrows$ HCO_3^- (Base 1) + H_3O^+ (Säure 2)
d) CH_3COO^- (Base 1) + H_2O (Säure 2)
$\rightleftarrows$ CH_3COOH (Säure 1) + OH^- (Base 2)

7) a) Autoprotolyse bedeutet, dass zwei gleichartige Teilchen miteinander reagieren und dabei ein Proton auf das andere übertragen wird.
Autoprotolyse von Wasser: $H_2O + H_2O \rightleftarrows H_3O^+ + OH^-$
b) Autoprotolyse von wasserfreier Schwefelsäure:
$$H_2SO_4 + H_2SO_4 \rightleftarrows HSO_4^- + H_3SO_4^+$$

8) Nach der Definition Brönsteds sind Säuren Protonendonatoren. Da HCl ein Wasserstoffion abgeben kann, handelt es sich um eine Säure.
Nach der Definition von Lewis sind Säuren Elektronenpaarakzeptoren. Wasserstoffchlorid kann aber kein zusätzliches Elektronenpaar aufnehmen. Formal könnte ein Wasserstoffion ein Elektronenpaar aufnehmen, es liegt aber nicht frei vor sondern als Oxoniumion. Das Oxoniumion ist nach Lewis aber auch keine Säure, weil es kein Elektronenpaarakzeptor ist.

Lösungen der Aufgaben zu Kapitel 8

1) a) An der Anode läuft immer die Oxidation ab: $Pb \rightarrow Pb^{2+} + 2e^-$
An der Kathode läuft die Reduktion ab: $2H_3O^+ + 2e^- \rightarrow H_2 + 2\ H_2O$
b) $\Delta E = E^0_{Pb} - E^0_{H_2} = -0,13\ V - 0V = -0,13V$
Das Elektrodenpotenzial des galvanischen Elements ist gleich dem Standardelektrodenpotenzial von Blei, weil die Konzentration des Elektrolyts (c = 1 mol/l) der Standardhalbzelle entspricht. Das Standardelektrodenpotenzial gibt die Potenzialdifferenz zur Standard-Wasserstoffhalbzelle an.

2) Die gegebenen Werte werden in die Nernst'sche Gleichung eingesetzt.

$$E = E^0 + \frac{0{,}059\ V}{z}\ \lg c\ (Me^{z+}) = 0{,}35 + \frac{0{,}059\ V}{2}\ \lg 0{,}4 = 0{,}34\ V$$

Die Einheit der Konzentration entfällt, weil in der ausführlichen Nernst'schen Gleichung die Konzentration der oxidierten Form durch die Konzentration der reduzierten Form geteilt wird. Die Einheit kürzt sich also weg. Streng genommen muss in der verkürzten Gleichung die Ionenkonzentration durch „mol/l" geteilt werden.

3) Die gegebenen Werte werden in die Nernst'sche Gleichung eingesetzt.

$$\Delta E = E^0_{Cu} - E^0_{Fe} + \frac{0{,}059\ V}{2}\ \lg \frac{c_{cu^{2+}}}{c_{Fe^{2+}}}$$

$$= 0{,}35 - (-0{,}41) + 0{,}0295\ V \cdot \lg \frac{0{,}8\ mol/l}{0{,}5\ mol/l}$$

$$= 0{,}77\ V$$

Das Redoxpotenzial beträgt 0,77 V.

4) Die gegebenen Werte werden eingesetzt und die Nernst'sche Gleichung wird umgeformt.

$$\Delta E = E^0_{Cu} - E^0_{Fe} + \frac{0{,}059\ V}{2} \lg \frac{c_{cu^{2+}}}{c_{Fe^{2+}}}$$

$$= 0{,}35 - (-0{,}41) + 0{,}0295\ V \cdot \lg \frac{c_{cu^{2+}}}{0{,}6\ mol/l} = 0{,}7\ V$$

$$\lg \frac{c_{cu^{2+}}}{0{,}6\ mol/l} = -\ 2{,}03$$

$$c_{cu^{2+}} = 0{,}006$$

Die Konzentration der Kupferionen beträgt $c(Cu^{2+}) = 0{,}006$ mol/l.

5) Das Zelldiagramm für die Konzentrationszelle lautet:

$Ag\ /\ Ag^+\ (c = 0{,}35\ mol/l)\ //\ Ag^+\ (c = 0{,}9\ mol/l)\ /\ Ag$

Die Konzentrationen werden in die Nernst'sche Gleichung eingesetzt.

$$\Delta E = 0{,}059 \text{ V} \cdot \lg \frac{c_1 (Ag+)}{c_2(Ag^+)} = 0{,}059 \text{ V} \cdot \lg \frac{0{,}9 \text{ mol/l}}{0{,}35 \text{ mol/l}} = 0{,}024 \text{ V}$$

Das Redoxpotenzial des galvanischen Elements beträgt 0,024 V.

6) Die Konzentration wird aus der Nernst'schen Gleichung ermittelt.

$$\Delta E = 0{,}059 \text{ V} \cdot \lg \frac{1{,}1 \text{ mol/l}}{c\ (Ag^+)} = 0{,}04 \text{ V}$$

$c\ (Ag^+) = 0{,}23$ mol/l

Die Konzentration der Silberionen beträgt in der geringer konzentrierten Halbzelle 0,23 mol/l.

7) Es bildet sich ein Lokalelement zwischen Silber und Aluminium. Das unedle Aluminium wird vom edlen Silber oxidiert, Silberionen werden zu Silber reduziert. Die Salzlösung beschleunigt die Reaktion.

$$Ag_2S + 2\ e^- \rightarrow 2\ Ag + S^{2-}$$

$$Al \rightarrow Al^{3+} + 3\ e^-$$

Lösungen der Aufgaben zu Kapitel 9

1) Hauptgruppenelemente besitzen keine oder abgeschlossene d-Orbitale. Nebengruppenelemente haben dagegen Valenzelektronen in den d-Orbitalen oder nicht ganz gefüllte d-Orbitale.

2) a) Die Säurestärke von Bromwasserstoff ist höher als die von Chlorwasserstoff. Das heißt, die schwächere Säure wird gebildet. Dahinter steckt dasselbe Prinzip wie in dem Merksatz „Die starke Säure verdrängt die schwächere aus ihren Salzen." Es wird die Säure mit dem geringeren Dissoziationsgrad gebildet.

b) Die Säurestärke der Halogenwasserstoffe nimmt innerhalb der Hauptgruppe zu: HF < HCl < HBr < HI

Iodwasserstoff reagiert daher mit Brom zu Bromwasserstoff und Iod.

$$2HI + Br_2 \rightarrow 2HBr + I_2$$

Lösungen der Aufgaben zu Kapitel 10

1) Gegeben sind: $N_0 = 15{,}3\ \text{min}^{-1} \cdot \text{g}^{-1}$; $N(t) = 10\ \text{min}^{-1} \cdot \text{g}^{-1}$; $\tau = 5730$ a

Mit der Gleichung $t = \dfrac{\ln N_0 - \ln N(t)}{\ln 2} \cdot \tau$ ergibt sich:

$$t = \frac{\ln 15{,}3 - \ln 10}{\ln 2} \cdot 5730 = 3515{,}5$$

Das Holz ist ungefähr 3515 Jahre alt.

2) Häufig sind diese Elemente Teile längerer Zerfallsreihen. Die vorhergehenden Stoffe haben zum Teil höhere Halbwertszeiten, so dass Nuklide wie $_{83}$Bi immer wieder nachgebildet werden.

Lösungen: Organische Chemie

Lösungen der Aufgaben zu Kapitel 1

1) Summenformeln geben an, wie viele Atome welchen Elements in einer Verbindung enthalten sind. Strukturformeln geben zudem an, wie diese Atome miteinander verknüpft sind.
Die Moleküle von Ethanol (C_2H_5OH) und Dimethylether (CH_3OCH_3) haben zum Beispiel dieselbe Summenformel C_2H_6O, aber unterschiedliche Strukturformeln.

2) Allgemeine Formel der Alkane: C_nH_{2n+2}
Allgemeine Formel der Cycloalkane: C_nH_{2n}

Lösungen der Aufgaben zu Kapitel 2

1) a) 3,3-Dimethylpentan; b) 3-Methylpentan

2) a)

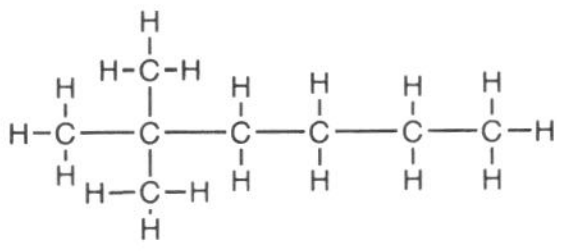

b)

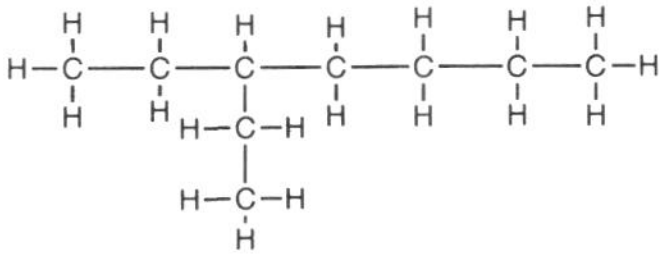

c)

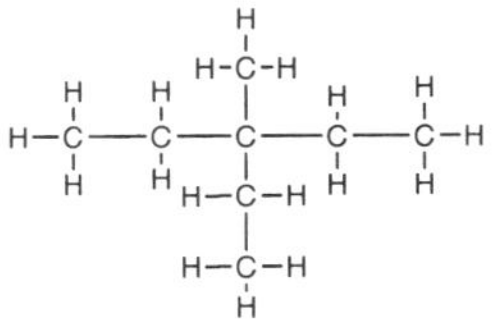

3) Dichlorethan ist um die Einfachbindung drehbar. Alkene dagegen können sich nicht um die Doppelbindung drehen, sodass es für Dichlorethen cis- und trans-Isomere gibt.

Lösungen der Aufgaben zu Kapitel 3

1) Bei den Konformeren des Cyclopentans ist ein Kohlenstoffatom nach oben geklappt.

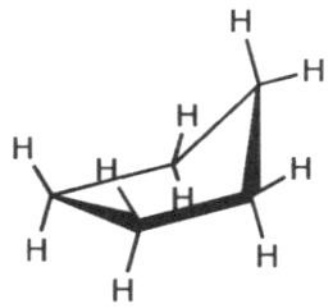

2) Phenol ist ein o-/p-dirigierender Substituent, weil der +M-Effekt der Hydroxyl-Gruppe dafür sorgt, dass für die o- und p-Stellung vier und für die m-Stellung nur drei mesomere Formeln denkbar sind. Die Übergangszustände der o- und p-Stellung sind stabiler.

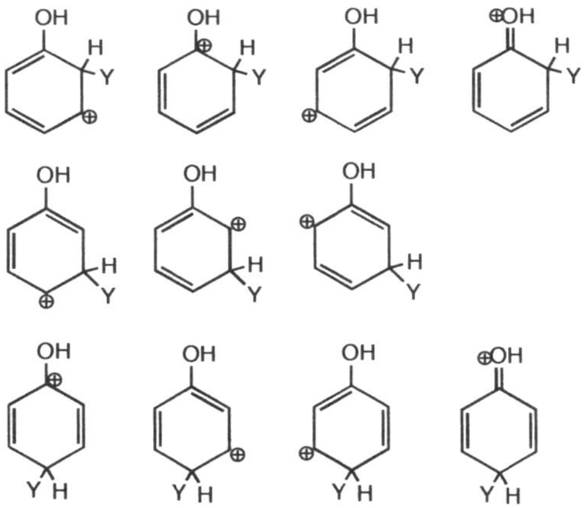

Lösungen der Aufgaben zu Kapitel 4

1) a) tertiär, b) primär, c) sekundär, d) primär.

2) Alkohole sind hydrophil und lipophil. Sie mischen sich gut mit dem Wischwasser und können unpolare Verschmutzungen leicht von der

Scheibe lösen. Außerdem führt die Mischung mit Alkohol zu einer Gefrierpunktserniedrigung, sodass die Flüssigkeit erst bei tiefen Temperaturen gefriert. Die schnelle Verdunstung des Alkohols führt zu einer guten Sicht kurz nach dem Waschvorgang.

Lösungen der Aufgaben zu Kapitel 5

1) Strukturformel des *tert*-Butylmethylether:

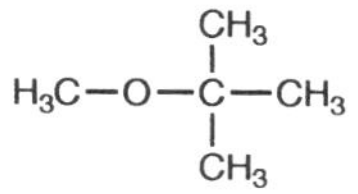

2) Das Aldehyd wird zur Carbonsäure oxidiert, Kupfer wird reduziert.

3) Wird das H-Atom am ersten C nach dem Carbonyl-C-Atom abgespalten, ergeben sich folgende mesomere Grenzformeln.

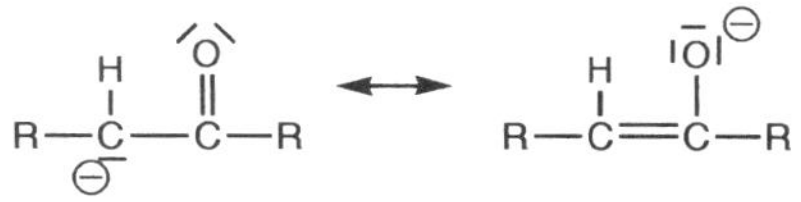

Es handelt sich um die *Keto-Enol-Tautomerie*.

Lösungen der Aufgaben zu Kapitel 6

1) Das Säureanion ist durch die Verteilung der negativen Ladung auf beide Sauerstoffatome zu gleichen Teilen mesomeriestabilisiert.

2) Es gilt wie bei den Alkoholen „Gleiches löst sich in Gleichem".

a) Da im Molekül der Ameisensäure die polare Gruppe das gesamte Molekül ausmacht, löst sie sich sehr gut in Wasser. Ameisensäure ist hydrophil.

b) Bei der Stearinsäure überwiegt der unpolare Teil der Kohlenstoffkette im Molekül. Die Stearinsäure ist daher hydrophob, aber lipophil. Sie löst sich nicht in Wasser.

Lösungen der Aufgaben zu Kapitel 7

1) Es entsteht ein Propansäureethylester und ein Wassermolekül.

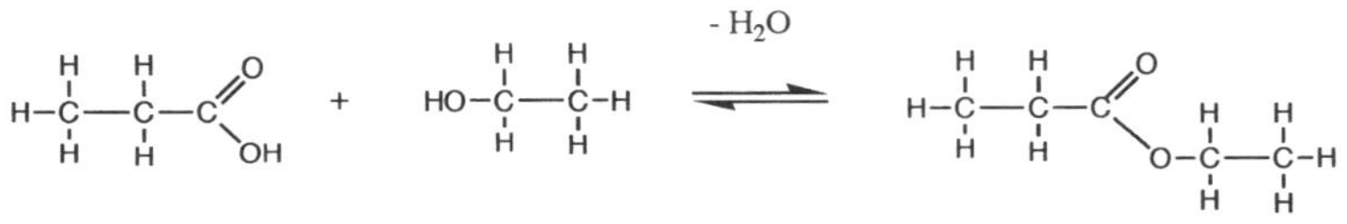

2) Bei der Verseifung eines Fettes entstehen langkettige Alkansäuren (Fettsäuren) und Glycerin.

3) Ungesättigte Fettsäuren enthalten Doppelbindungen in ihrer Kohlenstoffkette, gesättigte Fettsäuren nur Einfachbindungen. Wenn aus ungesättigten Fettsäuren durch Hydrierung gesättigte hergestellt werden, spricht man von *Fetthärtung*.

Lösungen der Aufgaben zu Kapitel 8

1) Kationenform im sauren Milieu: $^{+}H_3N\text{-}CH_2\text{-}COOH$
Zwitterionenform im neutralen Milieu: $^{+}H_3N\text{-}CH_2\text{-}COO^{-}$
Anionenform im alkalischen Milieu: $H_2N\text{-}CH_2\text{-}COO^{-}$

2) Peptidbindung zwischen den Aminosäurebausteinen in einem Protein:

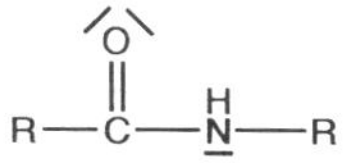

Lösungen der Aufgaben zu Kapitel 9

1) Die Polymerisation von Styrol führt zum Polystyrol (PS):

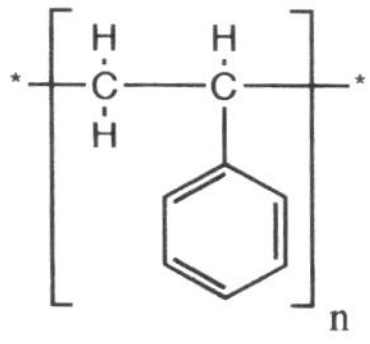

2) Polypropylen gehört zu den Thermoplasten, die beim Erwärmen weich werden. Die langen Molekülstränge des Polymers können aneinander vorbeigleiten, ohne zerstört zu werden.

Lösungen der Aufgaben zu Kapitel 10

1) Indigo muss gelbes Licht der Wellenlänge 570-580 nm absorbieren, weil es in der Komplementärfarbe blau erscheint.

2) Durch die Abgabe eines H-Atoms wird ein π-Elektronensystem ermöglicht, das für die Farbigkeit des oxidierten Methylenblau sorgt:

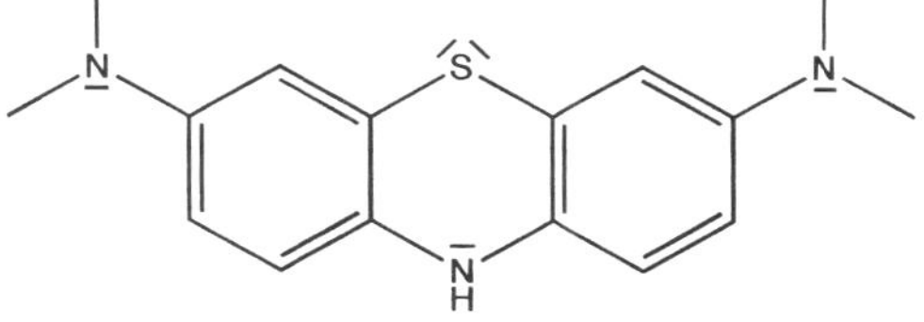

Abkürzungen

Abk.	Abkürzung
analyt.	analytisch
anorg.	anorganisch
alkal.	alkalisch
aromat.	aromatisch
biochem.	biochemisch
biol.	biologisch
ca.	circa
charakt.	charakteristisch
chem.	chemisch
cycl.	cyclisch
D	Dichte
dest.	destilliert
farbl.	farblos
franz.	französisch
Fp.	Festpunkt
griech.	griechisch
i.a.	im allgemeinen
i.R.	in der Regel
konz.	konzentriert
lat.	lateinisch
m_A	relative Atommasse
m.E.	mit Einschränkungen
m_M	relative Molekülmasse
org.	organisch
physikal.	physikalisch
relat.	relativ
Rtl.	Raumteil
Sdp.	Siedepunkt
sek.	sekundär
s.o.	siehe oben
sog.	sogenannt
spezif.	spezifisch
unges.	ungesättigt
usw.	und so weiter
V.	Verbindung
verd.	verdünnt
Vit.	Vitamine
z.T.	zum Teil
z.Zt.	zur Zeit

Stichwörter sind im Text oft mit dem Anfangsbuchstaben abgekürzt.

A

Abbauprodukt. Chemische Verbindung, die durch (meist enzymatischen) Abbau eines langen Moleküls entsteht.

Abdampfen. Physikalische Trennmethode, um flüssig-feste Gemenge so zu trennen, dass das Lösungsmittel durch Erhitzen verdunstet.

Abdestillieren → Destillation.

Abfiltrieren → Filtration.

Absättigen. Hypothetischer Vorgang, bei dem alle freien Valenzen von Atomen bzw. Atomgruppen durch weitere Atome (häufig Wasserstoff) besetzt werden.

Acetaldehyd (Aldehyd, Ethanal).

Formelzeichen:

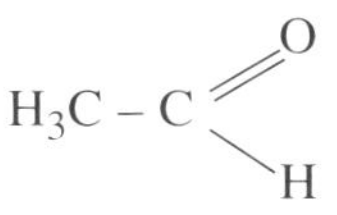

Eigenschaften: m_M 44,05; D 0,783; Sdp. 20,2 °C; Fp. –123,4 °C. Wasserklare Flüssigkeit, mit stechendem charakt. Geruch. In org. Lösungsmitteln und Wasser leicht löslich. Die Dämpfe sind giftig und brennbar. Neigt zu Polymerisation, wobei Metaldehyd und Paraldehyd gebildet werden.

Herstellung: Aus Ethanol, katalytisch (z.B. Cu/Cr) bei ca. 400 °C.

Verwendung: Ausgangsstoff für viele wichtige Synthesen, z. B. Essigsäure, Ethanol, Kunstharze, Chloroform.

Acetale. Bezeichnung für Diether (Ether), die aus einer Reaktion von Aldehyden bzw. Ketonen mit Alkoholen unter Wasserabspaltung hervorgehen (Glucoside). Di- und Polysaccharide (Kohlenhydrate) gehören formal auch zu dieser Verbindungsgruppe.

Formelzeichen:

R – CH – O – R'
       |
       O – R''

Acetate. Bezeichnung für 1) Salze der Essigsäure. Das Säureproton der Essigsäure wird durch beliebige Metallatome ersetzt.

Formelzeichen:

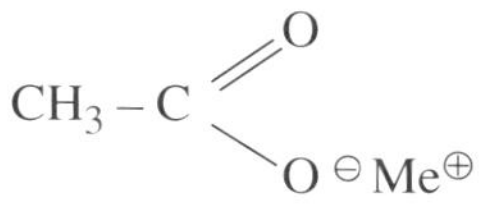

(Me symbolisiert ein einwertiges Metallion.)

2) Essigsäure-Ester, bei denen das Säureproton durch einen (einwertigen) organischen Rest (R–) ersetzt wurde.

Formelzeichen:

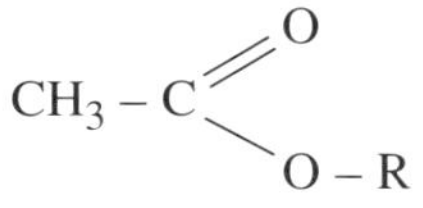

Acetatpuffer. Bezeichnung für ein Gemisch aus gleichkonzentrierten Lösungen von Essigsäure und Acetat. Ein derartiges Gemisch kann die Zufuhr von Säure bzw. Lauge innerhalb bestimmter Grenzen auffangen (puffern), ohne dass sich der pH-Wert der Lösung wesentlich ändert.

Aceton (Dimethylketon, Propanon).
Formelzeichen:

O
‖
$CH_3 - C - CH_3$

Eigenschaften: m_M 58,08; D 0,79; Sdp. 56,2 °C; Fp. –95,6 °C; wasserklare, aromatisch riechende, farblose, feuergefährliche Flüssigkeit. Sie ist mit Alkohol, Wasser und organischen Lösungsmitteln unbegrenzt mischbar und eignet sich daher sehr gut als universelles Lösungsmittel, z. B. für Fette, Harze, Teer, Öle usw.
Herstellung: 1) Durch Oxidation aus Isopropanol. 2) aus Acetylen und Wasserdampf: $2C_2H_2 + 3H_2O \rightarrow H_3C - CO - CH_3 + 2H_2 + CO_2$.

Acetyl. Bezeichnung für die Atomgruppierung:

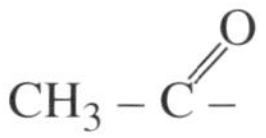

Acetylen (Ethin).
Formelzeichen:
$H - C \equiv C - H$
Eigenschaften: m_M 26,04; D (bei –81,8 °C) 0,618; Sdp. 83,6 °C; Fp. –81,8 °C; betäubend wirkendes farb- und geruchloses Gas.
Herstellung: 1) Aus Calciumcarbid und Wasser: $CaC_2 + 2H_2O \rightarrow C_2H_2 + Ca(OH)_2$. 2) Durch Oxidation von Methan im eletrischen Lichtbogen: $4CH_4 + 3O_2 \rightarrow 2C_2H_2 + 6H_2O$.
Verwendung: Acetylen-Sauerstoff-Gemische werden zum autogenen Schweißen und Trennen von Eisenwerkstücken verwendet. Das Gasgemisch ist hoch explosiv und kann nur mit speziellen Brennern entzündet werden. Aufgrund der hellen Acetylenflamme wurde Acetylengas in Carbidlampen als Leuchtquelle genutzt. Acetylen ist wegen seiner Dreifachbindung sehr reaktionsfreudig. So lassen sich viele Synthesen mit Acetylen als Ausgangsstoff durchführen.

Acidität. Darunter versteht man die Eigenschaft einer Verbindung, Protonen leicht abzuspalten, also als Säure zu wirken. Sie kann als Ursache für die Säurestärke einer Verbindung aufgefaßt werden. Sie findet ihren Ausdruck im pH-Wert der betreffenden Lösung bzw. in Konzentrationsangaben des gelösten Stoffes.

Acrolein (Acrylaldehyd, Propenal). *Formelzeichen:*

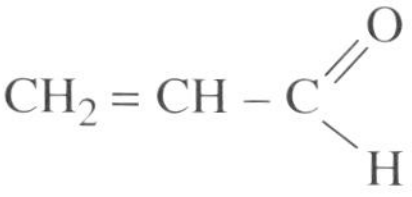

Eigenschaften: m_M 56,06; Fp. –88 °C; Sdp. 52,1 °C; giftige, wasserklare Flüssigkeit. Neigt auf Grund der Doppelbindung zu Polymerisationen.
Herstellung: Aus Glycerin durch Erhitzen mit wasserentziehenden Mitteln, z. B. mit konz. Schwefelsäure:

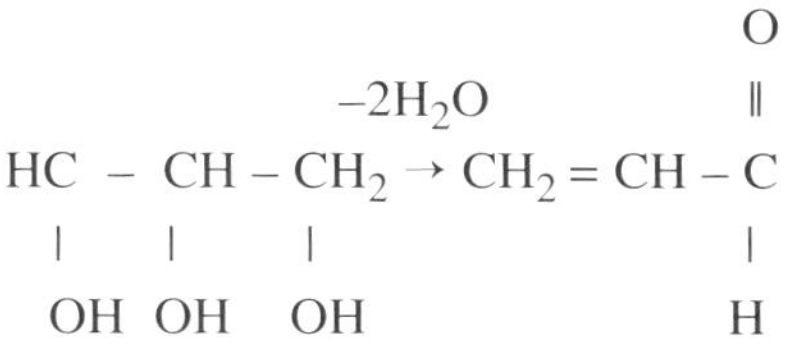

Verwendung: Durch Polymerisation erhält man Makromoleküle, die zu Lacken verarbeitet werden.

Acrylglas. Glasartig durchsichtiges Kunststoffglas.

Acrylharze. Sammelbegriff für Polymerisationsprodukte der Acrylsäure bzw. des Acroleins.

Acrylsäure.
Formelzeichen:

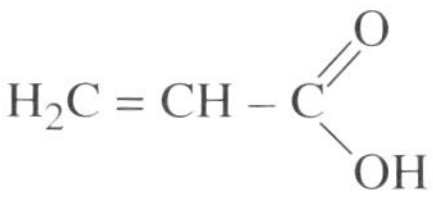

Eigenschaften: m_M 72,06; Fp. 12,3 °C; Sdp. 141 °C; wasserklare Flüssigkeit. Polymerisiert leicht. Einfachste, ungesättigte Carbonsäure.
Verwendung: Wichtiger Grundstoff für viele Kunststoffe, z. B. Acrylglas.

Acylierung. Bezeichnung für das Einfügen eines Acylrestes in ein Molekül.

Acylrest. Bezeichnung für folgende Atomgruppierung:

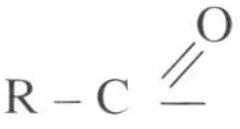

Diese Molekülgruppe entsteht formal durch Abspaltung einer Hydroxylgruppe aus der Carboxylgruppe einer Carbonsäure.

Addition. Bezeichnung für eine chemische Reaktion, bei der ein kleineres Molekül mit einem größeren reagiert, ohne dass ein weiteres Produkt entsteht. Derartige Reaktionen gelingen mit ungesättigten Verbindungen, die eine Doppel- oder Dreifachbindung aufweisen.

Adenosintriphosphat (ATP): Bei biochemischen Reaktionen wird die in dieser Verbindung gespeicherte Energie enzymatisch auf andere Moleküle übertragen, wodurch diese reaktionsfähig werden. Dies geschieht durch Abspaltung eines von drei Phosphatresten aus dem ATP-Molekül, wobei ADP (Adenosindiphosphat) entsteht.

Adhäsion. Bezeichnung für die zwischenmolekularen Kräfte (Van-der-Waalssche Kräfte), die sich zwischen verschiedenen Stoffen ausbilden, z. B.

zwischen Wasser und einem Behälter. Regentropfen haften durch Adhäsion am Fenster, Reifengummi am Straßenbelag usw. (Kohäsion). Sie ist die Ursache für Reibung.

Äquivalentmasse. Darunter versteht man die Masse eines Atoms, die 1,0079 g Wasserstoff zu ersetzen oder zu binden vermag. Bei Verbindungen ist es die Masse, die 1,0079 g Wasserstoff enthält. Sie ist eine dimensionslose Zahl.

Äquivalenzpunkt. Messwert, der bei Titrationen erreicht wird, wenn die Masse der zugetropften Lösung mit bekannter Konzentration der zu titrierenden Lösung mit unbekannter Konzentration genau äquivalent ist (Äquivalentmasse).

Aerob. Biochemischer Ausdruck für Reaktionsbedingungen (Stoffwechselreaktionen), die Sauerstoff aufweisen.

Äthan → Ethan.

Äthanal → Ethanal.

Äthanol → Ethanol.

Ätherische Öle. Sammelbezeichnung für alle leicht flüchtigen Aromastoffe. Gemische unterschiedlichster organischer Verbindungen, wie Ester, Aldehyde, Alkohole usw.

Ätzkalk (Branntkalk). Trivialname für den weißen Feststoff Calciumoxid (CaO), gebrannter Kalk.

Agens. Bezeichnung für ein reagierendes Teilchen.

Aggregatzustände. Darunter versteht man die drei Grundphasen der Materie: fest, flüssig und gasförmig.

Aktivierte Essigsäure. (Acetyl-Coenzym A).

Formelzeichen:

$$CH_3 - \overset{\overset{\large O}{\|}}{C} \sim S - CoA$$

Verwendung: Transport-Enzym für Acylreste. Es hat eine zentrale Funktion in vielen Stoffwechselprozessen.

Aktivierungsanalyse. Sehr empfindliche Nachweismethode für geringste Spuren von Elementen (Nachweisgrenze 10^{-13} g). Die zu untersuchende Probe wird mit Neutronen beschossen. Ein Teil der Atome wird dabei zu radioaktiven Isotopen des betreffenden Elementes, die ihrerseits radioaktive Spaltprodukte freisetzen. Aufgrund des (bekannten) Spektrums dieser abgestrahlten Zerfallsprodukte können die Elemente identifiziert werden.

Aktivierungsenthalpie. Darunter versteht man die Energiemenge, die aufgewendet werden muss, um ein an sich reaktionsfähiges Gemenge zur Reaktion zu bringen.

Aktivkohle. Aus Pflanzen oder Tierknochen hergestelltes poröses Produkt mit sehr großer innerer Oberfläche (ca. 1500 m^2/g), zur Bindung kleinster Schwebteilchen, Gase, Geruchsstoffe.

Alaun (Kalium-Aluminium-sulfat).
Formelzeichen: $AlK(SO_4)_2 \cdot 12H_2O$.
Eigenschaften: m_M 474,39; Fp. 91 °C. Farblose Oktaeder oder Würfel. Bringt Eiweiß zum Koagulieren.

Aldehyde (Alkanale). Sammelbezeichnung für organische Verbindungen, die eine oder mehrere funktionelle Gruppen mit folgender Atomgruppierung tragen:

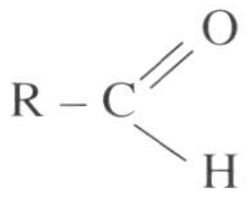

Eigenschaften: Sie wirken reduzierend, da sie leicht zu Carbonsäuren oxidiert werden. Die Aldehydgruppe ist sehr reaktionsfähig.

Aldosen. Sammelbezeichnung für Monosaccharide mit einer Aldehydgruppe.

Aliphatisch. Fachausdruck für gesättigte und ungesättigte, kettenförmige Kohlenwasserstoffverbindungen mit gerader oder verzweigter Kohlenstoffkette. Ringförmige werden als cyclische Kohlenwasserstoffe bezeichnet.

Alizarin.
Formelzeichen:

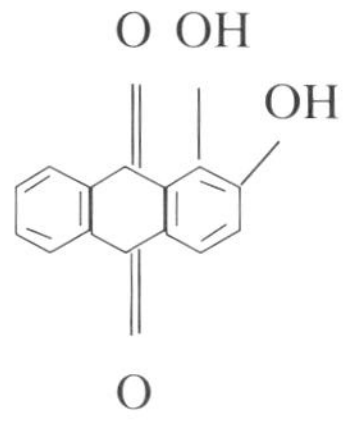

Eigenschaften: m_M 240,21; Fp. 290 °C; orange-rote Kristalle.
Vorkommen: Naturfarbstoff, er ist in Krappwurzeln enthalten.

Alkalisch. Eigenschaft von Lösungen, die eine alkalische Reaktion zeigen. Derartige Lösungen nennt man auch Laugen. Verantwortlich für diese Eigenschaft sind die Hydroxidionen dieser Lösungen. Alkalische Lösungen haben einen pH-Wert zwischen 7,1 und 14.

Alkaloide. Sammelbegriff für chemische Verbindungen mit mehreren stickstoffhaltigen Heterocyclen, die meist von Pflanzen gebildet werden und starke pharmakologische Wirkung haben. Die meisten Alkaloide sind starke Nervengifte, z. B. Nicotin, Coffein, Kokain, Morphin, Solanin, Atropin, Mescalin.

Alkanale → Aldehyde.

Alkane (Paraffine). Bezeichnung für unverzweigte und verzweigte, gesättigte, aliphatische Verbindungen, die nur aus Kohlenstoff- und Wasserstoffatomen aufgebaut sind. Sie haben die allgemeine Summenformel: C_nH_{2n+2}. Ihre Bezeichnung „Paraffine“ bezieht sich auf die geringe Reaktionsbereitschaft (lat. parum affinis) mit anderen Stoffen. Sie bilden eine homologe Reihe, mit dem Anfangsglied Methan CH_4. A. haben nur unpolare Atombindungen und lassen sich nur in unpolaren Lösungsmitteln lösen. Man bezeichnet sie daher als lipophile (*griech.* aleiphos = Fett), als „fettliebende" Stoffe, weil Fette auch unpolar sind. Mit Wasser als polarem Lösungsmittel lassen sie sich nicht lösen; sie sind wasserabstoßend, „hydrophob". Alle A. sind brennbar. Sie bevorzugen Substitutionsreaktionen, wobei ein Wasserstoffatom durch ein anderes Atom ersetzt wird.

Alkanole (Alkohole). Man erhält sie formal aus einem Alkan durch das Ersetzen eines Wasserstoffatoms durch eine Hydroxylgruppe (–OH). Sie haben die allgemeine Summenformel: $C_nH_{2n+1}OH$.

Alkanone (Ketone). Von den Alkanen abgeleitete gesättigte Kohlenwasserstoffverbindungen mit einer Ketogruppe als funktioneller Gruppe.

Alkene (Olefine). Verbindungsgruppe, die sich von den Alkanen ableitet. Die Alkene tragen aber eine Doppelbindung in einer verzweigten oder nicht verzweigten Kohlenstoffkette. Sie sind mit Wasserstoff nicht gesättigt und werden den ungesättigten Kohlenwasserstoffen zugeordnet. Die homologe Reihe der Alkene wird durch die Summenformel C_nH_{2n} beschrieben. Alkene bevorzugen Additions- und Polymerisationsreaktionen, z. B. entsteht aus Ethen Polyethen.

Herstellung: Großtechnisch durch Cracken von Erdöl.

Alkine (Acetylene). Sammelbezeichnung für Kohlenwasserstoffe mit einer Dreifachbindung in der Kohlenstoffkette. Die homologe Reihe der Alkine folgt der Summenformel C_nH_{2n-2}. Das erste Glied dieser Reihe ist gleichzeitig die einzige wichtige Verbindung. Es ist das Ethin (Acetylen).

Alkoholate. Bezeichnung für die Derivate der Alkohole, bei denen das Wasserstoffion der Hydroxylgruppe durch ein Metallion ersetzt ist. Sie sind starke Basen, die dem Wasser ein Proton ($H^{\oplus}$) entreißen, wobei ein Hydroxidion ($OH^{\ominus}$) übrig bleibt, das die Lösung alkalisch macht.

Alkohole. Sammelbegriff für alle Kohlenwasserstoffe, von denen ein Wasserstoffatom (es können auch mehrere sein) durch Hydroxylgruppen (– OH) substituiert ist. Dadurch unterscheiden sich ein-, zwei-, drei- und mehrwertige Alkohole. Da die Hydroxylgruppe für die charakteristischen Eigenschaften der Alkohole verantwortlich ist, wird sie funktionelle Gruppe genannt (Alkanole). „Der" Alkohol ist Ethanol.

Alkylbenzole. Aromatische Kohlenwasserstoffe, die am Benzolring einen Alkylrest als Substituenten tragen, z.B. Toluol und seine Derivate, Ethylbenzol, Propylbenzol, Xylole.

Alkyle. Bezeichnung für die einwertigen Radikale der Alkane.

Alkylierung. Bezeichnung für eine elektrophile Substitution am Benzol, wobei ein Wasserstoffatom durch einen Alkylrest ersetzt wird.

Allotropie. Bezeichnung für die Ausbildung verschiedener Kristallformen eines Elementes.

Aluminiumoxide.
Formelzeichen: Al_2O_3.
Eigenschaften: Sie treten in verschiedenen sehr harten Modifikationen auf.
Gewinnung und Vorkommen: Die bedeutendste ist die α-Modifikation, die bei der Bauxitgewinnung anfällt. α-A. kommt in der Natur als Halbedelstein vor, z. B. als Korund, Saphir und Rubin.
Verwendung: Am wichtigsten ist ihre Verwendung als Adsorbens, wenn sie als aktive A. aus Aluminiumhydroxiden hergestellt werden. Sie haben dann eine sehr große innere Porenfläche an der sich z. B. Wasser, aber auch Verunreinigungen binden lassen.

Amalgame. Sammelbegriff für die Legierungen des Quecksilbers (Hg) mit einigen anderen Metallen (außer Kobalt, Nickel, Eisen, Molybdän, Wolfram und Mangan).

Amalgamverfahren. Bezeichnung für ein Herstellungsverfahren für Natronlauge (NaOH). Da Natronlauge in der Natur als Reinstoff nicht vorkommt, muss sie elektrolytisch aus Kochsalzlösung hergestellt werden. *Reaktionsgleichungen:*
Anodenraum: $Na^{\oplus} + e^{-} \rightarrow Na$; $Na + Hg \rightarrow NaHg$ (Natriumamalgam); Kathodenraum: $2NaHg + 2H_2O \rightarrow 2NaOH + H_2 + 2Hg$.

Ameisensäure (Methansäure).
Formelzeichen:

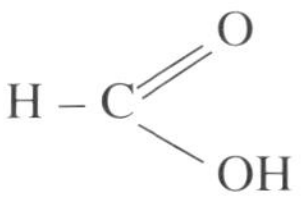

Eigenschaften: m_M 46,03; D 1,220; Sdp. 100,75 °C; Fp. 8,4 °C. Wasserklare, stechend riechende, farblose Säure, ätzend; ihre Dämpfe bilden mit der Luft explosive Gemische, weil sie brennbar sind. Einfachste und gleichzeitig stärkste organische Säure (Carbonsäuren); sie löst unedle Metalle unter Wasserstoffgasentwicklung auf. Dabei entstehen ihre Salze, die so genannten Formiate.

Amethyst. Glasähnlicher, violett gefärbter Halbedelstein.

Amide. Gruppenbezeichnung für bestimmte Verbindungen, die sich vom Ammoniak ableiten lassen. Die Wasserstoffatome werden dazu teilweise oder ganz durch Acylreste ersetzt. Man unterscheidet zwischen primären, sekundären und tertiären Säure-Amiden. Zwischen Aminen und Carbonsäuren kann es unter Wasserabspaltung zu einer Bindung kommen.

Man nennt sie Säureamidbindung, oder Peptidbindung.

Amine. Gruppenbezeichnung für alle Verbindungen, die sich vom Ammoniak durch schrittweisen Ersatz der Wasserstoffatome durch Alkylreste ableiten lassen (Amide!). Man unterscheidet primäre, sekundäre und tertiäre Amine, je nachdem, ob ein, zwei, oder drei Wasserstoffatome substituiert wurden. Je nach Art des Restes kann man aliphatische von aromatischen Aminen unterscheiden. Wegen des freien Elektronenpaares am Stickstoff haben die aliphatischen Amine Basencharakter. Der Basencharakter nimmt dabei von den primären zu den tertiären Aminen ab. Aromatische Amine sind nicht basisch, weil bei ihnen das freie Elektronenpaar in das delokalisierte Elektronensextett einbezogen werden kann und somit das Proton nicht mehr binden kann.

Aminoplaste. Sammelbezeichnung für Kunststoffharze.

Aminosäuren (α-Aminocarbonsäuren).

Formelzeichen:

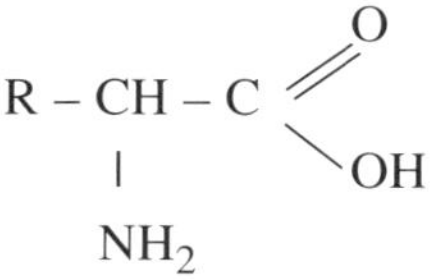

Sammelbezeichnung für alle Carbonsäuren, die an dem organischen Rest (R) eine Aminogruppe als Seitenkette tragen. In der Natur bilden die Aminosäuren die Bausteine der Eiweiße. Die natürlichen Aminosäuren (es gibt 20 verschiedene) haben die Aminogruppe am α-ständigen C-Atom, d. h. an dem Kohlenstoffatom, das der Carboxylgruppe benachbart ist. Sie unterscheiden sich durch den org. Rest.

Aminosäuresequenz (Primärstruktur). In Proteinen sind Aminosäuren durch Peptidbindungen zu langen Makromolekülen (aus ca. 100–400 Aminosäuren) verbunden. Da es in der Natur 20 verschiedene Aminosäuren gibt, kann durch ihre Reihenfolge in der Kette des Makromoleküls und ihre jeweilige Anzahl im Polypeptid eine nahezu unendlich große Zahl von Eiweißmolekülen gebildet werden. Durch die Aminosäuresequenz ist ein bestimmtes Protein festgelegt. Sie bestimmt das chemische Verhalten des Peptids.

Ammoniak.

Formelzeichen: NH_3.

Eigenschaften: m_M 17,03; Sdp. –33 °C; Fp. –77,73 °C; stechend riechendes, zu Tränen reizendes, farbloses Gas; leicht wasserlöslich (1 l Wasser löst 700 l A.), lässt sich leicht verdichten (bei Zimmertemperatur, 8–9 bar). Flüssiger A. ist farblos und stark lichtbrechend, verhält sich als Lösungsmittel wie Wasser (Dipol).

Herstellung: Haber-Bosch-Verfahren: $N_2 + 3H_2 \rightarrow 2NH_3$.
Verwendung: Ausgangsstoff zahlreicher Synthesen, z. B. Salpetersäureherstellung, Stickstoffdünger usw. Dient zur Herstellung zahlreicher Ammoniumverbindungen.

Ammoniakwasser (Salmiakgeist).
Formelzeichen: NH_4OH. Lösung von Ammoniak in Wasser. Die meisten Ammoniakmoleküle bleiben physikalisch gelöst, d. h. als NH_3-Moleküle im Wasser. Einige dieser Moleküle reagieren chemisch mit dem Wasser, wobei Ammoniumhydroxid gebildet wird. Es entsteht eine alkalische Lösung, in der Ammoniumionen und Hydroxidionen enthalten sind.

Ammoniumcarbonat (Hirschhornsalz).
Formelzeichen: $(NH_4)_2CO_3$.
Eigenschaften: m_M 96,09. Leicht wasserlösliche, farblose, nach Ammoniak riechende, säulenartige Kristalle. Sie zerfallen bei 58 °C in Gase und gehen beim Stehen an der Luft allmählich in Ammoniumhydrogencarbonat über.

Ammoniumion.
Formelzeichen: $NH_4^{\oplus}$.
Eigenschaften: Kation, das sich wie ein Metallkation verhält bzw. derartige Metallionen zu ersetzen vermag. Es entsteht durch Reaktion von Ammoniak mit einer Säure.

Amphipathisch. Bezeichnet die Eigenschaft eines längeren Moleküls, an einem Ende lipophil, am anderen hydrophil zu sein.

Ampholyte. Darunter versteht man Verbindungen, die sowohl als Brönstedsäuren, als auch als Brönstedbasen reagieren können. Z. B. Wasser (H_2O); es kann ein Proton aufnehmen, dann wirkt es als Base: $|H_2O| + H^{\oplus} \rightarrow H_3O^{\oplus}$; oder es kann ein Proton abgeben, dann wirkt es als Säure: $H_2O \rightarrow OH^{\ominus} + H^{\oplus}$.

Amylopektin. Bezeichnung für ein mehrfach verzweigtes Makromolekül aus mehreren tausend Glucosemolekülen, die 1,4-glycosidisch miteinander verbunden sind. Die Verzweigung erfolgt 1,6-glycosidisch (Kohlenhydrate). Die Verbindung ist wasserunlöslich.

Anaerob. Bezeichnung für Reaktionsbedingungen, bei denen Sauerstoffmangel herrscht, oder kein Sauerstoff festzustellen ist (Gärungen).

Analyse. Bezeichnung für die Ermittlung der Bestandteile von Stoffgemischen oder von chemischen Verbindungen. Man unterscheidet qualitative Analysen (Auftrennung nach der Art der Stoffe) und quantitative Analysen (Auftrennung nach der genauen Masse der einzelnen Stoffe). Diese Trennmethoden beruhen auf chem., physikal. oder auch biol. Trennverfahren. Gegenteil von Synthese.

Anhydride → Säureanhydride.

Anhydrit (Kristallwasserfreies → Calciumsulfat).

Formelzeichen: $CaSO_4$.

Eigenschaften: m_M 136,14; D 2,96; zerfällt bei über 1000 °C in CaO und SO_3; amorphe, farblose bzw. bläuliche Massen, seltener kristallin. Oft unter Salzlagerstätten zu finden.

Verwendung: Hauptsächlich als Zuschlag bei der Zementherstellung, da es sehr langsam abbindet.

Anilin (Aminobenzol).

Formelzeichen:

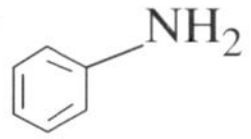

Eigenschaften: m_M 93,13; D 1,013; Fp. –6,4 °C; Sdp. 184,4 °C; farblose ölige Flüssigkeit. Wichtiger Grundstoff bei der Herstellung von Azo- und von Teerfarbstoffen. Bedeutung in der Pharmazie, zur Herstellung von Sulfonamiden usw.

Anionen. Sammelbezeichnung für alle negativ geladenen Ionen. Sie wandern in einer Lösung, in der sich zwei Gleichstromelektroden befinden, stets zur Anode (Plus-Pol).

Anode. Positiv geladene Elektrode einer Gleichspannungsquelle. Bei Stromfluss wandern die Anionen eines Elektrolyten zu ihr hin und verlieren dort die negative Ladung.

Anorganische Chemie. Teilgebiet der Chemie, das sich mit allen Verbindungen der Elemente des Periodensystems beschäftigt, mit Ausnahme der von der organischen Chemie erfassten Verbindungen des Kohlenstoffs.

Anreichern. Bezeichnung für Vorgänge, die zur Konzentrationserhöhung dienen. So kann man z. B. eine Salzlösung dadurch anreichern, dass man das Wasser verdampft.

Antioxidantien. Bezeichnung für unterschiedliche organische Verbindungen, die unerwünschte Reaktionen mit Sauerstoff verhindern sollen. Derartige Reaktionen sind z. B. das Ranzigwerden der Fette, der Alterungsprozess von Gummi und die Veränderung von Aromastoffen.

Antipoden. Zwei Moleküle, die sich gleichen wie ein Bild dem Spiegelbild, nennt man optische Isomere oder Antipoden, wenn sie ein Asymmetriezentrum haben. Sie drehen in einem Polarimeter die Ebene des polarisierten Lichtes um die gleichen Beträge nach links bzw. nach rechts.

Antracen. (griech. antrachs = die Kohle).

Formelzeichen:

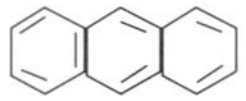

Eigenschaften: m_M 178,24; D 1,252; Sdp. 342 °C; Fp. 218 °C. Farblose wasserunlösliche Kristalle, die sich in

Benzol gut lösen lassen. A. lässt sich leicht oxidieren, wobei Anthrachinon entsteht.

Verwendung: Wichtiges Rohprodukt zur Herstellung vieler Farbstoffe (z. B. Indanthrenfarbstoffe).

Apatit.

Formelzeichen: $Ca_3(PO_4)_2$.

Eigenschaften: m_M 310,18; D 3,14; Fp. 1730 °C; wasserklare, farblose Kristalle. Wichtiges Phosphatmineral, das nicht unerhebliche Mengen von Fluor enthält. Wird zur Gewinnung von Phosphor verwendet.

Aräometer (Dichtespindeln). Darunter versteht man oben und unten zugeschmolzene Glasröhren, die in der oberen Hälfte eine Gradskala besitzen und unten mit einer bestimmten Menge Bleischrot gefüllt sind. Mit ihnen kann man Dichten von Flüssigkeiten messen, da in der Regel das A. in einer verd. Lösung tiefer einsinkt als in einer konz. Lösung (Ausnahme Ammoniakwasser).

Arginin. Bezeichnung für eine bestimmte Aminosäure. Ihr charakteristischer Molekülrest hat folgende Struktur:

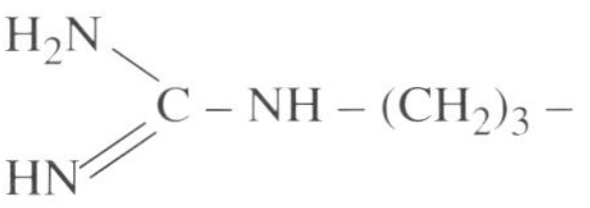

Aromaten. Sammelbegriff für alle Verbindungen, die mehrere delokalisierte Bindungselektroden in einem Ringsystem haben, ähnlich wie Benzol und seine Derivate.

Aromatischer Bindungszustand. So bezeichnet man den durch delokalisierte Elektronenpaare entstandenen mesomeren Zustand eines ringförmigen Moleküls (Benzol).

Arsenik (Arsen(III)-oxid).

Formelzeichen: As_2O_3.

Eigenschaften: m_M 197,84; D 3,70; Fp. 274 °C, sublimiert; weißes Pulver, das sich in Salzsäure und siedendem Wasser auflöst. Sehr giftig, bereits 0,1 g können einen Menschen töten.

Verwendung: Es wird vorwiegend als Ratten- und Mäusegift eingesetzt, aber auch zum Konservieren von Vogelpräparaten in biologischen Sammlungen.

Aryl. Bezeichnung für organische Reste, die sich vom Benzol ableiten lassen (Phenylrest).

Asbest (Serpentin bzw. Hornblende). Faserartiges Mineral, das nicht brennbar, unempfindlich gegen Laugen und ein schlechter Wärmeleiter ist.

Ascorbinsäure (Vitamin C).

Formelzeichen (Dienol-Form):

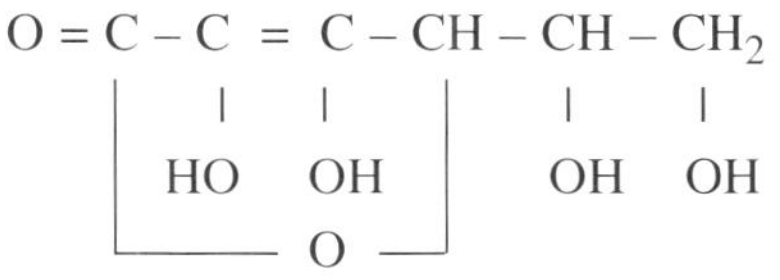

Eigenschaften: m_M 176,13; Fp. 190 °C; farbloses Kristallpulver mit säuerlichem Geschmack; wirkt als Reduktionsmittel. A. ist als Vit. C ein Coenzymbestandteil wasserstoffübertragender Enzyme, die z. B. bei der Kollagensynthese eine wichtige Rolle spielen.

Asparaginsäure (α-Aminobernsteinsäure).

Formelzeichen:

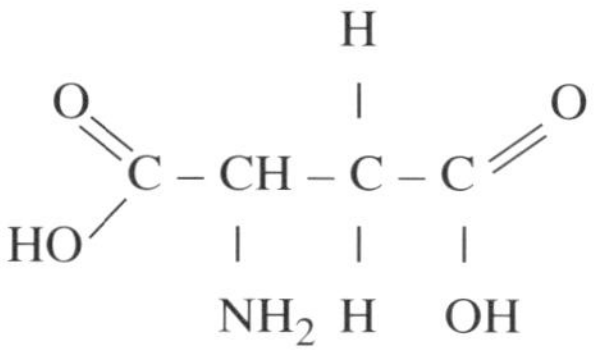

Eigenschaften: m_M 133,10; D 1,66; Fp. 270 °C; farblose Kristalle, die sich in Wasser nur schwer lösen. Im Eiweiß enthaltene Aminosäure.

Asymmetriezentrum. Moleküle, die ein Kohlenstoffatom besitzen, das mit vier verschiedenen Substituenten verbunden ist, enthalten damit ein Asymmetriezentrum. Das betreffende Kohlenstoffatom nennt man asymmetrisch. Zwei derartige Moleküle, die sich nur duch die räumliche Anordnung der Substituenten an diesem Atom unterscheiden, verhalten sich zueinander wie Bild und Spiegelbild. Man nennt sie auch Antipoden (Enantiomere).

Atome (*griech.* atomos = unteilbar). Sie sind die kleinsten Masseteilchen chemischer Elemente, die noch die Eigenschaften des jeweiligen Elementes aufweisen. Sie sind mit chemischen Methoden nicht teilbar. Mit physikalischen Methoden können sie in Elementarteilchen zerlegt werden (Kernspaltung). Es gibt in der Natur 88 verschiedene Elemente, von denen die meisten stabil sind, d. h. deren A.-kerne nicht spontan zerfallen (Radioaktivität). Bisher sind weitere 21 Elemente künstlich hergestellt worden, die alle radioaktiv sind. Sie sind in der Natur deshalb nicht mehr vorhanden, weil ihre A.-kerne unstabil und somit bis heute vollständig zerfallen sind. A. desselben Elementes haben dieselben chemischen Eigenschaften, die von verschiedenen Elementen haben unterschiedliche Eigenschaften. Die A. eines Elementes haben dieselbe Zahl von Protonen im A.-kern und somit auch dieselbe Zahl von Elektronen in der A.-hülle. A. mit gleicher Protonenzahl, aber verschiedener Neutronenzahl nennt man Isotope. Verschiedene Isotope eines Elementes haben zwar verschiedene Massen, aber dieselben chem. Eigenschaften. Für die chem. Eigenschaften sind die Valenzelektronen der A.-hülle verantwortlich, da sich nur hier die chem. Reaktionen abspielen.

Atombau. Alle Aussagen über den Atombau haben nur Modellcharakter, da, nach der Heisenberg'schen Unschärferelation, prinzipiell keine präzisen Aussagen über bewegte Teilchen möglich sind. Nach E. Rutherford (1911) hat jedes Atom einen positiv geladenen Kern, der fast die gesamte Masse des Atoms beinhaltet. Zwischen den Kernen mehrerer Atome befindet sich ein größerer Zwischenraum, der anscheinend keine Masseteilchen enthält, die Atomhülle. Der Kern besteht aus zwei Arten von Elementarteilchen (den sog. Nukleonen), die nahezu massegleich sind, den Protonen und den Neutronen. Ein Proton trägt eine positive Elementarladung (kleinste Einheit der elektrischen Ladung). Das Neutron ist ungeladen. In der Atomhülle umkreisen nach der Modellvorstellung von N. Bohr (1913) Elektronen als Träger der negativen Elementarladung den Atomkern. Da jedes Atom neutral ist, befinden sich genau so viele Elektronen in der Hülle wie Protonen im Kern. Die Elektronen umkreisen dabei den Kern mit relativ hoher Geschwindigkeit, um nicht von der positiven Ladung der Protonen in den Kern gezogen zu werden. Sie bewegen sich dabei auf ganz bestimmten, gedachten konzentrischen Kugelschalen, deren gemeinsamer Mittelpunkt der Atomkern ist. Die Elektronen der äußersten Schale nennt man Valenzelektronen, da sie über die chem. Möglichkeiten (=Valenzen) eines Atoms entscheiden. Sie werden vom Atomkern am wenigsten fest gebunden und können daher am leichtesten abgespalten werden. Die dazu benötigte Energie wird Ionisierungsenergie genannt, da durch Elektronenabgabe ein Ion entsteht. Die Ionisierungsenergie wird umso größer, je mehr Elektronen von einem Atom bereits abgespalten sind.

Atombindung. Man unterscheidet bei den Kräften, die in Molekülen oder Kristallen zwischen den Atomen bzw. Ionen herrschen, im wesentlichen drei Bindungskräfte. Die Kräfte zwischen Metallatomen nennt man Metallbindung, die in Salzkristallen Ionenbindung und die zwischen Nichtmetallatomen Atombindung. Um Edelgaskonfiguration zu erreichen (eine der wichtigsten Ursachen für chemische Bindung), müssen sich acht Elektronen auf der äußersten Schale befinden.

Atomionen. Bezeichnung für Ionen, die aus einem Atom entstanden sind, z. B. Mg^{2+}, Cl^-, Na^+, S^{2-} usw. Gegensatz zu Molekülionen.

Atomkern → Atombau.

Atommasse (Molekülmasse). Relative Atommasse (m_A). Sie ist eine dimensionslose Dezimalzahl, die über dem Elementsymbol im Periodensystem steht. Sie gibt an, um wie viel ein bestimmtes Atom schwerer ist als $\frac{1}{12}$ der Masse des Kohlenstoffisotops ^{12}C.

Die Werte sind nicht ganzzahlig, weil die meisten Elemente ein Isotopengemisch darstellen, in dem die einzelnen Isotope in unterschiedlichem prozentualen Anteil vertreten sind.

Atomradius. Darunter versteht man den Abstand zwischen dem Mittelpunkt des Atomkernes und dem äußersten Valenzelektron.

Atomrumpf. Bezeichnung für ein Atom, das alle Valenzelektronen abgegeben hat.

Atomwertigkeit (Bindigkeit). Sie ist definiert als die Anzahl von Atombindungen, die ein Nichtmetallatom in einem Molekül auszubilden vermag.

Aufschließen. Bezeichnung für Analyseverfahren, um schwer lösliche Oxide, Sulfate und Silicate in leicht lösliche Verbindungen zu überführen.

Ausäthern. Verbindungen, die sich in Ether besser lösen als in anderen Lösungsmitteln, kann man aus einem Stoffgemisch abtrennen, wenn man die wässrige Lösung mit Ether ausschüttelt.

Ausfällen. Wichtige Methode der analytischen Chemie. Aus wässrigen Lösungen lassen sich bestimmte Verbindungen dadurch isolieren, dass man bestimmte andere (leicht lösliche) Verbindungen zugibt, die mit den abzutrennenden Stoffen der Anfangslösung neue schwer lösliche Verbindungen bilden, die sich auf Grund der höheren Dichte absetzen.

Ausflocken. Kolloidale Lösungen können dadurch aus ihrem gelösten „Sol"-Zustand gebracht werden, dass man ihnen Stoffe zugibt, die das „Sol" in ein unlösliches „Gel" umwandeln.

Ausgangsstoffe. Bezeichnung für die Stoffgemische, die man für eine chemische Reaktion zusammengibt. Man nennt sie auch Edukte.

Ausschütteln. Bezeichnung für eine analytische Methode, um Stoffe, die sich in verschiedenen Lösungsmitteln unterschiedlich gut lösen, wirksam zu trennen.

Autoklaven. Bezeichnung für meist kugelförmige, aus zwei fest miteinander verriegelbaren Hälften bestehende, dickwandige Metallbehälter, in denen chemische Reaktionen durchgeführt werden, bei denen hoher Druck entstehen kann.

Autoprotolyse des Wassers. Da Wasser (H_2O) nach Brönsted als Säure und als Base reagieren kann, findet in reinem Wasser eine Protolyse zwischen zwei Wassermolekülen statt, wobei das eine Wassermolekül ein Proton abgibt (Säurefunktion) und das andere dieses aufnimmt (Basenfunktion): $H_2O + H_2O \rightleftarrows H_3O^{\oplus} + OH^{\ominus}$; dadurch sind in reinem Wasser stets gleichviele Oxoniumionen ($H_3O^{\oplus}$) und Hydroxidionen ($OH^{\ominus}$)

enthalten; das Wasser reagiert neutral (pH-Wert).

Autotrophie. Möglichkeit der Gewinnung von energiereichen organischen Stoffen (Zucker bzw. Stärke) aus energiearmen anorganischen Ausgangsstoffen.

Avogadrosches Gesetz. A. Avogadro (1776–1856) formulierte eine für ideale Gase geltende Regel, die folgendermaßen lautet: Gleiche Volumina aller Gase enthalten bei gleichem Druck und gleichem Volumen gleichviele Teilchen (Einzelatome oder Moleküle). So sind z. B. in genau 22,4 Liter Gas, bei 1013 mbar Druck und 0 °C, stets $6{,}022 \cdot 10^{23}$ Gasmoleküle enthalten (Loschmidtsche Zahl).

Azeotrope Gemische. Bezeichnung für eine Mischung aus mindestens zwei Flüssigkeiten, die sich oft in ihren Siedepunkten nur wenig voneinander unterscheiden. Versucht man sie durch Destillation zu trennen, so bilden sie ein konstant siedendes Gemisch, dessen Siedepunkt oft höher ist als die Siedepunkte der Einzelkomponenten. Ein konstant siedendes Gemisch kann durch einfache Destillation nicht getrennt werden, da beim entsprechenden gemeinsamen Siedepunkt beide bzw. alle Bestandteile des Gemisches in den Dampfzustand übergehen.

Azide. Bezeichnung für die Salze der Stickstoffwasserstoffsäure (H – N = N = N). Extrem explosive Feststoffe, insbesondere die Schwermetallsalze.

Azo. Vorsilbe, die folgende Struktur im Namen einer Verbindung symbolisiert: – N = N –.

Azobenzol.

Formelzeichen:

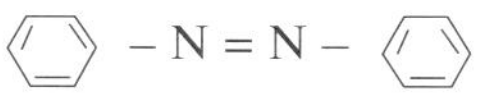

Eigenschaften: m_M 182,23; D 1,036; Sdp. 293 °C; Fp. 68,5 °C; orangerote Kristalle, die in Wasser schwer löslich sind. Entsteht als Zwischenprodukt bei der Herstellung von Azofarbstoffen.

Verwendung: Zur Farbstoffsynthese (Azofarbstoffe) und als Insektizid.

Azofarbstoffe. Bedeutende Farbstoffklasse mit einer Azogruppe, die an beiden Enden gleiche oder verschiedene organische Reste trägt.

B

Bakelite. Bezeichnung für Kunstharze, die aus einer Reaktion aus Formaldehyd mit Phenolen entstanden sind. Sie lassen sich durch Wärme nicht verformen und sind gute Isolatoren.

Bakterizide. Häufig verwendeter Sammelbegriff für alle Bakterien abtötenden Chemikalien.

Basen. 1) Sammelbezeichnung für Stoffe, die in wässriger Lösung Hydroxidionen ($OH^{\ominus}$) abspalten und somit Laugen bilden. Sie bilden bei einer Neutralisation mit Säuren Salze. Sie entstehnen in einer Reaktion aus Metalloxiden und Wasser. Ihre chemische Formel beginnt stets mit Metallatom(en), dann folgen ein oder mehrere Hydroxidionen, je nach der stöchiometrischen Wertigkeit des Metalls. 2) Nach Brönsted sind Basen alle Stoffe, die Protonen aufnehmen können. Dazu ist bei der Base ein freies Elektronenpaar nötig. Man unterscheidet a) Neutral-B. (ungeladen) z.B. NH_3, H_2O; b) Anion-B. (negativ geladen) z. B. $Cl^{\ominus}$, $HSO_4^{\ominus}$, $NO_3^{\ominus}$ usw. c) Kation-B. (positiv geladen) z. B. $[Fe(OH)^2 (H_2O)_4)]^{\oplus}$. 3) Manche Verbindungen bilden erst bei der Reaktion mit Wasser Hydroxidionen. Sie werden durch Protolyse gebildet. Es sind Salze schwacher Säuren, die auf ein Proton eines Wassermoleküls eine so große Anziehungskraft entwickeln, dass sie es ihm entreißen. Dabei entsteht ein Hydroxidion, das für die alkalische Reaktion verantwortlich ist. Derartige Salze sind z. B. Carbonate und Phosphate. 4) Organische B. Sie enthalten in dem Kohlenwasserstoffgrundgerüst z. B. Stickstoffatome, die durch ihr freies Elektronenpaar Säureprotonen binden können und somit salzähnliche Verbindungen bilden; z. B. Amine oder heterocyclische Verbindungen.

Basenexponent (pK_B). Unter diesem Begriff versteht man den negativen dekadischen Logarithmus der Basenkonstante (K_B): $pK_B = -\lg K_B$. Je kleiner der pK_B-Wert, umso größer ist die Konzentration der $OH^{\ominus}$-Ionen einer Lösung.

Basenkonstante (K_B). Basen bilden mit Wasser Gleichgewichtsreaktionen, so genannte Protolysen: $B + H_2O \rightarrow BH^+ + OH^-$. Diese Gleichgewichtsreaktion besagt, dass nicht alle Basenmoleküle dem Wasser ein Proton entreißen konnten. Starke Basen

(Basenstärke) reagieren kaum mit Wasser. Durch Anwendung des Massenwirkungsgesetzes auf die Protolysengleichung der Basen (siehe oben) folgt:

$$K = \frac{[BH^{\oplus}] \cdot [OH^{\ominus}]}{[B] \cdot [H_2O]}$$

(K ist die Gleichgewichtskonstante.) Das Wasser kann als konstant angesehen werden, weil seine Menge im Vergleich zu den übrigen, gelösten Stoffen sehr groß ist. Diese Konstante kann mit der Gleichgewichtskonstante multipliziert werden und ergibt dann eine neue Konstante, die B. :

$K \cdot H_2O = K_B$.

Also folgt:

$$K_B = \frac{[BH^{\oplus}] \cdot [OH^{\ominus}]}{[B]}$$

Basenrest. Unter diesem Begriff versteht man den Molekülrest einer Base, der nach Entfernen der Hydroxidionen übrig bleibt. Es handelt sich dabei i. d. R. um Metallionen.

Basenstärke. Bezeichnung für die Eigenschaft von Basen, ihre Hydroxidionen leicht oder weniger leicht abzuspalten. Starke Basen spalten ihre Hydroxidionen leicht ab, sie haben daher eine große Basenkonstante bzw. einen kleinen Basenexponenten (pK_B-Wert).

Bathochrome Gruppen. Bezeichnung für Substituenten oder funktionelle Gruppen, die in einem Farbstoffmolekül einen farbvertiefenden Effekt hervorrufen, d. h., sie absorbieren die kurzen Wellenlängen des sichtbaren Lichtes und reflektieren die längerwelligen Anteile. B. haben stets freie Elektronenpaare, z. B. $-NH_2$, $-OH$, $-NHR$, $-NR_2$ usw.

Bauxit. Bezeichnung für ein, nach der französischen Stadt „Les Baux" benanntes rötliches Mineral, das zu 60 % aus Aluminiumoxid (Al_2O_3) besteht. *Verwendung:* Ausgangsstoff für die Aluminiumgewinnung.

Becherglas. Bezeichnung für zylindrische Glasgefäße, mit eingeätzten Volumenangaben.

Beilsteinprobe. Qualitativer, unspezifischer Nachweis von Halogenen in organischen Verbindungen.

Bengalische Feuer. Bezeichnung für Stoffgemische, die aus leicht brennbaren Substanzen (Schwefel- und Kohlepulver) und Oxidationsmitteln (Chlorate, Nitrate) bestehen.

Benzaldehyd.

Formelzeichen:

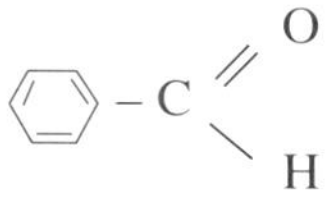

Eigenschaften: m_M 106,12; D 1,08; Sdp. 178,1 °C; Fp. –55,6 °C; farblose, nach bitteren Mandeln riechende, viskose Flüssigkeit, die in Wasser schwer lösbar ist. Benzaldehyd reagiert wie alle Aldehyde reduzierend und geht dabei leicht in Benzoesäure über. Das in Pfirsichkernen enthaltene Amygdalin zersetzt sich im Boden in Benzaldehyd.

Verwendung: Aufgrund des charakteristischen Aromas und der Tatsache, dass diese Verbindung nicht giftig ist, wird sie in der Konditorei als Bittermandelaroma verwendet.

Benzin. Sammelbegriff für ein Gemenge von gesättigten, verzweigten und unverzweigten Kohlenwasserstoffen, deren Kohlenstoffkette zwischen sechs und zwölf C-Atome aufweist.

Benzoesäure.

Formelzeichen:

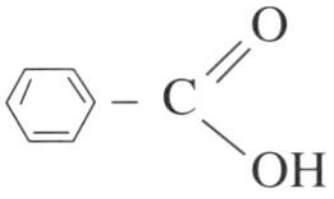

Eigenschaften: m_M 122,12; D 1,26; Sdp. 249 °C; Fp. 122,45 °C; weiße blattförmige Kristalle, die sich in siedendem Wasser und Alkohol lösen. Benzoesäure hat eine größere Säurestärke als Essigsäure, da ihr Salz, das Benzoat, mesomeriestabilisiert ist, was die Abspaltung eines Protons begünstigt. Die technische Herstellung geht von Toluol aus, das an der Luft oxidiert wird: 4  $- CH_3 + 6O_2$

$\rightarrow 4H_2O + 4$ 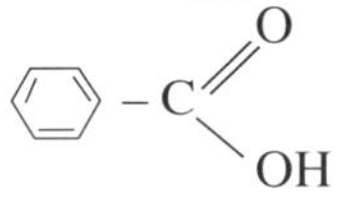

Verwendung: Dient aufgrund seiner pilztötenden Eigenschaft als Konservierungs- und Desinfektionsmittel. Auch als Reagenz zur Synthese von Anthrachinonfarbstoffen.

Benzol.

Formelzeichen: C_6H_6; es haben sich weitere Symbole eingebürgert, die jeweils eigene Aussagen ermöglichen:

 oder .

Das vollständige Formelbild ist im Folgenden Formelzeichen abgebildet:

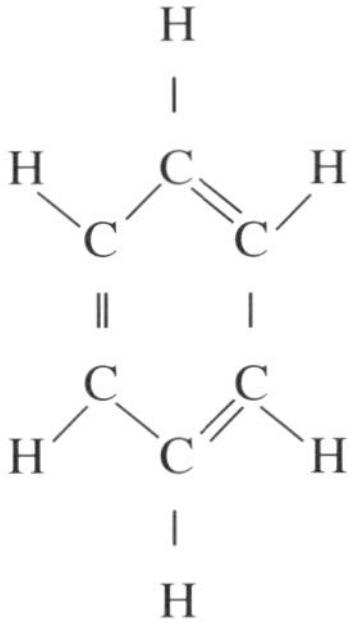

Die Geschichte des Benzols beginnt im 19. Jh. J. v. Liebig gab diesem besonderen Molekül mit der Summenformel C_6H_6 diesen Namen. A. Kekulé begründete 1865 die ringförmige Struktur dieses Moleküls. Nach der heutigen Vorstellung befinden sich die sechs freien Valenzelektronen in je einer ringförmigen „Ladungswolke“ oberhalb und unterhalb der Ebene, die von den sechs Kohlenstoff- und Wasserstoffatomen gebildet wird. Die Elektronen der Ladungswolke bezeichnet man als π-Elektronen, sie bilden die π-Bindung aus. Eine weitere Bindung zwischen den Kohlenstoff- und Wasserstoffatomen nennt man σ-Bindungen. Alle Bindungswinkel zwischen diesen Atomen betragen 120 °C, das Molekül ist also völlig eben. Die Valenzelektronen sind delokalisiert, also nicht mehr dem einzelnen Kohlenstoffatom zurechenbar. Diese Tatsache nennt man Mesomerie. Moleküle mit dieser Eigenschaft sind energieärmer und damit weniger reaktionsfähig als andere Moleküle.

Benzolderivate. Darunter versteht man alle Verbindungen, die sich vom Benzol ableiten lassen.

Benzolkern. Bezeichnung für den Benzolring innerhalb eines Benzolderivates.

Benzpyren (1,2-Benzpyren).
Formelzeichen:
$C_{20}H_{12}$

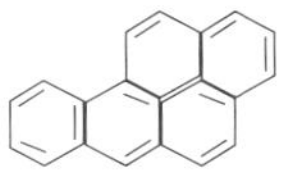

Eigenschaften: m_M 252,31; Fp. 179 °C; Sdp. 311 °C; hellgelbe Kristallnadeln, in Wasser unlöslich, aber in org. Lösungsmitteln, z. B. Benzol, gut löslich.

Berliner Blau (Eisen(III)-hexacyanoferrat(II).
Formelzeichen:
$Fe_4[Fe(CN)_6]_3 \cdot 15H_2O$.
Eigenschaften: m_M 859,30; D 1,80; widerstandsfähige, blaue, lichtechte Farbe, in Wasser unlöslich. Reagiert mit Oxalsäure zu blauer Tinte.

Bernstein (Brennstein). Bezeichnung für erstarrtes Harz von urzeitlichen (Tertiär) Nadelbäumen.

Bernsteinsäure (Butan-disäure).
Formelzeichen:

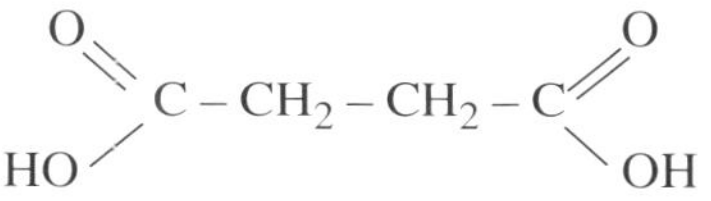

Eigenschaften: m_M 118,09; D 1,57. Sdp. 235 °C; Fp. 182,7 °C; stark saure, farblose Kristalle, die leicht wasserlöslich sind. Unlöslich in unpolaren Lösungsmitteln wie Benzol. Wurde aus Bernstein isoliert, daher der Name.

Beryll (Beryllium-aluminium-silikat).
Formelzeichen: $3BeO \cdot Al_2O_3 \cdot 6SiO_2$
Eigenschaften: Wasserklare, farblose Kristalle, die durch Verunreinigungen unterschiedliche Farben annehmen können: Aquamarin: grün; Smaragd: dunkelgrün; Morganit: rosa usw.
Verwendung: Als Schmucksteine und als Linsenmaterial für Laser.

Berylliumbronce. Bezeichnung für Legierungen aus Beryllium und Kupfer.

Beständig. Bezeichnung für eine Eigenschaft chemischer Elemente oder Verbindungen, sich nicht von Lösungsmitteln, Reagenzien und Witterungseinflüssen verändern zu lassen.

Betain.
Formelzeichen:

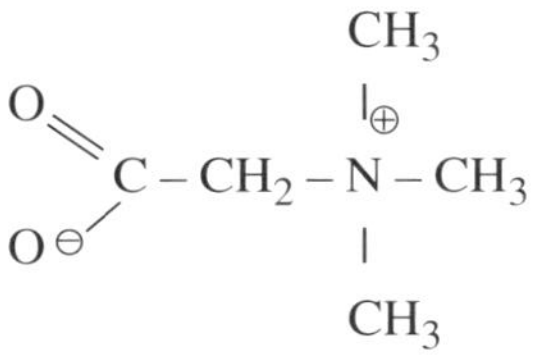

Eigenschaften: m_M 117,15; zersetzt sich bei 293 °C; leicht wasserlöslich.
Vorkommen: In vielen Pflanzen, Miesmuscheln und Krebsen als biogene Amine enthalten. Werden im Organismus zur Synthese von Aminosäuren als Methylierungsmittel benötigt.
Verwendung: Als Bestandteil von Medikamenten gegen Arteriosklerose und zur Behandlung bei Fettstoffwechselstörungen.

Betastrahlen (β-Strahlen). Bezeichnung für radioaktive Strahlung, die aus energiereichen Elektronen besteht (Radioaktivität).

Betazerfall (β-Zerfall). Bezeichnung für einen radioaktiven Zerfall von Atomkernen, bei dem ein Teilchen mit einer negativen oder positiven Elementarladung, mit hoher Geschwindigkeit den Kern verlässt. Der Atomkern ändert dabei seine Massenzahl nicht. Es ändert sich aber die Kernladungszahl (Ordnungszahl), weil sich die Anzahl der Protonen im Kern ändert. Bei Ausschleudern eines $\beta^{\oplus}$-Teilchens (Positron) wird sie um 1 kleiner, weil ein Proton in ein Neutron und ein Antineutrino übergegangen ist. Beim Ausschleudern eines $\beta^{\ominus}$-Teilchens erhöht sie sich um 1, weil aus einem Neutron ein Proton und ein Neutrino wurde.

Bicyclische Verbindungen. Bezeichnung für org. Verbindungen, die zwei miteinander verbundene Kohlenstoffringe aufweisen, wobei auch Heterocyclen vorkommen dürfen.

Bildungswärme (Bildungsenthalpie). Darunter versteht man den Energiebetrag, der beim Knüpfen einer neuen Bindung frei wird bzw. den Betrag, den man zum Spalten einer bestehenden Bindung aufwenden muss. (Häufig nennt man aber diese Energie Zersetzungsenthalpie).

Bilirubin. Bezeichnung für ein Abbauprodukt des roten Blutfarbstoffes (Hämoglobin), wobei der Porphyrinring aufgespalten (reduziert) wird.

Bindendes Elektronenpaar → Atombindung.

Bindigkeit → Atomwertigkeit → Wertigkeit.

Bindung. Darunter versteht man den jeweiligen Zusammenhalt von Atomen in Molekülen bzw. von Ionen in Ionengittern oder von Metallen in Metallgittern. Die Ursache für Bindungen zwischen Atomen ist stets gleich: die beteiligten Atome sind stets bestrebt, ihren energieärmsten Zustand gleichzeitig zu erreichen, nämlich die

Edelgaskonfiguration, also acht Elektronen auf der äußersten Schale (zwei auf der ersten).

Bindungsachse. Bezeichnung für eine gedachte Linie, die durch den Mittelpunkt zweier, an einer Bindung beteiligter Atome, geht.

Bindungsarten (Bindung). 1) Ionenbindungen: Das sind Bindungen zwischen Metall- und Nichtmetallatomen. 2) Atombindungen (kovalente Bindungen): Das sind Bindungen zwischen Nichtmetallatomen. 3) Metallbindung: Das sind Bindungen zwischen Metallatomen.

Bindungscharakter. Bezeichnung für die Elektronenverteilung innerhalb einer Bindung und somit für die Polarität der Bindung zwischen zwei Atomen (bzw. Ionen).

Bindungsenergie (Enthalpie). In der B. findet die Stärke einer Bindung ihren Ausdruck. Je mehr B. frei wird, umso stabiler ist die Bindung.

Bindungslänge. Bezeichnung für den Abstand zwischen zwei Atomkernen. Er ist von der Größe der beteiligten Atome und der Ladung ihrer Kerne abhängig.

Bindungswinkel. Bezeichnung für einen Winkel, der von zwei Bindungsachsen gebildet wird.

Biochemie. Bezeichnung für einen bedeutenden Wissenschaftszweig der Biologie, der Chemie und der Medizin. Sie beschäftigt sich mit Stoffwechselvorgängen der Lebewesen, wie z. B. der Aufklärung der Photosynthese, dem Hormonstoffwechsel usw.

Biogene Amine. Bezeichnung für stickstoffhaltige Verbindungen, die bei Stoffwechselreaktionen von Organismen beim Abbau von Aminosäuren entstehen.

Biokatalysator. Bezeichnung für Enzyme, die biochemische Reaktionen katalysieren (Katalysator).

Bittermandelöl. 1) Natürliches Bittermandelöl. In Kernen der Bittermandel und der Aprikosen enthaltenes Gemisch aus Benzaldehyd (90 %), Blausäure (3 %) und einigen anderen Verbindungen. Die tödliche Dosis liegt etwa bei 12 ml. 2) Künstliches Bittermandelöl. Besteht zu 99 % aus Benzaldehyd. Wird auch als das „echte Bittermandelöl" bezeichnet. Nicht gesundheitsschädlich, wird daher in Konditoreiwaren als Bittermandelaroma verwendet.

Bitumen (lat. Bezeichnung für Pech). Hauptbestandteil des schwarzen Rückstands, der bei der fraktionierten Destillation des Erdöls entsteht. Enthält hochsiedende Anteile von Kohlenwasserstoffen.

Blausäure (Cyanwasserstoffsäure).
Formelzeichen: $H-C\equiv N$.
Eigenschaften: m_M 27,03; D 2,228; Sdp. 25,7 °C; Fp. –13,4 °C; farblose,

nach bitteren Mandeln riechende Flüssigkeit, sehr giftig. Bildet in gasförmigem Zustand mit Luft explosive Gemische; ist brennbar.
Herstellung: Durch Reaktion von Kaliumcyanid (Cyankali) mit Schwefelsäure entsteht Blausäuregas, das mit Trockeneis (festes CO_2) zu wasserfreier Blausäure verflüssigt wird:
$2KCN + H_2SO_4 \rightarrow K_2SO_4 + HCN$.

Bleiglanz.
Formelzeichen: PbS.
Eigenschaften: m_M 239,25; D 7,51; Fp. 1 114 °C; bleigraue, glänzende Kristalle.
Verwendung: Wichtigstes Bleimineral, dient zur Herstellung von Blei und vielen Bleiverbindungen. In der Keramikindustrie werden daraus (giftige) Glasuren hergestellt.

Bleitetraethyl (Tetraethylblei). Als Antiklopfmittel wurde es dem Ottokraftstoff (Benzin) beigemengt.

Blindprobe. Bezeichnung für die Durchführung einer Nachweisreaktion ohne Beteiligung des nachzuweisenden Stoffes. Dient der Mengenfeststellung und der Reinheitsprüfung der zum Nachweis herangezogenen Chemikalien.

Blockpolymerisation. Makromoleküle entstehen durch Aneinanderfügen niedermolekularer Bausteine, der Monomeren. Stellt man eine relativ kurze Kette aus Monomeren des Stoffes A (Block A) und eine andere kurze Kette aus Monomeren des Stoffes B her (Block B) und verknüpft die Blöcke A und B abwechselnd miteinander zu einem Makromolekül, so erhält man einen Kunststoff, der die Eigenschaften des Stoffes A und B in sich vereinigt.

Blutlaugensalze.
1) Gelbes Blutlaugensalz [Kalium-hexa-cyano-ferrat(II)].
Formelzeichen: $K_4[Fe(CN)_6] \cdot 6H_2O$.
Eigenschaften: m_M 422,39; D 1,85; zerfällt beim Erhitzen; bildet gelbe, gut wasserlösliche Kristalle.
Verwendung: Nachweisreagenz für Eisen und Kupfer; zur Herstellung von Berliner Blau.
2) Rotes Blutlaugensalz [Kalium-hexa-cyano-ferrat(III)].
Formelzeichen: $K_3[Fe(CN)_6]$.
Eigenschaften: m_M 329,26; D 1,89; wasserlösiche, rote Kristalle, giftig; gutes Oxidationsmittel.
Verwendung: Dient zur Herstellung von Blaupausen; in der Farbfotografie.

Borax (Dinatrium-tetraborat).
Formelzeichen: $Na_2B_4O_7 \cdot 10H_2O$.
Eigenschaften: m_M 381,37; D 1,73; Fp. 75 °C; verliert beim Erhitzen bis 400 °C sein Kristallwasser; farblose, durch Verunreinigungen auch blaue und grüne Kristalle, die in heißem Wasser gut löslich sind. Sie verbinden sich in

der glasartigen Schmelze mit Metalloxiden zu charakteristisch gefärbten B.-perlen, die in der analyt. Chemie eine wichtige Rolle spielen.

Borazin.

Formelzeichen:

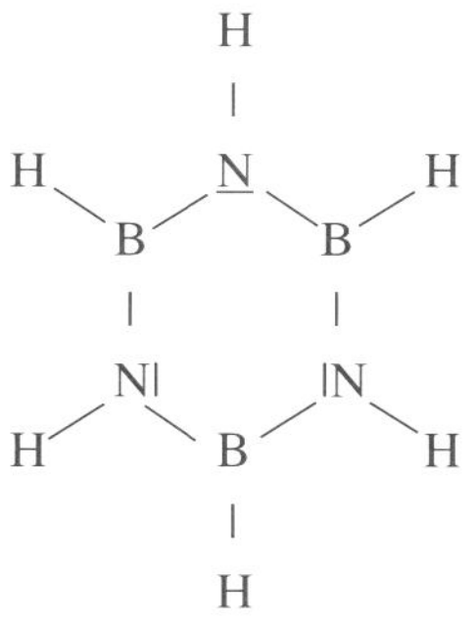

Eigenschaften: m_M 80,53; D 0,83; Sdp. 53 °C; Fp. –58 °C; farblose, wasserklare Flüssigkeit, mit aromat. Geruch; zersetzt sich in Wasser; die Wasserstoffatome am Bor lassen sich im Gegensatz zu denen am Stickstoff leicht gegen organische Reste substituieren. Wegen seiner Struktur auch anorganisches Benzol genannt. Mit Halogenwasserstoffen, z.B. Methylchlorid, können Additionen leicht durchgeführt werden.

Boudouard-Gleichgewicht. Bezeichnung für das temperatur- und druckabhängige Gleichgewicht zwischen Kohlendioxid und Kohlenmonoxid: CO_2 + C $\rightleftarrows$ 2CO, benannt nach seinem Entdecker. Es spielt bei allen chemischen Prozessen eine Rolle, bei denen unter relativ hohen Temperaturen Kohle (C) verbrannt wird, z. B. bei der Verhüttung von Eisenerz (Hochofenprozeß) oder bei der Herstellung des Generatorgases.

Boyle-Mariott'sches Gesetz. Nach ihren Entdeckern benannte Gesetzmäßigkeit für Gase, nach denen, bei gegebener Gasmasse und konstanter Temperatur, das Produkt aus Druck (p) und Volumen (V) stets konstant ist: $p \cdot V = const.$ Gilt streng genommen nur für ideale Gase.

Branntkalk → Ätzkalk.

Brauneisenstein (Brauneisenerz).

Formelzeichen: $Fe_2O_3 \cdot nH_2O$.

Eigenschaften: m_M je nach Kristallwassergehalt ab 159,69 für Fe_2O_3; D 4–5,5; verliert das Kristallwasser beim Erhitzen ab 60 °C, bei 400 °C erhält man reines Fe_2O_3; häufigstes Eisenerz in Europa.

Braunstein (Mangan(IV)-oxid).

Formelzeichen: MnO_2.

Eigenschaften: m_M 86,94; D 5,026; schwarzes, geruchloses Kristallpulver, mit oxidierender Wirkung, setzt aus konz. Salzsäure (HCl) Chlorgas (Cl_2) frei: $MnO_2 + 2HCl \rightarrow MnCl_2 + 2H_2O + Cl_2$. Dient auch als Katalysator zur Zersetzung von Wasserstoffperoxid (H_2O_2), unter Freisetzung von Sauerstoffgas: $2H_2O_2 \rightarrow 2H_2O + O_2$.

Brennbarkeit. Sie ist dann gegeben, wenn sich der betreffende Stoff über seinem Entzündungspunkt, in einer

Lexikon

exothermen Reaktion mit Sauerstoff, in gasfärmige Produkte umsetzt.

Brenzkatechin (1,2-Dihydroxybenzol).

Formelzeichen:

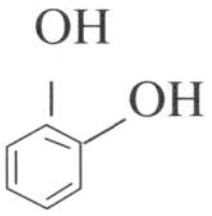

Eigenschaften: m_M 110,11; D 1,344; Sdp. 245,9 °C; Fp. 103,8 °C; farblose, wasserlösliche Kristalle, mit reduzierender Wirkung; B. geht dann in das entsprechende Chinon (Orthochinon) über.

Verwendung: Vorwiegend als fotografischer Entwickler, außerdem als Ausgangsstoff für Farb- und Riechstoffe sowie Arzneimittel.

Brenztraubensäure (α-Keto-propionsäure).

Formelzeichen:

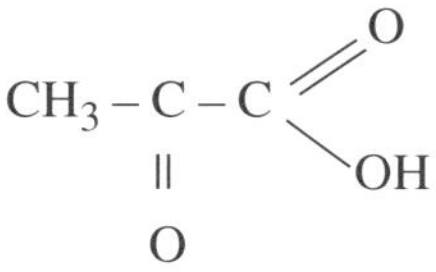

Eigenschaften: m_M 88,06; D 1,22; Sdp. 165 °C; Fp. 11,8 °C; farblose, nach Essig riechende, wasserlösliche Kristalle. Einfachste α-Ketosäure; wirkt reduzierend auf ammoniakalische Silbernitratlösung; kann zu Essigsäure und Kohlendioxid oxidiert, zu Milchsäure reduziert werden. Ihre Salze werden Pyruvate genannt.

Bedeutung: Spielt im Energiestoffwechsel der Organismen eine zentrale Rolle.

Bromierung. Bezeichnung für Reaktionen der organischen Chemie, bei denen Brom in einer Additions- oder Substitutionsreaktion mit einem anderen (organischen) Molekül reagiert.

Bromphenolblau.

Formelzeichen:

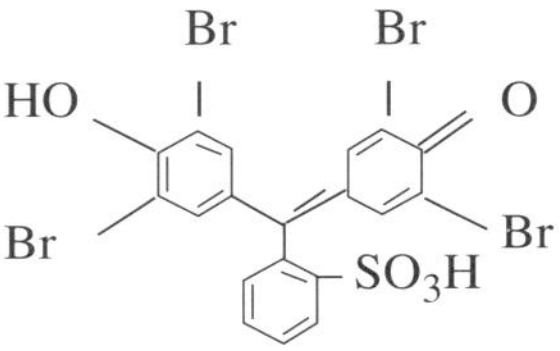

Eigenschaften: m_M 670,02; Fp. 279 °C; in Wasser schwer lösliche Kristalle, die bei pH 3 gelb, bei pH 4,6 purpurfarben sind.

Verwendung: Als Indikator, zum Sichtbarmachen von Aminosäuren bei der Elektrophorese; als zuerst unsichtbares Farbpulver, mit dem man Geldscheine oder Geldkassetten präparieren kann.

Bromthymolblau.

Formelzeichen:

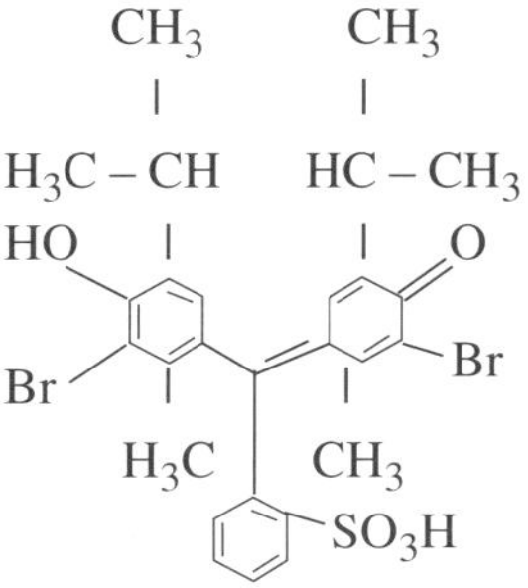

Eigenschaften: m_M 624,39; in Wasser schwer lösliches, schwach rötliches Pulver, das bis pH-Wert 6,0 gelb ist und dann blau wird.

Verwendung: Als Indikator, zum Bestimmen des Neutralpunktes (pH = 7,0) bei der Titration gut geeignet.

Bromwasser. Bezeichnung für eine Lösung aus Brom und Wasser. Der größte Teil des Broms bleibt als Brommolekül physikalisch im Wasser gelöst. Ein geringer Anteil reagiert dabei mit den Wassermolekülen zu Bromwasserstoffsäure und Hypobromiger Säure (HBrO) die durch Belichtung in Bromwasserstoffsäure und Sauerstoff zerfällt. Wirkt oxidierend.

Bronze (*lat.* brindisium = Brindisi). Bezeichnung für eine Kupferlegierung, die neben dem Hauptbestandteil Kupfer (60–94 %) hauptsächlich Zinn, wenig Zink oder Blei enthält, je nach Anwendung der Legierung. Zinn kann durch andere Metalle, wie Aluminium, Beryllium, Mangan usw. ersetzt werden. Derartige Legierungen werden Sonderbronzen genannt. Antike Bronzen bestanden zu 80–85 % aus Kupfer und zu 20–15 % aus Zinn.

Brown'sche Molekularbewegung. Von R. Brown 1827 unter dem Mikroskop zum ersten Mal beobachtete Erscheinung, dass sich kleinste Feststoffteilchen in einer Suspension ständig in unregelmäßiger Bewegung befinden. Die Erklärung dafür kommt aus der kinetischen Gastheorie. Danach erfolgt die Bewegung umso schneller, je höher die Temperatur ist und umso kleiner die betreffenden Teilchen sind.

Brünieren. Bezeichnung für eine Rostschutzmethode, wobei das Eisen bzw. der Stahl mit einer Eisenhydroxidschicht ($Fe(OH_2)$) versehen wird, die dann mit feinverteiltem Antimon (Sb) überzogen wird. Man erhält dadurch eine schwarze Metalloberfläche.

Bürette. Bezeichnung für ein geeichtes, mit einer (meist) 1/10 ml genauen Skaleneinteilung versehenes, zylindrisches Glasrohr, das am unteren Ende einen eingeschliffenen Ablasshahn besitzt. Es ist ein wichtiges Gerät zur Volumenmessung, das bei der Maßanalyse (Titration) verwendet wird.

Bullrichsalz. Bezeichnung für ein Mittel gegen Magenübersäuerung. Enthält Natriumhydrogencarbonat ($NaHCO_3$), das die im Magen befindliche Salzsäure (HCl) neutralisiert. Benannt nach dem Apotheker W. August Bullrich (1802–1859) aus Berlin.

1,3-Butadien.

Formelzeichen:

$H_2C = CH - CH = CH_2$.

Eigenschaften: m_M 54,09; D 0,65 (fl.); Sdp. – 4,75 °C; Fp. –108,9 °C; farbloses, leicht zu verflüssigendes Gas mit charakteristischem Geruch; in org.

Lexikon

Lösungsmitteln gut lösbar, neigt zu Polymerisationen und muss daher zur Lagerung mit einem Stabilisator versehen werden.

Buttersäure (Butansäure).

Formelzeichen:

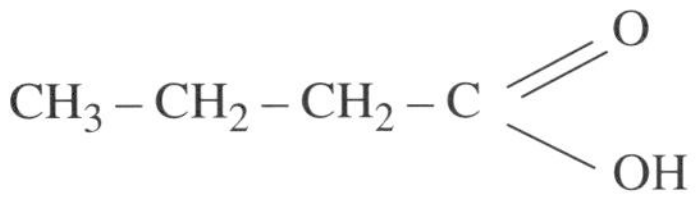

Eigenschaften: m_M 88,11; D 0,960; Sdp. 163,5 °C; Fp. – 5,55 °C; farblose, ölige, unangenehm nach Schweiß riechende Flüssigkeit; wasserlöslich. Fettsäure, entsteht durch bakterielle Zersetzung des Butterfettes.

Verwendung: Zur Herstellung von Estern, die als Aromastoffe verwendet werden können. Auch zur Synthese von Arzneimitteln.

C

C–14. Abkürzung für das radioaktive Isotop des Kohlenstoffs, das als β-Strahler mit einer Halbwertszeit von 5760 Jahren zerfällt. Spielt bei der Altersbestimmung fossiler Funde eine große Rolle. Die chemischen Eigenschaften des C–14 unterscheiden sich nicht von denen des nichtradioaktiven C–12-Isotops, das den Hauptanteil am natürlichen Kohlenstoff ausmacht.

Calcit → Calciumcarbonat.

Calciumcarbonat (Kalk).

Formelzeichen: $CaCO_3$.

Eigenschaften: m_M 100,09; D 2,71–2,95. Siedepunkte und Festpunkte variieren je nach Modifikation des betreffenden Kalkgesteins. Reines C. ist in Wasser unlöslich, solange sich darin keine Säure befindet. Unter Säureeinfluss (z. B. Schwefelsäure) zersetzt sich der Kalk in das entsprechende Salz (hier Calciumsulfat) und Koh-lendioxidgas: $CaCO_3 + H_2SO_4 \rightarrow CaSO_4 + H_2O + CO_2$.

Bedeutung: Wegen seiner Unlösbarkeit in Wasser findet sich überall auf der Erde Kalkgestein als gebirgsbildendes Mineral, das in oft kilometerdicken Sedimenten urzeitlicher Meere entstanden ist. Durch geologische Prozesse wurden die Sedimente zu Kalkgebirgen (z. B. Dolomiten). Kohlensäurehaltiger Regen zersetzt den Kalk in lösliches Calciumhydrogencarbonat, das durch Bäche und Flüsse dem Meer zugeführt wird: $CaCO_3 + H_2CO_3 \rightarrow Ca(HCO_3)_2$; dort lebende Organismen, wie Muscheln, Schnekken, Korallen usw. nehmen das gelöste Hydrogencarbonat auf und wandeln es in unlösliches C. um, indem sie daraus Kalkgehäuse, Schalen bzw. Korallenriffe aufbauen. Nach dem Absterben dieser Organismen bilden sich wieder Sedimente – der Kreislauf schließt sich. Man findet, als Beweis für diese Abläufe, in den Kalkalpen Versteinerungen von Muscheln und Wasserschnecken.

Calciumoxid (Branntkalk).
Formelzeichen: CaO.
Eigenschaften: m_M 56,08; D 3,40; Sdp. 3570 °C; Fp. 2600 °C; hellgraues bis weißes Kristallpulver, das sich mit Wasser in einer exothermen Reaktion zu Calciumhydroxid (Löschkalk) umsetzt. Reagiert an der Luft mit Kohlendioxid (CO_2) und Wasserdampf zu Calciumcarbonat (Kalk), aus dem es durch trockenes Erhitzen (Brennen) hergestellt wurde.
Verwendung: Zur Herstellung von Mörtel wird C. in der Bauindustrie in großen Mengen verwendet.

Calciumsulfat (Gips).
Formelzeichen: $CaSO_4$.
Eigenschaften: m_M 136,14; D 2,96. 1) Wasserfreier Anhydrit ist ein weißes Kristallpulver, das in Wasser schwer löslich ist. Kommt als weißer Alabaster und als durchscheinendes Marienglas vor. 2) Naturgips enthält Kristallwasser bzw. Hydratwasser ($CaSO_4 \cdot 2H_2O$). Durch Brennen kann es teilweise oder ganz entfernt werden, was die Verwendung und die Eigenschaften des entsprechenden Produktes beeinflusst.
Verwendung: Naturgips wird zu Portlandzement verarbeitet; C dient als Füllstoff, z. B. bei der Papierherstellung; wird auch als Dünger benötigt.

Campher (Kampfer, *arab.* Kamfur).
Formelzeichen:

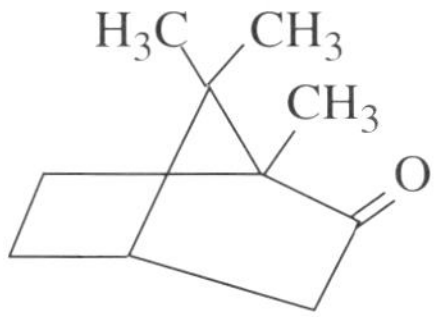

Eigenschaften: m_M 152,24; D 0,81; Sdp. 209,1 °C; Fp. 176,3 °C; farbloses, charakteristisch riechendes Pulver, das kaum wasserlöslich ist. Es ist ein bicyclisches Keton, das optisch aktiv und rechts drehend ist, d. h. die Ebene des polarisierten Lichtes nach rechts dreht.

Verwendung: In der Medizin wird es zur Anregung der Herztätigkeit nach Narkosen verabreicht. Der Hauptanteil an Campher geht in die Kunststoffindustrie, wo es als Weichmacher mit Alkohol und Kollodiumwolle zu Celluloid verknetet wird.

Cancerogene Stoffe (*lat.* cancer = Krebs; *griech.* genein = erzeugend). Sammelbegriff für viele unterschiedliche chemische Verbindungen, die bei Mensch und Tier bösartige Zellwucherungen verursachen.

Carbanionen. Bezeichnung für organische Verbindungen, die ein C-Atom haben, das eine negative Ladung trägt.

Carbide. Bezeichnung für anorganische Verbindungen, die nur aus Kohlenstoff und einem weiteren Element bestehen z. B. Silicium oder Metalle. Derartige Verbindungen erhöhen die Härte von Legierungen, z.B. von Stahl.

Carbonate. Bezeichnung für die anorganischen neutralen Salze der Kohlensäure (H_2SO_3) bzw. für das Säurerestion CO_3^{2-}. Sie sind in Wasser schwer löslich, sieht man von den Alkali-Carbonaten ab. Sie zerfallen beim trockenen Erhitzen in die entsprechenden Oxide und CO_2 (außer den Alkali-C). Sie werden von Säuren zersetzt, wobei Kohlendioxidgas (CO_2) entsteht. Das häufigste Carbonat ist Kalk (Calciumcarbonat).

Carbonatpuffer. Bezeichnung für das im Blut enthaltene Gemisch gleich konzentrierter Kohlensäure und Hydrogencarbonat. Dieser Puffer hält den pH-Wert des Blutes konstant.

Carboniumionen (Carbeniumionen). Bezeichnung für organische Verbindungen, die ein Kohlenstoffatom haben, das eine positive Ladung trägt.

Carbonsäure. Gruppenbezeichnung für viele organische Verbindungen, die eine oder mehrere Carboxylgruppen als funktionelle Gruppen tragen. Man unterscheidet demnach zwischen Mono-, Di- und Tricarbonsäuren. Sie reagieren sauer, weil die Carboxylgruppe jeweils ein Proton abspalten kann (Säure), das mit Wasser ein Oxoniumion ($H_3O^{\oplus}$) bildet. Die Protonenabspaltung wird aus zwei Gründen erleichtert: zum Einen, weil der dann entstehende Molekülrest der funktionellen Gruppe, das Carboxylation, durch Mesomerie stabilisiert ist:

Zum Zweiten, weil die Carbonylgruppe (C = O) in der Carboxylgruppe einen –I-Effekt hat und somit die Bindung zwischen Sauerstoff und Wasserstoff stark polarisiert. Im Vergleich mit den anorg. (Mineral-)Säuren i. d. R. ziemlich schwache Säuren, da die organischen Reste oft +I-Effekte haben, die eine Polarisierung zwischen dem Sauerstoff und dem Wasserstoff der Carboxylgruppe verringern.

Carbonsäureanhydride. Bezeichnung für Verbindungen, die aus organischen Säuren (Carbonsäuren) formal durch Abspaltung von einem Molekül Wasser abgeleitet sind.

Carbonsäurehalogenide. Sehr reaktionsfähige Verbindungen, die sich von den Carbonsäuren ableiten lassen. Bei ihnen ist die Hydroxylgruppe (OH) der Carbonsäure durch ein Chloratom ausgetauscht.

Carbonylgruppe. Bezeichnung für folgende funktionelle Gruppe:

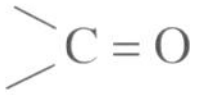

Sie ist ein kennzeichnender Bestandteil der Aldehyde, der Ketone und der Carbonsäuren. Durch die unterschiedliche Elektronegativität des Sauerstoffatoms und des Kohlenstoffatoms ist die Bindung zwischen beiden Atomen polar.

Carboxylgruppe. Bezeichnung für die funktionelle Gruppe der Carbonsäuren:

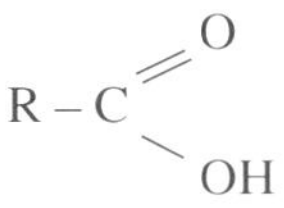

Sie ist für den sauren Charakter der Carbonsäuren verantwortlich, weil sie den Wasserstoff der Hydroxylgruppe (-OH) als Proton abspalten können.

Carboxylation. Bezeichnung für das Molekülion, das nach der Abspaltung des Protons von der Carboxylgruppe übrigbleibt:

Es ist mesomeriestabilisiert, d. h. die Bindungselektronen der Doppelbindung können zwischen den beiden Sauerstoffatomen hin und her wechseln. Dadurch wird ein Angriff eines anderen Teilchens erschwert. Das Carboxylation ist das Kennzeichen der Salze der Carbonsäuren, die schwache Säuren sind; das Carboxylation ist daher eine relativ starke Base.

Carotine. Bezeichnung für eine Gruppe von farbigen, ungesättigten Kohlenwasserstoffverbindungen, mit der Summenformel $C_{40}H_{56}$. Das bekannteste ist das so genannte β-Carotin:

Formelzeichen:

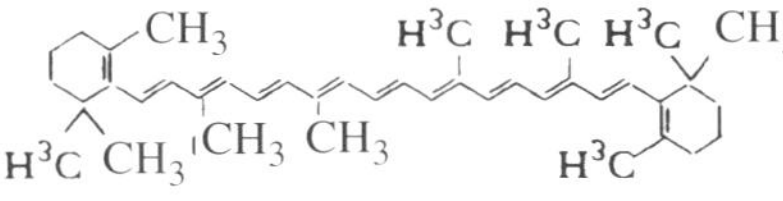

Eigenschaften: m_M 536,85; Fp. 184 °C; fettlösliche, dunkelrote, tafelförmige Kristalle; sehr reaktionsfähig und empfindlich gegen Luftsauerstoff. Es wird aus Karotten, rotem Palmöl und Luzernenmehl gewonnen. Ist darüber hinaus in den Blättern der grünen Pflanzen und in vielen Früchten enthalten.

Cassius'scher Goldpurpur. Bezeichnung für ein Gemisch aus einer angesäuerten Zinn(II)-salzlösung (meist Zinn(II)-chlorid, $SnCl_2$), die etwas Gold(III)-chlorid ($AuCl_3$) enthält. Man erhält dann eine tiefrote Farbe, die in der Porzellan- und Glasherstellung als Rubinrot eingesetzt wird. In dem Gemisch bildet sich atomares, kolloidal gelöstes Gold, das für die rote Farbe verantwortlich ist: $2AuCl_3 + 3SnCl_2 + 6H_2O \rightarrow 2Au + 3SnO_2 + 12HCl$.

Cellophan.
Formelzeichen: Cellulose. Bezeichnung für meist farblose, durchsichtige Kunststoffolien, die in unterschiedlichen Stärken hergestellt werden.

Celluloid (Zelluloid). Bezeichnung für einen häufig verwendeten und daher sehr bekannten, farblosen und durchsichtigen Kunststoff, der als Trägermaterial für fotografische Emulsionen zu Filmnegativen verarbeitet wurde. Neben Filmmaterial werden auch Brillengestelle, Kämme und Bürsten daraus hergestellt. Da es als Elfenbein- und Schildpattersatz eingesetzt wird, hat es neuerdings auch Bedeutung für den Artenschutz bekommen.

Cellulose (Zellulose). Bezeichnung für das häufigste natürliche Polysaccharid. Ein Makromolekül, das aus sehr vielen β-Glucoseeinheiten zusammengesetzt ist, die unter Wasseraustritt enzymatisch miteinander verbunden werden. Dadurch entsteht eine gerade Molekülkette, die nicht spiralig gewunden ist.
Formelzeichen (Ausschnitt):

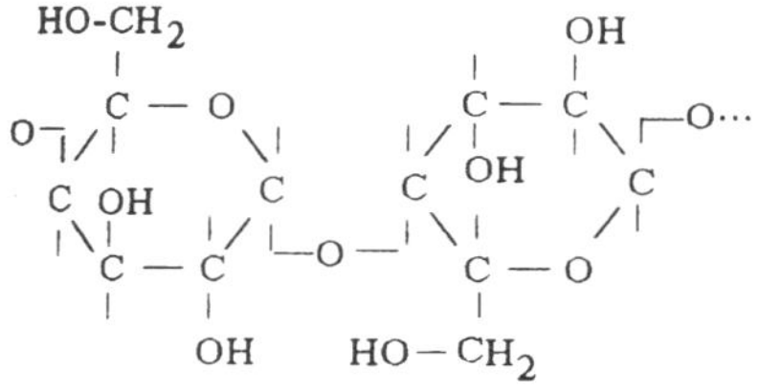

Eigenschaften: m_M ca. 50.000 bis 500.000, je nach Herkunft; sie ist unlöslich in Wasser, verdünnten Säuren und vielen anderen Lösungsmitteln, mit Ausnahme von Zinkchloridlösung und anderen Komplexbildnern.

Chalkogene (*griech.* chalkos = Erz; *griech.* genein = erschaffen). Bezeichnung für die Elemente der VI. Hauptgruppe des Periodensystems.

Chelate (*griech.* chelä = die Schere). Sammelbezeichnung für komplexbildende Verbindungen, die Metallionen, Metalle, oder Atomgruppierungen mit freien Elektronenpaaren cyclisch umschließen (in die Zange oder Schere nehmen) und fest binden, z. B. Hämoglobin, Myoglobin oder Chlorophyll usw.

Chemikalien. Sammelbegriff für alle Stoffe, die in den chemischen Laboratorien, der chemischen Industrie oder Pharmazie verwendet, oder hergestellt werden. Sie sind als Reinstoffe von den Gemengen (Gemischen) zu unterscheiden.

Chemosynthese. Biochemische Bezeichnung für den Stoffwechsel bestimmter Mikroorganismen.

Chilesalpeter (Natriumnitrat).
Formelzeichen: $NaNO_3$.
Eigenschaften: m_M 84,99; D 2,257; Fp. 306 °C; farblose, hygroskopische, in Wasser leicht lösliche Kristalle. Ist zur Schwarzpulverherstellung ungeeignet, weil es hygroskopisch ist. Große Lagerstätte in der Atacamawüste in Chile.
Verwendung: Vorwiegend als Düngemittel. Dient auch der Herstellung von Salpetersäure: $2NaNO_3 + H_2SO_4 \rightarrow 2HNO_3 + Na_2SO_4$. In Glasschmelzen wird es als Oxidationsmittel verwendet, um bestimmte Farbeffekte zu erreichen.

Chinoides Bindungssystem. Bezeichnung für ein vom Benzol abgeleitetes Elektronensystem innerhalb eines Kohlenstoff-Sechserringes. Im Gegensatz zum Benzol, in dem sechs delokalisierte Elektronen den aromatischen Zustand des Benzols bedingen, befinden sich im chinoiden System nur vier delokalisierte Elektronen. Am Kohlenstoffring befinden sich meist in Parastellung zwei Sauerstoffatome, die über je eine Doppelbindung mit dem Ring verbunden sind:

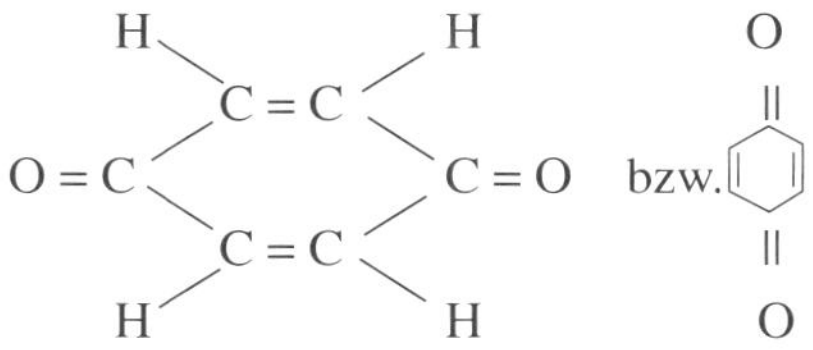

para-chinon

Chinone spielen überall dort eine große Rolle, wo es auf leichte Beweglichkeit der Elektronen ankommt. Aus den Doppelbindungen der Sauerstoffatome können leicht zwei Elektronen in den Ring hineinklappen, wodurch der aromatische Zustand wiederhergestellt wird. Dieser Vorgang kann ebenso leicht wieder rückgängig gemacht werden.

o-Chinon (1,2-Benzochinon).
Formelzeichen:

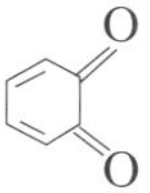

Eigenschaften: m_M 108,10; D 1,085; Fp. 60–70 °C; zersetzt sich leicht; rote, in Benzol und Ether lösliche Kristalle; sehr reaktionsfähig, indem es anderen Verbindungen leicht Wasserstoffatome entreißt und dabei in Brenzkatechin übergeht.

p-Chinon (1,4-Benzochinon).
Formelzeichen:

Eigenschaften: m_M 108,10; D 1,31; Fp. 115,5 °C; sublimiert beim Erhitzen; gelbe, chlorähnlich stechend riechende Kristalle, die sich in Alkohol und heißem Wasser lösen. Starkes Oxidationsmittel, das anderen Verbindungen leicht Wasserstoff entreißt und dabei in Hydrochinon übergeht. Wichtiger Ausgangsstoff für Farbstoffe.

Chiralität („Händigkeit“, optische Aktivität). Bezeichnung für die Struktur von Verbindungen, die ein Asymmetriezentrum haben, d. h. ein Kohlenstoffatom, an dem sich vier verschiedene Substituenten befinden. Unterscheiden sich zwei Moleküle nur dadurch voneinander, dass die Substituenten am asymmetrischen Kohlenstoffatom unterschiedlich angeordnet sind, dann verhalten sie sich zueinander wie Bild und Spiegelbild, sie bilden zwei Strukturisomere (Isomerie, Enantiomere).

Chitin. Bezeichnung für ein Polysaccharid, das sich von der Cellulose ableitet. Am C_2-Atom des Celluloseringes ist die OH-Gruppe durch eine Acetamido-Gruppe ausgetauscht.

Chlor-Alkali-Elektrolyse. Bezeichnung für eine Methode zur gleichzeitigen Herstellung von Natronlauge, Chlor und Wasserstoff.

Chlorierung. Bezeichnung für Reaktionen der organischen Chemie, wobei Chlor in eine bestehende Verbindung eingebaut werden soll. Dies kann entweder durch Substitution, oder durch Addition an eine Doppelbindung geschehen.

Chlorknallgas. Bezeichnung für ein äquimolares Gemisch aus Chlor- und Wasserstoffgas. Es reagiert explosionsartig schon bei Belichtung zu Chlorwasserstoffgas. Diese fotochemische Reaktion ist eine radikalische Kettenreaktion, wobei das Licht ein Chlormolekül in zwei Radikale spaltet, die dann ihrerseits Wasserstoffmoleküle spalten, wobei wieder Radikale gebildet werden.

Chloroform (Trichlormethan).

Formelzeichen:

```
     Cl
     |
H – C – Cl
     |
     Cl
```

Eigenschaften: m_M 119,38; D 1,48; Sdp. 60,7 °C; Fp. –63,5 °C; farblose, wasserunlösliche Flüssigkeit mit eigenartig süßlichem Geruch; ihre Dämpfe wirken betäubend, wobei für einen Erwachsenen 28,5 g zur Vollnarkose führen.

Chlorophyll → Photosynthese.

Cholin.

Formelzeichen:

```
                        CH3
                        | ⊕
HO – CH2 – CH2 – N – CH3 + OH⁻
                        |
                        CH3
```

Eigenschaften: m_M 121,18; wasserlösliche, starke Base, die aus Lecithin gewonnen wird. Sie verringert die Fettablagerung und wirkt der Verkalkung von Arterien entgegen.

Cis-trans-Isomerie. Eine Doppelbindung in einer Kohlenwasserstoffkette verhindert die freie Drehbarkeit zwischen den an der Bindung beteiligten Kohlenstoffatomen. Befinden sich an den Kohlenstoffatomen jeweils zwei gleiche Substituenten neben den üblichen Wasserstoffatomen, dann können diese Substituenten in folgender Weise angeordnet sein:

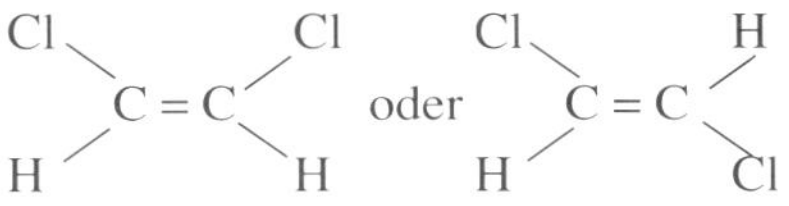

cis-1,2-Dichlorethen trans-1,2-Dichlorethen

Befinden sich die beiden Substituenten (hier die Chloratome) auf derselben Seite des Moleküls, dann liegt ein cis-Isomeres (*lat.* cis = diesseits) vor; liegen sie sich diagonal gegenüber, liegt ein trans-Isomeres vor.

Citrin. Bezeichnung für einen gelben Halbedelstein, der durch Erhitzen (500 °C) aus dem violetten Amethyst erhalten werden kann.

Citronensäure.

Formelzeichen:

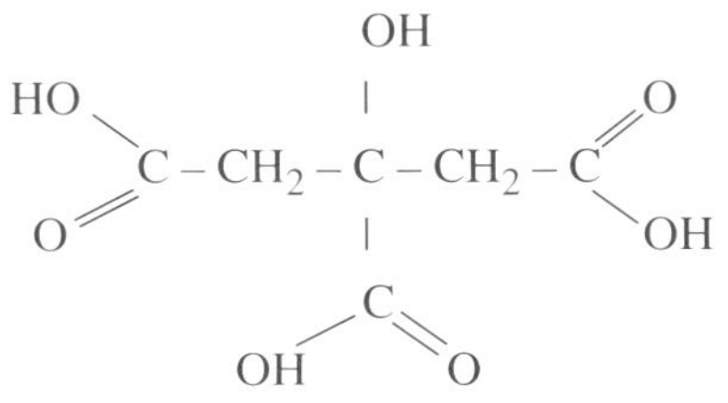

Eigenschaften: m_M 192,13; D 1,54; Fp. 155 °C; leicht wasserlösliche, farblose Kristalle, die mit Wasser sauer reagieren. Sie spielt in der Biochemie eine große Rolle als Bestandteil des Citronensäurecyclus.

Cracken. Bezeichnung für ein technisches Verfahren der Erdölverarbeitung, bei dem aus langen Kohlenwasserstoffverbindungen kurze und verzweigte Moleküle entstehen, die man für Benzin benötigt.

Curare. Bezeichnung für ein Gemisch aus ca. 30 verschiedenen Alkaloiden mit unterschiedlicher Giftigkeit.

Cyanide. Bezeichnung für Salze der Blausäure (Cyanwasserstoffsäure). Sie enthalten als Säurerest das Anion $|C \equiv N|^{\ominus}$, das so genannte Cyanidion. Die wasserlöslichen Alkali- und Erdalkalicyanide sind sehr giftig, da durch Protolyse mit dem Wasser die schwache Säure Blausäure entsteht.

Cyanidlaugerei. Verfahren zur Gold- und Silbergewinnung mit Natriumcyanid ($NaC \equiv N$). Die Gold- und Silbererze werden mit dem Cyanid zur Reaktion gebracht, wobei die Edelmetalle an das Cyanid komplex gebunden werden und in Lösung gehen. Aus diesen Lösungen kann dann das jeweilige Edelmetall durch Elektrolyse gewonnen werden.

Cyclische Verbindungen. Bezeichnung für ringförmige Verbindungen.

Bei organischen Verbindungen bilden meist Kohlenstoffatome den Ring (isocyclische Verbindungen), wobei einzelne Fremdatome, wie Schwefel, Sauerstoff oder Stickstoff, mit eingebaut werden können (heterocyclische Verbindungen).

Cycloalkane. Bezeichnung für ringförmige Kohlenwasserstoffverbindungen. Sie werden wie die Alkane benannt; vor den Namen des Alkans wird die Vorsilbe „Cyclo" gestellt, z. B. Cyclobutan (C_4H_8), Cyclopentan (C_5H_{10}), Cyclohexan (C_6H_{12}) usw. Kleinere Ringe als Cyclobutan sind nicht stabil, sie zerfallen in kettenförmige (aliphatische) Alkane. Die Kohlenstoffatome des Cyclohexans bilden wegen ihres Tetraederwinkels kein ebenes Molekül. Es gibt zwei räumliche Strukturen, die „Wannenform" und die „Sesselform":

 bzw. 

Cystein.

Formelzeichen:

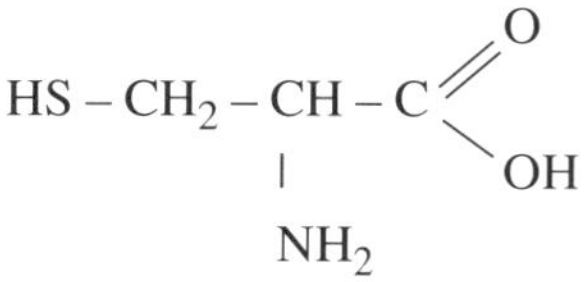

Eigenschaften: m_M 121,16; Fp. 220 °C; farblose Kristalle, die sich in Wasser und Alkohol lösen lassen. Kommt in der Natur als optisch aktive Aminosäure vor und ist somit am Aufbau von Eiweiß beteiligt. Sie kann Radikale binden, die durch Bestrahlung entstanden sind.

Cytosin.

Formelzeichen:

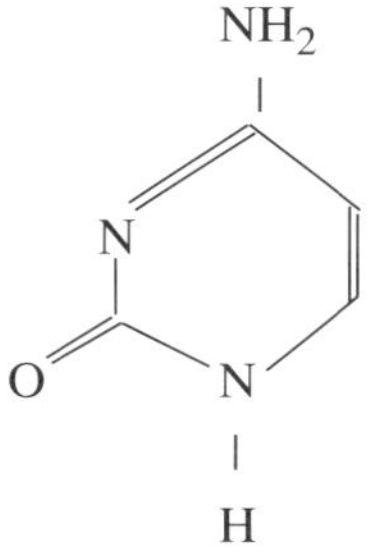

Eigenschaften: m_M 111,10; Fp. 320 °C; farblose Kristalle, die sich in Wasser nicht besonders gut lösen; sind als Stickstoffbasen in den Nukleinsäuren als unverzeichtbarer Bestandteil enthalten.

D

Dampf. Bezeichnung für die Gasphase fester und flüssiger Stoffe. Wird häufig umgangssprachlich unkorrekt auf sichtbaren Wasser„dampf" angewandt, der eigentlich als Nebel bezeichnet werden müsste, weil er aus feinsten Tröpfchen flüssigen Wassers besteht. Eigentlicher Wasserdampf ist dagegen ein unsichtbares Gas, das aus einzelnen Wassermolekülen (H_2O) besteht.

Daniell-Element. Bezeichnung für ein stromlieferndes Galvanisches Element, das aus einer Kupferelektrode in Kupfersulfatlösung und einer Zinkelektrode in Zinksulfatlösung besteht.
$Zn \rightarrow Zn^{2\oplus} + 2\,e^-$; $Cu^{2\oplus} + 2\,e^- \rightarrow Cu$; Gesamtreaktion: $Zn + Cu^{2\oplus} \rightarrow Zn^{2\oplus} + Cu$.

Darstellung. Bezeichnung für die Herstellung einer chemischen Verbindung in kleinen Mengen, wie sie im Labor üblich sind.

DDT (Dichlor-diphenyl-trichlorethan).
Formelzeichen:

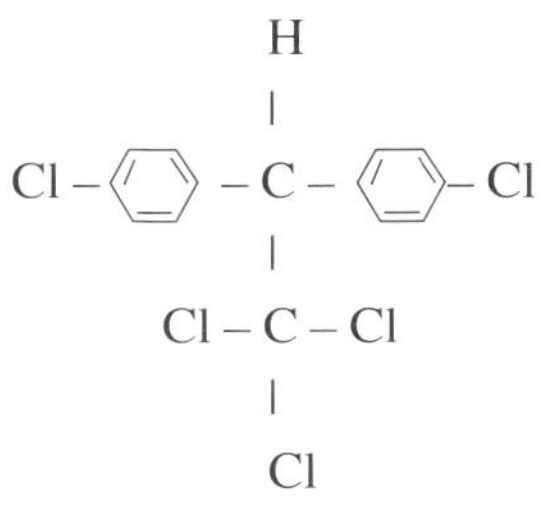

Eigenschaften: m_M 354,50; Fp. 109 °C; Sdp. 260 °C; wasserunlösliche, farb- und geruchlose Kristalle; sehr wirksames Insektizid, das durch Berührung aufgenommen wird, das Nervensystem der Insekten lähmt und schließlich zum Tode führt. Ist für den Menschen weniger giftig, greift aber in den Calcium-Stoffwechsel ein. Da das Gift praktisch nicht abgebaut werden kann, gelangt es durch die Nahrungskette auch zum Menschen, wo es im Fettgewebe gespeichert wird.

Dehydratisierung. Bezeichnung für einen Reaktionsschritt in der organischen Chemie, bei dem aus einer Verbindung ein Molekül Wasser abgespalten wird.

Dehydrierung. Bezeichnung für einen Reaktionsschritt in der organischen Chemie, bei dem aus einer Verbindung Wasserstoff abgespalten wird.

Dehydrocyclisierung. Bezeichnung für eine Reaktion, bei der es zu einem Ringschluss kommt, unter gleichzeitiger Wasserstoffabspaltung.

Dekantieren. Physikalische Trennmethode bei flüssig-festen Gemengen,

Lexikon

bei der die Flüssigkeit nach dem Absetzen der festen Phase vorsichtig abgeschüttet wird.

Dekontaminieren. Entfernen von giftigen oder radioaktiven Verunreinigungen mithilfe von chemischen oder physikalischen Methoden.

Delokalisierte Elektronen. In aromatischen Verbindungen oder in Verbindungen mit konjugierten Doppelbindungen, können die Elektronen zwischen den Atomen der Verbindung ständig hin und her wechseln. Sie sind daher den einzelnen Atomen nicht mehr fest zurechenbar, also delokalisiert.

Demethylierung. Bezeichnung für einen Reaktionsschritt, bei dem (oft katalytisch) aus organischen Verbindungen eine Methylgruppe abgespalten wird.

Denaturieren. Bezeichnung mit mehrfacher Bedeutung: 1) Verändern der Tertiärstruktur von Eiweißstoffen durch konz. Säuren, Hitze und Salze. Die Eiweißstoffe flocken dabei aus ihrer Lösung aus. 2) Bezeichnung für den Zusatz von übel schmeckenden bzw. riechenden Flüssigkeiten, z. B. zu reinem Alkohol, um ihn in einen ungenießbaren Zustand zu versetzen.

Derivate (*lat.* derivare = ableiten). Bezeichnung für Verbindungen, die durch geringfügige Änderungen aus einer Stammverbindung hervorgegangen sind.

D-Desoxyribose.
Formelzeichen:

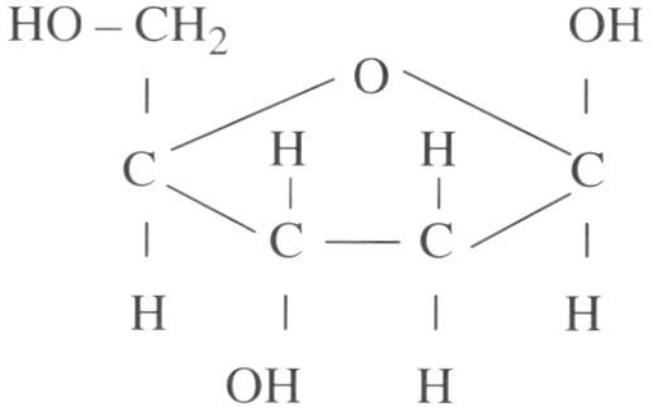

Eigenschaften: m_M 134,13; Fp. 91,1 °C; wasserlösliche, farblose Kristalle; das Zuckermolekül ist ein wesentlicher Bestandteil der Desoxyribonucleinsäure (DNS) aller Lebewesen. Sie hat ein Sauerstoffatom weniger als die Ribonucleinsäure (RNS).

Destillation (*lat.* destillare = heruntertropfen). Bezeichnung für das in der Chemie wichtigste Trennverfahren, mit dem Flüssigkeitsgemische, die sich in ihren Siedepunkten deutlich unterscheiden, voneinander getrennt werden können. Die Flüssigkeiten werden in einem kugelförmigen Reaktionskolben erhitzt, in den ein Thermometer hineinragt; im anschließenden (meist) wassergekühlten Kühler kondensiert der Dampf der Flüssigkeit mit dem niedrigsten Siedepunkt und tropft in die Vorlage.

Destillieren → Destillation.

Destilliertes Wasser (*lat.* aqua destillata). Im Chemie-Labor wird immer nur destilliertes Wasser, besser noch zweimal destilliertes Wasser (aqua bidestillata) verwendet, wenn bei einer

Reaktion chem. reines Wasser benötigt wird. Leitungswasser ist dagegen eine Salzlösung, die aus Metall- und Nichtmetallionen besteht, die eine Reaktion beeinflussen können.

Detergentien. Bezeichnung für oberflächenaktive Verbindungen, die wie Seife die Oberflächenspannung des Wassers herabsetzen (Tenside) und somit den Waschprozeß erleichtern, z. B. Fettalkoholsulfate.

Detonation (Explosion). Bezeichnung für die mit höchster Geschwindigkeit und maximalen Druckwellen erfolgende Ausbreitung von Gasgemischen, wie sie nach einer Verbrennung erfolgen kann. Die anfängliche Verbrennungsgeschwindigkeit der Gase kann dabei gering sein; sie steigert sich aber zusehends (1750 bis 7700 m/s), da nach dem Van-t'-Hoff'schen Gesetz die Reaktionsgeschwindigkeit verdoppelt wird, wenn sich die Reaktionstemperatur um 10 °C erhöht. Bald genügt die Druckwelle, um weitere, bisher unbeteiligte Gase zur Reaktion zu bringen, womit dann die eigentliche Detonation erreicht ist.

Deuterium.

Formelzeichen: ^2H oder D.

Eigenschaften: m_A 2,014; schweres Isotop des Elementes Wasserstoff, das aus einem Proton und einem Neutron besteht. Es ist im natürlichen Wasserstoffgas zu etwa 0,015 % enthalten, ebenso in entsprechenden Verbindungen. Deuterium zeigt die selben chem. Reaktionen wie der gewöhnliche Wasserstoff; die Unterschiede bestehen in den physikalischen Eigenschaften, z. B. der Reaktionsgeschwindigkeit oder Diffusionsgeschwindigkeit usw. Auch Schmelz- und Siedepunkte der Deuteriumverbindungen unterscheiden sich von denen des gewöhnlichen Wasserstoffs. Von Bedeutung ist das sog. „schwere Wasser" (D_2O), das in Kernreaktoren als Moderator zum Abbremsen der Neutronen benötigt wird. Hohe Konzentrationen von D_2O können in biologischen Systemen sogar zum Tode führen, da Reaktionsgeschwindigkeiten von Stoffwechselreaktionen verlangsamt werden.

Dewar-Gefäß. Nach J. Dewar, einem englischen Physiker, benanntes doppelwandiges und innen verspiegeltes Thermosgefäß. Im Zwischenraum befindet sich ein Vakuum, um Wärmeübertragung von außen nach innen und umgekehrt zu verhindern.

Dextrine (*lat.* dexter = rechts; Dextrose). Bezeichnung für Abbauprodukte der Stärke, die durch unvollständige Hydrolyse mit Säuren oder durch Erhitzen entstanden sind. Sie bestehen aus unterschiedlich vielen Glucoseeinheiten. Mit Wasser bilden sie klebrige Massen, die als Kleister bezeichnet werden.

Diamant (*griech.* adama = unbezwingbar). Sehr harte Modifikation des Elements Kohlenstoff mit der größten Härte aller Materialien überhaupt. Kommt kristallin vor, die wertvollsten Diamanten sind farblos, durchsichtig, nach dem Schliff stark lichtbrechend (Brillant) und haben (sehr selten!) keine Einschlüsse. Färbungen von blassgelb bis schwarz sind ziemlich häufig. Die Kristalle haben unterschiedliche Größe. Reagiert bei chemischen Umsetzungen wie Kohlestoff und bildet dieselben Produkte; z. B. verbrennt der Diamant bei ca. 800 °C im Sauerstoffgebläse zu CO_2. Bei hohen Temperaturen ohne Sauerstoffzufuhr wandelt sich der Diamant in eine weitere Modifikation des Kohlenstoffs um, nämlich in Graphit.

Diaphragma. Bezeichnung für eine poröse, meist aus Ton bestehende Scheidewand, die in der Elektrochemie den Anodenraum vom Kathodenraum trennt. Dadurch soll die Wanderungsgeschwindigkeit für bestimmte Ionen gebremst werden.

Diaphragmaverfahren. Technisches Verfahren zur Herstellung von Natronlauge (NaOH) aus Kochsalz (NaCl).

Diazoniumion.
Formelzeichen:

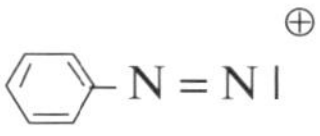

Wichtige Zwischenverbindung, die bei der Herstellung von Azofarbstoffen entsteht.

2,2'-Dichlordiethylsulfid (Lost, Senfgas, Gelbkreuzkampfstoff).
Formelzeichen:
$Cl - H_2C - CH_2 - S - CH_2 - CH_2 - Cl$.
Eigenschaften: mM 159,08; D 1,27; Sdp. 217 °C; Fp. 14 °C; ölige, in Wasser kaum lösliche Flüssigkeit, die, bedingt durch technische Verunreinigung, knoblauchartigen Geruch entwickelt. Senfgas ist ein schweres Zellgift, dringt durch die Kleidung in die Haut und zerstört dort die Zellen.

Dichte. (Massendichte, spezifische Masse). Sie ist definiert als die Masse einer Volumeneinheit; also als die in 1 cm^3 enthaltene Menge in g, bzw. in 1000 cm^3 enthaltene Menge in kg. Das physikalische Symbol ist D. $D = \frac{m}{V}$. Sie wird bei Flüssigkeiten mit speziellen Normkörpern, den Aräometern oder Senkspindeln gemessen; die Masse von Festkörpern wird durch Abwiegen und ihr Volumen durch Wasserverdrängung ermittelt. Bei Gasen verwendet man eine Gasdichtewaage.

Diffusion (*lat.* diffundere = ausbreiten). Darunter versteht man die selbsttätige Durchmischung verschiedener Stoffe. Wärme bringt die Teilchen (Moleküle, Atome oder Ionen) in unterschiedlichste Schwingungen, wobei sie sich gegenseitig anstoßen und sich dadurch gleichmäßig im

Raum verteilen. Die Bewegung ist umso größer, je höher die Temperatur ist. So löst sich z. B. ein Stück Würfelzucker in warmem Wasser schneller auf als in kaltem. Ein Sonderfall der Diffusion ist die Osmose.

Dimerisation. Bezeichnung für eine Verknüpfung zweier identischer Moleküle zu einem neuen Molekül.

Dioxin (2,3,7,8-Tetrachlor-dibenzo-p-dioxin = TCDD).

Formelzeichen:

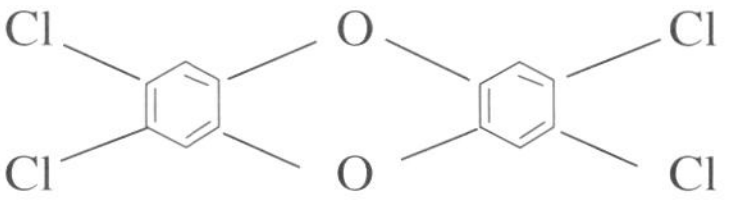

Eigenschaften: extrem giftige (Sevesogift) Substanz, die bei der Verbrennung vieler organischer Stoffe bei niedrigen Temperaturen (Müllverbrennung) gebildet wird.

Dipole. Moleküle, die (im einfachsten Falle) aus zwei Nichtmetall-Atomen bestehen, deren Elektronegativität unterschiedlich ist, bilden eine Atombindung aus, wobei sich die Bindungselektronen zwischen den beiden Atomen nicht genau zwischen den beiden Atomkernen befinden. Somit ist der Ladungsschwerpunkt der positiven bzw. negativen Ladungen der Bindungselektronen verschoben – das Molekül ist ein Dipol. Der wichtigste Dipol ist das Wassermolekül.

Dispergieren. Ausdruck für eine möglichst feine und vollständige Verteilung eines Stoffes in einem anderen, wobei aber keine echte Lösung entsteht.

Dispersionsfarben. Bezeichnung für verbreitete Malerfarben. Sie enthalten wasserunlösliche Farbpigmente in einem wasserlöslichen Dispergiermittel (dispergieren).

Disproportionierung. Bezeichnung für eine Reaktion, bei der zwei Moleküle einer bestimmten Verbindung mit je einem Atom einer mittleren Oxidationsstufe so miteinander reagieren, dass zwei neue Verbindungen entstehen, wobei das betreffende Atom eine höhere und eine niedrigere Oxidationsstufe erreicht.

Dissimilation (Atmung). Bezeichnung für den biochemischen Stoffwechselvorgang des oxidativen Abbaues von Kohlenhydraten zu Wasser und Kohlendioxid. Umkehrung der Photosynthese.

Dissoziieren. Bezeichnung für das Aufspalten größerer Moleküle in kleinere Moleküle, Atome oder Ionen.

Doppelbindung. Bezeichnung für eine Bindung zwischen zwei Nichtmetallatomen (Atombindung), bei der zwei bindende Elektronenpaare ausgebildet werden, um Edelgaskonfiguration zu erreichen. Eine Doppelbindung besteht aus einer (stabilen) σ-Bindung und einer (weniger stabilen) π-Bindung. Sie ist daher nicht doppelt so fest wie eine Einfachbindung.

Doppelbindungen zwischen gleichen Atomen sind unpolar, zwischen verschiedenen Atomen polar. Die mit den Doppelbindungs-Partnern direkt verbundenen Atome liegen zusammen mit diesen in einer Ebene.

Drehachse. Gedachte Linie zwischen zwei Atomen, deren Elektronenhüllen eine Einfachbindung ausgebildet haben.

Drehebene. Gedachte Ebene, in der man sich Moleküle gedreht denkt (Isomerie).

Dreifachbindung. Bezeichnung für eine Bindung zwischen Nichtmetallatomen (Atombindung), bei der drei bindende Elektronenpaare ausgebildet werden, um Edelgaskonfiguration zu erreichen. Die Bindung besteht aus einer (stabilen) σ-Bindung und zwei (weniger stabilen) π-Bindungen. Sie ist daher nicht dreimal so fest wie eine Einfachbindung. Die mit den Dreifachbindungs-Partnern direkt verbundenen Atome liegen auf einer Linie.

Duroplaste (Kunststoffe). Bezeichnung für hochvernetzte Polymere, die gegen Erwärmung und Druck unempfindlich sind.

Dynamit. Bezeichnung für eine Sprengstoffklasse, deren Hauptbestandteil Nitroglycerin ist.

E

Edelgaskonfiguration. Darunter versteht man den stabilsten und energieärmsten Zustand, den ein Atom erreichen kann. Für die Elemente Wasserstoff und Helium ist er dann erreicht, wenn sich auf der (äußersten) Elektronenschale zwei Elektronen befinden. Alle übrigen Elemente erreichen diesen Zustand, wenn sie acht Elektronen auf ihrer äußersten Schale haben. Alle Edelgase haben diesen Zustand erreicht. Ihre Reaktionsträgheit ist die Folge davon.

Edelstahl → Stahl.

Edukte (*lat.* educere = herausführen). Bezeichnung für die Ausgangsstoffe einer Reaktion. Sie stehen jeweils links vom Reaktionspfeil.

Eindampfen. Analytische Trennmethode, um gelöste Feststoffe vom Lösungsmittel abzutrennen, indem das Lösungsmittel durch Erwärmung zum Verdunsten gebracht wird.

Eindicken. Methode zum Konzentrieren von Suspensionen oder Schlämmen, wobei die Flüssigkeit teilweise entzogen wird.

Einengen. Gegenteil von Verdünnen. Erhöhung der Konzentration durch teilweisen Entzug der flüssigen Komponente (Eindicken).

Einfachbindung (Bindung). Einfachster Fall einer Atombindung, in der sich zwei Elektronen befinden. Sie kann unpolar oder polar sein. Unpolare Einfachbindungen werden nur zwischen Atomen desselben Elementes ausgebildet. Verschiedene Elemente haben unterschiedliche Elektronegativität. Deren Atome ziehen die Bindungselektronen unterschiedlich stark an, sie polarisieren die Bindung.

Einsame Elektronen. Bezeichnung für nicht gepaarte Elektronen, wie sie bei Radikalen vorkommen. Sie kennzeichnen einen unstabilen Zustand, da stets ein zweites Elektron benötigt wird, um ein Orbital zu füllen.

Einwaage. Bezeichnung für das Zusetzen einer genau gewogenen Menge eines bestimmten Stoffes zu einem Reaktionsgemisch.

Eis. Bezeichnung für den festen Aggregatzustand von Wasser, der bei einem Druck von 1 bar bei 0 °C erreicht wird. Die Wassermoleküle sind dabei zu einem regelmäßigen Kristallgitter angeordnet (Tridymit-Gitter) und durch Wasserstoffbrücken fixiert. Dabei nehmen die Wassermoleküle mehr Platz als im flüssigen Zustand ein, so daß die Dichte von Eis (bei 0 °C: 0,9167 g/cm^3) geringer ist als die von flüssigem Wasser (bei 4 °C: 1,0).

Eiweiß (Proteine, Polypeptide). Eiweißmoleküle sind die wichtigsten biochemischen Verbindungen der belebten Natur. Sie sind am Aufbau pflanzlicher und tierischer Zellen beteiligt, an ihrem Stoffwechsel, ihrer Vermehrung und Steuerung; man könnte sie als Grundlage des Lebens bezeichnen.

Elastomere (Elaste). Bezeichnung für Makromoleküle mit gummielastischem Verhalten. Die ursprünglich linearen Makromoleküle, die durch Polymerisations-Reaktionen entstanden sind, werden anschließend teilweise vernetzt. Der Vernetzungsgrad darf dabei nicht zu groß werden, da das Produkt sonst zu spröde wird. Das bekannteste E. ist Gummi, das aus Kautschuksaft (Latex) von Gummibäumen (Hevea brasiliensis) hergestellt wird.

Elektrische Leiter. Man unterscheidet Leiter 1. Ordnung (Elektronenleiter) von Leitern 2. Ordnung (Ionenleiter). Elektronenleiter sind die Metalle, die den Strom durch Wanderung von freien Valenzelektronen (Metallbindung) leiten. Ihre Wanderungsgeschwindigkeit ist vergleichsweise klein, sie liegt bei ca. 0,04 cm/s. Die Leitfähigkeit nimmt bei abnehmender Temperatur zu, unterhalb einer kritischen Temperatur wird der Ohm'sche Widerstand für viele metallische Leiter gleich null, es erfolgt „Supraleitung". Bei Ionenleitern steigt die Leitfähigkeit mit zunehmender Temperatur. Charakteristisch für derartige Leiter ist ihre chemische Zersetzung während des Stromflusses (Elektrolyse).

Elektrochemie. Darunter versteht man den Wissenschaftszweig der Chemie, der sich mit Umwandlung von chemischer in elektrische Energie bzw. umgekehrt beschäftigt. Mit ihren Erkenntnissen werden neue Batterien und Akkumulatoren entwickelt. Man beschäftigt sich auch mit Korrosionsproblemen und mit der Galvanotechnik zur Herstellung von Korrosionsschutzüberzügen auf unedlen Werkstoffen, vor allem Eisen.

Elektrochemische Spannungsreihe → Spannungsreihe.

Elektroden. Man bezeichnet damit alle Leiter, die in Elektrolyte eintauchen. Meist sind es Metalle, wie Platin, Kupfer, Nickel, Zink usw.; oft wird aber auch Graphit (C) eingesetzt. Man unterscheidet Anoden und Kathoden. Die Gleichspannung wird an die Elektroden stets so angelegt, dass der positive Pol an der Anode und der negative Pol an der Kathode liegt. Dabei verläuft der tatsächliche Stromfluss stets von der Anode zur Kathode, nicht, wie willkürlich festgesetzt (technische Stromrichtung), in umgekehrter Richtung.

Elektrolyse. Darunter versteht man den chem. Vorgang, der sich unter Einfluss von elektrischer Gleichspannung in einem Elektrolyten abspielt. Dabei kommt es zur Umwandlung von elektrischer in chem. Energie, sowie zur Wanderung von Ionen in dem Elektrolyten. An den Elektroden kommt es zu Redox-Reaktionen. An der Kathode erfolgt die Reduktion (Elektronen-Aufnahme), an der Anode die Oxidation (Elektronen-Abgabe).

Elektrolyte. Darunter versteht man alle Stoffe, die in wässriger Lösung in Ionen zerfallen: Säuren, Laugen und Salze. Eine besondere Stellung nehmen die Salzschmelzen ein, da sie kein Wasser benötigen, um in Ionen zu zerfallen.

Elektronegativität. Darunter versteht man die Fähigkeit von Atomen, Bindungselektronen von benachbarten Atomen an sich zu ziehen. Diese Fähigkeit ist umso stärker ausgeprägt, je geringer der Abstand zwischen dem positiv geladenen Atomkern und den negativ geladenen Valenzelektronen ist, da dann die positive Kernladung über die eigenen Valenzelektronen hinaus wirken kann. Auch die Größe des Atomkerns ist in diesem Zusammenhang von Bedeutung. Je mehr Protonen im Kern sind, umso mehr Neutronen werden eingebaut (Atombau). Protonen, die sich auf der Außenseite dieses Kugelhaufens befinden, können daher mit ihrer positiven Ladung stärker aus dem Kern hinaus auf Elektronen anziehend wirken – vorausgesetzt, dass nicht weitere Elektronenschalen, mit entsprechend größerem Abstand vom Kern dazugekommen sind. Daher ist Fluor das elektronegativste Element.

Elektronen (*griech.* elektron = Bernstein).
Formelzeichen: e^- oder $e^\ominus$.
Es sind Elementarteilchen, die eine negative Elementarladung tragen ($1{,}60213 \cdot 10^{-19}$ Coulomb); das ist die kleinste Einheit der elektrischen Ladung. Sie befinden sich in der Atomhülle (Atombau) und sind bei einem elektrisch neutralen Atom in gleicher Anzahl vorhanden wie die Protonen im Atomkern. Ihre Masse beträgt $0{,}910904 \cdot 10^{-27}$ g. Alle chemischen Reaktionen spielen sich zwischen E. ab. Der elektrische Strom basiert auf Bewegungen von E. in entsprechenden Trägermaterialien.

Elektronenformel. Bezeichnung für eine Schreibweise chemischer Reaktionen, bei der die Verteilung der Elektronen bei den Atomen der Edukte und den Molekülen der Produkte durch Punkt- oder Kreuzsymbole angegeben wird.

Elektronengas. In der Metallbindung sind die Valenzelektronen von den Atomrümpfen abgespalten und bewegen sich zwischen ihnen wie ein Gas.

Elektrophil. Bezeichnung für die Eigenschaft eines Teilchens, bevorzugt an solchen Stellen eines Moleküls anzugreifen, an denen sich erhöhte negative Partialladung befindet.

Elektrophiler Angriff. Bezeichnung für die Reaktion eines elektrophilen Teilchens.

Elemente. Bezeichnung für die chemischen Grundstoffe, die sich durch chemische Methoden nicht mehr weiter zerlegen lassen. Man kennt inzwischen 109 Elemente, von denen die meisten stabil sind. Die neu entdeckten Transurane sind instabil, d. h., ihre Atomkerne zerfallen unter Aussendung radioaktiver Strahlung mit entsprechenden Halbwertszeiten in Bruchstücke, die entweder weiter zerfallen, oder zu stabilen, leichteren Elementen werden.

Elementaranalyse. Analytisches Verfahren der organischen Chemie, um die Summenformel unbekannter Verbindungen zu ermitteln (z. B. C_2H_6O).

Elementarladung → Elektronen.

Elementarteilchen. Ursprünglich Bezeichnung für die unteilbaren Bausteine eines Atoms: Proton, Neutron und Elektron. In physikalischen Kernexperimenten hat man derartige Kernbausteine mit großer Energie aufeinanderprallen lassen, wobei neue Elementarteilchen entstanden, die nicht aus kleineren Untereinheiten zusammengesetzt waren (sog. Mesonen, Nucleonen und Hyperonen), woraufhin die Elementarteilchen als unterschiedliche Formen definiert werden, die Energie annehmen müssen, um zu Materie zu werden. Man kennt heute über 100 derartige Elementarteilchen und bemüht sich derzeit, ein Ordnungssystem zu finden, ähnlich dem Periodensystem der Elemente. Das Quark-Modell ist ein Versuch in dieser Richtung.

Elementsymbole. Jedem chemischen Element wird in der Formelsprache der Chemie ein Symbol (Formelzeichen) zugeordnet mit zwei Bedeutungen: 1) Abkürzung für den Namen des Elementes, der lateinischen, griechischen oder auch deutschen Ursprunges ist. 2) Symbol für genau ein Atom des betreffenden Elementes.

Eliminierung. Bezeichnung für eine Reaktionsart der organischen Chemie, bei der Ionen, Atome oder Atomgruppen aus Molekülen abgespalten werden. Gegensatz zu Additionsreaktionen.

Emulgator. Hilfsmittel, um die Entmischung von Emulsionen zu verhindern.

Emulsionen. Bezeichnung für heterogene Gemenge aus nicht mischbaren Flüssigkeiten, z. B. Wasser und Öl.

Enantiomere. Bezeichnung für zwei Moleküle, die sich gleichen wie Bild und Spiegelbild. Das ist dann der Fall, wenn optische Isomerie vorliegt, d. h., wenn die betreffenden Moleküle ein Asymmetriezentrum besitzen. Kommen zwei Enantiomere nebeneinander in gleicher Konzentration vor, liegt ein Racemat vor.

Endergonische Reaktionen. Bezeichnung für chemische Reaktionen, die nur unter ständigem Energieaufwand ablaufen. Gegensatz: exergonische Reaktionen.

Endotherme Reaktionen. Bezeichnung für chemische Reaktionen, die unter Aufnahme von Wärmeenergie ablaufen. Gegenteil von exothermen Reaktionen (Energie).

Endprodukt. Bezeichnung für ein Produkt, das am Ende einer längeren Reaktionskette, in der mehrere Zwischenprodukte gebildet werden, entsteht.

Energie. Für chemische Reaktionen sind die Wärmeenergie, die Lichtenergie und die elektrische Energie von Bedeutung. Reaktionen können nur gestartet werden, wenn eine dieser Energiearten aufgewendet wird.

Enole. Bezeichnung für ungesättigte Verbindungen, bei denen ein Kohlenstoffatom, von dem eine Doppelbindung ausgeht, eine Hydroxylgruppe trägt (Keto-Enol-Tautomerie).

Enthalpie → Bindungsenergie.

Entropie. Bezeichnung für eine vom 2. Hauptsatz der Thermodynamik abgeleitete Zustandsfunktion, die den Ordnungszustand eines Systems beschreibt (Symbol S).

Enzyme (Fermente). Bezeichnung für globuläre Eiweißstoffe mit charakteristischer Tertiärstruktur, die von zellulären Systemen als Biokatalysatoren (Katalysator) gebildet werden.

Eosin (Natriumsalz des 2'-4'-5'-7'-Tetrabrom-fluoresceins).

Formelzeichen:

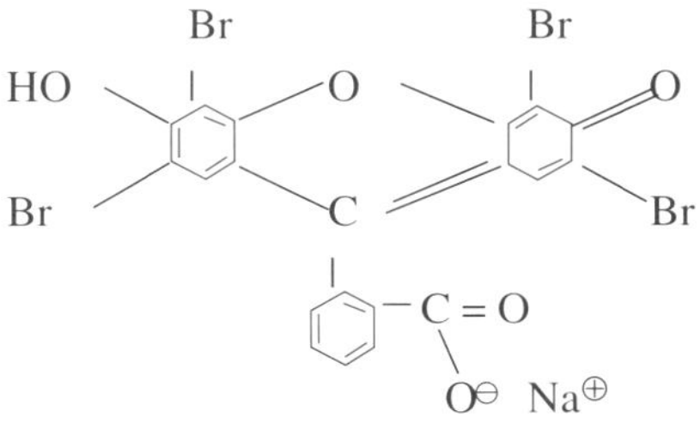

Eigenschaften: m_M 691,91; Fp. 295 °C; rotes, wasserlösliches Kristallpulver; dient zur Herstellung roter Tinte, als Warnfarbe giftiger Chemikalien und zu anderen Zwecken.

Epoxide. Gruppenbezeichnung für alle organischen Moleküle, die folgende Atomgruppierung im Molekül aufweisen:

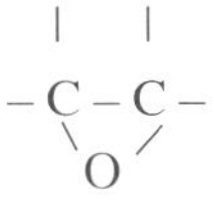

Epoxide sind sehr reaktionsfähig; sie reagieren unter Ringöffnung, z. B. bei Polymerisationsreaktionen.

Epoxidharze. Bezeichnung für Produkte einer Kondensationsreaktion von Epoxiden mit Polyolen. Es entstehen flüssige bis feste Produkte.

Erdgas. Bezeichnung für Gase, die durch Zersetzung pflanzlicher und tierischer Organismen, unter Sauerstoffausschluss, von Mikroorganismen vor Millionen von Jahren gebildet wurden. E. enthält als Hauptbestandteil Methan (CH_4) und wenig Ethan.

Erdöl. Bezeichnung für wasserunlösliche, grünlich fluoreszierende, gelb bis schwarz gefärbte ölige Flüssigkeit, die sich in unterirdischen Lagerstätten (in mehreren tausend Metern Tiefe) in geologisch geeigneten (porösen) Gesteinen angesammelt hat. Erdöl ist durch mikrobielle, anaerobe Zersetzung pflanzlicher und tierischer Organismen entstanden, die vor ca. 500 Mio. Jahren in Meeresbuchten oder brackigen Sümpfen gelebt haben.

Erlenmeyerkolben. Bedeutendes Glasgerät im Chemielabor. Es ist ein kegelförmiger Glaskolben, der sich oben zylindrisch verjüngt, sodass Flüssigkeiten ohne Verlust erhitzt und geschüttelt werden können.

Erweichungstemperatur. Makromolekulare Kunststoffe und amorphe Stoffe, wie Gläser, haben keine exakten Schmelzpunkte wie die niedermolekularen und kristallinen Stoffe, sondern sie erweichen innerhalb eines bestimmten Temperaturbereiches, da sie aus unterschiedlich schweren Molekülen bestehen. Für Kunststoffe wurde ein Erweichungspunkt definiert: Es ist die Temperatur, bei der ein Stahlstift von 1 mm Durchmesser genau 1 mm tief in die Probe eindringt.

Essenziell. Biochemische Bezeichnung für lebensnotwendig. Wird auch im Sinne von „kann von dem betreffenden Organismus nicht hergestellt werden" gebraucht (z. B. Vitamine).

Essigsäure (Ethansäure, Eisessig).
Formelzeichen:

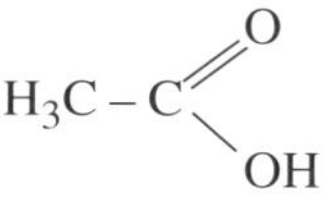

Eigenschaften: m_M 60,05; D 1,05; Sdp. 117,9 °C; Fp. 16,6 °C; wasserklare, farblose, brennbare, hygroskopische, wasserlösliche Flüssigkeit mit charakteristischem, zu Tränen reizendem, stechendem Geruch, ätzend. Löst sich auch in unpolaren Lösungsmitteln, außer in Schwefelkohlenstoff. Die Bezeichnung Eisessig geht auf die hohe Erstarrungstemperatur von 16,6 °C zurück. Sie ist als schwache Säure zu bezeichnen, da bei Zimmertemperatur nur etwa 1 % in Ionen dissoziiert sind. Unedle Metalle löst sie unter Wasserstoffgasentwicklung auf (außer Aluminium).

Essigsaure Tonederde. Bezeichnung für basisches Aluminiumacetat. Farbloses Pulver, das sich in Wasser leicht löst.

Ester. Sammelbegriff für alle Verbindungen, die folgende funktionelle Gruppe tragen:

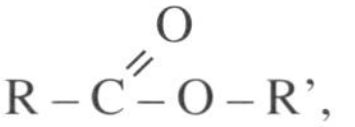

wobei R und R' beliebige anorganische und organische Molekülreste sein können. Sie entstehen formal durch Wasserabspaltung aus einem Alkohol und einer Säure. Ester sind in der Natur sehr häufige Verbindungen; sie sind als Aromastoffe von Blüten und Früchten, als Fette, Öle und Wachse anzutreffen.

Esterbildung. Bezeichnung für eine Gleichgewichtsreaktion zwischen Säure und Alkohol, wobei unter Wasserabspaltung der Ester entsteht: Alkohol + Säure $\rightleftarrows$ Ester + Wasser.

Esterspaltung. Diese Reaktion verläuft umgekehrt wie die Esterbildung. Durch Kochen des Esters mit Wasser erhält man den Alkohol und die Säure (Fettspaltung).

Ethan (Äthan).
Formelzeichen:

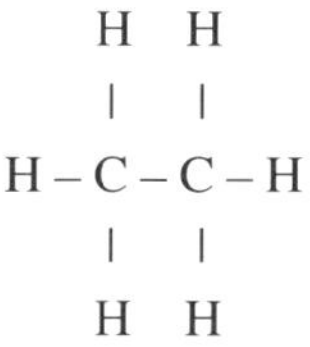

Eigenschaften: m_M 30,07; D 1,35; Sdp. –88,5 °C; Fp. –172,1 °C; farb- und geruchloses Gas, brennt mit schwach leuchtender Falmme, kaum wasserlöslich; einfacher Kohlenwasserstoff aus der homologen Reihe der Alkane; ist im Erdgas und im Erdöl enthalten, aus dem es auch gewonnen wird.

Ethanal (Äthanal, Acetaldehyd).
Formelzeichen:

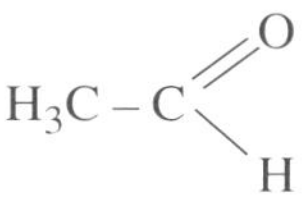

Eigenschaften: m_M 44,05; D 0,78; Sdp. 21 °C; Fp. –124 °C; farblose brennbare, wasserlösliche Flüssigkeit mit betäubendem, stechendem Geruch, giftig; Verwendung als Lösungsmittel für Fette und Harze.

Ethanol („Alkohol", Äthanol, Äthylalkohol, Weingeist).
Formelzeichen: $H_3C - CH_2 - OH$.
Eigenschaften: m_M 46,07; D 0,794; Sdp. 78,32 °C; Fp. –114,5 °C; farblose, wasserklare, hygroskopische, brennbare Flüssigkeit mit charakteristischem Geruch und brennendem Geschmack; ist mit Wasser in jedem Verhältnis mischbar; bildet mit Wasser ein azeotropes Gemisch; Ethanol reagiert bevorzugt unter Dehydrierung, Oxidation und Veresterung (Esther).

Ethansäure → Essigsäure.

Ether (Äther). Gruppenbezeichnung für alle organischen Verbindungen, die folgende funktionelle Gruppe besitzen: R – O – R'. Der einfachste Ether ist Dimethylether, ein Gas mit betäubendem Geruch; mit zunehmender Kettenlänge der Reste (-R und -R') werden die Ether flüssig, schließlich fest. Sie sind Bestandteile vieler Aromastoffe. Manche wirken narkotisierend, z. B. der Diethylether („Äther"). In der organischen Chemie sind sie als wichtige Lösungsmittel von Bedeutung.

Exergonische Reaktionen. Sie verlaufen freiwillig unter Energieabgabe. Gegensatz: endergonische Reaktionen.

Exotherme Reaktionen. Bezeichnung für chemische Reaktionen, die unter Freisetzung von Wärmeenergie ablaufen. Gegensatz: endotherme Reaktionen.

Explosion. Bezeichnung für eine sehr rasch ablaufende, exotherme chemische Reaktion, bei der Gase entstehen. Da diese ein größeres Volumen als die flüssigen oder festen Ausgangsstoffe haben, wird bei einer Explosion plötzlich viel Luft verdrängt.

Extraktion. Bezeichnung für das Herauslösen bestimmter Bestandteile aus festen oder flüssigen und gasförmigen Stoffgemischen, wobei es zwischen dem Extraktionsmittel und dem herauszulösenden Stoff keine chemische Reaktion geben darf.

F

Fällen → Ausfällen.

Fahrenheit-Temperatur-Skala. Eine in den angelsächsischen Ländern verbreitete Temperaturskala. Sie kann nach folgender Formel in Celsiusgrade umgerechnet werden:
$x\ °F = \frac{5}{9}(x - 32)\ °C$.

Faraday'sche Gesetze. Bezeichnung für die 1834 von Faraday entdeckten Beziehungen zwischen den bei Elektrolysen an den Elektroden abgeschiedenen Stoffmengen und dem dabei geflossenen Strom: 1) Die abgeschiedene Stoffmenge ist der durch den Elektrolyten hindurchgeflossenen Elektrizitätsmenge direkt proportional. 2) Gleiche Elektrizitätsmengen scheiden aus verschiedenen Elektrolyten äquivalente Stoffmengen ab.

Farbstoffe. Bezeichnung für organische Verbindungen, die aufgrund ihres Molekülbaues bestimmte Wellenlängen des sichtbaren Lichtes selektiv absorbieren und sich zum Färben anderer Stoffe eignen.

FCKW. Abkürzung für Fluor-Chlor-Kohlenwasserstoffe. Sammelbegriff für teilfluorierte Kohlenwasserstoffe, an deren Kohlenstoffgerüst die Elemente Fluor, Chlor, Wasserstoff, Iod und Brom gebunden sind.

Fehling-Reaktion. Bezeichnung für eine Nachweisreaktion für Aldehyde und damit auch für Zucker, die nach Prof. H. von Fehling (1811–1885) benannt wurde.

Feldspate. Sammelbezeichnung für ca. 60 % aller Mineralien. Sie bestehen aus unterschiedlich zusammengesetzten Silicaten des Aluminiums, mit der allgemeinen Formel $Me(AlSi_2O_8)$, wobei Me für einwertige Metalle steht.

Fermente → Enzyme.

Fette und fette Öle. Bezeichnung für halbfeste (Margarine, Kokosfett, Talge), feste (Kakaobutter, Butter, Schmalze) und flüssige (Olivenöl, Leinöl, Trane) pflanzliche und tierische Produkte, die aus Glycerinestern gesättigter und ungesättigter Fettsäuren bestehen. Diese Triester des Glycerins werden auch Triglyceride genannt. In den natürlichen Fetten kommen einheitliche Glyceride (dreimal die gleiche Fettsäure) nicht vor.

Fetthärtung. Bezeichnung für ein technisches Verfahren, um aus billigen Pflanzenölen streichfähiges, halbfestes Fett (Margarine) herzustellen. Die unges. Fettsäuren werden dabei katalytisch hydriert.

Fettliebend → Lipophil.

Fettlöslichkeit. Bezeichnung für die Eigenschaft von unpolaren Verbindungen, sich in gleichfalls unpolarem Fett lösen zu können. Es gilt der Grundsatz „Ähnliches löst ähnliches“ (*lat.* similia similibus solvuntur).

Fettsäuren → Carbonsäuren.

Fettspaltung (Verseifung). Fette, als Ester des Glycerins, können durch Kochen mit Laugen gespalten werden, wobei Glycerin und die Salze der Fettsäuren entstehen. Man nennt dieses Verfahren auch Verseifung, da die Salze der Fettsäuren Seifen sind.

Fettsynthese. Bezeichnung für die Veresterung von Glycerin mit jeweils drei Fettsäuren (Carbonsäuren), wobei Fett und Wasser entsteht. Diese Synthese verläuft enzymatisch in den Zellen der Organismen, sie kann aber auch künstlich, als org. Synthese, durchgeführt werden.

Filtrat. Bezeichnung für die flüssige Komponente einer Suspension, die man durch Abtrennen mit einem Filter erhält.

Filtration. Bezeichnung für ein Trennverfahren, mit dem flüssig-feste Gemenge getrennt werden. Dazu werden Filter unterschiedlicher Bauart und unterschiedlicher Porengröße verwendet, je nach Art des zu trennenden Gemenges. Im Filter verbleibt der feste Rückstand, während die klare Flüssigkeit als Filtrat durchläuft.

Fischer-Projektion. Nach Emil Fischer (1852–1919, Prof. für org. Chemie in Erlangen) benannte Methode der zweidimensionalen Darstellung dreidimensionaler Moleküle, die optische Isomere bilden.

Flammenfärbung. Bezeichnung für eine analytische Methode, wobei Metallsalze in Salzsäure getaucht und anschließend in die „entleuchtete“ Bunsenbrennerflamme gehalten werden. Dabei bilden sich flüchtige Chloride, die dort eine für das entsprechende Metall charakteristische Färbung hervorrufen.

Flavin-adenin-di-nucleotid (FAD). Bezeichnung für die oxidierte Form eines Wasserstoff übertragenden Coenzyms (FAD), das in dieser Form gelb gefärbt ist. Es ist in der Atmungskette und im Citronensäurezyklus von Tier und Pflanze zu finden.

Fließmittel. Bezeichnung für das Lösungsmittelgemisch (sog. mobile Phase), das man bei Papier- und Dünnschicht-Chromatographien zur Trennung von Substanzen verwendet.

Flüssige Luft. Luft kann durch mehrmalige Kompression, Abkühlung und anschließende Entspannung verflüssigt werden. Die Aufbewahrung der flüssigen Luft erfolgt im Labor in Dewargefäßen.

Fluor-Chlor-Kohlenwasserstoffe → FCKW.

Fluorescein.

Formelzeichen:

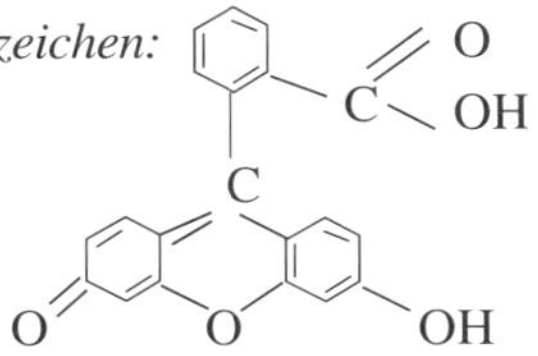

Eigenschaften: m_M 332,32; Fp. 314 °C; stabile rote Kristalle, bzw. instabile amorphe gelbe Massen, die in Wasser nur schwer löslich sind, in Alkohol und alkal. Lösungen leichter löslich.

Fluoreszenz → Phosphoreszenz.

Fluoride. Bezeichnung für die Salze der Fluorwasserstoffsäure (HF). Sie enthalten das Fluoridion ($F^{\ominus}$) als einwertigen Säurerest. Sie sind giftig, mit Ausnahme der schwerlöslichen Fluoride, z. B. Calciumfluorid.

Fluorierung. Bezeichnung für die Reaktion von Fluor mit organischen Verbindungen, wobei z. B. Wasserstoff von Kohlenwasserstoffverbindungen durch Fluor ersetzt wird. Diese Reaktion verläuft stets exotherm.

Flusssäure.

Formelzeichen: HF.

Eigenschaften: m_M 20,01; D 1,14; giftige, farblose, sehr stechend riechende Flüssigkeit, die aus 40 % Fluorwasserstoff und 60 % Wasser besteht.

Formaldehyd (Methanal).

Formelzeichen:

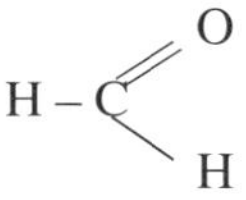

Eigenschaften: m_M 30,03; D 0,8153; Sdp. – 21 °C; Fp. –92 °C; farbloses, giftiges, durchdringend stechend riechendes, leicht wasserlösliches (400 Liter Gas in 1 l Wasser) Gas; wird häufig mit Methanol stabilisiert, um eine Polymerisation zu Paraldehyd zu vermeiden. Formaldehyd wird in großen Mengen zur Kunststoffherstellung produziert und dient als Ausgangsstoff für viele Synthesen.

Formale Ladung. Bezeichnung für Ladungen in Strukturformeln und mesomeren Grenzformeln, die dadurch zustande kommen, dass Bindungen in Valenzstrichformeln stets als Striche dargestellt werden, die bindende Elektronenpaare symbolisieren. Dabei kann es vorkommen, dass (formal gesehen) einem gebundenen Atom z. B. ein Elektron zuwenig zugeordnet werden kann, einem anderen hingegen aus den gleichen formalen Gründen ein Elektron zuviel zugeordnet wird. Dies muss durch Ladungssymbole, die sich in einem Kreis befinden, an dem betreffenden Atom ausgedrückt werden.

Formalin. Bezeichnung für eine ca. 35 %ige wässrige Formaldehydlösung.

Formeln. Bezeichnung für die chemische Schreibweise von Elementen, Atomen und Molekülen, mit der die Zusammensetzung (Summenformel), aber auch die räumliche Anordnung von Atomen in einem Molekül (Strukturformel) dargestellt werden kann.

Formiate. Bezeichnung für die Salze der Ameisensäure, der einfachsten organischen Säure.

Fraktion → Destillation.

Fraktionierte Destillation → Destillation.

Freie Elektronen. Bezeichnung für einzelne, nicht an Bindungen beteiligte Elektronen. Meist als freie Elektronenpaare auftretend.

Friedel-Craft-Synthese. Bezeichnung für Alkylierungs- und Acylierungsreaktionen an Aromaten.

D-Fructose (Fruchtzucker).

Formelzeichen:

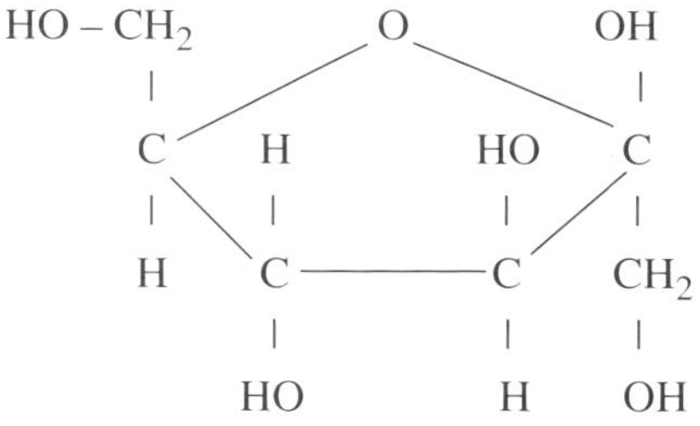

Eigenschaften: m_M 180,16; D 1,61; Fp. 105,5 °C; farblose, geruchlose, süß schmeckende Kristallprismen, die sich in Wasser leicht lösen.

Funktionelle Gruppen. Bezeichnung für Atomgruppierungen von Molekülen, die für charakteristische Eigenschaften verantwortlich sind.

G

Gärung. Darunter versteht man den anaeroben Abbau von Glucose zur Energiegewinnung.

Galvanische Elemente. Bezeichnung für Kombinationen von zwei verschiedenen, räumlich getrennten Redoxsystemen, die aufgrund elektrochemischer Vorgänge elektrische Energie liefern (Brennstoffzellen). Sie bestehen i. d. R. aus metallischen Elektroden, die in Salzlösungen (Elektrolyte) eintauchen. Ein einzelnes Redoxsystem wird Halbelement genannt. Die Spannung zwischen zwei Halbelementen nennt man elektromotorische Kraft (EMK).

Galvanisieren. Bezeichnung für die Herstellung metallischer Überzüge auf verschiedene Materialien durch Elektrolyse.

Gas-Chromatographie. Bezeichnung für eine moderne Analysemethode zur Trennung geringster Mengen von Stoffgemischen, die sich leicht verdampfen lassen.

Gase. Bezeichnung für Stoffe, die sich im gasförmigen Aggregatzustand befinden, wo sich die Moleküle bzw. Atome frei bewegen können. Praktisch lassen sich alle Stoffe durch entsprechend hohe Temperaturen in den Gaszustand überführen, da höhere Temperatur verstärkte Schwingungen, auch gebundener Atome, verursacht. Normalerweise bezeichnet man nur solche Stoffe als Gase, die bei Zimmertemperatur gasförmig sind, z B. Methan, Stickstoff, Kohlendioxid, Sauerstoff, Wasserstoff, Edelgase usw.

Gasgesetze. Bezeichnung für physikalische Gesetzmäßigkeiten, in denen die gegenseitige Abhängigkeit von Druck, Volumen und Temperatur der Gase in Näherungen, aber auch exakt beschrieben wird (Avogadro'sches Gesetz, Boyle-Mariott'sches Gesetz, Gay-Lussac'sches Gesetz). Das allgemeine Gasgesetz leitet sich aus der Kombination der Gesetze von Gay-Lussac und Boyle-Mariott ab und lautet:

$p \cdot V = n \cdot R \cdot T$

(p = Druck, V = Volumen, n = Anzahl der Mole, R = allgemeine Gaskonstante, T = Temperatur).

Gaskonstante (R). Physikalische Größe, die sich aus der Beziehung

$$\frac{p_0 \cdot V_0}{273{,}15} = 8{,}3143 \text{ J mol}^{-1} \text{ grd}^{-1}$$

ableiten lässt.

Gasöl. Bezeichnung für die bei der Erdöldestillation anfallende gasförmige Fraktion mit dem Siedebereich zwischen 200–360 °C.

Gay-Lussac'sches Gesetz. Dieses Gesetz besagt, dass sich das Volumen eines Gases, bei gleich bleibendem Druck, um den 273,15ten Teil seines Ausgangsvolumens (v_0) ausdehnt, wenn eine Temperaturerhöhung um 1 Grad Celsius erfolgt. Wenn das neue Volumen mit v_1 bezeichnet wird und die Temperaturzunahme mit t Grad, ergibt sich folgende Beziehung:

$v_1 = v_0 \, (1 + \frac{1}{273{,}15} \cdot t)$.

Gebläsebrenner. Bezeichnung für einen Gasbrenner, der im Unterschied zum Bunsenbrenner einen weiteren Anschluss für Druckluft oder Sauerstoff besitzt. Dadurch lassen sich wesentlich höhere Temperaturen erzielen.

Gebrannter Kalk → Calciumoxid.

Gefrierpunkt. Bezeichnung für die Temperatur, bei der eine Flüssigkeit durch Abkühlung zu einem Festkörper erstarrt.

Gefrierpunktserniedrigung → Molekülmassenbestimmung.

Gefriertrocknung. Verbreitetes Verfahren der Lebensmittelkonservierung, wobei dem betreffenden tiefgefrorenen Material im Hochvakuum das Lösungsmittel (Wasser bzw. Eis) durch Sublimation entzogen wird.

Gegenstromprinzip. Bezeichnung für kontinuierliche Substanz- oder Wärmeaustauschvorgänge, wobei die beteiligten Stoffe in möglichst enger Berührung entgegengesetzt aneinander vorbeigeführt werden.

Gele. Bezeichnung für kolloidale Systeme, in denen ein langer oder stark verzweigter Feststoff (Gelatine, Pektine, Polysaccharide) in einem Lösungsmittel (meist Wasser) dispergiert ist. Der Feststoff bildet in dem Lösungsmittel ein räumliches Netzwerk aus, sodass relativ formbeständiges, aber leicht deformierbares Gebilde entsteht.

Gelees. Bezeichnung für Gele, die vorwiegend aus Pektinen von Früchten oder Alginaten hergestellt werden.

Gemenge (Gemische). Darunter versteht man vermischte Einzelstoffe, die miteinander keine chemischen Reaktionen eingegangen sind. Man unterscheidet heterogene und homogene Gemenge. In heterogenen Gemengen kann man die vermischten Einzelstoffe optisch unterscheiden, in homogenen Gemengen dagegen nicht. Zu den heterogenen Gemengen gehören Emulsionen (flüssig-flüssig), Suspensionen (flüssig-fest), Rauch (fest-gasförmig), Nebel (flüssig-gasförmig) und Schlämme (fest-flüssig). Homogene Gemenge sind Legierungen, Gase und echte Lösungen.

Generatorgas. Bezeichnung für ein Gemenge aus Stickstoff- und Kohlenmonoxidgas (CO), das zur Ammoniaksynthese und als Heizgas für viele industrielle Zwecke eingesetzt wird. Zur Herstellung („Heißblasen") leitet man Luft ($4N_2 + O_2$) über glühenden Koks (C): $4N_2 + O_2 + 2C \rightarrow 4N_2 + 2CO + E$.

Gesättigt. Bezeichnung für einen Zustand, zu dem keine weitere Stoffzufuhr mehr möglich ist. Gesättigte Lösungen bilden bei weiterer Stoffzufuhr feste Bodenkörper, einen sog. Niederschlag. Gesättigte Kohlenwasserstoffe (Alkane) enthalten nur Einfachbindungen (Bindungen), sie sind mit Wasserstoffatomen gesättigt.

GFK. Abkürzung für → glasfaserverstärkte Kunststoffe.

Gichtgase → Hochofenprozess.

Gifte. Bezeichnung für alle, meist körperfremden, Stoffe, die bereits in kleinen Mengen im Organismus Störungen hervorrufen. Die Giftwirkung hängt oft nur von der Dosis des betreffenden Stoffes ab.

Gips → Calciumsulfat.

Gitterenergie. Bezeichnung für die Energie, die frei wird, wenn sich ein Mol einer kristallinen Substanz aus isolierten Ionen zu einem Kristallgitter zusammenfindet. Je größer die Gitterenergie, umso härter ist der betreffende Stoff.

Gläser. Bezeichnung für anorganische Schmelzprodukte, die nach dem Abkühlen – wie Lösungen – einen amorphen (nichtkristallinen) Zustand aufweisen. Sie sind durchsichtig, spröde, haben geringe Wärmeleitfähigkeit und erweichen allmählich beim Erhitzen (ca. 600 °C), was für die Formbarkeit eine wichtige Voraussetzung ist. Normalglas besteht aus 15 % Na_2O, 12 % CaO und 73 % SiO_2 (Quarzsand).

Glasfaserverstärkte Kunststoffe (GFK). Sie bestehen aus einer Kombination von Glasfasern (als Garne, Matten, Vliese usw.) und Kunststoffen (ungesättigte Polyester, Epoxidharze und verschiedene Thermoplaste), die in unterschiedlichen Verfahren miteinander verbunden werden. Fertige GFK können gebohrt, geschliffen, gestanzt und verklebt werden.

Glaubersalz → Natriumsulfat.

Gleichgewicht, chemisches. Bezeichnung für einen Zustand einer chemischen Reaktion, bei der sich gleichzeitig Edukte zu Produkten, und umgekehrt umsetzen. Je nach Lage des Gleichgewichtes ergeben sich bestimmte Prozentsätze der Edukte bzw. Produkte am gesamten Reaktionsgemisch. Derartige Gleichgewichte nennt man dynamisch, im Gegensatz zu physikalischen oder statischen Gleichgewichten. Sind zu Beginn der Reaktion nur Edukte im Reaktionsgemisch, ist die Reaktionsgeschwindigkeit der Hinreaktion sehr groß, die der Rückreaktion gleich null. Im Gleichgewichtszustand sind beide Reaktionsgeschwindigkeiten gleich.

Gleichgewichtskonstante (K). Sie ist eine aus dem Massenwirkungsgesetz berechenbare Größe für ein bestimmtes chemisches Gleichgewicht. Werte von $K > 1$ besagen, dass das Gleichgewicht auf der Seite der Produkte liegt, $K = 1$ bedeutet ausgeglichene Lage und $K < 1$ besagt, dass das Gleichgewicht auf der Seite der Edukte liegt, die Ausbeute daher gering ist.

Gleichstromprinzip. Prinzip zum Austausch von Substanzen oder von Wärme (Gegensatz: Gegenstromprinzip). Die zum Austausch herangezogenen Stoffe, werden parallel zueinander in gleicher Richtung aneinander entlang bewegt.

Gleichungen, chemische. Reaktionsverläufe werden in der chemischen Formelsprache beschrieben, wobei einige wichtige Regeln beachtet werden müssen: Man schreibt zuerst die Formeln der Ausgangsstoffe (Edukte) als Summanden, dann den Reaktionspfeil in Richtung der Produkte, dann die Formeln der Produkte ebenfalls als Summanden rechts vom Reaktionspfeil. Die Formeln müssen dabei bereits mit den richtigen Indizes (Formeln) versehen sein. Anschließend erfolgt das rechnerische (stöchiometrische) Richtigstellen durch ganzzahlige Koeffizienten (Formeln), da nach dem Massenerhaltungssatz die Anzahl der gleichen Atome auf beiden Seiten der Gleichung gleich sein muss. Indizes dürfen dabei auf keinen Fall verändert werden, da sie die Zusammensetzung der einzelnen Moleküle festlegen.

Glimmer. Glänzende, in einer Fläche spaltbare Tonerdesilikate, die alkali- und oft fluorhaltig sind. In Granit sind regelmäßig Glimmer eingesprengt. Man erhält ihn aus einer Schmelze von 33 % SiO_2, 32 % MgO, 11–12 % Al_2O_3 und 22–26 % K_2SiF_6 durch langsames Erstarrenlassen.

Verwendung: Als Fenster für Schmelzöfen, zur elektrischen Isolierung und früher auch als Lampenzylinder und als Fensterglas.

Globuline (*lat.* globulus = kleiner Ball). Bezeichnung einer Eiweißklasse, deren Moleküle kugelförmig sind.

Glutamin (Glutaminsäure-5-amid; Abk. Gln).

Formelzeichen:

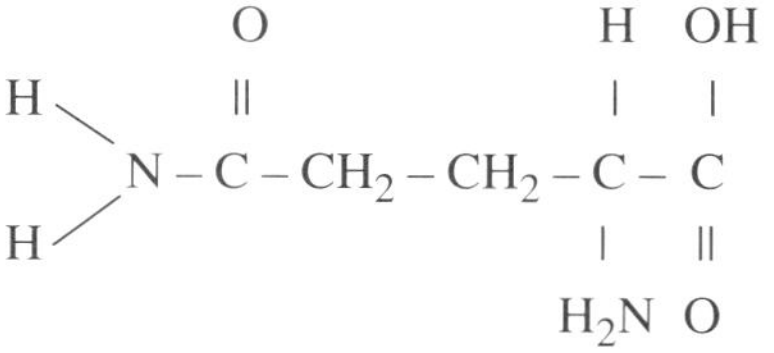

Eigenschaften: m_M 146,15; Fp. 185,5 °C; wenig wasserlösliche Aminosäure; sie spielt bei der Desaminierung von Eiweiß eine entgiftende Rolle, wobei das dabei entstehende Zellgift Ammoniak durch die Bildung von Glutamin und Asparaginsäure beseitigt wird.

Glutaminsäure (1-Aminopropan-1,3-dicarbonsäure; Abk. Glu).

Formelzeichen:

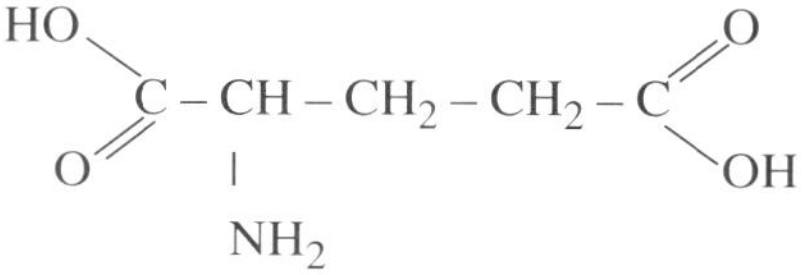

Eigenschaften: m_M 147,14; D 1,538; Fp. 206 °C; farblose und geruchlose kristalline Aminosäure, die in Wasser wenig, in Ethanol schwer löslich ist.

Glyceride. Bezeichnung für die Ester des Glycerins. In der Regel sind alle drei Hydroxylgruppen des dreiwertigen Alkohols Glycerin mit jeweils einer mehr oder weniger langkettigen Säure (z. B. Fettsäure) verestert. Derartige Glyceride heißen Triglyceride (Fette).

Glycerin (1,2,3-Propan-tri-ol).

Formelzeichen:

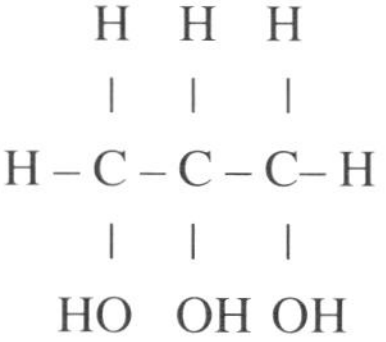

Eigenschaften: m_M 92,10; D 1,261; Sdp. 290 °C; Fp. 18 °C; wasserklare, farblose, leicht viskose, süß schmeckende, hygroskopische Flüssigkeit, die in Wasser und Alkohol löslich ist. Beim Erhitzen entsteht scharf riechendes

Acrolein, eine Reaktion, die als Nachweis gelten kann. G. ist neben den Fettsäuren der zweite Hauptbestandteil der pflanzlichen und tierischen Fette.

Glycin (α-Aminoessigsäure, Glykokoll, Abk. Gly).

Formelzeichen:

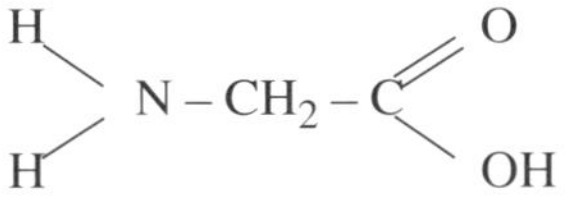

Eigenschaften: m_M 75,07; D 1,16; zersetzt sich bei 233 °C; farblose, süß schmeckende, leicht wasserlösliche Kristalle. Einfachste Aminosäure, nicht essenziell; ist in den meisten Eiweißstoffen enthalten; sie ist die einzige Aminosäure, die nicht optisch aktiv ist (optische Isomerie), weil sie kein asymmetrisches Kohlenstoffatom hat.

Glycosid (Acetale). Bezeichnung für ein etherähnliches Kondensationsprodukt, das so genannte Vollacetal (oder Ketal), das durch die (meist enzymatische) Reaktion zwischen einem Molekül mit einer Hydroxylgruppe, beispielsweise einem Alkohol oder einem Zuckermolekül, und einem Halbacetal unter Wasserabspaltung entsteht.

Granate. Bezeichnung für unterschiedlich gefärbte (meist dunkelrote) Silikatmineralien, die als Halbedelsteine zu Schmuck verarbeitet werden.

Granit (*lat.* granum = Korn). Bezeichnung für ein ziemlich hartes Urgestein, das sichtbare Einsprengungen von farblosem Quarz, rötlichem Feldspat und schwarz glänzendem Glimmer aufweist.

Graphit (*griech.* graphein = schreiben). Bezeichnung für eine schwarze, metallisch glänzende Modifikation des Kohlenstoffs, die sich aus Schichtgittern zusammensetzt. Graphit brennt nicht leicht; man kann daher Graphitelektroden in Schmelzen bis zu 1 700 °C einsetzen. Graphit reagiert auch mit aggressiven Stoffen wie Chlorgas und Fluor erst bei erhöhter Temperatur (ca. 500 °C). Geschmolzenes Eisen allerdings löst Graphit.

Grenzflächenaktive Stoffe. Bezeichnung für organische Moleküle, die aufgrund ihres Molekülbaues die Grenzflächenspannung z. B. zwischen Wasser und Luft oder Wasser und Öl herabsetzen können.

Grenzformeln → Mesomerie.

Grubengas → Methan.

Grünspan. Giftiges Gemenge von grünem und blauem, basischem Kupfer(II)-acetat. Die Giftwirkung ist auf das Schwermetall Kupfer zurückzuführen. Man kann Grünspan durch Bestreichen von Kupferplatten mit Essig künstlich herstellen. Es wird zur Bekämpfung des echten Mehltaues und zur Herstellung von Farben verwendet. Nicht zu verwechseln mit der Patina.

Grundzustand. Bezeichnung für den energieärmsten Zustand von Elektronen in einem Atom.

Guanin (2-Amino-6-hydroxy-purin). *Formelzeichen:*

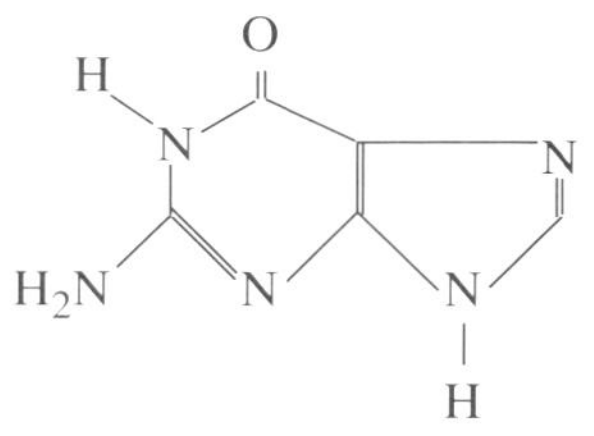

Eigenschaften: m_M 151,13; Fp. 365 °C; wasserunlösliches, weißliches Pulver; basischer Bestandteil der Nucleinsäuren; bildet dort Wasserstoffbrücken mit Cytosin aus.

H

Haber-Bosch-Verfahren. Großtechnisches Verfahren zur Ammoniaksynthese aus Wasserstoff- und Stickstoffgas. Die Synthese verläuft nach folgender Reaktionsgleichung: $3H_2 + N_2 \rightleftarrows 2NH_3 + E$.

Härte des Wassers. Bezeichnung für den Gehalt des Wassers an Magnesium- und Calciumsalzen. Trinkwasser und sonstiges Oberflächen- bzw. Quellwasser besteht nie aus chemisch reinem Wasser (H_2O), sondern ist immer ein Gemenge unterschiedlicher Salzlösungen; besonders häufig sind die Salze von Natrium, Magnesium, Calcium und Eisen, die als Chloride, Sulfate, Hydrogencarbonate und Nitrate gelöst sind. Zur besseren Vergleichbarkeit hat man den deutschen Grad (°d) eingeführt. 1°d entspricht in einem Liter Wasser 10 mg CaO, 7,19 mg MgO, 18,48 mg SrO, 27,35 mg BaO und 0,357 mg andere Erdalkaliionen.

Halbwertszeit. 1) Bei radioaktiven Isotopen versteht man darunter die Zeit, in der (rein statistisch) die Hälfte

Lexikon

der ursprünglich vorhandenen radioaktiven Atome zerfallen ist. Nach ungefähr 10 Halbwertszeiten ist von dem radioaktiven Material praktisch nichts mehr vorhanden. Halbwertszeiten können zwischen Bruchteilen einer Sekunde und Tausenden von Jahren liegen. Elemente mit sehr kurzen Halbwertszeiten gibt es nicht mehr. Man muss sie künstlich wiederherstellen. 2) Unter biologischer Halbwertszeit versteht man die Zeit, in der die Hälfte körpereigener Substanz im Organismus neu gebildet werden konnte. Sie beträgt z.B. beim Körpereiweiß durchschnittlich 80 Tage, bei der Muskulatur 158 Tage.

Halogene. Bezeichnung für die Elemente der VII. Hauptgruppe des Periodensystems.

Halogenierung. Bezeichnung für eine organische Reaktion, bei der ein Edukt mit einem Halogen zur Reaktion gebracht wird, wobei das Halogen als Substituent dient.

Halogenlampen. Bezeichnung für Glühbirnen, die als Füllgas neben Stickstoff noch eine geringe Menge an Halogenen (Brom) enthalten.

Halone. Bezeichnung für eine Gruppe von Halogenkohlenwasserstoffen, die sich durch geringe Giftigkeit, Unbrennbarkeit und Beständigkeit auszeichnen. Sie werden vorwiegend als Feuerlöschmittel verwendet.

Harnsäure (2,6,8-Trihydroxypurin). *Formelzeichen:*

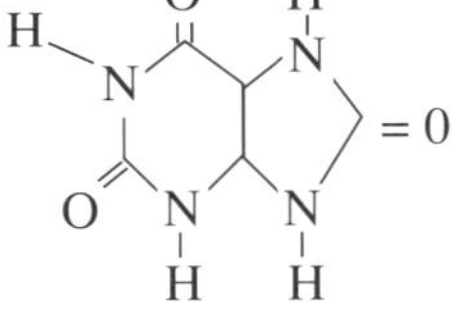

Eigenschaften: m_M 168,11; D 1,89; farblose Kristalle; zersetzen sich beim Erhitzen unter Freisetzung von Cyanwasserstoff; löslich in alkalischer Lösung. Ihre Salze heißen Ureate. Die Harnsäure ist beim Menschen ein Stoffwechselprodukt des Eiweißabbaues und wird über den Harn ausgeschieden.

Harnstoff.
Formelzeichen:

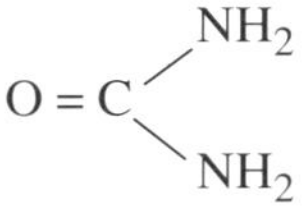

Eigenschaften: m_M 60,06; D 1,335; Fp. 133 °C; wasserlösliche farb- und geruchlose Kristalle; H. ist das wichtigste Endprodukt des Eiweißstoffwechsels. H. wird als Dünger, als Zusatz für Viehfutter und zur Herstellung von Kunststoffen (Aminoplaste) verwendet. Mit 1 % H. wird Ammoniumnitrat stabilisiert.

Hartgummi (Gummi). Bezeichnung für ein wenig elastisches Kautschukprodukt, dem man bis zu 35% Schwefel zur Vulkanisierung zugesetzt hat.

Hart-PVC → Polyvinylchlorid.

Harze. Sammelbegriff für feste oder halbfeste organische Verbindungen unterschiedlicher Zusammensetzung, von denen viele von Pflanzen zur Schädlingsabwehr und zum Wundverschluss abgesondert werden. Sie verhalten sich wie unterkühlte Schmelzen, wie Gläser. Harze können in Ether, Ölen und halogenierten Kohlenwasserstoffen gelöst werden, aber nicht in Wasser.

Haworth'sche Projektionsformeln. Von Sir W. N. Haworth (1883–1950) eingeführte Projektionsformeln, mit denen die Darstellung der dreidimensionalen Struktur organischer Verbindungen ermöglicht wird.

HCH → Hexachlorcyclohexan.

Herbizide. Sammelbezeichnung für chemisch recht unterschiedliche Unkrautvernichtungsmittel.

Heß'scher Satz. Es handelt sich hierbei um eine Folgerung aus dem 1. Hauptsatz der Thermodynamik, dem Energieerhaltungssatz. Er wurde 1840 von G. Heß aufgrund von Experimenten formuliert und lautet: Die Reaktionsenthalpie (Enthalpie) einer chemischen Gesamtreaktion wird durch den Anfangs- und Endzustand eindeutig bestimmt. Sie ist unabhängig von der Art und der Reihenfolge der Teilreaktionen. Mithilfe dieses Satzes ist es möglich, die Reaktionsenthalpie von Teilreaktionen anzugeben, die im Experiment nicht isoliert durchgeführt werden können.

Heterocyclische Verbindungen (Heterocyclen, *griech.* heteros = anders). Bezeichnung für ringförmige organische Verbindungen, die neben Kohlenstoffatomen Atome anderer Elemente enthalten. Meist sind dies Sauerstoff- und Stickstoffatome (Furan, Glucose, Pyridin).

Heterogene Gemenge (*griech.* heteros = anders). Bezeichnung für Gemenge, die sichtbar aus verschiedenen Stoffen zusammengesetzt sind. Gegensatz zu homogenen Gemengen.

Heterolyse. Bezeichnung für die Spaltung einer Bindung eines Moleküls, wobei das bindende Elektronenpaar bei einem der beiden Bindungspartner verbleibt. Die Folge einer solchen Spaltung sind Ionen. Beispiel Chlorwasserstoff: H – Cl → $H^{\oplus}$ + $Cl^{\ominus}$

Hexachlorcyclohexan (HCH).
Formelzeichen:

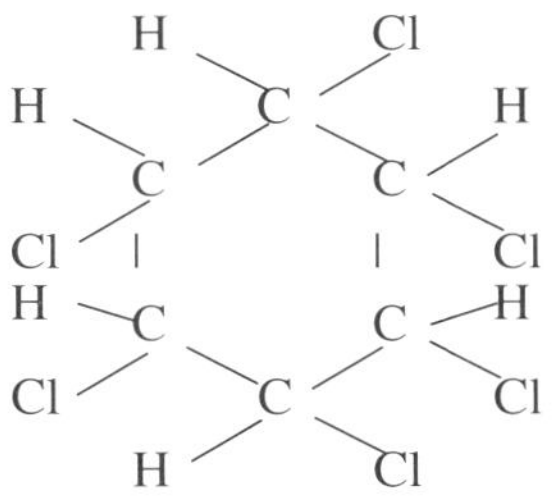

Eigenschaften: m_M 290,83; D 1,89; die Verbindung bildet acht Isomere, je nach Stellung der Chlor- und Wasserstoffatome am Kohlenstoffgerüst. Zur genaueren Unterscheidung der acht Isomere gibt man die Stellung der Chloratome folgendermaßen an: a = axial: die Chloratome liegen vertical über bzw. unter dem Sechserring; e = äquatorial: die Chloratome liegen in der gedachten „Ebene“ des Sechserringes. Der Kohlenstoffsechserring bildet dabei keine echte Ebene, sondern hat eine „Sesselform“, da die Valenzen des jeweiligen Kohlenstoffatoms in die Ecken eines Tetraeders ragen:

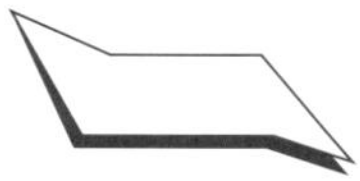

Hinreaktion. Bezeichnung für die in chemischen Gleichgewichten in Richtung der Produkte ablaufende Reaktion, die stets in exothermer Richtung formuliert werden muß. Die Gegenreaktion wird Rückreaktion genannt.

Hirschhornsalz → Ammoniumcarbonat.

Histamin.

Formelzeichen:

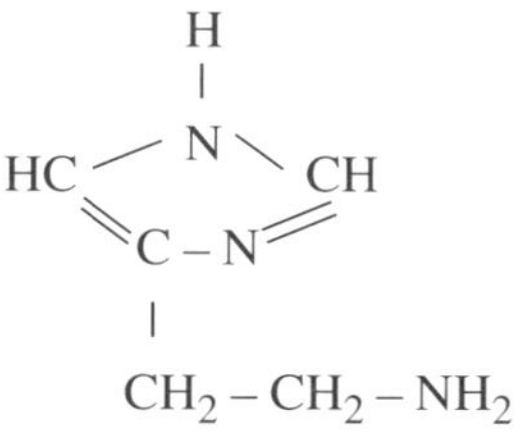

Eigenschaften: m_M 111,15; farblose, wasserlösliche Kristalle; wird als biogenes Amin bezeichnet, das im Organismus die Kapillaren erweitert, den Blutdruck senkt und die glatte Muskulatur erregt. Die Durchlässigkeit der Blutgefäße wird gesteigert. Verursacht die allergische Reaktion. Ist im Bienengift, im Wein und in Spinatblättern in größeren Mengen enthalten.

Histidin (His).

Formelzeichen:

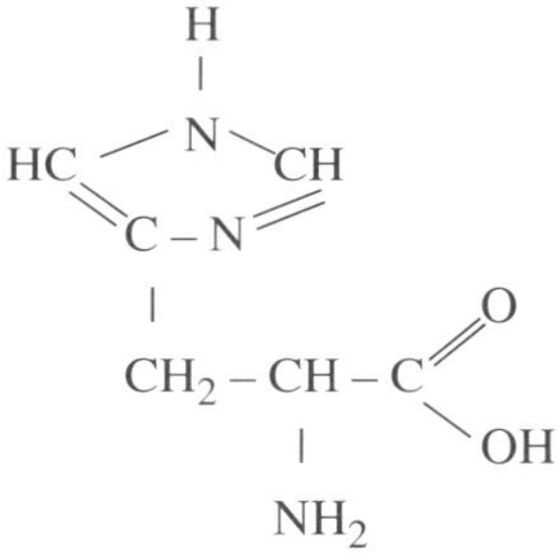

Eigenschaften: m_M 155,16; wasserlösliche essenzielle Aminosäure, die in vielen Polypeptiden, unter anderem im Globin des Hämoglobins enthalten ist.

Hochofenprozess. Bezeichnung für die Gewinnung von Eisen aus verschiedenen Eisenerzen: Magneteisenstein (Fe_3O_4, 45–70 % Eisen), Roteisenstein (Fe_2O_3, 40–65 % Eisen), Brauneisenstein ($Fe_2O_3 \cdot xH_2O$, 60 % Eisen), Spateisenstein ($FeCO_3$, 25–40 % Eisen) und Eisenkies (FeS_2, 60–65 % Eisen). Das Roheisen wird durch Reduktion mit Kohlenstoff (Koks) gewonnen.

Hock'sches Verfahren. Von H. Hock beschriebenes Verfahren zur großtechnischen Synthese von Phenol und Aceton über eine protonenkatalysierte Spaltung von Hydroperoxiden, die in Carbonyl- und Hydroxyverbindungen zerfallen.

Hofmann'scher Zersetzungsapparat. Apparatur zur elektrolytischen Zersetzung von (angesäuertem) Wasser in Wasserstoff- und Sauerstoffgas.

Homogene Gemenge. Bezeichnung für Stoffgemische, deren Komponenten mit bloßem Auge nicht voneinander zu unterscheiden sind. Gegensatz: heterogene Gemenge. Homogen sind stets Lösungen (auch Legierungen) und Gasgemenge.

Homologe. Bezeichnung für eng verwandte Stoffe, die sich voneinander ableiten lassen und sich auch voneinander in ihren physikalischen Konstanten in gesetzmäßigen Schritten unterscheiden. Derartige homologe Reihen bilden z. B. die Alkane (Summenformel: C_nH_{2n+2}), die sich voneinander durch unterschiedliche Anzahl von Methylengruppen ($-CH_2-$) unterscheiden.

Homolyse. Bezeichnung für die Spaltung einer Atombindung in einem Molekül, wobei das bindende Elektronenpaar auf beide Spaltprodukte gleichmäßig verteilt wird, d. h., jedes erhält ein einsames Elektron. Die so entstandenen Produkte nennt man Radikale. Gegensatz: Heterolyse.

Hund'sche Regel. Von Prof. F. Hund 1927 entdeckte Gesetzmäßigkeit, wonach Atome, die mit steigender Ordnungszahl jeweils ein Elektron mehr erhalten, dieses zuerst in jedes Orbital einzeln einbauen; erst wenn eine Teilschale einfach besetzt ist, wird anschließend jedes Orbital mit einem weiteren Elektron (mit antiparallelem Spin) besetzt.

Hybridisierung. Beim Kohlenstoffatom findet man die vier Valenzelektronen im Grundzustand in der 2. Hauptquantenzahl derart verteilt, dass zwei von ihnen in der 2s-Teilschale ein Orbital besetzen, die anderen beiden in der 2p-Teilschale einzeln im $2p_x$- und $2p_y$-Orbital liegen. Danach wäre Kohlenstoff zweiwertig, da nur einfach besetzte Orbitale noch ein weiteres Elektron aufnehmen können. Im angeregten Zustand ist ein Elektron aus dem s-Orbital in das Pz-Orbital angehoben worden, sodass schließlich das s- und alle drei p-Orbitale einfach besetzt sind. Da aber die 2p-Orbitale energiereicher als das 2s-Orbital sind, müsste ein Elektron des Kohlenstoffs reaktionsärmer sein als die anderen drei. Da es dafür keine experimentelle Bestätigung gibt, mussten durch eine geeignete mathematische Kombination der Wellenfunktionen der vier Elektronen, vier neue Orbitale errechnet werden, die energetisch gleich sind und sich um das Kohlenstoffatom tetraedrisch anordnen. Das s- und die drei p-Orbitale wurden zu vier q-Orbitalen hybridisiert. Werden alle q-Orbitale zur Bindung mit anderen Atomen benützt, ist das Kohlenstoffatom ein sp^3-Hybrid. Werden nur drei q-Orbitale in die H. einbezogen, hat man ein sp^2-Hybrid, bei zweien ein sp-Hybrid.

Hydratation. Darunter versteht man die Umhüllung von Ionen durch Wasserdipole (Dipole). Aufgrund des gewinkelten Baues des Wasserdipols und der polaren Bindung zwischen dem Wasserstoff- und Sauerstoffatom ergibt sich am Sauerstoff eine negative und zwischen beiden Wasserstoffatomen eine positive Teilladung. Kationen ziehen die negativen Pole des Wassers an, Anionen die positiven. Schließlich sind alle Ionen von einer kugelförmigen Hülle von Wasserdipolen umhüllt. Dadurch wird die Anziehung der entgegengesetzten Ionen verringert, sodass sie in der Lösung frei beweglich sind – eine wichtige Voraussetzung für die Elektrolyse.

Hydride. Bezeichnung von Verbindungen aus Metallen und Wasserstoff, die den Wasserstoff als Hydridion ($H^{\ominus}$) enthalten.

Hydrieren. Bezeichnung für Additions-Reaktionen organischer Moleküle mit Wasserstoff. Damit ist stets eine Reduktion verbunden. Sie erfolgt meist unter erhöhtem Druck und erhöhter Temperatur unter Verwendung eines Katalysators.

Hydrogenasen. Bezeichnung für Enzyme, die Wasserstoff übertragen können; sie haben daher reduzierende Wirkung.

Hydrolasen. Bezeichnung für Enzyme, die ihre Substrate unter Verbrauch von Wasser (hydrolytisch) spalten bzw. Bindungen neu knüpfen, wobei Wasser freigesetzt wird (Hydrolyse).

Hydrolyse. Bezeichnung für die (enzymatische bzw. katalytische) Spaltung einer Atombindung, wobei ein Molekül Wasser verbraucht wird.

Hydronium. Bezeichnung für das Oxo-niumion ($H_3O^{\oplus}$).

Hydrophil (*griech.* hydor = Wasser und philos = Freund). Bezeichnung für die Eigenschaft von Verbindungen, sich leicht mit Wasser zu umgeben, bzw. mit Wasser zu reagieren, weil sie polare Gruppen enthalten. Gegensatz: hydrophob.

Hydrophob (*griech.* hydor = Wasser und phobos = Furcht). Bezeichnung für die Eigenschaft von Verbindungen, Wasser abzustoßen bzw. mit Wasser nicht zu reagieren, weil sie nur unpolare Gruppen besitzen. Gegensatz: hydrophil.

Hydroxide. Bezeichnung für alle Verbindungen, bei denen Metallionen mit Hydroxidionen ($OH^{\ominus}$) über eine Ionenbindung gebunden sind. Alkohole und Carbonsäuren gehören nicht dazu, weil ihre Hydroxylgruppe (– OH) über eine Atombindung mit dem jeweiligen Restmolekül verbunden ist.

Hydroxylgruppe. Bezeichnung für die funktionelle Gruppe – OH, die über eine Atombindung an das Restmolekül gebunden ist. Sie ist kennzeichnend für Alkohole, Phenole, Carbonsäuren (Bestandteil der Carboxylgruppe) und andere Hydroxyverbindungen.

Hydroxylierung. Bezeichnung für eine Reaktion, bei der es gelingt, eine Hydroxylgruppe als Substituenten einzubauen.

Hygroskopizität. Bezeichnung für die Eigenschaft einer Verbindung, Wasser bzw. Feuchtigkeit an sich zu ziehen.

Hypsochrome Gruppen. Bezeichnung für funktionelle Gruppen, die nach ihrem Einbau in bereits farbige Verbindungen eine Verschiebung der Farbigkeit in der Hinsicht verursachen, dass die Farbe ins kurzwelligere Spektrum (von Orange über Grün ins Bläuliche) wandert. Derartige Gruppen sind z. B. Alkylgruppen. Gegensatz: bathochrome Gruppen.

I

Implosion. Werden Gefäße, in denen ein starker Unterdruck (Vakuum) herrscht (z. B. Fernsehröhren), von außen beschädigt, dann kann die Gefäßwand plötzlich nach innen stürzen, das Gefäß implodiert. Durch den harten Anprall der Scherben auf die gegenüber liegende Innenwand, kommt es i. d. R. sofort nach der Implosion zu einer Explosion, wodurch die Scherben des Gefäßes nach außen geschleudert werden.

Inaktiv. 1) Bezeichnung für Stoffe, die die Ebene des polarisierten Lichtes nicht drehen (optische Isomerie). 2) Bezeichnung für Stoffe, die an einer chemischen Reaktion nicht teilnehmen. 3) In der Kernchemie ist Nichtradioaktives inaktiv.

Index. 1) Bezeichnung für kleine Zahlen, die einem Elementsymbol bzw. in Klammern gesetzten Atomgruppen nach- und tiefgestellt werden. Sie geben die Anzahl der Atome bzw. der in Klammern gesetzten Atomgruppen in einem Molekül an. 2) Bezeichnung für kennzeichnende Ziffern, die entweder hoch- oder tiefgestellt sein können, z. B. sp^3-Hybrid. 3) Bezeichnung für ein Register bei Büchern.

Indigo.
Formelzeichen:

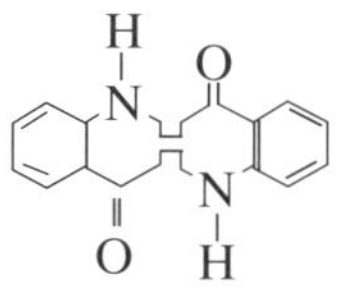

Eigenschaften: m_M 262,26; sublimiert; Fp. 390,5 °C; dunkelblaue, metallisch rötlich glänzende Kristalle, die sich weder in Wasser, Alkohol und Ether, noch in verdünnten Säuren lösen. Von dem ursprünglichen blauen Farbstoff gibt es inzwischen zahlreiche andersfarbige Derivate.

Indigoblau → Indigo.

Indikatoren (*lat.* indicare = anzeigen). Bezeichnung für Stoffe, mit denen man einem Reaktionsverlauf folgen kann. Das können z. B. auch radioaktive Isotope sein.

Induktiver Effekt (I-Effekt). Bezeichnung für die elektronenschiebende (+I-Effekt, z. B. Alkylgruppen) bzw. elektronenanziehende (–I-Effekt, z. B. – Cl, – OH, – NH_2) Wirkung bestimmter Substituenten eines organischen Moleküls auf andere, mit dem jeweiligen Substituenten verbundenen Atome.

Inert. Bezeichnet die Eigenschaft eines Stoffes, reaktionsträge zu sein, d. h. von Chemikalien entweder überhaupt nicht oder zumindest nur von besonders aggressiven angegriffen zu werden.

Inhibitoren. Bezeichnung für Stoffe, die bestimmte chemische Reaktionen unterbinden. So unterbinden Radikalfänger radikalische Kettenreaktionen (z. B. Autoxidationen). Andere Inhibitoren hemmen Enzyme und werden vom Organismus zur Steuerung der Enzymfunktion genutzt. Korrosionsinhibitoren hemmen die Korrosion.

Interhalogenverbindungen. Bezeichnung für Verbindungen zwischen zwei oder mehreren Halogenen.

Intramolekulare Reaktionen. Bezeichnung für Vorgänge, die innerhalb eines Moleküls ablaufen.

Inversion (*lat.* inversio = Umkehrung), 1) Bezeichnung für die Spaltung der rechtsdrehenden Saccharose, die durch Kochen mit Säure zu den Produkten Glucose und Fructose führt. Dieses Gemisch wird Invertzucker genannt. 2) Bezeichnung für die Änderung der Konfiguration an einem asymmetrischen Kohlenstoffatom, wie sie durch die Walden-Umkehr bei nucleophilen Substitutionen entsteht.

In vitro. Bezeichnung für Reaktionen, die im Reagenzglas, d. h. unter künstlichen Bedingungen ablaufen. Gegensatz: in vivo; damit bezeichnet man Vorgänge, die in natürlicher Umgebung ablaufen.

Iodtinktur. Bezeichnung für eine bräunliche Flüssigkeit, die zum äußerlichen Desinfizieren in der Medizin verwendet wird.

Ionen (*griech.* iein = gehen). Man unterscheidet Atomionen und Molekülionen. In beiden Fällen handelt es sich um elektrisch geladene Teilchen, die mit einer oder mehreren positiven bzw. negativen Elementarladungen versehen sind. Sie haben ihren Namen von der Eigenschaft erhalten, in wässrigen Lösungen als hydratisierte Teilchen (Hydratation) zu den Elektroden einer Gleichspannungsquelle (Anode bzw. Kathode) zu wandern. Anionen sind negativ geladene Ionen, die zur positiv geladenen Anode wandern; Kationen sind positiv geladen, sie wandern zur negativen Elektrode, der kathode. Ionen entstehen entweder dadurch, dass ungeladene Atome ihre Valenzelektronen abgeben (Metalle) oder dass andere Atome (Nichtmetalle) Elektronen aufnehmen. In beiden Fällen wird die Edelgaskonfiguration, ein energetisch niedriger Zustand, erreicht.

Ionen-Austauscher. Bezeichnung für röhrenförmige Geräte, die mit einem hochmolekularen, wasserunlöslichen Harz gefüllt sind, das unterschiedliche funktionelle Gruppen trägt, die bestimmte Gegenionen ($K^{\oplus}$, $Na^{\oplus}$, $OH^{\ominus}$ usw.) reversibel gebunden haben.

Ionengitter → Kristallgitter.

Ionenladungszahl. Sie wird als kleine arabische Zahl rechts oben neben das Elementsymbol gesetzt und ist gleich der Zahl der aufgenommenen bzw. abgegebenen Elektronen. Sie erhält ein positives oder negatives Vorzeichen, je nachdem, ob Elektronen abgegeben oder aufgenommen wurden.

Ionenradius (→ Atombau). Bezeichnung für den Abstand der äußersten Elektronenschale (mit Edelgaskonfiguration) zum Mittelpunkt des Atomkerns. So ist der Ionenradius eines Metalls kleiner als der Atomradius, weil das Ion durch Abgabe der Valenzelektronen eine Schale weniger hat als das betreffende Atom. Bei den Nichtmetallen ist es umgekehrt, da die Elektronenschale beibehalten wird, aber mit mehr Elektronen gefüllt ist als beim betreffenden Atom. Die Elektronen werden nun von den Protonen des Kerns nicht mehr so stark angezogen, da sich die Anzahl der Protonen nicht geändert hat; somit wird der Ionenradius größer.

Ionenreaktionen. Derartige Reaktionen finden nur dann statt, wenn sich durch doppelte Umsetzung aus zwei leicht löslichen Salzen ein schwer lösliches Produkt bilden kann oder wenn sich eine Atombindung (z. B. H_2O) zwischen zwei Ionen ($H^{\oplus} + OH^{\ominus}$) ausbilden kann. Ionenreaktionen verlaufen sehr rasch. Im Gegensatz dazu verlaufen die Reaktionen der organischen Chemie (Substitutionen usw.), die zwischen Molekülen stattfinden, vergleichsweise langsam.

Ionenwertigkeit. Sie ist gleich der Zahl der aufgenommenen bzw. abgegebenen Elektronen eines Elementatoms. Sie ist zahlenmäßig gleich der Ionenladungszahl, trägt aber das betreffende Vorzeichen vor der arabischen Zahl: z. B. $Cu^{2\oplus}$; die Ionenladungszahl beträgt 2+; die Ionenwertigkeit ist daher 2.

Ionisierungsenergie. Bezeichnung für die Energie, die man aufwenden muss, um einem Atom ein Elektron zu entreißen. Sie wird umso größer, je mehr Elektronen bereits abgespalten wurden, da die Zahl der Protonen im Kern gleich bleibt. Somit werden die verbliebenen Elektronen umso stärker angezogen. Die Ionisierungsenergien steigen sprunghaft an, wenn man einem Ion (mit Edelgaskonfiguration!) ein weiteres Elektron entreißen möchte. Denn dieses Elektron befindet sich in einer Schale, die dem Atomkern näher liegt als die vorhergehende, wodurch die Anziehungskräfte zwischen den Protonen des Kerns und den Elektronen noch größer werden.

Irreversibel. Bezeichnung für nicht rückgängig zu machende Zustände bzw. Vorgänge. So sind alle Vorgänge, die unter Entropiezunahme verlaufen, irreversibel.

Isobare. Bezeichnung in der Kernchemie für Nuklide mit gleicher Nukleonenzahl.

Isoelektrischer Punkt. Bezeichnung für einen pH-Wert, bei dem in einer wässrigen Lösung ein Zwitterion entstanden ist, ein Molekül, in dem sich die unterschiedlichen Ladungen gegenseitig aufheben. Es erscheint somit nach außen ungeladen. Tritt bei Aminosäuren und Eiweißstoffen auf. Der Isoelektrische Punkt ist erreicht, wenn diese Stoffe im elektrischen Gleichspannungsfeld nicht mehr wandern.

Isoelektronisch. Bezeichnung für die gleiche Zahl und Anordnung von Elektronen bei zwei verschiedenen Atomen bzw. Ionen. So ist z. B. das Neonatom mit dem Natriumion isoelektronisch.

Isoleucin (2-Amino-3-methyl-pentansäure).

Formelzeichen:

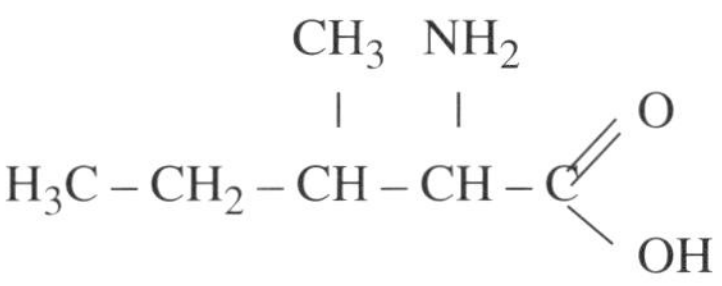

Eigenschaften: m_M 131,17; zersetzt sich bei 284 °C; wasserlösliche, glänzende Kristalle; zählt zu den essenziellen Aminosäuren.

Isolieren. Wird in der Chemie im Sinne des „Abtrennens eines Stoffes in möglichst reiner Form“ verwendet.

Isomerie. Bezeichnung für die Tatsache, dass Moleküle dieselbe Summenformel haben, aber unterschiedliche Strukturen aufweisen. In Isomeren haben die einzelnen Atome zueinander verschiedene räumliche Anordnungen. Man unterscheidet folgende Möglichkeiten: 1) Stereo-Isomerie bzw. cis-trans-Isomerie. Sie tritt bei allen Molekülen mit Doppelbindungen dann auf, wenn die Kohlenstoffatome, die durch die Doppelbindung miteinander verbunden sind, jeweils neben dem Wasserstoffatom einen weiteren Substituenten haben:

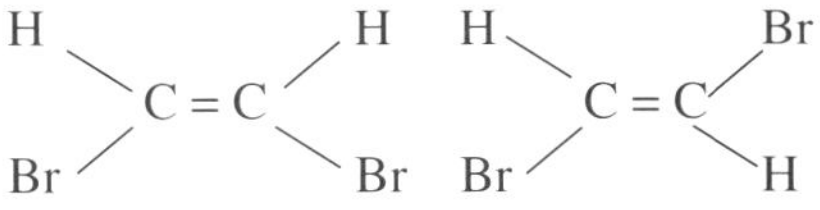

cis-Form trans-Form

2) Konstitutions-Isomerie: Durch Verzweigungen der Kohlenstoffkette lassen sich bei den Alkanen viele Isomere finden, die sich durch ihre physikalischen Konstanten und auch durch ihre unterschiedlichen Reaktionsfähigkeiten voneinander unterscheiden. 3) Optische Isomerie. Darunter versteht man die Eigenschaft von zwei Isomeren, die Ebene des polarisierten Lichtes unterschiedlich zu drehen.

Isomerisieren. Bezeichnung für Methoden, mit denen man Isomere erzeugen kann.

Isooktan (2,2,4-Trimethyl-pentan). *Formelzeichen:*

$$\begin{array}{ccccccccc} & & H_3C & & & & CH_3 & & \\ & & | & & & & | & & \\ H_3C & - & C & - & CH_2 & - & CH & - & CH_3 \\ & & | & & & & & & \\ & & CH_3 & & & & & & \end{array}$$

Eigenschaften: m_M 114,22; D 0,692; Sdp. 99 °C; Fp. –107 °C; farblose, wasserunlösliche, leicht brennbare Flüssigkeit; sie wird als Lösungsmittel verwendet.

Isopren (2-Methyl-1,3-butadien). *Formelzeichen:*

$$\begin{array}{ccccccc} H_2C & = & C & - & CH & = & CH_3 \\ & & | & & & & \\ & & CH_3 & & & & \end{array}$$

Eigenschaften: m_M 68,11; D 0,681; Sdp. 34 °C; Fp. –120 °C; farblose, ölige Flüssigkeit, die mit Wasser nicht mischbar ist; gehört zu der Familie der Diene; ist als polymerisierter Baustein im Naturkautschuk enthalten.

Isotope. Bezeichnung für Atome bzw. Nuklide mit gleicher Protonenzahl im Kern (gleicher Ordnungszahl), aber unterschiedlicher Neutronenzahl und damit unterschiedlicher Masse. Sie haben dieselben chemischen Eigenschaften. Man unterscheidet stabile und instabile, natürlich vorkommende und künstlich hergestellte Isotope. Die instabilen Isotope werden auch radioaktive Nuklide genannt, da sie unter Aussendung von radioaktiver Strahlung (α–, β–, γ-Strahlung) nach charakteristischen Halbwertszeiten so lange zerfallen, bis stabile Nuklide entstehen. Viele Elemente (Be, F, Na, Al, P, Sc, Mn, Co, As, Y, Nb, Rh, I, Cs, Pr, Tb, Ho, Tm, Au, Bi) bestehen nur aus einem Isotop; man nennt sie daher Reinelemente. Die übrigen werden Mischelemente genannt, die bis zu 10 Isotope haben können.

J

Jade. Bezeichnung für edelsteinartige Mineralien, die z. B. Jadeit enthalten, das aus $NaAlSi_2O_6$ besteht.

Jodtinktur → Iodtinktur.

Joule. Symbol J; Bezeichnung für die Einheit der Arbeit, der Energie und der Wärmemenge. Hat die Einheit Kalorie (cal) abgelöst, 1 Joule (J) = 1 N · m = 1 W · s; 1 J = 0,238 cal; bzw. 1 cal = 4,1869 J.

K

Kältemischungen. Bezeichnung für Gemische von mindestens zwei Stoffen, die in der Mischung besonders tiefe Temperaturen erzeugen können. Bekannte derartige Mischungen sind Eis/Kochsalz (–21 °C); Calciumchlorid und Eis (–55 °C); festes CO_2 und Ether (–100 °C). Diese Temperaturen werden so lange beibehalten, wie Eis bzw. Ether und festes Salz bzw. CO_2 zusammen mit Flüssigkeit nebeneinander vorliegen. Bei tieferen Temperaturen gefrieren auch diese Gemische.

Kali. Meist als Vorsilbe gebrauchte Bezeichnung für Verbindungen des Kaliums bzw. für Alkali. So wird der Begriff Kalisalze auf die Abraumslaze von Kochsalzlagerstätten bezogen, die als Hauptbestandteil Kaliumchlorid enthalten.

Kalialaun → Alaun.

Kalium-Argon-Methode. Bezeichnung für eine Möglichkeit der Altersbestimmung für Gesteine. Aus radioaktivem K-40 Isotop der Gesteine wird mit einer bestimmten Halbwertszeit das Edelgas Ar-40. Aus Gesteinsschmelzen lässt sich dieser Edelgasanteil bestimmen und damit das Alter des Gesteins berechnen.

Kalk → Calciumcarbonat.

Kalkstein → Calciumcarbonat.

Kalorie (Symbol cal). Wurde durch Joule (J) ersetzt: 1 cal = 4,1869 J.

Kalorimetrie. Messmethode für freiwerdende bzw. verbrauchte Wärmemengen bei chemischen Reaktionen. Das Prinzip ist recht einfach: Man verbrennt in einem Reaktionsgefäß eine bestimmte eingewogene Menge des zu untersuchenden Stoffes und misst mit einem Thermometer die Temperaturänderung.

Kalzit → Calciumcarbonat.

Kammersäure. Bezeichnung für eine 60%ige Schwefelsäure, die bei der Herstellung (Bleikammerverfahren) der Schwefelsäure anfällt.

Kaolin (Porzellanerde). Enthält als Hauptbestandteil das Mineral Kaolinit ($Al_2O_3 \cdot 2SiO_2 \cdot 2H_2O$), den wichtigsten Rohstoff zur Herstellung von Porzellan.

Kaolinit → Kaolin.

Karat. 1) Bezeichnung für den Reinheitsgrad von Goldlegierungen. 2) Gewichtseinheit für Edelsteine (1 Karat = 0,2 g).

Katalysator. Bezeichnung für bestimmte chemische Stoffe, die bei chemischen Reaktionen die Aktivierungsenergie herabsetzen können, ohne dabei verbraucht zu werden. Sie erhöhen dadurch auch die Reaktionsgeschwindigkeit der betreffenden Reaktion. Bei Gleichgewichtsreaktionen wirkt der Katalysator beschleunigend, sowohl bei der Hinreaktion als auch bei der Rückreaktion. Katalysatoren bestehen meist aus Metallen, aber auch aus Metalloxiden oder aus entsprechenden Gemischen beider Stoffgruppen.

Katalysatorgifte. Bezeichnung für bestimmte chemische Verbindungen, mit denen die Wirkung der Katalysatoren blockiert wird, indem sie sich auf der Oberfläche des Katalysators festsetzen.

Kathepsine. Bezeichnung für eine Gruppe von Enzymen, die Eiweiß (Polypeptide) hydrolytisch spalten.

Kathode. Bezeichnung für die Elektrode, die bei elektrischer Gleichspannung mit dem negativen Pol der Spannungsquelle verbunden ist. Bei der Elektrolyse von Elektrolyten wandert stets das positiv geladene Kation zur Kathode, wo es durch Elektronenaufnahme entladen wird. Dieser Vorgang kann als Reduktion (= Elektronenaufnahme) verstanden werden; die Kathode ist das stärkste Reduktionsmittel.

Kationbasen. Bezeichnung nach der Säure-Basen-Theorie von Brönsted für Kationen, die Protonen ($H^{\oplus}$) aufnehmen können (Protonenakzeptoren).

Kationen. Bezeichnung für positiv geladene Ionen, die in wässrigen Lösungen von der Kathode angezogen und entladen werden.

Kationentensid. Bezeichnung für Tenside, die als Kationen in wässrigen Lösungen vorliegen. Dazu gehören die Weichspülmittel.

Kationsäuren. Bezeichnung nach der Säure-Basen-Theorie von Brönsted für Kationen, die Protonen ($H^{\oplus}$) abspalten können (Protonendonatoren).

Kelvin (Symbol K). Physikalische Bezeichnung für die Grundeinheit der Temperatur. Bei 273,16 Kelvin gefriert Wasser zu Eis, was dem Nullpunkt der Temperaturskala von Celsius entspricht.

Keramische Werkstoffe (Keramik). Sammelbegriff für schwer schmelzbare technische Produkte, die aus Tonmineralien durch Brennen (bei ca. 2000 °C) hergestellt werden.

Kern. 1) Kurzbezeichnung für den Atomkern; 2) Bezeichnung für einen Benzolring innerhalb eines größeren Moleküls.

Kernbausteine. Darunter versteht man die Massenteilchen, die einen Atomkern aufbauen. Dazu gehört das ungeladene Neutron und das mit einer positiven Elementarladung versehene Proton.

Kernbrennstoffe. Bezeichnung für Materialien, die spaltbare Nuklide enthalten und bei deren Spaltung (in Kernreaktoren bzw. Atombomben) eine gewisse Mindestzahl von Neutronen und Energie freigesetzt wird. Die Neutronen werden benötigt, um weitere Nuklide zu spalten, wobei es zu einem lawinenartigen Zuwachs von Neutronen und den darauf folgenden Atom- bzw. Kernspaltungen kommt. Derartige Reaktionen nennt man Kettenreaktionen.

Kernfusion. Bringt man isolierte Kernbausteine zueinander, dann wird Kernbindungsenergie frei (Thermonukleare Reaktion). Durch Fusion erhält man achtmal mehr Energie als durch Kernspaltung.

Kernkräfte. Bezeichnung für die starken Kräfte, die zwischen den Nukleonen des Atomkernes herrschen. Sie haben zwar nur eine geringe Reichweite, sie verhindern aber, dass sich die gleich geladenen Protonen im Kern abstoßen können. Bei der Kernspaltung werden die Energien dieser Kräfte frei.

Kernladung → Ordnungszahl.

Kernladungszahl → Ordnungszahl.

Kernreaktionen. Bezeichnung für Veränderungen von Atomkernen, die durch Einwirkung von außen, durch Protonen, Neutronen, Elektronen, Photonen bzw. γ-Strahlen oder ganzen Atomkernen, bzw. von innen durch Ausschleudern von Kernbausteinen

(z. B. α-Strahlen = Heliumkerne) und β-Strahlen erreicht werden können. Um künstliche Kernreaktionen durchzuführen, muss man leichte Kerne oder Kernbausteine (Neutronen, Deuteronen) auf schwere Kerne schießen. Dabei haben sich die Neutronen besonders gut als Geschosse bewährt, weil sie keine Ladung besitzen und somit von den Protonen des Zielkernes (Target) nicht abgestoßen werden können. Besonders schwierig ist die Verwendung von schweren Geschossen, d. h. von Kernen mit mehreren Protonen, da die gegenseitige Kernabstoßung hier so groß ist, dass die Kerne nicht aufeinander prallen, sondern nur abgelenkt werden.

Kernspaltung → Kernreaktionen.

Kernumwandlungen → Kernreaktionen.

Kesselstein → Calciumcarbonat.

Keto-Enol-Tautomerie. Bezeichnung für eine Gleichgewichtsreaktion (Tautomerie), bei der sich ein Keton in ein isomeres Enol umlagert. Das ist nur dann möglich, wenn das Enol mesomeriestabilisiert ist, weil sich das Keton in einem energetisch günstigeren Zustand befindet:

$$\underset{\text{Keto-Form}}{-\overset{}{\underset{\|}{C}}-CH_2-} \quad \Leftrightarrow \quad \underset{\text{Enol-Form}}{-\underset{|}{C}=CH-}$$

(Keto-Form: =O am C; Enol-Form: –OH am C)

O OH

Ketone. Sammelbezeichnung für alle Kohlenwasserstoffverbindungen mit einer Ketogruppe. Sie leiten sich vom einfachsten Keton, dem Aceton ab:

$$CH_3-\underset{\underset{O}{\|}}{C}-CH_3$$

Ketone sind stabiler als die chemisch verwandten Aldehyde, die am Carbonyl-Kohlenstoffatom ein Wasserstoffatom anstelle eines organischen Restes tragen.

Kettenabbruch. Bei Polymerisationsreaktionen „wächst" die Kette theoretisch so lange weiter, bis das letzte Molekül des polymerisierenden Stoffes verbraucht ist. Da die meisten Polymerisationen radikalisch verlaufen (es sind immer viele Molekülreste mit einem einsamen Elektron unter den Edukten), können zufällig zwei derartige Radikale aufeinander treffen, wobei die einsamen Elektronen eine stabile Einfachbindung eingehen. Diese Reaktion beendet dann das Kettenwachstum.

Kettenreaktion. Ein Vorgang, bei dem die Stoffe immer wieder erzeugt werden, die diese Reaktion in Gang gesetzt haben. Eine derartige Reaktion läuft immer weiter, bis entweder alle Edukte verbraucht sind oder eine Abbruchreaktion das Kettenwachstum beendet. Die Kettenreaktion ist ein Teil eines Reaktionsmechanismus, der entweder radikalisch (häufiger) oder ionisch verläuft.

Kieselgele → Kieselsäuren.

Kieselsäuren. Bezeichnung für eine Gruppe von Verbindungen, in denen das Elementatom Silicium von vier Sauerstoffatomen umgeben ist, die in die Ecken eines Tetraeders weisen. Die Sauerstoffatome sind im einfachsten Falle mit je einem Wasserstoffatom verbunden; dann liegt (1) die Orthokieselsäure vor:

Formelzeichen:

```
      OH
       |
HO – Si – OH
       |
      OH
```

Eigenschaften: Sie ist unbeständig und kann nur bei geringem pH-Wert (3,2) erhalten werden; sie ist eine sehr schwache Säure, daher sind ihre Salze, die Silikate, starke Basen. Ihre Alkalisalze werden Wasserglas genannt. Es reagiert unter Säurezusatz zu einer stark wasserhaltigen Gallerte, die getrocknet werden kann und dann als Kieselgel bezeichnet wird. Setzt man die Ortho-Kieselsäure einem von pH = 3,2 abweichenden Wert aus, so geht sie unter Wasserabspaltung (2) in die Ortho-di-K. über. Durch weitere Wasserabspaltungen entstehen mehr oder weniger lange Ketten. Diese Makromoleküle nennt man (3) Poly-Kieselsäuren. Sie haben die Zusammensetzung: $H_{2n+2}Si_nO_{3n+1}$. Lange Ketten werden auch als kondensierte (4) Meta-Kieselsäuren bezeichnet; diese haben die durchschnittliche Zusammensetzung: $(H_2SiO_3)_n$. (5) Reine Di-Kieselsäure ($H_2Si_2O_5$) entsteht durch Abspaltung von Wasser aus zwei Molekülen Metakieselsäure.

Knallgas. Bezeichnung für ein Gasgemisch, das im günstigsten Falle aus zwei Volumenteilen Wasserstoff- und einem Volumenteil Sauerstoffgas besteht. Der Wasserstoffanteil muss dabei zwischen 6 und 67 % liegen. Werden diese Grenzwerte unter- bzw. überschritten, kommt es nicht mehr zu einer Explosion.

Knallgasprobe. Vor jedem Experiment mit Wasserstoffgas, bei dem ein Reaktionsgemisch stark erhitzt wird, muss die entsprechende Apparatur daraufhin überprüft werden, ob sich in ihr ein Knallgasgemisch gebildet hat. Zu diesem Zweck leitet man vor dem Erhitzen Wasserstoffgas durch die Apparatur, das am Ableitungsende in wassergefüllten Reagenzgläsern aufgefangen wird. Man bringt dann die Reagenzglasmündung an eine offene Flamme. Brennt das Gas mit einem Pfeiflaut ab, dann ist die Knallgasprobe positiv, d.h. es liegt noch ein explosionsfähiges Gemisch vor. Sie muss so lange wiederholt werden, bis das reine Wasserstoffgas ruhig und geräuschlos abbrennt.

Kochsalz (Steinsalz, Meersalz). Bezeichnung für Natriumchlorid. Es wird als Steinsalz bergmännisch gewonnen (Berchtesgaden, Reichenhall) oder aus dem Meerwasser durch Verdunsten der Sole. Verwendung in der Industrie zur Herstellung verschiedenster Natrium- bzw. Chlorverbindungen. Wird auch als Speisewürze benötigt.

Koeffizient. Bezeichnung für eine große arabische Zahl, die vor ein Elementsymbol gesetzt wird, um die Mengenverhältnisse innerhalb einer chemischen Gleichung richtigzustellen.

Königswasser. Bezeichnung für ein sehr reaktionsfähiges Säuregemisch, das in der Lage ist, den „König" der Metalle, das Gold, aufzulösen. Es besteht aus einem Volumenteil (konz.) Salpetersäure (HNO_3) und drei Volumenteilen (konz.) Salzsäure (HCl). Beim Auflösen des Goldes (Au) entsteht Goldchlorid ($AuCl_3$):
$HNO_3 + 3HCl \rightarrow NOCl + 2<Cl> + 2H_2O$; $Au + 3<Cl> \rightarrow AuCl_3$.

Kohäsion. Bezeichnung für zwischenmolekulare Kräfte, die den Zusammenhang von Einzelmolekülen z. B. in einer Flüssigkeit verursachen. In Festkörpern ist die Kohäsion am größten, in Gasen am geringsten. Sie verursacht die Oberflächenspannung bei Flüssigkeiten, die aus polaren Molekülen bestehen (z. B. Wasser). Sie ist ein Sonderfall der Adhäsion.

Kohlendioxid.
Formelzeichen: CO_2 bzw. O = C = O.
Eigenschaften: m_M 44,01; D 1,977; FP. –57 °C; sublimiert bei –78,5 °C; farbloses, geruchloses, nicht brennbares, gut wasserlösliches Gas, das sich alleine durch erhöhten Druck verflüssigen lässt. Festes Kohlendioxid wird als Kohlensäureschnee oder Trockeneis bezeichnet. Die wässrige Lösung schmeckt sauer und färbt Lackmusfarbstoff rot; in ihr hat sich eine schwache Säure gebildet, die Kohlensäure (H_2CO_3). Ansonsten ist CO_2 ziemlich reaktionsträge. Es reagiert aber mit starken Basen zu Carbonaten und wird von unedlen Metallen zu Kohlenstoff reduziert.

Kohlenmonoxid.
Formelzeichen: CO.
Eigenschaften: m_M 28,01; D 0,311; Sdp. –191,5 °C; Fp. –199°C; farbloses, geruchloses und sehr giftiges Gas, in Wasser wenig löslich; verbrennt bei höheren Temperaturen (750 °C) mit blauer Flamme rauschend zu CO_2, worauf seine reduzierende Wirkung zurückzuführen ist; z. B. Hochofenprozess: $Fe_2O_3 + 3CO \rightarrow 2Fe + 3CO_2$; allgemein ist die Reaktionsfähigkeit mit anderen Elementen größer als beim Kohlendioxid (CO_2). Das Gas entsteht bei jeder unvollständigen Verbrennung fossiler Brennstoffe und ist daher in den Autoabgasen enthalten. In

der Technik wird es vorwiegend zur Synthese von Methanol und speziellen Kohlenwasserstoffen verwendet.

Kohlensäure. Bezeichnung für die wässrige Lösung des Kohlendioxids (CO_2);

Formelzeichen:

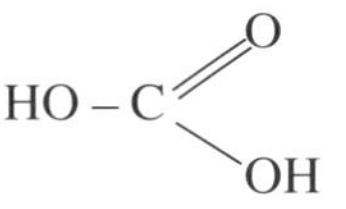 $= H_2CO_3$

Die Kohlensäure ist eine schwache Säure; sie dissoziiert nach folgender Gleichung: $H_2CO_3 \rightleftarrows H^{\oplus} + HCO_3^{\ominus} \rightleftarrows H^{\oplus} + CO_3^{2\ominus}$. Ihre Salze heißen Hydrogencarbonate und Carbonate.

Kohlenwasserstoffe. Sammelbegriff für alle Verbindungen, die nur aus Kohlenstoff und Wasserstoff aufgebaut sind. Die Kohlenstoffatome bilden dabei ein durchgehendes Gerüst. Die noch freien Valenzen sind entweder mit Wasserstoffatomen abgesättigt, wie Alkane:

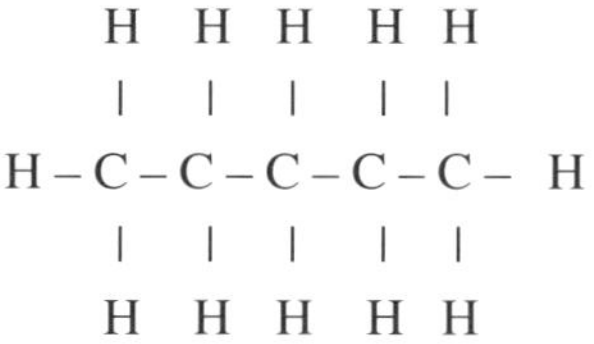 aliphatisches unverzweigtes Alkan

oder die Kohlenstoffatome bilden Mehrfachbindungen aus:

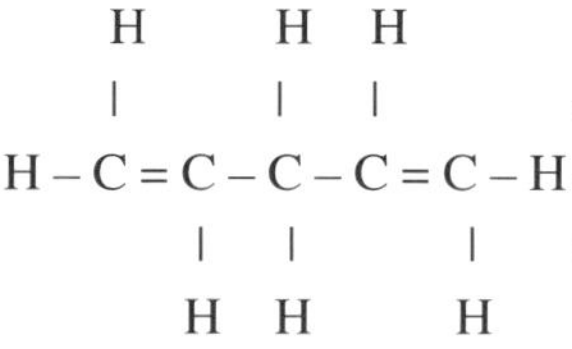 aliphatisches unverzweigtes Dien

Demnach unterscheidet man gesättigte (Alkane) und ungesättigte Kohlenwasserstoffe (Alkene, Diene, Polyene und Alkine). Bilden die Kohlenstoffatome verzweigte oder unverzweigte Ketten, nennt man sie aliphatische Kohlenwasserstoffe (*griech.* aleiphos = Fett); bilden die Kohlenstoffatome Ringe aus, nennt man sie cyclische Kohlenwasserstoffe (Cyclohexan).

Eigenschaften: Kohlenwasserstoffe sind meist farblos, kondensierte Ringsysteme können sogar schwarz erscheinen. Sie können vom gasförmigen, über den flüssigen, bis zum festen Aggregatzustand reichen. Sie sind alle brennbar; manche Krebs erregend (cancerogen). Die meisten Kohlenwasserstoff-Verbindungen werden aus dem Erdgas und Erdöl gewonnen und in der sog. Petrochemie weiter behandelt.

Verwendung: Sie werden als Schmierstoffe, Brennstoffe und Ausgangsstoffe für unterschiedliche Synthesen verwendet.

Kollagene. Bezeichnung für faserförmige Eiweiße. Sie gehören zu den Skleroproteinen wie die Keratine. Sie bilden in den Knochen, im Knorpel, in den Sehnen und Bändern, in der Lederhaut und im Dentin faserförmige Stützstrukturen aus.

Kolloide. Bezeichnung für einen bestimmten Zerteilungsgrad (Dispersionsgrad) eines Stoffes, in dem Teilchen mit einem Durchmesser von $5 \cdot 10^{-8}$ cm bis $2 \cdot 10^{-5}$ cm enthalten (dispergiert) sind. Diese Teilchen sind wesentlich größer als die der echten Lösungen, daher streuen sie das einfallende Licht zur Seite. Beispiele für Kolloide sind Sole (flüssige Kolloide), Gele (kohärente Kolloide), Eiweißlösungen, Seifen und Aerosole.

Kolonnen. Bezeichnung für turmartige Destillationsapparaturen mit mehreren Zwischenböden, die durch Überläufe und Dampfdurchlässe miteinander verbunden sind.

Kompetitive Hemmung. Bezeichnung für einen Hemmmechanismus der Enzyme, mit dem die Enzymfunktion gesteuert werden kann.

Komplexbildner. Bezeichnung für chemische Verbindungen, die (meist) Ionen komplex binden (Komplexe).

Komplexe. Ein Komplex-Ion bzw. eine Komplexverbindung besteht aus einem zentralen Kation, an das Anionen oder ungeladene Moleküle als Liganden gebunden sind. Die Bindung der Liganden an das Zentralion erfolgt in der Regel über freie Elektronenpaare der Liganden. Man unterscheidet Anlagerungs-Komplexe mit vielen freien, ungepaarten Elektronen (z. B. Aquo-Komplexe) und Durchdringungs-Komplexe mit wenigen (oder gar keinen) ungepaarten Elektronen (Cyano- und Ammin-Komplexe).

Kondensat. Bezeichnung für die Flüssigkeit, die durch Abkühlung mit geeigneten Kühlvorrichtungen aus einer Dampfphase gewonnen wird.

Kondensationsreaktionen. Bezeichnung für chemische Reaktionen, bei der zwei oder mehrere (meist gleiche) Moleküle derart miteinander verknüpft werden, dass bei jeder geknüpften Bindung ein Molekül Wasser frei wird. Werden viele gleiche Moleküle derartig verknüpft, spricht man von Polykondensationen.

Konfiguration. Bezeichnung für die relative Lage von Atomen bzw. Atomgruppen innerhalb eines Moleküls zueinander.

Konformation. Bezeichnung für die räumliche Lage der Substituenten zueinander, die sich an Kohlenstoffatomen befinden, die durch eine C – C-Bindung miteinander verbunden sind. Befindet sich die Bindungsachse der beiden Kohlenstoffatome, z.B. Ethans (H_3C-CH_3), in Blickrichtung, so können die drei Wasserstoffatome des ersten Kohlenstoffatoms die des zweiten Kohlenstoffatoms verdecken (eclipsed), bzw. sie stehen „auf Lücke“ (staggered). Letztere sind energieärmer, da sich die Substituenten räumlich „aus dem Wege gehen“.

Konjugierte Doppelbindungen. Befinden sich mehrere Doppelbindungen in einer Kohlenstoffkette, dann nennt man sie konjugiert, wenn sie sich jeweils mit einer Einfachbindung abwechseln:

```
  |        |         |        |
– C = C – C = C – C = C – C = C –
        |        |         |        |
```

Moleküle mit derartigen Bindungen sind mesomeriestabilisiert, weil sich die Elektronen der π-Bindung über das gesamte Molekül „verschmieren" können, sie sind delokalisiert.

Konstant siedendes Gemisch → Azeotropes Gemisch.

Konstitution. Bezeichnung für die Struktur eines Stoffes (→ Isomerie).

Kontakte. Technische Bezeichnung für → Katalysatoren.

Kontaktverfahren → Schwefelsäure.

Konverter. Bezeichnung für einen birnenförmigen, kippbaren Großbehälter, der eine feuerfeste Auskleidung hat, in dem Stahl aus Roheisen hergestellt wird.

Konzentration (Symbol c). Darunter versteht man die Angabe des Anteils einer gasförmigen, flüssigen oder festen Komponente an der Masse der Gesamtmischung. Sie wird in Mol pro Liter (Molarität) angegeben.

Koordinationsverbindungen → Komplexe.

Korrosion. Bezeichnung für elektrochemische Zerstörung unedler Metalle durch Bildung von Lokalelementen mit edleren Metallen. Derartige Vorgänge finden stets an der Oberfläche der Materialien statt, wo es zum Kontakt mit dem Werkstoff und dem korrosionsfördernden Elektrolyten kommt.

Korrosionsschutz. Vor allem bei Eisenwerkstoffen angewandte Methoden, um den Verlust, der durch Rosten entsteht, zu vermeiden.

Korund. Sammelbezeichnung für Mineralien, die hauptsächlich aus Aluminiumoxid bestehen.

Kovalente Bindung → Atombindung → Bindung.

Kracken → Cracken.

Kraftstoffe. Bezeichnung für gasförmige und flüssige Brennstoffe, mit denen Verbrennungsmotoren betrieben werden können.

Kristallgitter. Bezeichnung für die regelmäßige Anordnung von Ionen oder Atomen, die sich durch Ionenbindung oder Atombindung gegenseitig anziehen. Je nach Größe der beteiligten Teilchen können unterschiedliche „Kleinstkristalle" (Elementarzellen) entstehen. Stoffe mit Kristallgitter sind i. d. R. sehr hart, da die einzelnen Ionen oder Atome untereinander fest gebunden sind.

Kristallstruktur-Analyse. Physikalische Methode, um die Anordnung der Atome in Kristallen zu erfassen. Zu diesem Zweck werden Kristalle mit Röntgenlicht bestrahlt. Auf einer dahinter angebrachten Fotoplatte kann man die Beugungsmuster der abgelenkten Röntgenstrahlen als schwarze Flecke erhalten. Diese sog. Laue-Diagramme (nach M. v. Laue, 1912) sind wertvolle Hilfsmittel der Strukturanalyse von Kristallen.

Kristallwasser. Bezeichnung für Wassermoleküle, die in das Kristallgitter von Salzen eingebaut werden.

Kryolith.

Formelzeichen: $Na_3[AlF_6]$; farblose Kristalle, die leicht schmelzbar sind und sich mit Schwefelsäure lösen lassen. Sie dienen als Flussmittel bei der elektrolytischen Herstellung von Aluminium und als Trübungsmittel für Email.

Küpenfarbstoffe. Bezeichnung für bestimmte Farbstoffe, z.B. Indigo, die wasserunlöslich sind, aber in ihrer reduzierten Form wasserlöslich sind. Diese wasserlösliche Form nennt man „Küpe".

Kumulierte Doppelbindungen. Ungesättigte Kohlenwasserstoffe können ihre Kohlenstoffatome so miteinander verbinden, dass jedes Kohlenstoffatom mit dem jeweils nächsten Kohlenstoffatom eine Doppelbindung eingeht:

$$H_2C = C = C = C = C = CH_2$$

kumuliertes Polyen = Kumulene

Derartige Verbindungen reagieren mit Brom, Wasser und Ozon unter Addition.

Kunstfasern. Bezeichnung für umgewandelte faserförmige Naturprodukte (Kunstseiden) und synthetische faserförmige Kunststoffe:

1) Polyamidfasern (Nylon, Perlon). Nylon wird aus Adipinsäure und Hexamethylendiamin durch Wasserabspaltung hergestellt.

Polyamidfasern sind sehr reißfest, trocknen rasch und haben eine sehr glatte Oberfläche.

2) Polyesterfasern (Diolen, Trevira, Dacron): Man erhält sie durch Veresterung von Terephthalsäure mit Glykol, wobei es zu einer Polykondensation (Kunststoffe) kommt.

Polyesterfasern sind sehr reißfest und elastisch; sie werden daher zu Zelt- und Markisenstoffen verarbeitet. Textilien sind knitterarm und bügelfrei.

3) Polyacrylfasern (Dralon). Man stellt sie durch Polymerisation aus Acrylnitril ($CH_2 = CH - C \equiv N$), einer farblosen, giftigen Flüssigkeit her.

Kunstharze (Harze). Kunststoffe, die durch Polymerisation, Polykondensation und Polyaddition erhalten werden (Phenolharze, Melaminharze, Polyesterharze, Polyurethanharze, Aminoplaste, Alkydharze usw.). Sie lassen sich dreidimensional vernetzen und erhalten somit duroplastische Eigenschaften d. h., sie lassen sich durch Erwärmung nicht mehr erweichen.

Kunstseiden. Bezeichnung für eine Gruppe von Kunstfasern, die sich wegen ihrer Glätte ähnlich wie Seide anfühlen, aber im Gegensatz zur Seide aus chemisch veränderter Cellulose bestehen.

Kunststoffe. Bezeichnung für aus Makromolekülen aufgebaute Stoffe, die in ihren wesentlichen Bestandteilen organischer Natur sind und durch Synthesen oder Umwandlungen von Naturprodukten entstanden sind. Synthetische Kunststoffe lassen sich auf drei verschiedenen Synthesewegen herstellen: Polymerisation, Polykondensation, Polyaddition. Für 1) Polymerisationen eignen sich ungesättigte Ausgangsstoffe mit mindestens einer Doppelbindung. 2) Polykondensation kann dann stattfinden, wenn die Reaktanden jeweils zwei funktionelle Gruppen besitzen, die sich durch Wasserabspaltung miteinander verbinden können. 3) Polyaddition. Dabei werden mehrere polyfunktionelle Verbindungen (d. h. Verbindungen mit mehr als zwei funktionellen Gruppen) unter Wanderung von Wasserstoffatomen miteinander verknüpft, ohne dass Nebenprodukte entstehen.

Kunststoffchemie. Bedeutender Zweig der Chemie, der sich mit der Herstellung von Kunststoffen und Kunstfasern beschäftigt.

L

Lachgas (Distickstoffmonoxid).
Formelzeichen: N_2O.
Eigenschaften: m_M 44,01; Fp. –90,9 °C; Sdp. –89,5 °C; farbloses, leicht wasserlösliches, schwach süßlich riechendes Gas mit betäubender Wirkung.

Lackmus. Bezeichnung für einen säure- und laugenempfindlichen natürlichen Farbstoff, der von mehreren Flechtenarten gebildet wird. Er löst sich in Wasser mit violetter Farbe (bei pH-Wert 7). In alkalischen Lösungen schlägt die Farbe nach Blau, in sauren Lösungen dagegen nach Rot um. Daher ist dieser Farbstoff für die Textilfärberei ungeeignet. Der Farbstoff dient heute ausschließlich als Indikator für Säure-Base-Reaktionen, wobei auch Lackmuspapier verwendet wird, d. h. Filterpapierstreifen, die mit Lackmusfarbstoff getränkt sind.

Lactose (Milchzucker, Lactobiose). Disaccharid, das aus β-D-Galaktose und β-D-Glucose aufgebaut ist.
Eigenschaften: m_M 342,29; D 1,525; Fp. 201,6 °C; farblose, wasserlösliche, leicht süß schmeckende Kristalle; die

Verbindung ist in der Milch der Säugetiere enthalten; sie wirkt leicht abführend, entspricht in ihrem Nährwert etwa der Saccharose; sie wird von einem Enzym, der Lactase, abgebaut.

Ladungswolke. Nach der von der Heisenberg'schen Unschärferelation abgeleiteten Modellvorstellung des Atombaues befinden sich die Elektronen nicht auf konzentrischen Kugelschalen (Atombau), wie es das Bohr'sche Atommodell vorsieht, sondern in Aufenthaltswahrscheinlichkeiten, so genannten Orbitalen (*engl.* orbit = der Raum). Diese Räume können von je zwei Elektronen genutzt werden. Stellt man sich einen derartigen Raum vor, in dem zwei Elektronen mit hoher Geschwindigkeit herumrasen, so bekommt man den Eindruck von einer Ladungswolke.

Lauge. Bezeichnung für die wässrige Lösung einer Base, die alkalische Reaktion zeigt, z. B. Natronlauge (NaOH), Kalilauge (KOH); da auch die Salze schwacher Säuren in Wasser alkalisch reagieren, werden auch diese Lösungen Laugen genannt, z. B. Seifenlauge.

Lecithine. Bezeichnung für eine Gruppe von Phospholipoiden (Lipoide). Fettmoleküle (Lipide), bei denen eine Fettsäure durch Phosphorsäure ersetzt ist, die ihrerseits mit Cholin verestert ist:

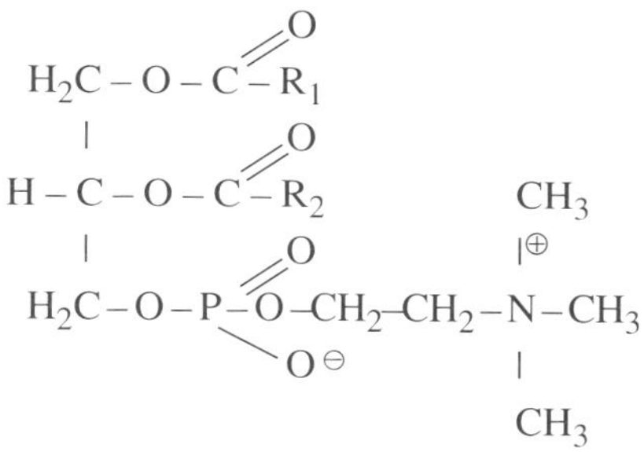

Leclanché-Element. Bezeichnung für ein galvanisches Element, das als Taschenlampenbatterie bekannt geworden ist. Es besteht aus einer Zinkhülle (Anode), die durch einen Elektrolyten (Ammoniumchloridlösung) mit einem Kohlestab (Kathode) verbunden ist, der in einem Beutel von Braunstein steckt.

Legierungen. Bezeichnung für metallische „Lösungen", die aus mindestens zwei verschiedenen Metallen bestehen.

Leichtflüchtig. Bezeichnung für die Eigenschaften von Flüssigkeiten, seltener von Feststoffen, leicht in Gase überzugehen.

Leinölfirnis. Leinöl ist ein Gemisch aus ungesättigten und gesättigten Fettsäuren; ein Naturprodukt der Samen des Leins.

Leucin (2-Amino-4-methyl-pentansäure).

Formelzeichen:

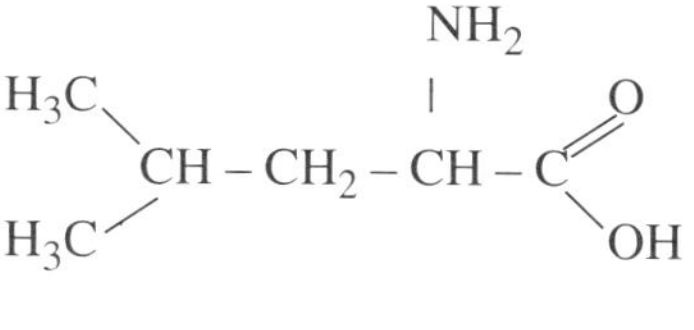

Eigenschaften: m_M 131,17; D 1,29; Fp. 294,3 °C; sublimiert ab 145 °C; weiße, wasserlösliche, kristalline essentielle Aminosäure, die als L-Form in allen Organismen am Aufbau von Eiweiß beteiligt ist.

Lewis-Basen. Bezeichnung für Ionen oder Moleküle, die ein freies Elektronenpaar zur Bindung mit einer Lewis-Säure zur Verfügung stellen können; z.B. $|\overline{\underline{Cl}}|^{\ominus}$, $|NH_3$, $H_2\underline{O}|$.

Lewis-Säuren. Bezeichnung für Ionen oder Moleküle, die einen Elektronenmangel haben und mit dem freien Elektronenpaar einer Lewis-Base eine Bindung eingehen; z. B. $H^{\oplus}$, BF_3, $AlCl_3$ usw.

Licht. Bezeichnung für die elektromagnetische Strahlung, die vom menschlichen Auge wahrgenommen werden kann. Ihre Wellenlängen befinden sich zwischen 400 (blauviolett) und 700 nm (dunkelrot). Ein Gemisch aus allen dazwischen liegenden Wellenlängen erscheint als weißes (Sonnen-) Licht.

Lichtabsorption. Viele chemische Verbindungen werden durch elektromagnetische Strahlung angeregt, d. h., sie absorbieren eine bestimmte Energiemenge aus dem einfallenden Licht. Das hat zur Folge, dass in dem reflektierten Wellenspektrum bestimmte Wellenlängen fehlen. Dieses reflektierte Licht ist nicht mehr weiß (Farbigkeit).

Lichtbogen. Bezeichnung für die Gasentladung, die sich zwischen zwei Kohleelektroden bei sehr hoher Spannung ausbildet. Dabei werden ziemlich hohe Temperaturen (4000–50000 K) erreicht, die man zum Schmelzen, Schweißen und zur Synthese verschiedener Verbindungen nutzen kann.

Liganden. Bezeichnung für Ionen oder Moleküle, die von einem Zentralatom bzw. -ion angezogen werden und mit diesem eine Komplexverbindung eingehen.

Ligasen (Synthetasen). Bezeichnung für Enzyme, die zwei Moleküle miteinander verbinden können.

Lignin. Bezeichnung für ein stark vernetztes hochpolymeres Naturprodukt, das neben Cellulose ein Hauptbestandteil (25 %) des Holzes ist.

Lipide. Sammelbezeichnung für Fette, Öle und fettähnliche Stoffe (Lipoide).

Lipoide. Bezeichnung für fettähnliche Stoffe. Dabei handelt es sich um unterschiedliche Glycerinester, wobei meist Fettsäuren, aber auch Derivate von Fettsäuren mit dem Glycerin verestert sind (z. B. Lecithin).

Lipophil (*griech.* aleiphos = Fett; philos = der Freund). Bezeichnung für die Eigenschaft von Verbindungen, sich in unpolaren Lösungsmitteln zu lösen und polare Lösungsmittel abzustoßen. Synonym zu hydrophob; Gegensatz zu hydrophil und lipophob.

Lipophob (*griech.* aleiphos = Fett, phobos = die Furcht). Bezeichnung für die Eigenschaft von Verbindungen, sich in polaren Lösungsmitteln (z. B. Wasser) zu lösen und unpolare Lösungsmittel wie Fette abzustoßen. Synonym zu hydrophil; Gegensatz zu hydrophob und lipophil.

Löslichkeit. Darunter versteht man die Masse eines Feststoffes, die sich in 100 g Lösung bei 20 °C gerade noch lösen lässt, ohne einen Bodenkörper zu bilden. Diese Lösung ist dann gesättigt. Die Löslichkeit ist umso kleiner, je kleiner das Löslichkeitsprodukt des betreffenden Feststoffes ist. Erhöht man die Temperatur, dann steigt bei den meisten Feststoffen auch die Löslichkeit, d. h., es lassen sich weitere Mengen des betreffenden Stoffes lösen. Die Lösung ist nun übersättigt. Kühlt man diese Lösung anschließend ab, dann kristallisiert der Feststoff aus der Lösung wieder aus; es bildet sich ein Niederschlag bzw. ein Bodenkörper, der gelöste Stoff „fällt aus".

Löslichkeitsprodukt. In einer gesättigten Lösung bildet sich ein Gleichgewicht zwischen der gelösten Phase und dem ungelösten Bodenkörper aus, d. h., es entstehen ständig aus den gelösten Ionen Kristalle, also Feststoffe, wobei gleichzeitig an anderer Stelle wieder Ionen aus dem Feststoff frei werden und in Lösung gehen.

Lösungen. Darunter versteht man homogene Gemenge unterschiedlicher Reinstoffe, deren Bestandteile optisch nicht zu unterscheiden sind. Man unterscheidet echte Lösungen von den Kolloiden. Echte Lösungen bestehen aus so kleinen Teilchen (Ionen oder Molekülen), dass sie das einfallende Licht nicht zur Seite streuen.

Lösungsmittel. Nach dem schon im Mittelalter entdeckten Grundsatz: „similia similibus solvuntur" (Ähnliches löst sich in ähnlichem) verhalten sich die Lösungsmittel zum zu lösenden Stoff. Besteht der Stoff nur aus unpolaren Bindungen, wie Alkanen, dann kann er nur von einem unpolaren Lösungsmittel, z. B. Tetrachlormethan oder Schwefelkohlenstoff, gelöst werden. Hat er nur polare Bindungen im Molekül, dann können nur polare Lösungsmittel, z. B. Wasser, Alkohole usw., diesen Stoff lösen.

Lokalelemente. Bezeichnung für kurzgeschlossene galvanische Elemente. Sie bestehen aus einem edleren und einem unedleren Metall, die sich in direktem Kontakt befinden und über einen Elektrolyten kurzgeschlossen werden (Korrosion).

Loschmidt'sche Zahl. Sie ist eine Naturkonstante und gibt an, wie viele einzelne Teilchen sich in einem Mol eines Stoffes befinden: $6{,}022 \cdot 10^{23}$.

Lost → 2,2'-Dichlordiethylsulfid.

Luft. Bezeichnung für das Gasgemisch, das die Atmosphäre der Erde ausmacht. Sie besteht aus 78,09 Vol-% Stickstoffgas, 20,95 Vol-% Sauerstoffgas, 0,035 Vol-% Co_2-Gas und einem Gemisch von Edelgasen. Durch Luftverschmutzung befinden sich noch weitere Gase, Ärosole und Stäube in der Luft.

Lumineszenz. Sammelbegriff für die Erscheinungen der Phosphoreszenz und Fluoreszenz, wobei Strahlungsquanten ohne thermische Begleiterscheinungen emittiert werden. Unter Fluoreszenz versteht man das sofortige Leuchten einer Substanz, die durch Absorption von UV-Licht zustande kommt. Als Phosphoreszenz bezeichnet man das längere Nachleuchten einer Substanz, die ebenfalls zuvor beleuchtet wurde.

Lyasen. Bezeichnung für eine Gruppe von Enzymen, die Bindungen ohne Einsatz von Wasser spalten.

L-Lysin (L-2,6-Diaminocapronsäure).
Formelzeichen:

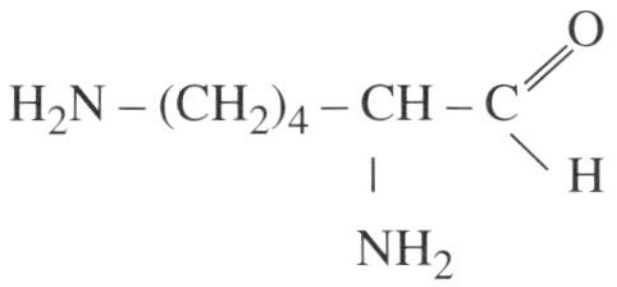

Eigenschaften: m_M 146,19; Fp. 224 °C; wasserlösliche, essenzielle Aminosäure; wichtig für den Knochenaufbau und die Zellteilung.

M

Magische Zahlen. Bezeichnung aus der Kernchemie. Man versteht darunter die Ziffern 2, 8, 20, 28, 50, 82, 126, 184. Wenn die Protonen- oder Neutronenzahl eines Atomkerns dieser Zahl entspricht, dann ist dieser Kern stabil. Doppelt magische Kerne liegen dann vor, wenn sowohl die Protonenzahl als auch die Neutronenzahl eine magische Zahl ist.

Magnesia → Magnesiumoxid.

Magnesiumoxid (Magnesia).
Formelzeichen: MgO.
Eigenschaften: m_M 40,31; D 3,576; Sdp. 3 600 °C; Fp. 2 802 °C; weißes, wasserunlösliches Pulver, das von Säuren kaum angegriffen wird.

Makromoleküle. Bezeichnung für Moleküle, die durch immer wiederkehrende, aneinander hängende Atomgruppen (Monomere oder Repetiereinheiten) aufgebaut sind. Organische Makromoleküle können aus unverzweigten oder verzweigten Ketten von Kohlenstoffatomen aufgebaut sein, können aber auch dreidimensionale, vernetzte räumliche Strukturen aufweisen. Die Molekülgröße eines makromolekularen Stoffes ist nicht festgelegt.

Manganstähle. Bezeichnung für eine Gruppe von Eisenlegierungen, die 10–14 % Mangan enthalten. Mangan ist für die Härte im Stahl verantwortlich.

Marienglas → Gips.

Markownikoff'sche Regel. Bei der Addition von unsymmetrischen elektrophilen Molekülen (z. B. Halogenwasserstoffe, Wasser, Alkohole) an eine Doppelbindung, wird als Zwischenprodukt das Carboniumion gebildet, dessen positive Ladung am besten stabilisiert ist:

$H_3C-CH_2-CH=CH_2+H-Br \rightarrow$

$H_3C-CH_2-\overset{\oplus}{C}H-CH_3+Br^{\ominus}$.

Maßanalyse (Titrimetrie). Bezeichnung für eine chemische Messmethode, bei der durch Volumenmessungen Massebestimmungen ermöglicht werden. Man gibt zu einem, mit einer Pipette bestimmten Volumen der unbekannten Substanz eine Lösung, deren Konzentration genau bekannt ist. Bei der Zugabe muss das Volumen mit einer Bürette genau gemessen werden, um den Äquivalenzpunkt mithilfe eines Indikators exakt bestimmen zu können. Aus dem Verbrauch der Titrierflüssigkeit kann anschließend die Masse der untersuchten Substanz berechnet werden.

Masse. Symbol m. Ursache des Gewichts. Im Gegensatz zu Letzterem jedoch ortsunabhängig. Die Masseneinheit ist das Kilogramm (kg.). Die relative Atommasse hat als Einheit lu und ist definiert als $\frac{1}{12}$ der M. des ^{12}C-Isotops.

Massendefekt. Bezeichnung für die Differenz zwischen der Summe der Massen der einzelnen Kernbausteine (Protonen und Neutronen) und der Masse des daraus aufgebauten Atomkerns. Da beim Zusammenbau des Kernes Kernbindungsenergie frei wird (analog zur Bildungsenthalpie von Molekülen), ist der Kern energieärmer als die Einzelbausteine. Nach der Einsteinschen Masse-Energie-Beziehung: $E = m \cdot c^2$ ist die Energie der Masse direkt proportional. Daraus folgt, dass der energieärmere Kern beim Zusammenbau aus den Kernbausteinen Masse verloren hat. Diesen Effekt macht man sich bei der Kernfusion zunutze.

Massenwirkungsgesetz (MWG). Es wurde 1867 von Prof. Gulberg (Mathematik) und Prof. Waage (Chemie) formuliert und ermöglicht quantitative Aussagen über Verschiebungen chemischer Gleichgewichte durch Konzentrationsänderungen. Das MWG lautet: Bezogen auf ein bestimmtes Gleich-gewicht ist der Quotient aus dem Produkt der Konzentrationen der

Endstoffe und dem Produkt aus den Konzentrationen der Ausgangsstoffe (bei gleicher Temperatur und gleichem Druck) eine Konstante, die Gleichgewichtskonstante K.

Massenzahl. Bezeichnung für die Anzahl der Nukleonen im Atomkern. Sie wird vor das Elementsymbol und hoch gestellt, z. B. ^{4}He.

Mehrfach ungesättigte Fettsäuren → Carbonsäuren.

Mehrfachbindungen → Doppelbindung → Bindung.

Mehrwertig. Bezeichnung für Moleküle mit mehreren gleichen funktionellen Gruppen; wird vor allem bei Alkoholen angewandt.

Membranfilter. Bezeichnung für dünne Folien mit Mikroporen, die aus Derivaten der Cellulose, Polyamide und PVC, hergestellt werden.

Menthol.

Formelzeichen:

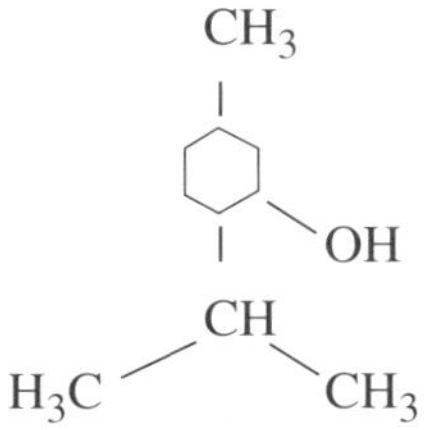

Eigenschaften: m_M 156,26; D 0,89; Fp. 31–43 °C, je nachdem, welches Stereoisomere (Isomerie) vorliegt; farblose, glänzende, in Alkohol gut lösliche Kristalle mit pfefferminzähnlichem Geruch.

Mesomerer Effekt (M-Effekt). Haben Substituenten ein freies Elektronenpaar, dann können zwischen diesem und den konjugierten Doppelbindungen des Moleküls Wechselwirkungen entstehen, die man als +M-Effekt bezeichnet. Man meint dabei, dass dieses freie Elektronenpaar des Substituenten in das betreffende Molekül „hineinklappen" kann. Sie erleichtert den Angriff eines elektrophilen Teilchens an der ortho-, und para-Position am Benzolring. Substituenten mit -M-Effekt haben eine Elektronenlücke. Sie entziehen einem System von konjugierten Doppelbindungen Elektronenpaare und erleichtern den Angriff eines elektrophilen Teilchens in meta-Position.

Mesomere Grenzformeln. Bezeichnung für mehrere exakt formulierbare Valenzstrichformeln, die den Bindungszustand eines Moleküls umschreiben müssen, weil die tatsächliche Elektronenverteilung im Molekül nicht durch eine Valenzstrichformel (Mesomerie) ausgedrückt werden kann. Derartige Grenzformeln sind nur ein Hilfsmittel, denen keine Realität zukommt. Mesomere Grenzformeln werden durch einen Mesomeriepfeil (↔) miteinander verbunden.

Mesomerie. Bezeichnung für eine Elektronenverteilung in einem Molekül, die durch eine Valenzstrichformel nicht ausreichend wiedergegeben werden kann. In einem Molekül mit Mesomerie (z. B. mit konjugierten Doppelbindungen) sind die Elektronen der Mehrfachbindung nicht genau zwischen zwei Atomen lokalisiert, sondern über das ganze Molekül „verschmiert", d. h. delokalisiert. Ein derartiger Bindungszustand ist energieärmer und damit stabiler als der mit lokalisierten Doppelbindungen. Die Energiedifferenz wird Mesomerieenergie oder Resonanzenergie genannt. Je mehr Grenzformeln für einen mesomeren Zustand formulierbar sind, umso stabiler ist die betreffende Verbindung. Wird bei einer chemischen Reaktion der mesomere Zustand einer Verbindung aufgehoben, dann wird häufig ein Substituent aus dem Molekül ausgestoßen, um den mesomeren Zustand wiederzuerlangen.

Messing. Bezeichnung für Kupfer-Zink-Legierungen. Je nach Anteil des Zinks sind die Legierungen hellgelb (viel Zink) bzw. rotgelb (wenig Zink).

Messkolben. Bezeichnung für ein chemisches Glasgerät, in dem genaue Konzentrationen von Lösungen hergestellt werden. Sie bestehen aus einem kugelförmigen Kolben, dessen Boden abgeflacht ist und einem zylindrischen röhrenförmigen Aufsatz mit einem eingeschliffenen Stöpsel. Sie fassen geeichte Volumina, die an einem eingeätzten Ring um den Hals des Kolbens genau eingestellt werden können.

Messpipetten → Pipetten.

Messzylinder. Bezeichnung für zylindrische Glasgeräte, die in chemischen Labors häufig verwendet werden. Sie enthalten eine eingeätzte Milliliterskala, mit der das Volumen relativ genau abgelesen werden kann.

Metallbindung. Metallatome haben eine geringe Anziehungskraft auf ihre Valenzelektronen. Sie spalten sie ab, um Edelgaskonfiguration zu erreichen. Dabei bleiben positiv geladene Atomrümpfe (Kationen) übrig. Die abgespaltenen Elektronen bewegen sich ziemlich frei in den Zwischenräumen der kugelförmigen Atomrümpfe; man nennt sie daher Elektronengas. Es hält die Atomrümpfe zusammen. Diese Bindung ist nicht sehr fest. Die Atomrümpfe liegen wie Kugelschichten übereinander.

Metalle. Gegensatz zu Nichtmetallen. Bezeichnung für alle Elemente, die leicht Valenzelektronen abspalten und die sich durch Metallbindung gegenseitig binden. Sie bauen ein Metallgitter auf, das aus Atomrümpfen besteht, d. h. aus Atomen ohne Valenzelektronen. Dabei bewegen sich die Elektronen zwischen den Atomrümpfen frei. Daher sind sie gute Stromleiter. Wegen dieses Gitteraufbaues kann man Metalle leicht verformen, da ihre Atomrümpfe wie Kugelschichten aufeinander liegen, die durch mechanische Einwirkung leicht zur Seite geschoben werden können. Nach ihrem Verhalten gegenüber Oxidationsmitteln und Säuren unterscheidet man a) Edelmetalle, wie Gold (Au), Silber (Ag) und Platin (Pt), b) edlere Metalle, wie Kupfer (Cu), Quecksilber (Hg), Zinn (Sn) und Nickel (Ni), sowie c) unedle Metalle, wie Magnesium (Mg), Zink (Zn), alle Alkali- und Erdalkalimetalle usw.

Metastabiler Zustand. Bezeichnung für einen energetischen Zustand eines Systems, das durch geringe Zufuhr von Aktivierungsenergie in einer exothermen Reaktion weiterreagiert, wobei ein thermodynamisch stabiler Zustand erreicht wird.

Methan (→ Erdgas).
Formelzeichen:

H
|
H – C – H
|
H

Eigenschaften: m_M 16,03; D 0,72; Sdp. –161 °C; Fp. –182 °C; Entzündungstemperatur 600 °C; farb- und geruchloses Gas, leichter als Luft, das sich in Wasser kaum löst, aber in organischen, unpolaren Lösungsmitteln; Anfangsglied der homologen Reihe der Alkane. Das Gas ist wenig giftig, kann aber in großen Konzentrationen Sauerstoff verdrängen. Wichtiges Heizgas, da bei der Verbrennung außer Wasserdampf und CO_2 keine Nebenprodukte anfallen.

Methanal → Formaldehyd.

Methanol (Methylalkohol).
Formelzeichen: $H_3C – OH$.
Eigenschaften: m_M 32,04; D 0,78; Sdp. 64,5 °C; Fp. –98 °C; farblose, leicht brennbare, giftige, scharf schmeckende Flüssigkeit, die sich in Wasser leicht löst. Ist ein wichtiges Lösungsmittel für Lacke und wird als Treibstoffzusatz verwendet.

Methyl. Bezeichnung für das einwertige Radikal des Methans, bzw. für die funktionelle Gruppe – CH_3.

Methylierung. Bezeichnung für die Einführung einer Methylgruppe – CH_3 in ein organisches Molekül. Derartige Reaktionen sind Substitutionsreaktionen. Als Methylierungsmittel wählt man Verbindungen, in denen die Methylgruppe eine positive Teilladung trägt und daher als elektrophiles Agens bezeichnet wird; derartige Substitutionen sind auch am Benzol möglich.

Micellen. Begriff aus der Chemie der Seifen und Tenside. Darunter versteht man eine größere Aggregation von amphipatischen Molekülen. Dabei lagern sich die hydrophilen Molekülenden ebenso wie die lipophilen Enden zusammen, da sie sich gegenseitig lösen. Somit entstehen kolloide Teilchen (Kolloide).

Milchsäure. (2-Hydroxy-propansäure).

Formelzeichen:

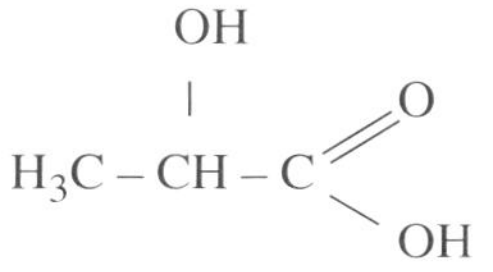

Eigenschaften: m_M 90,08; sie bildet zwei Enantiomeren aus, da sie optisch aktiv ist: a) D-(-)-Milchsäure; sie ist linksdrehend und wird durch bakterielle Umsetzung aus Glucose hergestellt; b) L-(+)-Milchsäure; sie ist in der Natur weit verbreitet, z. B. als Gärungsprodukt vieler Organismen, auch im Muskel des Menschen bei anaeroben Verhältnissen, wobei Brenztraubensäure als Produkt der Glycolyse anaerob verarbeitet wird.

Milchzucker → Lactose.

Mineralien. Bezeichnung für in der Natur vorkommende gesteinsbildende Salze, Oxide und Silikate mit oft komplizierter Zusammensetzung.

Mineralsäuren. Sammelbezeichnung für alle anorganischen Säuren, deren Salze in den Mineralien vorkommen.

Mischbarkeit. Bezeichnung für die Eigenschaft von Stoffen, miteinander homogene Gemenge bilden zu können, ohne sich wieder in verschiedene Phasen zu trennen.

Mischelemente. Bezeichnung für Elemente, die aus einem Gemisch von Isotopen bestehen. Gegensatz: Reinelemente.

Moderator. Bezeichnung für Stoffe, die in Kernkraftwerken eingesetzt werden, um die Geschwindigkeit von Neutronen, die zur Kernspaltung benötigt werden, herabzusetzen. Dazu sind nur die langsamen (thermischen) Neutronen fähig. Als Moderatoren eignen sich Wasser sowie „schweres Wasser" D_2O, Paraffin, Graphit und Beryllium.

Modifikation. Bezeichnung für unterschiedliche Kristallformen chemischer Elemente und Verbindungen, die zwar dieselben chemischen Eigenschaften aufweisen, sich aber in physikalischen Eigenschaften unterscheiden.

Mohs'sche Härteskala. Vergleichsskala für die Bestimmung der Härte bestimmter Stoffe. Sie besteht aus 10 Härtegraden, denen 10 Vergleichssubstanzen entsprechen, die so angeordnet sind, dass stets die nachfolgende Substanz die vorausgehende ritzen kann: 1 – Talk, 2 – Gips, 3 – Kalkspat, 4 – Fluß-spat, 5 – Apatit, 6 – Kalkfeldspat, 7 – Quarz, 8 – Topas, 9 – Korund, 10 – Diamant.

Mol. Symbol mol. Diese Grundeinheit der Chemie ist als die Stoffmenge (n) einzelner Atome, Photonen, Elektronen, Ionen und Moleküle definiert, die aus genau so vielen Teilchen besteht, wie Atome in genau 12 g des Kohlenstoffisotops ^{12}C enthalten sind; es sind $6{,}022 \cdot 10^{23}$ (Loschmidt'sche Konstante).

Molarität. Veraltete Bezeichnung für die Angabe der Konzentration in Mol durch Liter (mol/l): Danach enthält eine 1-molare Lösung von Chlorwasserstoffgas in Wasser genau 36,5 g HCl in einem Liter Lösung (Salzsäure). Die Molarität wird durch den Begriff der Stoffmengenkonzentration (c) in Mol durch Kubikmeter (mol/m^3) ersetzt.

Moleküle. Bezeichnung für einzelne Teilchen, die aus mehreren (2 bis 100, bei Makromolekülen mehrere Tausend) miteinander verbundenen Atomen bestehen.

Molekülionen. Bezeichnung für elektrisch geladene Moleküle, die entweder Anionen oder Kationen sein können.

Molekülmasse. Bezeichnung für die Summe der Massen der in einem Molekül enthaltenen Atome. Man unterscheidet zwischen der relativen und der absoluten Molekülmasse. Die Erstere stellt man experimentell fest. Die absolute Atom- bzw. Molekülmasse erhält man durch Division der Molmasse durch die Avogadro'sche Konstante.

Molekülmassenbestimmung. Sie erfolgt in drei Schritten. a) Bestimmung des Volumens einer genau gewogenen Menge eines bestimmten Gases (bzw. Dampfes). b) Umrechnung des ermittelten Volumens auf Normalbedingungen mithilfe des Molvolumens und des allgemeinen Gasgesetzes. c) Berechnung der relativen Molekülmasse (M) aus dem Molvolumen.

Molekularsiebe → Zeolithe.

Molmasse → Mol.

Molvolumen. Nach Avogadro enthalten gleiche Volumina gleich viele Teilchen. Daher müssen sich gleiche Volumina verschiedener Gase zueinander verhalten wie die Atom- bzw. Molekülmassen der beteiligten Gase. Kennt man die Masse eines bestimmten Volumens eines Gases, dann ist damit auch die Dichte (D) des Gases bekannt. Teilt man nun die Masse eines Mols durch die Dichte des betreffenden Gases, so erhält man das Volumen, das 1 Mol beansprucht.

Monomere. Bezeichnung für Einzelmoleküle, die durch Polymerisation, Polyaddition und Polykondensation Makromoleküle aufbauen. Man bezeichnet sie auch als Repetiereinheiten der Makromoleküle.

Münzmetalle. Bezeichnung für Legierungen, die zum Herstellen von Münzen geeignet sind.

MWG. Abkürzung für → Massenwirkungsgesetz.

N

Nachweis. Bezeichnung für eine chemische Identifizierung von Ionen, Elementen bzw. Verbindungen durch charakteristische Reaktionen (z. B. Niederschläge), Farbänderungen oder Gerüche.

Naphthalin.
Formelzeichen:

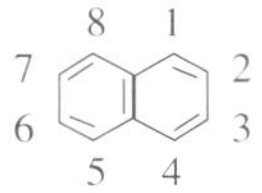

Eigenschaften: m_M 128,19; D 1,16; Sdp. 218 °C; Fp. 80,2 °C; farblose, wasserunlösliche, giftige Kristalle mit charakteristischem Geruch (nach Mottenkugeln), deren Dämpfe die Atemwege reizen. Sublimiert bereits bei Zimmertemperatur. Es entsteht bei unvollständigen Verbrennungen organischer Stoffe und ist daher auch in den Auspuffgasen der Automobile zu finden.

Narkotika (*griech.* narkä = Erstarrung). Bezeichnung für chemische Stoffe, die im Zentralnervensystem bei Tier und Mensch vorübergehend das Bewusstsein und die Schmerzempfindung ausschalten.

Nascierend (*lat.* nasci = geboren). Bezeichnung für gerade entstehende, atomare Reagenzien, z. B. Wasserstoff- oder Sauerstoffatome. Nascierende Stoffe sind extrem reaktionsfähig, weil sie als Atome freie Elektronen besitzen (Radikale), die mit den nächst besten anderen Stoffen Bindungen eingehen „wollen“.

Natriumcarbonat (Soda).
Formelzeichen: Na_2CO_3.
Eigenschaften: m_M 105,99; D 2,53; Fp. 854 °C; farblose, stark hygroskopische Kristalle, die sich in heißem Wasser zu einer alkalischen Flüssigkeit lösen. Natürliche Vorkommen finden sich in so genannten Salzseen Ägyptens und Nordamerikas; Soda wird aber auch großtechnisch im Solvayverfahren hergestellt. Bei diesem Prozeß werden zuerst Ammoniak und CO_2 in eine konzentrierte Kochsalzlösung eingeleitet:
$NH_3 + CO_2 + NaCl + H_2O \rightarrow NaHCO_3 + NH_4Cl$; anschließend wird das Ammoniumhydrogencarbonat erhitzt:
$2NaHCO_3 \rightarrow Na_2CO_3 + H_2O + CO_2$.
Ammoniak wird durch Einleiten von gebranntem Kalk in die restliche Lauge zurückgewonnen:
$CaO + NH_4Cl \rightarrow 2NH_3 + CaCl_2 + H_2O$.
Der Hauptbedarf ist in der Glasfabrikation, nur ein Viertel der Gesamtproduktion wird zur Herstellung von Chemikalien verwendet.

Natriumchlorid (Kochsalz).
Formelzeichen: NaCl.
Eigenschaften: m_M 58,45; D 2,164; Sdp. 1 440 °C; Fp. 801 °C; farblose, würfelförmige, leicht wasserlösliche Kristalle (100 g Wasser lösen bei Zimmertemperatur 35,8 g Kochsalz), in denen ein Natriumion von sechs Chloridionen und ein Chloridion von sechs Natriumionen umgeben ist. Kochsalz setzt den Gefrierpunkt des Wassers stark herab (–21 °C), was seinen Einsatz zum Enteisen von Straßen und in Kältemischungen möglich macht. Kochsalz ist sowohl für Tiere als auch für den Menschen eine notwendige Mineralstoffquelle.

Natriumsulfat (Glaubersalz).
Formelzeichen: Na_2SO_4.
Eigenschaften: m_M 142,04; D 2,69; Fp. 884 °C; farblose, leicht wasserlösliche Kristalle, die sich in Wasser unter Erwärmung lösen. Es bildet Kristalle mit Kristallwasser, wobei das so genannte Dekahydrat entsteht: $Na_2SO_4 \cdot 10\ H_2O$; dieses löst sich auch in Wasser, aber unter Energieverbrauch. Es dient zur Herstellung von Waschmitteln, Papier und Abführmitteln.

Natronlauge. Bezeichnung für die wässrige, alkalische Lösung von Natriumhydroxid NaOH.

Nebel. Allgemeine Bezeichnung für heterogene Gemenge von Gas und Flüssigkeitströpfchen, die durch Unterkühlung aus der gesättigten Dampfphase kondensiert sind. Wird häufig mit Rauch verwechselt.

Nebenprodukte. Bei vielen chemischen Reaktionen entstehen neben dem gewünschten Hauptprodukt in geringer Menge mehrere Nebenprodukte.

Nernstsche Gleichung. Diese von W. Nernst (1889) aufgestellte Beziehung lässt Berechnungen von Änderungen des Normalpotenzials zu, die sich durch Konzentrationsänderungen bei Redox-reaktionen ergeben.

Netzmittel. Bezeichnung für natürliche und synthetische Stoffe, mit denen die Oberflächenspannung einer Flüssigkeit herabgesetzt werden kann, z. B. Seifen.

Neurochemie. Bezeichnung für biochemische Vorgänge im Nervensystem, die für die Erregungsentstehung und deren Fortleitung verantwortlich sind.

Neurotransmitter. Bezeichnung für Botenstoffe, die für die Übersetzung der elektrischen Erregung einer Nervenzelle in chemische Signale an deren Synapse zuständig sind.

Neusilber (Alpaka). Bezeichnung für eine Legierung, die aus ca. 50 % Cu, ca. 20 % Ni und 30 % Zn besteht.

Neutralisation. Im allgemeinen Sprachgebrauch verwendete Bezeichnung für das Erreichen eines neutralen,

z. B. ungeladenen Zustandes. Im speziellen Fall versteht man darunter die Ionenreaktion (in wässriger Lösung) von Oxoniumionen ($H_3O^{\oplus}$) mit Hydroxidionen ($OH^{\ominus}$) zu neutralem Wasser: $H_3O^{\oplus} + OH^{\ominus} \rightarrow 2H_2O$.

Neutralsäuren. Bezeichnung für Moleküle, die nach dem Säurebegriff von Brönsted ungeladen sind und Protonen ($H^{\oplus}$) abspalten können (Protonendonatoren). Dazu werden alle herkömmlichen Säuren gezählt, aber auch H_2O und NH_3, da sie noch Protonen abgeben können: $H_2O \rightarrow OH^{\ominus} + H^{\oplus}$ bzw. $NH_3 \rightarrow NH_2^{\ominus} + H^{\oplus}$.

Neutralsalze. Bezeichnung für Salze, die weder ein Säureproton, noch ein Hydroxidion enthalten und somit weder sauer noch alkalisch reagieren.

Neutronen (Symbol n). Bezeichnung für ungeladene Kernbausteine (Atomkern) mit der Ruhemasse von 1,008664904 u bzw. $1{,}6749286 \cdot 10^{-27}$ kg. Freie Neutronen sind instabil und zerfallen nach ca. 900 Sekunden in ein Proton, ein Elektron und ein Antineutrino : $n \rightarrow p + e- + v$. Man unterscheidet schnelle und thermische Neutronen. Schnelle Neutronen entstehen bei radioaktiven Zerfallsprozessen, z. B. in Kernreaktoren. Nur mit thermischen Neutronen kann man Kernspaltungen durchführen, wobei oft weitere Neutronen frei werden. Schnelle Neutronen würden von den Atomkernen wie Billardkugeln abprallen und keine Kernreaktion hervorrufen. Da Neutronen ungeladen sind, wirken sie auch nicht ionisierend. Aber da sie z. B. im wasserreichen Gewebe von Organismen abgebremst werden, schlagen sie dabei Protonen heraus, was zerstörerisch wirkt.

Nichtionische Tenside. Bezeichnung für waschaktive Substanzen, die im Wasser nicht in Ionen zerfallen. Sie haben damit nicht die Nachteile der Seifen, wirken nicht alkalisch und bilden keine Kalkseifen aus.

Nichtmetalle. Bezeichnung für die Elemente des Periodensystems, die durch Elektronenaufnahme Edelgaskonfiguration erreichen, da sie meist elektronegativ sind. Dazu gehören Gase (H, N, O, Cl, F, Br, I) und Feststoffe (B, C, Si, P, S, Se). Nichtmetalle leiten den elektrischen Strom nicht und sind auch schlechte Wärmeleiter. Nichtmetalloxide bilden mit Wasser Säuren.

Nickelmessing → Neusilber.

Nicotin.

Formelzeichen:

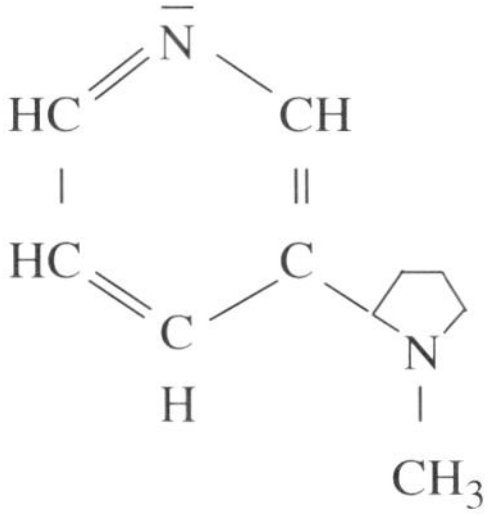

Eigenschaften: m_M 162,23; D 1,009. Sehr giftige, wasserlösliche, optisch aktive Flüssigkeit mit brennendem, kratzigem Geschmack; kommt in Tabakpflanzen, Bärlapp- und Schachtelhalmarten vor. Die giftige Dosis beim Verschlucken liegt beim Erwachsenen bei 40 mg, was dem Gehalt an Nicotin von zwei Zigaretten entspricht.

Nicotinsäure.
Formelzeichen:

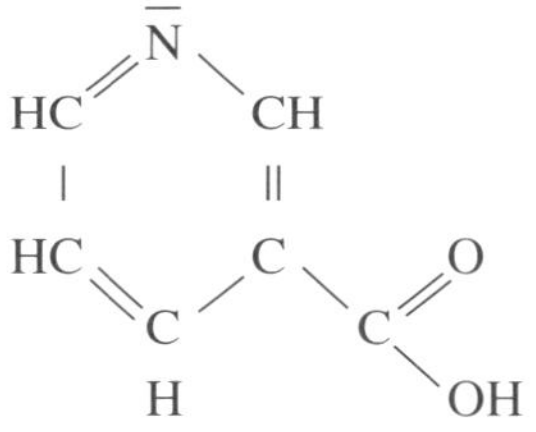

Eigenschaften: m_M 123,11; D 1,473; Fp. 237 °C; farblose, wasserlösliche Kristalle; sind zusammen mit dem Nicotinsäureamid Bestandteil der Vitamin-B-Gruppe (Niacin); die Verbindung ist in allen Früchten, Hefen, Gemüsen, Fleisch usw. enthalten. Fehlt dieses Vitamin in der Nahrung, so kommt es zu einer Mangelerkrankung, der Pellagra.

Niederschlag. Bezeichnung für in Lösungen entstehende Feststoffkristalle, die dann entstehen, wenn das Löslichkeitsprodukt der betreffenden Substanz überschritten wurde. Aufgrund der größeren Dichte sinken sie in der Lösung zu Boden und bilden den festen Bodenkörper. Er kann durch physikalische Methoden von der Lösung abgetrennt werden, z. B. durch Filtrieren oder Dekantieren.

Nitride. Bezeichnung für Verbindungen, die nur aus Stickstoff und einem Metall bestehen. Sie reagieren mit Wasser alkalisch unter Ammoniakbildung. Sie sind sehr hart, chemisch sehr beständig und sind Nichtleiter.

Nitriersäure (Nitrierung). Bezeichnung für ein Gemisch aus einem Teil konzentrierter Salpetersäure (HNO_3) und zwei Teilen konzentrierter Schwefelsäure (H_2SO_4). Die konzentrierte Schwefelsäure lässt das elektrophile Agens, das Nitrylkation ($NO_2^{\oplus}$), entstehen, das den Benzolring angreift.

Nitrierung. Bezeichnung für eine elektrophile Substitutionsreaktion der organischen Chemie, bei der ein Atom (meist Wasserstoffatom) durch die Nitrogruppe ($-NO_2$) ersetzt wird.

Nitrile. Bezeichnung für organische Derivate der Blausäure, mit der funktionellen Gruppe: $-C \equiv N$. Sie reagieren mit Wasser zu Carbonsäuren (Säurenitrile). In organischen Synthesen dienen sie zur Herstellung von Carbonsäuren.

Nitrite. Bezeichnung für die Salze der Salpetrigen Säure ($MeNO_2$). Alkali- und Erdalkalinitrite sind gut wasserlöslich. Im Magensaft verbinden sich die Nitrite mit Aminen zu Krebs erregenden Nitrosaminen.

Nitrobenzol.
Formelzeichen:

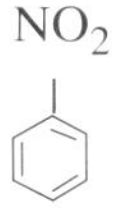

Eigenschaften: m_M 123,11; D 1,198; Sdp. 210,85 °C; Fp. 88 °C; gelbliche, brennbare, giftige Flüssigkeit mit bittermandelähnlichem Geruch und süßem Geschmack. Wichtige Verbindung zur Herstellung von Farbstoffen, und Bestandteil von Schmierstoffen.

Nitroglycerin. Systematisch „falsche" Bezeichnung für das Glycerintrinitrat, ein Ester, der aus dem dreiwertigen Alkohol Glycerin und Salpetersäure hergestellt wird:

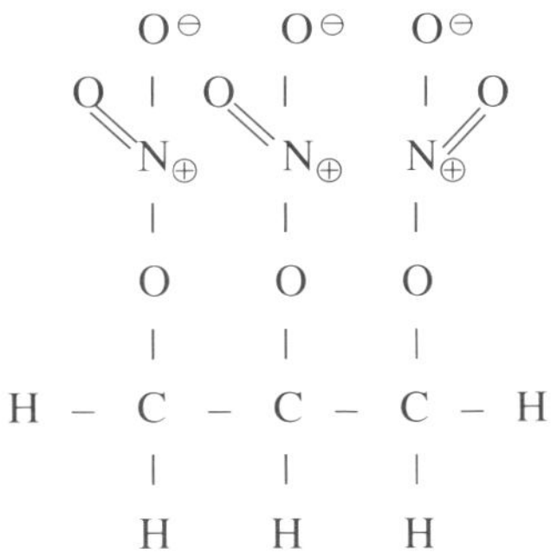

Diese Flüssigkeit ist leicht gelblich, sehr erschütterungsempfindlich und neigt zu starken Explosionen.

Nitrogruppe. Bezeichnung für die funktionelle Gruppe der Nitroderivate:

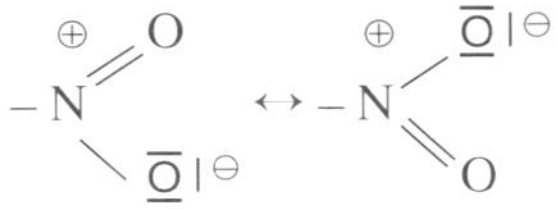

Sie ist mesomeriestabilisiert und nicht besonders reaktionsfähig.

Nitrosamine. Sammelbezeichnung für Verbindungen mit der Atomgruppierung: – N – NO.

Nitrose Gase (NO_x). Sammelbegriff für die giftigen Gase Stickstoffdioxid (NO_2) und Stickstoffmonoxid (NO).

Nomenklatur. Darunter versteht man ein Regelwerk, das zur Benennung chemischer Verbindungen verwendet wird.

Norleucin (α-Aminocapronsäure, 2-Aminohexansäure).
Formelzeichen:

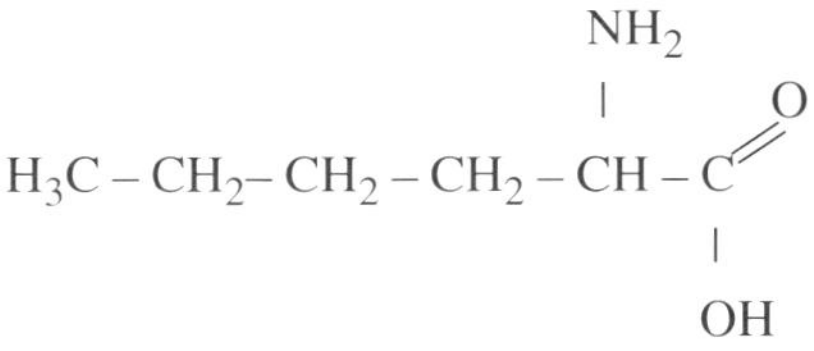

Eigenschaften: m_M 131,17; zersetzt sich bei 301 °C; farblose, nicht essenzielle Aminosäure, die in der L-Form (Isomerie) im Eiweiß vorkommt.

Normalbedingung (Normalzustand). Bezeichnung für Druck und Temperaturwerte, unter denen die physikalischen Daten der verschiedenen chemischen Verbindungen in Tabellenwerken (auch in diesem Buch) angegeben werden. Der Normaldruck beträgt 1013 mbar, bzw. 101 325 Pa; die Normaltemperatur 0 °C, bzw. 273,13 K.

Normalelektroden. Darunter versteht man metallische oder nicht metallische

Elektroden, die in eine einmolare Lösung (Konzentration) eines Elektrolyten eintauchen.

Normalpotenzial. Bezeichnung für die Spannung zwischen einer Normalelektrode und einer Platinelektrode (Normalwasserstoffelektrode), die in 1,2-molare Salzsäure taucht und von Wasserstoffgas umspült wird, das mit dem Druck von 1 bar ausströmt.

Normalwasserstoffelektrode → Normalpotenzial.

Nucleasen. Bezeichnung für Enzyme, die Nucleinsäuren spalten.

Nucleinsäuren. Bezeichnung für Makromoleküle, die aus Nucleotiden bestehen. Diese sind aus einem Phosphorsäurerest, einer Zuckerkomponente (Ribose, oder Desoxyribose in furanoider Form) und einer stickstoffhaltigen Base aufgebaut.

Nucleophil (*lat.* nucleus = Kern; *griech.* philos = der Freund). Bezeichnung für die Eigenschaft bestimmter Teilchen, positive Ladungen, wie sie im Atomkern enthalten sind, bzw. Teilladungen in einem Molekül aufzusuchen.

Nucleophile Substitutionen. Bezeichnung für nucleophile Reaktionen, wobei ein nucleophiles Teilchen ein Molekül angreift, um einen Substituenten zu ersetzen. Das nucleophile Teilchen muss entweder eine negative Ladung oder zumindest eine negative Teilladung haben, die größer ist als die des abzuspaltenden Teilchens.

Nukleonen. Sammelbegriff für die zu den Baryonen gehörenden Bausteine des Atomkerns, die Protonen und die Neutronen. Ihre Gesamtzahl im Atomkern wird als die Massenzahl eines Nuklids bezeichnet. Protonen und Neutronen unterscheiden sich nur durch eine positive Ladung und können sich (beim β-Zerfall) ineinander umwandeln.

Nuklide. Bezeichnung für bestimmte Atome, die durch die Zahl der Nukleonen (Massenzahl) und durch die Ordnungszahl charakterisiert sind. Man unterscheidet isotope Nuklide, sie unterscheiden sich nur durch die Zahl der Neutronen, von isobaren Nukliden (mit gleicher Massenzahl, aber unterschiedlicher Ordnungszahl).

Nylon. Bezeichnung für eine durch Polykondensation entstandene Kunstfaser, ein Polyamid. Es wird aus Hexamethylendiamin und Adipinsäure hergestellt. Durch die langen Ketten des Polyamids entsteht ein sehr elastisches Produkt, das durch Schmelzspinnverfahren zu feinen Fasern ausgezogen werden kann.

O

Oberflächenaktivität. Bezeichnung für die Eigenschaft von bestimmten Stoffen, die Oberflächenspannung von Flüssigkeiten zu beeinflussen. Dazu sind Tenside und Seifen fähig.

Oberflächenspannung. Flüssigkeiten, die aus polaren Molekülen (z.B. Wasser) bestehen, zeigen den Effekt, dass sich ihre Oberfläche wie eine dünne Haut verhält. Offenbar bestehen zwischen den Wassermolekülen an der Oberfläche stärkere Bindungskräfte als zwischen den Molekülen in der Flüssigkeit. Die Ursache dafür besteht darin, dass sich die elektrischen Anziehungskräfte, die von den Teilladungen des polaren Moleküls ausgehen, nach allen Richtungen in gleicher Stärke auswirken. In der Flüssigkeit gleichen sich diese Anziehungskräfte untereinander aus. An der Oberfläche fehlen aber die Anziehungskräfte, die nach oben weisen, sodass eine entsprechend größere Kraft nach innen und zur Seite resultiert. Das ist auch die Ursache dafür, dass Wassertropfen kugelförmig sind.

Öle. Sammelbezeichnung für Flüssigkeiten mit öliger Konsistenz, die wasserunlöslich sind. Sie lassen sich in drei Gruppen einteilen:
a) Fette Öle: pflanzliche und tierische Triglyceride (Fette), die ungesättigte Fettsäuren enthalten;
b) Mineralöle: aus Erdöl isolierte flüssige Produkte, bzw. synthetisierte lipophile Flüssigkeiten, z.B. Siliconöl;
c) Etherische Öle: aromatisch riechende, lipophile Verbindungen, die auf Papier keine Flecken hinterlassen.

OH-Gruppe → Hydroxylgruppe.

Oktett. Bezeichnung für die Elektronenkonfiguration auf der äußersten Schale eines Atoms, wenn sich dort acht (*griech.* okto) Elektronen befinden. Damit ist die Edelgaskonfiguration, ein besonders energiearmer und damit stabiler Zustand, erreicht. Alle Atome versuchen diesen Zustand durch chemische Bindung zu erreichen. Für Atome der zweiten Periode gilt das ohne Ausnahme; Atome der dritten und höheren Perioden gehen auch Bindungen ein, wenn das Oktett nicht erreicht werden kann (so genannte Oktettregel).

Oktettregel → Bindung → Oktett.

Olefine (*lat.* oleum = Öl; finis = Ende). Ältere Gruppenbezeichnung für die Alkene; nicht cyclische (aliphatische) Kohlenwasserstoffe mit einer Doppelbindung im Molekül.

Oligomere. Bezeichnung für größere Moleküle, die sich aus mehreren, sich wiederholenden Atomgruppen, den Monomeren, zusammensetzen. Sie haben eine deutlich kürzere Kohlenstoffkette als die Polymeren, von denen sie allerdings nicht scharf trennbar sind.

Onium-Verbindungen. Bezeichnung für Kationen, die aus ungeladenen Molekülen durch Anlagerung von Protonen oder positiv geladenen Molekülionen entstanden sind, z. B. Ammoniumionen.

Opale. Sammelbegriff für milchglasähnliche, oft verunreinigte, kristalline Kieselgele ($SiO_2 \cdot nH_2O$), die aus elektronenoptisch kleinen Kieselgelkügelchen zusammengesetzt sind, was den opalisierenden Glanz erzeugt.

Opalglas. Bezeichnung für milchiges → Glas.

Optische Aktivität. Bezeichnung für die Eigenschaft von bestimmten Verbindungen mit asymmetrischen C-Atomen, die Ebene des polarisierten Lichtes zu drehen, wenn es surch die Lösung einer derartigen Substanz durchtritt.

Optische Antipoden. Bezeichnung für Verbindungen gleicher Zusammensetzung, aber unterschiedlichen Verhaltens gegenüber polarisiertem Licht.

Optische Aufheller. Bezeichnung für Farbstoffe, die unsichtbare Ultraviolettstrahlung, z. B. der Sonne, aufnehmen und sichtbares bläulich fluoreszierendes, längerwelliges Licht reflektieren.

Orbitale (*engl.* orbit = der Raum). Bezeichnung für Aufenthaltswahrscheinlichkeiten von Elektronen. Nach der Heisenberg'schen Unschärferelation ist es prinzipiell unmöglich, den genauen Ort und den Impuls eines bewegten Teilchens anzugeben, sodass man von der Vorstellung exakter Elektronenbahnen (Bohr'scher Kugelschalen, Atombau) zu räumlichen Aufenthaltswahrscheinlichkeiten (Orbitalen) übergehen musste. Man unterscheidet kugelförmige s-Orbitale, hantelförmige p-Orbitale, kleeblattförmige d-Orbitale von rosettenförmigen f-Orbitalen. Die erste Hauptquantenzahl (erste Elektronenschale, wird von den Elementen der ersten Periode des Periodensystems mit Elektronen besetzt) besitzt nur ein s-Orbital, das mit maximal zwei Elektronen gefüllt werden kann. Jedes Elektron symbolisiert dabei ein Element.

Ordnungszahl (Kernladungszahl, Protonenzahl Z). Sie gibt die Anzahl der Protonen im Kern eines Atoms an und damit gleichzeitig die Gesamtzahl der Elektronen des ungeladenen Atoms. Nachdem das Periodensystem so aufgebaut ist, dass die Atome nach steigender Masse nebeneinander angeordnet werden (die mit gleichen chemischen Eigenschaften untereinander), wurde die Protonenzahl zur fortlaufenden Nummer der Elemente im Periodensystem, wodurch der Begriff der Ordnungszahl entstand. Sie wird im Periodensystem als kleine arabische Zahl dem Elementsymbol voran und tief gestellt, steht somit unter der Massenzahl; Beispiel: $^{1}_{1}H$, das erste chemische Element.

Organische Chemie. Größtes und umfangreichstes Gebiet der Chemie. Die Bezeichnung stammt noch aus der Frühzeit der Chemie, als man glaubte, dass viele chemische Verbindungen, wie Zucker und Harnstoff, nur von Organismen, also von Lebewesen, hergestellt werden könnten. Eine „vis vitalis“, eine Lebenskraft, sollte die treibende Kraft zu ihrer Herstellung sein. Erst als 1828 durch Wöhler die Synthese von Harnstoff aus nicht organischen Rohstoffen gelang, musste die organische Chemie als die Wissenschaft, die sich mit den Verbindungen des Elementes Kohlenstoff beschäftigt, neu definiert werden.

Organische Gläser. Bezeichnung für lichtdurchlässige, klare Kunststoffe, die aufgrund ihres amorphen Baues durchsichtig sind. Die wichtigsten organischen Gläser sind die Polymethylmetacrylate (Acrylglas), Polystyrole und Polycarbonate.

Ornithin (2,5-Diamino-pentansäure). *Formelzeichen:*

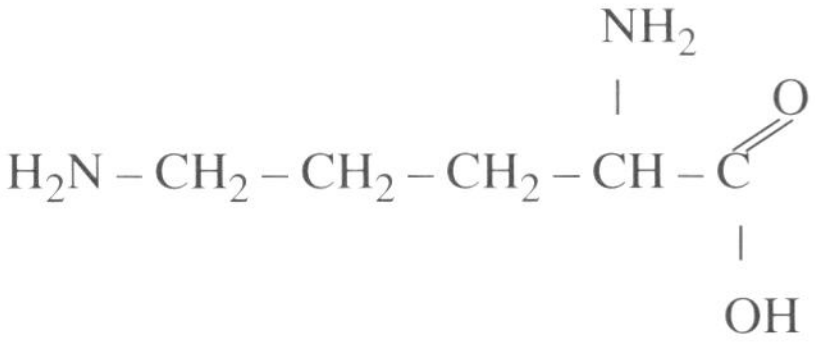

Eigenschaften: m_M 132,16; Fp. 140 °C. Farblose, wasserlösliche Kristalle einer Aminosäure, die sich beim Erhitzen zersetzen. Reagieren in Wasser alkalisch.

Ortho (*griech.* orthos = gerade, richtig). 1) Vorsilbe in der Nomenklatur chemischer Verbindungen, die im Sinne von „normal“ gebraucht wird. 2) Bezeichnung der Stellung eines Zweit-Substituenten zu einem Erst-Substituenten an einem aromatischen Ringsystem. So befindet sich z. B. die Nitrogruppe im folgenden Molekül in der ortho-Stellung zum Chlorsubstituenten (Chlorbenzol) eines Benzolringes:

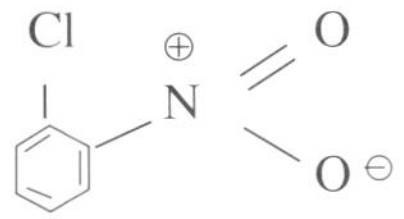

Osmose. Bezeichnung für eine Diffusion an einer semipermeablen Membran. Trennt man eine Lösung durch eine semipermeable (halb durchlässige) Membran von einem ähnlich großen Volumen, das aus reinem Lösungsmittel besteht, dann werden die Lösungsmittelmoleküle, für die diese

Membran durchlässig ist, die Membran passieren. Da auf der Seite der Lösung viele Lösungsmittelmoleküle von den gelösten Teilchen gebunden sind, befinden sich in der Lösung weniger freie Lösungsmittelmoleküle als auf der anderen Seite der Membran. Somit werden mehr Moleküle durch die Membran zu der Lösung wandern als in umgekehrter Richtung, um Konzentrationsausgleich herzustellen; gleichzeitig versuchen auch die gelösten Teilchen durch die Membran in das reine Lösungsmittel zu gelangen. Da sie die Membran aber nicht passieren können, entsteht an der Membran ein Druck, der osmotischer Druck genannt wird. Er ist der Konzentration der gelösten Teilchen in der Lösung direkt proportional.

Ostwald'sches Verdünnungsgesetz. Schwache Elektrolyten verändern ihre Äquivalentleitfähigkeit beim Verdünnen im Sinne des Massenwirkungsgesetzes. Dies lässt sich für einen Elektrolyten, der in zwei Ionen zerfällt, so formulieren:

$$K_c = \frac{\alpha^2}{1 + \alpha} \cdot c_0$$

c_0 = Ausgangskonzentration des Elektrolyten;
K_c = Dissoziationskonstante;
α = Dissoziationsgrad (in Bruchteilen oder in Prozent).

Oxidantien. Bezeichnung für Oxidationsmittel, die leicht Sauerstoff abspalten können bzw. Wasserstoff aus anderen Verbindungen abspalten.

Oxidasen. Bezeichnung für eine Gruppe von Enzymen aus der großen Gruppe der Oxidoreduktasen, die Reaktionen mit molekularem Sauerstoff katalysieren. Sie enthalten in ihren prosthetischen Gruppen oft Metallionen, die ihre Wertigkeit während des katalytischen Vorganges ändern.

Oxidation. Im einfachsten Falle versteht man darunter die Verbindung eines Elementes mit Sauerstoff bzw. eine Verbrennung eines Stoffes mit Sauerstoff, wobei Oxide entstehen: z. B. $2Mg + O_2 \rightarrow 2MgO$.
Da Magnesium mit Sauerstoff oxidiert wird und dabei Elektronen abgibt, bezeichnet man die Elektronenabgabe als Oxidation. Umgekehrt nimmt Sauerstoff die Elektronen auf und wird auf diese Weise reduziert, also bedeutet Elektronenaufnahme Reduktion. Oxidationen können immer nur mit Reduktionen gekoppelt ablaufen. Man fasst derartige Reaktionen daher unter dem Begriff der Redoxreaktion zusammen.

Oxidationsmittel (Oxidantien). Darunter versteht man Stoffe, die andere oxidieren können. Man kann verallgemeinern, dass Oxidationsmittel gerne Elektronen aufnehmen.

Oxidationszahlen. Darunter versteht man Scheinladungen innerhalb von Molekülen bzw. von Ionen, die zu fiktiven Ionen führen. Sie dienen als Hilfsmittel zum Erstellen komplizierter Redoxgleichungen; sie verdeutlichen die Elektronenwanderungen bei den Oxidations- und Reduktionsvorgängen.

Oxide (veraltet: Oxyde). Anorganische Chemie: Bezeichnung für die Verbindung zwischen einem Element und Sauerstoff, wenn der Sauerstoff elektronegativer ist als der Bindungspartner. Sauerstoff ist in seinen Oxiden stets zweiwertig. Man kann zwischen Metalloxiden und Nichtmetalloxiden unterscheiden: Metalloxide sind meist Feststoffe, Nichtmetalloxide meist gasförmig; flüssige Nichtmetalloxide sind die Ausnahme.

Oxidieren. Bezeichnung für eine Reaktion, bei der es zur Oxidation kommt.

Oxidoreduktasen. Bezeichnung für eine Gruppe von Enzymen, deren Coenzyme Redoxreaktionen katalysieren. Zu ihnen wird auch die Gruppe der Oxidasen gerechnet.

Oxoniumion. Bezeichnung für das hydratisierte Proton $H_3O^{\oplus}$, das in wässriger Lösung so vorliegt.

Oxygenasen. Bezeichnung für eine Gruppe von Enzymen, die Sauerstoff übertragen können; sie bilden eine Untergruppe der Oxidasen.

Oxytocin (*griech.* okys = schnell; tokos = gebären). Bezeichnung für ein Neurohormon, das aus neun Aminosäuren besteht, die eine Disulfidbrücke zwischen der ersten und der sechsten Aminosäure haben.

Ozon (*griech.* ozein = riechen).
Formelzeichen:

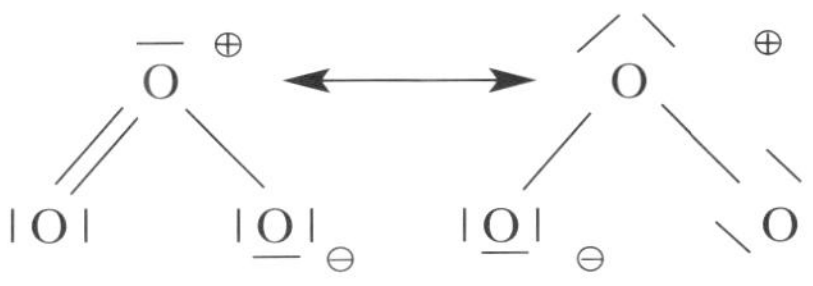

Eigenschaften: mM 48,00; D 1,65; Sdp. –111,9 °C; Fp. –192,5 °C; farbloses, sehr giftiges Gas, das sich leicht verflüssigen lässt und dann eine dunkelblaue Flüssigkeit bildet; hat einen chlorähnlichen Geruch, der auch in geringsten Konzentrationen deutlich wahrnehmbar ist; zerfällt spontan in molekularen Sauerstoff und Sauerstoffatome: $O_3 \rightarrow O_2 + \frac{1}{2} O_2$; dieser Vorgang kann durch Schwermetalle katalytisch beschleunigt werden. Ozon ist neben Fluor der am stärksten oxidierend wirkende Stoff, der zusammen mit oxidierbaren Stoffen explosionsähnlich reagieren kann. Wegen seiner großen Reaktionsfähigkeit wird Ozon in vielen chemischen Reaktionen eingesetzt, z. B. bei der Ozonolyse, einer Methode zur Bestimmung der Lage von Doppelbindungen.

Lexikon

P

π-Bindung. Bezeichnung für die seitliche Überlappung von je zwei p-Orbitalen (Orbitale), in denen sich jeweils ein Elektron befindet. Diese Bindung befindet sich stets neben einer σ-Bindung, die durch Kopf-an-Kopf-Überlappung zweier Hybridorbitale entsteht. Sie ist somit der zweite Bestandteil einer Doppelbindung.

π-Komplex. Wird in Reaktionsmechanismen als Bezeichnung für eine Anlagerung eines Elektrophils an eine Doppelbindung verwendet, wobei es zwischen den Elektronen des Elektrophils und der Doppelbindung (π-Bindung) zu Wechselwirkungen kommt, die zu einem σ-Komplex führen.

PA. Kurzzeichen für → Polyamide.

Paraffine (*lat.* parum = zu wenig und affinis = reaktionsbereit). Bezeichnung für ein Stoffgemisch aus flüssigen und festen, gesättigten, aliphatischen, verzweigten und unverzweigten Kohlenwasserstoffen, den Alkanen. Sie sind farb-, geruch- und geschmacklos und in Wasser unlöslich. Flüssige Paraffine werden im Gegensatz zu den Fetten und Ölen nicht ranzig. Sie sind chemisch inert, d. h. ausgesprochen reaktionsträge und damit auch ungiftig.

Partialdruck. Bezeichnung für die einzelnen Druckkomponenten, die sich zum Gesamtdruck eines Gemisches addieren. Jeder Mischungsbestandteil hat eine eigene Druckkomponente. Er ist gleich dem Druck, der von der Einzelkomponente ausgehen würde, wenn diese allein in dem betreffenden Raum wäre.

Passivität. Bezeichnung für eine unerwartet geringe Reaktionsfähigkeit bestimmter Metalle (Al, Fe, Sn, Pb, Co, Cr, Ni) gegenüber Säuren. Auch bei der Elektrolyse muss bei diesen Metallen eine höhere Zersetzungsspannung angewandt werden als nach ihrer Stellung in der Spannungsreihe der Elemente bzw. nach ihrem Normalpotenzial zu erwarten wäre. So hat z. B. Chrom im aktiven Zustand ein Normalpotenzial von –0,5 V, als passiviertes Metall +1,3 V und ist damit fast so edel wie Gold, d. h., passivierte Metalle verhalten sich ähnlich wie Edelmetalle.

Patina. Bezeichnung für eine grüne Schutzschicht, die sich auf Kupferblechen an der feuchten Luft ausbildet. Sie besteht aus Kupfersulfat, Kupfercarbonat und Kupferchlorid, die durch die Einwirkung von SO_2, CO_2 und Chloriden entstehen, die vor allem in Meeresnähe herangetragen werden.

Patina darf nicht mit Grünspan verwechselt werden.

Pauli-Prinzip (Pauli-Verbot). Ein von W. Pauli (1925) aufgestelltes Postulat, nach dem sich in einem Atom nicht zwei Elektronen befinden dürfen, die in allen Quantenzahlen übereinstimmen. Das bedeutet, dass sich alle Elektronen eines Atoms durch ihren Energieinhalt unterscheiden. Weiter lässt sich daraus ableiten, dass sich in einem Orbital maximal zwei Elektronen aufhalten können, die sich aber durch ihren Spin unterscheiden müssen.

PB. Kurzzeichen für den Kunststoff → Polybuten.

PCB. Abkürzung für polychlorierte Biphenyle, eine Verbindungsgruppe mit zahlreichen (209) Isomeren, die in der Praxis nur schlecht voneinander trennbar sind. Der Kern dieser Verbindungen ist das Biphenyl:

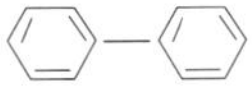

Sie sind alle giftig und Krebs erregend. Man verwendet sie wegen ihrer chemischen Resistenz, ihrer öligen Beschaffenheit und ihrer flammenhemmenden Wirkung als Kühlflüssigkeiten in Transformatoren, Hydraulikölen, in Lacken und Klebstoffen als Lösungsmittel.

PCP. Abkürzung für → Pentachlorphenol.

PE. Kurzzeichen für den Kunststoff → Polyethylen.

Pentachlorphenol (PCP).
Formelzeichen:

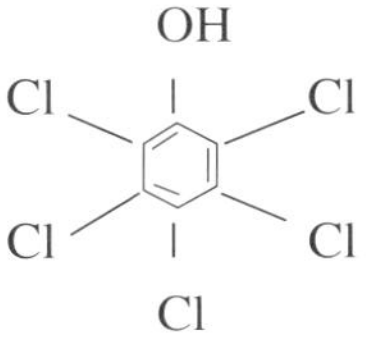

Eigenschaften: m_M 266,35; D 1,97; Sdp. 300 °C; Fp. 190 °C; weiße, geruchlose Kristalle, die in Wasser schwer, in organischen Lösungsmitteln leicht löslich sind. Starkes Gift für Mikroorganismen, wie Pilze und Bakterien, sowie für Insekten und Fische. Der Giftstoff gilt als embryotoxisch. Er wurde als Holzschutzmittel, als Leder- und Textilkonservierungsmittel in großen Mengen hergestellt und eingesetzt.

Peptid-Bindung. Bezeichnung für die Atomgruppierung einer Verbindung, die durch Wasserabspaltung aus einer Aminogruppe und einer Carboxylgruppe entsteht:

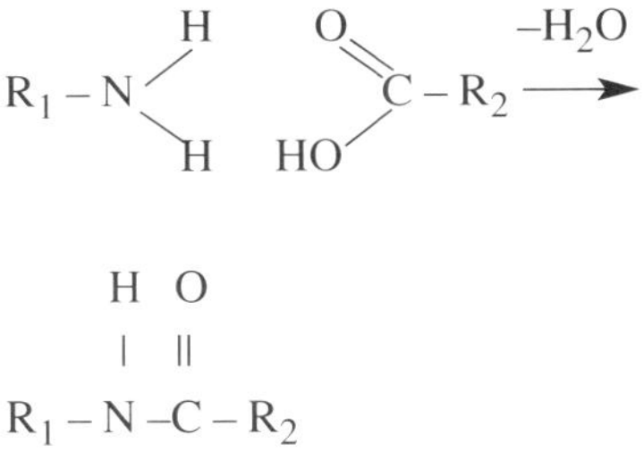

Auf diesem Wege werden die Aminosäuren miteinander zu Eiweiß verbunden (Proteinbiosynthese).

Peptide. Bezeichnung für Moleküle, die aus mehreren Aminosäuren zusammengesetzt sind, die über eine Peptidbindung verbunden sind.

Perioden. Bezeichnung für die im Periodensystem nach steigender Masse waagerecht nebeneinander angeordneten Elemente. Sie enthalten die Elemente, deren Elektronen dieselbe Elektronenschale besetzen. Sie beginnen mit einem Alkalimetall und enden mit einem Edelgas.

Periodensystem (PSE). Bezeichnung für eine tabellarische Zusammenfassung aller bekannten Elemente, die nach steigender Zahl der Protonen im Kern, der so genannten Ordnungszahl (Kernladungszahl), mit ihren chemischen Formelzeichen (Symbolen) eingetragen sind. In den senkrechten Spalten, den Haupt- bzw. Nebengruppen sind chemisch ähnlich reagierende Elemente enthalten. Sie haben dieselbe Zahl von Valenzelektronen, d. h. von Elektronen auf der äußersten Schale (Atombau). In den horizontalen Spalten, den Perioden, befinden sich die Elemente mit fortlaufender Ordnungszahl und somit auch zunehmender Elektronenzahl, da bei einem ungeladenen Atom die Zahl der Elektronen gleich der Zahl der Protonen im Kern ist.

Permanente Härte. Bezeichnung für den Teil der Härte des Wassers, der auf die Sulfationen zurückzuführen ist, die sich aus dem erwärmten Wasser als Kesselstein niederschlagen. Gegensatz zur temporären Härte.

Permeabilität. Bezeichnung für die Durchlässigkeit von porösen Trennwänden, z. B. von Membranen. Die Durchlässigkeit kann für Gase und Flüssigkeiten bzw. für die in der Flüssigkeit gelösten Teilchen gegeben sein. Trennwände werden in der Elektrolyse Diaphragma genannt. Derartige Diaphragmen sind oft semipermeabel, d. h. halb durchlässig für bestimmte Ionen.

Peroxidasen. Bezeichnung für Enzyme, die zu den Oxidoreduktasen gehören. Sie sind in der Lage, Wasserstoffperoxid zu spalten, um andere Stoffe zu oxidieren.

PET. Kurzzeichen für → Polyethylenterephthalat.

PETP → PET.

Petrochemie. Bezeichnung für ein Teilgebiet der Chemie, das sich mit der Herstellung, Gewinnung und Verwendung von Stoffen beschäftigt, die aus dem Erdöl bzw. Erdgas gewonnen werden.

Petrolether. Bezeichnung für eine farblose, klare Flüssigkeit mit charakteristischem Geruch. Es ist eine Fraktion, die bei der Destillation des Erdöls anfällt. Sie besteht vorwiegend aus Pentan und Hexan; diese Fraktion siedet in einem Bereich von 25–80 °C. Sie wird als Lösungsmittel wie Benzin verwendet.

Petroleum. Bezeichnung für eine farblose, ölige Flüssigkeit; sie wird als Leichtöl-Fraktion bei der Destillation des Erdöls bei 150–280 °C gewonnen.

pH-Wert. Bezeichnung für eine Maßzahl, mit der die Protonenkonzentration in einer Lösung- und damit der Säurecharakter dieser Lösung – angegeben wird. Der pH-Wert ist als der negative, dekadische Logarithmus der Protonenkonzentration (bzw. der Konzentration der Oxoniumionen) einer Lösung definiert:

$pH = -lg\ [H_3O^{\oplus}]$

Er lässt sich aus dem Ionenprodukt des Wassers ableiten:

$KW = [H_3O^{\oplus}] \cdot [OH^{\ominus}] = 10^{-14}\ mol^2/L^2$.

Daraus ergibt sich für das reine Wasser, in dem die Konzentration der Oxoniumionen ($H_3O^{\oplus}$) gleich der Hydroxidionenkonzentration ($OH^{\ominus}$) ist:

$[H_3O^{\oplus}] = [OH^{\ominus}] = 10^{-7}\ mol/L$. Der pH-Wert für reines Wasser ist daher gleich 7; saure Lösungen haben einen pH < 7. pH-Werte können über 14 (überalkalische Lösungen) und unter 0 (übersaure Lösungen) gehen.

Phasen. Unter Phasen versteht man gegeneinander abgegrenzte, gut unterscheidbare, verschiedene Zustandsformen von Stoffen, die sich nicht miteinander mischen. Derartige Phasen kann man in Schmelzen und in Flüssigkeiten beobachten. Nur Gase können keine unterschiedlichen Phasen bilden, da sich alle Gase mischen. Phasenübergänge finden häufig statt, z. B. kann der Feststoff „Eis" in die Flüssigkeit „Wasser" und dieses in das Gas „Wasserdampf" überwechseln.

Phenolharze. Bezeichnung für makromolekulare Syntheseprodukte, die durch Wasserabspaltung (Kondensationsreaktionen) zwischen Phenol und Aldehyden (z. B. Formaldehyd) hergestellt werden.

Phenoxyharze. Bezeichnung für dreidimensional vernetzbare thermoplastische (Kunststoffe) Makromoleküle, die aus der Schmelze oder Lösung heraus entwickelt werden können. Sie sind stabiler als die Epoxidharze. Ihre Monomere haben folgende Zusammensetzung:

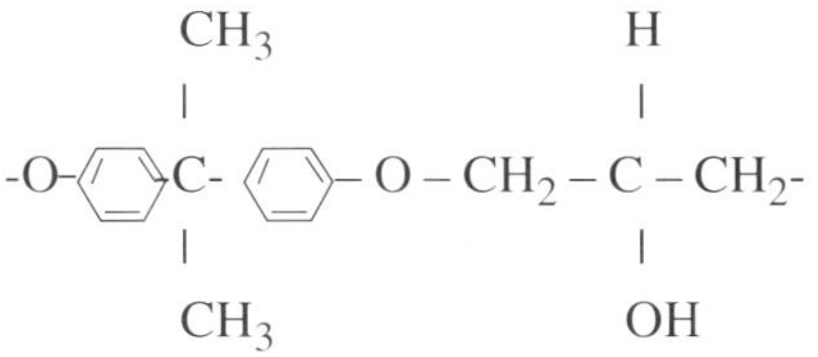

Durch ihre OH-Gruppe kommt es zur dreidimensionalen Vernetzung.

L-Phenylalanin (2-Amino-3-phenylpropansäure).

Formelzeichen:

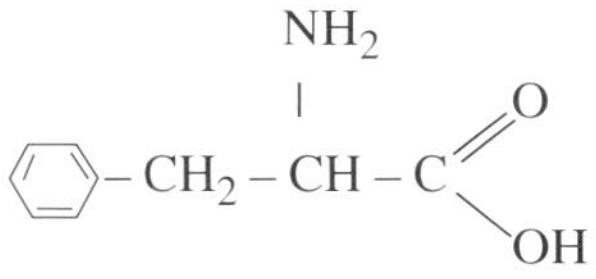

Eigenschaften: m_M 165,19; zersetzt sich bei ca. 310 °C; farbloser, kristalliner Feststoff, der sich in Wasser nur schlecht lösen lässt. Die Flüssigkeit schmeckt bitter. Die optisch aktive Verbindung ist eine essenzielle Aminosäure, die in ausreichendem Maße mit der Nahrung zugeführt werden muss.

Phosgen.

Formelzeichen:

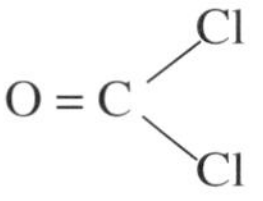

Eigenschaften: m_M 98,92; D 1,41; Sdp. 7,6 °C; farbloses, sehr gefährliches, nicht brennbares Gas, das als Atemgift wirkt. Es wird in der org. Synthese zur Chlorierung verwendet.

Phosphatasen. Bezeichnung für Enzyme, die zur Spaltung von Phosphorsäureestern katalytisch eingesetzt werden.

Phosphatieren. Bezeichnung für eine Korrosionsschutzmethode, mit der Eisen durch Aufbringen einer Phosphatschicht wirksam vor dem Rosten geschützt werden kann. Der Vorgang läuft in Tauchbädern ab, die mit unterschiedlichen Temperaturen arbeiten (zwischen 20 und 80 °C). Die Phosphatierungsmittel sind meistens Zink- oder Manganphosphate. Um einen dauerhaften Schutz zu erreichen, muss die poröse Phosphatschicht noch durch Lack wasserdicht überzogen werden.

Phosphoreszenz. Bezeichnung für die Erscheinung, dass ein Stoff nach kurzer Energiezufuhr lange nachleuchtet (Lumineszenz). Unter Fluoreszenz versteht man dagegen ähnliche Erscheinungen, nur leuchtet der betreffende Stoff nur so lange auf, wie Energie zugeführt wird.

Phosphorolyse. Bezeichnung für eine Spaltung einer Atombindung durch Phosporsäure.

Phosphorsäure (Ortho-phosphorsäure).

Formelzeichen:

```
      O
      ||
HO – P – OH
      |
      OH
```

Eigenschaften: m_M 98,0; D 1,88; Fp. 42,35 °C; wasserklare, zerfließliche Kristalle, die sich in Wasser leicht lösen lassen. Sie ist eine farblose, viskose, ungiftige und relativ schwache Säure, ist aber als konzentrierte Säure ätzend. Sie wird aus Phosphaten durch konz. Schwefelsäure gewonnen:

$Ca_3(PO_4)_2 + 3H_2SO_4 \rightarrow 2H_3PO_4 + 3CaSO_4$.

Photo-Effekte (auch: Foto-Effekte). Bezeichnung für alle Veränderungen, die durch Einwirkung von Licht entstehen. Lichtenergie kann Elektronen von Atomen anregen, d. h. ihnen so viel Energie zuführen, dass sie in der

Atomhülle (Atombau) in eine weiter vom Kern entfernt liegende Elektronenschale springen. Von dort springen die Elektronen wieder auf die inneren Schalen zurück (innerer Fotoeffekt). Dabei strahlen sie die Energiedifferenz zwischen der äußeren, energiereichen Schale und der inneren, energieärmeren Schale als Licht aus (Fluoreszenz). Wird sehr viel Energie zugeführt, dann kann das Elektron sogar das Atom verlassen, wodurch ein positiv geladenes Ion entsteht (= äußerer Fotoeffekt). Dieser Effekt wurde 1887 von Hertz entdeckt. Dabei zeigte es sich, dass die Energie der austretenden Elektronen nur von dem verwendeten Metall und von der Wellenlänge des eingestrahlten Lichtes abhängt. Je kürzer die Wellenlänge, um so energiereicher ist das betreffende Licht.

Photolyse (auch: Fotolyse). Bezeichnung für die Spaltung einer chemischen Bindung durch Lichtenergie.

Photonen. Bezeichnung für Energiequanten (Energieportionen) von Licht, Röntgenstrahlung, γ-Strahlung usw. Ihre Energie lässt sich aus folgender Beziehung berechnen: $E = h \cdot \nu$; h ist das Planck'sche Wirkungsquantum, eine Naturkonstante, und ν die Frequenz des Lichtes. Die Ruhemasse der Photonen ist gleich Null, sie bewegen sich aber mit Lichtgeschwindigkeit.

Photooxidation (auch: Fotooxidation). Bezeichnung für Oxidationen, die durch Licht verursacht werden. Dazu gehören die Autooxidationen, die als Kettenreaktionen ablaufen; z. B. das „Altern" des Gummis.

Photosynthese (auch: Fotosynthese). Biochemische Bezeichnung für einen der wichtigsten Energie-Stoff Umwandlungsprozesse, wobei mithilfe von Sonnenlicht aus Kohlendioxid und Wasser Zucker (bzw. Stärke) und Sauerstoff gewonnen wird. Man bezeichnet die Fotosynthese auch als Assimilation, weil hier energiearmes Kohlendioxid energiereichem Zucker „angeglichen" (*lat.* assimilare = angleichen) wird. Die Sonnenenergie wird dabei in chemische Bindungsenergie umgewandelt, die dann im Zucker steckt. Zur Fotosynthese sind nur die grünen Pflanzen fähig, die Chlorophyll als grünen Blattfarbstoff besitzen, da sich an diesem Farbstoffmolekül die Umwandlung von Lichtenergie in chem. Bindungsenergie abspielt. Der dabei frei werdende Sauerstoff ist für die Atmung der tierischen Lebewesen notwendig.

Physikalische Chemie. Bezeichnung für ein Teilgebiet der Chemie, das sich mit den physikalischen Grenzproblemen zwischen der Physik und der Chemie beschäftigt. Dabei werden Gesichtspunkte messbarer energetischer Aspekte, der Thermochemie, der Magnetochemie, der Elektochemie usw. berücksichtigt. Auch die Inhalte der Atomtheorie (Orbitale), die auf die Quantenmechanik zurückgehen sowie Probleme der Kernchemie zählen zu diesem Fachgebiet.

Physiologie. Bezeichnung für die Wissenschaft, die sich mit den Lebensvorgängen in den Organismen beschäftigt. Sie ist ein Teilgebiet der Medizin, der Biologie und der Chemie.

PIB. Abkürzung für → Polyisobuten.

Pi-Bindungen. Bezeichnung für einen Teil der Doppel- und Dreifachbindung, der durch seitliche Überlappung der p-Orbitale entsteht. Diese Bindungen sind schwächer als der zweite Teil dieser Mehrfachbindung, die σ-Bindung, die durch Kopf-an-Kopf-Überlappung von Hybridorbitalen oder s-Orbitalen entsteht.

Piezoelektrizität. Bezeichnung für die Erscheinung, dass bestimmte Kristalle (Silikate und Quarze) auf Druck (*griech.* piezein = pressen) an ihrer Oberfläche elektrische Ladungen entstehen lassen. Man verwendet sie unter anderem als Schwingquarze in Sendern bzw. Empfängern elektromagnetischer Wellen.

Pigmente. Bezeichnung für unlösliche Farbstoffträger, die in einem Dispergiermittel enthalten sind. Sie sind die farbgebenden Bestandteile z. B. von Malerfarben.

Pi-Komplexe. Bezeichnung für einen, in einem Reaktionsmechanismus auftretenden Übergangszustand, wobei das angreifende Teilchen mit den pi-Elektronen einer Mehrfachbindung eine Wechselwirkung eingeht, die zur Polarisierung in diesem angreifenden Teilchen führen kann. Dadurch entsteht ein Dipol, der die Doppel- oder Dreifachbindung des betreffenden Moleküls besser angreifen kann. Dieser Zustand wird dann durch die Ausbildung eines σ-Komplexes abgelöst, der duch die Ausbildung einer echten Bindung (σ-Bindung) gekennzeichnet ist.

Pipetten. Bezeichnung für röhrenförmige Glasgeräte, die zur Volumenmessung geeicht sind. Man unterscheidet Voll-Pipetten, die nur ein bestimmtes Volumen fassen, von Mess-Pipetten mit einer geeichten ml-Skala zur Aufnahme verschiedener Volumina.

Pipettieren. Bezeichnung für das Umfüllen von bestimmten Flüssigkeitsmengen mithilfe einer Pipette.

pK-Wert. Bezeichnung für den negativen, dekadischen Logarithmus des K-Wertes, wie die Gleichgewichtskonstante (Massenwirkungsgesetz) bezeichnet wird. Bei Säure- und Basen-Gleichgewichtsreaktionen wird die Gleichgewichtskonstante als Säure- (K_S) bzw. Basenkonstante (K_B) und damit die Säuren- bzw. Basenstärke ausgedrückt.

Planck'sches Wirkungsquantum. Bezeichnung für eine nach M. Planck benannte Naturkonstante. Sie ist der Proportionalitätsfaktor (h) für das Verhältnis zwischen Energie (E) eines Lichtquants und seiner Frequenz (ν): $E = h \cdot \nu$; er beträgt $(6{,}626196 \ +/-7{,}6 \cdot 10^{-6}) \cdot 10^{-34}\ J \cdot s$.

Plasma. Bezeichnung, die in der Kernchemie für ein Gas verwendet wird, das im Idealfall nur aus positiv geladenen Atomkernen und negativ geladenen Elektronen besteht und nach außen ungeladen ist. Dieser Zustand wird als vierter Aggregatzustand bezeichnet. Man erzielt ein Plasma nur bei extrem hohen Temperaturen (10^8–10^9K), wie sie z. B. in der Sonne existieren.

Plastifizieren. Bezeichnung aus der Kunststoffverarbeitung. Man meint damit das Erweichen von thermoplastischen Kunststoffen unter Druck, erhöhter Temperatur bzw. durch Zusatz von weich machenden Zusätzen.

Plastochinon.

Formelzeichen:

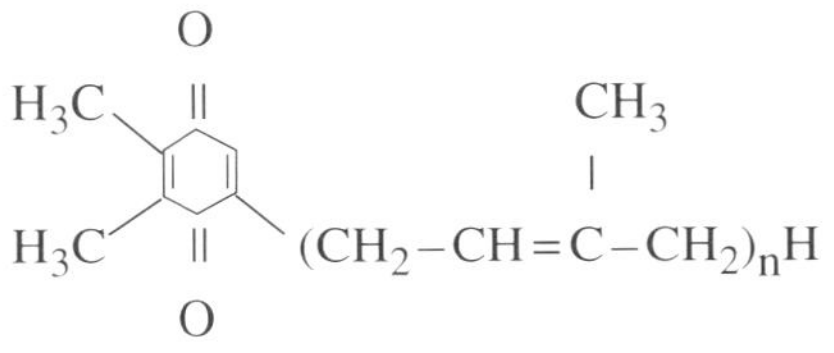

Bezeichnung für ein Redoxsystem, das in der Fotosynthese als Wasserstoffüberträger große Bedeutung hat. Man hat es aus den Chloroplasten grüner Pflanzen isoliert.

Plexiglas. Warenzeichen für Kunststoffe (Acrylglas), die aus Polymethacrylaten hergestellt sind. Sie sind durchsichtig wie Glas, aber nur halb so schwer, leicht durch Erwärmung verformbar.

Polar. Bezeichnung für Teilchen, Bindungen und Moleküle mit verschiedenen Polen, die durch unterschiedliche Ladungsverteilungen in diesem Teilchen entstanden sind, was dem Teilchen ein deutliches Dipolmoment verleiht. Polare Bindungen kommen dadurch zustande, dass elektronegative Elemente Bindungselektronen zu sich heranziehen. Dadurch erhalten sie eine negative Partialladung. Der Bindungspartner erhält dann eine positive Partialladung (Bindung).

Polarimeter. Bezeichnung für ein Messgerät, mit dem die optische Isomerie einer Verbindung mit Polarisationsfiltern gemessen werden kann.

Polyacrylfasern → Polyacrylnitril.

Polyacrylnitril (PAN).

Formelzeichen:

$$(-CH_2-\underset{\underset{\displaystyle C\equiv N}{|}}{CH}-)_n$$

Eigenschaften: m_M zwischen 15.000 und 260.000; zersetzt sich bei 350 °C, ohne in eine Schmelze überzugehen. Dieser Kunststoff ist in den meisten

Lösungsmitteln unlöslich, außer Dimethylformamid u. Ä. Aus diesen Lösungsmitteln kann der Kunststoff durch Spinndrüsen zu Fasern ausgepresst werden. Man verwendet sie in der Textilindustrie für Oberbekleidung, Decken, Pelzimitationen, Markisenstoffe usw.

Polyaddition → Kunststoffe.

Polyäthylen → Polyethylen.

Polyamide (PA).

Formelzeichen:

$$(-NH-R_1-NH-\overset{\overset{\displaystyle O}{\|}}{C}-R_2-\overset{\overset{\displaystyle O}{\|}}{C}-)_n$$

Eigenschaften: m_M 30.000–100.000; hochmolekulare Polymere, die durch Polykondensation, z. B. aus Aminocarbonsäuren, entstehen. Die Monomeren sind mit einer Peptidbindung (Eiweiß) miteinander verbunden. Der bekannteste Kunststoff dieser Gruppe ist Nylon. Polyamide sind sehr zäh, reißfest und gegen Laugen widerstandsfähig; sie werden aber von Säuren angegriffen; sie sind alterungsbeständig. Beim Erhitzen schmelzen sie (Thermoplast) zu Tropfen und brennen leuchtend. Man verwendet sie in der Elektrotechnik, im Fahrzeugbau und in der Textilindustrie.

Polybutadiene. Bezeichnung für Polymere des 1,3-Butadiens. Durch entsprechende Katalysatoren (Ziegler und Natta) kann man stereoselektiven Kautschuk herstellen, der als Synthesekautschuk große Bedeutung erlangt hat.

Polybuten.

Formelzeichen:

$$(-CH_2-\underset{\underset{\displaystyle CH_2-CH_3}{|}}{CH}-)_n$$

Eigenschaften: Thermoplastischer Kunststoff, der durch stereospezifische Polymerisation aus 1-Buten hergestellt wird. Sehr widerstandsfähig gegen anorganische Chemikalien, wird aber von chlorierten Kohlenwasserstoffen und anderen organischen Lösungsmitteln angegriffen.

Polycarbonate (PC).

Formelzeichen:

$$(-O-R-O-\overset{\overset{\displaystyle O}{\|}}{C}-)_n$$

Eigenschaften: Thermoplastischer Kunststoff, farblos, klar durchsichtig, schlagfest, witterungs- und chemikalienbeständig. Wird zu Folien, Haushaltswaren, Büroartikeln, Fenstern und Ersatzwindschutzscheiben verarbeitet.

Polychlorierte Biphenyle → PCB.

Polycyclische Verbindungen. Bezeichnung für cyclische Verbindungen, die aus mindestens zwei kondensierten (aromatischen) Ringen bestehen.

Polyene. Ungesättigte Kohlenwasserstoffe, die im Molekül mehr als eine Doppelbindung aufweisen. Die einfachsten Verbindungen dieses Typs sind die Diene, z.B. das Butadien. Deren Doppelbindungen sind meist konjugiert.

Polyester.
Formelzeichen:

$(-O-R_1-O-C-R_2-C-)_n$
$\qquad\qquad\quad\ \ \| \qquad\quad \|$
$\qquad\qquad\quad\ \ O \qquad\ \ O$

Eigenschaften: Hochmolekulare Kondensationsprodukte aus Diolen und Dicarbonsäuren, vor allem solchen mit aromatischen Resten. Polyester sind thermoplastisch verarbeitbar, sehr hart und abriebfest, resistent gegen organische Lösungsmittel, nicht aber gegen Wasser und Säuren. Sie werden häufig mit Glasfasern verstärkt zu großen, leichten Rohren im Apparatebau eingesetzt, aber auch für Lager, Zahnräder, Schrauben usw. Eine weitere bedeutende Anwendung liegt in der Faserherstellung für Textilien, Zeltplanen, Segel, Seile usw.

Polyether. Bezeichnung für unterschiedliche Polymere mit zahlreichen Etherbindungen. Dazu gehören vor allem die Polyetheralkohole: $HO-(R-O-)_nH$, die aus Ethylenoxid und mehrwertigen Alkoholen entstehen.

Polyethylen (PE).
Formelzeichen: $(-CH_2-CH_2-)_n$.
Eigenschaften: Ein thermoplastischer Kunststoff, der je nach Kristallinität und Verzweigungsgrad unterschiedliche Eigenschaften hat. Er wird durch radikalische Polymerisation aus Ethylengas hergestellt. Polyethylen ist in fast allen Lösungsmitteln unlöslich, reißfest und schlagfest. Es lässt sich verschweißen, bedrucken und kann schließlich als Abfall ohne Nebenprodukte zu CO_2 und Wasser verbrannt werden. Man stellt daraus Hohlkörper für Flüssigkeiten her, Spielwaren, Behälter für verschiedenste Chemikalien, Benzinkanister usw. Aus Weich-PE werden Folien für die unterschiedlichsten Aufgaben hergestellt.

Polyethylen-terephthalat (PETP).
Formelzeichen:

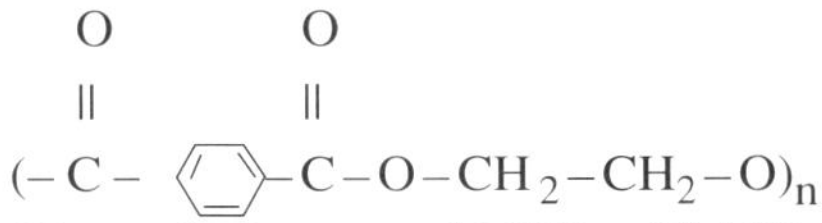

Eigenschaften: m_M 16 000 – 35 000; ein wichtiger Polyester, der im Schmelzspinnprozess zu Fasern verarbeitet wird.

Polyisobutylen (Polyisobuten, PIB).
Formelzeichen:

$\qquad\quad CH_3$
$\qquad\quad\ |$
$(-CH_2-C-)_n$
$\qquad\quad\ |$
$\qquad\quad CH_3$

Eigenschaften: Thermoplastischer Kunststoff, der in Kohlenwasserstoff-Lösungsmitteln katalytisch bei niedrigen Temperaturen gewonnen wird. PIB ist sehr widerstandsfähig gegen die meisten Säuren, wird aber von organischen Lösungsmitteln gelöst. Dient zur wasserfesten Beschichtung von Geweben, als Grundwasserschutz von Bauten, für Wundpflaster und als Kaugummigrundmasse.

Polyisocyanate. Gruppenbezeichnung für alle Verbindungen, die mehr als eine Isocyanatgruppe (N = C = O) enthalten. Sie werden zu Polyurethanen (z.B. Schaumstoffen) verarbeitet.

Polykondensation → Kunststoffe.

Polymere. Wird als Synonym für Hochpolymere bzw. Makromoleküle und oft für Kunststoffe verwendet. Man versteht darunter synthetische, makromolekulare Stoffe, die aus einzelnen Molekülen zusammengesetzt wurden, wobei es keine Role spielt, ob sie durch Polymerisation, Polykondensation oder Polyaddition entstanden sind. Lebende Polymere sind Moleküle, deren Endgruppen mit Einzelbausteinen weiterreagieren können.

Polymerisations-Reaktionen. Man unterscheidet im Wesentlichen drei Möglichkeiten:

1) Radikalische Polymerisation:

$R-O-O-R' + H_2C=CH_2 \longrightarrow$

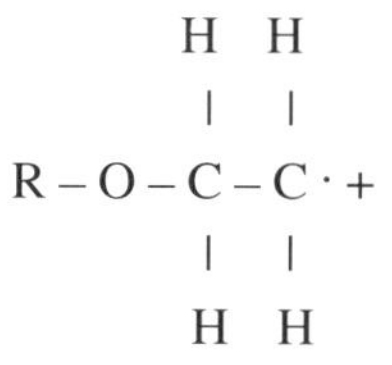

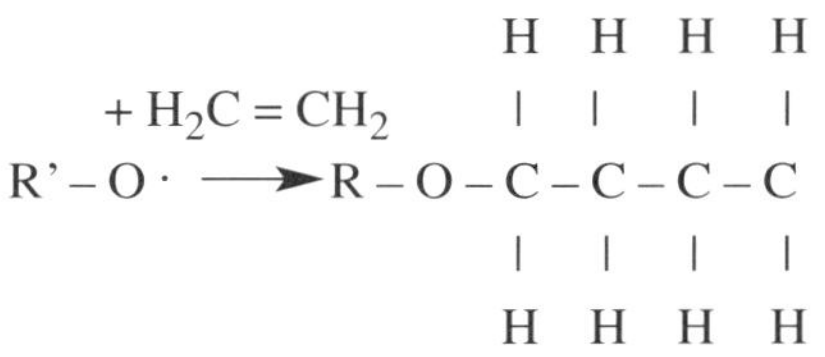

usw.

2) Kationische Polymerisation:

$HB + H_2C=CH_2 \longrightarrow$

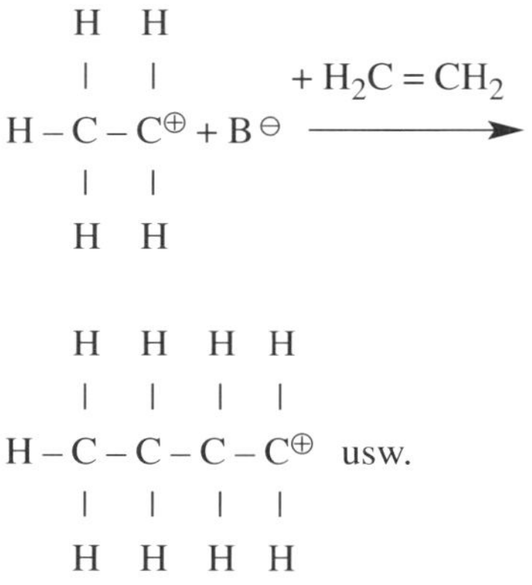

3) Anionische Polymerisation:

$MA + H_2C=CH_2 \longrightarrow$

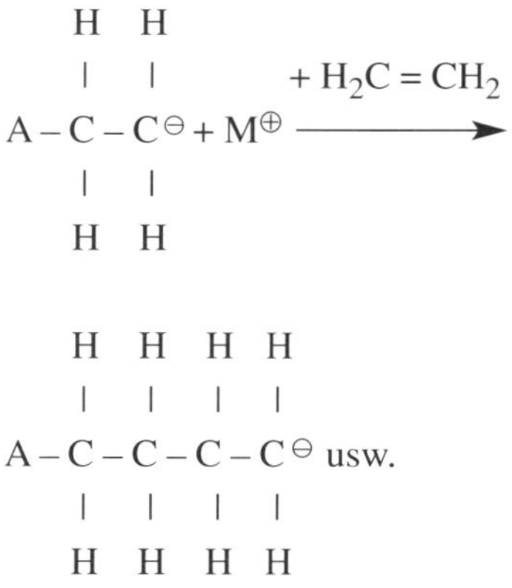

Polymerisationsgrad. Bezeichnung für die Anzahl der Einzelbausteine, die zu einem Polymer zusammengebaut wurden. Er hängt von den Versuchsbedingungen ab. Stellt man z. B. Hochdruck-Polyethylen durch radikalische Polymerisation her (Polymerisationsreaktionen), dann ist der Polymerisationsgrad kleiner als im Niederdruck-Polyethylen, das mit einem Katalysator (Ziegler-Natta) hergestellt wird.

Polymethacrylate (Polymethacrylsäureester).

Formelzeichen:

$$
\begin{array}{c}
\quad\; H_3C \;\; O \\
\quad\;\; | \quad\; \| \\
(-CH_2-C-C-O-R-)_n \\
\quad\;\; | \\
\quad\;\; CH_3
\end{array}
$$

Eigenschaften: Durchsichtige, glasähnliche, harte Produkte (Acrylglas, Plexiglas), die als Kunststoffgläser verwendet werden und in Form von Rohren, Platten usw. gefertigt werden.

Polymethylene. Sie können auch als Polyethylene aufgefasst werden. Man bezeichnet sie wegen ihrer Summenformel so, die als ein Polymer der Methylengruppe geschrieben werden kann: $(-CH_2-)_n$ Polymethylene sind thermoplastische Kunststoffe mit den Eigenschaften des Polyethylens.

Polymethylmethacrylat (PMMA) → Polymethacrylate.

Polymorphie. Bezeichnung für die Erscheinung, dass viele chemische Verbindungen im festen Zustand in verschiedenen Modifikationen auftreten, die unterschiedliche physikalische und chemische Eigenschaften aufweisen; z. B. Kohlenstoff, der als Graphit und Diamant vorkommt.

Polyolefine. Sammelbegriff für 1) Kohlenwasserstoffverbindungen, die mehrere Doppelbindungen im Molekül aufweisen, z. B. Polyene. 2) Bezeichnung für die Polymere, die aus Olefinen (Alkene) durch Polymerisation entstanden sind, z. B. Polyethylen, Polypropylen usw.

Polypropylene (PP).

Formelzeichen:

$$
\begin{array}{c}
(-CH_2-CH-)_n \\
\quad | \\
\quad CH_3
\end{array}
$$

Eigenschaften: Thermoplastischer Kunststoff. Er ist sehr hart und wärmebeständig, versprödet allerdings unter 0 °C. Seine Chemikalienresistenz ist so gut wie bei Polyethylen. Man kann fotosensitive Gruppen einbauen und somit den Abbau durch Licht, z. B. auf Deponien, fördern.

Verwendung: Für Haushaltsgeräte, Schuhabsätze, Koffer, Geschirrspülmaschinengehäuse, Rohrleitungen usw.

Polysaccharide. Sammelbegriff für Kohlenhydrate, die aus Einzelbausteinen (Monosaccharide) aufgebaut sind, die durch glykosidische Bindungen verbunden sind. Die wichtigsten sind Stärke (Amylose), Cellulose und Chitin.

Polystyrol (PS).

Formelzeichen:

$(-CH_2 - CH -)_n$

|

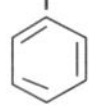

Eigenschaften: Thermoplastischer Kunststoff, der durch Polymerisation aus Styrol hergestellt wird. Je nach Bedarf kann PS-pulver oder perlenförmiges Material gewonnen werden, indem man den entsprechend geeigneten Katalysator wählt. Die Produkte sind schlagempfindlich, durchsichtig, kleb- und polierbar; sie brennen mit süßlichem Geruch.

Verwendung: Geschäumtes Polystyrol wird als Styropor zur Wärme- und Schallisolation und als Verpackungsschutz verwendet. Man fertigt aus PS Teile für Kühlschränke, Elektrogeräte, Büroartikel usw.

Polytetrafluorethylen (PTFE, Teflon, Hostaflon).

Formelzeichen: $(-CF_2 - CF_2 -)_n$

Eigenschaften: Thermoplastischer Kunststoff, der als Emulsion mit Peroxiden polymerisiert und dann durch hohe Temperaturen z. B. auf Metall aufgesintert wird. PTFE hat erstaunliche Eigenschaften, die zwischen –270 °C und +285 °C konstant bleiben. Er schmilzt erst bei 327 °C, wobei eine glasartige, durchsichtige Masse entsteht, die sich wie ein Festkörper verhält. Der Grund dafür ist die große Kettenlänge, mit einem Polymerisationsgrad zwischen 100.000–200.000. Auffallend ist seine sehr große Chemikalienbeständigkeit. PTFE wird nur von schmelzenden Alkali- und Erdalkalimetallen und Fluor angegriffen.

Polyurethane (PUR, Isocyanate).

Formelzeichen:

$$\begin{array}{c} \qquad\qquad\quad O \qquad\qquad\qquad\quad O \\ \qquad\qquad\quad \| \qquad\qquad\qquad\quad \| \\ (-O-R_1-O-C-N-R_2-N-C-)_n \\ \qquad\qquad\qquad\quad | \qquad\quad | \\ \qquad\qquad\qquad\quad H \qquad\; H \end{array}$$

Eigenschaften: Je nach Wahl der Ausgangsstoffe, erhält man PUR mit sehr unterschiedlichen Eigenschaften, die von Klebstoffen über Lacke zu Thermoplasten und Duroplasten reichen.

Polyvinylchlorid (PVC).

Formelzeichen:

$$\begin{array}{l} (-CH_2 - CH -)_3 \\ \qquad\qquad\;\; | \\ \qquad\qquad\; Cl \end{array}$$

Eigenschaften: Thermoplastischer Kunststoff, der als Hart-PVC oder zusammen mit Weichmachern als Weich-PVC hergestellt wird. Hart-PVC ist weit gehend chemikalienresistent, wird jedoch von Benzol und manchen organischen Lösungsmitteln aufgequollen. PVC brennt zwar, die Flamme erlischt aber nach Entfernung der Zündquelle. Weich-PVC ist wegen der Weichmacher nicht so chemikalienresistent, brennt auch nach Entfernung der Zündquelle weiter. PVC lässt sich als Thermoplast in der Wärme (ab 160 °C) verformen, biegen, kleben, schweißen und tief ziehen.

Porphin. Bezeichnung für das Grundgerüst der Porphyrine.

Porphyrine. Bezeichnung für unterschiedlich substituierte Porphine, die als Grundgerüste in vielen Pigmenten von Organismen zu finden sind. Die bedeutendsten sind das Chlorophyll der grünen Pflanzen sowie das Hämoglobin in den roten Blutkörperchen der Säugetiere und das Myoglobin in den Muskelzellen.

Porzellanerde → Kaolin.

Positronen ($e^{\oplus}$). Bezeichnung für Elementarteilchen mit einer positiven Ladung und der gleichen Masse wie die Elektronen. Sie entstehen als Folge der direkten Umwandlung von Energie in Masse, z. B. wenn ein Photon mit hoher Geschwindigkeit auf einen Atomkern prallt, wobei ein Elektron und ein Positron entstehen. Sie sind der Antimaterie zuzuordnen; sie zerstrahlen in reine Energie (γ-Quanten), wenn sie mit Elektronen zusammenstoßen.

PP. Abkürzung für → Polypropylen.

Prinzip des kleinsten Zwanges. Gesetz von Le Chatelier und Braun. Damit sind die Gesetzmäßigkeiten über die Abhängigkeiten eines chemischen Gleichgewichtes von äußeren Einflüssen zusammengefasst. Sie lassen sich folgendermaßen ausdrücken: Ein chemisches Gleichgewicht verhält sich gegenüber einem äußeren Zwang stets derart, daß es diesem Zwang ausweicht.

Produkte. Bezeichnung für die bei einer chemischen Reaktion erhaltenen Stoffe. Gegensatz: Edukte.

Proteine → Eiweiß.

Proteinbiosynthese. Bezeichnung für den komplexen Ablauf der Eiweißherstellung in den Zellen der Lebewesen.

Protolyse. Bezeichnung für eine chemische Reaktion, bei der nur ein Protonenübergang stattfindet. Derartige Protolysen finden zwischen Protonen-Donatoren (Brönsted-Säuren) und Protonen-Akzeptoren (Brönsted-Basen) statt.

Protonen (p und $H^{\oplus}$). Bezeichnung für die Bausteine des Atomkerns (Atombau), die eine positive Elementarladung tragen ($1{,}60210 \cdot 10^{-19}$ Coulomb). Ihre Ruhemasse ist $1{,}6726485 \cdot 10^{-24}$g. Sie sind wahrscheinlich stabil und bilden zusammen mit den Neutronen den Atomkern der jeweiligen Elemente.

Protonenaustausch → Protolyse.

PS. Abkürzung für → Polystyrol.

PSE. Abkürzung für → Periodensystem der Elemente.

PTFE. Abkürzung für → Polytetrafluorethylen.

Pufferlösungen. Bezeichnung für ein äquimolares Gemisch aus einer schwachen Säure und ihrem Salz. Dieses Gemisch enthält gleiche Konzentrationen beider Komponenten. Ein derartiges Gemisch ändert seinen pH-Wert auf Zusatz von wenig Säure bzw. wenig Base nicht.

PUR. Abkürzung für → Polyurethane.

Purine.

Formelzeichen für das Puringrundgerüst:

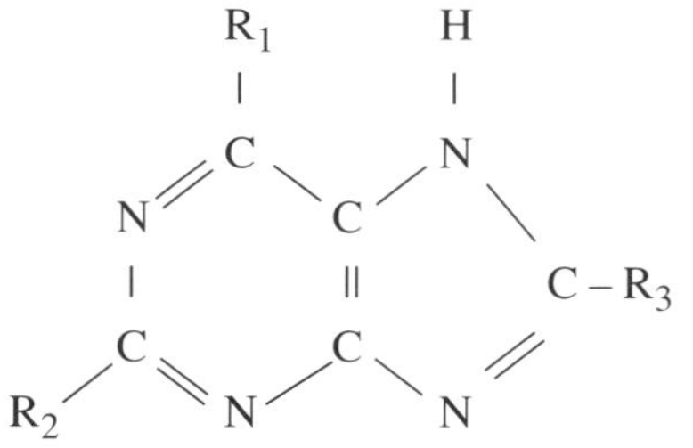

An den mit R_1, R_2 und R_3 bezeichneten Stellen unterscheiden sich die einzelnen Purine voneinander. Sie tragen dort – OH oder NH_2-Gruppen. Zu den Purinbasen gehören Adenin und Guanin; sie sind Bestandteile der Nucleotide (Proteinbiosynthese, DNS) sowie des Coffeins und des als Teein bezeichneten Theophyllins und Theobromins.

PVC. Abkürzung für → Polyvinylchloride.

Pyknometer. Bezeichnung für Messgefäße aus Glas mit planem Boden und geeichtem Volumen, die einen eingeschliffenen Stopfen mit einer durchgehenden Kapillare tragen. Sie dienen der Dichtebestimmung von Lösungen.

Pyranose. Bezeichnung für Monosaccharide (Kohlenhydrate), deren ringförmiges Molekül sich vom Pyran ableiten lässt.

Pyridin.

Formelzeichen:

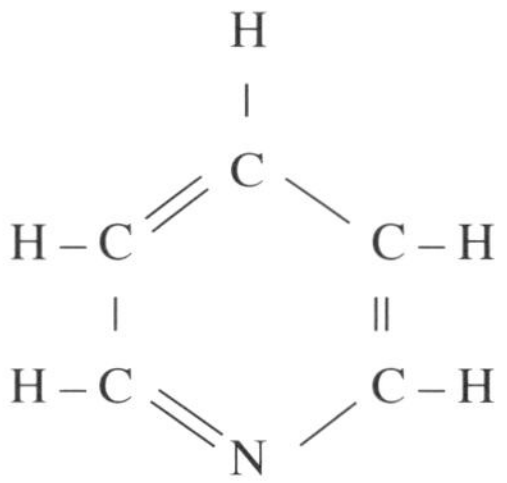

Eigenschaften: m_M 79,10; D 0,982; Sdp. 115 °C; Fp. 23 °C; farblose, wasserlösliche, brennbare, unangenehm riechende Flüssigkeit, deren Dämpfe gesundheitsschädlich sind. Sie wirkt in wässriger Lösung leicht basisch, ist chemisch sehr stabil.

Verwendung: Als Netzmittel für Baumwolle, zum Vergällen von Ethanol, wodurch Brennspiritus entsteht, zur Bindung von Chlorwasserstoff bei organischen Synthesen usw.

Pyrolyse. Bezeichnung für die Zersetzung organischer Stoffe durch Hitze unter Sauerstoffausschluss.

Q

Qualitative Analyse. Bezeichnung für ein Teilgebiet der Chemie, das sich mit der Untersuchung der Art der Einzelteilchen von unbekannten Stoffen beschäftigt. Sie beginnt meist mit einer Reihe von Vorproben, die einen Hinweis auf bestimmte Verbindungen liefern. Dann werden unlösliche Anteile in Aufschlussverfahren in lösliche Verbindungen überführt; dem folgt ein so genannter Trennungsgang, eine Reihe von chemischen Nachweisreaktionen. Oft schließt sich dieser Prozedur noch eine quantitative Analyse an. Am Ende steht die Herstellung eines Präparates, das dem untersuchten Stoff in allen physikalischen und chemischen Eigenschaften gleicht, womit der Beweis für den untersuchten Stoff geführt wird.

Quanten. Bezeichnung für Energieeinheiten. Nach der Quantentheorie ist Energie nicht kontinuierlich teilbar, sondern kann nur in bestimmten Portionen, den Quanten, aufgenommen bzw. abgegeben werden (Photonen, γ-Strahlen).

Quantenzahlen → Orbitale.

Quantitative Analyse. Bezeichnung für ein Teilgebiet der Chemie, das sich mit der zahlenmäßigen Zusammensetzung chemischer Stoffe beschäftigt. Dazu dienen viele unterschiedliche Verfahren, z. B. die Maßanalyse, Elementaranalyse, Messung der optischen Aktivität usw. Große Bedeutung hat dieses Teilgebiet bei der Untersuchung von Emissionen und Immissionen im Umweltschutz bekommen, um bestimmte Konzentrationen giftiger Stoffe (MAK-Werte) oder überschüssigen Dünger in Gewässern usw. festzustellen.

Quarks. Bezeichnung für postulierte Elementarteilchen, aus denen sich nach Ansicht von Physikern die bekannten Elementarteilchen (Protonen, Neutronen, Elektronen) zusammensetzen. Ein experimenteller Nachweis dieser Teilchen ist inzwischen gelungen.

Quarz (Siliciumdioxid).
Formelzeichen: SiO_2.
Eigenschaften: m_M 60,08; D 2,65; Fp. 1713 °C; farblose, meist undurchsichtige Kristalle, die durch Spuren von Metallsalzen unterschiedlichste Färbungen erhalten. Die Kristalle sind pieozoelektrisch und werden daher als Schwingquarze in elektronischen Bauteilen verwendet.

Quecksilber-Legierungen → Amalgame.

R

Racemate. Bezeichnung für gleichkonzentrierte Gemische aus links- und rechtsdrehenden, d. h. optisch aktiven Isomeren.

Racemisierung. Bezeichnung für das Überführen des einen Enantiomeren in das andere.

Radikale. Bezeichnung für Molekülbruchstücke mit einzelnen ungepaarten Elektronen. Sie sind besonders reaktionsfähig und daher meist sehr kurzlebig. Sie spielen besonders in der organischen Chemie eine wichtige Rolle.

Radikalkettenpolymerisation. Bezeichnung für Polymerisationen, die radikalisch verlaufen. Sie beginnen mit einer Startreaktion, bei der ein instabiles Molekül, z. B. ein Peroxid, in Radikale gespalten wird, die dann das zur Polymerisation fähige Substrat angreifen, wodurch wieder neue Radikale gebildet werden, die ihrerseits die Substratmoleküle angreifen usw. Diese Radikalkette kommt nur dann zum Stillstand, wenn zwei Radikale aufeinandertreffen oder das Substrat aufgebraucht ist.

Radioaktiv → Radioaktivität.

Radioaktivität. Bezeichnung für die Eigenschaft der Atomkerne bestimmter Stoffe, spontan zu zerfallen bzw. durch Einfang von Elektronen, Strahlung auszusenden. Beim Zerfall können aus dem instabilen Atomkern unterschiedliche, energiereiche Teilchen oder Strahlen ausgeschleudert werden.

Radiocarbon-Methode (^{14}C-Methode). Bezeichnung für eine Altersbestimmungsmethode für organische Stoffe. Sie beruht darauf, dass in der Atmosphäre durch energiereiche kosmische Strahlung Neutronen gebildet werden, die mit dem Luftstickstoff eine Kernreaktion eingehen, wobei radioaktiver Kohlenstoff ^{14}C entsteht. Der radioaktive Kohlenstoff verbindet sich mit dem Luftsauerstoff zu $^{14}CO_2$, das von den Pflanzen bei der Fotosynthese eingeatmet und in Stärke und Cellulose eingebaut wird. So lange die Pflanze lebt, herrscht in ihr ein Gleichgewicht zwischen radioaktivem und nicht radioaktivem Kohlenstoff (^{12}C). Zwar zerfällt der eingebaute ^{14}C ständig, wird aber durch die Atmung wieder ergänzt. Stirbt nun die Pflanze, verschiebt sich das Gleichgewicht, da zerfallenes ^{14}C nicht mehr ergänzt werden kann. Um das Alter fossiler Hölzer zu bestimmen werden diese im Sauerstoffstrom verascht, aus der Asche wird dann das Verhältnis von $^{12}C/^{14}C$ bestimmt. Aus der Halbwertszeit kann dann das Todesdatum der betreffenden Pflanze berechnet werden und damit das Alter des betreffenden Holzstückes.

Radiochemie. Bezeichnung für ein Teilgebiet der Chemie, das sich mit den Elementumwandlungen und Kernreaktionen beschäftigt, die sich beim radioaktiven Zerfall abspielen.

Radioisotope. Bezeichnung für radioaktive Isotope eines Elementes. Ein derartiges Isotop besteht aus radioaktiven Nukliden.

Radionuklide. Bezeichnung für meist künstliche Nuklide, die radioaktive Strahlung aussenden.

Rauch. Bezeichnung für ein heterogenes Gemenge aus Gas und Feststoffen, nicht zu verwechseln mit Nebel, das ein Gemenge aus Gas und Flüssigkeit (z. B. Luft und Wassertröpfchen) darstellt.

Reagentien (*lat.* reagens = zurückwirkend). Bezeichnung für chemisch reine Chemikalien, die man zu präparativen Zwecken und Nachweisen verwenden kann.

Reaktionen. Bezeichnung für alle chemischen Vorgänge. Man unterscheidet zwischen den chemischen Reaktionen und den Kernreaktionen. Erstere finden nur in der Elektronenhülle der betreffenden Elemente statt, während die Kernreaktionen in den Atomkernen ablaufen. Je nach energetischem Verlauf unterscheidet man exotherme Reaktionen, bei denen man mehr Energie erhält, als man hineinstecken musste, von endothermen Reaktionen, in die man mehr Energie hineinstecken muss, als man wieder herausbekommt (Enthalpie).

Reaktionsgeschwindigkeit. Jede chemische Reaktion braucht eine bestimmte Zeit zur Bildung der Produkte. Bei manchen Reaktionen sind es nur Bruchteile von Sekunden (Explosion), bei anderen mehrere Jahre, sogar Jahrmillionen. Die Reaktionsgeschwindigkeit ist proportional der Abnahme der Edukte pro Zeiteinheit ($\triangle t$) oder ausgedrückt in Abnahme der Konzentration ($\triangle c$):

$$RG = \frac{\triangle c}{\triangle t}$$

Die Reaktionsgeschwindigkeit ist von folgenden Bedingungen abhängig, die die Wahrscheinlichkeit für den Zusammenstoß zweier Teilchen als Voraussetzung für eine chem. Reaktion erhöhen: a) Erhöhung der Temperatur; sie bewirkt größere Geschwindigkeit der reaktionsfähigen Teilchen und damit häufigere Zusammenstöße (Van't-Hoff'sches Gesetz). b) Erhöhung der Konzentration; sie erhöht die Teilchenzahl im gegebenen Volumen. c) Erhöhter Zerteilungsgrad; je größer die möglichen Berührungsflächen sind, um so wahrscheinlicher sind die Zusammenstöße.

Reaktionsmechanismen. Bezeichnung für die Vorgänge während des Reaktionsablaufes. Mit Verfahren der physikalischen Analyse können sehr schnell ablaufende Reaktionen genauer analysiert werden.

Reaktoren. 1) Bezeichnung für Großbehälter, in denen chemische Reaktionen unter Luftabschluss bzw. unter kontrollierten Bedingungen erfolgen. 2) Kurzbezeichnung für Kernreaktoren (Atomreaktoren), die zu Forschungs- und militärischen Zwecken, aber vor allem auch zur Stromerzeugung verwendet werden.

Redox. Kunstwort, das aus Reduktion und Oxidation zusammengezogen wurde. Bezeichnet derartige, stets nebeneinander ablaufende Reaktionen.

Redoxgleichungen. Bezeichnung für oft komplizierte Reduktions- und Oxidationsgleichungen, die mithilfe von Oxidationszahlen erstellt werden und Elektronenwanderungen zeigen.

Redoxpotential. Bezeichnung für die Normalpotenziale, die in Volt gemessen werden, wenn ein bestimmtes Metall oder Nichtmetall als Elektrode in den einmolaren Elektrolyten taucht und dieses System mit der Normalwasserstoffelektrode verbunden wird. Je edler ein Metall und sein Redoxpartner ist, um so positiver ist deren Redoxpotenzial.

Redoxsysteme. Bezeichnung für Gleichgewichtsreaktionen, in denen neben Oxidationsmitteln auch Reduktionsmittel nebeneinander vorliegen, z.B. $Fe^{3\oplus} + e^{\ominus} \rightleftarrows Fe^{2\oplus}$; $Fe^{3\oplus}$ ist das Oxidationsmittel, da es leicht Elektronen aufnimmt, $Fe^{2\oplus}$ ist das Reduktionsmittel, da es leicht Elektronen abgibt.

Redoxtitration (Oxidimetrie). Bezeichnung für Methoden der Maßanalyse; es sind Titrationen, bei denen es zu Elektronenübergängen zwischen Elektronen-Donator (Reduktionsmittel) und Elektronen-Akzeptor (Oxidationsmittel) kommt.

Reduktion. Bezeichnung für chemische Reaktionen, in denen es a) zur Aufnahme von Elektronen, bzw. b) zur Abspaltung von Sauerstoffatomen, bzw. c) zur Aufnahme von Wasserstoffatomen kommt. Beispiel a): $Fe^{3\oplus}$ wird durch Aufnahme von einem Elektron zu $Fe^{2\oplus}$ reduziert: $Fe^{3\oplus} + e^{\ominus} \rightleftarrows Fe^{2\oplus}$; Beispiel b): Kupferoxid wird zu Kupfer reduziert unter Abgabe von Sauerstoff: $2CuO \rightleftarrows 2Cu + O_2$; Beispiel c): Stickstoff wird zu Ammoniak reduziert: $N_2 + 3H_2 \rightleftarrows 2NH_3$.

Reduktionsmittel. Man bezeichnet alle Substanzen als Reduktionsmittel, die leicht Elektronen abgeben. Die „Leichtigkeit" mit der die Elektronen

Lexikon

abgegeben werden, findet ihren Ausdruck im Redoxpotenzial bzw. Normalpotenzial des betreffenden Atoms bzw. Ions. Je unedler ein Metall ist, um so negativer ist sein Redoxpotenzial und um so stärker ist seine Wirkung als Reduktionsmittel. Das stärkste Reduktionsmittel ist die Kathode; sie hat den größten Elektronendruck.

Reformieren (Erdöl). Bezeichnung für die Vorgänge des thermischen und katalytischen Crackens, mit denen in der Erdölverarbeitung die Ausbeute an klopffesten Benzinen gesteigert wird.

Reinstoffe. Gegensatz zu Gemengen und Gemischen. Man versteht darunter alle Stoffe, die dieselben Eigenschaften aufweisen, z. B. Reagentien.

Rektifikation. Bezeichnung für Destillationen, bei denen der aufsteigende Dampf den bereits kondensierten Flüssigkeiten entgegenströmt, um sich ein weiteres Mal mit der Flüssigkeit austauschen zu können. Derartige Destillationen werden immer dann angewendet, wenn sich in dem zu trennenden Gemisch viele Stoffe befinden, deren Siedepunkte nahe beieinander liegen.

Relative Atommasse → Atommasse.

Retention. Begriff aus der Beschreibung von Reaktionsmechanismen, bei denen Substitutionen vorkommen. Man bezeichnet damit die Beibehaltung der jeweiligen Konformation an einem asymmetrischen Kohlenstoffatom (Isomerie). Wird diese bei der Substitution verändert nennt man das Inversion.

Riesenmoleküle → Makromoleküle.

Ringsysteme → Cyclische Verbindungen.

Röntgenstrahlen. Bezeichnung für eine kurzwellige, unsichtbare, elektromagnetische Strahlung (10^{-3} nm), die zwischen der UV- und der γ-Strahlung steht. Sie entsteht dadurch, dass energiereiche Elektronen auf ungeladene Atome treffen. Die Wellenlänge hängt vom getroffenen Material ab.

Rosenquarz → Quarz.

Rost. Bezeichnung für das Korrosionsprodukt des Eisens, das durch die Reaktion mit Wasser und Sauerstoff entsteht. Es hat die Zusammensetzung $Fe_2O_3 \cdot H_2O$ und $Fe_3O_4 \cdot H_2O$.

Rosten (Korrosion). Bezeichnung für die elektrochemische Korrosion des Eisens.

Rubinglas. Bezeichnung für rotgefärbte Gläser, deren Farbe durch kolloidales Gold in der Glasschmelze erreicht wird (Cassiusscher Goldpurpur).

Rückreaktion → Hinreaktion.

Rückstand. Bezeichnung für den Feststoff, der bei der Filtration abgetrennt wird und im Filter zurückbleibt.

Rücktitration. Bezeichnung für die Titration einer Flüssigkeit, die sich bei einer bestimmten Reaktion nicht umgesetzt hat, weil sie im Überschuss zugesetzt wurde.

Ruhemasse. Nach der Relativitätstheorie wird die Masse eines bewegten Körpers mit der Geschwindigkeit, mit der er sich bewegt, größer. So steigt die Masse bei halber Lichtgeschwindigkeit um etwa 15 %. Somit ist die Masse eines (hypothetisch) ruhenden Körpers geringer als die eines bewegten. Dies ist vor allem für die Elementarteilchen der Atome von Bedeutung, da sich diese über dem absoluten Nullpunkt stets in Bewegung befinden.

Ruß. Bezeichnung für ein schwarzes, lockeres Pulver, das überwiegend aus elementarem Kohlenstoff (C) besteht. Kohlenstoff ist darin aus Graphitgittern aufgebaut. Neben Kohlenstoff sind weitere organische Verbindungen wie Phenantren, Anthracen, Benzpyren, Pyren usw. enthalten, die z. T. Krebs erregende Eigenschaften haben.

Rydberg-Konstante. Sie gibt die Beziehung zwischen der Elementarladung (e), der Elektronenmasse (m), der Lichtgeschwindigkeit (c) und dem Planck'schen Wirkungsquantum (h) an: $R = 2\pi^2 m\, e^4/h^3\, c = 1{,}09678 \cdot 10^5\ cm^{-1}$.

S

Saccharin (1,2-Benzisothiazol-3(2H)-on-1,1-dioxid).
Formelzeichen:

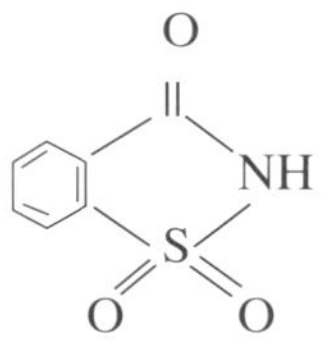

Eigenschaften: m_M 183,18; D 0,828; Fp. 229 °C; sehr süß schmeckende, farblose Kristalle mit bitterem Nachgeschmack, die sich in heißem Wasser leicht lösen lassen. Werden vom Organismus unverändert ausgeschieden.

Saccharose (Rohr- oder Rübenzucker).
Formelzeichen:

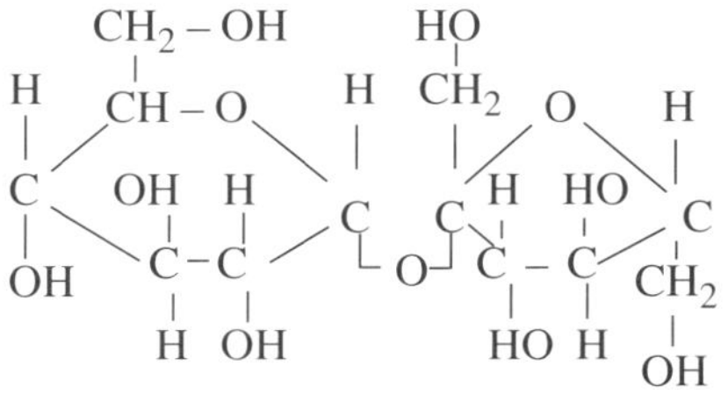

Lexikon

Eigenschaften: m_M 342,30; D 1,58; Fp. 186 °C; zersetzt sich in Karamel ab 200 °C; farblose, wasserlösliche, süß schmeckende Kristalle; die Lösung dreht die Ebene des polarisierten Lichtes nach rechts; wirkt nicht reduzierend.
Verwendung: Wichtigstes Süßungsmittel; wird im industriellen Maßstab aus Zuckerrüben und Zuckerrohr gewonnen.

Säureanhydride. Bezeichnung für Verbindungen, die formal aus Säuren durch Abspaltung von einem Molekül Wasser entstanden sind; aus anorganischen Säuren entstehen so Nichtmetalloxide. Beispiel Kohlensäure, ihr Säureanhydrid ist das Kohlendioxid: $H_2CO_3 - H_2O = CO_2$; oder Schwefelsäure, ihr Säureanhydrid ist das Schwefeltrioxid: $H_2SO_4 - H_2O = SO_3$. Wird auch auf org. Säuren angewandt, z. B. Phthalsäure, Phthalsäureanhydrid.

Säure-Base-Begriff. Es gibt drei, in der Chemie gebräuchliche Säure-Base-Definitionen: 1) Nach Arrhenius sind Säuren Stoffe, die in wässriger Lösung Wasserstoffionen ($H^{\oplus}$) abspalten; Basen sind solche Stoffe, die in wässriger Lösung Hydroxidionen ($OH^{\ominus}$) abspalten. 2) Diese Definition wurde von Brönsted abgewandelt, um auch nicht wässrige Systeme einbeziehen zu können. Seine Definition lautet: Säuren sind Protonendonatoren, d. h. sie spalten Protonen ab; Basen sind Protonenakzeptoren, d. h. sie nehmen Protonen auf. Nach Brönsted ist „Säure" keine Bezeichnung einer Eigenschaft eines Moleküls, sondern nur noch die Bezeichnung seiner Funktion (Base analog). Den Austausch eines Protons zwischen einer Säure und einer Base nennt man Protolyse. 3) Die allgemeinste Definition ist die nach Lewis. Eine Säure ist demnach eine Verbindung mit einer Elektronenlücke, d. h., sie kann ein Elektronenpaar in die Valenzelektronenschale eines ihrer Atome einbauen – ein Elektronenpaarakzeptor; eine Base ist demnach eine Verbindung, die ein freies Elektronenpaar besitzt – ein Elektronenpaardonator.

Säure-Basen-Titration. Bezeichnung für eine Maßanalyse, bei der es zu Neutralisationsreaktionen kommt.

Säurekonstante → pK-Wert.

Säuren. Unter Säuren versteht man im herkömmlichen Sinne Verbindungen, die in wässriger Lösung eine saure Reaktion bewirken, d. h. die sauer schmecken und Lackmusfarbstoff röten. Sie besitzen mindestens ein Proton, das sie in wässriger Lösung abspalten können. Sie gehen mit Basen Neutralisationsreaktionen ein, wobei Salze und Wasser entstehen. Man unterscheidet in der anorg. Chemie zwischen Sauerstoffsäuren (H_2SO_4, H_3PO_4, H_2CO_3 usw.) und sauerstofflosen Säuren (HCl, H_2S usw.). Weiter kann man zwischen einprotonigen, bzw. einbasigen (z. B. HCl) und mehrprotonigen bzw. mehrbasigen Säuren (z. B. H_2SO_4) unterscheiden. Letztere spalten ihre Protonen stufenweise ab. Bei den organischen Säuren unterscheidet man zwischen den Monocarbonsäuren, den Dicarbonsäuren und den Tricarbonsäuren, je nach Zahl der für die saure Reaktion verantwortlichen Carboxylgruppen. Der Säurecharakter bzw. die Säurestärke und damit die Bereitschaft, ein Proton abzuspalten sinkt mit steigender Kettenlänge des organischen Restes. Daher sind die Fettsäuren stets schwache Säuren. Eine weitere Einteilung erfolgt nach der Wirkung der Säuren; so unterscheidet man nach den oxidierenden (z. B. Salpetersäure) und den nicht oxidierenden Säuren (z. B. Salzsäure). Man kann auch nach der Flüchtigkeit unterscheiden: Schwerflüchtige Säuren (z.B. H_2SO_4) sind solche, deren Säureanhydrid (SO_3) ein Feststoff ist und leichtflüchtige Säuren (z. B. H_2SO_3) sind solche, deren Säureanhydrid (SO_2) gasförmig ist.

Säureprotolyse → Säure-Basen-Begriff.

Säureproton. Bezeichnung für das Wasserstoffion ($H^{\oplus}$), das sich in wässriger Lösung mit Wasser zu einem Oxoniumion verbindet.

Säurereste. Bezeichnung für das Anion, das nach der Abspaltung eines oder mehrerer Protonen von einem Säuremolekül übrig bleibt. Die Säurereste sind neben den Metallkationen die zweiten Bestandteile eines Salzes.

Säurestärke. Bezeichnung für den Dissoziationsgrad einer Säurelösung. Eine Säure ist um so stärker, je mehr Moleküle in Protonen und Säurerestionen zerfallen sind. Schwache Säuren bleiben zum großen Teil undissoziiert.

Salicylsäure (2-Hydroxy-benzoesäure).

Formelzeichen:

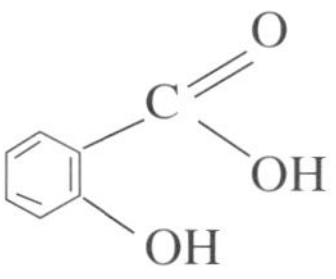

Eigenschaften: m_M 138,12; D 1,44; Spd. 211 °C; Fp. 157 °C; farb- und geruchlose, säuerlich schmeckende Kristalle, die sich in heißem Wasser lösen lassen; wirkt bakterizid und hemmt somit die Vergärung von Wein zu Essig sowie das Sauerwerden der Milch. Wirkt gegen Rheuma.

Verwendung: Wird zu Acetylsalicylsäure verarbeitet, einem der häufigsten Schmerzmittel, auch zu Kosmetika, Riechstoffen, Möbelpolitur und zur Herstellung von Farbstoffen.

Salmiakgeist → Ammoniak.

Salpetersäure.
Formelzeichen: HNO_3.
Eigenschaften: m_M 63,02; D 1,522; Sdp. 84,1 °C; Fp. –41,6 °C; farblose, an der Luft nebelnde, süßlich riechende Flüssigkeit, die sich in der Wärme und beim Stehen am Licht gelblich verfärbt, da sie sich dabei in (rotbraunes) Stickstoffdioxid (NO_2) zersetzt.
Verwendung: Wichtigstes Reagenz für Nitrierungen; zur Herstellung von Sprengstoffen (Nitroglycerin), Farbstoffen, Kunstleder und als Scheidewasser in der Metallurgie.

Salpetrige Säure.
Formelzeichen: HNO_2.
Eigenschaften: m_M 47,02; nur in wässriger Lösung bekannte Säure; sie gehört zu den starken Säuren, da sie wie die Salpetersäure leicht in Ionen zerfällt; ihre Salze heißen Nitrite; sie wirkt stark reduzierend, wenn sie mit starken Oxidationsmitteln zusammentrifft.

Salze. Bezeichnung für Verbindungen, die aus Ionen bestehen; sie enthalten stets Metallionen und Säurerestionen. Man unterscheidet a) saure Salze, die noch Protonen enthalten ($NaHSO_4$), b) alkalische Salze, die noch Hydroxidionen enthalten ($Zn(OH)NO_3$), und c) die eigentlichen oder neutralen Salze, die nur aus Metall und Säurerest bestehen (NaCl). Sie entstehen durch teilweise oder vollständige Neutralisation von Säuren mit Basen. Viele Salze zerfallen in Wasser in Ionen, außer den schwer löslichen Salzen. Unter „Salz" versteht man üblicherweise oft nur das Kochsalz (NaCl).

Salzsäure.
Formelzeichen: HCl.
Eigenschaften: m_M 36,5; D 1,200. Sie ist eine farblose, nach Chlorwasserstoffgas riechende Flüssigkeit, die an der Luft nebelt. Sie entsteht durch Lösen von Chlorwasserstoffgas in Wasser, wobei 1 Liter Wasser 525 Liter Chlorwasserstoffgas löst. Sie ist eine sehr starke Säure (Säurestärke). Sie löst die meisten Metalle außer den Edelmetallen unter Bildung von Wasserstoffgas. Ihre Salze heißen Chloride.
Verwendung: Eine der wichtigsten anorg. Säuren; man verwendet sie zur Entfernung von Kesselstein, da sie Kalk in CO_2 auflöst; zum Ätzen von Metallen, in der Galvanik, zum Entfernen von Kupferoxid beim Löten, zur Herstellung von Farb- und Kunststoffen (PVC), zur Chlorierung in der org. Chemie.

Sand → Quarz.

Saphire. Bezeichnung für tiefblau gefärbten, durchsichtigen Korund (Aluminiumoxide).

Saure Reaktion. Bezeichnung für die Eigenschaften einer Lösung, sauer zu schmecken und Lackmusfarbstoff rot zu färben. Diese Eigenschaft haben alle

Lösungen mit einem pH-Wert der kleiner als 7 ist.

Schalenmodell → Atombau.

Schaumgummi. Bezeichnung für Latexprodukte, die durch Rühren schaumig geschlagen werden, dann in Formen gegossen und mit heißem Dampf vulkanisiert werden.

Scheidewasser → Salpetersäure.

Schmelzelektrolyse. Bezeichnung für Elektrolysen, die in wasserfreien Salzschmelzen durchgeführt werden, da in diesem Zustand die Ionen des Salzes voneinander getrennt werden können.

Schmelzen. Bezeichnung für den Vorgang, bei dem durch Erhöhung der Temperatur die Schwingungen der Atome bzw. der Ionen eines Kristallgitters so stark werden, dass der Zusammenhalt im Gitter zerstört wird. Die dann erreichte Temperatur wird Schmelzpunkt genannt.

Schmelzpunkt (Fp., auch Schmp.). Bezeichnung für die Temperatur, bei der die flüssige und feste Phase eines Stoffes gerade im Gleichgewicht stehen. In der Praxis bedeutet das, dass ein festes Kristallgitter beginnt, flüssig zu werden. Die dazu benötigte Wärmemenge nennt man Schmelzenthalpie. Manche Stoffe zersetzen sich, wenn das Kristallgitter zerfällt, man spricht dann vom Zersetzungspunkt.

Schwefelsäure.

Formelzeichen: H_2SO_4.

Eigenschaften: m_M 98,08; D 1,845; Sdp. 338 °C (98,3%ige Lösung); Fp. 10 °C; farblose, viskose, stark hygroskopische, ätzende Flüssigkeit, die sich leicht mit Wasser mischen lässt.

Herstellung: Bleikammerverfahren: Durch Rösten entsteht aus schwefelhaltigem Gestein Schwefeldioxid, das im sog. Gloverturm durch verdünnte Schwefelsäure (mit nitrosen Gasen gemischt) ausgewaschen wird; die nitrosen Gase oxidieren SO_2 zu SO_3, das mit Wasser zu H_2SO_4 reagiert. Am Boden des Gloverturms sammelt sich eine konzentrierte H_2SO_4 (80 %ig). Ein weiteres Verfahren ist das Kontaktverfahren, wobei Schwefeldioxidgas mit Vanadiumpentoxid (V_2O_5) als Katalysator (= Kontakt) mit Luftsauerstoff zu Schwefeltrioxid oxidiert und anschließend mit verdünnter Schwefelsäure gebunden wird.

Verwendung: z. B. Herstellung von Dünger, Lösungsmittel für schwer lösliche Erze, in der Kunststoffindustrie für Weichmacher, als Batteriesäure im Bleiakku usw.

Schweflige Säure.

Formelzeichen: H_2SO_3.

Eigenschaften: m_M 82,08; Bezeichnung für eine farblose, nach SO_2 riechende Flüssigkeit, die eine saure Reaktion zeigt. Sie ist nur in wässriger Lösung beständig und zerfällt beim Erwärmen in SO_2 und Wasser. Sie entsteht überall dort, wo SO_2 auf Wasser trifft, z. B. beim Ausschwefeln der Holzfässer. Ihre reduzierende Wirkung ist für die desinfizierende Eigenschaft des Ausschwefelns verantwortlich. Ihre Salze heißen Sulfite und Hydrogensulfite.

Schweres Wasser. Es enthält, anstelle des Wasserstoffisotops ^1H, das Wasserstoffisotop D (^2H) und hat die Formel D_2O. Seine chemischen Eigenschaften sind dieselben wie die von gewöhnlichem Wasser. Es wird als Moderator in Kernkraftwerken eingesetzt.

Schwer löslich. Bezeichnung für die Eigenschaft vieler Stoffe, sich in Wasser nur schwer bzw. gar nicht zu lösen.

Sedimentieren. Bezeichnung für eine physikalische Trennmethode, um heterogene Suspensionen zu trennen. Man lässt dabei die spezifisch schwereren Teilchen durch die Schwerkraft absetzen oder hilft mit einer Zentrifuge nach.

Seifen. Bezeichnung für die Natrium- und Kaliumsalze der Fettsäuren. Sie haben einen amphipatischen Bau, d.h. ein kurzes hydrophiles Ende und ein langes lipophiles Ende. Daher sind diese Moleküle in der Lage, sowohl fetthaltige Stoffe zu lösen als auch im Wasser gelöst zu bleiben. Sie bilden im Wasser Kolloide, da sie sich zu Micellen aneinanderlegen, damit die hydrophobe Fläche im Wasser möglichst verkleinert wird. Diese Micellen drängen sich mit ihrem hydrophoben Ende aus der Wasseroberfläche heraus, bleiben dabei mit dem hydrophilen Ende im Wasser. Dadurch wird die Oberflächenspannung zerstört, was den Waschprozess fördert.

Seifenlauge. Bezeichnung für die alkalische Lösung, die sich bildet, wenn man Seifen oder Tenside in Wasser löst.

Seifenkette. Bezeichnung für die Alkyl-Reste aromatischer Ringsysteme, z. B. des Benzols.

Semipermeabilität → Osmose.

Senfgas → 2,2'-Dichlordiethylsulfid.

Serin (2-Amino-3-hydroxypropionsäure).

Formelzeichen:

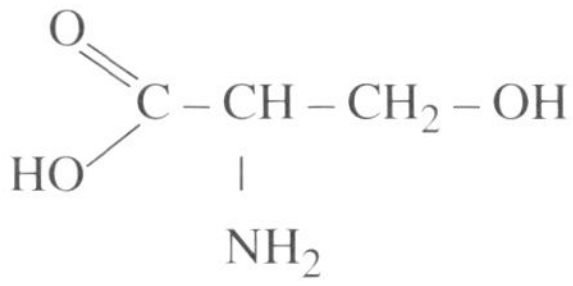

Eigenschaften: m_M 105,09; D 1,537; sublimiert ab 150 °C; Fp. 146 °C; farblose Kristalle, die sich in Wasser lösen lassen. Wichtige, nicht essenzielle Aminosäure.

Siedepunkt (Abkürzung Sdp.). Bezeichnung für die Temperatur, bei der sich in der Flüssigkeit die ersten Dampfblasen entwickeln.

Siedeverzug. Bezeichnung für den plötzlich einsetzenden Siedevorgang, nachdem der Siedepunkt um wenige

Grad überschitten wurde. Findet in besonders reinen Gefäßen oder mit Laugen bzw. dann statt, wenn sich ein Bodensatz gebildet hat. Man kann ihm vorbeugen, wenn man der Flüssigkeit Siedesteinchen, oder Siedekapillaren zusetzt, an denen sich bevorzugt Dampfblasen bilden.

Silberspiegelprobe. Bezeichnung für eine Nachweisreaktion für Aldehyde, bei der die reduzierende Wirkung der Aldehyde aus Silbernitrat metallisches Silber entstehen lässt, das sich an der Glaswand des Reagenzglases als Silberspiegel abscheidet.

Silicagel → Kieselsäuren.

Silicate → Kieselsäuren.

Silicone

Formelzeichen:

```
 R     R     R     R
 |     |     |     |
–Si – O – Si – O – Si – O – Si – O –
 |     |     |     |
 R     R     R     R
```

Bezeichnung für eine Gruppe synthetischer Polymere, die aus einer Kette von Silicium- und Sauerstoffatomen abwechselnd zusammengebaut sind; an den freien Valenzen der Siliciumatome befinden sich Kohlenwasserstoffreste (meist Methyl-Reste). Die daraus aufgebauten Kunststoffe können aus höchst unterschiedlichen Kombinationen von Siloxaneinheiten $(R_2Si – O–)_n$ zusammengesetzt werden.

Sintern. Bezeichnung für teilweises Schmelzen von Pulvermassen, ohne den Schmelzpunkt zu erreichen.

Skleroproteine → Kollagene.

Smaragd. Bezeichnung für einen Beryll, der durch Cr_2O_3 tiefgrün gefärbt, aber durchsichtig ist.

S_N. Zeichen für nucleophile Substitution bei Reaktionsmechanismen.

Soda → Natriumcarbonat.

Sole. Bezeichnung für kolloidale Lösungen (Kolloide), in denen feste Stoffe dispergiert sind, ohne echte Lösungen darzustellen.

Solvatation. Bezeichnung für die Anlagerung von Lösungsmittelmolekülen an Atome, Ionen oder Moleküle. Ist das Lösungsmittel Wasser, dann spricht man von Hydratation. Wird dabei mehr Energie frei als für die Abspaltung der betreffenden Teilchen aus dem Gitter benötigt wurde, dann verläuft die S. exergonisch.

Solvay-Verfahren → Natriumcarbonat.

Solvolyse. Bezeichnung für die chemische Reaktion eines gelösten Stoffes mit dem (nicht wäßrigen) Lösungsmittel.

Spannungsreihe. Bezeichnung für eine Anordnung der chemischen Elemente nach abnehmendem elektrischen Potenzial. Die bekannteste ist die elektrochemische Spannungsreihe, in der die Elemente und ihre Ionen nach der Größe ihres Normalpotenzials geordnet sind. An oberster Stelle der Spannungsreihe der Metalle steht das Element mit dem höchsten „Elektronendruck", es ist das unedelste Metall. Am anderen Ende befindet sich das Metall mit dem geringsten „Elektronendruck", somit das edelste Metall. Die jeweiligen Potenziale werden in Volt angegeben, da sie als Spannungen zur Wasserstoffnormalelektrode gemessen werden. Positive Potenziale geben an, dass der Elektronendruck des Wasserstoffs höher ist als der des betreffenden Metalls; negative Werte zeigen, dass der Elektronendruck des Metalls größer ist als der des Wasserstoffs. Es gibt auch für Nichtmetalle analoge Spannungsreihen.

Speisesalz → Natriumchlorid.

Spektroskopie. Darunter versteht man die Beobachtung, Messung und Deutung von elektromagnetischen Spektren, die von Atomen, Molekülen, Ionen und Radikalen verursacht werden bzw. bestimmte Wechselwirkungen mit einer Messstrahlung (meist Licht) verursachen.

Sphäroproteine → Eiweiß.

Spin. Bezeichnung für den Drehimpuls von Elementarteilchen, z.B. von Elektronen. Die Spinquantenzahl s (Orbitale) kann die Zustände +1/2 und –1/2 annehmen, wobei + und – entgegengesetzte Drehrichtung angeben.

Spinquantenzahl → Atombau → Spin → Orbitale.

Stabilität. Ausdruck für einen Zustand von chemischen Systemen; man unterscheidet in der Chemie stabile, metastabile und instabile Systeme. Instabil ist ein System, wenn es ohne oder durch geringfügige äußere Einwirkung seinen Zustand ändert. Metastabil ist ein System, dem man Energie (Aktivierungsenergie) zuführen muss, das dann exergonisch, unter Freisetzung von Energie (exotherm) in einen stabilen Zustand übergeht.

Stärke (Amylum). Bezeichnung für ein Polysaccharid $(C_6H_{10}O_5)_n$, das von Pflanzen als Reservestoff eingelagert wird.

Stahl. Bezeichnung für die wichtigsten Eisenlegierungen, die einen Anteil von 90% an der gesamten Eisenverarbeitung haben. Dazu darf das Eisen nur 0,5–1,7% Kohlenstoff (C) enthalten; hat es weniger, liegt Schmiedeeisen vor, liegt der C-Anteil bei 2–4%, kann man nur Gusseisen daraus gewinnen.

Stöchiometrie. Bezeichnung für „chemisches Rechnen", d.h. für das Aufstellen von quantitativen Formeln und Gleichungen aufgrund experimenteller Ergebnisse.

Stoff. Ein in der Chemie oft verwendeter Begriff für die Bezeichnung von Materie, die durch bestimmte Eigenschaften gekennzeichnet ist, nicht aber durch ihre Form. Die Chemie beschäftigt sich mit Stoffumwandlungen, d.h. mit der Überführung von Edukten zu Produkten.

Stoffwechsel. Bezeichnung aus der Biochemie für alle chemischen Vorgänge, die zur Aufrechterhaltung der Lebensvorgänge und des Wachstums in energetischer, aber auch stofflicher Hinsicht notwendig sind.

Stoffmenge → Mol.

Stoffmengenkonzentration → Konzentration.

Strahlung → Spektroskopie → Radioaktivität.

Strukturformel. Gegensatz zur Summenformel; mit ihr wird die räumliche Anordnung der Atome in einer Verbindung angegeben. Die Aufklärung der Struktur einer Verbindung ist ein eigenes Arbeitsgebiet der Chemie geworden (Strukturchemie), das durch Methoden der Datenverarbeitung (EDV) unterstützt wird.

Strukturisomerie → Isomerie.

Strychnin.

Formelzeichen:

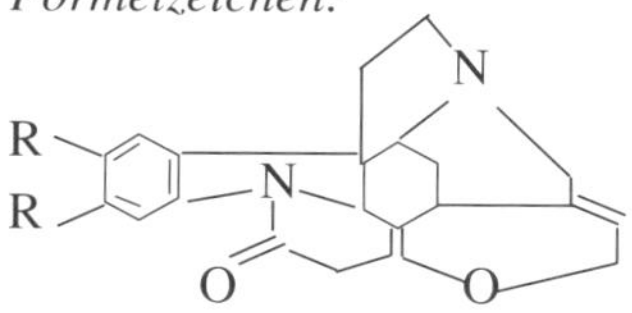

Eigenschaften: m_M 334,40; D 1,36; Sdp. 270 °C; Fp. 268 °C; farblose, bitter schmeckende Kristalle, die sich in Wasser wenig lösen lassen, leichter in Chlorofom; ist für alle Lebewesen sehr giftig, da es das Nervensystem stark erregt, was zu lebensgefährlichen Krämpfen führen kann.

Sublimation. Bezeichnung für den Übergang aus einer festen Phase direkt in die Gasphase. Die flüssige Phase wird dabei ausgelassen.

Substanz. Bezeichnung für → Stoff oder Materie.

Substituent. Bezeichnung für ein Atom oder eine Gruppe von Atomen (Molekül-Reste), die ein anderes Atom an einem Grundmolekül ersetzen. Die betreffende Reaktion heißt Substitution.

Substrate. Bezeichnung für einen grundlegenden Stoff mit bestimmten Eigenschaften. Meist versteht man darunter die Substanzen, die von Enzymen bearbeitet werden.

Sulfonamide. Bezeichnung für eine pharmazeutisch wichtige Gruppe von Verbindungen, die sich von der p-Aminobenzoesäure ableiten lassen.

Summenformel. Bezeichnung für die Formel einer Verbindung, mit der die mengenmäßige Zusammensetzung der an einem Molekül einer Verbindung beteiligten Elemente erfasst wird. Beispiel Glucose: $C_6H_{12}O_6$. Sie spielt in der organischen Chemie, im Gegensatz zur anorganischen Chemie, eine untergeordnete Rolle. Organische Verbindungen werden vorzugsweise mit Strukturformeln wiedergegeben.

Sumpfgas → Methan.

Suspension. Bezeichnung für ein heterogenes Gemenge aus einer Flüssigkeit und einem Feststoff. Man trennt es durch Filtration bzw. durch Sedimentation, die mit einer Zentrifuge beschleunigt werden kann.

Symbole. Chemische Symbole von Elementen, auch Formelzeichen genannt, sind eine Abkürzung des (lateinischen, griechischen oder deutschen) Namens des Elements, bedeuten 1 Mol dieses Elements und symbolisieren 1 Atom dieses Elements.

Synthese. Bezeichnung für eine chemische Vereinigung von Reinstoffen zu Verbindungen. Gegensatz: Zersetzung bzw. Analyse.

Synthesegas. Bezeichnung für ein Gemisch aus CO und H_2, das für viele Synthesen genutzt wird (Wassergas, Generatorgas).

Szintillationszähler. Bezeichnung für ein Gerät, das zur Zählung radioaktiver Strahlung geeignet ist. Es besteht aus einem Material, das Lichtblitze erzeugt, wenn es von Strahlung getroffen wird (Spinthariskop). Diese Lichtblitze werden über einen Sekundärelektronenvervielfacher elektronisch verstärkt und registriert. So ein Gerät kann 10^9 Lichtblitze in einer Sekunde zählen.

T

Tafelsalz → Natriumchlorid.

Talkum. Bezeichnung für ein weiches Magnesiumsilikat mit folgender durchschnittlicher Zusammensetzung: SiO_2 61%, MgO 31 %, H_2O 5 %, Al_2O_3 1,4 % FeO 1,1 %, CaO 0,3 %, CO_2 0,1 %. Dieses Mineral bildet weiße bis hellgrüne, durchscheinende Massen, die gegen Säuren resistent sind.

Verwendung: In der Keramikindustrie, zum Einreiben von Gummi, für Schneiderkreide, für Glanzpapier und als Wirkstoffträger.

Tautomerie. Bezeichnung für eine besondere Form der Isomerie, in der sich zwei Moleküle in einer Gleichgewichtsreaktion ineinander umlagern können. Beide Tautomeren unterscheiden sich somit nur durch die Lage der beweglichen Gruppe voneinander (Keto-Enol-Tautomerie).

TCDD → Dioxin.

Teflon → PTFE.

Temporäre Härte → Permanente Härte.

Tenside. Bezeichnung für chemische Verbindungen, die in einer Flüssigkeit (meist Wasser) gelöst und fein verteilt sind und sich nach dessen Grenzflächen bevorzugt ausrichten. Derartige grenzflächenaktive Moleküle haben einen amphipatischen Bau wie die Seifen, d. h. sie sind stäbchenförmig und haben ein hydrophiles und ein lipophiles Ende. Somit besteht am einen Ende eine Affinität zu polaren Molekülen (z. B. Wasser) und am anderen Ende zu unpolaren Molekülen. Sie bilden im Wasser Micellen aus, sodass Kolloide entstehen.

Terpene. Bezeichnung für eine Gruppe von organischen Verbindungen, die aus 10 Kohlenstoffatomen aufgebaut sind und der allgemeinen Summenformel $C_{10}H_{16}$ folgen. Sie lassen sich vom Isopren ableiten. Man kennt bis zu 400 verschiedene, meist angenehm riechende Verbindungen, die in der Pflanzenwelt weit verbreitet sind. Man findet sie als Bestandteile ätherischer Öle in Blüten, Rinden und Wurzeln. Sie werden als Duftstoffe in der Parfümindustrie verwendet, als Gewürzaromastoffe und als Katalysatoren.

Terylenfaser. Bezeichnung für eine Kunstfaser, die aus Ethylenglykol und Dimethylterephthalat (Phthalsäure) durch Polykondensation entsteht. Die Faser ist besonders witterungsbeständig, wird auch zur Herstellung von Kunststoffplatten verwendet, die im Außenbereich von Bauten liegen.

2,3,7,8-Tetra-chlor-dibenzo-p-dioxin (TCDD) → Dioxin.

Tetrachlorkohlenstoff (Tetra).

Formelzeichen:

```
    Cl
    |
Cl – C – Cl
    |
    Cl
```

Eigenschaften: m_M 153,82; D 1,59; Sdp. 76,7 °C; Fp. –23 °C; farblose, giftige, aromatisch riechende, nicht brennbare Flüssigkeit, die in Wasser nicht lösbar ist.

Verwendung: Wichtiges Lösungsmittel für Harze, Fette und Iod. Sehr giftig, stört die Leber- und Nierenfunktion.

Thermoelektrizität. Bezeichnung für den Effekt, dass zwei verschiedene, miteinander verlötete Metalle eine Spannung aufbauen, wenn eine Temperaturdifferenz zwischen ihnen vorliegt. Umgekehrt entsteht eine Temperaturdifferenz, wenn man einen Strom durch die betreffende Lötstelle schickt (Peltier-Effekt). Folgende Metalle bilden eine thermoelektrische Spannungsreihe: Sc, Sb, Fe, Sn, Au, Cu, Ag, Zn, Pb, Al, Hg, Pt, Ni, Bi. Jeweils zwei aufeinanderfolgende Elemente können zu einem Thermoelement gekoppelt werden, wobei das erste dieser Reihe das positive und das folgende das negative Potenzial hat.

Thermoelemente → Thermoelektrizität.

Thermoplaste. Bezeichnung für Kunststoffe, die sich beim Erwärmen plastisch verformen lassen und beim Erkalten diese Verformung beibehalten.

Titration → Maßanalyse.

Titrimetrie → Maßanalyse.

TNT → Trinitrotoluol.

Tollens-Reagenz. Bezeichnung für eine Lösung, die aus 10%iger Silbernitratlösung, etwas konzentriertem Ammoniak und 10%iger Natronlauge besteht. Wird als Nachweisreagenz für reduzierende Verbindungen verwendet, wobei sich beim positiven Nachweis ein Silberspiegel im verwendeten Glas abscheidet. Das Tollens-Reagenz muss immer neu hergestellt werden, um die Bildung von explosionsgefährlichem Knallsilber zu verhindern.

Ton. Sammelbegriff für Mineralien, die als Sedimentgestein im Tertiär entstanden sind. Im Ton sind z. B. Feldspäte enthalten, die in reinen Ton (Kaolin) $Al_2O_3 \cdot 2SiO_2 \cdot 2H_2O$ übergehen; dazu kommen Glimmer, Silikate und Carbonate verschiedener Zusammensetzung. Oft sind Eisen-, Mangan-Magnesium-, Titan- und andere farbgebende Verbindungen an die kristallinen Tonteilchen gebunden. Ton ist ein wichtiger Rohstoff zur Herstellung von Ziegeln, Keramik, Terrakotta und Porzellan; dient auch als Trägersubstanz in Bleistiftminen sowie für Katalysatoren.

Topas. Bezeichnung für ein Fluor-Aluminiumsilicat mit meist gelb glänzenden, selten grünlichen oder bläulichen Kristallen. Sie werden als Schmucksteine verwendet, heute auch synthetisch hergestellt.

Tracer. Bezeichnung für eine Reihe von Substanzen, die sich dazu eignen, Lokalisierungen anderer Stoffe vorzunehmen, an die sie sich gebunden haben. Oft werden dazu radioaktive Nuklide verwendet, die wegen ihrer Strahlung z. B. bei Stoffwechselreaktionen leicht verfolgbar sind und sich dann mit kerntechnischen Methoden nachweisen lassen.

Transaminierung. Bezeichnung für die Übertragung der Aminogruppe ($-NH2_2$) von einem Molekül zum anderen.

Transferasen. Bezeichnung für Enzyme, die Molekülgruppen übertragen können.

Trans-Isomere. Bezeichnung für Moleküle, bei denen sich zwei gleiche Substituenten diagonal zur Bindungsachse gegenüberstehen (Isomerie). Gegensatz zu cis-Isomeren, bei denen sich die Substituenten auf derselben Seite des Moleküls befinden.

Translation → Proteinbiosynthese.

Treibstoffe. Unspezifischer Begriff für alle Energie liefernden Substanzen, die zum Antreiben von Motoren geeignet sind (Kohle, Benzin, Raketentreibstoffe usw.).

Trichlorethylen (Tri).

Formelzeichen:

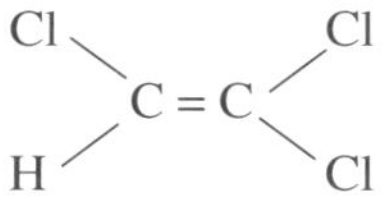

Eigenschaften: m_M 131,40; D 1,46; Sdp. 87 °C; Fp. –73 °C; farblose, nicht brennbare, angenehm riechende, wasserunlösliche, sehr gut fettlösliche Flüssigkeit, die sehr leicht verdunstet. Wirkt ähnlich wie Tetrachlorkohlenstoff, ist aber weniger toxisch.

Verwendung: Wegen seiner entfettenden Wirkung als Reinigungsflüssigkeit und als Extraktionsmittel für Kakao, Coffein, Wachse usw. Kann auch als Narkotikum inhaliert werden.

2,4,6-Trinitrotoluol (TNT).

Formelzeichen:

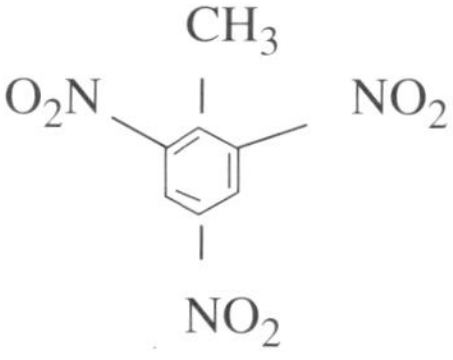

Eigenschaften: m_M 227,13; D 1,65; Sdp. bei 240 °C tritt Verpuffung ein; Fp. 81 °C; gelbliche, wasserunlösliche Kristalle, deren Dämpfe giftig sind.

Verwendung: Als Sprengstoff in großen Mengen hergestellte Verbindung, die zum Füllen von Granaten und Bomben verwendet wird.

Triplett. Bezeichnung für die Aufspaltung einer Spektrallinie in drei Linien (Spektroskopie). Derartige Zustände treten bei Atomen bzw. Molekülen auf, die zwei Elektronen besitzen, deren Spins parallel ausgerichtet sind (z. B. Biradikale wie Sauerstoff).

Tritium.

Formelzeichen: ^3H oder T.

Eigenschaften: m_A 3,016; radioaktives Isotop des Wasserstoffs, das neben einem Proton zwei Neutronen besitzt. Reagiert chemisch wie Wasserstoff, ist aber ein β-Strahler, der sich mit einer Halbwertszeit von 12,26 Jahren in ein Helium-Isotop umwandelt. Wird in der Atmosphäre stets neu gebildet und reagiert mit Sauerstoff zu überschwerem Wasser (T_2O), das in den natürlichen Oberflächengewässern in einem geringen Prozentsatz in konstanter Konzentration enthalten ist.

Verwendung: Als Tracer in der Forschung; zur Altersbestimmung von Grundwasservorkommen und alten Weinen.

Trivialnamen. Bezeichnung für nichtsystematische Namen chemischer Verbindungen, die aus geschichtlichen Gründen beibehalten wurden und oft bekannter sind als die Namen der Genfer Nomenklatur, z. B. Glycerin; der systematische Namen lautet 1,2,3-Trihydroxypropan.

Trockene Destillation → Pyrolyse.

Trocknungsmittel. Bezeichnung für Stoffe, die wasserentziehend auf andere Stoffe wirken, wobei man zwischen physikalischen und chemischen Trocknungsmitteln unterscheidet.

Tyndall-Kegel → Kolloide.

Tyrosin (2-Amino-3-(4-hydroxy-phenyl)-propionsäure).

Formelzeichen:

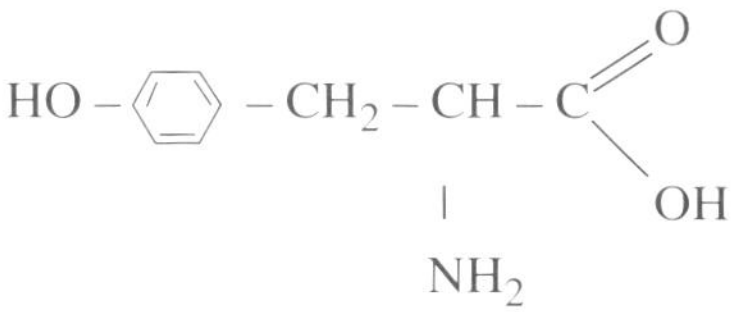

Eigenschaften: m_M 181,19; D 1,45; Fp. 343 °C; farblose, wasserlösliche Kristalle einer nicht essenziellen Aminosäure, die in vielen Proteinen enthalten ist. Sie wird im Organismus des Menschen aus Phenylalanin enzymatisch hergestellt.

U

Ubichinon.

Formelzeichen:

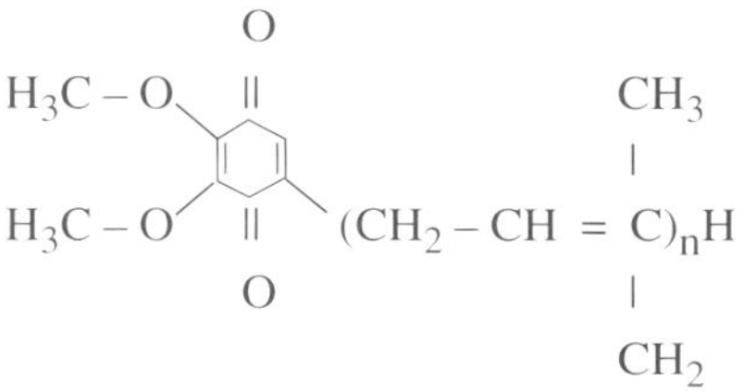

Eigenschaften: m_M 863,37; Fp. 50 °C. Wichtiger Elektronenüberträger; in den Mitochondrien höherer Tiere und den Chloroplasten der grünen Pflanzen zu finden; spielt in der Atmungskette eine wichtige Rolle.

Übergangszustand. Bezeichnung, die aus der Untersuchung von Reaktionsmechanismen stammt. Wenn zwei Edukte miteinander reagieren sollen, dann ist es erforderlich, dass man ihnen Aktivierungsenergie zuführt, auch wenn die zu erwartende Reaktion exotherm ist. Das metastabile System wird dabei in ein instabiles System überführt, aus dem es meistens „von selbst" in das stabile System übergeht, wobei Energie frei wird.

Übersättigung. Bezeichnung für einen metastabilen Zustand einer Lösung, in der sich mehr zu lösender Stoff befindet als für die Sättigung erforderlich ist.

Überschwerer Wasserstoff → Tritium.

Überspannung. Bezeichnung für die Erscheinung, dass eine höhere Spannung an Elektroden angelegt werden muss, um eine Elektrolyse durchzuführen als nach den theoretischen Berechnungen der Zersetzungsspannungen zu erwarten wäre.

Ultraviolettstrahlung (UV-Strahlung). Bezeichnung für eine kurzwellige, energiereiche, für das Auge unsichtbare, elektromagnetische Strahlung (30–400 nm); man unterscheidet zwischen UV-A (315–380 nm), UV-B (280–315 nm) und UV-C (100–280 nm). Fensterglas lässt UV-Licht nicht passieren; Quarzglas oder Natriumchlorid-Fenster lassen UV bis 180 nm passieren. UV wird von der Ozonschicht und z. T. vom Sauerstoff der Atmosphäre zurückgehalten.

Umkehrosmose → Osmose.

Umlagerungen. Bezeichnung für Reaktionen, die innerhalb eines Moleküls verlaufen. Dabei werden Molekülgruppen verlagert, was zu Isomeren führt.

Umsetzungen. Bezeichnung für einen häufigen chemischen Reaktionstyp. Man unterscheidet zwischen a) einfacher und b) doppelter Umsetzung. Beispiel für a) AB + C → AC + B; für b) AB + CD → AC + DB.

Unedle Metalle. Bezeichnung für alle Metalle, die mit nicht oxidierenden Säuren (z. B. Salzsäure, HCl), bzw. mit Wasser Wasserstoffgas entwickeln. Sie haben ein negativeres Normalpotenzial (Spannungsreihe) als Wasserstoff.

Ungepaarte Elektronen. Bezeichnung für Elektronen, wie sie bei Radikalen vorkommen. Sie sind die Ursache für deren große Reaktionsfähigkeit.

Ungesättigt. Bezeichnung für Zustände, die noch nicht die maximal mögliche Aufnahmekapazität erreicht haben. Bei Kohlenwasserstoffverbindungen bedeutet ungesättigt, dass nicht die maximal mögliche Zahl von Wasserstoffatomen an die Kohlenstoffatome angebunden ist.

Universalindikator. Bezeichnung für ein Indikatorgemisch, das viele pH-Bereiche durch Farbänderungen abdeckt. Es gibt sie entweder als Flüssigkeit oder in Form von Filterpapierstreifen, die mit dieser Flüssigkeit getränkt sind.

Unpolar. Bezeichnung für Verbindungen, die aus Atomen aufgebaut sind, deren Elektronegativitäten sich kaum voneinander unterscheiden.

UV-Licht → Ultraviolette Strahlung.

UV-Spektroskopie → Ultraviolette Strahlung.

V

Valenz. Bezeichnung für die Wertigkeit eines bestimmten Atoms bzw. Molekülions.

Valenzelektronen. Bezeichnung für die Elektronen auf der äußersten Schale eines Atoms (Atombau). Sie sind für die Bindung des Atoms mit anderen Atomen verantwortlich (Ionenbindung, Atombindung). Sie sind auch die Ursache für die Wertigkeit eines Atoms.

Valenzstrichformel. Schreibweise einer Verbindung, bei der die Bindungen zwischen den Atomen durch (waagerechte) Striche symbolisiert werden. Ein Strich bedeutet dabei stets zwei Elektronen. Auch die nicht bindenden Elektronen werden als „freie Elektronenpaare“ um ein Elementsymbol angeordnet.

Valin (2-Amino-3-methyl-buttersäure).

Formelzeichen:

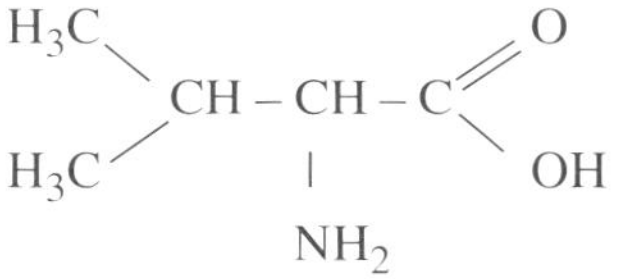

Eigenschaften: m_M 117,15; D 1,23; Fp. 315 °C; sublimiert beim Erhitzen; farblose, wasserlösliche, kristalline, essenzielle Aminosäure.

Van-der-Waals-Kräfte. Bezeichnung für zwischenmolekulare Kräfte, die nicht durch „echte“ chemische Bindungen (Atombindung, Ionenbindung, Metallbindung) zustandekommen. Man zählt dazu z. B. die Wechselwirkungen, wie sie zwischen Dipolen entstehen.

Van't-Hoff'sche Regel. Auch Reaktionsgeschwindigkeit-Temperaturregel (RGT-Regel) genannt. Sie besagt, dass sich die Reaktionsgeschwindigkeit einer beliebigen Reaktion bei einer Temperaturerhöhung um 10 °C etwa verdoppelt. Der Grund für diese Erscheinung ist die durch die erhöhte Temperatur erzeugte größere Geschwindigkeit, mit der sich die Moleküle eines Gases oder einer Flüssigkeit hin und her bewegen, wodurch die Wahrscheinlichkeit für Zusammenstöße zwischen den Molekülen eines Reaktionsgemisches größer wird.

Veraschen. Verbrennung einer organischen Substanz unter Luftzutritt, um dann aus der Asche die in den Verbindungen enthaltenen anorganischen Anteile zu bestimmen.

Verbindungen. Bezeichnung für Moleküle, die aus mehreren Atomen durch chemische Bindungen entstanden sind.

Verbindungsklassen. Bezeichnung für eine Gruppe von Verbindungen, die eine funktionelle Gruppe gemeinsam haben, z. B. Alkohole (– OH).

Verbrennung. Bezeichnung für eine chemische Reaktion, bei der sich ein Stoff mit einem Oxidationsmittel (z. B. Sauerstoff) umsetzt, wobei Verbrennungswärme frei wird. Dabei finden radikalische Kettenreaktionen statt, die sehr rasch ablaufen.

Verbrennungswärme. Bezeichnung für die bei einer Verbrennung frei werdende Reaktionsenthalpie. Man bestimmt sie mit Kalorimetern (Kalorimetrie).

Verchromen. Bezeichnung für die Herstellung von unterschiedlich dicken Chromüberzügen, die zu Schmuckzwecken oder als Korrosionsschutz auf unedlen Metallen (meist Eisen) elektrolytisch niedergeschlagen werden. Das Werkstück wird dabei als Kathode geschaltet. Als Elektrolyt dient eine Mischung aus warmer Schwefelsäure und Chromoxid (CrO_3).

Verdampfungsenthalpie. Bezeichnung für die Wärmemenge, die man benötigt, um 1 kg einer Flüssigkeit bei gleichem Druck und gleicher Temperatur aus dem flüssigen in den gasförmigen Zustand umzuwandeln. Beim Kondensieren des betreffenden Dampfes wird dann dieselbe Wärmemenge frei.

Veresterung. Bezeichnung für die chemische Reaktion zwischen einem Alkohol und einer Säure, die unter Wasserabspaltung verläuft, wobei ein Ester entsteht. Diese Reaktionen sind stets Gleichgewichtsreaktionen, wobei die Ausbeute an Ester nicht 100 %ig verläuft.

Vergällung. Bezeichnung für den Zusatz ungenießbarer oder übel riechender Stoffe, um bestimmte Waren für den menschlichen Genuss unbrauchbar zu machen.

Vernetzung. Bezeichnung aus der Kunststofftechnik, wobei fadenförmige Polymere an bestimmten Stellen miteinander reagieren und so dreidimensionale Netze entstehen lassen.

Vernickeln. Bezeichnung für die Herstellung dünner Überzüge von Nickel auf verschiedenen Materialien, wobei der Werkstoff als Kathode dient. Als Elektrolyt dienen Nickelsalzlösungen mit wenig Borax.

Verseifung. Gegensatz zur Veresterung. Dabei wird ein Ester (meist mit Laugen) gekocht oder enzymatisch gespalten, wobei unter Wasseraufnahme Alkohol und Säure (bzw. das Salz der Säure = Seife) entstehen. Bei der alkalischen Verseifung der Fette entstehen Glycerin und Seife.

Verseifungszahl. Bezeichnung für ein Maß für die mittlere Molekülmasse der überprüften Fettsäuren und somit indirekt ein Maß für die mittlere Kohlenstoffkettenlänge dieser Fettsäuren. Sie wird durch die Menge an Kaliumhydroxid-Lösung (KOH) bestimmt, die zur Verseifung eines Fettes benötigt wird.

Verzweigungen. Bezeichnung für lineare Kohlenstoffketten mit Seitenketten (Isomerie).

Viskoseseide → Cellulose.

Vulkanisation. Bezeichnung für den chemischen Vorgang, bei dem aus Latex Gummi wird. Dabei werden dreidimensionale Vernetzungen zwischen den linearen Makromolekülen hergestellt, was beim Gummi durch Schwefel geschieht.

Vz. Abkürzung für → Verseifungszahl.

W

Wachse. Bezeichnung für besonders langkettige Kohlenwasserstoffe, die als Ester, Alkohole und Fettsäuren in oft komplizierten Gemischen vorliegen.

Wärmeschränke. Bezeichnung für verschließbare und isolierte Vorrichtungen, in denen bestimmte Stoffe bei erhöhter Temperatur aufbewahrt werden können. Man kann sie z. B. zum Aushärten von Polyester und anderen Kunstharzen verwenden.

Walden-Umkehr. Bezeichnung für die Änderung der Konfiguration an einem asymmetrischen Kohlenstoffatom (Isomerie), wenn eine nucleophile Substitution nach dem S_N-2-Mechanismus abläuft.

Wasser.

Formelzeichen: H_2O.

Eigenschaften: m_M 18,02; D 1,00 (bei 4 °C); Sdp. 100 °C; Fp. 0 °C; farblose, wasserklare, geruch- und geschmacklose Flüssigkeit, die als Eis bläulich schimmert; reines Wasser leitet den elektrischen Strom nicht, da es nahezu keine geladenen Teilchen enthält.

Wasserdampf. Bezeichnung für gasförmiges Wasser, das unsichtbar ist. Der fälschlicherweise als Dampf bezeichnete Nebel besteht aus kondensierten Wassertröpfchen.

Wassergas. Bezeichnung für ein Gasgemisch von Wasserstoff und Kohlenmonoxid, das man durch Überleiten von Wasserdampf über glühenden Koks erhält (Kaltblasen): $H_2O + C \rightarrow CO + H_2$. Man verwendet es zusammen mit Generatorgas zur Herstellung vieler Substanzen, z. B. Ammoniak (Synthesegas).

Wasserglas (Kieselsäuren). Bezeichnung für wässrige Lösungen von Alkalisilikaten, aus denen durch Säurezusatz Kieselsäure entsteht.

Wasserstoffbrückenbindungen → Wasser.

Weichmacher. Bezeichnung für Substanzen, die zu harten Kunststoffen gegeben werden, um sie plastisch zu machen.

Weißblech. Bezeichnung für verzinntes Eisenblech.

Weißpigmente. Bezeichnung für leuchtend weiße Pigmente, die in der Farbenindustrie hergestellt werden, z. B. Titandioxid, Zinkweiß, Bleiweiß usw.

Wertigkeit. Bezeichnung für die Eigenschaft von Atomen und Ionen, sich mit einer ganz bestimmten Anzahl anderer Atome bzw. Ionen zu verbinden. Man unterscheidet zwei Gruppen:
a) Ionenwertigkeit ist folgendermaßen definiert: Sie ist zahlenmäßig gleich der Ionenladungszahl und trägt jeweils ein Vorzeichen: + wenn Elektronen abgegeben wurden; – wenn Elektronen aufgenommen wurden.
b) Die Definition der Atomwertigkeit lautet folgendermaßen: Sie ist gleich der Zahl von Wasserstoffatomen, die ein bestimmtes Element binden oder ersetzen kann, bzw. gleich der Zahl von Atombindungen, die ein Atom in einem Molekül tätigen kann.
In der organischen Chemie wird der Begriff Wertigkeit oft in einem anderen Sinn gebraucht. So spricht man von zweiwertigen Säuren, oder dreiwertigen Alkoholen und meint damit, dass diese Verbindungen zwei bzw. drei funktionelle Gruppen besitzen.

Williamson-Synthese. Bezeichnung für eine Möglichkeit, Ether herzustellen. Dabei werden Natriumalkoholate und Alkylhalogenide miteinander umgesetzt:
$R_1X + R_2 - OH \rightarrow R_1 - O - R_2 + NaX$.

Wilsonkammer. Bezeichnung für eine Nebelkammer, in der die Flugbahnen von elektrisch geladenen Kernteilchen sichtbar gemacht werden. Man verwendet dazu übersättigten Dampf, der im Unterdruck steht. Jedes geladene Teilchen erzeugt eine Blasenbahn, da der Dampf dort kondensiert.

Wurtz-Fittig-Synthese. Bezeichnung für einen Syntheseweg zur Alkylierung von Benzol. Die Alkylierung von Benzol verläuft in einer zweistufigen Reaktion, ausgehend von Halogenbenzol und metallischem Natrium. Als Zwischenprodukt entsteht Phenylnatrium, das anschließend mit einem organischen Chlorderivat unter Abspaltung von Natriumchlorid (NaCl) zum Alkylbenzol weiterreagiert.

X

Xanthoprotein-Reaktion. Bezeichnung für die Gelbfärbung von Eiweiß, die durch konzentrierte Salpetersäure entsteht. Dabei werden die aromatischen Aminosäuren (Phenylalanin, Tyrosin und Tryptophan) nitriert, was die Gelbfärbung verursacht.

X-Strahlen → Röntgenstrahlen.

Xylol-Formaldehydharze. Bezeichnung für polymere Harze, die aus Xylenol (2,3-Dimethyl-phenol) und Formaldehyd durch Wasserabspaltung mit konzentrierter Schwefelsäure entstehen. Man macht daraus schnell trocknende Lacke.

Z

Zentralatom. Bezeichnung für ein ungeladenes oder geladenes Atom, das sich im Zentrum eines Komplexes befindet.

Zentrifugieren. Bezeichnung für eine physikalische Methode, mit der Substanzgemische getrennt werden können, deren Dichte sich nur wenig unterscheidet.

Zeolithe (*griech.* zein = sieden; lithos = der Stein). Bezeichnung für wasserhaltige Alkali- und Erdalkali-Alumosilicate (z. B. $Me_2O \cdot Al_2O_3 \cdot xSi_2 \cdot yH_2O$), die ihr Kristallwasser beim Erhitzen abgeben ohne ihre Struktur zu ändern und an ihrer Stelle andere Substanzen, z. B. Ionen, einbauen. Sie enthalten Hohlräume, die durch Kanäle miteinander verbunden sind, sodass man sie auch als Filter bzw. als Molekularsiebe verwenden kann. Ihre Porenweiten variieren zwischen 3–10 · 10–8 cm. Man verwendet sie vorwiegend als Ionenaustauscher.

Zerfall. Bezeichnung für den radioaktiven Zerfall von instabilen Atomkernen unter Aussendung von radioaktiver Strahlung (Radioaktivität).

Zersetzung. Bezeichnung für eine chemische Reaktion bei der es zur Auftrennung einer Verbindung in ihre Bestandteile kommt. Sie verläuft stets endotherm und kann durch Belichtung oder Erhitzen ausgelöst werden.

Zersetzungsenthalpie. Bezeichnung für eine Energiemenge, die zahlenmäßig gleich der Bildungsenthalpie ist, sie hat nur das entgegengesetzte Vorzeichen. Sie muss stets für die Spaltung einer Bindung aufgewendet werden.

Zersetzungsspannung. Bezeichnung für die Spannung, die für eine gleichmäßige elektrochemische Reaktion bei einer Elektrolyse mindestens notwendig ist.

Ziegler-Natta-Katalysator. Bezeichnung für eine Gruppe von aluminiumorganischen Verbindungen (z. B. Aluminium-tri-ethyl), die zusammen mit Salzen bestimmter Übergangsmetalle (z. B. Titan(IV)-chlorid) die Polymerisation von Olefinen (z.B. Ethylen) bei Normaldruck ermöglichen (Niederdruck-Polyethylen).

Zitronensäure → Citronensäure.

Zonenschmelzverfahren. Bezeichnung für ein technisches Verfahren zur Reinigung unzersetzt schmelzender kristalliner Feststoffe.

Zuckerether. Bezeichnung für Verbindungen, die durch eine Reaktion von Hydroxylgruppen des Zuckers (Monosaccharide, Disaccharide) mit anderen Trägern von Hydroxylgruppen entstanden sind.

Zuckerester. Bezeichnung für eine große Gruppe von Verbindungen, die durch Veresterung der Hydroxylgruppen des Zuckermoleküls mit den Säuregruppen organischer Säuren (Carbonsäuren, Fettsäuren) entstehen.

Zuckertenside → Zuckerester.

Zusatzstoffe. Allgemeine Bezeichnung für Stoffe, die anderen Materialien zugesetzt werden, um deren Eigenschaften zu beeinflussen.

Zustandsdiagramme. Bezeichnung für mathematisch berechenbare zwei- und dreidimensionale bildliche Darstellungen, in denen die verschiedenen Zustände von flüssigen, festen und gasförmigen Stoffen, Legierungen, Schmelzen usw. als Abhängigkeiten von Druck und Temperatur wiedergegeben werden. Derartige Diagramme sind in der Technik von Bedeutung.

Zwischenmolekulare Kräfte → Van-der-Waals-Kräfte.

Zwischenprodukte. Bezeichnung für isolierbare Substanzen, die in einer chemischen Reaktion gebildet werden (Produkte) und in einer weiteren Reaktion als Ausgangsstoffe (Edukte) wieder eingesetzt werden.

Zwitterionen. Bezeichnung für Moleküle, die zwei gegensätzliche Ladungen tragen.

Atomare Konstanten

Ruhemasse des α -Teilchens	$m_\alpha = 6{,}645 \cdot 10^{-27}\,\mathrm{kg} =$ $= 4{,}0015064\ \mathrm{u}$
Ruheenergie des α -Teilchens	$m_\alpha c^2 = 3727{,}4\,\mathrm{MeV}$
Spez. Ladung des α -Teilchens	$\frac{2e}{m_\alpha} = 4{,}8223 \cdot 10^{7}\,\frac{\mathrm{C}}{\mathrm{kg}}$
Atomare Masseneinheit	$1\,\mathrm{u} = 1{,}660566 \cdot 10^{-27}\,\mathrm{kg}$
Ruhemasse des Elektrons	$m_e = 9{,}1095 \cdot 10^{-31}\,\mathrm{kg} =$ $= 5{,}48580 \cdot 10^{-4}\,\mathrm{u}$
Ruheenergie des Elektrons	$m_e c^2 = 0{,}511\,\mathrm{MeV}$
Spez. Ladung des Elektrons	$\frac{e}{m_e} = 1{,}7588 \cdot 10^{11}\,\frac{\mathrm{C}}{\mathrm{kg}}$
Elementarladung	$e = 1{,}6022 \cdot 10^{-19}\,\mathrm{C}$
Ruhemasse des Neutrons	$m_n = 1{,}67495 \cdot 10^{-27}\,\mathrm{kg} =$ $= 1{,}008665\ \mathrm{u}$
Ruheenergie des Neutrons	$m_n c^2 = 939{,}57\,\mathrm{MeV}$
Ruhemasse des Protons	$m_p = 1{,}67265 \cdot 10^{-27}\,\mathrm{kg}$
Ruheenergie des Protons	$m_p c^2 = 938{,}28\,\mathrm{MeV}$
Spez. Ladung des Protons	$\frac{e}{m_p} = 9{,}5788 \cdot 10^{7}\,\frac{\mathrm{C}}{\mathrm{kg}}$
Rydbergkonstante für das H-Atom	$R_H = 1{,}0967758 \cdot 10^{7}\,\frac{1}{\mathrm{m}}$
Wasserstoffatom, Radius der Bohrschen Grundbahn	$a_0 = 5{,}2918 \cdot 10^{-11}\,\mathrm{m}$

Spektrallinien

Wasserstoff	434,0 nm, 486,1 nm, 656,3 nm
Helium	447,1 nm, 501,6 nm, 587,6 nm
Quecksilber	546,1 nm, 577,0 nm, 579,1 nm
Natrium	589,0 nm, 589,6 nm, 616,1 nm

$1\,\mathrm{nm} = 10^{-9}\,\mathrm{m}$

Perioden — Hauptgruppen — Nebengruppen

Perioden	I.	II.	III.	IV.	V.	VI.	VII.	VIII.	VIII.
1.	1 H Wasserstoff 1,0079								
2.	3 Li Lithium 6,941	4 Be Byrlium 9,01218							
3.	11 Na Natrium 22,98977	12 Mg Magnesium 24,305							
4.	19 K Kalium 39,089	20 Ca Calcium 40,08	21 Sc Scandium 44,9559	22 Ti Titan 47,90	23 V Vanadium 50,9414	24 Cr Chrom 51,996	25 Mn Mangan 54,9380	26 Fe Eisen 55,847	26 Co Cobalt 58,9332
5.	37 Rb Rubidium 85,4678	38 Sr Strontium 87,62	39 Y Yttrium 88,9059	40 Zr Zirconium 91,22	41 Nb Niob 92,9064	42 Mo Molybdaen 95,94	43 Tc Technetium ✳	44 Ru Ruthenium 101,07	45 Rh Rhodium 102,9055
6.	55 Cs Caesium 132,9054	56 Ba Barium 137,34	57-71 ✳ Lanthanoide	72 Hf Hafnium 178,49	73 Ta Tantal 180,9479	74 W Wolfram 183,85	75 Re Rhenium 186,207	76 Os Osmium 190,2	77 Ir Iridium 192,22
7.	87 Fr Francium ✳	88 Ra Radium ✳	89-103 • Actinoide	104 Eka-Hf •	105 Eka-Ta •	106 Eka-W •	107 Eka-Re •		

✳ Lanthanoide

57 La Lanthan 138,9055	58 Ce Cer 140,12	59 Pr Praseodym 140,9077	60 Nd Neodym 144,24	61 Pm Promethium ✳	62 Sm Samarium 150,4	63 Eu Europium 151,96

• Actinoide

89 Ac Actinium ✳	90 Th Thorium 232,0381	91 Pa Protactinium 231,0381	92 U Uran 238,029	93 Np Neptunium ✳	94 Pu Plutonium ✳	95 Am Americium ✳

Transurane (93–95)

Protonenzahl (Ordnungszahl) — 24
Cr — Elementsymbol
Chrom — Elementname
relative Atommasse (✳ = instabil) — 51,996

VIII.	I.	II.	III.	IV.	V.	VI.	VII.	VIII. (Hauptgruppen)	Perioden
								2 He Helium 4,00260	1.
			5 B Bor 10,81	6 C Kohlenstoff 12,011	7 N Stickstoff 14,0067	8 O Sauerstoff 15,9994	9 F Fluor 18,99840	10 Ne Neon 20,179	2.
			13 Al Aluminium 26,98154	14 Si Silicium 28,086	15 P Phosphor 30,97376	16 S Schwefel 32,06	17 Cl Chlor 35,453	18 Ar Argon 39,948	3.
28 Ni Nickel 58,70	29 Cu Kupfer 63,546	30 Zn Zink 65,38	31 Ga Gallium 69,72	32 Ge Germanium 72,59	33 As Arsen 74,9216	34 Se Selen 78,96	35 Br Brom 79,904	36 Kr Krypton 83,80	4.
46 Pd Palladium 106,4	47 Ag Silber 107,868	48 Cd Cadmium 112,40	49 In Indium 114,82	50 Sn Zinn 118,69	51 Sb Antimon 121,75	52 Te Tellur 127,60	53 I Iod 126,9045	54 Xe Xenon 131,30	5.
78 Pt Platin 195,09	79 Au Gold 196,9665	80 Hg Quecksilber 200,59	81 Tl Thalium 204,37	82 Pb Blei 207,2	83 Bi Bismut 208,9804	84 Po Polonium *	85 At Astat *	86 Rn Radon *	6.

64 Gd Gadolinium 157,25	65 Tb Terbium 158,9254	66 Dy Dysprosium 162,50	67 Ho Holmium 164,9304	68 Er Erbium 167,26	69 Tm Thulium 168,9342	70 Yb Ytterbium 173,04	71 Lu Lutetium 174,97

96 Cm Curium *	97 Bk Berkelium *	98 Cf Californium *	99 Es Einsteinium *	100 Fm Fermium *	101 Md Mendelevium *	102 No Nobelium *	103 Lr Lawrencium *

Transurane

Zerfallsreihe

Uran-Radium-Reihe

Ausgangskern	Kernumwandlung	Zerfallsart	Halbwertszeit
238 U	U → Th	α	$4{,}5 \cdot 10^{9}$ a
	Th → Pa	β^-	240 d
	Pa → U	β^-	1,2 min
	U → Th	α	$2{,}5 \cdot 10^{5}$ a
	Th → Ra	α	$8{,}0 \cdot 10^{4}$ a
	Ra → Rn	α	$1{,}6 \cdot 10^{3}$ a
	Rn → Po	α	3,8 d
	Po → Pb	α	3,0 min
	Pb → Bi	β^-	270 min
	Bi → Po	β^-	20 min
	Po → Pb	α	$1{,}6 \cdot 10^{-4}$ s
	Pb → Bi	β^-	22 a
	Bi → Po	β^-	5,0 d
	Po → Pb	α	140 d
	Pb stabil		

Register

A

B

C

D

E

F

G

H

I

K

L

M

N

O

P

R

S

T

V

Z